2013 全国高等学校城乡规划学科专业指导委员会年会

Proceedings of China Urban And Rural Planning Education Conference 2013

美丽城乡 永续规划

——2013 全国高等学校城乡规划学科专业指导委员会年会论文集

全国高等学校城乡规划学科专业指导委员会 编
哈尔滨工业大学建筑学院

中国建筑工业出版社

图书在版编目（CIP）数据

美丽城乡　永续规划——2013全国高等学校城乡规划学科专业指导委员会年会论文集/全国高等学校城乡规划学科专业指导委员会，哈尔滨工业大学建筑学院编. —北京：中国建筑工业出版社，2013.9
ISBN 978-7-112-15863-8

Ⅰ.①美… Ⅱ.①全…②哈… Ⅲ.①城乡规划-教学研究-高等学校-文集　Ⅳ.①TU984-42

中国版本图书馆CIP数据核字（2013）第217793号

责任编辑：杨　虹
责任校对：肖　剑　关　健

美丽城乡　永续规划
——2013全国高等学校城乡规划学科专业指导委员会年会论文集
全国高等学校城乡规划学科专业指导委员会
哈 尔 滨 工 业 大 学 建 筑 学 院　编

*

中国建筑工业出版社出版、发行（北京西郊百万庄）
各地新华书店、建筑书店经销
北京嘉泰利德公司制版
北京云浩印刷有限责任公司印刷

*

开本：889×1194毫米　1/16　印张：25$\frac{1}{2}$　字数：620千字
2013年9月第一版　2013年9月第一次印刷
定价：68.00元
ISBN 978-7-112-15863-8
（24651）

版权所有　翻印必究
如有印装质量问题，可寄本社退换
（邮政编码 100037）

2013全国高等学校城乡规划学科专业指导委员会年会论文集组织机构

主 办 单 位：全国高等学校城乡规划学科专业指导委员会
承 办 单 位：哈尔滨工业大学建筑学院
论文集编委会主任委员：唐子来
论文集编委会副主任成员：（以姓氏笔画排列）
　　　　　　　　　　　毛其智　石铁矛　石　楠　赵万民
论文集编委会成员：（以姓氏笔画排列）
　　　　　　　　　王　兰　吕　飞　许大明　邢　军
　　　　　　　　　冷　红　陆　明　赵天宇　徐苏宁
　　　　　　　　　程　文　董　慰　戴　铜

序

在中国城镇化水平超过50%的历史转折点，城乡规划学成为一级学科，这也许不只是历史的巧合。中国的城镇化正面临着机遇和挑战的并存。走可持续发展的城镇化道路既是中国社会的广泛共识、也是国际社会的殷切期待。中国的城乡规划学科任重而道远，如何为可持续发展的城镇化道路提供适合中国国情的思想、理论、方法、技术，并且培养高质量的城乡规划专业人才，是城乡规划学科发展的核心使命。

党的十八大报告为未来相当一段时期内的国家发展战略提供了指导方针和总体部署，涉及方方面面，其中对于城镇化的战略阐述尤为引人注目，表明城镇化已经成为国家发展的核心战略。党的十八大报告强调：要推动城乡发展一体化，逐步缩小城乡差距，促进城乡共同繁荣。要加快完善城乡发展一体化的体制和机制，着力在城乡规划、基础设施、公共服务等方面推进一体化，促进城乡要素平等交换和公共资源均衡配置，形成以工促农、以城带乡、工农互惠、城乡一体的新型工农、城乡关系。

全国高等学校城乡规划学科专业指导委员会的主要职责是对于城乡规划学科的专业教学和人才培养进行研究、指导、咨询、服务，为此需要建立信息网络、营造交流平台、编制指导规范。每年一度的全国高等学校城乡规划学科专业指导委员会年会是全国城乡规划教育工作者的盛会，教研论文交流则是年会的重要议程之一。

2013年全国高等学校城乡规划学科专业指导委员会年会的主题是"美丽城乡，永续规划"。本论文集包含的68篇教研论文是从来自全国规划院校的教研论文投稿中挑选汇编，涵盖了城乡规划教育的主要领域，包括学科建设、教学方法、理论教学、实践教学的最新研究进展，将会成为城乡规划教育工作者的有益读物。

全国高等学校城乡规划学科专业指导委员会愿意与全国各地的规划院校携手努力，继续为中国的城乡规划教育事业做出积极贡献。在此，我谨向为本论文集而辛勤付出的论文作者、年会承办单位、出版机构表示诚挚的谢意！

全国高校城市规划专业指导委员会主任委员

2013.9

目　录

学科建设与学术前沿

"城乡规划学"发展历程启示和若干基本问题的认识 …………………………………… 杨贵庆　3
由可持续到繁荣的社会革新
　　——城乡可持续发展的规划教育探讨 ………………………………………………… 赵　蔚　10
城乡规划一级学科评估的国内外比较与思考 ……………………………………………… 唐　燕　18
学科转型期城乡规划专业"卓越工程师"培养方案探索 ………………………………… 赵　敏　24
我国城市规划课程设计的路径演进及趋势展望：以同济大学城市规划本科课程为例 …… 田　莉　30
从规划思潮的发展及海峡两岸城市规划教育的再定位看公共利益与城市规划的关系 …… 吴纲立　35
进阶·线索·隐线——本科生研究能力培养路径 ……………………………… 史北祥　杨俊宴　42
规划·建筑·风景三学科融合型学生科研团队培养探索 ………………… 许　方　于海漪　袁　琳　48
"大师班"的专业课程设置与安排
　　——复合型创新人才实验班的专业课程教学探讨 …………………………………… 田宝江　53
英澳规划院校的乡村规划教育与课程设置 ………………………………………………… 黄　怡　57
创新教学体系，探索教学方法
　　——转型期中国人民大学城市管理专业教学理论与实践 ………………… 郐艳丽　叶裕民　63
应用型大学城乡规划专业培养计划与教学改革的探讨 ……………… 施德法　郭　莉　汤　燕　67
成长中院校的城乡规划专业人才培养目标与实现途径研究 ………… 孙永青　兰　旭　刘　欣　73
教书更要育人
　　——论城市规划设计精品课程对学生的全面培养 …………… 刘　晖　汤黎明　邓昭华　78
城市规划学科开放性教学模式及实施策略的探讨 …………………………… 刘生军　田　蕊　82
生态学基础下的城乡规划专业课程体系建设研究 …………… 战杜鹃　张丽萍　朱鹏飞　87
城乡规划专业实践教学体系建构 ………………………………… 李建伟　刘　林　刘科伟　92

理论教学

从技术人才到规划人才
　　——城市道路交通规划课程改革探索 ………………………………………………… 汤宇卿　99
规划教育转型视野下的城市经济学研讨课创新 …………………………………………… 张　倩　104

"2+1+1"模式
——城市生态与环境课程研讨式教学的探索与实践·················权亚玲 109
《城市市政基础设施规划》课程教学改革探索·············吴小虎 李祥平 邓向明 115
控制性详细规划课程教学模式探讨··王纪武 120
"授之以渔,学以致用"
——华南理工大学城规专业 GIS 教学改革探索与实践················王成芳 黄铎 126
基于设计应用的 GIS 课程改革探索·····················许大明 袁青 冷红 133
进阶式地理信息系统教学体系的构建
——针对城市规划专业地理信息系统教学改革的尝试··········赵晓燕 孙永青 兰旭 138
"过程教学"理念在城乡规划专业理论课程中的实践与探索······肖少英 白淑军 任彬彬 143
从轨道交通沿线调研中理解城市用地布局
——城市规划原理教学探索······························张晓宇 运迎霞 孙永青 147
基于时代性·实践性·创新性的城市规划原理课程改革·····························王桂芹 153
城乡规划专业"自然地理基础"课程拓展式教学思路研究·······路旭 姚宏韬 韩凤 157
浅谈园林景观专业城市规划原理课程的教学改革··································郑翔云 162
《城市工程系统规划》课程教学改进探讨·····························宫同伟 张戈 167
新时期新挑战新要求下,历史文化遗产保护课程教学的新探索·········王月 张秀芹 171
"我爱我家"主题式情景教学模式在民族高校住宅
建筑设计原理特色课程建设及改革中的探索·························刘艳梅 陈琛 175

实践教学

小处着手、大处着眼,立足实际、体验创新
——清华大学建筑学院本科生城市总体规划教学探索·········刘健 刘佳燕 毛其智 183
立足自身,求变解困,自觉觉他,事半功倍
——记城乡总体规划设计课程教学改革··················隗剑秋 刘兰君 胡开明 192
基于研究性学习理念的设计类课程改革
——"开放式研究型设计"课程探索与实施评价················董慰 吕飞 董禹 195
城市规划专业硕士研究生校内实践基地建设回顾与思考················冷红 刘生军 202
乡村规划及其教学实践初探······································张立 赵民 206
基于"美丽乡村"的村镇规划设计教学改革初探··周骏 211
艺术村落
——以问题分析为导向的宋庄城市空间设计····························童明 包小枫 216

面向基层人才培养的城乡规划专业教学实践探索……………………………龚 克 邓春凤 冯 兵 224
从结果导向到过程导向
　　——建造教学在城市规划基础教学中的实践和探索…………………………………………滕凤宏 229
从"认识"到"认知"
　　——城市参观实习中的关键能力培养………………………………王 瑾 段德罡 王 侠 234
城市规划思维训练课程教学思考
　　——以西安铁路局社区调查研究为例………………………………张 凡 段德罡 王 侠 241
逻辑思维和形象思维并重下的控制性详细规划教学……………………朱凤杰 刘立钧 兰 旭 247
"三三制"人才培养模式下的城市与建筑认知实践课程探索 ……………于 涛 张京祥 翟国方 253
基于城市规划专业启智教育的低年级设计基础课程内容体系研究………刘 欣 兰 旭 赵晓燕 260
控制性详细规划课程设计中城市设计的互动性研究………………………卞广萌 孔俊婷 白淑军 265
新学科背景下城市规划专业"风景园林规划设计"
　　课程建设的思考与实践……………………………………………张善峰 陈前虎 宋绍杭 270
"延续与发展"老旧工业厂区城市空间特色再创造
　　——西建大 – 重大 – 哈工大联合毕业设计的教学实践与思考 …………………林晓丹 尤 涛 275
民办本科城乡规划设计类课程的教学困境与创新实践探索
　　——以南京大学金陵学院城市规划专业为例 …………………………………………………徐菊芬 283
人文关怀教育视角下的城乡规划——丽江城市设计教学探讨………………………………欧莹莹 292
"一生的社区"三年级社区规划"研究型设计"教改小实验 ……………………………………杨向群 297

教学方法与技术

发挥学生创造力的平台
　　——城市系统分析之多代理人模拟教学探索…………………………………………………朱 玮 305
基于信息化平台的"微教学"模式探索……………………………………………杨俊宴 胡昕宇 315
城乡规划管理与法规课堂案例教学法探索………………………………………………………杨 帆 323
城镇总体规划多方案分析教学的内容与方法研究…………………王兴平 李迎成 沈思思 328
面向时代需要的乡村规划教学方式初探…………………………………………………………栾 峰 334
多元目标引导下的城市规划社会调查课程教学方法探讨…………周 婕 谢 波 彭建东 339
论城市设计课程教学中多维空间观的建构……………………………………戴 铜 路郑冉 347
多维互动教学模式在城市设计教学中的应用探讨……………………………李 翅 董晶晶 353
基于双师制度的城市设计竞赛方案筛选机制建构………………………………………………武凤文 359
思变、司便、思与辩
　　——规划评析课程多元互动式教学改革初探………………………………孙 立 张忠国 367

结合模型制作的案例式教学在城市规划二年级课程中的实践……………李　婧　宋　睿　吴正旺　372

"走进微观"
　　——《城市地理学》野外实践教学内容与方法探索………………………………韩　忠　378

城乡规划学启蒙教育中的学习主体性初塑
　　——基于专业转型的城乡规划专业启蒙课教改实践方法研究…………沈　瑶　焦　胜　周　恺　382

基于"多角色参与"的居住区规划设计教学改革探索………………………张秀芹　王　月　兰　旭　389

"城市规划系统工程学"研究性、案例式教学方法探讨 ……………………黄初冬　陈前虎　武前波　393

后　记……………………………………………………………………………………………………397

2013 全国高等学校城乡规划学科专业指导委员会年会
Proceedings of China Urban And Rural Planning Education Conference 2013

美丽城乡
永续规划

学科建设与学术前沿

2013 全国高等学校城乡规
划学科专业指导委员会年会

"城乡规划学"发展历程启示和若干基本问题的认识

杨贵庆

摘　要："城乡规划学"作为揭示城乡发展规律并通过规划途径实现城乡可持续发展的一门学科，它具有自身的科学性，社会公平、公正是城乡规划思想发展的核心价值观。人居环境科学理论作为当今我国城乡规划学学科的理论体系的重要基础，对我国城乡规划建设将进一步发挥科学指导作用。当前的学科建设应加强在一级学科下的二级学科支撑作用，构建不同背景规划专业的共同基础平台，构建规划专业课程体系的基本框架，并亟待颁布专业设立的准入制度等。

关键词：城乡规划学，科学性，核心价值观，理论基础，规划教学

1 引言

当今我国快速城镇化进程面临艰巨复杂的新问题，促进城乡统筹、区域协调可持续发展对高层次规划设计和管理人才的需求，呼唤着城乡规划学科的发展改革。"城乡规划学"一级学科在特定历史发展阶段应运而生。尽管从字面上看只是把"城市"改成了"城乡"，并增加了"学"，但在内涵本质方面反映了我国新型城镇化战略下的城乡社会经济发展对城乡规划作用的更多期待！

"城乡规划学"是揭示城乡发展规律并通过规划途径实现城乡可持续发展的学科。我国"城乡规划学"经历了六十多年发展，从"城乡"到"城市"又到"城乡"，期间的发展变化反映出我国城与乡之间的经济、社会、文化和空间环境资源的博弈。如何进一步认识"城乡规划学"学科的科学性、价值观和理论基础？对当今我国城乡规划学科建设有怎样的启发？本文将基于对学科发展历程的回顾，讨论对上述问题的初步认识，旨在抛砖引玉，开展更多更有价值的探讨，促进学科的建设发展。

2 学科发展曲折历程的启示

2.1 新中国早期的"城乡规划"

1952年全国高校院系调整后，按照当时苏联土建类专业目录设立了"都市计划与经营"专业（城市规划专业的前身），❶之后由中国建筑工业出版社出版了高等学校教学用书《城乡规划（上、下册）》。这本教材是由"城乡规划"教材选编小组选编的，共分为四篇，而其中第四篇有"农村人民公社规划"，分别对新中国成立前后我国农村发展概述、农村人民公社规划的任务与内容、农村人民公社规划的几个问题进行了编写，对农村生产规划和居民点规划两个方面均作了较好的论述。它是我国城市规划专业成立之后第一本专业教材。可见，"城乡规划"一词在专业建设之初就已把"城"和"乡"作为共生的概念加以统筹。虽然在城乡区域协调发展方面，限于当时区域经济社会发展的阶段而论述不足，但能够采用"城乡规划"一词已经可以反映当时对专业和学科内涵的全面认识。

同时，在新中国早期的规划实践方面，"乡"也已经作为规划的重要对象。例如1958年第10期《建筑学报》发表了"青浦县及红旗人民公社规划"论文，介绍了关于人民公社规划的方法与实践案例。这一工作不

---

❶ 1952年全国高校按照苏联模式对院系进行调整，华东地区多所高校土建系科集中到同济大学，形成当时全国最大的以土建为主的工科大学，并成立了建筑系。在建筑系下面成立了都市计划教研室，并按照苏联土建类专业目录，将专业名称定为"都市计划与经营"，之后又更名为"城市建设与经营"，这是"城市规划"专业名称的前身。具体参见《城市规划专业45年的足迹》（作者李德华、董鉴泓，见参考文献 [1] ）。

杨贵庆：同济大学建筑与城市规划学院教授

仅由城市规划人员参加，而且还有医学院卫生系的人员，可见反映了当时对农村居民卫生和健康保健等方面的重视。❶可见，新中国早期的规划专业，不仅在理论和教学方面，而且在规划实践方面，都已经把"城"、"乡"两个方面作为规划的对象来共同看待。

"城乡规划"一词在我国第一版的《辞海试行本（第16分册）工程技术》（1961年10月）中曾作为专门一节的名称出现。❷这一节包括20个词条的名词解释，其中第1个词条"城乡规划"表述为"对城市和乡镇的建设发展、建筑和工程建设等所作的规划"。其内容包括"确定城乡发展的性质、规模和用地范围，研究生产企业、居住建筑、道路交通运输、公用和公共文化福利设施以及园林绿化等的建设规模和标准，并加以布置和设计，使城市建设合理、经济，创造方便、卫生、舒适、美观的环境,满足居民工作和生活上的要求"。词条中对"城"和"乡"的研究与规划领域是同等对待的。此外，值得注意的是，第2个词条"城市规划"，其解释为："即城乡规划"。这既说明"城乡规划"覆盖了"城市规划"，也说明了"城市规划"要作为"城乡规划"来看待，"城乡规划"比"城市规划"更为准确地表达了专业和学科名称。

因此，新中国早期的"城乡规划"已作为工程学科的一个专门领域，是一个学科的总括，它自身包含着城市、区域、卫星城镇和自然村等规划对象，研究和规划范围覆盖了城与乡。

2.2 快速城镇化进程中的"城市规划"

1978年"改革开放"政策之后，随着我国经济体制等一系列改革不断深化，"城市"一跃成为城乡规划发展领域的主角。从1980年到2010年的30年间，我国城镇化水平从最初的20%左右达到2010年的约50%，城市规模不断扩大，城市数量不断增加，大城市、特大城市的发展成为区域城镇体系中的重要角色。城镇工业经济总体水平占地方产业结构比例的绝大多数。而相比之下，农业产业经济的贡献比例不断下降。在我国沿海地区一些乡镇工业发达的城镇，农业对GDP的贡献值微乎其微。进入20世纪90年代，受到经济全球化背景下外来投资的推波助澜，我国一些交通区位等投资环境优越的地区，城镇人口规模、经济规模和土地空间规模等突飞猛进。在这样的发展背景下，城市、城镇成为规划学科发展的主题和重点已不足为奇，而"乡"的角色逐渐减弱。

同时，规划专业教育也已把对城市的研究和规划作为教学的重点内容。规划教材也跟随城市的主题予以改变。1981年出版了《城市规划原理》（第一版），书名中已经不再有"乡"。接着第二版《城市规划原理》（1991年），第三版《城市规划原理》（2001年），其中绝大多数章节都是将城市作为主要内容，并不断补充西方发达国家城市规划发展理论与技术经验，而乡村规划的这部分内容相对来说不断萎缩。直到2010年第四版《城市规划原理》，虽然书名没有改变,但在内容上出现了对"城乡"的重视❸。

在我国这一城镇化快速发展时期，各地急需城市规划设计和管理方面的高层次人才，促进了城市规划教育规模的大发展。由于高校规划专业毕业生受到市场的普遍欢迎，国内开设城市规划专业的学校数量不断增加。目前，我国有城乡规划类似专业的高校已经达到180多所。相对于城市规划业务市场的蓬勃发展和设计机构与专业人才的聚集，乡村规划受到冷落。

这一时期城市规划学科与设计市场的蓬勃发展，反映在《辞海》中对"城市规划"也十分偏重，而不再出现"城乡规划"的词条。例如，2009年上海辞书出版社出版的《辞海》第六版（彩图版）中，以"城市"起头的词条已经达到46条。除了"城市规划"之外，还增加了诸如"城市化"、"城市集群"、"城市交通"等词条，甚至包括"城市政治学"等一系列内容，反映了城市科学发展之迅猛。而另一方面，以"城乡"起头的只有2条，即"城乡差别"

---

❶ 参见《建筑学报》1958年第10期的同名论文，作者李德华、董鉴泓、臧庆生等。

❷ "城乡规划"这一节的20个词条还包括："城市规划、城市总体规划、城市详细规划、区域规划、卫星城镇、居住密度、建筑密度、街坊、居住小区、贫民窟、自然村、居民点、城市公用设施、红线、市中心、卫生防护带、防护绿带、自然保护区、禁伐禁猎区"，《辞海试行本（第16分册）工程技术》第197~198页。

❸ 第四版《城市规划原理》的目录中，出现了"城乡住区规划"等内容。

不同时期"城(乡)市规划"名词界定或编制目标对照一览表 表1

年份	名词界定或编制目标	来源	特征
1961	"城乡规划":对城市和乡镇的建设发展、建筑和工程建设等所作的规划	《辞海试行本(第16分册)工程技术》第一版	对"城"和"乡"的研究与规划同等对待。"城市规划"即"城乡规划"
1990	编制目标:为了确定城市的规模和发展方向,实现城市的经济和社会发展目标,合理地制定城市规划和进行城市建设,适应社会主义现代化建设的需要,制定本法	《中华人民共和国城市规划法》1990年4月1日实施	关注城市发展,未考虑城乡协调和统筹
2006	"城市规划":是政府调控城市空间资源、指导城乡发展与建设、维护社会公平、保障公共安全和公众利益的重要公共政策之一	《城市规划编制办法》2006年4月1日施行	重新重视城乡关系,把"城"和"乡"作为共同的规划对象予以指导
2008	编制目标:为了加强城乡规划管理,协调城乡空间布局,改善人居环境,促进城乡经济社会全面协调可持续发展,制定本法。本法所称"城乡规划",包括城镇体系规划、城市规划、镇规划、乡规划和村庄规划	《中华人民共和国城乡规划法》2008年1月1日实施	确立城、乡协调统筹和可持续发展目标
2009	"城市规划":对一定时期内城市的经济和社会发展、土地利用、空间布局以及各项建设的综合部署、具体安排和实施管理	《辞海》第六版(彩图版)	辞海条目编写尚未及时更新,反映出城镇化快速发展时期以来过于注重城市发展,城乡差别加剧

资料来源:作者自绘。

和"城乡居民最低生活保障制度"❶。这个现象反映出我国城镇化发展过程中城市快速增长的实际状况,也从一个侧面反映了我国城、乡之间的重大差别。

2.3 "城乡规划"一词的回归

如今,"城乡规划"又重回对专业和学科的表述,这是一个历史性的回归。我国快速城镇化进程中的城市发展和繁荣,一方面是城镇化的必然结果,另一方面也使得我国乡村资源和环境付出了巨大代价。城镇大发展对乡村地域的建筑材料、能源、土地资源、水环境,以及年轻劳动力的需求,使得我国广袤农村经历了并仍然经历着资源性"洗劫"。事实上,相对于城市的高速发展和市场繁荣,我国一些地区乡村自然环境和生活环境却在每况愈下,环境灾害和污染威胁日益严峻。对此,国家层面曾多次发文要求各地采取有效措施,并出台一系列城市规划和管理规范和条例。例如近些年中央提出"以工补农、反哺农村"、"社会主义新农村建设"等一系列方针等,正是针对我国"农业、农村和农民"的"三农"问题所提出的改革。过去30多年的城镇化发展的历史经验教训对城乡规划学科发展的重要启示是:"城市"和"乡村"不可分割看待,"城"和"乡"应相提并论、城乡发展必须统筹协调、实现可持续发展(表1)。

3 "城乡规划学"若干基本问题的认识

3.1 "城乡规划学"学科的科学性

纵观人类发展历史,人类聚居行为在土地使用和空间上的活动轨迹具体一定的规律性。这是因为,作为个体的人的生物性规律支撑并影响了一定规模群体的活动规律,而若干群体所形成更大群体的集体行为仍然携带着这样的生物性规律。人类不断发展的技术水平使得群体活动的频率和范围加快加大,而群体的文化偏好和社会组织方式使得群体活动的内容不断丰富并具有多样性。无论是达尔文在《物种起源》中所揭示的作为生物进化动力的自然选择所展示的竞争性,还是克鲁泡特金在《互助论》中所揭示的人类活动的互助性特征❷,都是人类聚居活动所体现的规律。从西方早期爱斯基摩人的"围屋"到后来的市民广场,从我国早期先民聚落的特征到后来《周礼考工记》的皇城布局,人类聚居活动

---

❶ 参见《辞海》(第六版彩图本,上海辞书出版社2009)第0287~0289页。

❷ 参见陈敏"竞争与互助:进化的两个要素"中关于克鲁泡金特《互助论》对于人类进化的重要作用,参见《书评》,1988。

在土地使用和空间上呈现了特定的社会、经济和文化属性。换言之，只要人类的生物性和社会性规律存在，并且只要人类还是那样的四肢和身高、衣食住行和七情六欲，那么人类在物质环境中的各种活动就具有一定的规律性。城乡规划学就是要研究、揭示、认识和解释人类聚居活动的集体行为在城乡土地使用和空间发展过程中的规律性，并通过规划途径使之更为合理地符合人类自身发展的需要，并实现可持续发展。这应当成为城乡规划学学科发展的思想基础内核之一。

3.2 "城乡规划学"学科的价值观

近代城乡规划学思想体系中的价值观从一开始就基于规划的公平和公正。早在1850年，开始于英国的"乌托邦"社会理想主义运动，开创了城乡规划实践运动的先河，将人居环境的规划建设作为实现美好社会理想的实践，体现社会的公平性原则和人本主义的思想内涵。针对19世纪末城市居民生活条件和卫生状况恶化的社会现实，霍华德（Ebenezer Howard）对当时的土地所有制、税收、贫困、城市膨胀等社会问题进行调查研究，提出了"田园城市"理想城市的图式（1898年），目标是更广泛地使社会大众生活在更加美好的城乡环境中。这一图式把城和乡结合起来作为一个整体进行研究，构建了比较完整的城乡规划思想体系。

城乡规划学的公平和公正性贯穿了学科发展的百年历程。在第二次世界大战之后，西方社会面临重塑社会秩序的重任。面对来自社会底层权益和要求，城市规划的"社会批判"成为当时的主要特征。例如 Paul Davidoff "规划的倡导性与多元性"（1965）提出的关于城市规划公众参与的观点，之后 Sherry Arnstein "市民参与决策的阶梯"（1969），成为西方社会关于市民参与规划决策的早期重要的理论观点。之后 David Harvey、Manuel Castells 等为代表的新马克思主要学派成为倡导社会公平、公正规划的理论旗手。1980年代之后西方社会经济的迅猛发展，使得人们更多关注公共资源、公共财产投资和利用的公平性，乃至城市空间公平，社会利益和社区利益抬头。至今，社会公平、公正等人本主义思想已经作为城乡规划思想发展的基本主线之一，是城乡规划学科及其实践存在和发展的重要基础。

从我国城乡规划的发展来看，规划的公平和公正始终是其发展的主线。作为"维护社会公平、保障公共安全和公众利益的重要公共政策"，政府通过城乡规划途径，实现城乡空间资源使用社会公平、公正，促进城乡可持续发展。对于城乡规划学这门学科来说，规划的公平、公正是它存在和发展的基础。这恐怕也是城乡规划学作为一级学科有别于建筑学和风景园林学等一级学科的重要特征之一。这是因为，建筑学毕业之后的职业服务对象可以是政府部门或者私营部门。对于私营业主委托的建筑设计项目来说，建筑师可以不管业主是否是"好人"，是否从事"正当职业"，只要有项目委托，他可以尽可能满足业主的喜好而完成设计合同。他甚至可能会为业主争取更多的开发利益而利用自己的专业知识去钻法规和规范的空子。而这样做，建筑师并没有错。而城乡规划学毕业之后从事的工作，必须具备维持规划公平、公正的知识和能力，使得规划途径、实施过程和结果应符合社会公平、公正的基本准则。"公正性"能力成为规划师6大核心能力之一❶。城乡规划学的公平、公正的价值观及其相应的规划素养，将贯穿于学科的基本知识结构和课程体系。

3.3 "城乡规划学"学科的理论基础

我国1978年改革开放之后，城乡规划建设如火如荼的实践，在规划界开展了卓有成效的理论研究和实践探索，逐步形成了丰富的研究成果。其中影响最为广泛和权威的是著名规划学者吴良镛先生提出的《人居环境科学导论》。吴先生在系统研究了希腊学者"人类聚居学"的基础上，结合国情创建了我国城乡规划学的理论体系，为学科发展奠定了基石。

从国内已有的文献资料来看，希腊学者道萨迪亚斯（C.A.Doxiadis）针对人类聚居活动的规律第一次较为系统完整地构建了的人类聚居学（"Ekistics"）的框架。尽管他认为"自己所做的工作只是重新发现和恢复这门'古老的学科'"❷，但是，他实际上创造性地总结了人类聚

---

❶ 美国《城市土地使用规划》（原著第五版）指出规划师的6大核心能力为："前瞻性、综合能力、技术能力、公正性、共识建构能力、创新能力"。参见《城市土地使用规划》，第29页，参考文献[6]。

❷ 吴良镛《人居环境科学导论》，第235页，参见参考文献[4]。

居的"自然、人类、社会、建筑、支撑网络"这5种基本要素❶并阐释了这一宏大系统理论的结构和内涵。其所构建的理论框架和内涵的深度和广度,对当代城乡规划学科的理论和实践仍然具有较好的指导作用。1990年代,吴良镛院士在此理论框架的影响下,发展并创建了中国式的"人居环境科学",提出了人居环境的"自然系统、人类系统、居住系统、支撑系统和社会系统"等五大系统,并构建了五大系统的结构模型和人居环境科学研究基本框架❷。在此基础上,他提出了"全球、区域、城市、社区和建筑"5大地理空间层次,并遵循"生态、经济、技术、社会和文化艺术"5大构建原则。同时,这一体系学说的构建并不囿于理论层面,而是指向"研究领域、解决方案和行动纲领",即"面向实际问题,有目的、有重点地运用相关学科成果,进行融贯的综合研究,探讨可能的目标","分析、选择适合地区条件的解决方案与行动纲领"。因此,人居环境科学理论构建了当今我国城乡规划学学科的理论体系,对我国城乡规划建设将进一步发挥科学指导作用。

城乡规划学一级学科的理论框架可以汲取Godschalk在2004年提出的"可持续发展永续棱锥"的思想。它被收录到伯克主编《城市土地使用规划》一书❸,作为规划理论构建的经典模式(图1)。这一棱锥底座三角形的三个角所代表的"经济发展、生态环境和社会公平"是其顶端"城乡宜居"的三个基本支撑。可持续发展的城乡宜居是基于经济、社会和生态三者动态、协调发展基础上的城乡统筹规划建设目标。因此,经济发展理论、生态环境理论和社会公平理论是城乡规划学理论框架的基础内容,城乡宜居的空间规划建设理论是城乡规划学理论框架的核心内容。上述三大板块基础内容将指向学科的专业基础课程,而理论框架的核心内容则指向学科的专业核心课程。

4 学科建设的几点建议

4.1 加强一级学科下的二级学科支撑作用

当前我国"城乡规划学"还需要对学科内容本身进行广泛和深入的实践探索和理论总结,应将城、乡统筹考虑、有机融合,而不能生硬地将城、乡叠加。对照发达国家相关经验和教训,切实结合本国国情,加强二级学科建设对一级学科的支撑和建设,夯实一级学科之基

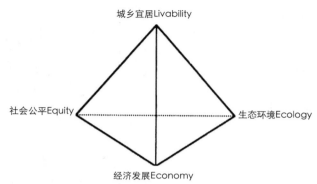

图1 "可持续发展的永续棱锥"模式图
资料来源:《城市土地使用规划》,见参考文献6,此图中文为作者添加。

础。此外,在实践探索一段时期之后,还有必要根据学科建设研究的成果,及时调整、完善关于二级学科的结构和名称,使之更符合学科自身发展的实际。

4.2 建立不同背景规划专业的共同平台

我国高校现有开设城市(乡)规划的学科背景比较多元,例如建筑学背景、地理学背景、经济学背景、管理学背景等多方面。来自多元背景的学校办学条件不一,师资结构各异,各自发挥特色所长,对专业人才的知识结构各有诠释。虽然这有利于学科的外延拓展,但同时亟待建构共同平台以确定专业人才的知识结构,规范学科和人才培养标准。全国专业指导委员会应进一步完善"城乡规划学"学科发展导向下的专业人才知识结构培养标准。专业知识结构的共同平台,将有利于不同学科背景办学"求同存异",并指导专业课程体系的建设。

4.3 构建规划专业课程体系的基本框架

在上述共同平台的指导下,全国专业指导委员会应进一步完善课程建设标准。原有"城市规划"下的

---

❶ 吴良镛《人居环境科学导论》第230页,参见参考文献(4)。
❷ 吴良镛《人居环境科学导论》第40页、第71页框架图,参见参考文献(4)。
❸ 美国《城市土地使用规划》(原著第五版),原著第40页。

课程体系应根据当前"城乡规划学"一级学科建设进行研究确定。把对"城、乡"整体规划思想落实到相应的课程内容建设之中。规划专业课程体系也应遵循"求同存异"的原则,确定课程体系建设中的层次,如"必修课程"和"选修课程",或者建立"核心课程"或"拓展课程"等。

4.4 颁布专业设立的准入制度

由于市场对城市(乡)规划专业人才的急迫需求,我国各地规划专业办学数量急速膨胀。办学条件相差很大,毕业生质量良莠不齐。大量低质量的专业毕业生进入市场,将造成大量低质量的规划方案并实施。这对于规划学科和专业本身来说是一种危害,长期下去,将导致自断其路、自我毁灭。因此,应在"城乡规划学"一级学科的发展目标指导下,建立规划专业设立的"准入制度",并通过国家层面相关部门联合予以颁布实施,来约束地方政府面对市场需求而不顾办学条件的短期行为。对此,全国专业评估委员会应确立基于"准入制度"的评估标准。评估办学不是"评优",而是"评差"。评定新申请设立办学的准入条件,评出不符合办学条件的学校予以停止招生,建立退出机制。这样,才能推进学科的可持续发展。

主要参考文献

[1] 李德华,董鉴泓."城市规划专业45年的足迹",四十五年精粹——同济大学城市规划专业纪念专集.北京:中国建筑工业出版社,1997.

[2] 中华书局辞海编辑所.辞海试行本第16分册工程技术(第一版).北京:中华书局,1961,10.

[3] 辞海(第六版彩图本).上海:上海辞书出版社,2009.

[4] 吴良镛.人居环境科学导论.北京:中国建筑工业出版社,2001.

[5] 沈清基.论城乡规划学学科生命力[J].城市规划学刊,2012,4.

[6] (美)菲利普.伯克等,吴志强译制组.城市土地使用规划(原著第五版).北京:中国建筑工业出版社,2009.

[7] Richard T. LeGates & Frederic Stout (Ed.), The City Reader (second edition), Routledge Press, 2000:240-241.

[8] 赵民,林华.我国城市规划教育的发展及其制度化环境建设[J].城市规划汇刊,2001,6:48-51.

[9] 石楠.城市规划科学性源于科学的规划实践[J].城市规划,2003,2:82.

[10] 赵民.在市场经济下进一步推进我国城市规划学科的发展[J].城市规划汇刊,2004,5:29-30.

[11] 邹兵.关于城市规划学科性质的认识及其发展方向的思考[J].城市规划学刊,2005,1:28-30.

[12] 赵万民,王纪武.中国城市规划学科重点发展领域的若干思考[J].城市规划学刊,2005,5:35-37.

[13] 邹德慈.什么是城市规划[J].城市规划,2005,11:23-28.

[14] 冯纪忠.中国第一个城市规划专业的诞生[J].城市规划学刊,2005,6:1.

[15] 段进,李志明.城市规划的职业认同与学科发展的知识领域——对城市规划学科本体问题的再探讨[J].城市规划学刊,2005,6:59-63.

[16] 吴志强,于泓.城市规划学科的发展方向[J].城市规划学刊,2005,6:2-10.

[17] 孙施文.城市规划不能承受之重——城市规划的价值观之辩[J].城市规划学刊,2006,1:11-17.

[18] 余建忠.政府职能转变与城乡规划公共属性回归——谈城乡规划面临的挑战与改革[J].城市规划,2006,2:26-30.

[19] 赵民,赵蔚.推进城市规划学科发展 加强城市规划专业建设[J].国际城市规划,2009,1:25-29.

[20] 罗震东.科学转型视角下的中国城乡规划学科建设元思考[J].城市规划学刊,2012,2:54-60.

[21] 沈清基.论城乡规划学学科生命力[J].城市规划学刊,2012,4:12-21.

[22] 杨俊宴.城市规划师能力结构的雷达圈层模型研究——基于一级学科的视角[J].城市规划,2012,12:91-96.

Enlightenment of Urban Rural Discipline Process and Cognition of Several Basic Issues

Yang Guiqing

Abstract: As a study of revealing the law of urban-rural development and achieving sustainable development in urban and rural areas through ways of planning, "Study of urban and rural planning" has its own scientificity. Social equity and justice constitute the core values of ideological development of urban and rural planning. As an important basis of today's China urban-rural study system, scientific theory of human settlement of urban and rural planning will further play a scientifically guiding role in the future construction of urban and rural planning in our country. The current constructions to discipline should be strengthening the supportive effects of the secondary level disciplines to the first level discipline, forming a common and basic platform to planning majors with different backgrounds, building the basic framework of planning major curriculum system, and urgently set up an major-established access system and so on.

Key Words: Study of urban and rural planning, Scientificity, Core values, Theoretical basis, Teaching of planning

由可持续到繁荣的社会革新
——城乡可持续发展的规划教育探讨

赵 蔚

摘 要：当前我国城镇化正处于由量到质的转型时期，城乡发展向着更为理性可持续的方向前行。处于技术相对发达、经济扁平化且环境资源紧张的中国城镇化，面对众多的人口，可持续基础上的社会革新与繁荣应当成为城乡发展共同的目标。同时，现代城市规划学科伴随着城镇化的发展不断前行，规划教育需要随着社会发展的需要及时调整以跟进这一过程。本文在分析我国城镇化阶段的基础上，结合当前的规划教育，提出基于城乡统筹、社会革新与繁荣的规划教育可持续发展理念，从"城市规划"至"城乡规划"，探讨规划专业教育在价值观、知识体系、专业素质的转变及相应的课程调整。

关键词：社会革新，规划教育，可持续，繁荣

1 引言：当前我国城乡发展面临的转型

城镇化是一个双向的过程。因技术和生产力的提高而引起劳动力向城镇集聚，工业革命以来的这一过程备受关注；同样因技术和环境压力引起的人口向乡村疏散、内城衰退过程，在城镇化发展成熟的欧美发达国家和地区也引起了重视。

改革开放以来，我国的城镇化一直处于上升通道，当前正处于快速阶段的转折点上，前一阶段的快速城镇化增长带来的集聚效应将在下一阶段消化。新中国成立初我国城镇化率仅为10.64%，前三十年城镇化进程缓慢，总共增长7.28%。至1978年，城镇化率为17.92%。改革开放后中国新一轮城镇化进程于1978年启动并开始加速，1978年至1998年的二十年间城镇化率增长了12.48%，并于1998年突破30%，达到30.4%，由此我国开始进入快速城镇化发展通道（见表1、图1）。理论上，快速城镇化阶段对应于城镇化中期，即30%~70%区段。这一区段上，城乡区域间的结构性变化最为剧烈（Ray. M. Northam，1979）。对城镇化增长率与城市空间结构演变特征的研究显示，以城镇化增长率作为衡量标准，从增长率递增段向递减段过渡的过程中存在递增与递减的拐点❶（一般国际经验认为拐点对应的城镇化率为50%~60%，图2、图3），即拐点A之前城镇化呈现要素集聚的趋势，而之后则呈现要素扩散趋势。

1949-2009中国城镇化进程　　　　表1

年份	1949	1959	1969	1979	1989	1999	2009
城镇化率（%）	10.64	18.41	17.5	19.99	26.21	30.89	46.59
城镇化速度（%/年）	—	0.78	-0.09	0.25	0.62	0.47	0.62

注：城镇化速度（%/年）=（第N年城镇化率—第N-i年城镇化率）/i，i为两项城镇化率间相距的年数，本表中i=10。
资料来源：根据国家统计局《中华人民共和国国民经济和社会发展统计公报》、《全国城市环境管理与综合整治年度报告》公布数据整理。

近十多年来我国城市发展总体处于城镇化率拐点出现之前、以要素集聚为特征的阶段。一方面表现在原有中心城区以土地功能置换、提高土地价格和开发强度为导向的内城更新；另一方面则集中在城市边缘的半城镇化地区，以新区（或开发区）为载体的新开发建设上。

---

❶ 即在拐点之前，城镇化以递增的速度发展、城市空间资源集聚趋势明显，而拐点之后城镇化以递减的速度发展、城市空间要素扩散趋势增强。

赵　蔚：同济大学城市规划学院城市规划系讲师

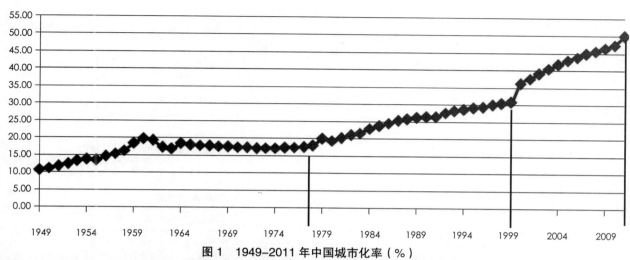

图1　1949-2011年中国城市化率（％）

资料来源：根据国家统计局《中华人民共和国国民经济和社会发展统计公报》、《全国城市环境管理与综合整治年度报告》公布数据整理。

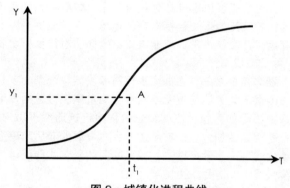

图2　城镇化进程曲线

资料来源：杨波、朱道才、景治中，2006

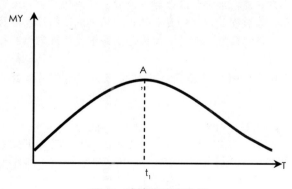

图3　城镇化速度曲线

资料来源：杨波、朱道才、景治中，2006

据中科院发布的《中国新型城镇化报告2012》，中国城镇化率于2011年首次突破50%❶，意味着我国的城镇化开始出现结构性转变，未来城镇发展将从要素集聚逐步转向要素扩散，这一螺旋上升式的转变带来的是从量到质的变化，加速城镇化不再成为主流。

长期以来，我国的城镇化偏重于城镇发展，规划的重点在城市。原《城市规划法》及配套条例办法和标准基本针对城市（包括市、县政府所在地的镇）的规划编制与管理，对镇乡一级的指导基本通过各级城镇体系对乡镇布局和功能进行统筹。乡村（县驻镇以外的建制镇、集镇、村庄）的规划是通过《村镇规划编制办法》、《镇规划标准》，以及建制镇、村庄和集镇规划建设管理办法和条例来指导的，城乡两元关系非常明显。镇乡一级的规划直至2008年《城乡规划法》颁布实施后才确立地位及内容❷。现行《城乡规划法》基本覆盖了城乡所有

---

❶ 牛文元主编，中国新型城镇化报告2012，科学出版社，2012.9。相对于中科院报告发布的数据，国家统计局的数据相对保守一些，2011年的城镇化率为47%。

❷ 住建部于2010年11月出台《镇（乡）域规划导则（试行）》，对镇乡一级规划编制与管理进行指导。《镇（乡）域规划导则（试行）》对镇域和乡域规划编制审批做了指导，加强了乡镇层面的指导力度，为镇规划和乡规划的内容提出了村镇体系层面的指导。

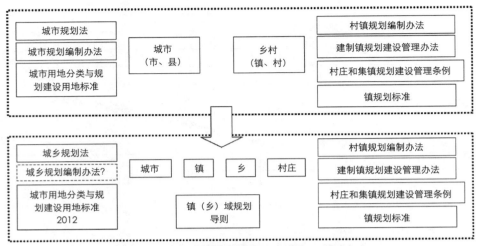

图4 城乡规划法颁布实施前后规划体系对应关系

的建设类型,将城市、镇、乡、村庄规划明确列出,并在城乡规划法中对每类规划做了相应的规定,并且2012年施行的新的用地分类标准也对城乡用地做了相应的类型划分。城乡两元格局的打破意味着我国城镇发展的重点从城市转向城乡统筹。

2 规划教育理念的转变:城镇化-社会革新-可持续和繁荣

社会进步是城镇化持续推进的本质目标,作为社会应用学科的城乡规划学应针对上述转变需转变教育理念,以适应社会革新和进步的需求。众多业界学者和专家对此有自己的见解❶,综合起来有以下几点共识观点供参考:

理念转变之一,城乡规划不分离,强调城乡统筹一体。相对于传统城市规划教育,"城乡规划学"所承载的意涵很明显,需要将城和乡统筹考虑纳入到规划教育中,建立城乡一体的系统教育概念(吴长福,2013)。

理念转变之二,强调尊重乡村发展的自在规律和特殊性。乡村规划目前大家都处在熟悉和摸索的阶段,相比而言,之前规划的专业人员和职业教育都以城市为主。目前我国城市规划专业的学生大多来自城市❷,绝大部分学生对乡村的生产方式及空间格局没有直观认知,而目前的规划教育课程体系中对乡村部分的内容也相对薄弱。乡村一直处于从属地位,因此需要在规划教育中加强对乡村的认识和基础工作(如认知、调研等),切实了解乡村的实际情况(包括自然、地理、人文、生态等)、体制运行及发展需求,而非以城市的标准对待乡村发展(张兵,2013)。

理念转变之三,强调城乡可持续发展与繁荣。乡村成为国家政策关注的重点表明乡村的发展在过去的发展阶段中不尽如人意,在城镇化进程中远远滞后于城市,城乡差距日益加大。如前所述,乡村发展的滞后阻碍了城镇化的进一步健康推进,城乡共同的繁荣才能促进可持续城镇化(赵民,2013)。

理念转变之四,强调规划的民主和公平性。规划的民主公开公平是当前社会的发展趋势。因此,除了传统调研方式外,加强公众参与,充分掌握乡村实际,进行公众参与过程及程序的专业教育和培训,以帮助反映实情、实景和实地,畅通信息传达的渠道,使规划真实符合乡村发展。

城乡统筹的实质目标指向是城镇化的可持续健康

---

❶ 乡村规划与规划教育,城市规划学刊,2013,3;乡村规划:2012年同济大学城市规划专业乡村规划设计教学实践,同济大学建筑与城市规划学院、上海同济城市规划设计研究院、西宁市城乡规划局编,中国建筑工业出版社,2013.

❷ 据笔者不完全调查,同济大学城市规划专业的本科学生中(以2010级为例),95.4%的学生来自城市(非农户籍)。

发展，规划教育亦然。城乡本属一体，当前我国的城镇化集聚过程与以前欧美发达国家和地区的城镇化集聚过程所处的时代背景和科技水平不同，集聚的速度差别巨大。传统城镇化的主要动因在于传统农业技术落后、生产力低下，边际生产率为零的大量农村剩余劳动力转化为城镇劳动力；我国当前所处的城镇化是在科技相对发达的条件下，农业技术与工业技术水平都大幅提升，农村剩余劳动力转化的途径和去向不再唯一，既可以向城镇工业部门转移，也可以向乡镇现代农业部门转移。同时，我国当前所处的全球化时代，以及面临的问题等与西方发达国家和地区快速城市化阶段所遇到的情况有所区别，也与拉美地区过度城镇化不同：我国的城镇化需要面对更大规模的人口、更紧缺的资源、更脆弱的生态环境、更悬殊的地区差异（经济、社会等）；并且在全球经济不景气的条件下，我国城镇化所依托的动力更主要的依赖于内生需求的增长。

近十几年来，可持续发展在各方面的尝试和努力对城镇质量的提升无疑起到了积极作用。可持续在理论上使我们的城镇避免衰落，然而仅仅避免衰退远远不够，我们需要更好更繁荣的发展。始于1980年代的可持续发展研究主要集中在两个方面，一是关于南北分歧。可持续关注点在全球范围分为两大阵营：一方面是关注环境污染问题的全球化北派（Global North）；另一方面是关注贫困和刺激经济增长问题的全球化南派（Global South）。为使这两派主张在国际政策上能够协调，当时的可持续研究将重点放在了如何协调国际政治的共同利益发展上。第二个方面关注的是可持续的尺度问题，也分为全球视野和地方实施两个方向。认为必须以在社区层面的日常生活中能体验到可持续发展带来的成效为准，由此，出现了以城镇可持续发展为动因的地方可持续议程，并在1990年成立了地方环境国际委员会（ICLEI，International Council for Local Environmental Initiatives）。现今，出现了第三个方面的可持续发展政策——技术革新带来的可持续问题，聚焦于节能减排的新技术。对此，联合国等全球组织认为只有实现以社会转变为基础（如教育和人力资源投资）的策略，可持续发展才能真正得以贯彻，由此，可持续从技术革新转变为社会革新。

从健康可持续角度来看，城镇化并非程度越高越好，也非速度越快越好，城乡均衡发展的可持续推进应当成为城镇化良性发展的方向。据西方发达国家和地区的城镇化历程和经验，拐点之后的城镇化重点由规模、速度、总量等向人的提升和发展、环境资源、城乡关系等质量方面转型，产业结构升级和服务化趋势明显，人口素质（包括受教育程度和专业技能等）提高，城镇生活质量提升。我国在经济增长的同时，如何实现社会革新，使民能够公平合理的分享经济增长的成果，实现"包容性增长"❶，促进社会公平，是当前我国可持续和繁荣的城镇化发展的重要目标和内容。因此，城镇化不能脱离、更不能剥削乡村的发展机遇，如何使农村城镇化人口在城镇安居乐业，真正实现市民化成为新型城镇化的突破口。❷

3 专业课程体系的调整

由此，从"城市规划"转向"城乡规划"，规划专业教育需要及时完成价值观、知识体系、专业素质的转变提升及相应的课程调整。首先需要建立系统而理性的价值观。作为公共利益代表的公共政策制定，规划教育应避免套用既有的城市本位价值观来应对城乡关系，尤其是乡村的建设和发展，应从城市本位的价值观转变为城乡共同繁荣的价值观，以促进社会革新；其次在知识体系架构和专业组织培养方面有所完善；并在此基础上根据专业背景和特色调整课程体系。

4 结语：规划教育的持续革新

乡村作为城市发展的腹地，一直以来重视有余而支撑不足。处于技术相对发达、经济扁平化且环境资源紧张的中国城镇化，面对众多的人口，可持续基础上的社会革新与繁荣应当成为城乡发展共同的目标。同时，现代城市规划学科伴随着城镇化的发展不断前行，规划教

---

❶ 2007年亚洲开发银行提出：有效的包容性增长战略需要集中于能创造出生产性就业岗位的高增长、能确保机遇平等的社会包容性以及能减少风险，并能给最弱势群体带来缓冲的社会安全网。

❷ http://finance.sina.com.cn/roll/20130118/030114323764.shtml 经济参考报，生活服务业可成为城镇化突破口。

规划知识体系基本要求 表2

类别	内容	转型思考
基础知识	☆ 逻辑学、辩证法 ☆ 社会主义市场经济建设和法制建设 ☆ 高等数学 ☆ 测量学和地图学 ☆ 工程地质和水文地质 ☆ 地理学 ☆ 城市经济学和土地经济学 ☆ 城市社会学 ☆ 生态学和城市环境保护 ☆ 城市规划系统工程学原理和方法 ☆ 计算机和GIS技术 ☆ 外语（一门）	在经济学、社会学、生态环境保护及系统工程方面加强城乡统筹及乡村方面的内容
专业理论知识	☆ 规划与设计的理论和方法 ☆ 城市道路与综合交通系统规划 ☆ 市政工程设施系统规划 ☆ 风景园林与景观规划 ☆ 城市发展、更新与保护 ☆ 城市规划的编制审批程序、城市规划管理 ☆ 城市规划法规和技术规范 ☆ 区域规划	专项规划方面强调城乡一体； 管理与法规方面根据国家的改革内容及方向将乡村纳入
相关知识	☆ 中外建筑历史 ☆ 建筑设计的基本知识 ☆ 园林植物和造园工程基本知识 ☆ 城市开发和房地产一般知识 ☆ 土地利用的基本理论和方法 ☆ 人口学基本知识 ☆ 美学一般知识 ☆ 城市管理学和行政法学一般知识 ☆ 建设项目计划管理一般知识 ☆ 城市防灾减灾学一般知识 ☆ 城市科学研究前沿知识	增加乡村发展及城乡关系的内容

资料来源：《全国高等学校土建类专业本科教育培养目标和培养方案及主干课程教学基本要求（城市规划专业）》，高等学校土建学科教学指导委员会城市规划专业指导委员会 编制，中国建筑工业出版社，2004.

规划专业素质要求 表3

类别	内容	转型思考
规划编制和管理能力	具有编制城市总体规划、详细规划的能力	加强城乡区域协调及乡村规划内容
	具有城市设计的基本能力	
	具有风景园林与景观规划的基本能力	
	具有参与编制城市与区域发展的其他物质性规划和经济社会发展规划的基本能力	
	具有从事城市规划管理的基本能力	
交往表达能力	具有运用图纸（模型）、文字和口头表达规划与设计意图的能力	
	具有从事规划工作的阻止协调和社会交往的能力	

续表

类别	内容	转型思考
调查分析和研究能力	具有通过观察、访谈及问卷等形式进行数据和资料收集的能力	
	具有运用定性、定量方法对各类数据和资料进行综合分析、预测和评价的能力	
	具有对规划及其相关问题进行研究并提出对策的基本能力	
外语应用能力	具有运用一门外语，阅读本专业外文书刊、技术资料的基本能力	
计算机应用能力	具有应用计算机辅助规划设计的能力	
	具有应用计算机进行数据处理、分析、表达等的基本能力	
自学能力	具有利用各种途径获得本专业和相关领域发展的信息，及通过自身努力不断拓展和更新知识，并不断提高专业水平的能力	

资料来源：《全国高等学校土建类专业本科教育培养目标和培养方案及主干课程教学基本要求（城市规划专业）》，高等学校土建学科教学指导委员会城市规划专业指导委员会 编制，中国建筑工业出版社，2004.

课程设置及调整方向　　　　　　　　　　　　　　　　　　　　　　　表4

类别	课程		调整空间
专业基础课	城市规划初步 城市规划原理 中外城市发展与规划史 建筑设计概论与初步 城市设计概论 景观设计概论 城市环境与城市生态学 城市地理学 城市社会学 城市经济学 城市规划系统工程学 美术 专业外语		增加城乡发展的历史和专业基础教育内容；在已有的核心课程中加强对城乡关系的认识
专业课	城市总体规划（课程设计） 区域规划概论 建筑设计（课程设计或评析） 城市设计（课程设计或评析） 详细规划（课程设计） 风景园林规划与设计（课程设计或评析） 城市道路与交通 城市工程系统规划 城市规划管理和法规		与《城乡规划法》相对应，增加乡规划和村庄规划内容
选择课	社会经济类	城市科学概论 人文地理学 经济地理学 人口学 社区建设 房地产经济导论 工程经济学 建设项目可行性研究 城市研究专题	可增设或加强乡村经济、社会等方面的内容

续表

类别		课程	调整空间
选择课	建筑与土木工程类	中外建筑历史与理论 建筑技术概论 画法几何与阴影透视 工程地质与水文地质 测量与地图学 交通运输学 村镇规划与建设（含课程设计）	
	景观、环境工程类	自然植被与园林植物学 景观与园林工程学 中外园林史 游憩学 自然地理学 城市环境物理 城市环境保护	增设乡村景观、保护方面的内容
	规划技术类	计算机辅助技术（规划CAD） 决策科学与规划方法论 数理统计学 社会调查研究方法 地理信息系统 遥感技术应用 公共关系学 公文写作	
教学实践环节		美术实习 城市认识实习 规划设计与综合社会实践毕业设计（论文）	加强乡村认识与调研环节或内容

注：▢ 核心课程.

资料来源：《全国高等学校土建类专业本科教育培养目标和培养方案及主干课程教学基本要求（城市规划专业）》，高等学校土建学科教学指导委员会城市规划专业指导委员会 编制，中国建筑工业出版社，2004.

育需要随着社会发展的需要及时调整以跟进这一过程。从城乡可持续发展角度，以社会责任为出发点、专业素养培养和专业技能训练结合的规划教育的持续革新是规划教育中永恒的课题。

主要参考文献

［1］ 高等学校土建学科教学指导委员会城市规划专业指导委员会 编，全国高等学校土建类专业本科教育培养目标和培养方案及主干课程教学基本要求（城市规划专业）．北京：中国建筑工业出版社，2004.

［2］ 特约访谈：乡村规划与规划教育（一）．城市规划学刊，2013，3.

［3］ 同济大学建筑与城市规划学院、上海同济城市规划设计研究院、西宁市城乡规划局 编，乡村规划——2012年同济大学城市规划专业乡村规划设计教学实践．北京：中国建筑工业出版社，2013.

［4］ 杨波，朱道才，景治中．城市化的阶段特征与我国城市化道路的选择．上海经济研究，2006，2.

Beyond Sustainability to Prosperity: Sustainable Development of Planning Education

Zhao Wei

Abstract: The current urbanization in China is based on developed technology, flattening economic and environment deterioration, which is in the transition period from quantity to quality. Urban and rural sustainable development is towards a more rational direction. Sustainable social innovation and prosperity should be a common goal of the urban and rural development. Meanwhile, the modern urban planning goes on with the development of urbanization, planning education should be follow the process of the social development. Based on the analysis of China's urbanization stage and current planning education, the paper proposed that social innovation and sustainable planning education should combine urban and rural plan as a whole. From "urban planning" to "urban and rural planning", the author discusses values, knowledge system, the transition of the professional quality and the corresponding adjustment on courses in planning and professional education.

Key Words: Social innovation, planning education, sustainable, prosperous

城乡规划一级学科评估的国内外比较与思考

唐 燕

摘 要：论文在对比分析《新闻与世界报道》、《泰晤士报》、《普林斯顿评论》和《设计智慧》这些国外典型的高校学科评估和排名系统的数据来源、评价方法、体系特色等的基础上，回顾和思考了教育部学位中心组织的城乡规划一级学科评估在方法、指标和程序等方面的经验得失，以探讨学科评估对我国城乡规划院校的未来发展可能带来的潜在影响。

关键词：城乡规划，一级学科，评估，排名，比较

自《美国新闻与世界报道》于1983年推出世界上第一份全美大学排行榜开始，高等院校的评估及排名问题越来越为社会各界所关注。尽管仁者见仁、智者见智，由国内外不同组织机构逐年发布的形形色色的大学排名，已经成为学生择校、高校建设、科研定向等的重要参考依据。在我国，大学的评估和排名最早可追叙到1987年[1]，1990年代后以"上海交通大学"、"广研院"、"网大"、"校友会"等团体公布的大学排名最具影响力。2002年以来，"教育部学位与研究生教育发展中心（以下简称：教育部学位中心）"以相对官方和正式的形式，对国内具有研究生培养和学位授予资格的一级学科组织开展整体水平评估，并依据评估结果进行聚类排位——这可谓是对前述民间排名体系的一次挑战和修订[2]。

2012年，在教育部学位中心组织的第三轮评估中，具有建筑、城乡规划和风景园林三个一级学科硕士培养资格的各大高校被纳入评价体系，其评估排名结果的公布如一石激起千层浪，引发出了广泛的社会关注和各界讨论。因此，论文在对比分析国内外典型大学排名系统的数据来源、评价方法、指标特色和社会影响等内容的基础上，思考教育部学位中心组织的一级学科评估在方法、指标和程序等方面的经验得失，并重点评述该评估体系对我国城乡规划院校的未来发展可能造成的多方影响。为加强可比性，文中选取的国外排名系统的例子主要聚焦在本国大学排名而非世界大学排名上，一些侧重研究实力等的特殊评价系统也未被列为考察对象。

1 国外典型大学排名系统的评价方法和特色

《美国新闻与世界报道》（US News and World Report）和英国《泰晤士报》（The Times）历年发布的本国大学排名已经成为全球聚焦的榜单，也是我国诸多大学评估和排名系统学习和借鉴的对象。美国《普林斯顿评论》（The Princeton Review）与这两大排名系统以学校为对象来收集数据并开展评价的做法不同，它推出了另一种建立在学生调查问卷基础上的评估体系，也对学生择校产生了相当的影响。此外，一些特色鲜明的、专门针对建筑类院校开展的专业评估和排名，如《设计智慧》（Design Intelligence）等，则在建立更加有针对性的评价方法和考评点上，为我们提供了不一样的启示。

1.1 《美国新闻与世界报道》的大学评估与排名

最早开展大学排名的《美国新闻与世界报道》（以下简称：《美新》）是一个杂志媒体机构，它每年都会针对美国中学、美国大学和世界大学等发布种类繁多的排名，例如：美国最好的研究生院校、美国最好的本科学校、美国最好的中学、世界最好的学校等。评估内容主要包括"数据指标（客观）"和"同行评议（主观）"两大部分[3]，例如2007年对国内本科生院校的评估指标总共

唐 燕：清华大学建筑与城市研究所副教授

国外典型大学排名系统的评价指标和特色 表1

排名体系	评价体系的一级指标举例	评估特点	排名前3位的院校
《新闻与世界导报》	同行评估、毕业率和持续注册率、教授资源、新生选拔、教育资金、校友捐赠、毕业率履行情况（2007年美国本科生院校排名指标体系）	同时开展"数据指标（客观）"和"同行评议（主观）"评估	哈佛大学；普林斯顿大学；耶鲁大学（2013年美国大学排名）
《泰晤士报高等教育》	学生满意度、研究质量、入学标准、师生比、服务和设施支出、竞争力、声誉、毕业前景（2013年英国大学综合排名指标体系）	具有一定的官方色彩，除关注教学、科研和声誉外，同时考察了学生感受	牛津大学；剑桥大学；伦敦政治经济学院（2013年英国大学排名）
《普林斯顿评论》	入学选择性指标、教师亲和力指标、教师吸引力指标、学术指标、财政资助指标、基本生活条件指标、防火安全指标等（根据排名对象进行有区别的应用）	从学生的角度去审视和评判大学水平	哈佛学院；哥伦比亚大学（纽约）；杨百翰大学（普罗沃）（2012美国最佳图书馆院校排名）
《设计智慧》	学生工作表现、所学知识是否满足专业工作需求等	由用人单位评价雇用的毕业生应对实际工作的能力	哈佛大学；耶鲁大学；哥伦比亚大学（2012年美国最好的研究生建筑院校）

包括7个一级指标：同行评估（25%）、毕业率和持续注册率（20%）、教授资源（15%，如师生比等）、新生选拔（15%）、教育资金（10%）、校友捐赠（5%）、毕业率履行情况（5%）（表1）[4]。从指标的数据获取途径来看，《美新》杂志开展学校评估和排名的一个重要信息来源是联邦政府公开发布的教育数据；另一部分信息则来自于美国各大学主动提供的相关资料。很多学校为了在《美新》排名上抢得一席之地，会依据杂志排名的数据要求设置专门的"院校研究办公室"，并聘请专业人才来进行数据整理和统计以备《美新》之需[4]。对于研究生院校来说，《美新》杂志的评估主要按照学科门类来开展。随着排名体系的不断修订和完善，《美新》杂志还提供了很好的网络平台，便于公众依自己的兴趣来查询某些单项指标的大学排名。

1.2 《泰晤士报》的大学评估与排名

《泰晤士报》发布的英国大学排行榜在教育领域具有相当的权威性，该报从1986年起为英国的大学每年作一次评估和排名，对英国政府、学界、国民以及海外求学者产生了深刻的影响[5]。泰晤士报的分支《泰晤士报高等教育增刊》❶还先后同QS、路透社等组织合作，定期发布广受关注的世界大学排名[6]。名为《优秀大学指南》（Good University Guide）的《泰晤士报》英国大学排名系统，包括了综合排名和分学科排名两部分，它的作用看起来是为了指导学生择校，实际上更是对高校实施的社会监督——这项排名由代表官方的大学拨款委员会（现称大学基金会）来组织评定，因此带上了或多或少的官方色彩[5]。2013年，泰晤士报通过对116所英国高校以及62个专业的学生满意度、研究质量、入学标准、师生比、服务和设施支出、竞争力、声誉、毕业前景8类指标的综合评比，公布了最新一期的大学排名（表1）[7]。《优秀大学指南》的评估指标处于不断地调整和优化中，核心内容包括"输入（入学标准、设施投入等）——过程（师生比、研究质量等）——输出（学生满意度、毕业前景等）"三方面。它与《美新》排名不同，评价体系不仅关注了教学、科研和声誉，还将学生感受置于重要位置上。

1.3 《普林斯顿评论》的大学评估与排名

《普林斯顿评论》以课程评估、教育服务、书籍出版而闻名，它自1992年起开始发布全美最好的大学排名、最好的地方性大学排名❷、最具价值大学排名等，根据评估过程中发放的学生调查问卷的结果，公众还可以获得这些大学的各种各样的特色排名，例如管理最好

---

❶ 现名《泰晤士报高等教育》，2005年被其他公司收购，自2008年改为以杂志的形式发行。

❷ 分美国西部、美国东南部等进行分地区的评估和排名。

的大学、学生最快乐的大学、校园最漂亮的大学等。因此，从学生的角度来审视和评判大学水平是《普林斯顿评论》大学排行榜的突出特点。《普林斯顿评论》在全美2000多所大学收集的评估数据主要来自三方面：根据设定的指标体系要求被评估学校提供数据；通过发布学生调查问卷收集数据[8]；向社会各界（包括教育专家、家长、机构工作人员）收集来的其他反馈信息。显然，与其他大学排名侧重对学校进行教育、科研、设施等硬性数据比较的做法不同，《普林斯顿评论》排名把关注点更多地放在了学生主体、学生感受、学习环境等经常被忽视的隐性因素上，其评价指标体系包括入学选择性、教师亲和力、教师吸引力、学术、财政资助、基本生活条件、防火安全等（表1）[8]。2012年8月《普林斯顿评论》基于对122,000名学生开展的问卷调查，发布了全美"最好的377所大学"排名，并按照学术、饮食情况、政治倾向、社交生活等多个方面实行特色排名[9]。

1.4 《设计智慧》的大学评估与排名

美国建筑行业权威杂志《设计智慧》（Design Intelligence）每年都会公布专门针对美国建筑院校的专业排名。杂志还同期开展美国工业设计学院、室内设计学院、景观设计学院等的排名，并将所有榜单汇编成册子，以《美国最好的建筑和设计院校排名》的形式加以发行，目前已经更新到第14版（2013年版）。《设计智慧》建筑院校排名的评估对象是通过NAAB（美国国家建筑专业认证机构）认证的美国建筑学院，每年提供不超过30所院校的排名和情况通报，其排名结果不仅被学生用作择校的参考，同时获得了学校老师、用人单位等的广泛重视。《设计智慧》排名的评估方法与前面3种迥然不同，它建立在对400多个美国最知名的建筑用人单位进行综合调查的基础上❶，由用人单位去评价在过去5年中，自己雇用的建筑专业研究生/本科生对"实际工作"的准备和应对能力[10]。《设计智慧》理解设计专业的独特性，评价系统更多注重的是人才输出，通过考查学生工作表现、所学知识是否满足专业工作需求等来衡量高校水平，体现了建筑是一项实践工作的理念。

2 我国城乡规划一级学科评估的过程与方法

近些年，我国教育部学位中心按照教育部《学位授予和人才培养学科目录》的学科划分，对各大高校开展的学科评估，实质上是我国首次由权威教育评估中介机构实施的针对我国研究生教育的学科排名活动。自2004年发布第一批学科评估结果开始，教育部学位中心到目前为止已经接收了来自几百家单位的近8000个的学科参评申请❷，其中对城乡规划院校的首次学科评估于2012年完成。

教育部学位中心采用的评估方法同《美新》杂志的排名系统具有一定的相似性，整个评估流程包括"数据采集→数据核实→信息公示→专家问卷调查→结果统计与发布"五个阶段。"2012年的学科评估历时一年，按照自愿申请参评的原则，采用客观评价与主观评价相结合的方式，所需数据由相关政府部门、社会组织公布的公共数据和参评单位报送的材料构成。通过对相关数据的公示、核查，同时还邀请了学科专家、政府部门及企业界人士进行主观评价，在此基础上形成最终评价结果。"[11]

从2012年我国建筑类院校参与评估的情况来看，评估系统根据建筑学、城乡规划学、风景园林学等特色一级学科的特殊性，在通用评价体系的基础上进行了相应的指标调整，设定出一些诸如"设计获奖"等更有学科针对性的特色指标。具体的评估指标及其权重分布参见表2，其中一级指标包括师资队伍与资源（25%）、科学研究（33%）、人才培养（24%）、学科声誉（18%）四大类，下设更细的二级和三级指标。为有效确保高校递交的各项指标的真实性和准确性，评估过程通过制定标准明确合作成果的"归属"、运用系统甄别重复数据、利用公共数据库核查信息准确性、网上公示数据接收各方异议等途径，尽可能地实现了评估数据的透明、公平和公正。

3 我国城乡规划院校一级学科评估的特点分析

教育部学位中心的第三轮学科评估体系充分借鉴和

---

❶ 400多个建筑设计公司为2007年数据。
❷ 第一轮评估于2002~2004年分3次进行（每次评估部分学科），共有229个单位的1366个学科申请参评。第二轮评估于2006~2008年分2次进行，共有331个单位的2369个学科申请参评。2012年第三轮评估在95个一级学科中进行（不含军事学门类），共有391个单位的4235个学科申请参评。

我国城乡规划一级学科评估的指标体系 表2

一级指标	二级指标	末级指标	
指标名称	指标名称	指标名称	参考权重
I- 师资队伍与资源 25%	专家团队 13%	I-1 专家团队	13%
	师生情况 4%	I-2 生师比	2%
		I-3 专职教师总数	2%
	学科资源 8%	I-4 重点学科数	4%
		I-5 重点实验室、基地、中心数	4%
II- 科学研究 33%	学术论文 8%	II-3-1 国内论文他引次数和	2%
		II-3-2 国外论文他引次数和	2%
		II-3-3 ESI 高被引、SCIENCE/NATURE 论文	1%
		II-3-4 高水平学术论文（专家打分）	3%
	专著 4%	II-5 出版学术专著数	4%
	科研项目 7%	II-2-1 国家级科研项目数	1.5%
		II-2-1 国家级科研项目经费	3%
		II-2-1/2 人均科研总经费	2.5%
	科研获奖 7%	II-1 国家与省部级科研获奖数	7%
	建筑设计获奖 7%	II-6 建筑设计获奖	7%
III- 人才培养 24%	学位论文质量 7%	全国优博论文数（优博：提名 =3：1）	3.5%
		博士学位论文抽检情况	3.5%
	学生国际交流 4%	III-3 学生境外交流人数	2%
		III-4 授予境外学生学位数	2%
	授予学位数 4%	授予博士/硕士学位数（博：硕=6：1）	4%
	教学与教材 4%	III-1 国家与省部级教成果奖数	2%
		III-2 国家级规划教材与精品教材数	2%
	优秀学生 5%	优秀学生（专家打分）	5%
IV- 学科声誉 18%	学科声誉 18%	学科声誉（专家打分）	18%

吸收了已有评估/排名体系的各家所长，并在诸多方面进行了整合与优化，形成了具有本土教育特色的官方性质的评价体系，这主要体现在：

（1）评价方法结合主观与客观。为了避免完全由各类硬性指标的客观数据造成绝对量化的评价结果，学科评估采用了诸多国外排名体系都会涉及的"主观"结合"客观"的比对方法，通过专家打分来对学校声誉、优秀毕业生等进行相对主观的考评。

（2）评价标准重质量轻数量。评估体系在很多指标的考评上，以代表性数据替代了常规的总量数据，例如评价论文时，并非以单位发表的论文总数为标准，而是以代表性论文的引用率作为考察对象。这对于引导规划院校的师生减少"灌水"式的论文写作，深入挖掘和创造高质量的学术论文建立了良好的舆论导向。

（3）评价对象重过程重输出。评估体系在对教学过程中的师生及资源配置情况进行评价的同时，对教学/科研的成果输出、学生培养的输出质量等均有考察，例如学生论文抽检、优秀学生等。从国际经验来看，《设计智慧》排名高度重视输出，而《泰晤士报》排名还专设了对"输入"指标的评价，例如入学标准等，目前这类指标在城乡规划院校的一级学科评估中尚未涉及。

（4）评价内容注重知识转化。评价体系并非就知识论知识、就教育论教育，而是结合我国国情，强调学科的社会服务能力以及知识向生产力的转化，例如设计获奖、科研项目经费等指标充分体现出"产学研"一体化的教育思想，这在其他国际排名体系上也就有体现。

4 结论：学科评估对我国建筑类高校未来发展的影响剖析

教育部学位中心表示公开评估结果的目的是"旨在为参评单位了解学科现状、促进学科内涵建设、提高研究生培养和学位授予质量提供客观信息；为学生选报学科、专业提供参考；同时，也便于社会各界了解有关学校和科研机构学科建设状况"[11]——这些目标在本轮评估中基本都得到了不同程度的实现。然而，排名公布之后我们听到了来自各方的不同看法和声音，一级学科评估对我国城乡规划院校未来的发展究竟会带来怎样的长期影响？以下几方面值得我们深入思考：

（1）以评促建的同时，是否会带来额外负重？由于一级学科评估可能每3~5年就会再次进行，在目前专指委评估任务已然繁重的情况下，各院校还要全方位应对学科评估的压力，这无疑本该专注于教学科研的高校带来了全新的负重。尽管高校有权决定是否参与评估，但是学科评估的官方色彩使得几乎所有相关的重点院校都必然参与进来，而评估结果对那些可以认为是"榜上无名"的院校的发展也将造成冲击。

（2）引导发展的同时，是否会消减特色和创新？尽管良好架构的评价体系对各大院校的建设设立了明确的目标和方向，有利于引导大学迈入更加积极、目标更加清晰的发展轨道。然而，高校是否会为了保持和争取更好的学科排名，在未来发展中"唯指标是瞻"？这对于学科，特别是城乡规划、建筑学等这种皆具文化、艺术、创造气息的学科来说，有可能造成教育个性的逐渐缺失。

（3）设定规则的同时，能否平衡指标设定与权重的争议？从本文前面列举的国外排名体系不难发现，任何一个评价体系都不可能实现真正的完善和绝对的公平，许多指标的设与不设、权重的配比关系等很难逃出为人诟病的漩涡，城乡规划院校的一级学科评估同样如此，比如科研指标和学校声誉的比重是否过高等。

（4）强调成果的同时，是否会忽略学生主体的感受？在整个评估体系中，学生自身对学校的认识和体验并未纳入考评范围，这有可能带来不顾学生感受的、指标导向的建筑类教育。事实上，学生应该是大学服务的基本对象和重中之重，《普林斯顿评论》排名则在这方面树立了一个良好的典范。

主要参考文献

[1] 方海明. 对我国大学评价与排名的量化分析与比较. 高教发展与评价, 2006, 1: 20-27

[2] 教育部学位与研究生教育发展中心. 学科评估工作简介 [EB/OL]. http://www.cdgdc.edu.cn/xwyyjsjyxx/xxsbdxz/276985.shtml201, 2013-30-21

[3] U.S. News. How U.S. News Calculated the 2014 Best Graduate Schools Rankings [EB/OL].http://www.usnews.com/education/best-graduate-schools/articles/2013/03/11/how-us-news-calculated-the-

2014-best-graduate-schools-rankings,2013-3-23

[4] 李明霞.《美国新闻与世界报道》大学排名研究.世界教育信息,2008,10:39-42.

[5] 方志.《泰晤士报》大学排名指标体系及其启示.北京城市学院学报,2009,1:81-84.

[6] Times Higher Education. The Essential Elements in Our World-leading Formula [EB/OL]. http://www.timeshighereducation.co.uk/world-university-rankings/2012-13/world-ranking/methodology,2012-10-4/2013-3-23.

[7] The Times. Good University Guide [EB/OL]. http://www.thetimes.co.uk/tto/public/gug/,2013-3-23.

[8] 赵超.《普林斯顿评论》大学排名特点分析及启示.江苏高教,2006,3:45-46.

[9] The Princeton Review. The Princeton Review's College Rankings [EB/OL]. http://www.princetonreview.com/college/college-rankings.aspx,2013-3-23.

[10] Design Intelligence. America's Best Architecture & Design Schools [EB/OL]. http://store.di.net/collections/reports/products/best-architecture-schools,2013-3-24.

[11] 教育部学位与研究生教育发展中心.2012年学科评估结果公布[EB/OL]. http://www.chinadegrees.cn/xwyyjsjyxx/xxsbdxz/index.shtml,2013-3-24.

Comparison and Consideration of the First-level Disciplinary Evaluation of Urban & Rural Planning Colleges and Universities at Home and Abroad

Tang Yan

Abstract: Based on a comparative analysis on the data sources, evaluation methods and system characteristics of typical college assessment and ranking systems, such as US News and World Report, The Times, The Princeton Review and Design Intelligence, this paper is thinking about China's First-level Disciplinary Evaluation on urban & rural planning colleges and universities launched by China Academic Degrees & Graduate Education Center, Ministry of Education, in term of its methods, indexes and process. It mainly focuses on the potential impacts of the evaluation on the future development of urban & rural planning colleges and universities in China.

Key Words: urban and rural planning, first-level discipline, evaluation, ranking, comparison

学科转型期城乡规划专业"卓越工程师"培养方案探索

赵 敏

摘 要：城市规划二级学科向城乡规划一级学科的转型发展，对未来的城乡规划工程师提出了更高要求。因此，应从培养模式、培养标准、教学特色、专业课程体系等方面对城乡规划专业"卓越工程师"培养方案进行一定的调整和改革。

关键词：卓越工程师，培养方案，学科转型期

城乡规划学一级学科相对于城市规划作为建筑学的二级学科设置有两个方面的变化，一是名称从城市规划变为城乡规划，二是从二级学科上升为一级学科。这两点变化反映了城乡规划行业在我国社会经济发展中地位和作用的提升，适应了城乡统筹发展的现实需求，同时，也对学科涵盖领域和专业教育内容提出了更高要求。在此学科转型期，面向市场需求的城乡规划专业"卓越工程师"培养方案也需要进行一定的调整和改革。

1 学科转型期的挑战

1.1 从"城市"到"城乡"的巨大转变

我国传统城市规划学科脱胎于建筑学，在"计划经济"制度框架下，蓝图式的城市物质空间规划是城市规划学科的主要内容。随着我国经济体制转轨和城镇化的快速发展，引发城乡差别继续加大、社会阶层不断分化、生态环境急剧恶化等问题，在积极应对这些城乡发展问题的过程中，城乡规划学科也逐步成长起来，并已远远跨出了原建筑学一级学科的范畴。城乡规划一级学科的建立标志着城乡规划"已从物质形态进入社会科学领域"[1]，与原来传统的城市规划专业相比，新的城乡规划专业必然要求更为宽广的人才培养方向、更为系统的课程体系和更为全面的教学内容。

1.2 以"建筑学"为平台的教学体系受到质疑

目前，全国开办城市规划专业的院校约200所，从学科背景来看，主要包括工科"建筑学"背景、理科"区域与城市规划"背景、农林科"农业区划或林业规划"背景、人文社会科"地理学或旅游学"背景等，其中，工科"建筑学"背景在全国占据主导地位。长期以来，多数院校采用了"2+3"（两年建筑学、三年城市规划）的人才培养模式，在课程体系、教学内容和教学方法等方面均带有浓重的建筑学韵味。以"建筑学"为平台的教学体系主要存在以下问题：

（1）偏重物质空间教学训练，忽视社会经济空间的拓展训练。现有的城市规划专业教学体系一般是以设计课为主线展开的，而且在教学内容组织上：一年级以形态基础训练为主，二年级以建筑设计训练为主，三年级以后才开始与规划有关的设计课程训练[2]。低年级与高年级之间存在建筑视野到城市规划视野的断层，学生难以适应从单体建筑"物质性设计"到城市区域"综合性设计"的跨越式转变。

（2）偏重技术工具的运用，忽视综合能力的融会贯通。在城市规划专业的课程体系设置中，以设计课为主线安排了城市经济学、城市社会学、城市地理学、城市生态与环境保护、历史文化名城保护与开发等涵盖面广、综合性强的理论课程，然而综合性的理论知识在设计课

---

❶ 云南大学教学改革立项项目：以职业规划师为导向的城市规划专业设计系列课程教学体系研究。

赵 敏：云南大学城市建设与管理学院副教授

程中却没有被学生主动运用起来,难以实现社会经济等方面综合分析能力的融会贯通。

(3) 偏重以城市为对象的教学内容,忽视以镇、乡、村为对象的教学内容。现有的城市规划专业课程体系设置主要以城市为对象,包括城市规划原理、中外城市建设史、城市道路与交通规划、城市工程系统规划等内容,但是对镇、乡、村的发展历史、规划原理与工程技术等内容却涉及较少。

1.3 更为多元化的规划专业人才市场需求

与传统的以"物质空间"规划为本体的城市规划相比,现代城乡规划的内涵与外延已发生了很大改变,在强调利用相关新技术、新方法改良传统"物质空间"规划的同时,越来越关注城乡的社会、经济、环境、政策等相关领域,因此,城乡规划专业人才的市场需求也越来越趋于多元化。

(1) 知识结构的多元化:不仅包括城乡规划的工程技术知识,也包括城乡发展的社会、经济、环境、政策等领域的相关知识。

(2) 能力培养的多元化:不仅要求具有物质空间的设计能力,而且需要有城乡问题的综合分析能力,城乡规划项目设计、管理与实施的协同组织能力,考虑不同利益群体需求的公正处理能力等。

(3) 就业去向的多元化:从地域分布来看,发达地区以及大城市城乡规划人才集聚程度较高,而欠发达地区、中小城市和乡镇地区城乡规划人才匮乏,急需规划人才;从就业单位类型来看,包括以城乡规划设计为主的各类设计院,以城乡发展研究为主的科研单位,以城乡建设管理为主的政府管理部门,以城乡开发建设为主的各类企业等。

2 卓越工程师培养定位

城乡规划专业卓越工程师培养的定位应该以学科发展、行业发展、市场需求为导向,结合区域发展特征和城乡建设需求,培养能够胜任城乡规划工作的复合型应用人才。

城乡规划一级学科的建立,城市规划专业向城乡规划专业的转变,要求未来的城乡规划工程师必须能够同时胜任城市和乡村的规划设计、研究、管理和开发工作。同时,随着城镇化的快速发展和城乡之间的矛盾激化,广大的乡村地区迫切需要科学合理的规划指导其发展建设,城市和乡村也迫切需要纳入统筹发展的轨道,这就对城乡规划工程师提出了更高的专业技能和社会责任要求。

因此,城乡规划专业"卓越工程师"的培养应定位于"专才+通才":专于城乡物质空间规划设计,城乡规划管理和实施工作;通于城乡社会、经济、环境和公共政策等的综合研究与分析,提出城乡发展问题的解决对策。

3 卓越工程师培养特色

3.1 培养模式

采用校企联合的人才培养模式,综合教师与规划师的知识与实践经验,通过校内教学与校外实践两种途径,强化学生的实践能力,实现从学校培养到社会需求无缝衔接。根据循序渐进的教学规律,将城乡规划专业本科5年的教学进程分为三个阶段,即"2+2+1"的模式,其中:前2年为基础知识、基本理论和基本技能的学习;2年为校企联合培养(规划师进课堂);最后1年的上学期为企业培养(规划设计与管理等单位实习);下学期为毕业设计(采用校企联合培养——双导师制,或与教师横向课题结合),各个阶段的教学目标既明确又相互关联,重点是培养学生的工程实践能力。

3.2 培养标准

根据城乡规划专业对学生能力培养的要求,依据《卓越工程师教育培养计划》通用标准制定城乡规划专业本科生培养标准,旨在为培养城乡规划专业的工程学士提出其应达到的知识、能力与素质的专业要求。

3.2.1 丰富的科学知识

(1) 具有宽泛的人文社会科学基础,包括:具备必要的经济学、地理学、社会学等社会科学知识;在文学、历史、艺术、哲学、伦理学、公共关系学等方面有一定研习。

(2) 具有扎实的自然科学基础,包括:掌握高等数学,了解生态学、信息工程学、环境科学等学科的基本知识。

(3) 掌握基本的工具性知识,包括:熟练掌握一门外语,具有一定的专业外语基础;掌握文献、信息、资料检索的一般方法。

（4）具有宽厚的专业知识，包括：城乡与区域发展、城乡规划理论、城乡空间规划、城乡专项规划、城乡规划实施等领域。

（5）了解与本专业相关的知识，包括：了解与本专业相关的职业和行业的法律、法规和规范；了解社会经济类、建筑与土木工程类、风景园林类、环境工程类等方向的一般知识和理论，及其在城乡规划相关问题研究中的应用；了解本专业的发展前沿和趋势。

3.2.2 扎实的专业能力

前瞻预测能力：具有对城乡发展历史规律的洞察能力，具备预测社会未来发展趋势的基本能力。

综合思维能力：能够将城乡各系统看做一个整体，并了解各系统的相互依存关系，打破地域、阶层和文化的制约，建立区域整体发展观。

专业分析能力：应具备对城乡发展现状进行剖析的能力，并能对规划对象的未来需求和影响进行分析推演，发现问题和特征，提出规划建议。

协同创新能力：具有较强的领导意识和协作精神，具有组织和开展城乡规划项目的研究、设计、管理与实施等的能力。能够通过新的思路和方法，拓宽自身的视野，解决规划设计与管理中的难题与挑战。

公正处理能力：能够考虑不同利益群体的不同需求，尤其是社会弱势群体的利益，广泛听取意见，寻求成本和收益的公平分配，解决城乡社会矛盾，实现和谐发展。

3.2.3 良好的综合素质

（1）认识并遵循职业的规范和社会公德，具有强烈的职业责任感；了解相关的民事、经济法律常识，依法维护权益、履行义务、承担责任；能理解文化和个体的多样性，讲究公平、信用与忠诚。

（2）勤于探索新概念、新技术和新方法，并能对其进行合理的判断；具备突破系统条框、大胆设想、合理推断的能力；能及时了解本领域的发展趋势，主动规划个人职业，具有良好的职业发展能力。

（3）具有一定的组织管理能力和领导能力，具有"引领"意识，并具备组织管理的相关知识和技能；以团队利益为思考出发点，不计较个人得失，学会主动承担责任和任务，配合他人完成任务。

（4）具有进行专业和非专业交流的能力；能进行学科内、跨学科和多学科领域的合作。

（5）能利用多种方法进行查询和文献检索，获取信息；了解学科内和相关学科的发展方向，以及国家的发展战略；坚持不断学习，具备自我终生学习能力。

3.3 教学特色

（1）强调城乡规划与相关学科的融通和渗透

为适应现阶段和未来我国城乡发展的需要，城乡规划专业教学必须围绕专业核心课程，加强社会、经济、环境和工程技术等相关课程设置，拓宽专业的综合基础，加强学生专业适应性。并在教育过程中，依托学校的整体学科优势，加强城乡规划与相关学科的交叉、融贯和渗透。

（2）构建"一条主线，三个平台"的课程体系

根据城乡规划学科的认知规律，结合城乡规划工程人才的培养需求，以"1条主线、3个平台、3个模块"为骨架，构筑城乡规划专业教学计划与课程体系，从微观到宏观，从简单到复杂，从理论到实践逐步提升专业综合程度和学生实践能力。

"1条主线"是城乡规划设计与实践课程系列；"3个平台"是学科基础教育平台、专业基本素质和能力培养平台、综合工程实践能力培养平台；"3个模块"是指由规划设计类主干课程、基本技术类课程、基础理论类课程构成的3个课程模块。

（3）确立"双师型"教师培养方向

城乡规划专业教育需要知识和技能两个层面，专业教师应该成为讲堂上的"老师"和工程实践中的"规划师"。双师型教师要求能按照城乡规划的发展现状与趋势、规划师执业基本要求、城乡规划设计与管理人才的市场需求等，调整和改进培养城乡规划卓越工程师培养目标、教学内容、教学方法、教学手段，注重学生行业、职业知识的传授和实践技能的培养，满足城乡规划建设的发展需求等。

（4）改变传统教学方式与推行案例教学

传统的教学方式以讲授理论知识为主，学生缺乏对所学知识的感性认识和实践性认识。案例教学是在学生掌握了有关城乡规划的基本知识和基本理论的基础上，根据教学目的和教学内容的要求，通过典型案例详细剖析，通过学生的独立思考和集体合作，提高学生分析、

解决问题能力的教学方式。通过案例教学的方式，还可以把规划师的职业道德和价值观融入教育当中，使德育与技能结合起来。

（5）强化理论思维训练与实践性教学环节

城乡规划是一门思辨性和实践性并重的学科。为培养学生的综合能力，在城乡规划核心课程的教学中，不断强化"观念设计"，结合教学过程，注重学生的思辨能力训练，确立正确的城乡可持续发展理念。同时，强调所有规划设计课程必须选择现实环境和背景，使学生有条件进行现场调研，能够接触现实城乡生活，把握时代发展脉搏。

（6）突出地域的自然和人文特色

云南省位于我国西南边陲，具有"面向西南对外开放的桥头堡"的有利地缘优势，承担着国家面向南亚、东南亚对外开放的重要任务；云南山地多平地少、生物资源丰富、生态环境脆弱、少数民族众多；2012年云南城镇化水平仅为39.3%，远远落后于全国平均水平（52.6%），且全省仅有昆明一个大城市，中等城市也不太发育。因此，在坚持城乡规划专业教育规律的基础上，应进一步加强关于云南社会、经济、文化和生态可持续发展等方面的课程内容，并贯穿于专业教学的系列课程及其各个环节。

4 卓越工程师培养实现途径

4.1 专业课程体系

根据城乡规划专业"卓越工程师"的培养目标与要求，在参照全国城市规划专业指导委员建议的教学计划与课程设置的基础上，对专业课教学体系进行整合，构建"1条主线、3个平台、3个模块"的基本教学模式（图1）。

（1）1条主线

以城乡规划设计与实践课程系列为主线，从低年级到高年级，由专业导引开始展开城乡规划系列课程，从专业启智到建立专业框架，再到全过程参与工程实践，逐步开拓专业视野并贯穿始终，保证专业教育的连续性和整体性，实现人才培养与社会需求的无缝衔接。

（2）3个平台

围绕城乡规划设计与实践课程系列组织教学，采用"2+2+1"的培养计划，形成城乡规划专业教育的三个平台：

第一平台（2年）：学科基础教育平台。围绕城乡规划设计基础知识讲授和基本技能训练，开展各门设计与理论课程，进行专业启智教育。

第二平台（2年）：专业基本素质和能力培养平台。围绕修建性详细规划、城市设计、控制性详细规划、城市总体规划、镇村规划等城乡规划体系中各种类型规划的设计实践，开展各门设计与理论课程，进行专业基本

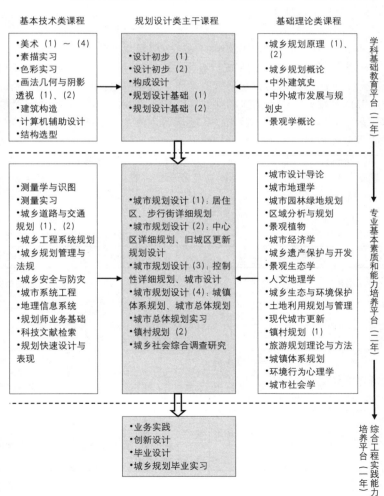

图1 专业课程体系的框架

素质和能力培养。

第三平台（1年）：综合工程实践能力培养平台。以业务实践和毕业设计为核心，整合前四年所学知识，采取校企紧密结合的指导与培养方式，进一步提高学生自主学习、自我拓展能力和工程实践综合能力。

（3）3个模块

"3个模块"是指围绕规划设计与实践课程系列形成规划设计类主干课程、基本技术类课程、基础理论类课程3个课程模块，各类课程之间相互联系与支撑，共同完成整个专业教学过程。

4.2 实习（实践）体系

城乡规划专业"卓越工程师"计划重在培养学生工程实践能力，因此在教学体系的构建中应建立起整体性和系统性较强的实习（实践）体系，其总体目标为：以实际工程应用和前沿科学研究为背景，以能力培养和素质养成为核心，以多层次的实习实践环节为载体，与企业紧密合作，通过亲手操作、实地调研、独立或组队完成项目等方式，实现城乡规划建设及相关领域中"技术型、研究型、管理型、创新型"的高端人才培养所需的基本技能、现场经验、综合能力与素质的训练。

本科5年期间实习实践教学环节的整体构架包括课程实训、课程实践、综合实习、课外实践、课外自主科技创新5个方面的内容（见表1）。

课程实习：根据教学计划开展，包括认识实习、调研实习、设计实训等，一般结合课程教学进度在正常教学学期内进行。

课程实践：根据教学计划开展，主要为项目或任务完成，由教师指导，学生独立或组队分工完成，其中，《测量实习》在野外实地完成，规划设计基础（1）~（2）、城市规划设计（1）~（4）、镇村规划等邀请来自企业的校外教师与校内教师共同负责。

综合实习：根据教学计划开展，连续时间较长，为综合性的实践过程，一般包含有多个环节。第一、二、三学年在夏季小学期集中安排，第四学年根据课程进度在学期内集中安排，第五学年上学期安排在校外实习基地进行业务实践，第五学年下学期安排由校内导师与校外导师联合指导毕业设计。

课外实践：为学院统一安排的课外教学活动。

课外自主科技创新活动：由学生自主参与，教师负责指导，学院统一组织，对于部分内容在达到要求后给予学分认定。

实习（实践）体系的框架　　　　表1

	课程实习	课程实践	综合实习	课外实践	课外自主科技创新
第一学年	计算机基础（1）~（2）、设计初步（1）~（2）	设计初步（1）~（2）、美术（1）~（2）	军训、素描实习	新生导引计划	全国高等学校城市规划专业教育指导委员会年会城市设计课程作业竞赛、调研报告课程作业竞赛；挑战杯科技竞赛；云南大学"大学生创新训练"项目等
第二学年		美术（3）~（4）、规划设计基础（1）~（2）、计算机辅助设计、构成设计	色彩实习		
第三学年	测量学与识图、城乡道路与交通规划（1）~（2）、城市设计导论、景观植物、现代城市更新	城市规划设计（1）~（2）、测量实习、结构选型	城市园林绿地规划、城乡遗产保护与开发	暑期社会实践	
第四学年	城乡安全与防灾、环境行为心理学	城市规划设计（3）~（4）、镇村规划、地理信息系统、科技文献检索、规划快速设计与表现	城乡总体规划实习、城乡社会综合调查研究		
第五学年			业务实践、创新设计、毕业设计、城乡规划毕业实习		

主要参考文献

[1] 国务院学位委员会办公室、住房和城乡建设部人事司. 增设"城乡规划学"为一级学科论证报告[R]. 2011.

[2] 高芙蓉. 城乡规划一级学科下本科低年级设计基础教学思考[C]. 2011全国高等学校城市规划专业指导委员会年会论文集. 北京：中国建筑工业出版社, 2011：9-14.

Exploration on Excellent Engineer Training Program during the Transformation of Urban and Rural Planning Discipline

Zhao Min

Abstract：It asks for higher demand for quality of engineers after the setting of first degree priority discipline of urban rural planning. This paper Explores the Reform in Excellent Engineer Training Program from the aspect of training method、curriculum standard、teaching feature and course system.

Key Words：excellent engineer，training program，transformation of urban and rural Planning discipline

我国城市规划课程设计的路径演进及趋势展望：
以同济大学城市规划本科课程为例

田 莉

摘 要：本文首先简要回顾了新中国成立以来我国城市规划教育的发展历程，以同济大学城市规划本科课程培养计划的演进为例，分析了我国城市规划课程设计的特色和不足。最后，结合十八大新型城镇化进程的要求，展望了我国城乡规划课程教育未来的转型趋势。

关键词：城市规划，课程设计，同济大学，新型城镇化

1952年同济大学创办新中国第一个城市规划专业以来，中国规划教育已走过风雨60个春秋。这期间，有萌芽、有探索、有停滞、有飞跃。21世纪，规划教育进入前所未有的繁荣期，城市规划学科的外沿不断向外延伸和扩张，形成了多领域、多模式、交叉性的结构体系（吴志强等，2005）。2011年国务院学位委员会和教育部将城乡规划学作为独立的一级学科进行设置和建设，是城市规划从传统的建筑工程类模式向社会经济综合发展模式的重要转变，是有中国特色城镇化道路的客观需要，也是中国城乡建设事业发展和人才培养与国际接轨的必由之路。伴随着2012年十八大的成功召开，新型城镇化成为国家未来发展的重要战略，对城乡规划和建设提出了更高的要求。城乡规划学科所面临的机遇与挑战并存。本文以同济大学新中国成立以来本科生城市规划专业课程建设的演变为例，分析了城市规划专业课程的演进路径、课程设计的特色与不足，对新型城镇化背景下城乡规划课程设计变革的趋势进行了展望。

1 新中国成立以来我国城市规划专业教育的历程演变

新中国成立以来，中国的城市规划教育发展起伏跌宕，大致可以划分为4个阶段：

萌芽与停顿期（规划教育创办～1978年）：1952年城市规划专业正式开始招生，同济大学在建筑系下开设了"都市计划与经营"专业，这也是新中国第一个城市规划专业。1958年"大跃进"时期我国迎来了城市规划的"第一个春天"，经济冒进的后果是经济的停滞。1961年国家决定三年不搞规划。十年"文化大革命"，中国经济走到崩溃的边缘，城市规划专业停办（陈秉钊，2009）。

恢复发展期（1978~1988年土地有偿使用制度建立之前）：经历了物质匮乏年代之后，众多城市开始进行大规模的基础设施与城市建设活动。1978年"拨乱反正"，全党以经济建设为中心，城市规划专业恢复招生，规划教育迎来了第二个春天（陈秉钊，2009）。城市规划的主要任务是实现"经济发展要求"，对土地、空间资源进行自上而下式的"终极蓝图"式安排。规划成为国家进行计划安排的工具和手段，重点落在物质空间的部署和安排上，偏重形态设计。

稳步发展期（1988年土地有偿使用制度建立～2000年）：1988年土地有偿使用制度的建立，1992年小平的"南巡"讲话，中国的房地产市场飞速发展。城市中多元投资主体涌现，不同利益集团逐渐壮大，政府的职能开始转变，城市规划逐渐成为政府宏观调控和促进经济增长的手段。开发区如雨后春笋涌现，对城市规划专业学生的需求大涨，现有学生毕业生远远不能满足需求。1998年8月中国建设部高等城市规划学科专业指导委员会成立，全国设置有城市规划专业的院校不足30所，设置有五年制本科的院校仅10所左右，2000年增至近

田 莉：同济大学城市规划系教授

同济大学城市规划专业本科课程设置（必修课）的变迁　　　　　　　　表1

	1952	1955	1994	2002	2012
公共基础课	33%	22%	38%	20%	21%
美术与制图	9%	10%	16%	8%	12%
计算机技能	0	0	4%	4%	5%
建筑学（含建筑工程）	30%	31%	13%	14%	16%
市政工程与景观学	20%	8%	5%	10%	6%
规划理论与方法	6%	5%	9%	15%	19%
设计课/社会实践	2%	24%	16%	29%	22%

资料来源：1952~1994年资料来源于：侯丽、赵民"中国城市规划专业教育的回溯与思考"；2002年和2012年资料来源于同济大学城市规划专业本科生培养计划。

60所。

井喷发展期（2001年~）：2001年我国加入WTO，外资大幅涌入中国，2010年中国经济成为世界第二经济体。2011年，中国城镇化速度第一次超过50%，达到51.3%，进入"城市时代"。城市人口的快速增长和城市建设步伐的加快，为城市规划教育提供了发展的广阔空间和平台。据教育部统计，设置城市规划专业的院校由2001年的63所增至2012年的256所，10年时间增至4倍，速度惊人。但快速扩张背后隐藏的师资不足、培养质量欠佳等问题，亦令人深思。

2　同济大学城市规划本科课程设计的演进轨迹

自成立六十多年来，同济大学城市规划专业的培养大纲几经变迁，成为我国城市规划教育演进的一个缩影。表1显示了1952年城市规划专业成立以来同济大学本科生培养课程的变迁。从中可以看出，公共基础课（主要是英语、政治等课程）的比重有所下降，世纪之交以来维持在20%左右的状态。美术与制图课程的比例相对比较稳定，除了1990年代中期的比重较高外，大多保持在10%左右。1980年代末期，随着计算机技术的发展，计算机辅助规划设计等新技术被广泛引入，包括在80年代末开始兴起的"系统工程"学（定量研究方法和数理模型应用等）引导学生运用计算机进行城市研究和分析。在总体课程学分比例中也占据了一席之地（4%~5%）。1990年代末期以来，计算机绘图逐步取代手绘成为设计作业的主导表达方式，设计思考和表现形式与之前相比都有了很大的变化（侯丽等，2013）。

同时，课程设计中的一个显著变化是建筑学（含建筑工程）和市政工程与景观的学分比例呈现明显下降的趋势，前者从1952年的30%下降到2012年的16%，后者则从20%下降到6%。与此形成明显对比的是，规划理论与方法的课程自1990年代中后期以来比重增加显著，从1952年的6%增加到2012年的19%。从具体的课程设置来看，城市社会学、城市地理学、城市经济学、城市生态学等都是在1990年代中后期加入课程设计的，显示了城市规划从注重工程类的建筑学导向向注重社会经济生态等多元复合的规划导向的转型。这也是规划教育应对城市问题日益复杂的结果，规划师不仅需要具备物质空间设计和表达能力、市政工程规划技能，在面对多元化的利益群体时也要具备一定的社会经济调查和分析研究能力、行政管理和综合协调能力等。总之，对规划师的培养目标逐步趋于"全知全能型"（侯丽等，2013）。

此外，同济课程设计注重规划设计实践的传统从来没有改变过。除了在1952专业成立初始设计实践课的比重较低外，设计/实践课的课程比例一直维持在20%左右。设计课教学从早期的建筑设计/居住区规划，到后来包含了规划设计实践的各个环节：控制性详细规划、修建性详细规划、城市设计、城市总体规划，尤其是总体规划，一般采用"真题真做"的方式，使学生在学习阶段即可参与规划实践，直面城市发展中遇到的各种问题。这也是同济的本科生在毕业以后较受规划设计单位欢迎的原因之一。

详细比较 21 世纪以来同济大学城市规划专业本科（五年制）的课程设置，即 2002 年和 2012 年的本科生教学课程，我们发现有如下特点：

（1）必修课的课程学分从 119.5 增加到 179，公共基础、专业课程和设计课程门数从 50 增加到 56 门，公共课中增加了大学语文，计算机课程增加了程序设计，城市规划专业课增加了城市概论（即由不同研究方向教授共同主讲的"大师课"）、水文地质学，在设计课环节增加了修建性详细规划、控规与综合性城市设计、乡村规划设计等，此外部分课程的名称和内容进行了调整。这和我国新世纪以来注重提高大学生人文素养、地震等自然灾害频发、城乡规划成为一级学科等发展环境密切相关。

（2）实践环节的课程调整则较大。原有的居住区调查、计算机辅助绘图、公益劳动等取消，代之以城市认识实习、城市管理实务实习、创新能力拓展。这和 2010 年同济大学成为全国 61 所首批实施"卓越工程师计划"的高校之一而引致的教学导向的调整相关：该计划以培养造就一大批创新能力强、适应经济社会发展需要的高质量各类型工程技术人才为目标。创新环节的增强是实践课程改革的一大特色。

（3）由于必修课课程学分的增加，选修课学分相应减少，从 2002 年的 53 学分，占总学分比例的 30.7% 下降到 2012 年的总学分 18，占总学分比例的 9.1%。虽然由于必修课程的增加选修课比重下降是不可避免的趋势，但选修课比例的大幅下调并不利于学生根据自身特点和爱好拓展自身的优势。

3 我国城市规划课程设计的特色与不足

经过半个多世纪以来的发展，我国的城市规划课程建设逐步形成了较为完整的体系。授课内容广泛，涵盖规划设计、社会、经济、生态、管理等各个方面，课程广度前所未有，但同时也存在一系列问题。

3.1 重技能培养，轻价值取向

我国城市规划教育侧重于规划职业技能的培养，学生在本科阶段往往需要参加建筑设计、居住区规划、城市设计、控制性详细规划、城市总体规划等课程，以应对毕业后设计单位工作的需要。而对于规划师职业素养的教育，则在规划课程中鲜有涉猎。相对而言，美国规划师的职业教育标准中，知识、技能、价值观都是不可或缺的内容（张庭伟，2004）。美国持证规划师学会（AICP）对持证规划师（Certified Planner）明确的职业道德要求，要求执业规划师进行社区的规划时，必须要保护市民利益，特别是贫困人群以及无法参与政府规划过程的群体的利益，遵守专门的《职业道德守则》（Code of Ethics）。如果违反了《守则》里的一些行为目标，就必须承担责任，甚至有可能被吊销执照。这不仅是对规划师的职业行为或专业活动的限制，同时也是对规划行业的一种保护（陈燕，2004）。而在规划设计市场上的中国规划毕业生，在面对甲方顾主的不合理要求时，或一味盲从挑战职业底线或反对又茫然不知如何应对。事实上，在实践中，我们常常面临如何平衡规划师和领导的关系、规划师和公众、和业主的关系、公众参与的地位、方法等问题，规划师往往争论不休，无所适从。规划教育课程中缺乏价值观取向的课程，也直接挑战规划师在城市和社会发展中的地位和影响力。

3.2 重理论输入，轻创新能力

城市规划学科具有较强的政治、社会和经济属性，在西方的学科体系中属于社会科学（Social Science）领域，在我国则属于工科范畴。英美城市规划教育和我国城市规划教育的一大区别是，前两者鼓励学生的"开放式"思维，即对规划问题无标准答案，只要学生的论据能说明论点、研究或设计方法立得住脚即可；而后者的特点是"集聚式"思维，教学和考试往往采用标准答案式的做法，如很多设计原则标准化等，这在很大程度上束缚了学生的创造性思维（田莉，2008）。这也造成我国城市规划学术理论研究过于依赖西方理论输入，呈现人云亦云的惰性，在大量引进国外时髦理论的同时，对于"中国现象"的研究始终保持在一个不温不火的局面上，对建构中国特色的城乡规划理论始终无法突破（吴志强等，2005）。

3.3 重知识灌输，轻规划方法

我国城市规划专业的教学内容十分庞杂，包含了城市规划与设计、城市交通与市政工程、城市地理学、区域规划、城市社会与经济、城市景观与环境、城市法规与政策等方面，却欠缺方法论方面的课程，造成学生大量的时间都在被动地吸收教师课堂上"满堂灌"的知识点，却没有掌握研究和设计的"工具"（田莉，2008）。事实上，知识点固然重要，但规划研究和设计的方法论更为关键，是学生培养自学能力的重要手段。对规划方法论教育的缺失，也是导致学生创新能力不高的主要原因之一。

4 城乡规划课程设计变革的趋势探索

十八大明确提出了新型城镇化的道路，应该是以人为本、成果共享的城镇化；应该是节约资源、保护环境的城镇化。"人"，尤其是城市中的农村流动人口的市民化，城镇化进程由数量型扩张向质量型提升转变，由粗放型增长向集约型发展的转型，将对城乡规划的课程设置产生重要影响。

4.1 价值观的培育成为规划课程建设的重要组成部分

中国的城市规划教育脱胎于计划经济时代，带有浓厚的技术工具烙印。在计划经济时期，规划师无需也不容许有自己的价值判断；到了市场经济逐步发展时期，规划又成为为政府和开发商服务的工具。可以说中国的规划教育从来没有真正实现过对规划师价值准则的培养。规划设计"以人为本"中的"人"在不同的规划项目中立场不同，到底为哪些人服务、以哪些人为本，这样的问题大多被忽视（田莉等，2010）。20世纪90年代以来，伴随着中国城市政治体制改革和社会经济转型的深化，贫富差距不断拉大，社会阶层分化带来社会空间重构。规划师的社会角色决定了他们需要直面城市中公共利益和各种私人利益的权衡问题，并更多关注公共利益。因此规划教育必须开展社会和职业道德教育，增加设置培养规划师价值观的核心课程。参考英美规划院校关于价值观培养的课程，在未来的城乡规划课程设计中，可以增加规划师的职业道德，社会变迁和弱势群体生存等方面的课程（袁媛等，2012）。如可以增设社会地理学、规划职业素养培育等基础课程。也可不必开设新的课程，但对现有课程内容进行改进。在城乡规划理论课堂上增加规划职业导向讨论的内容，并采用情景式教学的方法，如让学生模拟真实项目和案例中的各种群体，使之了解规划中复杂的利益关系，在教师的引导下逐步树立正确的规划导向。

4.2 创新能力的培养贯穿于规划课程建设的始终

创新是一个民族进步的灵魂，是国家兴旺发达的不竭动力。创新能力培养的主导者是教师。在课程教学中，教师应保持对本学科的前沿理论和与本专业相关的交叉学科的最新理论的强烈兴趣，并尝试将最新的教育科研成果运用到教学当中。要尊重学生的个性，承认学生兴趣和性格的多样化，在此基础上，开展创造性教学活动，营造民主、宽松的创新氛围，激发学生独立思考，对学生的评价要以促进和激励学生创新能力的发展，而非单纯的考试成绩为主导。以城市设计课程教学为例，要改变以往成绩评定以期末的"总图"为主要参照的做法，应充分结合学生课堂表现、设计理念和设计方法等，鼓励学生进行创新尝试。在课程建设上，应增加选修课比重，允许学生跨校、跨系、跨学科选修课程，使学生依托城乡规划，但能着眼于综合性较强的跨学科训练❶，以此来拓展学生视野，培养创新能力。

4.3 强化方法论教育成为课程设计改革的组成部分

在西方发达国家的城市规划课程中，都有若干关于方法论的课程，如"定量与定性分析方法"、"项目成本－收益分析"、"文献阅读与论文写作格式"等，在规划设计过程中也非常注重设计的方法论，即对理念的表达和挖掘而非仅仅关注最后的"总图"，这些对于学生掌握规划设计/研究的方法和工具具有重要意义。在我国的城乡规划教育中，无论是本科生还是研究生阶段，方法论的课程教育都亟需加强。只有这样，才能提升学生的设计水准和研究能力，使之可以在国际平台上与同行对话。

结语

六十年，沧桑巨变。我国的城市规划教育收获了丰厚的果实，课程建设紧密结合国家建设需求和经济社会发展要求，带有强烈的职业教育色彩，但同时也存在忽

---

❶ http://gongxue.cn/xuexishequ/ShowArticle.asp?ArticleID=19554&Page=1

视规划价值观培养、创新能力不高、方法论教育缺失等一系列问题。随着十八大之后新型城镇化进程和政治体制改革的进一步推进，国家由"GDP导向"向"民生导向"、发展方式由"数量型扩张"向"质量型增长"的转型，必将给我国的城乡规划教育带来转变的契机。进行课程建设的变革，为国家的发展输送更有竞争力的人才，是全体规划教育人员面临的共同使命。

主要参考文献

[1] 陈秉钊. 中国城市规划专业教育回顾与发展[J]. 规划师, 2009, 1.

[2] 陈燕. 一个美国规划师的职业道德观：与美国持证规划师学会前主席山卡赛先生一席谈.

[3] 侯丽, 赵民. 中国城市规划专业教育的回溯与思考. 国家自然科学基金课题研究报告.

[4] 田莉. 英美规划教育方法对我国规划教育的启示. 社会的需求，永续的城市——2008全国高等学校城市规划专业指导委员会年会论文集. 北京：中国建筑工业出版社, 2008.

[5] 田莉, 杨沛儒, 董衡苹, 刘扬. 金融危机与可持续发展背景中美城市规教育导向的比较与启示. 国际城市规划, 2011, 2：99-105.

[6] 吴志强, 于泓. 城市规划学科的发展方向. 城市规划学刊, 2005, 6.

[7] 袁媛, 邓宇, 于立, 张晓丽. 英国城市规划专业本科课程设置及对中国的启示——以六所大学为例. 城市规划学刊, 2012, 2：60-66.

[8] 张庭伟. 知识、技能、价值观：美国规划师的职业教育标准. 城市规划汇刊, 2004, 2：6-7.

Evolution and vision of curriculum design of urban planning in China: A case of Tongji University

Tian Li

Abstract: This paper begins with the introduction of evolution of urban planning education in China. Taking curriculum design of urban planning of Tongji University as an example, it examines the characteristics and drawbacks of urban planning curriculum in China. It concludes with a vision of urban planning curriculum reform under the backdrop of new-style urbanization put forward in the eighteenth National Congress of the CPC.

Key Words: Urban Planning, Curriculum design, Tongji University, New-style urbanization

从规划思潮的发展及海峡两岸城市规划教育的再定位看公共利益与城市规划的关系

吴纲立

摘　要：公共利益的概念常被用来作为支持规划行动合理化的依据。然而，到底什么是城市规划中的公共利益，却是近代规划理论与实务上一个争议的焦点。随着近代规划思潮的典范转移及社会价值观的改变，传统规划模式所界定出的公共利益及相关的规划政策也不断地受到质疑。有鉴于此，本文以近代规划思潮发展与规划教育再定位的角度切入，探讨公共利益概念的演变及其与城市规划专业的关系，并建议如何透过规划教育的调整，来协助海峡两岸规划专业者建立对公共利益意涵及规划核心价值的共识。

关键词：规划思潮，规划教育，公共利益，可持续城市发展

1　前言

公共利益是近代城市规划理论与实务上一个极重要、却又备受争议的概念。许多城市规划理论与实务上的争议，诸如：为何规划、为谁规划、如何规划，其实都与公共利益的意涵有着密切的关系，而规划专业者在规划决策过程中所扮演（或应扮演）的角色与功能，也受其对于公共利益认知的影响[1]。

城市规划是实践公共利益的工具吗？自从1920年代城市规划成为一个专业以来，这个涉及规划专业定位的问题就一直是规划教育与专业实践上一个争议的焦点。在21世纪的今日，伴随着全球化、全球气候异变、城乡二极化等现象的发生，此类争议似乎更加激烈，也影响到对规划专业的认同。以台湾地区为例，社会大众对于城市规划专业的质疑已越来越多："城市规划是帮忙炒土地的专业"、"城市规划只是图上画画、墙上挂挂"，这些一针见血的批判，道出规划专业者的困境与无奈。在中国大陆，快速的城市化及经济成长带来的大量城市建设，让城市规划成为一个具美好荣景的专业，但在大兴土木进行旧区拆除重建，或透过开发新区来扩张都市规模之际，影响公共利益的生态环境恶化及资源分配公平问题已经浮现。

这些问题与争议的产生，其实与公共利益是如何被认知、如何在规划中被操作，有着密切的关系。随着规划思潮及社会价值观的改变，公共利益这个公共政策学上的"迷思"一再成为相关论战的焦点（例如倡议"市场机制"及"解除管制"的市场论者认为，公共利益只是决策者所采用的一个口号、旗帜而已）。随着社会的日趋多元化，如何引导规划学生及专业者去思考公共利益的意涵与操作方式，已成为规划教育工程建设中的一大挑战。基于此，本文以近代规划思潮发展与规划教育再定位的角度切入，探讨公共利益的时代意涵及其与城市规划的关系，以期能为当前规划教育的调整提供一些建言。

2　公共利益的意涵及重要性

到底城市规划中的公共利益是什么？如果此公共利益能被明确的界定，并为各界所接受，或许目前许多争议就可以迎刃而解了。但是，无论是在规划理论还是实务上，目前却无一个对于公共利益的共识。主张"利己

---

❶ 本论文获黑龙江省高等教育教学改革项目资助（计划编号：JG 2201201081）。

吴纲立：哈尔滨工业大学城市规划系教授

主义"者认为，只有个人利益，根本就没有公共利益，而追求个人利益所诱发的竞争及人类上进心其实就是促进社会进步的根源；主张市场论者认为，透过市场竞争、价格机制的运作，市场这只"看不见的手"可将资源分配引导到一个最适的状态。但是，许多公共政策决策者及规划专业者却深信公共利益的存在，认为公共利益是维持社会正义及社会稳定的基础。在经历2008年全球金融风暴，当因人类贪婪及市场机制不当运作而造成全球金融体系的结构性崩解之际，许多民众更主张应由"大有为"政府介入、进行管控，以维持公共利益。

虽然不少学者及规划专业者支持公共利益的存在，但对于公共利益的认知却也有相当大的差异。强调个人观者认为公共利益须建构在个人利益的基础上；强调国家主义及单一观者却认为，公共利益是一种超然、代表社会集体的利益；主张实利观（Utilitarianism）者则认为，公共利益就是满足大多数人的需求，使最多数人获得最大的快乐。除了上述价值观层面的差异，规划实务操作者对公共利益的界定也不相同。美国规划学者贺依[2]将规划专业者对于公共利益的认知归纳成三类：第一类规划者认为公共利益与维护基本权利有关；第二类规划者认为公共利益与规划程序的合理性、程序正义有关；第三类持实利观的规划者则较重视规划的后果，强调目的重于手段。综合而言，不同的价值观及规划理念形成了对公共利益不同的认知及做法，其实目前许多规划上的两难（如当社区利益与公共利益冲突时到底何者重要？），其症结皆在于对于公共利益的界定及处理方式。

3 公共利益与规划思潮发展的关系

3.1 近代规划的启蒙时期（The Enlightenment）

近代规划理念的发展，起源于19世纪末的社会改革运动。此时规划的主要目标在于解决工业革命后所造成的都市贫民窟及都市环境卫生问题。鉴于当时此类问题的严重性，一些富理想的改革者于是提出社会改革的构想，一派主张重建理想的都市（如欧文、霍华德、科比意）；另一派改革者则主张透过立法改革（如住宅法案及公共卫生法案）来保障都市劳工的生活品质及公共利益。然而，当时立法改革中所考虑的公共利益仅是满足生活基本所需或宪法保障的基本权益而已。

3.2 城市美化运动、好政府运动与城市规划的价值（City Beautiful Movement, Good Government Movement, and the Values of Urban Planning）

迈进20世纪之后，城市美化运动及好政府运动逐渐兴起。城市美化运动企图透过实质环境建设来改善生活品质及提升公共利益；然而过于强调"大而美"的都市空间改造及缺乏社会与经济面向的考量是其最大的缺点。为了避免过度重视实质建设的矫枉过正，当时一些新的规划理念如好政府运动、全盘理性规划也相继出现。好政府运动主要反应当时民众对于腐败政府及持续恶化都市环境的严重不满，其主要目标就是藉由政府单位的自我检讨及贪污行为的清除来维护公共利益。

随着规划思潮的发展，自1920年代起，城市规划逐渐被视为是一个专业；但是规划的定位、规划的价值，以及规划者所扮演的角色却不断地受到社会大众的质疑。为了支持规划的合理性及合法性，公共利益的概念一再地被引用，同时也成为西方规划教育的重点。近代西方规划思想的巨擘塔格尔[3]认为，公共利益为"一种控制社会机制的集体心智的结晶"，是规划的终极目标。其并且强调城市规划应是政府的第四权，是一种实践公共利益的绝对力量。对于抱有理想却常遭受挫折的规划专业者而言，塔格尔崇高的理想无疑是一剂强心针。但塔格尔学派所主张的：规划必须中立、必须独立于政治活动之外，以实践单一观之公共利益为终极目标的做法，却受到许多严厉的批判（见马丁[4]，霍尔[5]等）。

3.3 全盘理性规划（Rational Comprehensive Planning）

全盘理性规划主宰了西方1930至1960年代的规划思潮与专业发展，此时规划的专业地位已渐渐建立。而随着计量模式及系统分析方法的发展，规划专业者也渐获信心，认为透过理性的分析及其专业知识的判断，他们可藉由规划来合理地预测并控制城市发展。著名的伯克利大学规划系教授肯特[6]就是主张全盘理性规划的代表人物之一，在他所提出之"主要计划"（General Plan）的六个规划目标中，第二项就是要提升公共利益，他并且认为主要计划就是要引发公开辩论公共利益的都市计划执行工具。

然而，全盘性理性规划发展到1960年代受到许多批判，这些批判主要质疑全盘理性规划的基本假设，例如规划者是否真正可透过其专业的分析与判断来正确的预测未来都市的发展？以及规划者是否能公平正确的决定公共利益？因为事实证明许多全盘理性规划的结果与当初规划的预测有极大的出入，而且许多主要的规划目标根本就没有达成。不少公共政策学者及社会学者更对全盘理性规划的过于依赖"工具理性"提出批判，认为以实证科学为基础所发展出的工具理性，根本就不适用于充满复杂性的城市规划及公共政策决策（见西蒙[7]、韦伯[8]等）。事实上，西方在1950至1970年代，许多以全盘理性规划理念所制订出来的计划及都市政策都难逃失败的命运，例如当时以实践公共利益为旗帜的都市更新，其实最大的获利者是财团及利益团体。

3.4 渐进式规划（Incremental Planning）

针对全盘理性规划的缺点，公共政策学者林区提出了渐进式规划的构想[9]。他在其深具影响力的文章"混过去的科学"中指出：在充满复杂性及不确定性的公共政策决策环境中，既然决策过程无法完全合理化，而决策者及规划者也不可能有完全足够的信息与知识去做判断，为了便于政策的制定及实行，我们只要求局部的合理、短期目标的达成即可，有时采取混过去（muddling through）的做法也不失为一种策略。

林区的决策理论有些类似于中国的老庄哲学，依其理念所界定出的公共利益，就是在各利益团体权力角力的过程中，透过自我调整、相互妥协所产生的共同利益。此种规划模式在规划实务上相当常见，但当处于一个极度权力不平衡的决策环境中，经由权力角力所产生的共同利益往往仅能满足强势团体的需求。

3.5 辩护式规划（Advocacy Planning）

既然规划无法中立且无法独立于政治活动之外，而规划者又很难不受到个人价值观的影响，那么规划者是否应该放弃规划应该中立的立场，转而为其所坚持的理念及价值观而辩护。知名律师兼规划师戴维朵夫[10]于1960年代提出的辩护式规划即是此论点的代表。辩护式规划的兴起与西方1960年代社会的不安及当时全盘理性规划政策的失败有密切的关系。辩护式规划重新建构了公共利益的概念，其强调追求公共利益也就是要唤起各社会族群的自我意识。但其也有不少缺点，如规划的决策环境与法庭并不相同，规划并没有正式的法官来判决公共利益，而规划者以公仆身份作为社会团体代言人的合法性也颇受争议。

3.6 沟通理性规划（Communicative Planning）

1980及1990年代，哈伯马斯[11]的批判理论为现代规划思潮注入了另一股新的省思力量。由于导入了语言学的沟通理论及理想言词情境的假设，哈伯马斯铺陈出一条实践早期法兰克福学派之批判理论的实验道路。随着批判理论的发展，"沟通理性"与"沟通行动"的概念也渐渐获得重视。康奈尔大学规划学者福利司特[12]是将沟通理性概念应用于规划的学者之一，其指出：规划的沟通行动应是在一个动态、互动的规划环境中，一种具认知效果的技巧性行为，在此过程中，参与者可透过互相学习、互相了解，调整其自身的价值观及既有的行为规范，进而凝聚真正的共识。以沟通理性理论探讨公共利益可发现，公共利益应建构在社会共识的基础上，并应是在一个具沟通理性的规划环境中，让大家一起来找寻。

3.7 可持续发展规划典范（Sustainable Planning Paradigm）

自1980年代被提出后，可持续发展的概念已被普遍的使用去描述人与环境之间及人与人之间的一种长期和谐共生的关系。由于纳入环境伦理、环境经济及环境会计学等理念，可持续城市发展的知识论基础已日趋完备，并已取代早期侧重经济成长的开发典范，成为引领21世纪城乡发展的新典范。

依据联合国1987年"我们共同的未来"宣言中的定义，可持续发展是要满足当代的需求而不损及后代子孙满足其需求的能力。这个规范性的定义引入了永续性及跨世代公平等观念，但由于采用了人类中心论观点，也受到一些批评。综合而言，可持续城市发展可被视为是一种兼顾经济效益、环境保育及社会公平的发展模式(Economy, Environment, Equity, 3E模式)[13]。在此发展模式的运作中，公共利益及规划伦理，是引导城市发展由"弱永续性"走向"强永续性"的主要驱动力[14]。

可持续城市发展思潮指引出一个思索公共利益的新方向，在3E的架构下，其促使吾人去省思自然环境的价值、人对资源的使用态度，以及开发与保育间的关系。以此观点，界定公共利益的第一步，应是要界定出自我与大我及人类与地球环境间的关系，例如：到底应如何使用资源以达到可持续发展之目标？同样重要的是机制的调整，例如：如何建构一个具回应力的规划机制，以便能有效地回应人为及自然的冲击，并让开发的收益与成本能公平地分配到各族群？

4 海峡两岸规划教育及规划专业者对公共利益的认知

城市规划学是因应城市环境变迁所发展出的学科，与其他至少有200年历史的专业学科（如法律、物理、医学）相比，其仍算是一个新兴的学科，所以学科定位及专业范围皆会因所处的时空环境之不同，需要不断地调整。以西方为例，自1920年代城市规划被视为是一个专业以来，此领域已进行多次的调整，由早期强调土地使用规划及实质空间设计的学科内涵，扩展到纳入系统理论、量性方法、协商机制及公共政策管理等多元知识论基础的跨领域学科，在此过程中，公共利益与城市规划的关系一直是学科核心价值建立时的一个讨论焦点。

相较于西方城市规划学科的近百年发展历史，中国城市规划学科的发展历史较短。大陆的城市规划专业教育始于1950年代，1960年代和1970年代一度中断，1970年代中后期恢复发展。目前高校城市规划专业依学科背景可分为四类：建筑类，约占65%；工程类，约占15%；理学类（以地理学科为主），约占15%；管理与林学类，约占5%。早期城市规划专业主要是由建筑学专业及土木工程类专业所衍生，强调实质环境规划设计及城市实质建设，此种建筑学域所衍生出的城市规划学科，有良好的空间美学训练及空间设计基础，但在社会规划、量性分析及公共政策分析方面的训练则较为不足。台湾地区的城市规划学科也是因应时代需求而生，1950年代联合国专家鉴于台湾地区面临快速的都市化，因而建议设立都市计划系所。于是1971年成功大学在工学院成立都市计划学系学士班，成为台湾地区第一所都市计划系。随后台中逢甲大学也设立都市计划系，以因应1970年代台湾地区快速都市化发展及大量都市建设所需的人力需求，此时可谓台湾地区城市规划专业的第一个黄金时期。其后随着留学英美人才的陆续回台，西方的交通规划、土地使用分区管制、计量模型、新镇规划等理念也逐渐导入台湾地区的规划教育及专业实践，并造成城市规划领域的扩充。1970年代至今，台湾地区的城市规划科系已训练出不少人才，但随着大都市的过度发展及就业市场的改变，都市规划学科发展也面临需转型的压力。而目前规划实务也转向以都市更新、空间信息、游憩规划及社区营造为主。

由以上发展背景可看出，两岸城市规划学科皆是因应城市建设需求而产生，有立即的使命与市场需求，但在作为一个完整学科发展所需的专业价值观及伦理观基础上，则有所不足。与国际知名大学相较（如伯克利大学、MIT、UCLA等），目前海峡两岸城市规划系所较缺乏对公共利益及相关规划思潮的授课，以致学生需藉由实际规划经验的积累，来建构其对公共利益及规划核心价值的认知。

为探讨海峡两岸年轻规划专业者对公共利益意涵的认知，本研究透过深度访谈及模糊语意问卷来进行调查。调查对象为刚毕业从事城乡规划工作未满3年的专业者（假设其仍明显地受规划教育的影响）。调查抽样方法采用立意抽样，基于本研究团队的研究网络，于海峡两岸各选取50个样本，进行问卷发放。问卷设计时，先依据文献及访谈的结果，整理出可能代表城市规划中公共利益的项目，接着以可持续城市发展的3E架构加上机制设计而组成四个构面，将代表公共利益的项目予以分类，再透过模糊语意问卷进行调查，部分问卷调查是配合访谈进行。经约三个月的问卷发放与访谈调查，台湾地区共回收有效问卷39份，大陆地区37份。回收问卷以重心法解模糊化，部分结果见表1。

海峡两岸年轻规划专业者对城市规划之公共利益内涵的认知评值（选取较具代表性者） 表1

	公共利益内涵之认知评值	台湾地区规划者（N=39）	大陆规划者（N=37）
经济	便捷的公共交通建设	0.81	0.83
	引入适当的产业及都市机能	0.67	0.69
	房地产价值的提升	0.41	0.44
	适当就业机会的提供	0.76	0.78

续表

	公共利益内涵之认知评值	台湾地区规划者 (N=39)	大陆规划者 (N=37)
环境	公园绿地的提供	0.82	0.85
	舒适的都市水岸空间	0.72	0.75
	良好的空气品质	0.85	0.88
	安全的食物供给	0.78	0.77
社会	规划收益适当地回馈社区居民	0.67	0.64
	公平社会竞争机制的维护	0.77	0.76
	具共识基础的公共政策决策	0.78	0.68
	弱势团体的代言	0.69	0.65
机制	有效率的都市管理	0.77	0.75
	公开透明的规划决策程序	0.80	0.71
	适当的环保奖励诱因	0.73	0.72
	提供民众参与规划决策的机会	0.69	0.68

注：数值为模糊化后之非模糊值，介于 0~1 之间，愈接近 1 代表受测者认为该项目愈能代表公共利益。

由表 1 可看出，海峡两岸年轻规划专业者对公共利益的认知，仍多为目前重要政策所强调者（如公共交通建设、公园绿地的提供、良好的空气品质）。而对于是否提供民众参与规划决策机会是一种公共利益，海峡两岸年轻规划专业者的支持度都不是很高，可见民众参与的方式及效益仍有待宣导与检讨。就认知差异而言，大陆年轻规划专业者似乎较重视规划在实质建设的成果，而台湾地区年轻规划专业者对公共利益的认知也与规划程序设计有关，较重视公共政策的共识基础及公开透明的规划程序。而海峡两岸年轻规划专业者都不认为房地产价值提升是一种公共利益。此外，访谈经验显示，经研究者解释公共利益的意涵与相关争论之后，不少受访者表示，他们之前并没有想这么多，只是完成交办的工作而已，所以他们对于公共利益的认知较偏向于执行项目中所列的规划目标内容。另外，与受访者互动交谈时，部分专业者表示有时会想到规划行动之"对与错"及"好与坏"的问题❶。

5 结论与建议

本文支持城市规划是实践公共利益工具的论点，并认为公共利益需建构在社会共识的基础下。以下为对规划教育调整的建议：

（1）重新思考城乡规划的本质与机会

配合城乡环境的改变，规划教育应再定位城市规划（应拓展为城乡规划）的本质与机会，例如城乡规划是要"同时"服务谁（业主、居民、环境）？规划师的主要角色为何？以及规划工具要如何调整与运用？除了传统规划专业所涉及的内容，规划学生应思考规划行动对公共利益的影响，以及成本与利益是如何在空间与时间中被分配。

（2）善用多元的规划方法，找寻规划的核心价值

随着规划方法论的发展（如决策理论、信息技术、量性模型、策略规划、行动研究等的导入），规划学生应学习如何使用多元的规划方法来协助规划核心价值的再定位，并建构纳入系统性分析及逻辑性思考的多元知识论基础。同样重要的是，应善用这些新规划方法来协助凝聚对公共利益的共识。

（3）强调规划过程与成果的兼顾

规划要兼顾"程序正义"与"成果优化"。在全球化、知识经济导向的城乡再发展时代，城乡规划过程应是一个引导环境提升、创意发想、文化着床、地方产业再发展，以及建立地方认同的行动过程，所需要的规划程序应是公平开放的，并能透过回馈检讨来修正假设与操作模式，这些在规划教育中应有所体现，而学生也应积极地思考规划成果对不同社经族群的影响。

（4）走进社区、关怀民众、累积社会资产

社会资产（social capitals）包括互信互爱、相互了解、相互支持、地方认同等。社会资产积累愈多的地区，人们会愈珍惜彼此间的感情及长久的关系，故也较容易协调人们的行为，以谋求公共利益。近年来，中国强调经济资产的积累，相对地忽视了社会资产的重要性。从

---

❶ 在规划实务中，"好不一定是对"、"坏不一定是错"，因为专业者的价值观、对公共利益的认定、规划伦理及道德观会影响上述问题的答案。

本科规划教育开始,鼓励学生走入社区,主动关怀民众,打开积累社会资产的引擎,应能逐渐看到一些影响。

(5)重新定位规划专业师的角色与责任

规划专业者及学生应学习扮演多重的角色,随着规划工作之进行,适时地调整其角色。除了传统空间规划设计师的角色之外,新的角色还应包括:民众参与促成者、社区教育者、民众心声聆听者及生态环境监护者等。在扮演新角色时,应学习聆听民众的意见,并教育民众及决策者,使其了解规划的多元价值及实践公共利益的重要性。

本研究以规划思潮发展及规划教育的角度切入,对公共利益的意涵做一初探,希望能引发一些讨论,让积累公共利益的种子(如互信互爱的社会资产)在你我的成长茁壮。

主要参考文献

[1] 吴纲立,规划思潮与公共利益概念的演变:建构一个新的规划典范来寻找公共利益[J].人与地,1999:442-454.

[2] Howe, Elizabeth. 1994. Acting on Ethics in City Planning. New Brunswick, NJ: Center for Urban Policy Research, Rutgers University.

[3] Tugwell, Rexford. 1940. Implementing the General Interest. Public Administration Review, 1: 32-49.

[4] Landau, Martin. 1972. Political Theory and Political Science. New York: Macmillan.

[5] Hall, Peter. 2002. Cities of Tomorrow: An Intellectual History of Urban Planning and Design in the Twentieth Century. Oxford, UK: Oxford University Press.

[6] Kent, T.J. 1964. The Urban General Plan. San Francisco: Chandler Publishing.

[7] Simon, Herbert A. 1957. Models of Man. New York: Wiley.

[8] Webber, Melvin. 1978. A Different Paradigm for Planning. in Planning Theory in the 1980's: A search for Future Directions, edited by G. S. Burchell. New Brunswick.

[9] Lindblom, Charles. 1959. The Science of Muddling Through. Public Administration Review 19, 2: 79-88.

[10] Davidoff, Paul. 1965. Advocacy and Pluralism in Planning. Journal of the American Institute of Planners, 31,4:331-338.

[11] Habermas, J. 1989 (1962). The Structural Transformation of the Public Sphere: An Inquiry into a Category of Bourgeois Society, Cambridge: MIT Press.

[12] Forester, John. 1993. Critical Theory, Public Policy, and Planning Practice. New York: State University of New York Press.

[13] 吴纲立,永续生态社区规划设计的理论与实践[M].2009,中国台北:詹氏书局.

[14] Wheeler, S. 2004. Planning for Sustainability: Creating Livable, Equitable, Ecological Communities. New York: Routledge.

Rethink the Relationship between Public Interest and Urban Planning from the Viewpoint of the Planning Thought Development and the Readjustment of Planning Education

Wu Gangli

Abstract: Public interest has been commonly used as a justification for planning action. However, "what is (are) the public interest(s) in urban planning" remains a source of debate in contemporary planning theory and practice. With the shift of planning paradigm and the changes in social values, the public interest and related planning policies defined by traditional planning approaches have suffered from criticism from many sides. In view of the dilemma, this study attempts to explore the meaning of public interest and its relationship with urban planning profession from the viewpoint of planning thought and planning education redevelopment. Based on our research finding, this study provides suggestions on planning education readjustment in order to help planning professional in China and Taiwan to develop consensus on the meaning of public interest and the core values of planning.

Key Words: planning thought, planning education, public interest, sustainable urban development

进阶·线索·隐线——本科生研究能力培养路径

史北祥　杨俊宴

摘　要：在我国城市化率超过50%后，发展出现转型，使得城市规划面临的问题更加复杂与多变，需要规划师以良好的研究应变能力，对问题进行深入的研究及理性的判断，并提出创造性地解决方式。本文在深入剖析研究能力构成的基础上，结合研究能力的培养特点，以整体教学体系为依托，将研究能力的培养融入主线课程教学之中，形成一条贯穿于教学全过程的隐性线索，并通过双线并行的教学体系、逐层深入的研究内容、阶段划分的进度控制及研究成果的提升深化，逐步提高学生的研究意识及研究方法，进而提高创造性地解决问题的能力。

关键词：研究能力，培养途径，隐线

1　新时期本科教学的新任务

在工业化的高速发展及城市化的快速进程中，特别是城市化率超过50%以后，我国已处于经济及社会发展转型的关键时期。而随着经济社会发展的不断完善，城市建设所承载内涵逐渐加深，城市规划所面临的问题更加的复杂与多变，新的问题与新的挑战不断涌现。而同时，规划技术的突飞猛进、学科的交叉融合，使得规划的技术方法及技术平台不断升级，所研究内涵的广度及深度也在不断地扩展。在此基础上，规划师的培养也必须与时代的背景及技术的发展相结合，以帮助未来的规划师建立良好的研究应变能力，以适应不断涌现的新的规划类型及规划要求。

这一问题也受到了诸多学者的关注，朱文一指出我国建筑规划教育的特点就是注重实践，学科发展紧密结合国家建设。周俭则在对城市规划发展方向分析的基础上，也认为应突出培养学生"综合分析"、"协调解决"城市问题的能力。王建国也认为，对于建筑及城市规划专业学生的培养，不仅应培养学生掌握相对完整的专业基础知识，还要培养学生开展专题研究的能力，具有良好的综合人文素质。而赵民，钟声在对高等院校城市规划专业和全国规划设计研究及管理部门等用人单位两个方面详细调研分析的基础上，指出现在对于高素质综合型、研究型人才培养存在不足。为此，如何培养学生的研究应变能力也成为规划教育的一个重要议题，许多学者在建筑、景观、土木等相关学科，与具体课程实践结合对研究能力的培养，研究式教学方法以及研究生教育等角度对学生研究能力的培养进行了研究。综合来看，现有的研究集中于价值判断及具体课程实践两个层面，缺乏对研究能力的内涵、研究能力培养的整体教学途径等的系统研究。而本文认为，研究能力的培养，应在对研究能力全面深入剖析的基础上，把握研究能力的核心内涵，进而针对性的加强学生研究能力的培养，使其成为本科教学的必要组成。

2　教学培养中的研究能力构成

研究不同于思考，不仅是一个思索、考虑的过程，而是强调主动性的探寻，寻求事物的根本原因以及事物的可靠性依据，或对规律、方法、技术等进行实际应用加以检验。可以说研究是一个过程，即利用科学的方法，探求问题答案的过程，这对规划师适应未来发展需求，进行规划实践具有非常重要的作用。因此作为规划师主要培养基地的高校，也应对教学体系进行相应的调整，在基本的规划设计学习的基础上，逐步培养学生掌握有效的研究方法，形成良好的研究习惯。

城市规划是一门实践性很强的学科，其主干课程的教学过程一般过程可分为调研、分析、设计、表现四个

史北祥：东南大学建筑学院助教
杨俊宴：东南大学建筑学院城市规划系教授

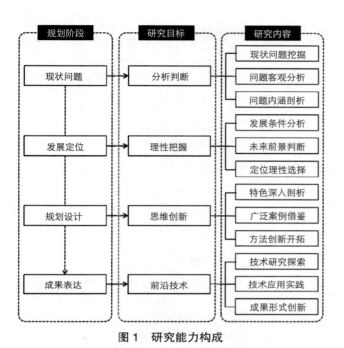

图1 研究能力构成

环节，每个环节所要解决的问题及所采用的研究方法也各不相同。城市规划专业学生研究能力的培养，应根据各个阶段的不同特点，深入剖析研究能力的构成及内涵，构筑全面、有针对性的研究能力培养框架（图1）。

2.1 现状问题的分析判断

规划设计的起点均是建立在对现状的分析判断之上，而分析的深度及全面与否，直接关系到判断的精确与否，进而影响规划设计的全过程，这就需要对现状问题进行深入的研究与分析。而一般来看，现状问题可以分为3个层次：表面问题—隐含问题—背后原因，3个层次逐级深入的揭示现状问题的本质及内涵。在规划设计的教学中，基于这一情况，可将现状问题分析与判断的教学分解为3个核心内容（表1）。

2.2 发展定位的理性把握

规划设计是对未来的谋划，在现状分析判断的基础上，规划设计面临的下一阶段任务，既是对规划设计发展定位的把握。这一问题往往会受制于各人的感性认识、专业背景、所处地位等影响，而形成较为主观的价值判断，或较为理想的宏图愿景，或是看不到有利的条件及时代发展趋势，形成较为有限的发展格局。这就需要在教学中指导学生对未来的发展定位进行科学、客观、理性的分析与研究，认清发展形势，把握发展脉络。具体教学中可以将这一研究过程分解为3个部分，对现状发展条件的分析，对未来发展前景的判断，以及对在此基础上形成的多种可能的发展定位进行理性的决策（表2）。

现状问题研究结构及内容　　　　表1

研究目标	教学内容解析	具体教学研究方法
现状问题挖掘	指导学生以各类不同的方法，从不同的层面广泛的收集现状问题，并深入挖掘，以保障收集问题的全面与系统	通过问卷调查公众问题；通过座谈了解部门问题；通过访谈收集特殊人群问题；通过实地调研收集直观问题；通过头脑风暴收集感性认识
问题客观分析	通过科学有效的方法，指导学生从问题类别、问题涉及层面等方面，对问题进行客观理性的分析，从中找出现状的关键问题	通过对问题进行类别划分，将现状问题划分为相应的几个簇群；通过对问题间包含、并列等关系的分析，将各类别问题按其重要程度，划分为核心问题、重要问题、一般问题等层级；通过横向类别及纵向重要程度的划分，找出各个类别内部的关键问题
问题内涵剖析	在关键问题梳理的基础上，进一步分析，指导学生探寻其中的内在原因，并找出其中规划设计所能解决的部分	对相关的人员及部门进行针对性的访谈，了解问题形成的历史原因及背后机制，把握问题的核心脉络；通过规划技术人员的相关知识，对关键问题进行规划设计层面的解读，分析规划设计可能的解决途径

发展定位研究结构及内容　　　　表2

研究内容	教学内容解析	具体教学研究方法
发展条件分析	未来的发展在于现在的基础，应通过教学，使学生在对既有条件进行全面深入认识的基础上，把握可能的发展核心动力	通过现状分析，找出发展的基本条件； 通过专题分析，找出发展的特色资源； 通过同类及周边的比较分析，找出自身发展优势
未来前景判断	未来的发展受政策、交通、产业、经济、技术等的综合影响，应引导学生通过深入的研究对未来发展进行分析与判断	通过各类政策及既有规划的解读，梳理发展的宏观背景； 通过经济产业的深入研究，梳理其发展脉络，把握未来的发展增长点； 通过成熟案例的研究，谋划发展蓝图
定位理性选择	现状的条件与未来前景的叠合，会产生多条不同的发展脉络，应通过激发学生思考，以各自不同的价值判断出发，找出最佳发展途径	通过极化分析法，构筑不同发展路径的极化模式，排除外来干扰，把握该路径的核心价值； 通过不同发展情景的比较，对其优劣势进行对比分析，找出最适宜的发展途径

2.3 规划设计的思维创新

现状的判断及定位的选择，最终都要通过空间来予以落实，而规划设计的过程就是一个运用相关技术手段，创造性的实现空间意图的过程。可以说，创新是规划设计的灵魂，是在前期分析判断的基础上，应用规划设计的相关理论及方法的探寻过程，也是创造性的设计灵感与规划设计意图相融合的过程。但在教学中，并不能将创新等同于空想式的闭门造车，应通过有效的研究方法及途径，培养学生形成良好的创新机制及创作方法，可以通过3个方面实现：基地空间特色的提炼、广泛的相关案例借鉴以及技术方法创新的开拓（表3）。

2.4 成果表达的前沿技术

规划设计成果的表达是学生与教师沟通的主要方式，其表达的清晰性、系统性及全面性，对于教师理解的准确与否有着至关重要的作用。因此，表达不仅仅是一个工作过程、工作量及工作成果的展示，同时也是创建一个各方共同交流的平台，也因此，规划设计的成果表达应具有针对性、直观性、易交流等特点，适宜不同交流对象的阅读与理解。而借助新技术、新设备，可以丰富规划设计成果表达的内容及形式，促使各方更有效的沟通，在具体的教学培养中，也可通过不断的学习创新，培养学生建立起研究新技术、应用新技术的良好素

规划设计研究结构及内容　　　　表3

研究内容	教学内容解析	具体教学研究方法
特色深入剖析	规划设计是在既有空间基础上的谋划，培养学生通过对现状空间特色的深入剖析及应用来形成规划设计方案的地方性及空间特色	通过空间发展脉络及轨迹的分析，认知空间发展的特色控制要素，如山体、湖泊、城墙等； 通过问卷等方式，了解大众对空间特色的心理认知及认同； 通过空间各类标志性要素的系统分析及评价，找出代表性空间要素； 通过综合分析评价把握基地空间特色
广泛案例借鉴	相类似的规划设计会有一些相似的空间规律及解决途径，引导学生在广泛的案例研究的基础上，借鉴各类有益的处理方式拓展设计思维	通过相似规划项目的学习，借鉴其解决方式及途径； 通过实际案例的考察，研究规划设计与实际空间效果的差异及影响因素，趋利避害； 通过发达国家、地区的发展历程研究，研究其变化趋势及动因，把握发展脉络，拓展规划设计思维
方法开拓创新	学科的融合，数字技术的进步，为规划设计提供了新的技术平台及解决方式，指导学生通过技术方法的学习，拓展设计思路，实现规划设计的创新	通过跨学科的技术方法，建立新的空间分析途径，拓展规划设计思维； 通过新的数字化技术，构建新的技术平台，产生新的空间模式及解决途径； 通过相关理论知识的学习，与基地特征结合，创造性地提出新的规划设计方法，针对性的解决基地空间问题

成果表达研究结构及内容　　　　　　　　　　　　　　　　　　　　　　　　　　　　　　表4

研究内容	教学内容解析	具体教学研究方法
技术研究探索	技术的发展，特别是数字技术的进步为规划设计成果的表达提供了新的方式，应激发学生通过新技术的研究与应用，丰富成果表达的兴趣，形成创新氛围	通过渲染技术的研究，探索平面及三维效果的表达途径；通过虚拟现实技术的研究，探索空间体验展示的途径；通过多媒体技术的研究，探索动画表达及汇报形式的途径
技术应用实践	许多新的技术、软件等的出现，开始并非应用于规划设计领域，可鼓励学生努力探索，通过不断的尝试应用加以检验，不断拓展成果的表达方式	应用的实践是一个双向的过程，发现可用技术后，要研究其如何应用于规划设计的表达；另一方面，也在对规划设计认识不断深化的基础上，探索新的表达需求。双向的每一次契合，都是一次技术研究的进步，也是规划设计成果表达的进步
成果形式创新	形式的创新源于对规划设计成果目标的研究，应引导学生针对不同的成果目标，创造性的应用各类方法，在实现最有效的成果表达的同时，实现成果形式的创新	通过规划设计本身类型及性质，成果用途及使用方式，成果服务对象等来综合研究成果的最终形式：或进行独特的装帧设计，或采用实体模型展示，或采用动画表达，或采用多媒体自动汇报，或引用虚拟现实亲身感受；或网络展示投票等，均是规划设计成果的形式创新

养，并持续推进规划设计成果形式创新（表4）。

3　研究能力的教学培养特点

研究能力培养不论是对于继续读书深造，探寻学术问题的学生，还是对于直接就业，面对实际问题的学生，都是非常必要的素养。而研究能力的培养也有其自身的内在规律及特征，只有把握其内在的规律特征，并与之结合，才能达到更有针对性的培养效果。

3.1　层次性特征

与规划设计能力培养类似，研究能力的培养也应与具体的年级及课程的设置相匹配，形成一个循序渐进的培养过程。低年级更多地强调研究习惯、研究方法的培养及学习，逐渐培养学生形成研究型的思维特征。随着年级的升高，则可以逐渐增加面对问题的复杂程度，培养学生研究、分析复杂问题的能力，逐渐培养学生形成完善的研究体系。

3.2　一致性特征

在由低年级到高年级循序渐进的培养中，研究能力培养表现出与规划设计的结构特征较强的一致性，即与调研、分析、设计、表现相结合，而同时，这一结构特征也呈现出纵向的一致性，只是随着年级的升高，面对的问题逐渐复杂、尺度逐渐增加。这种高度的一致性对研究能力的培养及学习的逐渐深化至关重要，在各所高校多以规划设计课程为主线的教学体系中，也有很好的基础来保持这种培养的一致性，两者结合，也有利于进一步加强课程设计的教学主线。

3.3　内在性特征

研究无法脱离具体的任务而存在，是实现某一具体规划设计任务的途径及方法，内嵌于规划设计的全过程，相对于规划设计的显性结果，研究更多的体现了隐性的内在特征，这一特征为研究能力培养与规划设计课程的结合奠定了基础。在此基础上，就形成了具体的设计任务与隐性的研究要求的结合，进而自然的形成了显性的规划设计任务主线及隐性的科学研究辅线并行的教学方式。

4　教学培养实现途径

针对研究能力的特征，在具体教学中，应将其与现有教学体系相结合，融入现有教学体系，并进行深化，这样既可以丰富现有教学体系，使之更加饱满并有较好的深度，又可以在具体的案例中针对性的推进研究能力的培养，使之不至于变为空谈。

通过对研究能力构成及特征的解析，可以看出，相对于规划设计课程主线来看，研究能力的培养是一条并行的隐线，隐含在规划设计课程教学的全过程之中。在此基础上，在不影响正常的课程教学，也不增加教学负担的情况下，可以将研究能力的培养完全融于现有教学

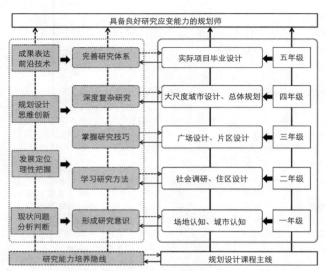

图2 研究能力隐线辅助的教学体系培养框架

体系之中,通过针对性的培养及教学,达到研究能力培养的目的(图2)。

4.1 双线并行的教学体系

研究能力的培养必须与规划设计课程密切结合,以具体课程引导学生开展具体的研究工作。从一年级到五年级,随着规划设计课程由简单至复杂、涉及空间尺度由小及大,对研究能力培养的要求也各不相同。低年级,主要培养学生形成相应的研究意识,掌握基本的研究方法,再随着课程的丰富,逐渐形成各自的研究方法及技巧,并在掌握成熟的研究方法后,通过复杂、大尺度规划设计课程的探索,构筑自身的研究方法体系,并通过毕业设计实际项目的锻炼进行完善。研究能力培养的线索隐于主线之中,使研究与实际相结合,更易获得学生的认同,引起学生的研究兴趣及热情。

4.2 逐层深入的研究内容

在双线并行的基础上,在结合规划设计课程的研究能力培养中,应注重研究能力的一致性特点,在随着规划设计逐渐复杂,研究能力培养逐渐深化的过程中,应注重同一研究方法的深入扩展的探索,以及同一研究领域内研究内容的逐渐深化。这就需要规划设计课程的设置进行相应的调整,选择具有一定针对性的,符合这一特点的课题,引导学生进行更为深入的研究与探索。

4.3 阶段划分的进度控制

传统的规划设计课程往往在任务下达后,便开始定期的改图、评图等设计教学工作。在强调研究能力培养的目标下,可将这一过程中设置多个节点,让学生形成一定的研究成果,采取课堂讨论或集中评讲的方式对研究方法、研究内容及研究成果进行指导及讨论。具体来看,可在课题任务下达后,以7个工作日为限,进行一次集中的评讲,评讲内容即为学生对现状的研究,包括发现的问题、空间的特色、发展的历程等。随后,在下一阶段的课程中,根据具体工作量,还可设置定位集中评讲节点、设计思路评讲节点、设计方案评讲节点、设计成果评讲节点等节点,评讲内容及评讲时间,则完全可以根据具体课题内容确定,或根据课程中发现的问题灵活设置。这种灵活的节点制度,可以有效地引导学生在课程的相应阶段进行相应的工作,形成良好的规划设计工作习惯及研究习惯。

4.4 研究成果的提升深化

经过以上过程培养,每个课题完成时,学生不但完成了课题的设计任务,同时也会积累一定的文献阅读量、案例分析量以及相应的研究结论等研究成果及收获。在此基础上,可以鼓励学生将研究成果进行进一步的提升,可由任课教师或专职教师开展选修课的方式,指导有兴趣的学生将研究成果转化为相应的论文成果,在论文的写作过程中,可以更为理性的梳理相关研究,并能进一步深化及提升,最终指导学生选择适宜期刊进行投稿,在更广的范围内与学者同仁进行交流。这一方法,对于研究型人才的选取,教学成果的总结,学习方法的推广等均有较大的作用及价值。

5 结语

在经济社会转型,城市建设向集约化、精致化发展的时代背景下,规划设计面临的问题趋向于复杂化、多样化及多变化。在这一背景下,对规划师的研究应变能力提出了更高的要求,而研究能力独特的内在性特点导致对其的培养必须与具体的课程教学相结合,以隐性的内在方式存在。在此基础上,本文根据研究能力的构成及其自身特色，构建了与课程主线并行，且相互融合的研究能力培养隐线，并尝试通过教学体系的优化与微调，以逐层深入的研究内容、阶段划分的进度控制及研究成果的提升深化等方式，在不影响现有教学体系的情况下，循序渐进的培养学生形成良好的研究意识、研究习惯、研究技术方法体系，最终成为一名适应时代特征的、具有良好研究应变能力的规划师，同时，也为进一步的研究型人才选拔奠定基础。

主要参考文献

[1] 朱文一．当代中国建筑教育考察[J]．建筑学报，2010，10：1-4．

[2] 周俭．城市规划专业的发展方向与教育改革[J]．城市规划汇刊，1997，4：3-35．

[3] 王建国．个性化、多元化、研究性教学[J]．建筑与文化，2004，9：16-17．

[4] 赵民，钟声．中国城市规划教育现状和发展[J]．城市规划汇刊，1995，5：1-8．

[5] 吴志强，于泓．城市规划学科的发展方向[J]．城市规划学刊，2005，6：2-10．

[6] 谭纵波．论城市规划基础课程中的学科知识结构构建[J]．城市规划，2005，6：52-57．

[7] 丁沃沃．求实与创新——南京大学建筑教育多元模式的探索[J]．城市建筑，2011，3：35-38．

[8] 杨俊宴．城市规划师能力结构的雷达圈层模型研究——基于一级学科的视角[J]．城市规划，2012，12：91-96．

[9] 郭婧娟．建构主义下的研究性教学方案设计——以工程造价管理课程为例[J]．北京交通大学学报（社会科学版），2011，1：100-105．

[10] 曾祥蓉，胡远新，王薇，等．土木工程专业研究式教学法的探讨与实践[J]．高等建筑教育，2005，1：48-50．

[11] 李春青．建筑设计课研究型教学模式的探讨——以网吧建筑设计为例[J]．高等建筑教育，2008，2：114-120．

[12] 江海燕，谢涤湘，吴玲玲．应对社会需求 培养学生研究分析能力——以环境艺术和城市园林绿地规划实验课程为例[J]．广东工业大学学报（社会科学版），2010，4：20-24．

[13] 谭刚毅，李保峰，李晓峰．课程学习向独立研究的转化——理筑学研究生教育的探索与思考[J]．新建筑，2007，6：33-37．

Upgrade · Clues · Hidden: Training Path of Undergraduate Research Ability

Shi Beixiang   Yang Junyan

Abstract: After the China's urbanization rate over 50%, development appears transformation, made the problems that urban planning faced more complex and changeable, which required planners have well research response capabilities for depth research of the problems and rational judgments, and then propose creative solutions. In this paper, on the basis of depth analysis the constitute of research ability, combining with training characteristics, relying on the overall teaching system, put the training of research ability into the teaching mainline, and formation a hidden clues run through the whole process of teaching. Then through the double lines parallel of teaching system, layer by layer depth of research contents, stage division of progress control and research achievements of upgrade and deepening, to gradually raise students' research awareness and methods, thus improving the ability to solve problems creatively.

Key Words: Research ability, Training path, Hidden clues

规划·建筑·风景三学科融合型学生科研团队培养探索[1]

许 方 于海漪 袁 琳

摘 要：本研究为北方工业大学城市规划专业教学跟踪调研的第二阶段成果。本研究以我们所带领的由规划、建筑、风景三个学科的本科生和研究生组成的学生科研团队为研究对象，通过几个案例分析团队的互动模式，探索其在实践教学中的作用和影响。得到的结论如下：①学生对团队和项目参与积极性高；②团队对学生产生多方面的影响；③三学科融合的学生团队对教师科研具有良好促进作用。

关键词：学生研究团队，三学科，融合型，规划·建筑·风景

1 引言

1.1 研究背景、目的与意义

本研究为北方工业大学城市规划专业教学的系列跟踪调研之二，此前的研究1是以三年级规划设计教学为对象，对教师科研带动本科教学的模式进行了探索。调查发现此模式促进了教师学生科研团队的形成。4名教师通过课程教学、指导毕业设计、指导科技活动、和科研项目等多种方式，吸引了包括建筑学、城乡规划和风景园林三个专业的本科生，以及以上三学科的研究生加入团队，这是一个多学科、多年级同学所组成的团队。

此前研究分析了学生科研团队的形成过程。本研究的目的是在此基础上，进一步探索团队中同学们互动的模式特征，以及团队对于同学们在学业、实践能力、职业素养等方面的作用和效果，并考察团队的优缺点，为今后学生科研团队的培养提供扎实基础。

1.2 研究内容与方法

本研究以近年来学生参与的几个科研项目为研究案例，概要详下表（表1）。研究内容包括分析学生科研团

研究案例概要 表1

编号	项目性质	参与学生	学生参与工作
A (2010)	北京市教委科技计划面上项目	建研09：1名；建研10：1名；城规07：4名；城规09：3名	仪器测试，计算机模拟分析，报告及论文写作
B (2011)	北方工业大学科研基金项目	建研10：1名；城规07：4名；城规08：3名；城规09：2名；城规10：3名；建学06：3名；规划06：1名	实地调查，GIS分析；报告及论文写作
C (2013)	横向科研项目（1）：某遗址公园规划	建研11：1名；城规研12：2名；风景研12：1名；城规09：1名；景观09：1名；城规研13：1名	实地调查，文献调研，图纸绘制
D (2013)	横向科研项目（2）：某历史街区更新	建研11：2名；城规研12：2名；风景研12：1名；建学08：1名；城规08：3名；城规09：1名；景观09：4名；城规研13：1名	实地调查，文献调研，图纸绘制

注：建研11：即建筑学11年入学研究生，其他以此类推。

---

[1] 本研究得到北方工业大学教育教学改革和课程建设基金、北京市教委科研计划基金（KM201310009009）、北方工业大学科研启动基金的资助。

许 方：北方工业大学建筑工程学院副教授
于海漪：北方工业大学建筑工程学院副教授
袁 琳：北方工业大学建筑工程学院讲师

队的互动模式，并采用开放式问题调查其作用和影响。

2 团队互动模式特征

在四个调查案例中，由于科研项目的性质和完成目标的不同，参与学生的主体差异，团队中同学们形成的互动模式也呈现各自的特征（图1、图2）。

2.1 案例 A

为居住区规划领域的纵向科研项目，与居住区规划课程设计结合紧密。项目开展过程中，担当课题的研究生和不同年级规划专业本科生组成了几个小组，本科生小组辅助研究生进行现场测试，由负责教师直接领导。由于在团队形成之初，工作任务的安排基本全部在教师的直接指导下进行，尚处于以教师为轴心的自上而下的工作模式中。

2.2 案例 B

为社区规划领域的校内科研项目。两位教师分别指导毕设组和科技活动小组，发挥规划和建筑的各自优势，对老旧社区中的物质环境和社会环境、住宅的室内和室外，以及绿化景观系统进行实地调查，在此基础上提出更新改造方案。取得了较为优异的成绩。在此案例中，教师科研团队逐渐开始影响学生团队的形成。

2.3 案例 C

项目性质为商代城址的考古遗址公园规划，因此，以规划和风景研究生为主力，以城市史和景观设计为出发点进行主体研究和设计，建筑学专业的同学完成了公园内的重要节点设计和公园外考古陈列馆的建筑单体设计。

团队呈现了以规划、建筑、风景三学科研究生带领的小组为核心，相对独立地担当相应设计部分，小组之间能够自主进行沟通和协调，保证了项目高效率、高质量地完成。此案例初步发挥了三专业协调合作的优势和能量，是学生团队建设历经三年多发展的一次演练和展示。

2.4 案例 D

为历史街区更新项目。以规划专业为主，建筑系三个专业（建筑学、城乡规划、风景园林）的同学都参与

案例A：实验工具制作

案例B：调查workshop

案例C：访问考古专家

案例C：参观考古现场

案例D：汇报讨论

图1 团队工作状况

案例A
案例B
案例C
案例D

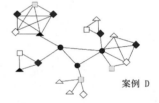

图例	规划	建筑	风景		
本科生	◇	□	△	●	教师
研究生	◆	■	▲	○	专家

图2 团队互动模式

了工程，并进行了紧密的合作。项目需要对地段大规模、深入的调研，工作以本科生为调研主力，若干本科生由研究生带领，有条理地展开。具体安排如下：①建筑专业的同学针对北京传统商业建筑的风貌进行资料搜集、整理、归纳、创新设计工作；②规划专业的同学对地段调研后整理出城市交通、功能用地、业态等；③风景专业的同学对地段的绿化、人行道铺地进行专题调研、分析和规划设计。本案例充分发挥了团队高效的工作能力，在很短的时间内完成了调研任务。但同时也暴露出了团队人数增多后，如果缺少核心协调者容易导致分工不合理，难以持续保持高效率的问题。

教师＋硕士研究生＋本科生的纵向组合工作模式，以及三学科共同参与的工作模式具有高效、实用的特点，在上述四个案例中，老师带研究生完成工程实践，是做事的主体，本科生在与课程不冲突的前提下全程参与，耳濡目染，以学习为主，并辅助研究生进行资料整理和简单的图纸工作。教学研究和工程实践开始形成互相促进的良性配合。

3 团队作用与效果

通过对团队中学生骨干进行开放式问题调查，考察团队在学业、实践能力、职业素养等方面对学生产生的作用与效果。并考察团队现存的优缺点，以期为今后的学生科研团队培养提供依据和基础。

3.1 自我专业能力的提升效果明显

首先在学业方面同学们认为有较多收获（图3）。专业知识方面的收获具体表现在开拓专业视野、了解多种类型规划设计流程等专业知识的拓展上以及专业软件的学习和绘图规范训练等专业技能的提高上。在综合能力方面，同学们认为在思维方式、工作方式以及团队协作与交流的能力上有了转变或提高。在职业素养方面，同学们普遍认为比以前更认可团队的合作和利益，也增强了自己的意志力、耐心等工作作风。

在研究性学习上，同学们普遍认为在与老师和同

图3　参加科研团队对自身影响的意见汇总（根据问题调查结果整理）

注：图中英文字母表示问卷调查对象姓名缩写。

学们的互动中，对于调查方法和研究方法的训练得到加强，研究兴趣提高，提高了解决问题的能力。有的同学还认为在思考范围和理论学习上得到了矫正或有了新的认识。

3.2 互动中工作态度的影响深刻

继而我们调查了团队互动中成员的相互影响，结果显示最显著的影响表现在工作态度上。从影响因素的关键词上看，同学们认为对自己产生了积极影响的品质有："认真"、"负责"、"积极"、"坚持"等，详见表2（表2）。其中半数以上的同学选择了"认真"和"负责"。团队中形成的竞争可能引导学生更加认真、负责地对待工作。

团队互动中的影响因素	表2
半数以上	认真，负责
其他	积极，坚持，努力，沟通，思想开放活跃，专业性，专注，踏实，务实，团结友爱，热情，行动力强，找捷径，吃苦耐劳

除此之外，同学们各有体会最深的收获，其中，团队中互相帮助、共同商讨解决问题、共同担当是很多同学认为体会最深的。并且同学们认为已经有一些影响在改变自己，主要表现在工作态度变得更认真、负责、谦虚、积极；工作安排上能更准时、按时完成任务，工作能更条理化，"行动大于言论；"在与人的沟通上能够进行换位思考，并改进自己的思想表达。

3.3 团队的优缺点

同学们普遍认为团队的优点表现在以下几方面：①工作效率高，"繁多的工作在团队合作面前化整为零"；②取长补短，"不同专业同学根据所长提出改进建议、共同解决问题"；③共同成长，团队促进了交流，增进了友情；④"知识升华作用"。

同时，同学们也期望改善目前团队中存在的问题：①沟通和交流不够，"有时交代问题不清"，且"思维火花尚未完全迸发"；②课时不同，时间不统一，"不同专业、班级的同学容易分成几个小部分，不能整体交流"；③团队成员不很熟悉，临时组队影响效率等。

3.4 对团队的期望

同学们普遍认为团队不仅在实践项目上互相有帮助，团队还可以发挥督促进步的作用，在学习方面可以发挥专业所长，帮助同学提建议，互相激发灵感。同学们提出了一些具体改进措施，其中大家认为最重要的是沟通、交流和总结。很多同学建议实行定期例会或者组织集体活动的方式，能够让老师和同学们聚在一起，进行交流和总结，分享经验，进行"头脑风暴"，以此加强沟通交流，增强凝聚力，为更好地合作、配合和学习做保障。

4 教师科研与学生团队的关系

4.1 研究工作在工程实践中不可或缺

具体表现在教学和实践的互相促进。以案例C为例，在《城市历史与理论》课程中，教师以宫城专题为讨论主题，介绍了YS商城在中国古代城市史中的地位和YS商城的若干形态特点：①是商代早期规模最大的城址，②宫城中轴线的明确，③布局结构最清楚。学生虽然有图片、文字的了解，但终究并不清楚这些结论是如何得出的，对YS商城形态特征也并没有直观的感知。课后，恰逢C项目调研，师生一行在YS商城考古遗址现场调研了数天，同学们对YS商城的现状、"考古遗址"的形态有了直观的感受，在宫城区的考古现场，同学们还现场观摩了考古工作人员的工作，聆听了考古队老师的讲解。调研回来后，部分同学对早期城址和中国城市发展历史产生了浓厚的兴趣，并结合自己熟悉的家乡资料，展开了新的阅读，选择了论文的开题方向。

4.2 科研工作是理论教学和实践教学之间的桥梁

同学们有着旺盛的求知欲望和高效率的行动力，参加教师的科研工作，不管是本科生还是研究生，对团队工作在积累经验、理解专业内涵、增强实践能力方面的作用都给予肯定。

团队中同学学习经历的层次不同，对本科生而言，正在进行专业基础知识的学习，正逐步形成自己的知识体系，恰需要一定的认知实践来将这一体系具象化，他们适合的科研项目应具有一定工作量的调研、参观、学习任务，在此基础上可以给本科同学布置导向性明确但具体内容不明确的任务，以激发本科同学的思考、创新，也照顾到本科同学的动手能力、对工作进度的控制能力有限，不宜布置太严格的工作任务。对研究生而言，已完成完整的本科阶段学习，已具备成熟的思考问题能力，他们需要进一步的工程实践经验，以及将来工作中团队协作能力、与人沟通的能力，也需要对本专业更深、更广、更接地气的理解。因此，研究生主要锻炼从理论到实践的过渡能力，以及组织本科生共同完成某项任务的能力。

5 结论

（1）学生参与科研团队的积极性较高，在实践中切实提高了专业知识和综合能力。

（2）科研团队对学生的影响是多方面的，除了学业以外，还表现在工作态度等职业素养的训练上。并且团队成员的互动对同学们在工作态度和沟通合作能力方面有明显促进作用。

（3）规划·建筑·风景三学科融合型学生科研团队是教师科研的重要支持。磨合协作良好的学生团队具有高效率，并能保证较高完成质量。

未来计划持续关注并改善学生科研团队的沟通交流措施的制度化建设，以及保持学生团队的稳定性和持续性。

主要参考文献

［1］于海漪，许方，王卉.教师科研带动本科教学的探索－以三年级规划设计教学为例.人文规划，创意转型——2012年全国高等学校城市规划专业指导委员会年会论文集.北京：中国建筑工业出版社，2012，09：1-4.

［2］于海漪.南通近代城市规划与建设.北京：中国建筑工业出版社，2005.

［3］于海漪，马蕊，许方.北京八角社区"安心＋安全"改造研究（一）：防灾空间调查［J］.华中建筑，2012，8：50-55.

［4］孙滢，孟羲，许方.北京八角社区"安心＋安全"改造研究（二）：防灾空间改造.华中建筑，2012，09：31-34.

［5］于海漪，袁晓宇，刘畅.北京八角社区"安心＋安全"改造研究（三）：老旧住宅改造研究［J］.华中建筑，2012，10：77-80.

［6］李帅，敬鑫，于海漪.北方工业大学校园微气候测试与分析［J］.华中建筑，2010，12：58-63.

［7］肖萌，季羿宇，于海漪.北京鼓楼苑地区儿童活动空间［J］.华中建筑，2011，2：86-92.

On exploration of Cultivating Three Disciplines-Fused Mode Student Research Team of Urban Plannin · Architecture · Landscape Architecture

Xu Fang　　Yu Haiyi　　Yuan Lin

Abstract：The study is the second phase of longitudinal study on urban planning teaching in NCUT. This paper focuses on the student research team that is consisted of graduate and undergraduate with specialties of urban planning, architecture and landscape architecture. Through four cases study, we aim at the interactive patterns within the team and its effect on practical teaching. The outcomes are found as follows：① The initiative of participating in team and projects of the students presents high，② All sides influences of the team are exerted on team members，③ The team of three disciplines-fused mode play a good role on teacher' research.

Key Words：Student Research Team, Three Disciplines, Fused Mode, Urban Planning · Architecture · Landscape Architecture

"大师班"的专业课程设置与安排
——复合型创新人才实验班的专业课程教学探讨

田宝江

摘　要：本文介绍了同济大学"大师班"，即复合型创新人才实验班的来源、特色、学制和培养目标，并着重介绍了围绕培养目标所进行的专业课程设置与教学安排，课程设置内容包括公共基础课、专业基础课、专业课和拓展课程四位一体的课程体系，课程设置的原则包括综合性原则、开放性原则、过程性原则及研究性原则。最后对"大师班"的教学安排进行小结并提出进一步完善的方向。

关键词：大师班，复合型，创新，课程设置

1 什么是"大师班"？

所谓"大师班"其实是一种通俗的叫法，它的正式名称是"复合型创新人才实验班"（以下简称实验班），是同济大学建筑与城市规划学院为本科跨专业培养模式的探索而设置的试点班级及课程。该班在学院内打通专业界限，将建筑学、城乡规划学、景观学、历史建筑保护工程四个专业的师资和课程资源进行整合。2012年开始在学院内选拔入学阶段基础较好、专业素质禀赋较高和自我驱动能力较强的各专业学生进行集中试点，首届"大师班"由来自建筑、规划、景观、历史建筑保护和室内设计专业的20名同学组成。

该实验班由国家千人计划引进我院的张永和教授领衔，来自我院建筑系王方戟、王凯、胡滨，规划系田宝江、钮心毅，景观学系周向频、董楠楠七位老师组成基本教学团队，来自不同设计机构的六位实践建筑师柳亦春（大舍建筑）、张斌（致正建筑）、祝晓峰（山水秀）、水雁飞（直造建筑）、王飞（加十设计）、王彦（绿环建筑）组成实验班的客座教学团队。

由于该班由建筑设计大师领衔，学生也都是来自各专业的"尖子生"（进入该班的学生平均绩点要达到4.0），其教学体制、方法也力图突破传统模式进行创新，着力培养复习型创新人才，培养未来的"大师"，因此，该班也被外界称为"大师班"。

2 "大师班"的学制

借鉴国际先进教学理念和方法，实验班的人才培养分为两个阶段。一、本科：专业通识教育阶段，注重专业基础知识的宽度，强调不同专业知识的交叉、融合；二、硕士：专业深化阶段，注重专业知识的深度，鼓励就某一领域进行深入研究。整体学制设计为6.5（7）年，本硕贯通。即：4年（工学学士学位）+2.5年（专业硕士学位）=6.5年，国际双学位为7年。其中，60%的学生将被派往国外攻读双学位。如学生在本科学习结束后自愿申请退出，则成绩合格者将获得本科学位（工学学士或建筑学学士）。

在本科阶段，采用1.5年+2年+0.5年的培养模式，即第1、2、3学期在现有学院基础教学平台内学习并采用现有教学计划，第4、5、6、7学期（二年）采用独立的、为实验班度身定制的课程体系，理论课根据培养方案在三个系现有课程中选择或专门开设新课程，设计课则由实验班教学团队负责制定系列设计训练课题，以使学生具备建筑学、城乡规划和景观学专业复合的知识结构和综合技术素质。第8学期则回到来源专业完成设计院实习和毕业设计。学生在来源专业取得本科学位后，研究生阶段可根据学生兴趣和特长自主选择相应专业攻读硕士学位。

田宝江：同济大学建筑与城市规划学院副教授

3 "大师班"的特色

与传统单一专业的班级相比，实验班的特色主要体现在以下三个方面：

3.1 复合性

复合性首先体现在学生来源的多样性。该班的20位同学分别来自建筑、规划等5个不同的专业，同学之间可以相互学习、借鉴，取长补短，打破专业界限，与此相对应，担任该班教学任务的师资力量也是一支复合的团队，有国际著名建筑师张永和，有来自不同专业背景的7位教师，还有6位来自设计实践第一线的先锋建筑师。这样的师资组合，保障了专业课程和知识的交叉融合，同时教师以中青年为主，思维活跃，富于创新精神。特别是校外的客座教师团队，都是在建筑界有一定影响的先锋建筑师（其作品具有一定的实验性和超前性），他们的设计理念、方法和设计哲学，也为学生提供了一个开放、鼓励创新的平台。

此外，该班的复合性还体现在课程设置与安排上。其课程设置是由公共基础课、专业基础课、专业课及拓展课程构成的完整的、跨学科、复合型的课程体系。主要专业课程涵盖建筑设计、建筑机构与构造、建筑物理与设备、城市规划原理、城市工程系统规划、城市道路与交通、城市设计与控制性详细规划、城市建设史、景观规划与设计、中外园林史等，此外，还安排了艺术造型实习、历史环境实录、综合社会实践、创新能力拓展项目等课程。

3.2 创新性

首先是理念创新。突破传统教学模式，打破专业界限，实现建筑、规划、景观三位一体，是未来专业发展的大势所趋，也是城市发展的内在要求。建筑设计一定要有城市视野，在城市整体结构中确定自身的坐标和定位；规划也要靠深入、扎实的建筑学功底，才能将改善城市空间质量的意图付诸实现，而二者都要有全局的环境观，必须与景观相融合。基于这样的认识，实验班的创办具有很强的创新性，它在整合学院多学科资源优势的基础上，提出了全新的培养复合型创新人才的模式和途径。

其次是在培养标准、培养途径和评价方式上的创新。结合专业培养目标，该班制定了旨在培养和提高学生综合素质和综合能力的各项专业培养标准，包括知识与智力方面（专业知识等）、综合能力（终身学习能力、独立分析问题解决问题能力等）及健康人格塑造（身心健康、团队合作、国际视野等）多方面的培养标准。同时，提出了实现这些培养标准的教学方法与途径，在教学中提倡从"以教师为主导"向"以学生为核心"转变，充分发挥学生的主观能动性。如在传统的课堂讲授、互动以外，将一定的课程内容交给学生自学，大幅提高课外学时的比例，鼓励学生进行文献检索、资料收集与分析，课堂讨论、撰写小论文与调研报告，举办辩论赛、专业竞赛、联合教学、出国考察等多种教学形式，充分调动学生的积极性。在成绩评价方面，采用全过程评价及多侧面评价相结合的方法，关注和跟踪专业学习的全过程。对每个学习阶段、节点进行总结和评价，淡化期末最终成绩，强化平时成绩的积累，除了任课教师外，还要参考各个阶段节点上点评老师的意见，并通过学生之间的交流、互评、讨论等方式获得多侧面、多角度的评价，力求全面、客观，并以此作为激励机制，促进平时的学习，使评价贯穿专业学习的全过程。

3.3 实验性

顾名思义，该班在教学和学生培养等方面均具有一定的实验性。首先是因为这种本科阶段打破专业界限、复合的培养方式在我校乃至全国都没有先例，没有现成的经验可供借鉴，其次在教学体系、课程设置、教学方法等方面都需要在实践中不断探索和尝试。但是这种实验并非是盲目和无把握的，相反，这种实验是基于对专业发展趋势的深刻认识、对学院教学基础和教学资源多年积累的熟悉，以及对课程设置的相关性、合理性、渐进性的把握，加上该班学生整体素质较高，接受能力强，在原专业学有余力的基础上激发他们的潜能，因此，这种实验性不同于实验室中对某种未知事物的探索，其不确定性是在可控范围之内的。在这个意义上，与其说是实验，也可以说是对某种相对完善的理念和体系的"验证"或"实现"。我们相信，这种实验必然会对传统界限分明的专业培养模式带来冲击，为培养知识结构复合、具备各项综合能力、符合新时代需求的创新型人才积累宝贵的经验。

4 "大师班"的培养目标

该实验班的目标是培养适应未来社会发展需求，专业综合素质与健康人格并重，基础扎实、知识面宽广、综合素质高、掌握本科建筑学、城乡规划学及景观学基本理论、基本知识和基本设计方法，具备专业人员的职业素养，突出的实践能力，具有国际视野、富于创新精神和团队协作精神的本专业领域的专业领导者及新领域的开拓者。

5 "大师班"的课程设置与教学安排

5.1 课程设置的内容

如前所述，该班的复合学习阶段主要是在第4~7学期，这期间的课程设置可以概括为四位一体，即公共基础课、专业基础课、专业课和拓展课程相结合。其中公共基础课6门，包括：马克思主义基本原理、形式任务、体育、大学英语、建筑结构、遥感与GIS概论；专业基础课13门，包括：建筑设计原理、建筑设计、建筑构造、建筑物理（声、光、热）、建筑设备（水、暖、电）、公共建筑设计原理（1）——人文环境、公共建筑设计原理（2）——自然环境、公共建筑设计原理（3）——建筑群体、城市建设史、城市工程系统规划、城市道路与交通、区域经济与区域规划、中外园林史；专业必修课有9门，包括：建筑理论与历史（1）、（2）、公共建筑设计（1）、（2）、（3）、城市规划原理、控制性详细规划与城市设计、景观规划与设计、居住建筑设计原理；专业选修课为了照顾知识的广度，设置了27门，包括数字化设计前沿、文博专题、室内照明艺术、建筑策划、城市历史保护与更新及工程经济学等，给同学提供了十分广泛的选择余地。第4~7学期上述四类课程总学时数达到1870学时，总学分113学分，其中必修课93学分，选修课20学分。

此外，在本学习阶段还安排了相应的实践环节和课外学时安排，以充分发挥学生的自主学习的能力。

5.2 专业课程的设置原则

在上述专业课程的设置中，充分把握以下原则：

（1）综合性原则：课程设置要能充分体现专业知识的交叉与融合，提高学生综合解决问题的能力。如第6学期安排的"控制性详细规划与城市设计"课程，就将控规与城市设计结合在一起，在教学过程中，使学生充分了解控规的法定性、控制体系、对城市形态引导和开发控制方面的主导作用，同时，又通过城市设计，找到控制指标与城市空间形态的对应关系，从而论证控规指标的合理性，通过反馈实现控规指标的优化。

（2）开放性原则：我们在课程设置中，对大多数设计课题目，并没有统一、明确的设计任务，而只是给出大的方向性要求，包括基地的最终选定、题目的具体内容等，都要通过学生自己的调研、分析，来提出要解决的问题，从而最终确定设计课题。这种开放、发散的方式，大大激发了学生的学习热情，也使得学生的综合能力如现状调研、提出问题、分析问题和解决问题等能力得到切实的提升。如第5学期安排的"都市稠密地区城市微更新设计"题目，课程题目要求在指定地域范围内，寻找进行微调后（小幅度更新）能大幅提高城市功能和空间品质的点进行更新设计改造。这种开放性的题目设定，要求学生自己去分析、挖掘基地的禀赋和潜力，找出存在的主要问题，确定以最小的代价取得最大收益的改造策略和设计手段。经过走访、现场调研和资料分析，以及从宏观角度（城市演变、城市规划、城市功能等）的解读，最终大家选择确定了"菜场+住宅设计"的改造课题，将住宅底层商业用房作为室内菜场，上部住宅解决原住民回迁，建筑群体围合的空间成为公共交往的场所。该题目涵盖了建筑设计、建筑结构（住宅与底层商业空间的结构对接）、开放空间景观设计、社会调查、社会交往与需求、拆迁安置、经济测算等内容，真正实现了多专业交叉与融合。而上述这些问题的提出和目标的确定，都是在课程题目开放性的前提下，同学通过自身的分析所得出的结论，充分体现了复合、创新的特点。

（3）过程性原则：在专业设计课程设置方面，我们还特别关注整个教学过程的展开，而非仅仅关注最终的成果，强调设计方法和思想方法，以期有效控制设计理念产生的原因、推进的步骤和完成的过程；不仅关注成果和结论，更关注方案推演的过程，强调设计的内在生成逻辑和理性。

（4）研究性原则：即在专业课程设置中，将教学过程作为学术研究手段，关注对问题类型的研究，而非仅仅是功能类型的学习与教师个人零星经验的传授。一方面，将不同教学阶段都进行理论上的总结与提升，形成阶段性理论研究成果，如现状调研报告、文献综述、历史沿革资料汇编、相关案例分析和总结、设计理念与主题阐释的小论文等；另一方面，希望将整个教学过程作为学术研究的一部分，总结相关课程教学模式推进中的问题与方法，拓展对专业教学乃至专业发展的新见解和新思路。

6 小结

"大师班"在我校乃至全国都是个新事物，我校的首届"大师班"目前也只有本科三年级，尚未完成全部专业课程的培养，没有毕业生，更未能接受市场和社会的检验，培养效果如何现在下结论还为时尚早。但通过这三个学期的教学实践，已经看到取得了一定成效，同学们的积极性和学习热情被充分调动起来，在大负荷、高强度的条件下（如本学期一个学期就有三门设计课同时进行）仍取得了令人十分满意的设计成果（"菜场+住宅"改造设计及公共文化建筑设计成果均举行了成果展览，受到普遍好评）。同学的视野、思路进一步开阔，并逐步摆脱单一专业的局限，从更高的层面介入，从城市、社会的角度思考设计的问题，在实践中逐步实现了建筑、规划和景观的融合，城市物质空间与社会空间的互动与关照，并掌握了一定的分析问题、解决问题的方法，专业综合素质显著提高。同时，我们也发现了专业课程设置稍显密集、学生负担较重，各课题之间缺乏有机联系的问题，为此，对以后的课程设置可有两个选择方向，一是"主题一体化"，及将所有课程设计题目用一条内在线索串联起来，如将两年的所有设计课程均围绕城市同一地区，从城市问题发掘、控制性详细规划、城市更新改造、城市设计到建筑单体设计、景观环境设计及工程系统，都是围绕这个地区的问题展开，从宏观到微观贯穿到底，这样既实现了多专业的融合与交叉，又使得每个专业所承担的角色和作用在不同阶段更加凸显；另一个方向是"专业知识与现代技术与社会问题双结合"，使得专业课程发展更关注现代技术如数字技术、遥感技术、生态技术的应用，同时更加关注物质控制和设计策略背后深层次的社会原因。

"大师班"是人们对复合型创新人才实验班的爱称，也表达了对这个班的殷切希望，我们在教学理念、课程设置、教学安排等方面也只是做出了一些尝试。本文就是将这些尝试介绍给大家，希望能为兄弟院校的教学提供一些有益的借鉴，同时也真诚希望兄弟院校能给我们提出宝贵意见和建议，共同把"大师班"办好，希望在不久的将来，真有大师能从这里诞生。

Professional Curriculum Setting and Arrangement of "Master Class": Pedagogy Discussion about Professional Curriculum of Experimental Class for Cultivating Compound Innovative Talents

Tian Baojiang

Abstract: This disquisition introduces the origin, characteristics, educational system and educational objectives of Tongji University's "Master Class", namely experimental classes aiming to cultivate compound innovative talents, with emphasis on educational objective centered professional curriculum settings and teaching arrangements. Curriculum content consists of public basic courses, specialized basic courses, specialized courses and development courses. They form a four-part course system. Curriculum setting also conforms to the principles of comprehensiveness, openness, process and research. Finally, this disquisition provides a brief summary of "Master Class" teaching methods and recommends the direction for further improvement.

Key Words: Master Class, Compound, Innovation, Curriculum Setting

英澳规划院校的乡村规划教育与课程设置

黄 怡

摘 要：本文以英国卡迪夫大学、利物浦大学、曼彻斯特大学、贝尔法斯特女王大学和澳大利亚新南威尔士大学等多所大学为例，探讨了英、澳规划院校中乡村规划教育的背景、历史及课程设置特色，从中寻求对我国城市规划院校中乡村规划教育与教学的有益启迪与借鉴。

关键词：乡村规划教育，英澳规划院校，课程设置

在全世界高等院校的规划专业教育与设置中，大多数国家有一点上表现出极大的相似性，即以城市为基础的规划体系处于绝对的优势地位，乡村规划处于边缘位置甚至毫无立足之地，这与规划具有一个主要的城市中心焦点不可分割，在乡村地区的规划传统地仅是满足适合农业用地保护。但在英国和澳大利亚的规划院校中，对于乡村规划教育和课程设置具有传统并颇为重视，值得引起国内规划院校的关注。

1 英澳乡村规划教育的背景

英国和澳大利亚规划院校的乡村规划教育具有一些重要而相似的社会背景，例如保持稳定的较高的城市化水平、人口向乡村迁移增长的趋势以及对农村生活风尚的追求等。这同澳大利亚属于英联邦国家不无关系。

（1）稳定的高城市化程度

西欧国家的城市化普遍进程早、程度高，英国的城镇化率在2010年达到80%，在过去的30年中基本处于稳定状态。澳大利亚的城市化率更是从1980的86%上升到2010年的89%。但是两国对于乡村规划都极为重视，在乡村规划教育水平与城市化程度之间存在着一个尚未证明的区域性的正相关的关系。

（2）人口向乡村迁移增长的趋势

自20世纪中期起，英国已面临着人口从城市向人口密度稀少地区的转移，逆城市化级式（counter-urbanization cascade）成为"英国人口分布的一个主导特征"[1]。这首先是伴随着工业重构，也得到了交通基础设施的促进。对一些较远的农村地区来说，退休人口定居和长距离通勤成为一种特征。大多数从城市到农村地区的迁移伴随着在邻近的农村和城市地点之间通勤的增加，并反映在延长的到工作地点的出行距离和住房市场领域。

澳大利亚则在20世纪后期和21世纪初期经历了数量不断上升的从城市向海岸地区的城市边缘区和农村地区的人口迁移。自1970年代以来的35年中，有30多万悉尼人口迁居到农村地区和靠近大都市的小城镇，或者到其他内陆特别是海岸地区[2]。

英国和澳大利亚的城市化程度　表1

国家	年份		
	1980	2000	2010
英国	78	79	80
澳大利亚	86	87	89

来源 http : //data.worldbank.org/indicator/ SP.URB.TOTL.IN.ZS/countries.

---

[1]（英）彼得·霍尔，科林·沃德著，黄怡译. 社会城市，北京：中国建筑工业出版社，2009：94.

[2] Susan Thompson（Ed）. Planning Australia：An Overview of Urban and Regional Planning, New York：Cambridge University Press，2007：162.

黄 怡：同济大学建筑与城市规划学院教授

（3）农村生活方式的吸引

在英国独特的生活文化观念下，城市化与逆城市化的趋势一直并行不悖。有这样一种认识，即逆城市化反映了一些家庭对农村生活方式日益增长的偏好。霍尔在《社会城市》中提到，在英国城市和城镇的大多数家庭才刚刚一代或两代人脱离农村生活的时候，一部分人就开始寻求在乡村的小地块上自行建造。这其中有沿袭社会等级传播下来的假日习惯和"周末"理念、野外生活的风尚以及"简单生活"对城市居民的吸引等❶。

在澳大利亚，绝大多数农村远离重要的城市居民点，人口密度低。人们普遍寻求生活在海滨或农村的开阔空间、良好景观以及其他好处中，且理想的地点在主要城市的3小时驾驶距离内。

上述可归纳为经济、人口、文化三方面的相关因素构成了英澳两国高等规划院校中乡村规划教育发展的整体背景与动因。

2 英澳乡村规划教育的历史

英国规划院校较早就开展农村规划教学。英国利物浦大学的城市设计系（Department of Civic Design）是世界上最早设立的规划院系❷。早在20世纪30年代，利物浦大学就有乡村规划方面的师资，乡村规划讲师W.A.（Arthur）Eden 曾较长时期实际主持城市设计系的工作❸。曾对利物浦规划课程进行激进改革的重要人物Gordon Stephenson，在1950年代引入了两年的研究生课程，他描述新的研究生学位（MCD）有6个主要构成部分，其中的规划理论部分（the theory of planning）包括了规划体系、全国规划、区域规划、地方规划，还有农村的特定问题。

澳大利亚的规划教育起步相对较晚，第一门规划课程于1949年引入南澳大利亚矿业学校（现在的南澳大利亚大学），是硕士层面的。悉尼大学、墨尔本大学稍后也于这一年开设规划课程❹。乡村规划课程的设置则还在其后。

3 英澳乡村规划课程设置的阶段及内容

从目前规划院校中乡村规划课程的设置来看，在教学阶段上，本科、硕士和博士阶段各有涉及，大学院校之间不尽相同。以下考察英国曼彻斯特大学、卡迪夫大学和贝尔法斯特女王大学以及澳大利亚的新南威尔士大学的乡村规划课程设置。

（1）乡村规划作为本科专业方向（曼彻斯特大学）

曼彻斯特大学在人文学院内下设环境与发展学院（SED），其中规划与环境管理系（Planning and Environmental Management）提供四个方向的本科生课程，有两个方向涉及乡村规划。一个是3年制的"城市与乡村规划"本科课程（BA in Town & Country Planning，BTCP），经英国皇家城市规划协会（RTPI）部分认证，提供城镇规划领域内基本的学术和专业训练；另一个是4年制的城乡规划（MTCP）本科硕士学位，经RTPI全部认证，提供城镇规划领域的学术研究和专业训练。BTCP课程与MTCP课程前3年的内容一样，学生在完成3年的学习后可以选择继续经RTPI认可的包括曼彻斯特在内的任何学院的专业硕士学位。

乡村规划课程安排在第1和第2年。第1年主要从城市和乡村规划的角度对环境进行广泛介绍，让学生对规划和管理建成环境和自然环境所有方面的诸多问题和议题形成初步认识。学生们调查环境的社会、经济、生态和设计方面，并学习如何收集、分析和表达信息。第2年开始更多地专门研究规划本身，有城市政策和政治、乡村管理、保护景观、英国空间规划等模块。除了乡村管理课程外，还安排有到英国农村地区田野调查的课程。

乡村规划与城市规划一起作为本科专业方向的设置，可以使学生深入理解塑造城市和乡村地区的社会、经济、政治和环境过程的本质，并学习通过规划和设计改善和提高地区的发展已经城市与农村社区人口的生活质量。

---

❶ （英）彼得·霍尔，科林·沃德著，黄怡译. 社会城市，北京：中国建筑工业出版社，2009：64.

❷ 英国大学的结构为 university-faclty-school-department，大学下设两级学院，然后是系。

❸ Peter Batey. Gordon Stephenson's reform of the planning curriculum: how Liverpool came to have the MCD. Town Planning Review, Vol.83, No.2, 2012：137.

❹ Susan Thompson（Ed）. Planning Australia：An Overview of Urban and Regional Planning, New York：Cambridge University Press, 2007：53.

曼彻斯特大学规划本科专业方向　　表2

教学阶段	专业方向
规划本科课程	BSc Urban Studies 城市研究（本科3年制）
	BA Environmental Management 环境管理（本科3年制）
	BA Town & Country Planning（Partial RTPI Accreditation） 城市与乡村规划（本科3年制，RTPI部分认证）
	MTCP Town & Country Planning（Full RTPI Accreditation） 城市与乡村规划（本科硕士，4年制，RTPI全面认证）

来源：http://www.manchester.ac.uk/undergraduate/courses/search2013/by subject.

（2）乡村规划作为研究生专业方向（贝尔法斯特女王大学）

贝尔法斯特女王大学（Queen's University Belfast）在工程和物理科学学院内下设规划建筑与土木工程学院（School of Planning, Architecture and Civil Engineering），其中规划专业有规划和更新、城市和乡村设计以及环境规划三个硕士培养方向。城市和乡村设计硕士（MSc in Urban and Rural Design）是全日制的学位，聚焦于建成环境的设计，要求学生对当代城市和农村设计问题抱有非常浓厚的兴趣。没有设计背景的学生将被要求参加设计原理方面的一些附加讲座和工作坊。在规定的7门课程中有一门是"乡村景观和设计"（Rural Landscape and Design）。这个学位由英国皇家特许测量师学会（规划和开发分会）和英国皇家城市规划协会（RTPI）共同认证。

博士培养主要依托学院的研究中心，规划建筑与土木工程学院的空间和环境规划研究所（ISEP）是英国发展最快和最富活力的规划研究环境之一。在空间与环境规划博士（Spatial and Environmental Planning PhD）方向有三个主要的研究专长：农村规划与发展（Rural planning and development）、持续发展和监管治理（Sustainability and regulatory governance）、空间规划和有争议的空间（Spatial planning and contested spaces）。在此，乡村规划的教学与ISEP在农村规划与发展领域的研究特色紧密结合。

贝尔法斯特女王大学在本科生阶段没有开设乡村规划的具体课程，而是将乡村规划教育重点放在研究生阶段，硕士阶段的"城市和乡村设计"培养方向以及博士阶段的"农村规划与发展"专业方向，更加注重对学生在乡村规划设计和研究能力方面的训练培养和实践应用。

（3）乡村规划作为本科高年级选修模块（卡迪夫大学）

卡迪夫大学规划和地理学院（Cardiff School of Planning and Geography）设在艺术、人文和社会科学学院内，是国际领先的多学科的空间规划和人文地理教学和研究中心，目前在英国空间规划研究和专业认可的教育领域均排名首位，在规划和地理领域处于研究与教学创新的尖端，尤其在环境、社会和空间方面，包括农村地理与规划。

卡迪夫规划和地理学院拥有人文地理学（BSc human geography, 3年制）、人文地理学和规划本科（BSc human geography and planning, 3年制）、城市和区域规划（BSc City and Regional Planning, 4年制）三个本科学位。在人文地理学和规划本科学位计划中，第三年学习两门必修课，另外必须在7门选修课程中选修3门，"农村社会、规划和空间"属于7门选修课程之一（表3）。城市和区域规划本科是经专业认可的学位，学校通过课程提供两种路径（表4），学生可以在3年内完成学位，或者选择4年的课程研究学位，第3年为专业实习年。在本科阶段的最后一年，将学习六个模块，四个必修模块（The compulsory modules）和两个选修模块（The option modules），两个选修模块在5门专题科目（Specialised subjects）中选择。"农村社会、规划和空间"属于5门专题科目之一（表3）。

在人文地理学和规划本科和城市和区域规划本科计划中，"农村社会、规划和空间"课程均作为选修模块被安排在本科最后一学年。选修模块是开展规划专门化的一个重要步骤，补充核心模块，并帮助学生确定在研究生层面专业研究的优先路线。"农村社会、规划和空间"课程考察了在人口、经济和环境变化的背景下英国农村社区政策的发展，最后一年的选修安排，将作为一个重要的课程环节将学生的实践和学术研究联系起来，并允

卡迪夫规划和地理学院本科规划课程设置中的乡村规划课程　　　　　　　　　　　表3

专业	学年	课程模块	
		模块类型	模块名称
人文地理学和规划本科	第1年	必修模块（6）	略
	第2年	必修模块（5）	略
		选修模块（2选1）	略
	第3年	必修模块（2）	Research Dissertation 研究论文
			Geography and Planning 地理学与规划
		选修模块（7选3）	Contemporary International Planning 当代国际规划
			Planning Theory and Practice 规划理论和实践
			Cities 城市
			Rural Society，Planning and Space 农村社会，规划和空间
			Transport Planning and Travel Behaviour 交通规划和出行行为
			Demography and Health 人口和健康
			Housing Policies and Systems 住房政策和制度
城市和区域规划本科	第1年	必修模块（6）	略
	第2年	必修模块（6）	略
	第3年专业实习年 (The placement year in practice)		
	第4年	必修模块（4）	Contemporary International Planning 当代国际规划
			Planning Theory and Practice 规划理论和实践
			Spatial Strategy Making 空间战略制定
			Research Project 研究计划
		选修模块（5选2）	Design Development and Control 设计开发和控制
			Rural Society, Planning and Space 农村社会，规划和空间
			Transport Planning and Travel Behaviour 交通规划和出行行为
			Economic Change and Spatial Policy 经济变化和空间政策
			Housing Policies and Systems 住房政策和制度

来源：http://www.cardiff.ac.uk/cplan/study/undergraduate.

卡迪夫规划和地理学院城市和区域规划本科课程路径　　表4

课程路径	学位与学制
本科课程路径一	City and Regional Planning (BSc) 城市和区域规划（3年制，本科）
本科课程路径二	City and Regional Planning with a year in industry (BSc) 城市和区域规划，1年在企业（4年制，本科）

来源：http：//www.cardiff.ac.uk/cplan/study/undergraduate.

许学生能够开始在例如乡村规划这一特定的规划分领域内开展专门研究。

（4）乡村规划作为本科与硕士阶段选修课（澳大利亚新南威尔士大学）

新南威尔士大学（University of NSW）建成环境学院（Faculty of the Built Environment）开设有规划本科（BPlan），学制5年，四年的全日制附加一年强制性的实际工作经历，通常安排在完成三年级第一学期的学习后。规划本科课程分为核心课程、公共选修课程（Open Electives）（要求12学分）、通识教育课程（General Education）（要求12学分）、跨学科学习课程（Interdisciplinary Learning Course）（要求12学分）和指定规划选修课（Specified Planning Electives）（要求6学分）。指定规划选修课被建议安排在第5学年的第二学期，共有9门，"乡村规划"课程就在其中（表5）。

建成环境学院指定的规划选修课程　　表5

课程名称	Units of Credit, UoC学分
Urban and Regional Design 城市和地区设计	6
Transport Planning 交通规划	6
Rural Planning 乡村规划	6
Heritage Planning 遗产规划	6
Healthy Planning 健康规划	6
Spatial Policy 空间政策	6
International Planning 国际规划	6
Urban and Regional Design 城市和区域设计	6
Transport Planning 交通规划	6

来源：http://www.handbook.unsw.edu.au/undergraduate/programs/2013/3360.html.

规划硕士分别有1年、1.5年的学制，除了核心课程，选修课程包括环境可持续性、城市管治和管理、城市设计、城市模型四个分支方向。其中在城市治理和管理（Urban Governance and Management Stream）分支，开设有"城市遗产保护"、"交通、土地使用和环境"、"乡村规划"、"亚洲的规划"、"项目管理"、"房地产开发"、"城市开发和设计案例研究"以及"城市景观和遗产"等课程。"乡村规划"课程也作为选修课程之一。

"乡村规划"课程专门用来给学生提供有关乡村地区规划议题的评价，乡村规划是澳大利亚土地使用管理的一个重要组成部分。乡村地区包括农业土地、自然区域和澳大利亚局部地区的城市定居点。这门课程介绍给学生一系列实际规划的文件和工具，包括农村土地研究、农村战略、地方环境规划和开发控制规划。学生们还将学习澳大利亚和海外采用的各种政策机制。课程学习利用现场为基础，通常涉及新南威尔士州一个农村地点的实地考察，在此期间，学生进行一个农村规划训练，并实际应用于地方讨论。

在新南威尔士大学的规划教育中，乡村规划在本科与硕士阶段的课程设置中均作为选修课，这与英国卡迪夫大学将乡村规划作为本科高年级选修模块有相似之处，但新南威尔士大学的学制较长。选修课的模式使得部分学生在特定的领域内能够学习细化的辅助专业知识和技能。

此外，新南威尔士大学在第1学年有"乡村规划入门"（Introduction to Rural Planning）的讲座。学校还提供乡村战略规划、乡村发展控制、乡村规划法规和开发控制实践等短期课程。

4 对我国乡村规划教育和课程设置的启示

我国开展乡村规划教育和开设乡村规划课程的必要性和重要性毋庸赘言。自2011年城市规划二级学科调整为城乡规划学一级以来,国内一些规划院校已对本科教学计划做出了一些相应的调整,在城市总体规划教学环节增加了乡村规划的设计内容。例如,同济大学建筑与城市规划学院结合在西部地区的教学实践基地西宁的村庄规划,于2012年开展了乡村规划教学。这在同济规划教学历史上并非首次。在1950年代末期,同济师生曾深入农村,开展了大规模的人民公社规划教学与研究工作❶。但无论彼时与此时,这些尝试都距离乡村规划教育和教学在规划教育和教学中应有的位置甚远。

基于前述对英国和澳大利亚大学规划院校中乡村规划教育与课程设置状况的讨论,可以得出以下若干启示和借鉴:

(1)开设乡村规划理论课程。包括必修课或选修课,可以分布在本科和硕士研究生教学阶段。乡村规划理论课程的内容涉及乡村土地使用规划、乡村土地法规政策、乡村资源管理、乡村居住、可持续的生态环境等战略性内容,以及边缘土地规划、乡村垃圾处置、农业生产的土地保护、乡村景观与遗产的保护等专题性研究。课程的设置需要多学科间的综合,可以借助大学内其他专业的知识支持。

(2)增设乡村认识实习实践环节。组织学生进行短期的乡村实地调研或规划调查,增加师生对于乡村特征、乡村社区、乡村生活方式的感性认识,和对当前乡村面临的环境卫生风险、社会结构变迁等复杂问题的深度理解,并能促进学生形成与规划专业和职业相适应的正确的乡村价值意识。

(3)组织乡村规划设计课程。可以在总体规划、详细规划的不同阶段纳入农村规划与设计,让学生运用既有的城市规划工具,针对具体现实的农村问题,以更加可持续的方式在农村地区进行规划与设计,从而将知识、技能训练和价值意识塑造融会贯通。

(4)致力于教学与研究相结合。注重乡村规划研究和教学项目以及实证工作应用之间的联接,不断创新和发展教学计划。这就要求规划院校形成各自独特的研究优势,加强乡村规划课程的师资建设,并反映到乡村规划教育、课程设置和教学内容中去。

比较借鉴英、澳等国外规划院校的乡村规划教育与课程设置,兼顾乡村规划过程中调查的科学(the science of enquiry)、设计的艺术(the art of design)及管理的系统(the system of administration)❷三个阶段或三个方面,构建我国乡村规划课程的基础框架,从而推进乡村规划教育水准的提升、乡村规划理论与实践的提高,已提上我国规划院校规划教育的议事日程。

---

❶ 特约访谈:乡村规划与规划教育. 城市规划学刊, 2013, 03: 4.

❷ G.Stephenson 对 Thomas Adam 的引用, 转引自 Peter Batey. Gordon Stephenson's reform of the planning curriculum: how Liverpool came to have the MCD. Town Planning Review, Vol.83, No.2, 2012: 155.

Rural Planning Education and Courses Provision in Anglo-Australian Planning Schools

Huang Yi

Abstract: Taking a couple of universities such as Cardiff university, the University of Liverpool, the University of Manchester, Queen's university of Belfast in the UK and the University of New South Wales, Australia as examples, this paper explores the background and history of rural planning education and their related features of courses provision in planning schools of such Anglo-Australian universities, aiming to pursuing the beneficial enlightenment and reference for rural planning education and teaching at urban planning schools in our country.

Key Words: Rural Planning Education, Anglo-Australian Planning Schools, Courses Provision

创新教学体系，探索教学方法
——转型期中国人民大学城市管理专业教学理论与实践

邻艳丽　叶裕民

摘　要：中国人民大学城市管理本科专业成立于 2007 年，经过几年的探索，在全国范围内率先形成与工学互补的城市管理本科教学体系，构建了相对稳定的"4+2"课程结构，创新城市管理学科的建设理念，树立以人本主义为核心的基本教育理念，为社会培养优秀城市管理复合型人才。

关键词：教学体系，课程结构，复合型人才

1　学科背景

城市管理是中国城市化快速发展过程中的重大问题。中国高速城市化导致城市问题具有前所未有的复杂性、流动性和综合性，学科建设和人才培养的滞后导致中国城市管理长期不能满足实践的需要。同时，长期以来中国的城市管理专业分为三类：第一类是市政管理，偏重水电气热等基础设施的技术管理；第二类是行政管理，偏重政府内部运行的制度管理；第三类是广泛分布于各学科领域的部门管理，比如交通管理、治安管理等。这三类管理共性特征是专业性强，综合性不足，缺乏应对和解决重大的综合性经济社会问题的能力。公共管理学院以高度的历史责任感，响应时代的要求，于 2007 年成立全国首个具有综合性特征的城市管理本科专业，以综合性强的规划学为基础，立足前沿的信息技术，构建了应对中国转型期解决城市发展复杂问题的城市管理本科专业教学体系。

2　教学体系特征

城市规划与管理系经过 5 年探索，克服了一系列的教学难题，初步构建了具有人民大学特色、符合时代发展方向的教学体系和教学方法。

2.1　构建独立人民大学特色的课程体系

从 2005 年本科培养开始，每年的课程设置不断调整，调整的原因主要有以下几个方面：①利用学校、学院的资源选择教学最好、最受学生欢迎的老师讲授公共基础课；②随着专业教师团队的逐步扩展，开设教师擅长的又符合培养计划的课程；③研究其他院校规划专业的课程设计，征求毕业学生和用人单位及专职委的意见，逐步建立具有人大自身特点的培养体系。在教学内容方面，注重哲学与方法论、法律、计量分析、计算机应用与价值取向教育，设置社会学、公共政策、社区建设、社会福利、城市历史文化等方面的内容，并将经济学作为必修的核心课程。根据城市管理前沿的需要，充分发挥中国人民大学学科优势，在全国范围内率先形成与工学互补的城市管理本科教学体系，构建了"4+2"课程结构：即 4 个学科的理论知识主线：公共管理学、城市经济学、城市社会学、城市规划学；2 类分析方法：空间分析方法（包括 GIS 分析、CAD 等规划制图方法）和数量分析方法（包括统计学、计量经济学等）。公共管理学主要开设管理学基础、公共管理学、公共政策原理、市政管理学、城市土地与不动产管理、城市交通规划与管理、城市社区管理、人力资源管理、非营利组织概论；社会学主要开设社会调查研究方法、城市社会学、城市就业与社会保障；规划学主要开设城乡发展与规划导论、中外城市发展史、建筑学基础、城市总体规划、城市规

邻艳丽：中国人民大学公共管理学院规划与管理系副教授
叶裕民：中国人民大学公共管理学院规划与管理系教授

划与设计、城市规划管理、城市研究、城市地理学、城市更新与旧城保护、城乡规划法律与法规、全球化中的城市；经济学主要开设：经济学基础、产业经济学、城市经济学、城市社会学、土地经济学。

这套城市管理本科教学课程体系符合时代需求、特色鲜明、脉络清晰，广受学生和用人单位欢迎，既弥补了传统的部门化管理重技术轻理念、重微观问题解决轻城市系统优化之不足，又弥补了传统行政管理重理念轻方法、重政府内部管理轻城市经济社会运行管理之不足。城市规划是综合配置城市土地资源和城市公共资源的手段，城市规划管理是宏观层面的城市管理。我院城市管理本科学科建设突出城市规划学的教学，同时突破中国传统的技术性规划教学，学习借鉴发达国家先进的教学体系，构建公共政策视角下的城市规划教学，创建了全国第一个将城市规划引申到公共政策领域的教学体系，符合公共管理学专业化、城市规划学管理化趋势，为国家培养转型期需要的交叉学科复合型人才。

2.2 形成理论与实践相结合的教学方法

在课程体系的指引下，为突出特色，城市规划与管理系特别注重课堂教学方法的创新、课堂教学与实践教学结合。为提高学生的动手能力，本科有4门专业课开展了课外体验和实践。课程考核采用"大作业"形式，要求学生能够运用所学技术手段，解决该课程领域所涉及的具体问题。在大学的四年时间设置了三次递进的实习：2年级学院组织的社会实践，初步认识城市管理；3年级暑期在实习基地为期一个月的专业实习，综合运用所学知识观察城市问题，学习与思考解决问题的方法；4年级最后一学期根据自愿的原则在相关城市管理与规划部门实习，或者参与系里教师的学术研究，锻炼提升学生解决综合性城市管理问题的能力。

跟踪前沿实践开展学术研究和实践教学。一流的学术研究是一流教学的保障。我系的学术研究围绕学科建设展开，并及时将最新研究成果带上课堂，60%的老师申请到国家基金项目，每个老师都围绕学科建设需要开展研究并撰写论文；实证研究项目和规划编制项目选择也都以符合学科建设方向为主要原则。为此我院规划与管理系根据区域特征分别建立了北京、扬州、安庆、成都等四个教学科研实习基地。三年级学生集体在实习基地进行为期一个月的实习，大幅度提高学生的实践能力。人大师生们为实践单位带去了先进的城市管理理念、理论和方法，受到实践单位欢迎。实践基地也为教师长期跟踪最前沿的城市管理实践提供了极好的平台，本团队教师长期耕耘于城市管理学术前沿，实现教学相长。

为提高学生的实践能力，鼓励学生参加全国城市规划专业指导委员会组织的社会调查竞赛。为增加本科生参与社会实践的机会，将设置网络系统，老师在网站上挂出课题题目和需要的人数以及各种专业会议的信息，鼓励学生进行申请。

城市规划管理学科还处于探索阶段，结合课程设置，规范教学内容，我系根据教学培养方案，积极进行相应的教材建设。已与中国人民大学出版社签订了相关教材的出版合同，包括城市规划管理、城市总体规划原理等，与中国建筑工业出版社合作出版公共管理视角下的规划系列教材：包括城市发展的经济学分析、城市发展的社会学分析、城市发展的政治学分析、城市规划与公共政策、统筹城乡发展规划等。

2.3 探索本土化与国际化相结合的培养手段

我系教师数量少，结构趋向于多元化、年轻化，为弥补前沿问题研究的不足和拓宽学生视野，一方面采用聘任兼职教授的形式弥补目前师资结构的缺陷，另一方面在城市规划管理、城市地理学等前沿课程聘请理论研究和实践工作的资深人士——全国一流的教授、专家以及不同层面的管理者市长、规划局长等讲学，保证学生

规划与管理系兼职教授一览表　　　表1

仇保兴	住房和城乡建设部副部长
张庭伟	美国伊利诺斯大学城市规划系教授、亚洲和中国研究中心主任
林家彬	国务院发展研究中心社会发展研究部副部长
石楠	中国城市规划学会副理事长兼秘书长、《城市规划》杂志主编
倪虹	住房和城乡建设部住房改革与发展司司长
王青云	国家发改委培训中心副主任
赵燕菁	厦门市规划局局长
史育龙	国家发改委宏观院科研管理部副主任

有机会聆听最新和最有价值的研究成果和实践经验总结，为学生拓宽国际国内视野提供条件。

我系一直坚持学生培养的国际化导向，采取鼓励教师出国进修、为学生出国交流创造条件、与国外大学建立合作关系等方式，努力提升国际化水平。平均每2年举办一次国际学术会议为学生广泛提供了近距离接触国际一流学者的机会；与国外大学形成长期稳定、制度化的教学合作关系，包括墨尔本大学和剑桥大学签订学生互访协议，与奥克兰大学联合举办"国际城市研究与规划实践"联合课程；每年多次邀请国外知名教授为我系学生讲座，包括邀请剑桥大学 Elisabete、墨尔本大学韩笋生教授、旧金山州立大学的 Richard LeGates、UPENN 的 John Landis 教授和 Eugenie Birch 教授、旧金山州立大学的 Richard LeGates 教授、格罗宁根大学的 Gert de Roo 教授、UIC 大学张庭伟教授授课和讲学，建立与国外大学的联合研究渠道，共同努力展开国际研究，从而在此过程中提升本科学生的研究能力和国际视野。

2.4 树立人本主义核心价值观基本理念

中国人民大学城市规划管理专业以"人文、人本、人民"为核心理念，培养具有综合分析能力和人文精神的城市规划人才，但由于公共政策导向的城市规划管理的"人本主义"核心价值观培养的重要性，德育培养为课程体系之中贯穿始终的关键。在中国快速城市化的洪流中，城市管理者和规划师肩负千斤重担，德为才先。为此，教学团队每月至少开会一次，讨论教学相关事宜，推荐学生必读文献，组织学生参加社会调查与实践，开展读书会，鼓励学生多读书、读好书，强调人本主义核心价值观的培养。2010年4月14日玉树地震，我系师生（包括部分优秀本科生）秉承"立学为民、治学报国"的精神赶赴灾区，接受中国城市规划史上最特殊事件的考验，在前沿事件中锻炼成长，身先士卒，培养学生的爱国主义思想和国家责任感，同时我系规划成果也被评价为"代表了受灾县市级总体规划的最高水平"。

3 教学体系创新

3.1 创新城市管理学科建设理念

传统城市管理专业设置多基于部门化管理的需要，侧重本部门的技术管理，或者是直接针对政府管理需要的行政管理。城市是具有自身发生发展规律的复杂巨系统，中国转型发展极大地增强了城市各领域之间的互动性，几乎所有重大城市管理难题都是跨部门的复杂问题。我院创新城市管理学科建设理念，以城市发生发展规律的教学与研究为起点，赋予学生认识和解决中国转型期综合性重大问题的知识结构和能力。

3.2 重构了城市管理学学科体系

经过多年对城市问题的跟踪研究和教学实践，逐步建立了能够面对和解决重大综合性城市管理问题的专业教育体系，拓展和丰富了公共管理学的学科架构，增强了公共管理学服务社会的综合能力。同时也进一步充实和完善了中国传统规划学的经济社会内涵，为工学背景下的城市规划专业向公共管理和公共政策转型作出了有益的探索。

4 教学成果

4.1 为社会培养了优秀城市管理复合型人才

我院城市管理本科教学体系既具有宽广的知识结构，又具备基于公共管理视角下规划管理的专业性，本科毕业生具有就业广泛适应性和继续深造的科研素质。迄今为止，城市管理专业本科共招生138人，在读68人，已经毕业的70人，全部实现了就业和继续深造。在毕业生中，75%的学生选择继续深造，其中2/3在国内上研究生，就读本系的研究生有部分学生获得剑桥大学等国际一流学校的双学位。保送前5个大学分别是清华大学、北京大学、南京大学、国家社科院研究生院和华东师范大学，就读；在继续深造的学生中顺利实现出国攻读研究生的占1/3，去向包括哥伦比亚大学、宾夕法尼亚大学、伊利诺伊芝加哥分校、明尼苏达、纽约大学、伦敦政治经济学院、剑桥大学等一流国际大学；就读专业包括城市规划、公共管理、社会学、经济学、土地管理等。从就读学校反映我系学生品德好、专业基础扎实、适应社会能力强的特点。

城市管理专业本科25%选择就业，其中15%进入政府机关和事业单位，10%进入企业，包括咨询机构、规划院、金融企业等。根据跟踪调查，用人单位普遍反映人大城市管理本科毕业生做事认真，责任心强，知识结构好，分析能力强，沟通能力佳，发展潜力大。

4.2 为我国城市规划管理专业发展提供借鉴

人大城市管理专业的创新性探索为国内其他大学发展相关学科和专业提供了有益的借鉴。近年来适应于中国城市发展转型的需要，特别是在人大率先成立综合性的城市管理专业以来，国内多所院校先后设立或者正在筹备建设综合性城市管理专业，包括中央财经大学、浙江大学、云南大学等。

我们将继续巩固宽口径、厚基础，实现培养基础的理论性与实践性结合、培养手段的本土性与国际性结合、培养方式的前沿性与规范性结合，培养中国最优秀的城乡规划管理人才。

Innovating Education System and Exploring Education Methods——The Theory and Practice of Urban Management Major Education in Renmin University of China during Transition Period

Gui Yanli Ye Yumin

Abstract：The undergraduate Urban Management major of Renmin University of China was established in 2007. It has lead the trend to complete the overall education system of urban planning oriented by engineering with urban management major teaching system after exploration of several years. The major discipline has built up a "4+2" curriculum structure which is relatively stable, innovated ideas of urban management education construction, and formed basic education idea with people-based humanity at the core. It has always been training excellent compound talents of urban management for the society.

Key Words：Education System，Curriculum Structure，Compound Talent

应用型大学城乡规划专业培养计划与教学改革的探讨

施德法　郭　莉　汤　燕

摘　要：在总结城市规划专业的教育经验的基础上，吸纳各种先进的教学理念，以美丽中国和生态文明建设为指导，通过制订科学合理、又适当超前的城乡规划专业人才培养计划，改革城乡规划专业的教学方式、手段和模式；通过加强实践环节强化学生能力培养；通过开设系列专业讲座，开阔学生视野，提高社会适应力。人才培养教学计划是总纲，师资力量是关键，必须高度重视教师队伍建设，形成一支学历结构、职称结构、梯队结构合理，实践经验丰富，品行好，素质高，业务强的教师队伍，以确保人才培养计划的顺利实施，培养高素质应用型城乡规划人才，为美丽中国建设服务。

关键词：城乡规划，培养计划，教学改革

1　引言

我国高校城市规划专业经过半个多世纪的发展，尤其是近20年的快速发展，为城市建设飞速发展奠定了基础，发挥了龙头作用。随着城乡一体化进程的加快和建设重心的转移，新型城镇化和美丽乡村建设的实施，尤其是生态文明发展战略的确定，我国的城市建设方向将发生重大转变，新一轮的建设重点必将从城市逐渐转向广大城镇及乡村地区转移。基于这一宏观背景的转变，城乡规划专业人才培养应积极应对，总结过去几年的经验，更好地指导城乡规划的发展，对城乡规划专业的发展方向、目标、内容和人才培养的要求、层次、计划及教学方法、手段等进行全面、系统的规划，以先进的理念为指导，做出科学合理的安排，使城乡规划教育更好地为各项建设服务，输送各类人才，发挥更大的作用，进一步确立规划的龙头地位和指导作用，建设美丽舒适、环境宜人、功能配套、设施完备、节能高效、生态人文的美丽城乡，构建城乡一体、联动互补、资源共享的大景观环境。

2　以先进科学的理念为指导

城乡一体、联动互补、资源共享是城乡规划发展的必然要求和总体趋势，城乡规划必须以先进理念为指导，以人为本、因地制宜为原则，完善设施建设和功能布局为目标，充实相关学科内容，夯实学科基础，培养各类高素质的规划人才，引领城乡建设快速、有序、健康、良好发展，构筑城乡一体、环境优美、生态良好、生活舒适、交通便捷的信息、生活、工作环境，为此，在城乡规划教育中必须灌输经营城镇、园林城镇、人文生态、美丽乡村和低碳环保等理念。

3　确定科学合理的培养目标

为适应现代城乡规划发展需要，必须以先进科学的理念为指导，以"宽知识、重实践、厚基础、强技能"为本专业的发展目标，制定与之相匹配的培养计划和人才标准，培养适应社会发展需要的具有城乡规划的基本理论知识、基本技能和具有创新精神的高素质应用型专门人才，使培养的学生具有较强的专业技能和多种职业适应能力，能在城乡规划、景观设计、建筑设计、房地产开发及规划管理、风景旅游区管理等领域从事技术或管理工作。

4　制定具体培养标准

在系统掌握专业基本理论知识的基础上着重培养

施德法：浙江科技学院建筑工程学院教授级高级工程师
郭　莉：浙江科技学院建筑工程学院高级工程师
汤　燕：浙江科技学院建筑工程学院讲师

学生的素质和能力，强化工程实践和基本技能的训练，培养自学能力和创新意识，发挥个性、鼓励专长。提高系统学习，使城乡规划专业的学生具有以下知识和能力：

第一，具有较扎实的自然科学、人文科学的基本知识和较宽的专业理论基础以及专业外语语言基本能力；

第二，系统掌握城乡规划、建筑设计、景观设计的基本原理和方法，具有用多种方式表达设计意图的基本能力；

第三，了解国内外城乡规划学科的发展动态和发展趋势，熟悉国家有关城乡发展和城乡规划的方针、政策和法规；

第四，拓展建筑设计、景观设计、市政工程等相关的知识，具有综合分析问题、协调其他专业解决问题的基本能力；

第五，强化规划师及相关的专业实践训练，具有从事城镇总体规划、详细规划设计、规划管理、项目策划的基本能力。

具体要求包括以下几个方面：

4.1 知识要求

4.1.1 具有较扎实的自然科学、人文科学的基本知识和较宽的专业理论基础以及专业外语语言基本能力。

（1）自然科学基础知识

掌握以数学和相关自然科学为基础，包括高等数学、概率论、数理统计等课程。

（2）人文社会科学基础知识

具有良好的世界观、人生观和价值观，思想道德修养与法律意识，具备文学修养、艺术欣赏、社会认知与公共关系能力。

（3）经济管理知识

具备较丰富的社会经济、工程管理、质量监管、知识产权等基本原理和知识。

（4）工具性知识

具有计算机制图，文献资料（含外文资料）的查阅与检索、工程测量、工程图纸绘制等基本工具性知识。

4.1.2 系统掌握城乡规划、建筑设计、景观设计的基本原理和方法，具有用多种方式表达设计意图的基本能力。

（1）具备培养应用型城乡规划专业所需要的核心工程技术基础知识，了解国内外城乡规划学科的发展动态和发展趋势

系统地掌握城乡规划原理、城市设计概论、中外城市建设史、城市绿地规划设计原理，城乡规划设计方法，包括景观规划设计、居住区详细规划、控制性详细规划、城市设计、城市设计概论、城市总体规划、住宅建筑设计原理与实践以及与专业技术相关的基础包括美术、建筑设计基础、画法几何与工程制图等基本理论、基本知识和方法。

①系统地掌握城乡规划理论

包括城乡规划原理、城市设计概论、中外城市建设史、城市绿地规划设计原理等。

②系统地掌握城乡规划设计方法

包括景观规划设计、居住区详细规划、控制性详细规划、城市设计、城市设计概论、城市总体规划、住宅建筑设计原理与实践等。

③系统地掌握城乡规划专业技术相关的基础理论和知识

包括美术、建筑设计基础、画法几何与工程制图等。

（2）拓展建筑设计、景观设计、市政工程等相关的知识，具有综合分析问题、协调解决问题的能力，具备培养应用型城乡规划专业相关工程技术的专业知识

主要包括专业拓展课程和专业复合课程（选修课程）的传授，强调应用型工程技术知识与技能的培养，以解决规划设计中存在的各类实际问题。

①建筑设计方面课程

包括公共建筑设计原理与实践、计算机辅助设计与表达等。

②城市设施与环境方面课程

包括城市道路与交通规划设计、城市工程系统规划设计、景观规划设计等。

③城市社会与管理方面课程，熟悉国家有关城乡发展和城乡规划的方针、政策和法规

包括城市规划管理与法规、城市历史文化保护与更新、乡村规划、城乡经济与区域规划等。

④专业复合方面课程

包括城市地理学、城市生态与环境、城乡经济与区

域规划、城市社会学、房屋建筑学、中外建筑史、场地设计、房地产开发与管理、旅游规划、景观建筑设计、GIS应用、专业英语、马克笔建筑表现、工程测量、观赏植物学等。

4.2 能力要求

4.2.1 强化规划师及相关的专业实践训练，具有从事总体规划、详细规划设计、规划管理、项目策划的基本能力

（1）专业实践

通过专业实践1–6等实践教学，理论联系实际，更好消化、了解、巩固理论知识，从而认识城市、了解城市、体验城市、调查城市、分析城市和研究城市，获得解决实际问题的能力。

（2）强化训练与实习设计

通过强化训练1–5、社会实践、课程设计、专项设计、技术实习、毕业实习等阶段递进式的实习和创新实践活动、导师指导下的科研活动，逐步提高城市规划设计与规划管理的能力。

4.2.2 具备较强的获取知识的能力

通过文献检索、案例教学、专业讲座、课程设计、专业实践、技术实习、毕业设计等锻炼和培养，具有终身学习、信息获取和实验等能力。

4.2.3 具备一定的创新能力

通过本专业领域的学科竞赛、导师指导下的科研活动、开放实验、设计院实习、创新课程等学习，培养学生具备一定的创新能力。

4.2.4 具备一定的交流合作和组织管理能力

通过参加工程实践、科技竞赛、社会实践、科研活动、志愿者活动、学会社团活动、社会实习等锻炼和培养，使学生具备一定的交流合作和组织管理能力。

4.3 素质要求

4.3.1 思想品德素质

通过参加思想道德修养、中国近现代史、马克思主义基本原理、毛泽东思想与中国特色社会主义理论、形势与政策等课程学习，培养学生具有良好的思想品德、社会公德和职业道德；具备国家公民的基本觉悟和道德品质，具有个人诚信和团体意识，培养合作精神和社会责任感。

4.3.2 身心素质

通过参加体育课程、课外体育锻炼项目、体育竞赛和体育达标测试，大学生心理健康教育、世界观、人生观和价值观培养等课程学习，培养和提高学生良好的身体素质和心理素质。

4.3.3 职业素质

通过职业道德、企业管理等课程的学习和各种实习实践环节，培养学生的职业道德、工作毅力、敬业精神等职业素质。

4.3.4 人文素养

通过人文艺术类、社科文学类、语言文字表达类、国际素养类课程的学习，结合社会实践和各类课外科技、人文竞赛，培养和提升学生的综合人文素养。

5 设置好课程学习进程

有了好的培养计划和课程体系，还必须安排好学习进程，有条不紊地开展教学活动，先易后难、先基础后专业、由浅入深，循序渐进，具体进程安排详见表1。

6 加强教师队伍建设

高等教育培养人才是目标，培养计划是依据，教师队伍是关键。由于受高校扩招的影响，目前，高校教师队伍中良莠不分，教师只是职业而没有当成终身职业的大有人在，教学经验不足，教学水平不高，理论脱离实际，不与时俱进的也大有人在，有的教师缺乏实践经验，缺少实际工作阅历，上课照本宣科，课后又不下功夫，平时也不接触学生，久而久之就跟不上形势，学生对此意见很大，真是误人子弟，害人害己，因此，加强教师队伍建设十分必要，也很紧迫。要打破常规，大胆启用有能力，又有实践经验，热心教学，爱岗敬业的人才吸收进教师队伍。同时，把学历高、年纪轻、有热心、肯努力地青年送到规划管理部门、设计研究院、建设单位去锻炼，增加实践经验和工作能力，了解社会需要和对人才的要求，工作几年后再回教师岗位从教，就会大大提高教师队伍的业务素质和教学水平。同时，要注重教师队伍的梯队结构、年龄结构、职称结构。此外，还要有适量的储备教师，以便不断充实师资队伍，形成合理的立体教师队伍，有利于培养高水平应用型的高级规划人才。

城乡规划专业学习进程表　　　　　　　　　　　　　　　　　表1

学期	学期学分分布	累计学分	必修课（课时/学分）	选修课（课时/学分）	实践课（学分/学期）	选课说明
1	必修学分：24 实践学分：5	29	思想道德修养与法律基础（48/3） 体育（32/1） 大学英语A2（64/4） 高等数学D（64/4） 画法几何与制图（40/2.5） 大学生心理健康教育（16/1） 美术1（64/4） 形势与政策（8/0.5） 建筑设计基础1（64/4）		大学始业教育（1/长1） 军事理论与训练（3/长1） 专业实践1（1/短1）	大学英语按A2~A4或A3~A5，实施分级教学
2	必修学分：20 实践学分：5 建议选修：3	28	近现代史纲要32/2； 体育（32/1） 大学英语A3（64/4） C语言程序设计（64/4） 大学生职业发展与就业指导（8/0.5） 形势与政策（8/0.5） 美术2（64/4） 建筑设计基础2（64/4）	计算机辅助设计与表达（双语）（32/2） 工程测量（24/1.5） 观赏植物学（16/1）	思政社会实践（2/短1） 美术实习（2/短1） 专业实践2（1/短1）	
3	必修学分：21.5 实践学分：1 建议选修：4	26.5	毛泽东思想与中国特色社会主义理论体系概论（64/4） 体育（32/1） 概率论与数理统计B（32/2） 城市规划原理（64/4） 住宅建筑设计原理与实践（64/4） 形势与政策（8/0.5） 大学英语A4（64/4） 《论语》导读（32/2）	马克笔建筑表现（32/2） 景观建筑设计（32/2） 中外建筑史（32/2）	专业实践3（1/短2）	
4	必修学分：13.5 实践学分：2 建议选修：6.5	22	马克思主义基本原理概论（48/3） 体育（32/1） 城市绿地规划设计原理（32/2） 居住区详细规划设计（64/4） 形势与政策（8/0.5） 城市道路与交通规划设计（48/3）	乡村规划（24/1.5） 公共建筑设计原理与实践（48/3） 城市生态与环境（24/1.5） 场地设计32/2 旅游规划（24/1.5） 房屋建筑学（24/1.5）	专业实践4（1/短2） 设计强化训练1（1/长4）	

续表

学期	学期学分分布	累计学分	必修课（课时/学分）	选修课（课时/学分）	实践课（学分/学期）	选课说明
5	必修学分：7 实践学分：2.5 建议选修：10.5	20	景观规划设计（64/4） 中外城市建设史（双语）（48/3）	城市工程系统规划设计（48/3） 城市地理学（32/2） 城乡经济与区域规划（40/2.5） 城市历史文化保护与更新（24/1.5） 经济管理课程群最少选修学分（32/2） 城市设计概论（32/2）	设计强化训练2（1/长5） 专业实践5（1/短2） 体质健康训练（0.5/长2）	
6	必修学分：8.5 实践学分：6 建议选修：6	20.5	城市设计（64/4） 控制性详细规划设计（64/4） 大学生职业发展与就业指导（8/0.5）	城市社会学（40/2.5） 专业英语（32/2） GIS应用（32/2） 创新创业及法律课程群最少选修学分（32/2）	设计强化训练3（1/长6） 设计强化训练4（1/长6） 专业实践6（1/短2） 第二课堂（3）	
7	必修学分：4 实践学分：5 建议选修：6	15	城市总体规划设计（64/4）	艺术课程群最少选修学分（32/2） 房地产开发与管理（32/2） 城市规划管理与法规（32/2）	体质健康训练（0.5/长2） 设计强化训练5（1/8h） 规划师业务实践（4/8周）	体质健康训练0.5不计分，前面已经计算
8	实践学分：9	170			毕业设计（8/长8） 大学生职业发展与就业指导实践（1/22）	

合计170学分。其中：必修课累计98.5学分，选修课累计36学分，实践课累计35.5学分。

备注：1. 毕业最低总学分为170学分；同时要求完成所有必修、必选的课程和规定的实践环节。
　　　2. 选修课可依据自身情况安排，可不按本表推荐的学期选修。

7　改革教学方法和教育模式

多年来我国在人才培养方面形成了一整套培养体系，形成相对固定的教学模式和教学方式，为现代化建设培养了各种人才。随着现代信息的兴起，电视网络的普及，原有的教育方式和方法与现代人才培养有一定的差距，必须进行教学改革，改革教育方式和方法，采用多种方式、灵活机动、生动形象教学模式，如启发式、讨论式、互动式、案例分析式、网络式等授课方式，提高教学效果。压缩理论教学课时，增加实习实践课时，强化实践环节，开设系列专题讲座，开阔眼界，扩大知识面，贴近社会。改革成绩评价体系评定方式，尤其是设计课、实践课，必须强化过程成绩，化整为零，突出个性，注重创新，同时要让学生参与成绩评定，确保公正合理，使学习成绩与设计能力相一致，培养学生的创新能力和动手能力，为有能力的学生脱颖而出创造条件。先在专业设计课搞试点进行摸索，成熟之后逐渐推开，扩大覆盖面，并及时进行总结，不断提高教学效果。

8　结束语

城市规划专业更名为城乡规划专业后，内涵和重心发生转移，培养计划和教学内容必须及时调整和充实，同时教学模式、方法、手段也必须及时跟进，使之与形势发展相适应，与现代人才需求相匹配，确保城乡规划健康有序进行，促进生态、景观、人文三者协同发展，为人居环境、生态文明、美丽城乡建设发挥龙头作用，为子孙后代留下一片蓝天、一方净土和一处处历史文脉，支撑起一个繁荣富庶的美丽中国。

主要参考文献

［1］ 周俭.城市规划专业的发展方向与教育改革［J］.城市规划会刊，1997.

［2］ 陈秉钊.谈城市规划专业教育培养方案的修订［J］.规划师，2004，4：20.

［3］ 隗剑秋.关于四年制城市规划专业毕业设计教学到思考［J］.高等建筑教育，2007，16：1.

［4］ 吕文明等.地方本科院校城市规划专业办特色研究［J］.规划师，2007，16：2.

Investigation of urban planning professional training programs and teaching reform of Application-oriented university

Shi Defa　Guo Li　Tang Yan

Abstract：Based on the summary of educational experience of urban planning, we absorb all kinds of advanced teaching concepts. with beautiful Chinese and ecological civilization construction as a guide, we formulate scientific、rational and appropriately advanced urban and rural planning professionals training plan, reform teaching methods, means and modes of Urban and rural planning professionals; strengthen the cultivation of students' ability By practice; broaden their horizons and improve social adaptability by opening a series of seminars. Personnel training teaching plan is general, teachers is the key. In order to ensure the smooth implementation of the plan of personnel training, train high-quality applied urban and rural planning professionals, serve for beautiful Chinese construction service, We must attach great importance to the construction of teacher team, form a reasonable academic、professional and echelon structure, rich practical experience, good conduct, high quality, strong business teachers.

Key Words：urban and rural planning, training plan, reform in Education

成长中院校的城乡规划专业人才培养目标与实现途径研究

孙永青 兰 旭 刘 欣

摘 要：本文从天津城建大学的专业背景出发，通过研究《普通高等学校本科专业目录（2012）》中的城乡规划专业发展指导意见，对城乡规划专业毕业生的就业状况和用人单位的需求进行调查，分析历届毕业生的职业构成和知识结构，在调整、完善专业培养方案的基础上，注重应用能力的培养，提出应用型人才的培养目标定位，搭建适应自身发展层次的课程体系，为成长中的院校探索城乡规划专业的人才培养目标和实现途径。

关键词：成长中院校，人才培养目标，实现途径，课程体系

1 专业办学背景研究

1.1 成长中院校专业办学背景研究

随着我国城镇化进程加快社会背景演进，城乡规划学科调整和专业教育发展迅速．据专指委不完全统计，目前中国有近200所院校设置了城乡规划专业，专业办学背景类型众多，设置在建筑学院的专业院校占相当数量。

作为"成长中的院校"是与历史悠久、城乡规划办学时间长、城乡规划专业经过专业评估的院校比较提出的一个概念。如果以通过专业评估作为划分院校标准之一，成长中的院校有100余所，数量占现在设置城乡专业院校的绝大多数。

1.2 研究意义

天津城建大学作为天津市唯一一所设置城乡规划专业的地方院校，城乡规划专业也设置在建筑学院，专业培养人才特点和人才培养模式在中国普通高校中具有典型性和代表性。

对于大量的成长中院校，倾向于向更高层次院校学习先进的办学经验。相似学校存在着交流比较少、专业影响力在业界较弱的现象。本文阐述了天津城建大学的城乡规划专业教学基本内容，为成长中院校专业教育起到抛砖引玉的作用。

1.3 成长中院校专业建设任务艰巨

我校城乡规划专业办学时间不长，但作为天津市学校重点学科和战略性新兴产业相关专业之一、学校卓越人才教育培养计划项目的支撑专业之一、最近几年申请专业评估的院校，专业发展建设任务十分艰巨。因此，深入分析我校城乡规划专业办学背景、优势特色，确立新形势下城乡规划在专业发展方向，分析培养对象的职业需求和知识结构，注重人才综合能力培养，确定城乡规划专业人才培养目标，探索人才培养途径等一系列工作是成长中院校专业建设中面临的重要课题。

2 城乡规划专业人才培养现状研究

2.1 培养对象来源与就业地域分析

城乡规划专业发展建设离不开学生这个培养对象的主被动式参与。从我校2008~2012年城乡规划专业学生来源统计来看，学生数总计358人，其中天津生源167人，占生源总比例46%，其余学生来自于四川、重庆、

[①] 项目来源：天津城建大学校级教学改革项目，项目编号 JG-1201。

孙永青：天津城建大学建筑学院城乡规划系讲师
兰 旭：天津城建大学建筑学院城乡规划系讲师
刘 欣：天津城建大学建筑学院城乡规划系讲师

江苏、福建、广西等27个省市，各个省份每年大多只招生1~2人占比例，占生源总比例54%。统计数据表明，我校学生来源仍以天津地方性为主，但招生范围和已逐步扩大到国内更大区域范围内。这表明随着学校专业排名提高，专业影响力逐渐扩大。但与之相对的，毕业生的就业地点却多选择北京、天津等就近的大城市，只有少部分学生返回有一定专业背景的家乡城市就业。

2.2 历届毕业生职业构成分析

根据2008~2011三年毕业生的不完全统计的就业信息调查，我校城乡规划专业毕业生去向主要包括设计单位30%（建筑设计和规划设计）、继续深造约25%（含考上研究生和出国深造）、国家机关事业单位约20%、房地产行业约10%，其他约15%。调查数据显示，现阶段我校城乡规划专业职业构成虽然非常广泛，但大部分学生仍然选择了与专业相近的行业就业（约60%）。在针对从事设计部门一线工作的学生深入调查中，发现学生在从事的建筑设计略高于从事城乡规划设计。

调查统计中，很多学生表示在大城市需要更高学历和名牌大学教育背景。选择继续深造的学生最突出的原因在于就业压力大，现有学校专业品牌不及名牌院校，择业范围受限制。因此学生渴望通过继续教育提升专业学历层次和学校品牌。

选择其他行业的学生就业选择时考虑因素比较多，其中不容忽视的一个原因是学生不愿意回到偏远地区的家乡工作，希望留在北京天津大城市工作。

在企事业单位回访信息反馈中，研究发现城乡规划专业学生职业稳定性较差，近半数学生在两年之内选择二次择业，二次就业大多数人仍然会选择与专业相近的职业就业。二次择业主要原因是经济因素和个人继续教育需求。

2.3 职业——知识耦合下专业知识和能力需求分析

教育资源相对集中区域中的著名高校中城乡规划专业人才供不应求，人才定位与就业出口与成长中得专业院校差异较大。北京天津两个大城市为专业人才提供了丰富的就业机会，但作为天津城建大学城乡规划本科生进入天津市甲级设计单位机会非常少，考上事业编制公务员的机会也不多，热门的就业岗位行业竞争十分激烈。

另一方面，与建筑学比较而言，城乡规划专业就业单位较为狭窄，专业人员需求数量较少，就业岗位竞争更为激烈。在两相比较之下，学生对于建筑学背景的职业并不排斥。因此，继承和发扬我校城乡规划专业的建筑学基础和工科背景的办学特色，是我校现阶段城乡规划专业人才培养目标必须考虑的重要因素。

从社会需求和毕业生就业去向层面分析，高年级学生对自身职业人生规划比较明确，积极参与工程实践愿望十分积极。笔者借助教学交流和工作机会访谈了天津大学、河北工业大学、沈阳建筑大学、吉林建筑工程学院等三年级和五年级部分学生，大约有1/3的学生自三年级暑假起都会选择寻找城市规划、建筑设计部门的各类设计院、设计事务所、教师工作室从事假期工作实践，并且在实践时不计报酬和待遇条件。这反映学生对于专业热爱，希望专业知识能够学以致用，在生产实践的检验知识提高实训能力。

3 明确专业目录指导下人才培养定位

普通高等学校本科专业目录2012（以下简称专业目录）中对于城乡规划专业核心课程设置给出了三种示例，其中第三种示例是建筑学办学背景下发展的城乡规划的范本。示例中设置了城乡规划专业指导委员会规定的专业核心课程之外，建筑设计课程及其相关理论占据了相当大的课时比例，也设置了和风景园林专业教学内容。

我校城乡规划教学团队经过多次研讨，认真分析了城乡规划专业发展趋势，结合学校专业发展研究定位，经过广泛咨询专业评估相关专家基础上，认为这种示例课程设置和人才特点更侧重于物质空间规划层面和建筑学专业优势非常突出的院校，并不完全符合学校向教学研究型转型的人才培养定位和学生的职业规划需求。从国内外专业建设发展趋势来看，完全依循示例三建立教学体系会导致学校的城乡规划专业办学特色不突出。如何准确定位我校的人才培养定位，首先要研究人才培养定位研究，人才定位研究是基于深入现状，通过科学分析出现阶段专业人才的社会需求，最终确立培养厚基础、宽口径的应用型规划专业人才类型。

4 建立科学严谨的专业培养方案

对于处于转型期、成长期的学校来说，阶段性的修订和调整培养方案是专业建设重要工作。城乡规划专业发展到今天，职业工作类型日趋多样化，工作内容层次更加宽泛，规划师角色分化日益明显。一方面，制定适应专业发展趋势、具有自身办学特点的阶段性发展培养方案因校而异，因专业办学基础而异成长中的院校培养方案可以建立服务地方意识的教学体系，但不应拘泥于天津市、某一个城市所在地理位置，拘泥于地方院校这样相对狭小的"适用"、"实用"人才培养目标定位，建立富于自身特色培养方案。但从另一方面来看，人才培养方案制订更应该与区域内其他高校分层次、错位发展，突出自身办学背景与培养对象出口。

为进一步优化现有专业培养方案，我校在2011年6月拜访了包括同济大学的四所国内通过专业评估的著名高校，获得宝贵的教学经验和各个学校培养方案。同时，发动教学团队从网络上调研不同办学背景、不同发展阶段高校城乡规划培养方案，抓住我校2013版专业培养方案修订契机，请校企专家和知名专家教授为专业培养方案把握大方向和大思路。通过一系列措施，期冀建立科学严谨、特色鲜明的培养方案。

5 构筑特色化专业课程体系

5.1 立足办学背景下的课程设计群是专业特色之一

我校城乡规划专业教学体系借鉴了专业目录，构筑了以课程设计为主线，理论教学环节和实践环节与课程设计穿插、融入的两条主线的教学体系。立足办学背景下的专业特色课程设计，从专业人才培养知识结构上着力于培养植根于深厚建筑知识背景的应用型人才，课程设计是建立在城乡规划——建筑学两个专业交叉的知识体系，突出了详细规划和城市设计两方面的专业知识教学重点，同时，课程设计中"历史文化遗产保护"和"城市设计"教学环节强调专业建设与地方结合、服务地方意识的教学环节。笔者以为，这是目前阶段我校这样办学背景下，学校从教学型大学向教学研究型大学转型时期城乡规划专业人才培养专业课程体系的特色。

5.2 实践环节与设计课程的联合是课程体系另一大特色。

通过建筑认识实习、城市认识实习、历史建筑环境调查、城市管理实务实习+城市总体规划实习、综合社

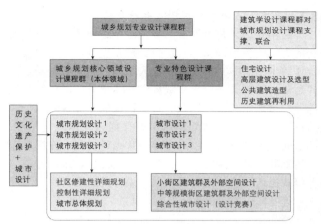

课程设计框架图

会实践、创新能力拓展项目等。

为使学生能完整清晰了解各个学习阶段应该具备的专业知识，热爱专业，提前规划自己的职业理想。与修订培养方案同步，大家了城乡规划1-5年级的专业学习大课表，专业知识结构清晰，专业知识能够分层次逐步得到提升。

6 探索多种教学组织模式

6.1 多样化课程设计教学组织模式

课程设计教学组织方式采用多样化、小型化操作模式，由年级组统一命题，分主题、分组指导设计。指导教师构成应有城乡专业教师、建筑设计教师（三年级按照一班一名配置，至少2~3人）和企业专家多种专业、不同领域的教师共同构成。

课程设计过程中，通过课程实践实现工程设计技能和功能空间组织技能提升，将学生参与愿望强烈的实践环节引入课程设计中，在课程设计中引入了实践教学的"嵌入式"组织方式——学生开题调研、中期汇报和公开拼图过程请校外企事业单位专家点评环节，使学生得到身临其境的实战训练机会。通过特定专题研究城市问题，提高认知深度；通过组织专家学者的学术活动，直观地理解前沿思想和动态。

多样化的课程设计组织模式教学效果如何有待教学成果检验和后续教学信息反馈，以便在下一教学环节中及时调整，尽可能多的采用受学生欢迎的教学组织形式。

6.2 实践环节教学组织模式多样化

应用性人才培养实践环节的教学组织是培养学生实践能力、创新精神和综合能力的重要途径。产学研校企合作教学组织方式是规划专业人才培养重要教学组织方式之一。借鉴美国校企实践教学整体培养、高年级分流培养和合作培养三种模式。目前我校的专业课程设计教学模块已经形成整体培养模式，课程设计从题目设定、调查研究和作业讲评引入校外专家点评模式。在四下以后的高年级教学组织，根据学生职业计划，采用分流培养模式进行城市规划管理实践、设计院从业实践和考研辅导等多样化的实践教学方式。此外，计划在不久将来，进一步拓宽国内外专业交流平台，与国际知名院校城乡规划开展合作培养人才的试验性教学模式，让优秀的学生能有更广阔的专业视野。

7 研究行之有效的综合能力培养途径

7.1 应用型人才能力培养应突出重点，有的放矢

由于城乡规划专业是一个兼具基础性、技术性和创造性的学科，多学科交叉而成了的庞大知识体系。对学生而言这些海量的知识在学习过程中要整体把握是很困难的。即便我校在一年级开设城市规划专业概论相关课程，但学生在学习过程中还是会陷在"什么知识都想学，门门功课都不精"的选择性难题中。因此，培养的学生具备什么样的能力，出发点应该着眼于学生未来的职业规划，让学生了解自己适合的职业和岗位，确定能力培养的奋斗目标。

从用人单位的信息反馈来看，职业素质较高、具有发展前途的学生应该具备清晰的逻辑思维能力和较高的自主学习能力，能够科学严谨的使用文字和语言进行工作、学习、团队沟通和设计表达。因此，笔者很为，对于成长院校学生能力的培养不应一味强调创新性能力的培养。综合能力培养不能本末倒置，应重在专业技术能力、逻辑思维能力和科学研究能力的培养。例如，教师在教授专业课程设计中应正确引导学生能力培养，不是一味地强调和关注图纸表现力，而是着重课程设计的内在逻辑性分析和准确表达。

实践能力培养途径创新性人才培养固然重要，但对于成长中院校相当一部分学生来说，本科专业学习综合能力的培养首要任务是奠定扎实的专业素养，有了深厚的职业素质、技能训练，才能够有余力加强创新人才培养等更高层次的教学研究。

7.2 创新意识与能力培养途径初步探索

从我校每学期都开展的教学座谈、调研，学生社团、专业沙龙活动等多种教学信息反馈来看，最受学生欢迎的创新性人才培养途径主要有三种：一是课程设计，二是各类城乡规划设计竞赛，三是科研与实践结合的教学环节。不论是设计类、理论类还是实践教学，我校专业教学环节中都采用实地考察、多媒体讲解汇报等教学方式，目前正在有计划的推行校企联合教学、单位实战训练、团队专题教学等多种教学方式。为高年级学生开展国内外专业动态讲座、学术前沿知识讲座和趣味性较强的工程实践操作环节，激发学生学习兴趣，发挥主动学习能力的，探索行之有效的创新人才培养途径。

小结

作为一个处于专业发展成长中的院校，我校城乡规划专业办学经验特色正在教学中逐渐形成。城乡规划专业提出"基础扎实、知识面宽、实践能力强、综合素质高、具有创新意识的应用型人才"的人才培养目标定位，突出自身办学特色和教学模式，致力于培养人才整体能力提升，探索人才培养实现途径，诸多专业建设工作任重道远，与规划业界教师同仁们共同在研究探索中进步。

主要参考文献

[1] 李和平，徐煜辉，聂晓晴.基于城乡规划一级学科的城市规划专业教学改革的思考[M].规划一级学科，教育一流人才——2011全国高等学校城市规划专业指导委员会年会论文集.北京：中国建筑工业出版社，2011：3-7.

[2] 李鸿飞，刘奔腾，张小娟.城市规划专业设计课程教学模式研究[C].人文规划，创意转型——2012全国高等学校城市规划专业指导委员会年会论文集.北京：中国建筑工业出版社，2012：168-171.

[3] 戴军，宣卫红.应用型本科院校城市规划专业人才培养方案优化探讨[J].高等建筑教育，2011，20（2）：14-18.

Research on the Education Objectives and Methods for Developing Colleges of Urban & Rural Planning

Sun Yongqing   Lan Xu   Liu Xin

Abstract: According to the background and history of the Department of Urban Planning in Tianjin Chengjian University, this paper do the research on development guide of urban & rural planning in "General College Undergraduate Professional Directory (2012)", and then investigates the employment situation of graduates and feedback of employing companies, analyses the career constitute and knowledge structure of successive graduates. Basing on adjustment and improvement of professional training program, the school pays more attention on training of practice capacity and puts forward the orientation of education build in order to build the courses system fitting itself development levels. This paper explores the education objectives and methods for developing colleges in urban & rural planning special field.

Key Words: Developing College, Personnel training objectives, methods, the courses system

教书更要育人——论城市规划设计精品课程对学生的全面培养

刘 晖 汤黎明 邓昭华

摘 要：作为城市规划专业核心课的《城市规划设计》不仅要教知识和规划设计技能，更重要的是合格的城市规划师的全面培养。本文阐述了《城市规划设计》课程在培养城市规划专业学生价值观和职业道德方面的重要作用，介绍了在城市规划课程设计中培养学生的自信心、帮助树立正确的价值观以及协同合作能力的具体做法。

关键词：城市规划，课程设计，教育

城乡规划专业毕业生绝大多数从事规划设计管理工作，对社会的安全健康和公平负有责任，因此的社会职责感培育在城市规划教育中不可忽视。《城市规划设计》是五年制城市规划专业的核心课程，课时最多（384课内学时，贯穿4~5年级），教师与学生采取小组讨论为主的教学方式，师生之间有较多的个别辅导和接触。在这个过程中要教好书（知识传授）更要育好人（人格培养）。规划设计课在教给学生规划设计知识和技能的同时，更重要的是言传身教，帮助他们树立正确的价值观，培养职业的荣誉感和职业道德。以下是我们的在建设城市规划设计精品课程和教学改革过程中总结的经验和体会，与同行探讨。

1 自信心的培养

在建筑学院，城市规划专业的招生分数一般均低于建筑学专业，有些学生入学前对城市规划专业并不了解，也有些是高考第一志愿报建筑学，因为分数不够而被调剂到城市规划专业。而入学后，低年级城市规划专业是接受与建筑学专业的同步训练：相同的课程、相同的要求、相同的评价机制，部分规划专业同学因为美术、绘图等原因，在和建筑学同步训练阶段成绩偏低，影响了学习规划的积极性。虽然我们通过规划专业介绍等方式逐步向规划专业同学灌输城市规划的专业意识，但在进入4年级时，仍然要在规划设计课上鼓励规划专业学生树立自信，培养专业的荣誉感。让学生理解基于建筑学基础的城市规划专业，学习内容是非常丰富，既有建筑学的几乎所有核心课程，高年级还要加上城市社会学、经济学、生态学、历史遗产保护等内容。基于建筑学形态背景的城市规划专业合格毕业生，应该是建筑设计和规划都拿得出手的一专多能型人才。

专业自信心和培养离不开团队的荣誉感。每年接手新一届学生之初，我们都要编一本小册子，内容包括每位教师、助教和每位同学的照片、联系方式和个性化的自我介绍，开学之初将该册子发给每位老师同学。制作这个小册子目的是：①让老师在短时间能够对照照片认识学生，老师能够很快叫出他们的名字对学生是十分重要的。②让不同班级的同学之间互相熟悉，向大家展示自己的兴趣爱好等，这也是展露自信心的途径。③是通过这个小小的手册凝聚参加城市规划课程设计的师生作为一个教学共同体的集体荣誉感。④记录教学过程，教师可以在小册子上记录教学过程心得点滴，数年积累下来也是宝贵的教学档案。这个小册子的做法经过几年实践，效果较好，开始在其他年级推广。

自信心的培养也要因材施教。和建筑设计不同，规

---

❶ 基金项目：华南理工大学教研项目（Y1100030）及《城市规划设计》精品课程建设项目

刘 晖：华南理工大学建筑学院城市规划系讲师
汤黎明：华南理工大学建筑学院城市规划系教授
邓昭华：华南理工大学建筑学院城市规划系副教授

划设计除了空间形态之外，更多地考虑背后的社会经济历史文化等因素，这也为那些低年级美术基础较差、绘图能力薄弱的同学重塑自信提供了机会。对其中逻辑思维能力强的学生，我们引导他们将兴趣转至区域规划、规划管理等方向，对有城市研究兴趣的学生，则鼓励他们选择历史保护方向，今后可从事城市研究。对兴趣完全不在规划专业的个别同学更需要引导和关心，既指明人生的道路不止一条，学完城市规划专业将来完全可以不从事规划设计或管理，又要严格要求，在读期间要完成教学计划的底线内容，争取顺利毕业。

2 价值观的树立

公共利益的价值取向。与建筑设计首要维护委托方利益不同，规划更多的是公共利益的守护者。公共利益的价值取向要在课程设计的每个细节之中去培养和领悟。城市规划的学生在低年级进行的空间构成和建筑设计时更多地追求方案的独特性和个人创意的实现，往往在转入城市规划专业阶段后面对诸多的现实约束和法规规范要求，觉得束手束脚，很不自由。甚至影响学习的积极性，这时教师要注意从公共利益的角度帮助学生思维的转型。

在城市设计课程，同学们第一次在城市尺度上进行空间形态的推敲，往往沉醉于空间形态的独特性和趣味性，喜欢尝试巨构式的新奇建筑。从鼓励创新角度对此不宜完全否定，但在紧接其后的控规教学中，教师要结合产权主体、开发建设方式、最小开发地块面积、公共空间的私人管理等，帮助学生分析利弊，使之认识到凌驾在城市道路和广场绿地等公共空间之上的私人产权建筑，有可能对公共利益和公平的巨大损害。城市设计时为了鸟瞰效果，常将抬高的场地地坪作为屋顶绿化，或以屋顶绿化代替城市公共绿地。在建筑设计中增加绿化固然好，但是公共绿地背后是公共利益，强调公众的"可进入"和"接地气"，私人屋顶绿化的公共性是无法与公共绿地相比的。即使有些城市为了鼓励屋顶绿化，规定屋顶绿化可在折扣之后计入绿地率，但同时也伴有最大离地高度和最小覆土深度的要求。在教学中还要帮助学生从建筑设计的创造性视角转向规划师的规制和管理视角，从创造最优新奇特的城市空间转向如何避免纷争和最坏的结果，重视公共空间使用的不公平和功能性缺失问题。特别要防止美好的创意被歪曲利用，侵害公众利益。

公共利益不是抽象的，也不排斥各利益相关方对自身合法权益的诉求。为了让学生理解城市规划涉及的各利益相关方，平衡利益，表达诉求，我们连续两年在课堂上组织同学就广州市地标性建筑——珠江新城东塔——所在地块的控规指标调整，模拟进行规划委员会审议。在理解了珠江新城整体城市设计意图（东塔要与已建成的西塔在高度和形象上对称）基础上，假设东塔开发商申请在容积率不变的条件下提高建筑限高至少100米（即不再对称），同学们分别扮演东塔业主、周边相邻单位、游客、一般市民、规划专家等角色，从城市设计意图贯彻到控规的灵活性、限高的必要性、控规对塑造城市中心公共空间的强制性、调高限高之后其他的补偿手段等角度各抒己见，最后投票表决，一次的表决结果是2/3赞成，提案获得通过，另一次则是过半但不足2/3，提案被否决。在此过程中教师只是主持审议，最后对各方的发言进行点评，并不预设立场，也不参与投票。这种没有预设立场的讨论也是城市规划实施之中常见的情形，比较真实的模拟城市规划委员会的辩论和表决结论。选取这种有争议的现实议题进行课堂研讨，让学生学会表达不同观点、倾听不同意见，最后在尊重他人权利基础上做出决定。

3 合作与妥协的能力

城市规划作为公共政策，需要协调不同群体的利益，城市规划执业也需要多专业的配合，因此城市规划设计强调集体合作而非突出个人。在4年级城市规划设计的6个课程作业中有4个是合作完成。合作是通过讨论达成共识并将其表达出来，而绝不是将规划任务切分各自回去画图。合作就意味着互有妥协，学会必要的妥协也是规划设计教学的重要内容。要让学生明白合作的作业必不可能完全实现每个人的意图，多人之间的讨论如何开展、2人合作的小组如果意见相左如何形成合议，也都是学习的重要内容。教师在辅导过程中最好不要简单地裁决分歧，而是指出各自意见的合理性和存在的问题，引导学生自己做出决定。

小组讨论的重要性，合作之中注重引导。在前期分析场地和规划定位的阶段，各个小组可能遇到相似的困

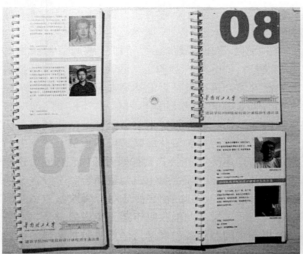

图1 教学用的小册子

图2 分组讨论式教学

惑,也容易出现相同的问题,这时就要通过小组讨论甚至大组讨论,集体学习,比起个别辅导效率更高。为了调动参与的积极性,要分配给每个小组准备一定的主题,根据每次参加主题发言的准备和踊跃程度评定平时成绩。

分组教学是课程设计的基本形式,通常一个老师带10位左右的同学,分组讨论个别辅导,给学生分组也要有技巧。我们在进入城市规划课程设计时对学生分组改变了随机或者根据学号分组的办法,更注重组际之间的平衡。首先根据低年级设计课的成绩,将排名前10%和最后10%的同学均匀分到各个组,然后其他同学再根据男女生比例搭配分配。小组内的合作再分组:曾经试验过学生自由组合,但是问题较多,部分高分学生不愿意和其他人分在一组,有些性格内向或者人际关系不佳的同学也很难自由组合。后来改进为,学生在一定时间内协商分组,如果协商不成则由教师指定。分钟之后对后进生更要多关注和多帮助(例如对后进生,辅导老师都多次与其谈心,改变其精神面貌投入规划设计的学习),对于那些"高风亮节",愿意与后进生分在一组的同学也要特别的嘉许,评分时要考虑到组内每个人的贡献大小,适当倾斜。

4 培养守时和"程序正义"的意识

教学纪律:学生有迟到(缺席)的自由,教师有(相应)扣分的权力。学风的建立关键在教师严格要求,年级教学组首先要严格要求所有教师包括研究生助教,不能随意调停课,更不能迟到。为了严肃上课时间,我们在四年级一开始就宣布了"迟到者请喝咖啡"的制度:迟到者不论师生,都要请全组老师同学喝咖啡,这种小小的善意的"处罚"比面对面的批评更能调动起课堂的轻松氛围,经过几次请喝咖啡,迟到或缺席现象杜绝。

为了培养学生的时间观念和保证成绩的公平,我们多年来坚持严格执行迟交作业扣分的规定。学生在低年级为了追求最佳效果和完美表达常延误拖沓,对此行为的放纵意味着不公平竞争。关键是让学生明白程序正义也是公平的起点,因为上课守时和准时完成既是团队合作的基本要求,更是涉及做人的诚信和尊重他人的大事。

通过对往届同学的无记名回访,三分之二以上的同学(包括因为迟到、迟交而受到"惩罚"的)都认同和赞成严守时间观念的教学要求,其余同学对此持中立态度,无人反对。

结语

城市规划设计课在建设精品课程过程中,将价值观、职业道德的养成融入课堂,潜移默化。不仅传授知识,更是注重育人,全面关心学生成长。近年来,城市规划设计的课程作业在全国城市规划专业指导委员会组织的评优和竞赛中屡屡获奖,考研和出国进修深造同学的比例不断提高,城市规划专业毕业生也受到用人单位好评,这都与城市规划设计课程的全面培养分不开。

主要参考文献

[1] 汤黎明,张颖,刘晖.城市规划设计精品课程建设的实践与探索[J].价值工程,2011,4:221-223.

[2] 刘晖."形态——指标"一体化的控制性详细规划教学[C].全国高等学校城市规划专业指导委员会,武汉大学城市设计学院.人文规划创意转型——2012年全国高等学校城市规划专业指导委员会年会论文集.北京:中国建筑工业出版社,2012:164-167.

[3] 李和平.加强城市规划专业教育中的职业道德教育[J].规划师,2005,12:66-67.

[4] 刘晖,梁励韵.城市规划教学中的形态与指标[J].华中建筑,2010,10:182-184.

Discussion on city planning and design courses to the students comprehensive training

Liu Hui Tang Liming Deng Zhaohua

Abstract:As the city planning specialty core courses "city planning and design" is not only to teach knowledge and design skills,more important is to cultivate qualified city planner. This paper expounds the course in cultivating students' values and occupation morality plays an important role in city planning,introduces the curriculum design to cultivate students' self-confidence,help to establish the correct values,as well as the cooperation ability of practice.

Key Words:Urban planning,Design Course,Education

城市规划学科开放性教学模式及实施策略的探讨

刘生军　田 蕊

摘　要：针对如何强化学生素质教育，以及分析传统的城市规划教学中学生实际规划能力的培养不足，教学手段单调，人才培养与社会需求衔接度不够等问题。本文就新的城市规划教学理念、开放性的教学模式进行了探索，指出了既往的城市规划教学缺乏针对当前日新月异的经济、社会形势变化进行良好地应对。从教学目标、教学手段、评价方式和师生关系四个方面提出了城市规划开放式教学的基本模式。并根据城市规划学科的特殊性，分别从理论课教学和设计课教学两大方向，讨论开放性教学的实施策略，包括跨学科教学、海内外合作、workshop 模式、体验式教学等。

关键词：开放性教学，教学模式，人本主义教育，workshop 模式

1 开放性教学的内涵

1.1 开放性教学概念

开放性有解除限制之意，是本体对客体呈现出的一种开敞、包容的状态，留给客体更多思考和拓展的空间。开放性教学是指非封闭性的、因材施教的一种教学模式[1]。它关注人综合能力的培养，摆脱传统以教师教授为中心的授课模式，提供给学生自由、开敞的学习空间，激发学生的自主学习性，致力于学生各个方面素质得到全面发展。

开放性教学要求教师根据学生特点和教学任务，制定出"动态"、"有序"的教学计划，包括教学资源的开放、教学目标的开放、教学空间的开放、教学方法的开放等[2]，增强教学过程中学生的可参与性，培养学生的创新意识、发现问题与解决问题的能力，打造出一个和谐、开放、多元的教学氛围。

1.2 基本特征

交流的民主化、手段的多元化、过程的灵活化是开放性教学的基本特征。

民主化的交流提倡学生与学生、教师及社会间的相互交流[3]，鼓励学生发表不同看法。在不断提出问题、思考问题、分析问题的过程中解决问题，培养学生的团队意识和自主思考的能力；多元化的手段包括富有激情的教学引导、启发人心的讨论、动人心弦的抢答，及能够激发学生积极参与的活动等，使课堂呈现出一种互动交流的崭新面貌；灵活化的过程主要指教学时间、教学场地、教学内容与材料等的开放，使学生融入课堂中，真正实现教学中学生的主导性与自主性。

1.3 理论基础

（1）批判–建构主义理论

这一理论是由德国教育家克拉夫基在 1985 年发表的《批判—建构教学论意义上的教学设计》一文中提出的，批判传统教学方式，重视实践教育[4]。他认为教学应结合社会政治、经济、文化，解放学生思想，将个人发展视为教育的核心问题。学生对新知识要有求知、分析、检验和批判的思考过程，并在教师的纠正与指导下，以消化理解并最终掌握。

（2）人本主义教育理论

现代人本主义教育理论的形成，受到了 20 世纪 70 年代在美国盛行的一种人本主义心理学的直接影响[5]。其主旨是以人为本，注重发现并肯定个人价值，培养心

刘生军：哈尔滨工业大学建筑学院
田　蕊：哈尔滨工业大学城市规划设计研究院

理健康、人格独立、各方面能力和谐发展的综合性人才。在教学内容上追求更深厚的文化熏陶，方法上更强调多元化的自我体验，目标上更注重素质的提高、情意的培养，展现出对学生的生活目标、价值观、审美情趣、创造力的完整塑造。

2 城市规划学科开放性教学模式的设计

开放性的教学设计模式包括开放式的教学目标、多样化的教学手段、开放性的教学评价和学生为主导的师生关系四个方面（图1），以培养学生的思辨精神、创新意识、研究能力和团队合作精神。

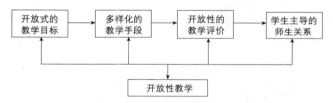

图1 开放性教学的模式结构

2.1 确立培养个性化、创新性人才的教学目标

我国在建设创新型国家的过程中，迫切需要大量的创新型人才[6]。在城市规划课堂教学上，理应体现对人才的创新精神、创新能力、创新素质的重视。在实际授课过程中，理应通过老师的良性引导，让同学能够借助模型、软件等多种媒介发散自身的思维，实现对于规划理念的创新，为我国城市的飞速发展、创新发展进行思考。

2.2 实行多样化的教学手段

教学手段是教学组织过程中的核心，是教师面向学生的直接交流方式，对课堂整体氛围的形成、课程内容的推进、学生对知识的吸收状况都具有重要的影响。

开放性的教学模式是从传统封闭式的单一讲授模式中解放出来，运用更灵活多样的形式来传授知识。例如，组织课堂讨论、模型实验教学、城市体验教学等。在这种教学手段的引导下，学生才能成为课堂的主体，在自主参与的过程中，良好的吸收并运用城市规划知识。

2.3 倡导学生主导式的师生关系

开放性的师生关系首先应该是平等的，给予学生发言权，鼓励学生发表不同看法，进而提高学生的参与性与自主性，使整个课堂气氛活跃而和谐。

在教学过程中应采用鼓励为主的激励机制和启发式的引导方式。例如在学生认真探讨、努力实践、取得进步等时候，教师如果能够及时给予表扬和鼓励。这样，学生得到良性的心理暗示，既可以增强学习的热情与信心，又能提高在课堂学习中的积极性与主导性。

2.4 制定开放性的教学评价方式

城市规划教学中，"教"只是手段，"学"方是目的。对于城市规划教学的评价，更应当注重突出"学"的主体性，着眼于教学能否提高学生的整体素质，能否培养学生分析问题、解决问题并应用到规划实践的能力。在实际评价过程中，鼓励学生间、设计小组间相互评价。并将档案袋法、学生的自我反思评价和教师的引导评价等多种评价方式相结合、定性评价和定量评价相结合、动态评价和总结性评价相结合，实现真正开放的评价反馈机制。

3 理论课程开放性教学的实施策略

3.1 课程内容综合化，多学科交融

城市是一个多元的复杂体，对于它的规划涉及自然地理、社会形态、经济政治、历史文化等诸多方面的研究。因此，城市规划学科的教学要融合人文科学，将理性与感性相结合，不止把美学作为设计衡量的一把标尺，还应考虑到文化、政策、环境等更多层面的影响。

3.2 教学资料前沿化，共享化

当前，城市规划的新理论、新观念、新思潮风起云涌。城市规划教学资料更新应与学科发展同步，与国际化教育接轨，使学生接触到规划界学术前沿信息，以厚重的知识底蕴吸取更加新鲜的血液。

此外，城市规划教学资料应不局限于书本教材，任何包含规划知识、具有可学习性的物体或事件都可以作为教学载体，从单一的课本中走出来，扩大主体教学和学生自主学习的范围。同时，应让学生所有科目和课程有一个整体性认识，例如教学培养要求、学习目标、重

点章节、难点知识等。学生可以根据重点内容、兴趣特长及自身规划的发展方向，在学习期间自主地选择拓展研究方向。

3.3 作业课题性，作品展览化

作业是学生课后的一种自主学习。作业的内容根据课程讲授采取多样化的课题选择，并具有一定的研讨性、思考性和动手性，给予同学充分发挥的空间。作业成果形式不单单是图纸及文字表达，应鼓励模型模拟、讲解、演绎等多种形式[7]。对于优秀的学生作品可以在班级或学校展出，既鼓励同学们设计的积极性，又提供给大家一个开放性学习与交流的平台。

3.4 建立开放的学习环境，营造宽松的教学氛围

（1）教学场地开放化

教学场地的开放化包括场地选择的多样化和场地本身的开放性。

首先，教学的场地不局限在教学楼里，倡导城市规划的教学走进城市中来。例如走进居住区、商业区、工业区，及自然环境、历史文化遗址中等，有针对性地在实际环境中进行学习。在此基础上，组织多种层面的调研，针对城市现状进行观察、提问、思索，走进每条街道、走近不同人群去学习。

其次，教室是承载课程开展的教育空间，它的形式会对课程教授方式具有一定的影响。良好的教学场地可以呈扇形摆放桌椅，或以讨论小组组团的形式进行划分摆放，使学生和教师的关系是对等的，促进学生积极发表自身观点，使课堂气氛活跃又不失学术气氛。

（2）教学时间开放化

教学的时间不应被束缚在短短的45分钟之内，可以延伸到课前准备与课后思索与拓展。城市规划学科的每一科课程知识都是复杂而渊博的，有些教学任务是在一节课程内无法完成的，这就需要学生在课堂之外的时间继续进行学习与研究。教师可以根据教学内容，为课后的教学拓展的自主学习提供重要知识点和思索方向。课余时间，以学生自己的兴趣，自主、自由地安排学习时间。乃至将教学时间相对延展至假期等非上学时间，例如在学生暑假组织夏令营进行专题性的研讨，拓展并丰富了学生的知识面。

3.5 组织开放性教学过程，培养学生良好规划素质

（1）讨论交流学习形式

为了能够提高学生的听课效率，建立师生间的有效沟通，理应组织讨论交流的开放式教学形式。通过教师针对课程内容选择的一些有代表性的问题，引导学生积极思考，踊跃回答问题。这样，在学生与老师不断讨论的沟通中，加深对于城市规划相关知识和现象的理解。更重要的是，应鼓励学生既能够成为问题的回答者，又能够是提问者。通过提出问题来发现缺漏，通过回答问题来完善自身的知识掌握度。

（2）体验式规划教学

城市规划教学可以通过体验式的教学手段，培养学生对于城市感性认识的敏锐性。在教学中强调对于规划作品的解读，让学生能够通过实地考察、照片、效果图、视频播放等多种形式体验各类城市空间环境，从而获得丰富的感性认识，进而能够真正领悟和理解城市规划的内涵，培养学生对于城市的自我认知。在体验过程中，学生能够如身临其境的体会教学内容，引起情感共鸣，将城市规划的知识进行内化和认同[8]。

4 设计课程开放性教学的实施策略

4.1 多方面合作、多层次结合教学

（1）海内外相结合，开阔国际视野

在当前国外城市化进度趋于完善的前提下，我国城市规划学科有必要对其进行借鉴与研究，当加大与国外高校的交流与合作；我国香港和台湾的城市规划学科也在高密度、现代化、人性化等城市建设方面具有很多经验；大陆地区的多所高校教学也同样各有所长。因此，我国城市规划高校的教学应在有条件的前提下，多组织学生进行参观学习与联合设计，在不同思维的碰撞中，引起思考和共鸣。

（2）校企结合，加大实践力度

城市规划是一门实践型的学科，通过校企合作，可以实现学校与企业资源、信息共享的"双赢"模式，可以实现学校教育满足社会之需。通过与企业合作，将城市规划的理论知识运用到实际工程项目中，让同学们在实际操作过程中理解并运用经典城市规划理论，在实践中灵活创新，为学生个人的能力培养、企业的人才引、城市规划教育事业的蓬勃发展都带来了一片

春天。

（3）跨专业合作，完善知识体系

城市规划是一个多专业交叉融合的综合性学科，涉及社会学、生态学、建筑学、艺术设计学、经济地理学等多学科知识的融会贯通。而在规划设计团队中，多元化的知识背景、多层次的知识结构也是非常重要的。因此，我们应加强城市规划学科与其他领域的合作。例如，城市设计课程与建筑学跨专业合作教学，把握建筑的形体变化、功能尺度等，深化考虑城市与建筑的关系，使设计落实到实际空间中。

4.2 Workshop模式的设计过程

Workshop被称为"工作坊"或"工作室"，其实质是通过群体协作、有效分配和有力指导来完成一些重要的或具挑战性的任务。这一工作模式集中起了时间、精力和团队力量，彼此通过积极地沟通，来分享知识和经验。

在城市规划学教学的实践中，将设计课程当作一个项目方案创作的全过程来对待。学生可以以自愿组合形式，自下而上的设计团队分组，以Workshop的工作模式推进设计，形成强化规划思维、设计手法、表达方式的短期集中训练。

（1）开放式管理

开放式的管理模式是以学生为中心进行项目管理和人员管理。教学中，给予学生一个自由、开敞的空间，学生有自主权可以尽情挥洒自己的创意思维。教师在这其中，主要以一个监督与指导者的身份，使每个小组的项目可以尽可能有效地达到预期成果。这种管理模式，在人文学和社会学上给予学生一定的熏陶，培养了学生除设计能力以外的项目掌控和设计管理能力。这对学生的综合素质和能力的提高具有很大的帮助，弥补了校园学习与实践工作中能力差距的缺陷。

（2）强调设计过程

规划设计需要多层面的探索，这就需要具有不同知识背景、不同想法的学生在一个时间段内，致力于同一目标共同合作。在Workshop过程中，以草图、草模、PPT等形式，通过不断的讨论与分享，进行高效的思维碰撞，拓展思考方面，激发彼此寻找到更好的设计灵感。注重设计过程的教学，改变传统孤立个案讨论、受益对象狭窄的模式，培养学生系统化、连续化、体系化的设计思路，及良好的思考能力和有效地解决问题能力。

（3）培养团队精神

Workshop是一种团队合作的工作模式，在一个良好分工的指导下，需要每个设计小组成员献计献策、极力配合，以达到最终成果的良好呈现。这满足了城市规划领域项目开展多专业相互配合、群力群策的要求。因此，在规划教学中，在重视专业设计水平培养的同时，还应培养学生准确的表达能力和良好的合作意识，锻炼学生从构思到执行、再到协作的综合能力。

4.3 自主确定设计选题

（1）根据教师研究方向，确立设计题目

打破原来按班级进行授课的传统模式教学，开展由学院牵头，课程责任教师召集，面向全院教师征集课程的主讲教师的形式，采用主讲教师申报制。这样，鼓励教师根据自己的研究方向，申报设计题目，考核后进行采纳和使用，确保设计课程的广度和深度，促使设计课程内容的多元化和完善化。

（2）学生实地调研，完善任务书

教师根据设计主题提供开放式任务书，学生从实际调研出发，认知城市，完善任务书，完成设计。即整个项目的策划和规划，让学生自主参与完成，使设计过程完全开放，将主观设计思考和客观调研相结合，既拓展设计思路、又可以培养研究素质，掌握好研究方法。此外，还可以加强学生的人文、社会、心理等多领域的学习，培养学生关心城市、关怀社会的专业涵养。

4.4 集中讲解和个别辅导的教学方法

每个学生都是独立的个体，有着自己的思考和观点。本着以学生为本的治学理念，应根据不同学生对知识吸收和运用的不同情况因材施教，采用集中讲解和个别辅导相结合的开放式教学方法。所谓集中讲解，主要是针对课程的重点知识、共性内容进行统一讲解；个别辅导是面向不同项目小组或个人的问题进行有针对性的讲解与引导。这样，对于共性与个性问题，都能给予良好的解答，在保证学生全面发展的同时，做到每一个学生的个性化发展。

4.5 成果评价开放化

在评价方式上，以教学组联合评图的方式对设计成果进行评定，可以使评价结果更加公正、客观和权威。同时，教师在教学组联合评图过程中，可以以旁观者的角度通过评价学生的设计作业来审视教学。

此外，成果评价中还可以增加学生的自我评价和同学间相互评价的环节。调动起学生对于设计的积极性，给予学生发表意见的机会。并通过这种评价式的交流，发现自身不足与他人设计的闪光点，促进同学间相互地学习、鼓励与帮助。

结论

开放性教学模式注重学生在教学中的主体作用，可以良好地启发学生创新性的设计思维，提高学生协作能力、表达能力和综合实践能力，给予他们更多的选择权和自主学习的机会。开放性的城市规划教学秉承以人为本的教育理念，培养创新性、个性化、专业化的规划人才，能够良好地应对当前城市规划界的迅猛发展，并满足城市规划行业对专业人才需求的各项要求。

主要参考文献

［1］杜惠洁.德国教学设计的理论与实践研究［D］.上海：华东师范大学，2006：85-92.

［2］殷海虹.开放性教学及其应用［J］.和田师范专科学校学报，2009，28（6）：22.

［3］叶雁冰.建筑设计课程开放性教学模式探讨［J］.高等建筑教育，2009，18（4）：58-61.

［4］刘祖山.新课程开放性阅读教学探讨［D］.山东：山东师范大学，2007：35-44.

［5］孙叶.地方文化背景下化学校本课程开放性教学模式的探究［D］.苏州：苏州大学，2010：14-16.

［6］崔英伟.城市规划专业应用型人才培养模式初探［D］.重庆：重庆大学，2005：13-40.

［7］张云华."建筑设计"课程教学模式改革研究［J］.安阳工学院学报，2009，9（2）：120-123.

［8］［美］D·A·库伯著.王灿明，朱水萍等译.体验学习让体验成为学习和发展的源泉［M］.上海：华东师范大学出版社，2008.

Discussion on Open Teaching Mode of Urban Planning Discipline and its Implementation Strategies

Liu Shengjun   Tian Rui

Abstract: this paper explores the new teaching concept of urban planning and open teaching mode to point out the absence of response to the rapid changes in economic and social situations for the past teaching of urban planning. The insufficient training of the actual planning ability, single teaching method and hard connection between talent training and social requirements in traditional teaching of urban planning are analyzed to strengthen the quality education of the students. The fundamental mode proposed of open teaching for urban planning consist of four perspectives: teaching objectives, teaching methods, evaluation ways and relationship between teachers and students. The implementation strategies of open teaching, which cover interdisciplinary teaching, international cooperation, workshop and experienced teaching, are discussed from theoretical and designing teaching according to the particularity of urban planning teaching.

Key Words: open teaching, teaching modes, humanism-oriented education, workshop

生态学基础下的城乡规划专业课程体系建设研究

战杜鹃　张丽萍　朱鹏飞

摘　要：21 世纪是城市的世纪，未来 20 年中国城镇化进程将对全球发展产生深远影响。国家高度重视我国城乡建设事业科学发展，本文根据城乡规划专业的发展的方向，分析不同大学的课程体系资源和特色，提出以生态学为基础的城乡规划专业的生态学课程体系，确定生态学课程体系中主要课程的组成和基本要求，并提出相应的教学改革的讨论与建议。

关键词：城乡规划，人才培养，生态学课程体系

引言

我国城乡规划专业是在建筑学的基础上发展而来的，几十年来，整个专业的本科培养计划、教师队伍培养和教材建设都是基于这个基础来发展，城乡规划学科的内涵已经远远超越了建筑学科的范围，多学科融合将成为城乡规划学科未来发展的方向。近年来城乡规划专业已开始注重环境科学、生态学等学科在城乡规划专业人才培养上的作用，但并没有真正意义上建立系统的生态学课程体系。城乡规划的目的是以建立适合人类生产、生活和工作的最佳生态环境为最终目标，这就需要规划专业人才具备坚实的生态学理论和技术基础。换句话说，未来的规划师应该是具备生态学基础的规划人才。因此，在城乡规划本科专业培养计划中，建设科学有效的生态学课程体系具有深远的意义。

1 城乡规划学科发展历程

在学科发展历史上，城乡规划本科专业的培养计划发展分为以下几个阶段，第一阶段是城市规划专业兴建之初，主要课程以建筑学专业为基础，再根据城乡规划专业的需要，设置相应的专业基础课和专业方向课；第二阶段是 20 世纪 70 年代，随着环境问题的日趋严重，人们开始考虑规划中的环境问题，这个阶段开始在培养计划中增设了环境科学、环境保护等课程；第三个阶段是随着生态学的迅速发展，生态学以及相关学科成为城乡规划本科专业中的新增课程，内容主要包括：城市生态学、建筑生态学、规划生态学和可持续发展理论等课程。由于教育资源的差异使得不同类型大学的城乡规划专业课程设置也各有不同，在一些农林院校开设的城乡规划专业，其本科课程体系的建设中加入了一些农林基础课程；而在一些建筑学专业历史比较悠久的大学，城乡规划专业是在建筑学课程体系基础上开设规划相关课程的，又因为开设了景观设计或风景园林专业，才使一些与生态学相关的课程增加到培养计划之中。但这些课程的增加或减少，都没有形成相对完整有效的生态学课程体系，这直接影响着城乡规划专业人才培养生态学知识结构的合理性，进而影响教学效果，甚至影响人才培养的质量。21 世纪是城市的世纪，未来 20 年中国城镇化进程将对全球发展产生深远影响。国家高度重视我国城乡建设事业科学发展，将社会经济、生态资源、生命安全等与城市和乡村建设统筹考虑，作为国家中长期

---

❶ 本课题的研究已获得《广西高等学校特色专业及课程一体化建设项目立项》项目编号为 GXTSZY282。

战杜鹃：北京航空航天大学北海学院规划与生态学院规划教研室主任讲师
张丽萍（通讯作者）：北京航空航天大学北海学院教务处处长讲师
朱鹏飞：北京航空航天大学北海学院规划与生态学院院长教授

发展战略。城乡规划专业教育，是支撑城乡建设事业的人才技术的重要保障。国务院学位委员会、教育部日前下发通知，公布了新的《学位授予和人才培养学科目录（2011年）》。新目录增加了"城乡规划学"一级学科。因此，生态学课程体系的建设对促进城乡规划学科的发展和进步具有重要意义。

2 生态学课程体系建设

通常认为对城乡规划影响最大的学科是经济学和地理学，城乡规划成为一级学科后强调了"城乡发展历史与遗产保护规划"，但是城市生态却没有得到足够的重视。随着社会发展和人类的进步，人类对自然生态环境和生存环境的重视程度不断提高，生态学理论和技术的应用将有助于城乡规划学科的发展。根据2012年城乡规划专业指导委员会制定的城乡规划专业本科培养目标方案及其主干课程教学的基本要求，开展生态学课程体系建设，以满足城乡规划学科专业人才培养的需求，满足城乡规划专业向着创建和谐的、可持续发展的、人与自然的生存环境的方向发展，生态学课程体系应该作为培养计划的一个重要部分来建立，才能满足城乡规划专业人才培养对生态学知识和技术的要求，这个课程体系由专业基础课程、专业课程和专业选修课程三个部分组成，各个部分主要包括的课程如下：

1. 专业基础课程：园林植物学，生态学（原理），宏观生态学等。
2. 专业课程：城市生态学，规划生态学，建筑生态学，景观生态学和生态规划等。
3. 专业（或公共）选修课程：环境科学，城市生态环境保护，环境经济学、生态经济学，资源经济学，城市地理学和可持续发展等。

北航北海学院城乡规划专业于2006年3月经教育部批准开设，同年开始招生，目前共有五届学生，在校生309人，已有两届毕业生，共150人。为紧跟人才市场的需求，充分发挥独立学院在高等教育改革中的独特优势，北航北海学院率先对城市规划专业的教学和培养方案实施改革，将生态学的精髓融入城乡规划专业课程体系。不管选择怎样的课程体系，其最终目标是加强生态学和环境科学的理论和技术在城乡规划中的应用，以提高该专业本科人才的社会适应性，满足不断发展的社会需求和行业发展需要。通过该课程体系的建设，生态

不同类型学校城乡规划专业生态学课程体系建设 表1

体系类型	课程	学分	占总学分的比例 %	适合学校类型
体系一	园林植物学 生态学原理 城市生态学 规划生态学 环境科学 城市生态环境保护 可持续发展	4-5 3 2 3 2 2-3 2	10%	农林院校
体系二	生态学原理 城市生态学 规划生态学 建筑生态学 城市地理学 环境科学 城市生态环境保护 可持续发展	3 2 3 2-3 2 2 2-3 2	10%	建筑学基础比较好的大学
体系三	环境经济学 资源经济学 生态经济学 ……	2 2 2 ……	10%	经济类大学
其他体系	……	……		

学课程和可持续发展课程将占培养计划总量10%左右的学分,从而形成完整的生态学课程体系,尝试建立和完善城乡规划本科专业的培养计划,是十分可行并值得进一步研究和实践的。到目前为止,北航北海学院城乡规划专业正在进行生态学课程体系的建设,已有毕业生两届,由于有了生态学基础,城乡规划专业的学生就业率达到85%以上。

3 主要课程建设的基本要求

3.1 专业基础课程

北航北海学院在专业基础课程中注重城乡规划教学及生态学教学,加强对学生实践能力的培养,构建培养应用型人才的课程体系。用改革的理念优化人才培养方案,在学科交叉的背景下,引入生态学专业基础课程,在专业基础课程中,"生态学(原理)"是该课程体系中最重要的基础核心课程,除需讲述解生态学的基本原理和方法以外,应结合城乡规划专业特点,重点介绍由非生命的环境系统和生命系统所组成的生态系统的基本规律,同时要加入包括社会、经济和文化在内的复合生态系统规律的内容,为科学的规划打下良好的生态学基础。"城市生态学"这门课程在专业指导委员会的目录中有基本要求,这里要强调的是在教学中要考虑城市这个复合生态系统的基本规律和特征。"园林植物学"的开设主要目的是让这个专业的学生对植物尤其是景观园林植物有一个基本了解,重点掌握植物种群和园林植物的发生演替规律,以及与城乡规划之间的相互关系。"规划生态学"这门课程是以规划科学为基础,有针对性地建立和完善规划中研究对象的生态系统设计和建设,使城乡规划能变成科学有效的现实生态系统的建设蓝图。但因为该学科刚刚起步,仍需要规划领域的专家根据规划科学的需要与生态学家一起来补充、修正和完善。"可持续发展"课阐述了一个城市的规划最终或是现实的目标就是使城市能建设成具备可持续发展的能力,这就需要系统地了解可持续的发展观,将可持续发展的理论用于规划的实践之中。

3.2 专业课程

在专业课程中60.6%的课程均设有课程设计的实践环节,实践性课程共占总学分15.28%。通过多门课程的教学,学生更多地接受到动手实践方面的基本训练,使毕业生能从事城市规划、设计、管理和研究工作,掌握城镇规划、交通和市政工程规划、城市设计等专业规划工作的基本能力。"建筑生态学"研究对象是与建筑相关的建筑物周围大区、小区的建筑外空间生态系统和建筑内空间——室内空间生态系统,对这个系统的生态学研究,并将这些研究成果应用到建筑设计和室内装修设计上,可以为人类提供健康、安全、舒适的生活、生产和工作环境,改善人类的居住环境。"城市生态环境保护"课程中的城市环境保护一直是教学和科研的重点,但这样的重点容易忽视真正的生态系统的维护,为保护而保护。事实上,生态系统本身已经包含了非生命的环境系统,所以城市的保护更深意义上来说是对城市生态系统——由社会、经济、文化和自然生态系统组成的复合生态系统的保护。只有让学生学会这样的保护才能真正意义上开始科学、合理、人性化的城乡规划。

3.3 专业(或公共)选修课程

专业(或公共)选修课的开设是为了补充专业基础课和专业课中知识结构的不足,环境经济学或生态经济学这两门课程都可以明确计算出依据科学规划所能产生的社会经济效益和生态环境效益,使规划不仅考虑常规的GDP体系,还考虑了绿色GDP体系,有利于规划中决策的科学性和预期的准确性。今年北航北海学院还结合国家公布的中国历史文化名村目录,开设了老村庄调查与研究课程体系,其中有老村庄规划布局,老村庄历史文化等课程将与生态学课程结合形成更加完善的课程体系。虽然不同类型的学校可以根据自己的教育资源特点选择课程,但这些课程的选择和教学大纲的建立要考虑与专业学课程体系目标的一致性,应该是对城乡规划专业培养计划的补充和完善,要与城乡规划学科发展方向一致,与城市生态化的可持续发展方向一致。

4 课程体系建设的几点建议

我国城市规划专业指导委员会早就提出城市规划要向着生态化的方向发展。在人才需求多样化的今天,我们通过课程体系建设培养出适应社会需求的跨学科、跨专业的复合型人才。以下是为完善生态学课程体系,并在此基础上形成具有个性和特色的城乡规划人才培养计划的几点建议。

1）根据城乡规划专业指导委员会的意见，各个学校的城乡规划专业可以根据自己的资源特点确定培养特色，建设生态学课程体系的时候也要有自己的特色。

2）由于培养计划的制订和实施有一个相对较长的时间，所以不是马上就能见到明显的培养效果，这样的课程体系建立还需要在实践中不断地修正和完善，更需要紧跟专业学科发展需要的变化而变化，同时要注意保持相对的稳定性。

3）将生态科学的课程体系引进规划科学之中，不只是依靠生态学家就能完成，还需要规划专家和教育工作者在充分理解和消化吸收的情况下进行有效的建设实践，需要各个专业领域的学者之间的兼容并蓄，共同推进这样的教学改革。

4）目前我国高校中城乡规划专业有4年制和5年制的区别，在制订培养计划的生态学课程体系时，可以根据需要考虑增减课程的数量和组成形式。

5）不管使用哪一种课程体系，最重要的是使基础课程、专业课程和选修课程之间能形成有机的结合，使之相互的支撑，并能建立起生态学课程的相对完整体系，真正成为城乡规划专业本科生人才培养的一个重要组成部分，才是生态学课程体系建设的根本目的。

6）这些课程还需要根据不同学校的资源特点和培养要求，建立相应的课程实践环节，来丰富和完善生态学课程体系。

结语

西方城市规划已经进入协调社会空间关系的时期，实际上，城乡规划学科不仅仅要协调社会空间关系，更重要的是协调人与社会和自然的关系，尊重生态的可持续发展规律。注重生态学课程体系建设，为实现城乡一体化，创建可持续发展的人类宜居环境培养出具有生态学基础规划专业人才。本研究中所涉及的生态学课程体系北京航空航天大学北海学院规划与生态学院已经实施6年，城市规划专业于2006年3月教育部批准开设，同年开始招生。专业自开设之初就注重对生态学课程体系的建设，开设了《生态学原理》《普通生态学》等生态学课程，2009年又在此基础上，增加了《规划生态学》、《建筑生态学》两门课程作为专业主干课程，编写了两本专业教材，并已经列入培养计划，且正在执行。这两门课程所有的自编教材已经被列入《广西壮族自治区高等学校优秀教材计划项目》。2012年北航北海学院又根据国家公布的历史文化名村目录增加了老村庄调查与研究课程，同时将结合毕业设计进行老村庄系列调研工作。目前该专业已有2届毕业生，即使有毕业生可能还需要在社会实践中经历一段时期的社会磨合才能看到对人才培养的效果，但就生态学与其他学科交叉发展的前景和整个社会对生态学课程的需求来看，该课程体系在城乡规划专业中的设置是有可行性和研究价值的。城乡规划所要解决得问题是人与生存环境的问题，归根到底还是人类社会的可持续发展的问题。因此，希望有更多生态学、城乡规划科学的专家、学者和教育工作者共同来研究探索。

主要参考文献

[1] 高等学校土建学科指导委员会城市规划专业指导委员会.全国高等学校土建类专业本科教育培养目标和培养方案及主干课程教学基本要求（城市规划）[M].北京：中国建筑工业出版社，2004.

[2] 北京航空航天大学北海学院城乡规划专业培养计划[Z].

[3] 天津大学建筑学院城市规划专业本科培养计划[Z].

[4] 华南理工大学建筑学院城市规划本科专业培养计划[Z].

[5] 同济大学城市规划本科专业培养计划[Z].

[6] 罗晓莹，张丽萍，朱鹏飞.强化生态学基础的城市规划专业本科培养探索[J].科学决策，2008，11：79-80.

[7] 朱鹏飞等编著.规划生态学[M].北京：中国建筑工业出版社，2009.

[8] 庄雪影.园林树木学[M].广州：华南理工大学出版社，2006.

[9] 尚玉昌编著.普通生态学[M].北京：北京大学出版社，2005.

[10] 杨持.生态学[M].北京：高等教育出版社，2008.

[11] 徐苏宁.城乡规划学下的城市设计学科地位与作用[J].规划师，2012，28（9）：21-24.

[12] 罗震东.科学转型视角下的中国城乡规划学科建设元思考术[J].城市规划学刊，2012，2：54-60.

[13] 袁奇峰，陈世栋.城乡规划一级学科建设研究述评及展望[J].规划师，2012，28（9）：5-10.

[14] 吴良镛.关于建筑学、城市规划、风景园林同列为一级学科的思考[J]，中国园林，2011，5：11-12.

Study on urban and rural planning Construction of Curriculum System based on Ecology theory

Zhan Dujuan　Zhang Liping　Zhu Pengfei

Abstract：The twenty-first Century is the century of the city，in the next 20 years，China's urbanization process will have a profound impact on the global development. The government attaches great importance to the development of China's urban and rural planning. This article analysis of course system resources and the characters at different University，based on the direction of the development of urban and rural planning. Proposed urban and rural planning professional curriculum system should based on ecology，determine the composition and basic requirements of the curriculum ecology in the course system，and puts forward discussion and suggestions corresponding teaching reform.

Key Words：urban and rural planning，personal training，curriculum system of ecology

城乡规划专业实践教学体系建构

李建伟　刘　林　刘科伟

摘　要：实践教学对培养城乡规划专业学生适应规划发展转型和提高知识运用能力具有关键作用。通过多年的教学改革实践，本文着力构建城乡规划专业"基础知识—工程设计—创新拓展"的三模块实践教学课程体系和"课堂案例教学、独立实践教学、社会生产实践和课外科技活动"相结合的四位实践教学实施体系，这对于提高城乡规划专业学生能力和素质起到了十分重要的作用。

关键词：城乡规划专业，实践教学，教学体系

1　引言

城乡规划是一门集工程技术、社会经济及人文艺术于一体的综合性较强的学科，要求学生在校期间不仅要学习工程技术知识，接受相关技能及艺术造型的训练，而且还要关注城市社会发展动态，将技术与社会经济有机结合。同时，城乡规划作为一门实践性学科，其科学性来自于实践，其生命力在于指导实践工作[1]。工程实践是城乡规划教学的最终目标取向，然而根据近年来用人单位的反馈意见，城乡规划专业本科毕业生在工作的最初阶段，其实践操作能力较低，远远不能满足工作的需要[2]，实践教学不容乐观[3]。

2011年，国务院学位委员会在《学位授予和人才培养学科目录（2011年）》中将"城乡规划学"增设为一级学科，将以地理学视角侧重于区域规划的"社会空间规划"和以建筑学视角侧重于形体规划的"物质空间规划"进行整合，使专业知识和工作内容的内涵和外延都得到了增加，不仅包括从宏观的区域规划到微观的局部地段设计，而且包括从城市问题的研究到城市规划与建设管理[4]。"城乡规划学"一级学科的增设，更为强调对规划学、建筑学、经济学、地理学基本理论和基础知识的运用，更为重视基础技能的训练，迫切需要加强学生设计和表达能力的培养。城乡规划教育在注重理论教学的同时，更为强调实践教学；在注重基本素养培养的同时，更为注重动手实践能力的培养。因此，强化城乡规划专业实践教学体系十分重要，是中国当前城乡规划社会化的一个内在要求[5]。

2　城乡规划专业实践教学体系建构目标导向

2.1　适应规划发展转型

近年来，城乡规划在区域经济和城市建设可持续发展中的作用越来越重要，透视"城乡规划学"一级学科的增设，可以看出当前的发展趋势[6]：①规划的公共政策属性得到进一步彰显；②城乡规划知识体系日益复杂化、综合化，现已逐步发展成为一门融合自然科学知识和社会科学知识的边缘科学；③应用范围日益扩大化、多元化，研究对象不仅仅包括城市和乡村，而且还包括城乡关系；④人才的选择由"学历型"向"能力型"转变。随着我国城市建设事业的蓬勃发展，规划设计人才需求量日趋增多，社会对城乡规划人才要求更注重实践经验和动手操作能力。面对竞争激烈的人才市场，现有城乡

---

❶ 本文系陕西省城市与区域规划人才培养模式创新实验区建设项目、西北大学本科教学质量与教学改革工程项目（JX12009）和西北大学"十二五""211工程"研究生创新人才培养项目（YKC12001）的部分研究成果。

李建伟：西北大学城市与环境学院讲师
刘　林：西北大学城市与环境学院助理工程师
刘科伟：西北大学城市与环境学院教授

规划人才的素质能力结构受到了严峻的挑战，尤其是应用型城乡规划人才已成为社会人才需求的一大缺口。

城乡规划学本身的复杂性、综合性与实践性，决定了其理论基础必须兼容自然科学、社会科学、工程技术和人文艺术科学的理论内涵与科学方法。在教学课程体系整体优化的基础上，以基础课程建设为切入点，融合社会、经济、环境等宏观分析思想和方法，实现规划设计思想与观念根本性的转变，把物质形态规划融入经济社会发展、生态环境保护和文化传承与整合之中，加强实践教学环节，使学生对城市问题及其规划解决方案有一个更加全面透彻的理解，培养适应经济社会需求和城市规划学科转型发展的专门人才。

2.2 提高知识运用能力

由于受传统教育观念的影响，城乡规划教育对实践教学的重视度不高，实践教育仍然存在着很多不足[7-8]：在办学规模方面，城乡规划高等院校的高比重、低投入的重复建设和连续扩招规模给城乡规划专业学生毕业就业问题带来很大的压力；在实践教学内容方面，实践教学定位不高、实践课程设置不合理、实践教学方法单一、实践教学内容不更新等；在实习教学方面，由于高校扩招学生数量急剧增加，而生产实习空间基地有限等给生产教学带来了困难；在实践教学基地建设方面，实践基地范围窄，实践教学期短，办学规模的扩大使实践教学基地不堪重负，学生实践机会减少；在教学理念方面，不够重视人文教育，生产实践缺乏人文理念的思想指导。随着城乡规划专业设置学校和学生人数的不断增加，学生就业压力直线飙升，这就给城乡规划专业教学，特别是实践教学带来了极大挑战。所以，以社会需求为导向，有针对性地围绕工程设计和创新拓展两大能力，培养受各类用人单位欢迎的应用型综合型规划设计人才，强化实践环节，提高知识运用能力，是提高本科生毕业生就业率的有效途径。

3 城乡规划专业实践教学体系构建

3.1 "三模块"实践教学课程体系

在多年的实践教学改革探索中，西北大学逐步形成了"三模块"式的实践教学课程体系，包括基础知识、工程设计和创新拓展三大模块（图1）。该实践教学课程

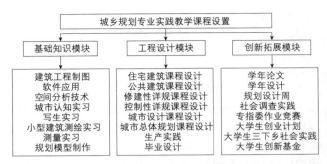

图1 西北大学城乡规划专业"三模块"实践教学课程设置

体系是城乡规划专业学生工程设计能力和创新拓展能力提升的关键，是对城市学、地理学和建筑学基础知识、基本理论和基本技能的验证、巩固、创新和深化，通过理论与实践相结合的实验教学，将书本知识转化为学生专业技能、职业素养，培养学生对城市、建筑及其环境的认知能力。三大模块之间相互独立又紧密联系，逐步递进，且与非实践类课程建立联系，其中基础知识模块是知识的深化与拓展训练，工程设计模块是综合能力的培养与提高，创新拓展模块是素质的提升与整合[9-10]。城乡规划专业基础课和专业课的实践教学淡化课程、学科之间界限，体现相关学科、相关知识点之间的交叉融合，按照循序渐进的技能形成规律，整体优化实践项目，摒弃传统教学中"职业培训"式的单项技能简单重复，建立前后衔接、层次分明、相对独立的"基本技能实践——专业技能实验——综合性、创新性能力"培养的实践教学框架，并努力增设综合性、设计性实践项目，丰富教学内容，进而提高学生实践操作能力的训练效果。

3.2 "四层次"实践教学实施体系

结合城乡规划专业"三模块"实践教学课程体系，实践教学实施体系着重从课堂案例教学、独立实践教学、社会生产实践和课外科技活动来展开。

（1）课堂案例教学

课堂案例教学的最大特点是学生能够将理论知识快速有效地进行仿真模拟，激发学生积极的连锁思考和反映，从而提高学生发现问题、分析问题和解决问题的能力，做到被动灌输和主动接受的有机统一[11]。教师可以通过提问式、讨论式、辩论式、现场操作式等多种方式使学生参与到教学活动中，不仅活跃了课堂气氛，而

且增加了对教学内容的接受度。当然,在强调实践教学的同时,并不否定理论教学的重要性,而是强调在理论教学的同时引导学生参与课堂教学,进而提高对理论知识的理解和融会贯通。

（2）独立实践教学

独立实践教学是城乡规划专业实践教学实施过程的主要表现形式。目前,我国城乡规划专业依据学科背景大致可以分为两个主要类别,即以工科建筑学专业为主的院校和以理科地理学专业为主的院校。基于此,独立实践教学又可分为两个部分,一是延续综合大学地理学的野外调研的传统,按照地理学野外实习的传统,在学校专用实习经费的支撑下进行集中的野外实践;不仅强化了实践教学环节,而且可以提高学生的创新及实践能力[12]。二是借鉴工科院校建筑学"手把手"的实践教学传统,遵循城乡规划学的特点,通过一系列的设计类课程突出工程教学的特点,训练学生综合运用基本知识和技能[13-14]。设计类课程与理论教学的组织方式基本一致,并与理论课穿插安排。

（3）社会生产实践

社会生产实践教学的目的是使学生了解城市规划设计工作的程序及各阶段的内容及编制深度,初步掌握规划设计文件的编制方法、步骤和内容,培养学生从事实际规划设计的能力,巩固课程学习中掌握的知识并补充课堂教学的不足。社会生产实践课程是学生初步接触城市规划具体工作的实践教学环节,对于加深学生课堂知识、深入了解城市规划实践具有重要意义。要求学生应选择一项实际规划设计项目作为实习的内容,要求真题真做,使实践教学从校园延伸到社会的一个具体过程。

（4）课外科技活动

课外科技活动是高等学校适应时代要求的全新人才培养模式的重要手段和主要内容。课外科技活动为学生提供了参与科学研究的机会,可以磨砺意志,接受科学研究训练,因而是高校培养创新型人才的有效载体[15-16]。按照"重点提升学生规划设计能力"的人才培养思路,大力开展创新教育活动,包括大学生创新实验计划、开放性实验、学科竞赛等多种形式的创新教育体系。同时,以学生科技创新活动为抓手,将暑期社会实践与科技活动相结合,全面提升学生专业素养和综合素质。

4 结语

随着"城乡规划学"增设为一级学科,坚持理论素养与实践技能培育相结合,注重课堂教学与社会实践相结合,按照适应规划发展转型和提高知识运用能力的目标导向,城乡规划专业实践教学体系包括"三模块"课程体系和"四层次"实践体系,二者之间相互衔接,依次递进,使学生综合能力不断提高,注重将培养学生的理论分析能力、规划设计能力、实践调查研究能力、创新运用能力贯穿在实践教学环节中,以满足当前中国城市化快速发展阶段对城乡规划专业人才的实际需求。

主要参考文献

[1] 范凌云,杨新海,王雨村.社会调查与城市规划相关课程联动教学探索[J].高等建筑教育,2008,17(5):39-43.

[2] 夏宏嘉,李冬梅,张卓.基于CDIO模式的城市规划专业实践教学改革[J].山西建筑,2012,38(5):270-271.

[3] 刘英,孙庆珍,申金山.城市规划专业实践教学中存在的问题及对策[J].管理工程师,2010,5:51-54.

[4] 袁奇峰,陈世栋.城乡规划一级学科建设研究述评及展望[J].规划师,2012,28(9):5-10.

[5] 蒋灵德.论城市规划专业社会综合实践教学[J].高等建筑教育,2008,17(5):114-116.

[6] 李建伟,刘科伟.城市规划专业基础课程体系的建构[J].高等理科教育,2012,6:145-149.

[7] 刘桂凤,陈正发.城市规划专业实践教学存在的问题及对策研究[J].科教文汇(中旬刊),2011,9:35-36.

[8] 刘英,孙庆珍,申金山.城市规划专业实践教学中存在的问题及对策[J].管理工程师,2010,5:51-54.

[9] 洪亘伟.城市规划专业实践教学体系优化研究[J].高等建筑教育,2008,17(5):110-113.

[10] 高桂娟.注重实践教学环节培养优秀工程人才——以同济大学建筑与城市规划学院为例[J].大学(学术版),2010,4:59-64.

[11] 张晓荣,段德罡,白宁.案例教学在城市规划专业低年级教学中的思考与应用[J].建筑与文化,2009,12:

80-81.

[12] 张竟竟. 城市规划专业实践教学途径探析[J]. 科技信息，2009，29：28.

[13] 魏秀华. 建筑与规划类专业人才培养模式研究[J]. 高等建筑教育，2003，12（4）：4-6.

[14] 蔡永洁. 大师·学徒·建筑师——当今中国建筑学教育的一点思考[J]. 时代建筑，2005，3：75-77.

[15] 杨飞龙. 创业视角下大学生科技创新力的培养探析[J]. 教育研究与实验，2010，3：150-153.

[16] 宋东杰，任源浩. 结合专业教学开展大学生科技创新活动[J]. 中国科技信息，2010，24：247-248.

The Construction on Practical Teaching System for Urban and Rural Planning

Li Jianwei   Liu Lin   Liu Kewei

Abstract: The practical teaching plays a key role to cultivate the students' ability to adapt planning transformation and improve ability. Through reform for many years of teaching, it put up a three modules practical teaching course system based on the basics knowledge, engineering design, innovation development, as well as, a four levels practical teaching methodology system based on the case practice, independent practice, social production practices and extracurricular activities. It played a very important role for improving the capacity and quality of students in urban and rural planning major.

Key Words: urban and rural planning, practical teaching, teaching system

美丽城乡
永续规划

理论教学

2013全国高等学校城乡规划学科专业指导委员会年会

从技术人才到规划人才——城市道路交通规划课程改革探索

汤宇卿

摘　要：城市道路交通规划作为城市规划专业基础课，立足于大量知识点的讲授。但是从学生课程设计中反映出来的问题可以看出，这些知识点在不少方面尚未合理运用于具体规划设计的实践，本研究就是希望在城市道路交通规划课程讲授过程中进行相应的改革，构建专业基础课和课程设计之间的桥梁，使学生能够正确运用其所学，视野更开阔、思维更缜密，实现技术人才培养向规划人才培养转化的目的。

关键词：技术人才，规划人才，城市道路交通规划课程，改革

引言

在城市道路交通规划课程讲授的同时，本人又进行居住区规划设计等课程设计工作。为了使学生在课程设计中尽快上手，城市道路交通规划课程在前期加快进度，尤其把停车场库规划设计等内容提前。这样，学生在进行规划布局以及相关停车设计规划设计的时候可以马上运用其所学。由于所学可以立即付诸所用，学生学习都非常积极。在课程设计进行的过程之中，不少学生在居住小区规划布局落实的同时，进行了详细的停车设施的规划设计。首先根据小区的户数和各项设施的面积，依据停车指标，估算停车数量。为了提升小区环境，学生均大幅度降低地面停车量，把更多的空间留作绿化。这样大量的停车集中在地下，随着课程设计小区开发强度指标年年攀升，所依据的相关地区停车配建标准也在不断提高，这样，学生最后提交的地下车库设计方案则呈大部分满铺的状态。面对学生的勤勉无可厚非，但是这仅仅是技术可行的方案，最后满足的是小区停车的需要，但是，这是否是规划合理的方案，值得商榷。这样几乎满铺的地下车库会带来什么问题，值得学生反思，技术正确并非规划合理，必须要让学生看到两者之间的差距。这就是城市道路交通规划课程讲授试图改革的动因，即作为培养规划人才的专业基础课必然要拉开培养道路交通设计人才课程的距离，体现自身的特质。改革的探索从以下几个方面展开。

1　支持学生对规范的质疑

规范不是万能的，依据规范，可以提交一个合格的规划，但是并非优秀的规划。以上述案例为例，不少学生对停车配建指标产生质疑，如某城市停车配建指标见表1，比其他地区的指标规定有了长足的进步，体现了根据不同建筑面积，按照不同区域进行停车设施配置的思路。但是，即使按照这样的指标，结合学生居住小区课程设计的要求，地下停车库覆盖的区域仍然偏大。这样，学生在进行地面绿化系统规划的时候就碰到了难题，只有很小的区域可以种植高大的乔木，小区市政管网的布置也与几乎满铺的地下车库产生矛盾。在面对以上问题的同时，一方面学生运用所学，全力解决，在解决问题的同时，他们经常问有疑问，是否需要这么高的停车设施配置。如回答学生，这些是规范，必须满足，则必然扼杀规划专业学生的主观能动性。

如何解决这个问题，就需要倾听学生的意见，因此，在课堂上就此问题展开讨论，不少学生对此做了很好的准备，提供了充足的论据。

1. 按照停车配建标准，几乎是每户一个车位，这些车位配置了以后，是否就鼓励小区居民每户都买一辆车，这与部分城市车辆拍卖的制度是否有矛盾，如果按照车辆竞拍的方式，每个月增长车辆有限，根本实现不了每

汤宇卿：同济大学建筑与城市规划学院副教授

住宅类别	计量单位	泊位配建标准		
		内环内地区	内外环之间地区、新城	新市镇
平均每户建筑面积 140m²	车位/户	≥1.0	≥1.4	≥1.6
90m² ≤ 平均每户建筑面积 <140m²	车位/户	≥1.0	≥1.1	≥1.2
平均每户建筑面积 <90m²	车位/户	≥0.8	≥0.9	≥1.0
单身公寓、宿舍	车位/100m² 建筑面积	≥0.1		≥0.3

表1　某市住宅建筑机动车停车配建标准表

户一辆车的配置，没有这么多车，要求开发这么多停车位是否合理。

2. 有不少学生为此还上房地产网上进行资料的搜集，发现不少楼盘还有房屋销售，但是点进去以后，这些房屋并非住宅，大量的是停车库，不可避免有不少投资性购房者买了住宅，并不购买停车设施，但是停车设施在某些区域的供过于求是否说明配置过量。

3. 按照城市规划原理课程，依据"城市用地分类和规划建设用地标准"，人均城市建设用地在北方一般最多115m²，南方城市至多110m²，城市道路面积至少10m²以上，一般15m²左右，如果户均一辆车，在居住小区内如果是地下车位，则占用面积30~35m²，如果是地面停车位，则占用面积25~30m²，一般30m²左右，在工作单位也需要30m²左右的停车面积，在商场餐馆、文化娱乐设施周边也需要配置一定的停车设施，这样加起来，一辆车至少要耗费70~80m²的空间，户均3人，人均停车设施面积就达到25m²左右，还不包括为这辆车所提供的行驶的面积，更不包括社会车辆所需要的停和行的面积，这与城市规划原理里面的指标是否有矛盾。

4. 在城市道路交通课程讲授过程之中，一直强调大力发展公共交通、慢行交通，鼓励居民采用低碳、节能、环保的交通方式出行，每户一辆车，必然使至少1/3以上的出行采用小汽车等方式而非公共交通、慢行交通，与课程讲授里面的内容矛盾。

5. 也有学生做了一个形象的分析，如果我国实现了每户一辆车，所拥有的车辆总量将是美国的两倍，美国是轮子上的国家，已经消耗了世界上1/3的能源，如果我们再消耗世界2/3的能源，其他国家只能采用零碳的生活方式，大家都觉得这是不可能的。

6. 有些学生查阅了资料，说可以鼓励拥有小汽车，

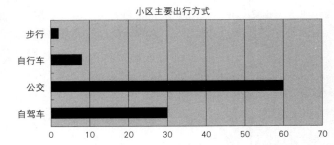

图1　学生调研的上海某居住小区居民的出行方式

目的是为了中国汽车工业的发展，但不鼓励使用，不少学生又对此针锋相对，为了生产这辆车消耗了大量的资源和能源，排放了大量的污染物，有了车不用，不又是更大的浪费么。

针对这么一个小小的问题，学生展开了激烈的讨论，深刻体会到了盲从规范必然会导致整体规划的不合理，但是究竟应该如何确定停车配建指标，学生也发现其真正的难度，有不少已经超出了学生所学之外，但是，这也是学生对此类问题进行研究，全面创新的动力的源泉。

2　鼓励展开多方位的研究

规划师不同于一般的工程师，在于其综合性和全面性。不仅仅就问题论问题，而是需要全面考量，综合分析。这种能力的培养是需要在教学过程中关注的。仍以以上案例为例，在学生对停车配建指标产生质疑的同时，可以鼓励学生就科学确定指标展开相应的研究，即按照这么高的停车配建指标所造成的几乎满堂覆盖的地下车库会带来什么问题，如何来解决。

1. 去年不少城市的内涝让学生记忆犹新，深有感触，是什么原因导致的，学生通过分析，从一定程度上找到了地下车库几乎满堂覆盖与内涝的关系。居住小区所在的区域原先往往是农田，大气降水大部分可以直接渗透到地下，地面径流不多，但是几乎满堂覆盖以后，居住小区变成了一块混凝土板，大气降水只有很少部分能够渗透下去，必然产生大量的地面径流，雨水管承受不了这么多流量，必然导致在城市中开车也会被淹，生命受到威胁，为车提供了大量的停车空间最后导致了车自身被淹，这也不能不说是自然的惩罚。

2. 满堂的地下车库不合理，鼓励学生进行其他方案的考虑，如两层地下车库，学生通过查阅资料，学生发现建两层地下车库的单方造价比一层要高，将来使用起来比一层还要难。如果采用机械式停车，则单方造价和运营费用更高，如果没有控制，开发商必然选择造价低廉的几乎满铺的地下车库，能不能制定规划条件，规定居住小区地下空间的覆盖率的上限，让开发商放弃这种给城市带来巨大隐患的满堂覆盖的地下车库，这应该是解决这一问题的方法之一。

3. 鼓励学生进行居住小区管理模式的研究。由于目前居住小区封闭管理，一方面导致了小区内部大量的区内道路的资源没有得以充分的挖掘，另一方面导致目前大街坊非常流行，有利于提升物业管理的效率。通过查阅资料，学生看到，在欧美等国家并未采用封闭管理的模式，开放式小区可以使街坊划分适度减小，小区内部的道路变为城市支路，白天满足车辆通行需要，晚上则作为停车带，而且这些国家崇尚路边停车，因为其单位停车面积仅仅 18m^2，远远低于独立的地面停车和地下停车，这就为减少地下停车创造了条件，地下车库的覆盖率可以有效降低。开放式的小区又可以构建贯穿各个小区的慢行系统，在慢行系统边上安排学校、商业、文化等设施，形成独立于机动车道路系统的慢行系统网络，有利于全面提升居民的生活质量，降低交通拥堵，如学生调研过程中发现，学校门口往往是最拥堵的区域，因为目前交通组织不力，学生出校门就进入机动车道路系统，非常危险，所以家长不得不驾车接送学生，导致交通问题的产生，面对这种情况，与机动车道路系统分离的慢行系统的构建将使学生出校门后进入与机动车道路系统完全分离的慢行系统，上学、放学就不需要接送，交通矛盾也迎刃而解。

4. 鼓励学生进行停车管理方式的研究。在停车场库的规划设计过程中，仅仅关注硬件是不够的，软件方面包括停车管理方式，收费制度等也是值得学生关注的问题。如何通过管理提高停车效率，如学生进行商务办公区停车设施的调研，发现相邻车库的共同化管理有利于节约管理成本，而且通过停车诱导系统，当某些区域停车设施供不应求时及时引导到其他停车设施相对富余的区域；又如学生在交通枢纽停车设施调研中，关注停车换乘等方式的组织，全面提升交通枢纽的作用和疏解能力；学生在中心区调研的时候关注分区停车收费制度，如中心区通过高昂的停车收费，减少进入中心区的车辆，使中心区停车供给和需求得以平衡，同时又有利于缓解中心区的交通矛盾。

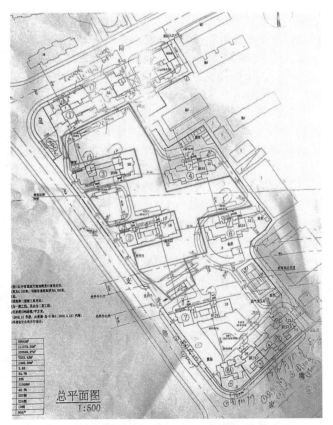

图2 学生调研得到的某居住小区地下车库的覆盖情况除了车库就是高层建筑的基础

3 带着问题进行实地调研

在城市道路交通规划课程讲解的过程中往往通过实地调研，如以上案例，就通过停车场库调研，加深学生对所学的相关知识的印象，并构建理论学习到规划实践的桥梁。但是，原先没有展开上述全方位的讨论，学生在调研的时候，关注的方面仅仅局限在具体停车场、停车库的调研，研究停车场库所在区位，主要的功能和性质，车位尺寸如何、通道宽度如何、净高要求如何，设施配置如何，这是最基本的，但是如果仅仅实地调查，或者学习前人的作品还是不够的。因此，作为改革，调研的内容要拓展：

1. 增加对停车场库的评析。通过实地调查，看看除了车位、通道、净高尺寸不足，坡道坡度过陡，设施配置不全之外，还有什么问题。鼓励学生从具体运营过程和对周边的影响之中发现问题。学生发现了具体运营中不少停车场库没有充分利用，如白天，居住小区的停车场库空空荡荡，晚上则车满为患，相反，办公设施的停车场库白天车满为患，晚上空空荡荡。大家都认为这个不合理，能否解决，怎么解决，然后结合学生的疑问，讲解了综合体规划的理念，如何通过综合体，即居住建筑和办公建筑组成的综合体，为其配置停车设施，白天可以给办公区域使用，晚上则可以给住宅区域使用，从而可以使仅仅使用12小时的停车场库可以24小时使用，反过来，停车设施的配置可以根据这一情况，适度减少，同时告知学生，国内这方面做得还是不足的，鼓励学生进行研究和探索。

2. 组织进行问卷调查。问卷调查也是一个非常重要的方面，不仅仅从学生自身的视角进行停车场库的分析和研究，而且从使用者、管理者的视角，听取他们的意见和建议，又让学生进行了一次公众参与的体验。通过问卷调查，学生发现了停车场库在具体使用中的优点、缺点和不足。为了使问卷更具有针对性，部分学生进行了两次调研，一次是研究问卷是否合理，然后进行分析研究，调整问卷的内容，再次进行问卷调查，总结归纳，得到了不少值得借鉴的内容。

3. 展开多方位的讨论。在调查组织方面，规定学生调研的停车场库不能重复。然后专门留出一次课进行交流和讲评，这样，虽然每个学生调研的停车场库数量有

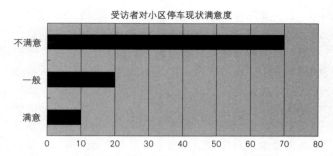

图 3 学生进行问卷调查得到的某小区停车现状的满意度

限，但是通过交流，大家可以互相获取相关资料，有的是居住小区的停车场库、有的则是交通枢纽的停车场库、有的则是商业设施的停车场库，由于服务的对象不同，所以其规划布局的形式也不一样，如有学生调研了虹桥枢纽的停车库，看到了如何发放特征卡片，让停在不同区域的乘客找到自己的车辆；商业设施的沿路停车，如何通过设置咪表和累进收费制度，提升停车位的周转率，从而开阔了视野；看到了不少地区停车问题的解决光靠硬件不行，还需要软件支持，这样可以拓展思路，采取全新的方法解决停车问题。

4. 关注不同类型的停车。虽然学生在调研的时候一般关注机动车的停车，但这还是不够的，需要使学生关注公共交通车辆的停车，慢行交通车辆的停车。如鼓励学生有条件进行公交枢纽、停车场、保养场等区域的调研，发现其不同于一般停车设施的规律；鼓励学生关注自行车停车设施的布局，如何在居住小区中布局，如何与公共交通枢纽、公交站点结合；学生在调研的时候也发现道路上经过十辆机动车，其中就有一辆出租车，而一般是空车，是否能如其他国家，采用出租车站点停车的方式，空车不满街跑，停在出租车站点上，在路边设置出租车上客点，设专用装置，一按按钮，车辆就从最近的停车点行驶到上客点完成接送的任务，减少车辆的空驶率，降低交通量和对城市环境的污染。

结语

小小一个停车场库的规划设计将会引出如此之多的问题，这些往往是非技术的但是规划的问题需要在城市道路交通规划讲课中全面强化，从而鼓励学生多思考，发现问题、解决问题，这在其他知识点，如道路平面、

纵断面、横断面、交叉口规划设计中也是如此。培养全方位、全过程考虑问题的能力也是"美丽城乡"目标的追求和"永续规划"理念在本课程讲授过程中的贯彻和落实,这也是从技术人才走向规划人才,培养合格规划师的关键。

主要参考文献

[1] 徐循初,汤宇卿.城市道路与交通规划(上)[M].北京:中国建筑工业出版社,2005.

[2] 上海市规划和国土资源管理局.上海市控制性详细规划技术准则.上海.2011.

From Technical Personnel to Planning Personnel: Reform Exploration in Urban Road and Traffic Planning Course

Tang Yuqing

Abstract:As one of urban planning professional basic courses, urban road and transportation planning course is based on a lot of knowledge teaching. But from the issues reflected in the students' curriculum design, we can see that knowledge has not yet been reasonably applied to the practice of planning and design in many aspects. This thesis is proposed an appropriate reform in the process of urban road and transportation planning course teaching, and builds a bridge between professional basic course and curriculum design, which guides students more proper using of the knowledge, more wide vision and more careful thinking. So that it will realize the objective of technical personnel training to plan personnel training.

Key Words:technical personnel, planning personnel, urban road and traffic planning course, reform

规划教育转型视野下的城市经济学研讨课创新

张 倩

摘　要：随着社会转型，和谐发展的城市需要决策的咨询者、空间对话的沟通者、城市未来的创造者。城市规划教育的转型需要进一步培养学生思辨的能力，期待其对社会可持续公平发展起到更为积极的作用，城市经济学教学的改革正是瞄准了这一目标。本文探讨了在研讨课助力下城市经济学教学深度和广度的扩充，并结合笔者研讨课建构的经验，探讨了城市经济学研讨课教学在课前准备、内容设置、研讨技巧、和课程群的结合等问题上的处理，提出应在学校帮助学生形成"形成能力"的能力，并和他们一起在对话中建构城市的价值理念。

关键词：社会转型，城市规划，城市经济学，研讨课

随着社会转型，我国从强调效率的发展转向更为注重公平的发展，作为与城市发展密切相关的城市规划专业，其教育教学方向也悄然发生转变。在以往的城市发展中，快速的空间扩张需要富有经验的规划师来进行规划设计，掌握相关技术技能成为培养的核心要求。因而大部分规划院校主要培养"具备城市规划、城市设计等方面的知识，能从事规划设计与管理，参与相关政策法规研究等方面工作的规划学科高级工程技术人才"。当城市发展减缓，进入内涵式的发展，原有问题逐渐暴露，新的城市未来需要探索，规划师更应具备思辨的能力，不仅作为技术人才，而且作为城市决策的咨询者、城市各阶层空间对话的沟通者、城市未来的创造者，对社会可持续公平发展起到更为积极的作用。正如美国麻省理工城市研究与规划系城市规划提出的教育的四个问题："是否能设计出更好的城市？是否能帮助地区实现可持续的发展？能否促进社区繁荣？能否促进世界实现公平的发展？"（王骏，张照，2009）对这些基本价值的追寻需要城市规划教育的转型。城市经济学，作为城市规划教学重要的专业主干课之一，自然也面临着这样的转变。

1　教学层次的深化和研讨课的提出

审视原有的城市经济学教学，其教学内容可以总结为三个层次：首先，给学生教授基本的知识，既包括经济学的基本原理，也包括城市经济学的基本知识；其次，给学生讲解城市运行的经济规律，主要是通过一些模型、案例来进行解说；最后，让学生运用所学的知识对城市的某一问题进行分析，主要是利用作业来进行（图1）。在整个教学过程中，前两个层次靠课堂讲授进行，后一个层次由学生自行调研、讨论、写作，教师辅导。从"教"的角度讲，这样一个过程是比较完整、清晰的。而将角度切换到"学"这一面，需回答这样两个问题：学生学到了什么？会做了什么？我们发现，评估学生到底掌握了多少是比较困难的，特别是站在城市规划教育转型的视野来看更是如此。依靠作业和考试我们能够了解学生掌握了多少知识点，对案例能不能举一反三，却不可能看到学生思辨的轨迹，更不会知道他们有没有打通利用城市经济学认识城市、分析城市的路径！从课堂出去的学生，能成为未来城市决策的咨询者、空间对话的沟通者、城市的创造者吗？这些能力的培养能不能不像以前那样，依靠其"偶然"、"长远"地在学生身上发生（虽然我们相信绝大多数学生在职业生涯中都有形成这种能力的潜质），而是在当下就加以一定的示范和引导？使他们得到科学的锻炼，并形成"形成这些能力"的能力？

恰逢其时地，专题研讨课在近几年逐渐被引入我院，

张　倩：东南大学建筑学院讲师

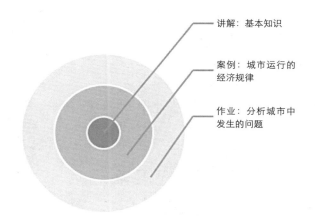

图1 原有的城市经济学教学层次

研讨课的出现成为推进教学改革的极大助力。以学生为中心，以"思辨"为中心，对话式的教学加强了对城市经济学教学改革的预期，也确实收到了较好的效果。依靠研讨课这个新的教学手段，教学的层次可以变化成为：①讲授基本知识；②讲解城市运行的经济规律；③以经济学为方法分析城市中的问题；④构建价值理念（图2）。其中③、④都是通过研讨的方式进行的，把以原来教师为中心的教学，拓展到以学生为中心的教学，或者说，师与生共同在这个过程中探索，也共同收获对城市的理解和看法。第四条建构对城市的价值理念是学生终其职业生涯要逐步完善的，在学校，我们尝试着给他们一个富有影响的起始点。

2 以研讨为导向的课程设置

教师如何使学生做好知识准备，快速进入研讨的状态？可以有以下的方法选用：课前预习，研读阅读材料并做笔记，课上讲解。根据许亦农教授在澳大利亚新南威尔士大学建筑学院的经验，提前提供阅读材料是组织研讨课的一个惯例和好方法。但在我们的实践中发现，由于国内的学分制不考虑学生课下用于这门课程的时间，各课程的课下任务冲突，如果给学生布置太多预习、阅读任务，往往不能完成，而且会影响他们对这门课的印象，产生厌倦感。所以最终形成的研讨课没有采取课前预习的方法，而是以课上讲解为主，阅读材料为辅，在一些难度较大的研讨内容之前半周提前发放阅读材料，有阅读材料的课程占总课程的1/3。

城市经济学课程32学时，原来分为16周授课。为了更好地组织课上讲解和衔接后面的研讨，每次2课时时间是不够的。笔者主导的城市经济学研讨课教学改革加上准备时间已进行了3年，完整的授课经过了2轮。经过试验，用于研讨的时长为60~80分钟左右最为合适。如果研讨时间仅为45分钟（1课时），讨论不能尽兴，学生意犹未尽；而研讨时间达到90分钟（2课时），会太疲倦，话题也临近枯竭。因此，将每次的课程改成3课时，前一半时间授课，后一半时间研讨，两半段之间稍事休息，能使学生保持兴奋，也利用了新鲜的记忆，弥补课下阅读时间的不足。对一学期的课程也进行了重新分配，每次3节，共11周，刚好应对11个教学专题。

研讨的内容是课程设置中的核心，为了设置合适的研讨内容，需要进行精密的设计。首先，要和当天的授课专题紧密结合，使得新鲜的知识能够学以致用，就能使知识巩固下来，难以忘记，也让学生们有"子弹"可以发射。其次，要和学生设计课程紧密结合，本学期学生同期在上总体规划课程，课程群的配合度很高，如能在学生做城市产业专题时讨论产业、在进行空间设计时讨论空间形态，则会形成最为理想的教学反馈，引发学生的兴奋点和持续关注。第三，要引发学生的思辨，拓展思维，让他们看到在复杂的城市问题上，他们竟然也

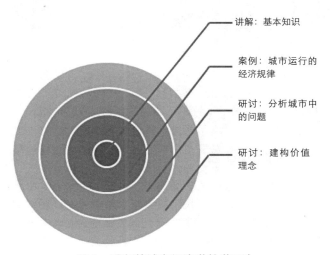

图2 更新的城市经济学教学层次

研讨题目和特点 表1

授课专题	研讨题目	特点
城市经济学导论	如何解决城市交通问题	畅想型
市场和政府，城市经济学和城市规划	市场和政府，效率和公平	分析型、价值观
城市财政	城市中哪些公共设施多、哪些公共设施少，为什么	分析型、价值观
城市经济增长	互联网对城市空间的影响	畅想型
城市化	城市空间形态的经济学解释	致用型
城市产业经济	二产的发展阶段是不可逾越的吗	致用型、价值观
城市土地经济（一）	中国城市的土地都是公共物品吗	致用型、价值观
城市土地经济（二）	如果中国的土地变为私有制	分析型、价值观
城市住宅经济	政府如何帮助穷人	分析型、价值观
城市交通和城市基础设施	交通拥挤税和其他方式的比较	分析型
新城/新区的成本效益分析（作业）	讨论作业中的难点和问题	致用型

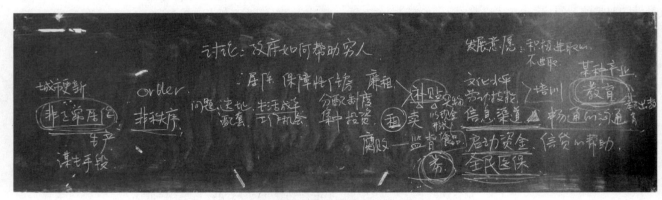

图3 城市经济学研讨课的课上记录

可以、并且能够建立一个有价值的观点，大声讲出，和他人的观点进行碰撞，这使他们能够在一定程度上像一个真正的规划师那样，为社会提供价值理念和解决方案。

以2012~2013学年的11个研讨题目为例（表1），其中5个是分析型，即直接运用了课堂内容进行问题分析，4个是致用型，即运用经济学方法对课程群（课程设计）中的根本问题进行思辨，2个是畅想型，即运用经济学方法对城市未来进行开放式的讨论，其中至少有6个题目带有明显的价值观讨论色彩。学生的表现非常出色，他们投入、兴奋、互相激发，思维活跃，并且令人欣喜的是，他们能自发地表达出美的、善的价值观（图3）。当然，每一学年的讨论题目并不是固定的，而是可以更换的，教师也可以根据情况进行调整。

3 研讨课的课上技巧

研讨课的组织一般有以下特点：小班教学，学生人数20人左右，便于每个人的参与。理想的空间组织为圆桌围坐，空间明亮，参加者能够面对面讨论，并看清楚对方的表情。教师的位置最好在圆桌之外，除非讨论和总结，否则不一定需要一直看到教师的脸。如有相关资料，人手一份，如有其他资料，最好打印张贴在所有人的视线范围内，教师将要点记录下来❶。

在实际的操作中，学生人数多为30余人（一个班），教室条件也不能达到面对面围坐的效果，而是一般的小教室，但这并没有极大地影响研讨课的效果。当然，如果条件能实现小班面对面的讨论，相信效果将为更为凸显。

在课前，教师应该熟悉该题目所有的权威观点，并对讨论题目反复地推演，基本穷尽每一个话题的走向。这样，在课上才能及时抓住有价值的讨论，将其引导到更切题的方向。

教师应该借助黑板/白板，在整个讨论过程及时将学生发言的关键词记录在上，这些关键词即是教师认为有价值的观点（图3）。这些关键词的第一个作用是：提示学生"这很重要"，"这留着我们待会再想"，反之离题过远的讨论可以不加任何提示，任其过去。关键词记录的第二个作用是，通过合适的分类记录方法，自然会形成一定的脉络，有助于教师在课程末尾进行简短的总结。

最为重要的一点是，研讨课不等于教师与学生的对话，而主要是学生与学生的对话！教师的作用是引导，而不是面对面拦截，否则就会面临研讨组织不起来的失败。非常重要的技巧是在研讨过程中，教师需要克服惯性，尽量克制住自己想要"讲解"的欲望，让学生自己来对谈。学生活跃的思维不受阻碍，并且互相反驳，互相激发，这样持续的对谈进行下去，往往会等到令人惊喜的过程。中国的学生一般是比较尊师重道、尊重权威的，教师一旦开口，就代表着已有权威意见，学生讨论的欲望就迅速被浇灭了，所以教师的总结越晚出现越好，方可给他们发挥的空间。

但这也不意味着教师就无所作为，至少在两个方面，教师可以起到非常积极的作用。其一是如果出现好的观点，不吝击节赞扬，肯定那些有价值的观点会带给整个集体更大的活力。其二是在讨论出现停顿和偏离的时候不停发问，例如"你刚才说的＊＊，是什么意思？是不是可以解释为……？"或者将你想要引导讨论的问题抛给其他学生，"他刚刚说了＊＊，你们认为这样说是确切的吗？"等。合适的问题就可以引导流畅的讨论。

在研讨题目中，有封闭式题目，但更多的是开放式题目和半开放式题目，教师应做好心理准备，和学生一起发现哪怕是微小的新观点、新思路，做好准备学生是未来为社会提供新观点、新思路的人，并以这样的目光去看待他们。

4 和所在课程群的结合

东南大学建筑学院城市规划系的城市经济学课程在本科四年级上学期进行，和城市总体规划设计以及相关的城市地理学、城市生态学、城市道路与交通、城市市政基础设施规划、城市地理信息系统、城市管理与法规等组成了一个课程群。其中，总体规划作为课程群的统领，是我国城乡规划中综合性和复杂性程度最高的法定规划，其编制是职业规划师最为核心的业务之一（王兴平，权亚玲，王海卉，孔令龙，2011）。在总体规划教学中，产学研结合是其最突出的特征。学生们以小组作业的方式进行设计，3人为一小组，3个小组为一大组，由一名教师进行指导，设计大组都选用了不同总体规划工程项目为设计题目，"真题真做"和"真题假作"相结合。面对真实的工程项目，这为课程群中的各门课程联系实际都提供了便利的通道。

在前文的研讨内容设置中就提到这一点，研讨的题目和研讨的时机与总体规划设计实现紧密对接，在学生进行某一专题研究/专项设计时，城市经济学研讨课安排相关的研讨内容。这使得总体规划的前期研究成为城市经济学研讨课的知识准备，学生们对所做的城镇有了相对全面而深入的了解，这些了解不是浮光掠影的，而是长期投入的，对别组正在做的其他城市也有了一定的认识，这些城镇情况不同、规模不同，正是极好的城市比较案例。对城市的各种问题已在学生心中盘桓已久，讨论课一旦开始，就可以立即进入比较深的讨论之中，也有可能寻得对真实世界有用的解决方案。另一方面，城市经济学知识恰当地对接上了专业要求，为学生理解城市、分析城市提供了一条经济方向的路径，学生可以学以致用，激发了学生学习的兴趣，演练了理论掌握和技术使用的纯熟度。在研讨的过程中，教师一直在观察、反馈，学生一直在表达，这使得文章一开始设问的问题"学生学到了什么？"、"会做了什么？"在此得到了圆满的解答。

---

❶ 本段转述了澳大利亚新南威尔士大学建筑学院许亦农老师在2011年6月28日研讨课观摩课上的讲解。

5 展望

城市经济学研讨课改革进行了第三年，无论师生都体验了不同一般的课堂氛围，获得了良好的激励。两年的网络评教中，这门课程的评分一跃达到90多分，学生在网络留言说："重推理，启心智，强互动——城市经济学课是我理想中的大学教学！"说明学生充分地认可了这门课程的教改。在课堂中，学生确认了自己的思辨能力是能够逐渐打磨的，自己的价值观是可以依赖的，也明白城市经济学的知识并不是隔靴搔痒，而是能够成为理解城市运行的好路径（之一）。通过对城市的理解，必然对社会可持续公平发展起到更为积极的作用。

课程教学也有很多不足之处。例如，32学时的教学时间本来就不充裕，将理论教学的学时压缩一半，用于研讨，必然会损失一些知识点，遗珠不少。学生没有先修过经济学原理课，对经济学的理解从零开始，在城市经济学教学里实际上还融汇了经济学基本原理的介绍，使得在那么短的时间内达到一定的研究深度，比较困难，因此研讨中格外依靠学生的常识和逻辑。研讨题目本身也不尽合理，有的时候会造成冷场，还有待进一步发展完善。此外，教室的硬件条件亟待改革，如能达到国外研讨课的小班、圆桌配备标准，一定会使课堂效果上一层楼。

城市经济学仅仅是城市规划教育中的一门课程，各门课程的力量加总，涓涓细流，汇聚成海。除此之外，城市规划教育的转型将不仅仅依赖于单门课程的改革，而应该是从整体教学目的和教学计划上进行重构，吸取更多的先进教学技术和方法，以面对社会转型迫切的需要。教学计划的逐渐变化，有可能使城市经济学更加细分成为城市经济学原理、经济发展规划、经济机构与增长政策分析、经济发展政策分析及产业化等一系列具体课程，通过选修的方式，使学生可以根据兴趣来选择，学习到与未来发展更为紧密的知识和能力。

主要参考文献

[1] 王骏，张照.MIT OCW与我国城市规划学科教育的比较与借鉴[J].城市规划，2009，6：24-28.

[2] 王兴平，权亚玲，王海卉，孔令龙，产学研结合型城镇总体规划教学改革探索——东南大学的实践借鉴.规划师，2011，10：107-114.

[3] 唐春媛，林从华，柯美红.借鉴MIT经验重构城市规划基础理论课程.城市规划，2011，12：66-69.

[4] 孙燕君，卢晓东.小班研讨课教学：本科精英教育的核心元素——以北京大学为例.中国大学教学，2012，8：16-19.

The Innovation of Urban Economics Seminar in the Context of Urban Planning Education Transformation

Zhang Qian

Abstract：Under the background of social transformation, the urban development requires decision-making consultant, space dialogue communicator, the creator of the city of the future. For the transformation of urban planning education, schools need to further develop students' ability to speculative, to make them play more active roles in social sustainable development, which is the teaching reform of urban economics aimed to. This paper explores how the seminars help urban economics teaching in depth and breadth, combining with author's seminar construction experience, discusses the urban economics seminar before class preparation, content setting, teaching research technique, and combination of curriculum group, etc. This paper puts forward that the students should be helped to form the ability to "learning ability" in school, and in the dialogue to construct the value concept of the city.

Key Words：Social Transformation，City Planning, Urban Economics, Seminar

"2+1+1"模式
——城市生态与环境课程研讨式教学的探索与实践

权亚玲

摘 要：采用研讨式教学法是近年来高等学校课程改革与建设的重要方向之一。本文结合《城市生态与环境》课程，从研讨内容的设计、具体实施步骤入手，进而对课程整体教学框架、教学组织、成绩评定等进行相应调整，最终总结出一种教与学互动的研讨式教学新模式，即"2+1+1"模式。

关键词：城市生态与环境，研讨式教学，"2+1+1"模式

1 课程发展概况

东南大学建筑学院城市规划系最早于2000年开始设置《城市生态与环境》课程，经过十多年的课程建设与教学实践，逐步实现了由引入学科到交叉学科、由传统讲座式教学向研讨式教学的转变。

作为全国高等学校城市规划专业指导委员会所确立的城市规划专业十门核心课程之一，《城市生态与环境》课程在城市规划专业教学体系中占有重要的地位。但目前国内各高校城市规划专业（五年制）基本上以原工科建筑学专业为主建立起来，其特点是师资队伍依托于原建筑学专业师资力量，普遍缺乏生态环境相关专业教师[1]。东南大学城市规划专业首先从环境工程学院引入其生态学课程，作为高年级城市规划专业学生的限选课，这一阶段的教学内容以城市生态学基础为主，教学团队以生态学教师为主，辅以城市规划专业教师参与教学。

2004年以后，通过第一轮课程教学改革，教学团队逐步实现了由生态学专业老师为主到以城市规划专业教师为主、生态学专业教师为辅的转化，教学计划由两专业老师共同拟定，教学内容也相应增加了城市生态问题分析、生态规划应用技术等，凸显了应用交叉学科的课程特点。

2012年，《城市生态与环境》申报为东南大学专题研讨课程，本文即是对两年来所做的课程研讨式教学改革探索与实践的总结。

2 研讨式教学探索

研讨式教学以启发式教学思想为基础，在教师的引导下启发学生主动地思考问题，在国外的许多著名大学

东南大学《城市生态与环境》课程发展历程 表1

年份	发展阶段	教学对象	课程类型	教学团队
2000~2003	引入学科	四年级本科生	限选课	生态学为主，城市规划为辅
2004~2011	交叉学科	四年级本科生	必修课	城市规划为主，生态学为辅
2012~2013	研讨式教学	四年级本科生	必修课	城市规划为主，生态学为辅

资料来源：作者编制。

❶ 基金项目：东南大学系列专题研讨课建设项目。

权亚玲：东南大学建筑学院城市规划系讲师

被作为仅次于课堂讲授的第二教学手段向教师推荐和采用[2-3]。针对《城市生态与环境》课程，研讨式教学改革首先需要回答三个问题，一是为什么教改；二是研讨什么，即对研讨内容的设计；三是如何评价？

2.1 教改缘起与目标

研讨式教学改革源于以往传统课程教学中存在的一系列缺陷，包括：

（1）知识传授式教学的局限

移动互联网以及大数据时代的到来，使信息的搜集与获取方式发生了巨大的改变，加之发展中的城市生态学科知识与技术的更新速度不断加快，在这样的背景下，不但单一的教材不能满足教学的要求，传统以课堂知识讲授为主的教学方法也因信息量有限受到了前所未有的挑战。

（2）学生主动参与不够

与知识传授式教学相对应的就是学生被动式的接收学习，除了接收到的知识量极其有限之外，学生对学科发展前沿及热点问题的关注度不够，对教学的主动参与不够，急需新的教学方法激发学生的学习兴趣与热情，让学生成为课堂的主体，参与学术问题讨论、表达自己的观点。

（3）学生能力培养的欠缺

从复合型人才培养的角度，城市规划专业四年级学生应当逐步构筑完善的能力结构，包括理性分析能力、团队合作能力、创新设计能力和综合表达能力[4]。复合能力的培养需要所有相关课程的配合完成，《城市生态与环境》作为四年级重要理论课程之一，传统以课堂知识讲授为主的教学方法对于学生复合能力的培养显然是有所欠缺的，引入以能力培养为导向的研讨式教学方法成为当前迫切的任务。

为了实现从传统以讲授为主的教学方法到研讨式教学方法的转型，我们对课程的教学目标进行了相应的调整。在原教学目标"有效拓宽学生跨学科知识面"的基础上，着重培养学生对生态学思维方法和研究方法的掌握，培养学生根据所研讨的课题进行调研、查阅资料、独立思考并提出创新解决问题的思路、方法和技术路线等能力，强调学生对生态专业知识的综合运用，同时通过研讨培养学生的表达和交流能力。

2.2 研讨内容设计方案

对研讨内容的设计是本轮课程教改的核心，根据《城市生态与环境》的课程特点及其在专业教学体系中的定位，选择确定以下三种类型的专题研讨内容。

1. 热点话题及案例研讨

第一种类型的研讨聚焦于热点话题和经典案例，此类研讨主题主要集中于课程的前半部分，通常以课堂随机开展的形式，教师提供适当的背景数据与素材，学生不需要提前做准备，只需根据课堂讲授的知识、案例介绍等进行主动思考、分析或批判。

2012~2013学年课程所选取的"热点话题及案例"研讨标题见表2，此类研讨课通常只安排1课时，虽然时间不长，但使学生有机会接触到城市生态与环境领域当下较为热点的问题，而且老师与学生之间的直接交流和对话可以开阔思路、激发想象，为学生提供必要的学术成长环境。

2012~2013学年课程"热点话题及案例"研讨标题列表　　表2

序号	"热点话题"研讨标题
01	城市的当"雾"之急——以北京为例
02	中国城市化会产生城市病是伪命题？
03	库里蒂巴是一个可以仿效的范例吗？
04	城市生态系统，是复杂还是简单？
05	"美丽中国"，"永续发展"
06	低碳实践——哈默比湖城的经验与局限？
07	X市削山造城的无奈与风险

资料来源：作者编制。

以城市的当"雾"之急为例，研讨课具体实施步骤为：①教师在课前拟定选题；选题的标准是涉及城市生态与环境的热点问题，对雾霾的选题来源于当时媒体及大众对PM2.5的高度关注、北京1月份连续雾霾天气、"北京咳"等等；②教师根据选题准备相应背景资料与数据；如来自环境监测部门对造成北京PM2.5持续居高、大气质量下降的具体分析结论等；③与"全球生态危机及其背景"的讲授内容相结合，在理论讲授之后公布研讨主题，并列出若干问题以供学生展开讨论，例如：

如何解读城市的当"雾"之急？

推高北京PM2.5数值的"幕后元凶"究竟是什么呢？

在北京，四大污染源按照它们对空气质量影响的"贡献率"大小，排序如何？大致的比例？……。④最后进一步引导学生讨论解决城市空气污染问题的几种比较思路。

案例研讨的具体实施步骤略有不同。首先由教师选取城市生态与环境发展史上的几个典型案例；然后在课堂上介绍案例的背景及生态实践的来龙去脉，阐明案例实践的过程环境；之后引导学生讨论生态问题是如何发掘出来的，新的解决方案是怎么提出来的，关键的规划技术是什么，案例的经验有哪些，局限性又在哪里，从而理解成功案例的复杂性与不确定性，享受整体与系统思维的美妙。

2. 生态问题分析研讨

第二种类型的研讨侧重于对现实城市生态问题的关注，此类研讨主题被安排于课程的中间部分，此时学生已具备一定的生态学基本知识，对课程设计的基地也建立了以物质形态要素为主的初步认知，如何引导学生以生态系统的新视点重新展开对基地的调查与分析，进而发现关键的生态问题是这一阶段研讨课的主要目的。

与同时段规划设计主干课程的紧密联结为保证"生态问题分析研讨"的效果奠定了良好的基础（图1），学生的关注与热情也使课堂讨论能够达到一定的深度和广度。由于基地在生态环境特征与关键生态问题上存在明显的差异性，通过研讨也使学生强化了对不同类型城市生态系统的认知（表3）。

2012~2013学年课程"城市生态问题"
部分研讨主题列表　　　　　表3

序号	"城市生态问题"研讨主题
01	"自然与人文"复合的生态廊道——明外郭麒麟门地段生态问题
02	城乡交错地带生态问题分析——以明外郭麒麟门地段为例
03	滨江棕地再利用——下关南京西站地区生态问题分析
04	交通兴衰与生态凋敝——下关南京西站地区生态问题分析
05	自然生态的退化与修复——下关南京西站地区生态问题分析
06	山水格局与历史轴线——江宁东山府前地区生态问题解析
07	人工生态VS自然生态？——江宁东山府前地区生态系统调查与分析
08	新区交通出行&自然水文——板桥大方地区生态问题分析

资料来源：作者编制。

研讨的分组在原规划设计课程分组（2人/组）的基础上进行了适当合并，形成4~6人的研讨小组。具体实施步骤为：①首先每组同学在原设计调查的基础上对基地进行针对生态系统的补充调查，重点增加对基地各类生态环境要素的梳理与分析，进而揭示出基地中存在的若干生态问题；②利用课外答疑指导，各组分别与教师讨论并确定研讨主题，对基地中关键的生态问题进行

下关南京西站地区　　明外郭麒麟门地区　　板桥大方地区　　江宁东山府前地区

图1　控制性详细规划课程的四块基地

资料来源：2012~2013学年东南大学城市规划系四年级第三学期课程设计《控制性详细规划与城市设计》任务书。

深入分析，探究问题形成的过程与机制等；③两周后，以小组为单位、以"城市生态问题——以XX基地为例"为标题完成汇报PPT，在研讨课上渐次汇报并开展讨论。

3. 生态概念设计研讨

第三种类型的研讨主题将重点转向对生态问题的解决、生态设计策略及生态规划技术的应用。结合生态规划部分的讲授内容，此类研讨主题被安排于课程的后期，通过课外研学与课堂研讨，引导学生针对基地进行用地生态适宜性评价、多情景构建及生态改良概念设计等应用研究与思考。

2012~2013学年课程课程
"生态概念设计"部分研讨主题列表　表4

序号	"生态概念设计"研讨主题
01	边缘区的多样复合化设计——以明外郭麒麟门地段为例
02	生态转型·工业更新——以明外郭麒麟门地段为例
03	重建水文过程——江宁东山府前地区生态设计
04	都市农业——连续性城市生态生产景观设计
05	东山望城——自然斑块在城市中心区的呈现
06	公共交通引导下的新城空间——板桥大方地区生态概念设计
07	铁轨记忆＋城市新生——下关南京西站地区生态概念设计
08	生态修复与文化复兴——下关南京西站地区生态概念设计

资料来源：作者编制。

这一类型研讨要求在时段安排上尽量与设计课程保持同步，学生的思维方式需要实现从物质空间规划到城市复合生态系统调控的转化，不拘泥于精确严谨的工程技术型方案表达，重在开阔思路、激发创新思维，概念框图、徒手草图、抽象模型和意向图片等都是学生们在汇报与讨论中常用的表达形式。

生态概念设计研讨的具体实施步骤为：①保持4~6人的研讨小组，每组学生针对所发现的城市生态问题，拟定生态设计的目标；②进行相关案例研究；③情景分析与评价；④利用课外答疑指导，各组分别与教师讨论并提出适宜的生态规划设计技术与策略，进行生态概念设计并应用于城市设计课题中；⑤三周后，以小组为单位、以"城市生态概念设计——以XX基地为例"为标题完成汇报PPT，在研讨课上渐次汇报并开展讨论。

2.3 研讨成绩评定

如何评定学生在研讨课中的成果与表现，将研讨环节计入学生成绩综合评价体系是研讨式教学组织与管理需要面对的特殊问题，目前《城市生态与环境》课程的成绩综合评价体系已经实现了由注重结果向注重过程的转变。

首先，制作研讨成绩综合评定表并在第一节课分发告知学生，表格详细列明了研讨评分的要点及比重：研讨成绩的满分为60分，包括热点话题与案例讨论10分，生态问题分析和生态概念设计各25分，其中在研讨过程中发言是否积极（30%）、观点论证是否清晰（20%）、思维逻辑是否缜密（20%）、对提问的回应是否精准全面（20%）、语言及行为举止是否得体（10%）等均是评分的重要依据。

其次，教师根据学生在研讨课上的汇报情况、参与讨论发言的次数及质量进行综合评分。每次研讨课上教师均对参与研讨的学生做逐一书面记录，并斟酌打分，作为研讨发言成绩。

3　基于研讨式教学的"2+1+1"模式

要将上述研讨内容纳入课程教学中，实现预定的教学目标，还需探索新的教学框架与模式。基于研讨式教学的实践，我们在2012~2013两年的《城市生态与环境》教学中逐步探索出一种融入研讨、教与学互动的理论课程教学新框架（图2），并尝试着将常规的每周2课时调整为"2+1+1"的教学组织新模式。

教学新框架包括讲授、研讨和答疑指导三个紧密相关的组成部分，"讲授"为"研讨"和"答疑指导"准备必要的理论知识基础，"研讨"反过来促进学生对"讲授"的拓展与理解；"答疑指导"既能了解学生对"讲授"的

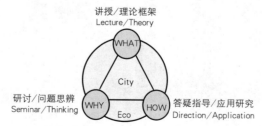

图2　理论课程教学新框架（Teaching Program）
资料来源：作者绘制。

反馈，又是提高"研讨"质量与实效的保障。

在具体教学组织与时间安排上，从常规每周 2 课时的课内讲授调整为"2+1+1"模式，即每周 2 课时课内讲授、1 课时课内研讨和 1 课时课外答疑指导。授课时长由原 16 周缩短为 12 周，每周课时调整增加为 3 课时加 1 次课外答疑指导单元。例如《城市生态与环境》的总学时为 32 学时，其中 20 学时为课堂讲授，12 学时为课堂研讨，另外增加 12 个单元的课外答疑指导学时。

新的教学框架与教学模式对教师的"教"和学生的"学"都提出了新的要求。

3.1 凝练课堂讲授

课堂讲授部分以教师讲授和学生听讲为主，教师和学生之间通常没有正式的对话和讨论。相比于常规教学方法，课堂讲授部分的课时被压缩了 1/3~1/2，所以首先教师对讲授内容及重点必须加以调整。

课堂讲授重在凝练理论框架，主要勾勒出知识点和理论发展脉络。例如《城市生态与环境》的讲授内容被压缩为城市生态环境研究背景、生态学基础（以宏观部分为主）及生态规划应用三大板块。教师建立各阶段板块明确的教学目标，学生则主要通过听讲形成对学科发展及理论的整体框架，逐步建立起适应学科前沿的研究视野。

3.2 活跃课堂研讨

课堂研讨部分以学生讨论和教师适度引导为主，对某一专题进行深入而广泛的研讨，形成各抒己见、活跃的课堂氛围及师生互动。研讨课重在引发学生对城市生态问题的积极思辨，同时培养其表达和沟通协调能力。

研讨内容的设置基本与讲授部分对应，帮助学生将讲授课程中涉及的理论知识融入实践分析中。每次研讨课分三个阶段：第一阶段是小组成员的代表做 presentation；第二阶段是其他学生向小组成员提问、讨论；第三阶段由老师引领学生做进一步补充、讲解与归纳。

学生是研讨课中的主角。他们是主持人、是讲演者、是思考者，也是辩论者。他们的思考与讨论推动着课程自然地进行。教师是研讨课的协调者而不是主讲者。教师聆听学生之间的讨论，记录讨论的过程，在偶尔"冷场"时帮助引发问题，并且提出更深层次的疑问，引导学生做进一步的思考与辩论。需要注意的是，教师切不可在研讨中过早下定论、给出"权威"解答，造成研讨提前终止，倒是可以多问几个为什么，引导学生做更为深入全面地思考。

课堂研讨强调师生之间的互动关系。每一堂研讨课都应该是师生双方智慧的结晶，都是充满求知欲、充满思索的活泼、生动的文化交流会。

3.3 保证课外答疑指导

课外答疑指导部分以学生提前准备研讨 PPT 和教师讲评指导为主，教师和学生之间展开直接的互动对话和讨论。类似于规划设计课程的工作坊模式，重在方向性引导与反馈，以及学生应用研究能力的培养。

教师在课外每周安排 4 小时（半天）的"办公室时间"，接受修课学生的咨询、质疑和研讨指导，一方面弥补课堂上因时间紧迫而无法提出和解答的问题；此外，如有特殊需要，还可以另约时间作充分的讨论。

通过两年的实践，由于坚持"问题导向"而非追求"知识体系导向"，我们发现配合每周研讨课汇报的课外答疑指导环节对于增强学生对生态规划技术的掌握与应用、培养学生理性分析技能均具有其他两个环节所不可替代的作用。

结语

研讨式教学实践效果初步显现。在为期两年的教改过程中，"2+1+1"的研讨式教学模式较好地调动了同学们的积极主动参与，在研讨课和课外答疑过程中将相关问题的思考与研究推向一定广度和深度，基本实现了教改预期目标。尤其是同学们能够不同程度地将课程研讨（生态问题研讨、生态概念设计等）与规划设计课程相结合，自觉地在规划设计中融入了生态专题、应用了生态分析与规划技术工具，这一点甚至超出了原教改预期的目标。

与此同时，我们也深切地体会到研讨式教学实践中仍然存在的问题与不足，例如研讨的多学科交叉还有所欠缺、学生参与的覆盖面还不够、研讨课氛围及学生参与讨论的热情还需进一步激发、理论框架讲授与研讨内容的设定仍需进一步对应等等。针对这些问题，还需要在今后的教学中继续深化推进改革，能否邀请生态学、规划设计教师参与到某些时段的研讨课中来？能否引入学生互评机制激发学生参与研讨、活跃氛围等都是未来可能采取的教改措施。

学习无止境，教学亦无止境，"止于至善"。

主要参考文献

[1] 付士磊，姚宏韬，马青. 试论城市规划专业的生态学基础教育[J]. 2011全国高等学校城市规划专业指导委员会年会论文集. 北京：中国建筑工业出版社，2011：138-141.

[2] Rodriguez-Farrar H B. The teaching portfolio：A hand-book for faculty, teaching assistants and teaching fellows[M]. Third Edition. Providence：The Harriet W. Sheridan Center, Brown University, 2008：7-12.

[3] Fisher M. Teaching at Stanford：An introductory hand-book for faculty, academic staff, and teaching assistants, Revised Edition[M]. Stanford：The center for teaching and learning, Stanford University, 2007：49-59.

[4] 杨俊宴. 城规专业学生能力结构的雷达圈层模型研究[J]. 2011全国高等学校城市规划专业指导委员会年会论文集. 北京：中国建筑工业出版社，2011：15-22.

"2+1+1" Model
——Exploration & Practice of Inquiry-based Teaching on the Course "Urban Ecology and Environment"

Quan Yaling

Abstract：In recent years, Inquiry-based Teaching is one of the most important trend on the course reform in many Universities. This paper focus on the course of "Urban Ecology and Environment", selecting the seminar topics and designing the implementation steps are discussed first. And then teaching program, teaching organization and evaluation are adjusted according. At last, "2+1+1" Model, a new inquiry-based teaching model are summarized.

Key Words：Urban Ecology and Environment, Inquiry-based Teaching, "2+1+1" Model

《城市市政基础设施规划》课程教学改革探索

吴小虎　李祥平　邓向明

摘　要：近年来随着城市规划变革和学科发展转型，《城市市政基础设施规划》课程的课程内容和教学模式等均滞后于客观要求，课程教学改革迫在眉睫。本文从课程的基本特征入手，分析了当前本课程教学存在的一些问题，并对课程教学改革进行了初步探索和实践。

关键词：《城市市政基础设施规划》课程，教学改革

1　引言

改革开放以来，我国城市规划专业教育发展迅速。迄今为止，我国已有近 200 所高等院校开设城市规划专业，每年为社会培养本科生万余名。在这些院校中，有的未开设《城市市政基础设施规划》课程；而在开设本课程的院校中，大多数都将《城市市政基础设施规划》作为专业基础课程或学科方向课程，但对于本课程教学内容、深度把握和授课方式千差万别。总的来说，对本课程的讲授过于偏重理论和专业性，而与城市规划专业的联系性偏弱，需要进行教学改革。同时，近年来城市规划变革和学科发展转型，导致本课程的教学模式、授课重点和课程内容等均滞后于客观要求，也促使课程教学改革迫在眉睫。

2　《城市市政基础设施规划》课程的特征

2.1　课程涉及专业多、内容庞杂

本课程所称城市市政基础设施，主要包括给水系统、排水系统、供热系统、燃气系统、电力系统、信息系统、环卫设施、环境保护、综合防灾减灾等❶。城市基础设施涉及给排水、暖通、建筑电气与智能化、通信、环境

---

❶ 广义上的市政基础设施还包括道路交通、场地设计等，但许多院校在城乡规划专业教学中，道路系统、交通体系、建设场地等内容均开设有道路交通规划和场地设计等课程独立教授。因此，本文所称市政基础设施不含以上内容。

科学等许多专业，覆盖面广，内容十分庞杂。城市基础设施规划是城市规划的重要组成部分，也体现出城市规划专业具有宽口径、多学科的特点。

2.2　各部分内容独立性强、关联性差

大多数市政基础设施的子系统，如给水系统、供热系统、燃气系统、电力系统、电信系统等等，都呈现出"完整"和"独立"两个特点：即每个系统都是一个完整的、有头有尾的体系，各环节缺一不可；每个系统又是相对独立的，和其他系统没有任何关联。这就造成各系统内容的共性小，无规律可循，对于教师讲授和学生学习造成困难。

2.3　与其他专业课程的联系紧密、学科交叉频繁

本课程与其他相关专业课程都有紧密的联系，甚至相互影响、相互交叉。例如市政基础设施各子系统中的各厂站（如水厂、污水厂、变电站、锅炉房、燃气储配站等）的选址与布局是城市用地布局规划的内容之一，牵扯到《城市规划原理》、《城市总体规划》等课程；同时这些厂站的选址与布局又会反作用于城市的空间布局规划。再比如各工程管线的布置和管线综合方案与城市道路的红线宽度、断面形式等密切相关，牵扯到《城市道路与交通》课程的内容。

吴小虎：西安建筑科技大学建筑学院讲师
李祥平：西安建筑科技大学建筑学院副教授
邓向明：西安建筑科技大学建筑学院副教授

2.4 课程内容不断更新

随着科技水平的不断提高,市政基础设施各子系统涌现出许多新设备、新技术、新材料、新工艺,规划设计内容应与时俱进的不断更新,甚至会改变传统的规划理念与手法。比如,近几年在一些城市建设实践中,采用的分布式能源供热系统、分散式污水就地处理利用技术等,对城市集中供热、污水集中处理等传统的规划或建设手段提出了另外的思路。这就要求本课程在教学过程中不断更新教学内容甚至是规划理念,做到规划与工程实践的跟进和协调,引导学生根据规划对象的不同特点做出最合理的选择。

3 《城市市政基础设施规划》课程教学存在的问题

3.1 课程定位模糊

目前,关于这门课程"是什么、讲什么、解决什么问题、处于什么地位"即课程"定位"的问题,各院校的理解和把握都不大一致甚至差别很大。有的院校将本课程设置为"专业必修课",有的设置为"专业选修课",有的设置为"学科方向课程",甚至有的院校根本未开设本课程。这就造成了不同院校城市规划专业的学生对于市政基础设施规划的理解和认识存在一定偏差甚至是明显误解。

3.2 教学内容和深度与城乡规划专业不协调

在开设本课程的院校中,由于课程定位模糊,对本课程"讲什么、怎么讲"也存在一定误区。大多数院校对于本课程的讲授过于偏重理论和专业性,而与城市规划专业的联系性偏弱;甚至有些院校将本课程的教学内容拆分为"给排水"、"供配电"、"通信"、"供热"、"燃气"、"环境"、"防灾"等若干部分,外聘不同教师分别讲授❶,从而造成在教学风格、教学内容的深度把握、与城乡规划专业的关联性等方面差异极大,因此造成城乡规划专业学生对本课程认识存在偏差,学习时缺乏兴趣、无所适从,不利于学生理解掌握并抓住核心,更谈不上将本课程的学习内容和理念应用于实际的规划项目实践当中。

3.3 师资力量薄弱

目前开设城乡规划专业的近200所高等院校中,许多未开设本门课程;而开设有该课程的院校临时外聘其他院系相关专业教师或规划设计单位工程师作为"救火队员",究其原因就是缺乏本课程的主讲教师,师资力量薄弱甚至空缺。这些外聘教师讲授课程各部分内容时,往往从各自专业背景(给排水、供配电、通信、暖通空调、环境科学等)的角度出发,缺乏和城市规划专业的有机联系和协调。

3.4 开课时间和课时安排不当、与其他专业课程衔接不合理

由于开设本课程的院校对于课程教学内容和深度把握各不相同,课时安排长短不一,课程设置时机随意性强,不符合城市规划专业学生的认知规律。

有的院校将本课程安排在低年级,如第5学期(太早),学生缺乏先修课程的铺垫,规划知识结构尚不完备,学习起来非常吃力以至产生厌学情绪;有的将本课程安排在毕业设计前夕,如第9学期(太晚),以至于该课程不能很好地与其他专业课程有机配合、良性互动,而且未考虑学生在这一时段就业选择、考研准备等消耗的大量时间精力。

有的院校将该课程设置的课时过小(如30学时),甚至无法安排设计实践环节,这样容易造成课程教学无法覆盖全部内容,草草收兵、浅尝辄止。也有一些院校设置的课时量过大(如96课时甚至更多),往往造成剑走偏锋、离题万里的不良结果。

3.5 教材和参考资料欠缺

目前,本课程适用的教材极少,无法适应当前学科发展和教学参考的要求,更谈不上不同专业背景条件和地域差异院校根据自身情况选择最适合的教材。而目前为数不多的几版教材均在不同程度上存在以下问题:

1. 各子项系统的内容在编写中偏向于专业性,而对于城市规划专业所关心的内容介绍过少。

2. 各专业系统独立性过强,无法使学生形成一个完整的系统概念。

---

❶ 有些院校未配备课程主讲教师,采用临时外聘其他院系相关专业教师或规划设计单位工程师承担本课程不同部分的教学内容。

3. 内容陈旧过时，不能及时跟进学科发展前沿方向。

4 我校《城市市政基础设施规划》课程的教学改革探索与实践

4.1 课程教学定位与目标

我们对本课程定位为专业必修课（城市规划专业升为一级学科后称为学科方向课程）。本课程内容本身是城乡规划的组成部分之一，同时市政基础设施对于城市规划影响巨大，所以特别强调其中和城乡规划专业核心工作最密切相关的内容。

课程安排在第7学期。由于学生通过前面几个学期的先修课程（如城市规划原理，城市道路和交通、居住区规划等）积累了一定了专业素养，结合本学期同步进行的城市总体规划课程，能更好地理解并掌握本课程的核心内容，将本课程知识和理念主动应用于城市总体规划和后续的控制性详细规划的工程实践之中。

本课程标准学时为70+0.5K，课时量适中❶，课程九部分内容课时分配均衡，尤其是和城市总体规划课程同步紧密衔接，可以取得良好的教学效果。

本课程专门配备教师，从城乡规划的角度讲授市政基础设施，教学风格统一、深度把握适度，特别强调市政基础设施与城乡规划的关系，学生易于接受理解，抓住要点，并自觉运用到城市规划设计工作中。本课程的教学内容和方法得到了学生的广泛接受，反响良好。

学生通过本课程的学习，应当达到以下目标：

1. 充分认识城乡规划工作的复杂性，达到各专业协调配合的目的。

学生通过本课程的学习应掌握城乡市政基础设施各项工程规划的基本内容、要求和方法，以便于在今后的规划工作中能很好地协调各专业单项规划，尤其是和本专业的规划内容（城市空间布局）相协调。

2. 达到专业知识拓展和专业学科交叉的要求。

城乡规划是一个多学科、宽口径的专业，内容在不断扩展，涉及各学科之间的交叉也越来越频繁。所以要求本专业学生应具备相当宽泛的知识面。市政基础设施规划本身就是城乡规划的组成部分之一，而且和城乡规划的其他方面（如城乡生态、空间布局、城乡经济等）结合的越来越紧密。

3. 引导学生理解并接受"生态"、"环保"、"智慧"、"安全"等可持续发展理念，并自觉体现在城乡规划设计中。

4.2 教学内容更新和深度把握

本课程的内容包括城市给水工程、排水工程、集中供热、燃气供应、电力系统、信息系统、环卫设施、环境保护和综合防灾九大部分，分别介绍各系统的特点、组成、布置及规划方法等。在讲授过程中，特别突出各系统对城乡规划的影响，强调和本专业核心工作（空间布局）最紧密相关的内容。尤其是从城乡规划的角度讲授市政基础设施各系统的基本内容和规划方法，简化原理性内容和复杂的计算公式等，便于学生抓住要点、掌握核心而不必纠结于太深入的专业性概念和知识。

教学中突出城市市政基础设施各工程系统与城市空间环境的整体统一性。本课程从讲授到规划实践，都强调市政基础设施工程为城市生活和生产服务的观念，强调市政基础设施是城市的"血管"、"神经"、"内脏"，贯彻市政工程与城市空间环境协调统一的思想。

课程教学中充分把握学科发展前沿动态，强化"生态城市"、"智慧城市"、"安全城市"等最新理念，突出市政基础设施各工程系统对城市的影响等内容，灌输生态、环保、节能、节水等可持续发展思想，从而引导学生主动将最新的规划理念和技术应用于城市规划设计中。

4.3 教学方法和考核方式

本课程以课堂讲授为主。在理论知识讲授环节中，充分考虑城市规划专业学生的认知习惯和能力，例如将市政基础设施的大多数子系统（给水、排水、电力、电信、供热、燃气等）抽象为"源"、"管线"和"用户"三个组成部分，强调在城市规划中对每一部分的要点和关注点。如"源"部分，引导学生重点掌握"源"的类型、特点及适用条件，选址位置和占地面积等；"管线"部分重点掌握管线的布置形式、敷设方式、管径估算等；"用户"部分强调各系统用户的特点和要求等。这样能使学生能更好地掌握课程学习规律，抓住与本专业最密切相

---

❶ 通过多年教学实践，我们认为本课程标准课时在60~80范围内较为适宜。

关的内容要点，达到事半功倍的效果。

同时通过课程中涉及城市规划与建设的热点难点问题，结合规划案例，引导学生积极参与讨论，增强教师和学生的课堂互动。教学过程中强调理论与实践相结合，通过案例教学环节让学生了解市政工程与城市规划的关系。课程设计作业结合本学期同步进行的《城市总体规划设计》课程，让学生按总体规划深度配置市政工程各系统规划，分组完成课程设计并提交完整的规划成果，通过设计环节加深学生对所学内容的理解和掌握。除结合城市总体规划单独设置规划实践环节以外，本课程教师还全程指导帮助学生完成《居住区规划》课程设计和《控制性详细规划》课程中的市政工程各系统设计，使得专业课程设计内容和深度更接近实际工程项目，更具现实意义。

课程最终的考核方式采用闭卷考试加设计作业的形式，考试分数占总评成绩的80%，课程设计作业得分占总评成绩的20%，由此给出的课程总评成绩较为科学合理，能客观地反映出学生对于该课程理论知识的掌握程度和规划实践能力的强弱。

4.4 师资队伍优化

由于《城市市政基础设施规划》课程特殊性的要求，同时为了使本课程在教学过程中能和城市规划专业有效衔接，本课程应尽量设置专职主讲教师，最好兼具市政相关专业背景和城市规划专业知识（如本科专业为给排水、电气、通信、暖通、环科等，研究生专业为城市规划与设计）。

我校本课程有专门的主讲教师两名（副教授、讲师各一名），师资力量配备合理，具有较高的教学水平和丰富的教学经验。李祥平副教授自1986年我校开设城市规划专业以来，一直担任该课程的主讲教师。吴小虎讲师自2007年起担任该课程的助教、主讲教师。本课程两名主讲教师还同时担任校内建筑学专业《建筑设备》课程的主讲工作，由城市的"水电气热"市政基础设施系统"延伸"到室内"水暖电"设备，也能更好地体现各系统的完整性；反过来由"微观"到"宏观"，更好地促进市政基础设施规划课程教学。除过教学工作外，李祥平副教授还兼任建大城市规划设计研究院副总工程师，参与了多项国内大型规划设计项目，为课程案例教学环节积累了海量资料。

4.5 教材建设和教辅资料积累

李祥平副教授在1986年出版了校内教材《城市市政工程系统规划》，经过几十年的不断改进和资料积累，持续更新教学内容，把握学科发展前沿，在原教材的基础上，修订编写出《城乡市政基础设施规划》，作为"土建类专业十二五规划教材"，将于2013年10月由中国建筑工业出版社出版发行。

2008年由中国建筑工业出版社出版的《建筑设备》，作为"土建类专业十一五规划教材"和"高校建筑学专业指导委员会推荐教材"在兄弟院校中使用广泛，取得很大的社会反响，至今已印刷10次，印数达到3万余册。由主讲教师编写的《绿色建筑与建筑设备》作为教学参考书也将于近日由中国建筑工业出版社出版。

5 结语

作为城市规划专业的学科方向课程，《城市市政基础设施规划》课程教学存在诸多值得探讨的问题。各学校应该根据办学条件、相关专业开设情况、师资情况、生源情况乃至其地域环境特征等因素综合考虑如何安排组织本课程的教学和改革。但有一点毋庸置疑，城市规划专业是一个综合性极强的专业，本课程的教学内容和方式也要随着社会、经济、科技发展等外围环境因素的变化而与时俱进。我校城市规划专业升为一级学科后，针对本课程的教学改革我们进行了初步的探索，目前所取得的成果有限，殷切期望与兄弟院校交流分享，共同为学科建设发展贡献力量。

主要参考文献

[1] 段德罡等.城市规划低年级教学改革及专业课课程体系建构.2008.

[2] 全国城市规划执业制度管理委员会.科学发展观与城市规划[M].北京：中国计划出版社，2007.

Research on the Course teaching reform of Urban municipal infrastructures planning

Wu Xiaohu   Li Xiangping   Deng Xiangming

Abstract: In recent years, with development in urban planning and transition in this field, the course contents and teaching mode of urban municipal infrastructure planning, which lag the objective requirements. So the teaching reform is imminent. In this paper, start with analysis of the basic features from the course, we put forward some problems on the current teaching of this course and conducted a preliminary exploration in teaching reform and practice.

Key Words: course of urban municipal infrastructures planning, teaching reform

控制性详细规划课程教学模式探讨

王纪武

摘　要：认为城乡规划专业课程教学必须紧密结合我国城乡社会的发展变化以及学科理论的最新进展，而不能采用"一贯制"的教学模式。在对控规理论方法的发展趋势与关键领域进行综述、分析的基础上，提出切合我国城乡发展实际的控规课程教学重点。进而根据控规教学的进程安排，围绕教学重点提出不同教学环节应强调和完善的内容。在此基础上，设计控规课程的教学框架。总结课程教学实践的经验和收获，并提出在贯彻执行教学框架的过程中应注意的内容与方法。

关键词：控制性详细规划，理论发展，教学模式，教学框架

1　专业教学应与学科理论发展相结合

19世纪教育学家洪堡（Humboldt）提出"高校应该是研究和教学的统一体"。[1] 1980年代，钱伟长指出"你不教课，就不是教师，你不科研，就不是好教师"。由此可见，教学与科研必须相辅相成，二者有机统一的关系对提高专业教学质量具有极为重要的作用。

就城乡规划专业而言，专业教学内容可分为专业技能（如：内容、程序、方法）和专业理论（如：原理、理论）两个层面的内容。由于高校考核体系中存在教学与科研两套考核标准，同时专业技能的教学通常有成型的模式、方法可循。因此，在我国城乡规划理论繁荣发展的同时，专业技能的教学极易出现模式化、一贯制的教学模式。专业基础教学与学科理论发展脱节、忽视新形势和新问题的教学方法，很难适应我国城乡社会快速发展的需求。

例如：我国控制性详细规划（以下简称"控规"）的编制基本是一个模式，即对所有地段采用近似于标准化的编制方式，控制的内容与指标等基本同一。[2] 这与专业人才的教育过程中，仅注重控规编制内容、程序、方法的规范性内容，而忽视将控规理论与方法的最新进展、城乡社会的发展变化与专业教学相结合的问题有着密切联系。因此，在我国城乡社会快速发展变化的背景下，专业课程的设计及其教学内容与重点，应充分结合专业理论的发展研究。

2　控规发展分析与课程教学重点

2.1　控规发展概述

具有我国特色的控规已经有20多年的历史。控规的实践经验不断丰富，对其的研究、探讨及争议也一直在进行。目前，80%以上的控规在使用中都需修改，这说明控规适应发展的科学性不足。[2-5] 根据城乡规划的制度环境变化以及控规理论的发展，控规的公共政策属性及其编制的针对性、科学性是当前我国控规发展方向的重要构成内容。

（1）政策背景的发展变化使控规作为公共政策的法定属性突显。

2008年《中华人民共和国城乡规划法》的颁布在法律层面明示了控规的"法定性"。控规运作的制度环境发生了重大变革，控规亦从传统的"技术手段"向"公共政策"发展完善。[6] 选择哪些控制指标以及如何科学确定这些控制指标，不仅是"工程技术"问题，而且还是涉及社会经济发展的"政策设计"问题[7]。基于制度环境的改变，大量学者从公共政策学[8,9]、制度经济学[10-14]等相关学科对控规及其指标进行了研究。

（2）对不同区域采用差别化的规划是控规编制方法研究的重要方向之一。

王纪武：浙江大学建筑学院副教授

忽视空间对象的多元特性，缺乏针对性的控规在面向具体的开发活动时必然会有诸多不适[2]。为提高控规的针对性、科学性，已有学者对差异化的控规编制方法进行了研究。从差异性的体现来看，分为两类：其一，按用地发展类型进行分类控制，如：新发展地区、基本建成区、旧城更新区、商务区、居住区等；其二，按城市机能的完善程度进行分类控制，如：在现行国标基础上引入"城市系数"和"城区系数"对不同发展程度的城市及地区的控规进行指标优化。[15-21]

2.2 重点教学内容

根据新形势下控规编制及其理论研究的发展特征，结合专业技能教育的基本要求，控规教学的重点可分为以下两个层面的内容：

（1）基本内容：控规基本程序、内容、方法的教学。

其教学目的在于让学生掌握控规的规范性编制方法。主要包括：控制体系和控制要素、编制内容与方法、管理与实施等内容。❶

（2）拓展内容：在控规的公共政策属性导向下，重要指标制定的科学性与针对性的教学。

控制指标的制定应依据"法定"概念的特征，区分排他性指标（只有在控规中可以规定的指标，如：具体地块的用地性质、配建公共设施、市政公用设施等）和通则性指标（其他地方性法定文件可以控制的指标，如：容积率、绿地率、停车位标准等）。[9, 22]根据诺贝尔经济学奖获得者Herbert A. Simon的有限理性分析理论，成文控规作为一种公共政策，其制定不是一种"最大化行为"，而应是"满意行为"，并以公共利益的保障和维护为核心价值。因此，根据控规的公共政策属性及其指标的"法定"特征，用地性质与基本公共服务设施的规划配置指标是成文控规的重要核心法定内容。在上位规划的指导下，在控规层面对用地性质进行细化、落实相对简单。因此，基本公共服务设施的规划配置指标是控规编制实践、控规教学、控规研究的重要内容。

3 控规课程教学框架设计

3.1 教学方法的思考

按照教学进程的发展脉络，可将课程设计的教学过程划分为"开始——进行——结束"三个环节。

3.1.1 课程"开始"环节

应在基础理论与方法教学的基础上，强化相关研究发展与趋势的理论教学内容。

面对城市化的持续、快速发展，控规有效缩短了决策、规划、土地批租和项目建设的周期，提高了城市建设和开发的效率。[23]然而，随着我国市场经济深入发展、规划管理法制化等新形势，控规调整频繁乃至控规失效也屡见不鲜。[24]

因此，可以说在20多年的发展历程中，控规的编制方法、控制内容始终处于不断发展、变化的状态。在我国城市化持续快速发展的过程中，没有也不可能存在一个适合不同地区、不同发展需求的明确、固定的控规编制方法。因此，在控规的基础理论与方法教学中，不仅要使学生掌握控规的基本编制程序、内容和方法，而且还应使学生了解控规领域已经做了哪些研究、还存在哪些问题、有哪些发展趋势等问题。这些问题，是辨明控规发展方向与重点、探寻规划对策、实现科学编制控规的重要前提。

3.1.2 课程"进行"环节

应强化现状调研与关键指标制定的教学内容。

（1）现状调研与分析的教学

城乡规划专业的课程设计通常是"假题真做"。往往导致学生的现状调研"走马观花"、现状分析"纸上谈兵"。不但影响了规划方案的科学性，而且是学生形成了忽视现状分析的"专业毛病"。控规是总规的细化和具体化，但是在深度、内容等方面应保持其必要的原则性、灵活性。同时，对城乡实际特征与问题的深入了解和分析，不仅是方案推导过程的重要逻辑起点，而且是学生了解城市发展规律、体会市民需求，并成为"有社会责任感的规划师"的重要培养环节。因此，现状调研本身就应是课程教学的重要环节和内容。

（2）关键指标制定的教学

只讲逻辑而不管尺度的无条件推理和无限外延，是许多理论悖谬产生的哲学根源。[25]对总规内容的简单细

---

❶ 此部分内容是控规教学的重要基本内容和"规定动作"，教学方式明确，且有成熟的教材。（如：夏南凯 等编著. 控制性详细规划［M］. 同济大学出版社），因此本文不做详细论述。

化和落实，使控制性详细规划的科学性和合理性饱受质疑。例如：简单、僵化的指标套用，使控规在编制与实施中，公共服务设施"配而不具可建性，建而不具适用性"的现象普遍存在。一方面造成有限公共资源的浪费，另一方面也极大地影响了控规的科学性和严肃性。不同的城乡地域具有不同的运行机制、社会结构和发展需求。因此，针对性是确保控制指标科学性的重要内容，控制指标的制定不能是总规内容的简单拆分，也不能简单套用既定的指标体系。

3.1.3 课程"结束"环节

应增加课程回顾及典型问题总结的教学内容。

（1）回顾与总结

在传统规划设计课程教学方式的基础上，应增加了课程回归与总结的"反馈"教学内容，以形成完整、系统的教学逻辑链。在课程设计教学结束时，如果学生得到的反馈仅仅是一个成绩，学生知其然而不知其所以然，那么教学效果将大打折扣。因此，课程的总结与回顾是教学环节的重要内容。对学生作业中存在的典型问题以及优缺点的分析评价，对提高教学质量具有重要作用。

（2）拓展与启发

控规本身就具有承上启下的作用。以控规的教学为原点，通过学生对城乡中观尺度下的发展机制、特征、问题的理解与分析，向上可以促进学生理解城乡社会的发展机制与规律，不但沟通了控规课程与总规课程的联系，而且可引导学生主动学习城市社会学、城市经济学……相关专业理论知识；向下可以规划促进学生认识微观层面的修建性详细规划编制过程中应注意的问题、遵守的原则等。如此，学生可以学习形成一种开放式的知识结构，对其未来专业技能与理论的成熟发展具有重要意义。

3.2 教学框架设计

根据控规课程的具体特点，结合对控规发展研究的总结分析，设计控规课程教学框架与教学内容（图1）。

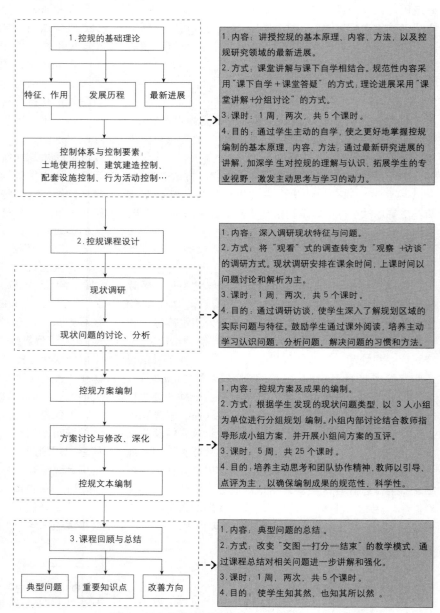

图1　控规课程教学框架与教学内容示意图

4 课程教学实践总结

4.1 课程设计的选题

选择具有代表性的空间区域，开展控规设计的教学。

课程设计场地的选择与教学目标、教学效果有密切的联系。因此，课程设计场地的选择既要能满足训练学生掌握控规编制的基本内容、程序、方法的要求；又要和我国城乡发展实际以及控规本身的发展演进相结合。因此，在教学实践中选择了杭州市城市边缘区的一个控规单元作为控规设计教学的规划区域。其原因主要有以下几点考虑：

（1）涉及重要的城乡空间发展。我国城市边缘区普遍存在外来农业转移人口多、流动性大、对城市依附性强，以及基本公共服务欠缺的特征与问题。随着城市化水平的持续提高，城市边缘区将发展成为一个具有独特功能和组织机制的特殊区域，并在社会经济、政治生活中发挥重要作用。因此，城市边缘区不仅是一个空间概念，而且还应是一种具有特殊组织机制的社会功能区块，城市边缘区的健康发展对促进新型城镇化具有重要意义。

（2）结合控规编制方法的发展。我国控制性详细规划的编制，不分地区的差异性，基本采用同一个模式，使控规遇到了频繁修编的尴尬困境。城市边缘区人口族群分异特征显著，不同群体对基本公共服务需求的差异性大。因此，其人口规模的简单加和不能直接作为地区公共服务设施规划配置的依据。选择城市边缘区开展控规教学，可以帮助学生认识、理解控规指标制定的目的、原则，并进一步学习研究具有针对性的控规指标的制定方法。

4.2 强调现状调研与分析

在传统规划设计课程教学方式的基础上，强化现状调研与分析的教学内容。

充分的现状调研不但可以帮助学生深入了解规划区存在的实际特征与问题，进而形成科学的控规方案，而且对学生认识城市的发展规律、理解市民的实际需求具有极为重要的作用。

例如：课程教学的调研环节中，在教师的指导下，学生分组对规划区的用地特征进行了深入分析，并形成

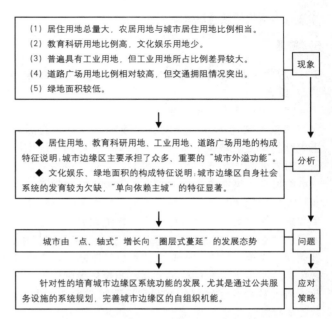

图2 学生整理的分析框架示意

上图2所示的"认识问题、分析问题、提出应对策略"的分析框架。

4.3 强调公共设施配置指标的规划研究

控规指标的确定始终是控规编制研究的重点。同时，根据我国控规发展的趋势分析，公共服务设施的配置指标在成文控规中具有越来越重要的作用。因此，在课程教学实践中，选择基本公共设施，要求学生对其配置指标与空间布局开展针对性的分析。

例如，一组学生根据人口结构特征和教育设施满意度的调查，探明了现状教育设施建设存在的问题（图3），

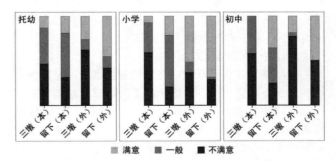

图3 学生对不同群体对教育设施满意度的分析示意

并推导出理想的教育设施规划配置指标。

5 结语

5.1 教师应做到科研与教学相结合、指导与督导相结合

（1）科研与教学相结合

持续、快速的城镇化发展使我国城乡社会经历着历史性的巨变。城乡发展的各种新问题、新情况层出不穷，对专业人才的要求也不断提高。专业理论与方法的研究与城乡发展有着密切的联系，专业人才的培养、专业技能与理论的教学不能落后于时代的发展。只有将教学与理论研究的最新发展相结合，才能培养出适应时代发展的专业人才。同时，在控规20多年的发展过程中，其内涵、作用及编制理论与方法都处于不断的发展完善之中，没有也不可能存在一个固定的规划编制模式。因此，城乡社会快速发展的客观实际要求避免"一贯制"的教学模式。

（2）指导与督导相结合

专业人才的培养必须激发学生主动学习的能动性。在不同的教学环节中，应避免以教师讲课为主的"应试"教学方法。采取教师引导、学生自学的教学方式可以极大地提高教学质量。但在实际的教学实践中，教师应在各个教学环节的节点进行严格控制，避免放任自由的情况，才能有效指导学生的主动自学。

5.2 促进学生做到课上与课下相结合、个人与团队相结合

（1）课上与课下相结合

就专业教学而言，课题讲授和课下自学是有机统一的关系。教师应重视课下学习方法、目标、内容的指导，并提出明确的要求。教师积极、有效的导控是提高课外学习效果、提升教学质量的重要保障。

（2）个人与团队相结合

团队精神是规划从业者必备的专业素质，也是专业训练的重要内容之一。在教学的不同环节，都应注重学生团队精神的培养。在现状调研、方案制定、成果编制等各个环节，贯彻小组协同机制，形成小组讨论、组间互评的学习模式，不但可以提升学生积极沟通、分工协作的团队精神，而且可以提高教学质量。但教师应注重小组划分的合理性，同时对个人成果、集体成果提出明确的要求。

主要参考文献

［1］梁林梅.国外关于本科教学与科研关系的探讨［J］.江苏高教.2010，3：67-70.

［2］赵民，乐芸.论《城乡规划法》"控权"下的控制性详细规划［J］.城市规划，2009，9：24-31.

［3］段进.控制性详细规划：问题和应对［J］.城市规划，2008，12：14-15.

［4］李浩.控制性详细规划指标调整工作的问题与对策［J］.城市规划，2008，2：45-49.

［5］汪坚强，于立.我国控制性详细规划研究现状与展望［J］.城市规划学刊，2010，3：87-98.

［6］赵民.推进城乡规划建设管理的法治化［J］.城市规划，2008，1：51-53，66.

［7］王骏，张照.控制性详细规划编制的若干动态与思考［J］.城市规划学刊，2008，1：89-95.

［8］周剑云，戚冬瑾.控制性详细规划的法制化与制定的逻辑［J］.城市规划，2011，6：60-65.

［9］栾峰.基于制度变迁的控制性详细规划技术性探讨［J］.规划师，2008，6：5-8.

［10］田莉.我国控制性详细规划的困惑与出路［J］.城市规划，2007，1：16-20.

［11］赵燕菁.制度经济学视角下的城市规划（上）［J］.城市规划，2005，6：40-47.

［12］赵燕菁.制度经济学视角下的城市规划（下）［J］.城市规划，2005，7：17-27.

［13］熊国平.我国控制性详细规划的立法研究［J］.城市规划，2002，3：27-31.

［14］邹兵.实施城乡一体化管理面临的挑战及对策［J］.城市规划，2003，8：64-67，85.

［15］孙施文.强化近期规划促进城市规划思想方法的变革［J］.城市规划，2003，3：13-15.

［16］戴慎志，刘婷婷.城市慢行交通系统与公共避难空间整合建设初探［J］.现代城市研究，2012，9：37-41.

［17］夏南凯，宋海瑜.大规模城市开发风险研究的思路与方法［J］.城市规划学刊，2007，6：84-89.

[18] 于一丁, 胡跃平. 控制性详细规划控制方法与指标体系研究[J]. 城市规划, 2006, 5: 44-47.

[19] 周婕. 大城市边缘区理论及对策研究——武汉市实证分析[D]. 同济大学硕士学位论文, 2007.

[20] 彭文高, 任庆昌. 不同类型地区控制指标体系确定的探讨[J]. 城市规划, 2008, 7: 52-55.

[21] 王骏, 张照. 控制性详细规划编制的若干动态与思考[J]. 城市规划学刊, 2008, 3: 88-95.

[22] 林观众. 公共管理视角下控制性详细规划的适应性思考[J]. 规划师, 2007, 4: 71-74.

[23] 王富海. 从规划体系到规划制度——深圳城市规划历程剖析[J]. 城市规划, 2000, 1: 28-33.

[24] 汪坚强. 转型期控制性详细规划制度改革探索[J]. 城市规划, 2009, 10: 60-68.

[25] 朱芬萌, 等. 生态交错带及其研究进展[J]. 生态学报, 2007, 27, 7: 3032-3038.

Research on the Teaching Mode of Regulatory Planning Course

Wang Jiwu

Abstract: Through analysis of the relation between teaching and scientific research. The paper presents that major course teaching and social development must be closely integrated. Teaching emphases are proposed under the new situation by studying the trend of theory development in regulatory plan. According to the process of class teaching, around the focus of course teaching, it optimizes the contents and methods of diverse teaching steps. Then, teaching framework of regulatory plan is structured. Based on summarizing experiences and lessons in teaching practice, it points out the contents and methods which should be paid attention to during the process of implementing teaching framework.

Key Words: regulatory plan, theory development, teaching mode, teaching framework

"授之以渔，学以致用"
——华南理工大学城规专业 GIS 教学改革探索与实践

王成芳　黄　铎

摘　要：本文结合笔者多年来的教学实践，针对建筑院校城市规划专业本科阶段 GIS（地理信息系统）课程开展上机与理论结合的逆向式思维教学、师生互动式教学实践以及面向实践的专题研究式教学等研究，探索城规专业 GIS 课程教学内容与教学方法的革新，并结合 GIS 融入规划设计教学的相关探索与成效进行相关教学经验总结。

关键字：城市规划，GIS 课程，教学改革

1 前言

地理信息系统（Geography information system，以下简称为 GIS）是一门集计算机科学、地理学、测绘遥感学、环境科学、城市科学、空间科学和管理科学等为一体的新兴边缘学科，可应用于城市规划领域的各个方面，其作为规划辅助分析工具已经得到城市规划行业内的普遍承认。在美国，GIS 已成为专业规划师的标准工具，脱离 GIS 的规划编制、规划管理几乎不再存在；目前我国已有 500 多所高校开设了与 GIS 相关的专业和课程，200 多所高校建立了 GIS 实验室[1]。据最新统计，国内设置城市规划专业（以下简称为"城规专业"）的高等院校有 177 所，在校生人数多达 3 万多人，很多学校都相继开设了 GIS 课程，尽管各校讲授 GIS 课程的深度和侧重点各不相同，但普遍都逐步意识到 GIS 课程在城市规划专业教学中的重要性。

现阶段我国城市规划专业中的 GIS 课程教学内容的设置需考虑中国城乡发展的大背景，由于 GIS 应用广泛，不同学科的特点各不相同，在教学安排上应该根据不同专业探索适宜的模式，与时俱进逐步调整教学内容和方法，教学要体现本专业的特殊性，注重培养学生的综合应用能力及创新能力。笔者在华南理工大学建筑学院同时承担城市规划专业（以下简称为城规专业）规划设计和 GIS 两门课程近 10 年，一直在探索如何结合建筑院校城规专业学生特点进行 GIS 课程教学改革，希望在有限的课时内更好地将 GIS 课程基本理论知识和实践应用相结合，将 GIS 应用于城市规划设计的全阶段，促进教学成果转化，灵活设置适合城市规划专业的教学内容，逐步提高上机实验在课程中的比例，增强学生独立思考的能力，学会运用理性思维去判断和分析碰到的规划问题，提高学生的综合素质和实际动手技能，培养更多的复合型人才，更好地促进 GIS 等新技术在规划行业的应用推广。藉以此文抛砖引玉，希望能和国内更多同行进行深入探讨。

2 "授之以渔"——适应城规专业 GIS 课程的多维教学模式

2.1 上机实践与理论结合的逆向式思维教学

我校城市规划专业的 GIS 课程一般安排在大四下学期，考虑学时限制及学生数理基础较薄弱等，建筑院校城规专业本科阶段 GIS 学习目标与 GIS 专业的学生培养目标应有所区别，故教学目标主要设定为如下三点：一是 GIS 基本概念和原理的掌握，只有在充分理解、掌握 GIS 基本概念的基础上，才能在城市规划的具体实施中充分而准确地使用 GIS 软件的各种功能；二是 GIS 平台软件的学习，通过上机实验，学习 GIS 软件的各类操作，这是将 GIS 活学活用的基础；三是 GIS 的应用实践，在

王成芳：华南理工大学建筑学院先上岗副教授
黄　铎：华南理工大学建筑学院讲师

GIS课程教学内容及日程安排示例　　　　　　　　　　　　　　　　　　　　　表1

序号	主题	学时	教学内容	备注
1	GIS入门概述	2	课程简介及教学总体安排，结合教师本人若干GIS应用规划案例及往届学生作业由浅入深介绍	一般安排教学第1周，激发学生学习兴趣
2	GIS基础理论	6	GIS概念及功能、发展历史与应用现状、空间数据结构、数据储存与管理、GIS查询、空间分析和成果表达等	第2周介绍基本原理，后期分两次与上机课穿插进行
3	GIS上机实验	18	①ArcMap绘图及数据库建立；②属性查询，专题图输出；③GIS统计分析、矢量数据叠加；④栅格数据叠加，数据重分类，多因子叠加分析；⑤TIN（不规则三角网）、三维模拟、土方量计算等	第3-12周，期间穿插2次理论课（分别结合介绍数据结构和空间分析原理，并设置学生讨论环节），同时安排2次上机实验考查（与上机内容结合，后文详述）
4	GIS创新性实验	4	以GIS综合性应用为主，结合实际工程项目或自主建库的相关数据，设置GIS创新性实验环节	第14-15周，安排上机综合性实验考查，并鼓励与其他专业课程作业结合，列为本课程的主要考核内容
5	机动安排	2	安排专题讲座或讨论学习	第16周，一般安排GIS高级应用相关讲座或学生Presentation
总计		32		

上机实践环节通过面向实践的专题研究，结合实际工程案例进行GIS分析，促进学生学以致用，将所学的专业知识和计算机操作进行良好的结合，充分发挥GIS在辅助规划设计中的作用[2]。

我校GIS课程教学课时仅为32学时（16次课，包括上机实验），对比其他兄弟院校，明显可以看到学时明显偏少。在笔者10余年的教学实践中，采取GIS理论讲授、上机实验指导穿插进行，表1列出本校城规专业GIS课程教学内容及日程安排（根据当年设计课安排略有调整）。

由上表中课程内容安排可知，理论课主要与上机实践进行穿插，让学生先学会基本操作，然后反思理论。例如，课程一般安排第三周开始上机时间，大约2周课时学习ArcMap绘图及建立数据库等操作流程之后，安排一次理论课程给学生讲解GIS空间数据组织模式（空间实体分为点、线、面三种方式表达，分为矢量数据和栅格数据两种等），从而引导学生理解Geodatabase数据建库流程及GIS数据与CAD数据格式的区别，同时引导学生绘制AutoCAD数据应注重图层明晰、用地或建筑界线要封闭等规范性，结合上机教学指导时学生存在的普遍问题进行集中讲解；当第8-10周学生上机学习矢量叠加、栅格叠加等内容后，则结合GIS空间分析相关原理，简单介绍栅格数据的聚类聚合分析、多层面复合叠置分析、邻域分析及追踪分析等多种分析模型，介绍矢量数据的包含分析、缓冲区分析、多边形叠置分析、网络分析等分析模型，虽因学时所限，仅为浅尝辄止，但可辅助引导学生理解ArcTools工具包中若干地理统计及空间分析模块的理解和选择。

2.2　以教师为主导、学生为主体的互动式教学

城市规划专业GIS课程具备一定特殊性，有别于其他理论课程以教师讲授为主的模式，也与其他实验课程的教学目标大不相同，应注重培养学生将GIS技术活学活用到规划设计中。基于此目标，笔者探索出GIS教学过程中推广学生小团队合作学习及师生互动式教学模式。

最典型的是近年来上机教学中积极发挥学生主动性，取得较好的教学效果。由于GIS软件更新较快，笔者教学前几年采用ArcView3.X软件，2007年以后选用ArcGIS9.x软件，之后考虑学生对于大量英文专业术语的困惑，转为选用ArcGIS10.X中文版软件，随着GIS软件更新换代进行软件调整，实习教程也跟着调整，但随之也带来一些问题。由于GIS软件功能强大，相关操作界面比学生常用的AutoCAD软件复杂，若干的工具

和操作往往令初学者望而生畏，尤其是逐步转为ArcGIS平台后，虽然实习教程步骤介绍很详细，但由于操作步骤不及AutoCAD直观和简单，很容易导致学生的畏难心理。前两年的上机教学中教师疲于穿梭于机房释疑解惑，之后发现学生很多疑惑其实是由于GIS初学者容易忘记相关设置或忽略某个操作细节，同时也发现班上学生学习进度差异较大。因此，教师适当对实习教程部分内容进行精简，保证核心内容的学习掌握，并通过开展互动式教学实践让计算机能力相对较好的学生参与教学，充分发挥学生自学主动性。自2006级学生开始，教师在开学初即安排学生自行分组，由计算机能力较好的同学担任小组长，利用课余时间提前学习上机实习教程各章节，各自录制相关章节软件操作视频或重要步骤截屏整理，轮流分不同主题进行讲解，课后将相关视频或PPT文件发到班级QQ群邮箱共享。此外，建议负责讲解的学生主要介绍操作过程中碰到的疑惑和解决办法及相关技巧，教师则对相关原理及可能扩展的应用穿插讲解。这种以教师为主导、学生为主体的互动式教学模式鼓励同学之间的讨论交流，有利于学生对软件的快速学习掌握，无形中也减轻了老师的教学压力，为学生以后的主动应用奠定良好的基础，取得较好的学习效果。

2.3 弹性应变、举一反三的专题研究式教学

近10年来，我校城规专业逐步发展壮大，其规划设计课程教学计划调整较大，最大的调整是随着全国专指委竞赛主题调整而做出较大修改，由以前居住小区规划设计竞赛调整为城市设计竞赛主题，GIS课程授课内容及考查主题也同步根据设计课程进行弹性调整，教学内容尽可能和规划设计教学实现良好结合。早期本课程主要同步和总体规划课程结合，鼓励学生结合总体规划编制过程进行社会经济专题分析、用地适宜性评价、设施可达性评价等分析；后期则同步与城市设计和控规结合，鼓励学生结合城市设计作业进行GIS相关分析，同时更注重和其他相关课程的衔接，强调大五后续课程课程的持续应用。

此外，本课程取消闭卷考试，通过面向实践的专题研究作为上机考核的要求，鼓励学生逐步应用GIS软件学会独立分析相对简单的规划实际问题。因为实习教程一般是针对经过处理后的实验数据进行联系，课程考查则结合实际工程数据或自行获取数据，学习GIS数据库构建流程及相关空间分析方法。以2008级为例，GIS课程考查作业主要分为三个主题，详见表2。考查作业结合上机实验分阶段布置，充分考虑错开学生设计课交图时间，学生对于紧密结合工程实践的相关应用也表现出自主学习热情和积极创新性思考，图1-3为学生作业示例。

图1　GIS考查作业1示例

华南理工大学2008级GIS课程考查作业要求　　　　表2

作业序号	主题	考查目的	成绩评定比例
作业1	广州市各区社会经济GIS专题分析	自行网络下载广州行政区划图及相关统计报表，ArcMap绘制为矢量图，并通过GIS链接相关统计数据进行人口、经济等相关专题分析	20%（个人成果）
作业2	GIS在复杂地形中的应用	提供相关实际数据，分别利用GIS进行若干三维地形分析，利用设计前后的高程数据进行土方量计算	20%（个人成果）
作业3	地铁站周边用地调研建库及专题分析	结合Google卫星影像判读及实地调研，与本学期控规结合熟悉用地性质判别，掌握利用GIS进行城市规划数据建库方法及流程，利用GIS软件进行相关专题分析	50%（4人小组合作分工完成）

注：成绩评定另设置10%作为考勤分。

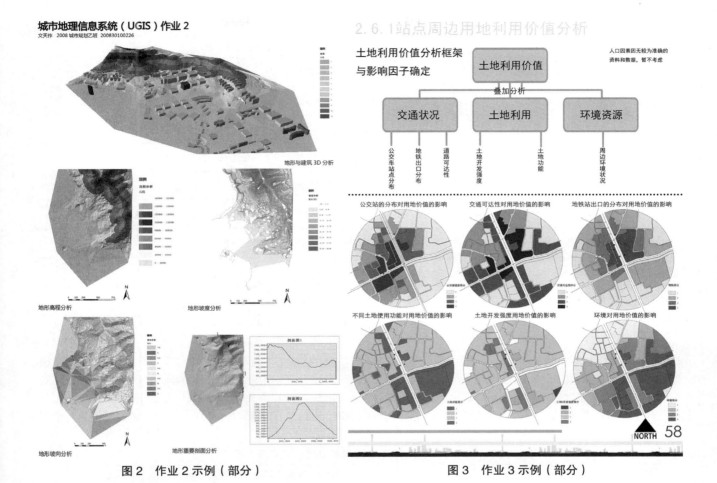

图2 作业2示例（部分）　　图3 作业3示例（部分）

3 "学以致用"——将GIS融入规划设计教学的改革探索与成效

3.1 将GIS技术融入总体规划教学

笔者在多年来"GIS"和"城市总体规划设计"两门课程的教学实践中，充分结合城规专业学生学习特点和特长，紧密联系城市规划设计与管理实践，探索研究GIS在城市规划教学和课程设计中的实际应用之路，并将重点放在与GIS、RS等新技术在规划中的应用结合上。在教学计划安排总规与GIS课程同一学期开展时，有意识地将GIS分析引入总规教学的各个阶段，从现状分析、用地适宜性评价、规划多方案比较等阶段与GIS上机实验结合起来；2007年以后我校教学计划调整为GIS课程学习之后开展总规，学生经过之前GIS上机实践及专题研究，对GIS应用不再陌生和排斥，对规划分析从定性的角度逐渐向定量分析、科学分析的角度转变，近年来笔者指导总规课程明显发现大部分学生自觉将GIS应用到总规相关专题分析中。表3列出笔者指导2000级~2008级学生在总规课程中的相关应用内容。

3.2 毕业设计教学中的GIS应用推广

在我校近年来城规专业本科毕业设计中，同学们也都逐步有意识主动运用GIS技术专题制图或辅助规划分析，自发形成GIS技术在各种不同类型规划设计项目中

我校2000~2008级学生在总规课程中的相关应用（部分）　　　　　　表3

年级	总规题目	GIS 相关应用
2000级	惠东县稔山镇总体规划	县域各镇社会经济横纵向对比分析
2001级	增城市派潭镇总体规划	山地镇地形模拟及用地适宜性评价
2002级	山东省即墨市总规调研	社会经济专题分析
2003级	广州番禺数字总规建库	番禺各镇开展总规调研并建立用地及设施 GIS 数据库
2004级	中山东凤镇总体规划	镇域社会经济专题分析及用地适宜性评价
2005级	深圳坑梓地区土地利用与发展空间研究	社会经济专题分析、工业用地集约性评价专题研究、旧村改造时序控制专题研究
2006级	增城市新塘镇总体规划	社会经济专题分析、用地适宜性评价、总规现状 GIS 数据库
2007级	佛山三水云东海总体规划修编	社会经济专题分析、用地适宜性评价、总规实施评价专题研究
2008级	增城市东江新城总体概念规划	社会经济专题分析、总规实施评价专题研究

备注：上表仅为笔者负责或参与指导的总规设计小组题目及相关应用，一般每年总规课程会分为若干设计小组（6~10人不等）。

的应用推广氛围，表4和图4~图9列出笔者负责或参与指导过的部分毕设相关应用内容及成果示例。例如，在2002级本科毕业设计中，惠东县新行政中心区城市设计小组选用 ArcGIS 软件介入规划设计的全过程，进行现状地形分析、三维模拟等辅助分析，并与 Sketchup 建模充分结合制作大范围三维漫游动画，辅助推敲规划建筑与周边环境相互关系，同时还充分利用 GoogleEarth 与 Sketchup 之间的接口，将规划方案和建筑模型导入全球

我校2001~2008级学生在毕业设计课程中的相关应用（部分）　　　　　　表4

年级	毕业设计题目	GIS 相关应用内容
2001级	珠海市教育设施与教育发展规划	建立珠海全市各类教育设施 GIS 综合数据库，结合教育设施规划中的学位预测方法，基于 GIS 平台建立教育设施选址规划 GIS 辅助反馈系统，开发教育设施公众查询平台
2002级	惠东县新行政中心区城市设计	ArcGIS 软件介入规划设计的全过程，进行现状地形分析、三维模拟等辅助分析，并与 SketchUp 建模充分结合制作大范围三维漫游动画
2003级	华南理工大学北校区控制性详细规划	地形三维模拟、校园建筑 GIS 数据库构建、控规指标统计分析及方案比较
2004级	增城市派潭镇总体规划修编	村镇用地适宜性评价、基于 GIS 的农村居民点集约性评价、基于 GIS 的村镇服务设施优化研究
2005级	广州新塘象颈岭地区概念规划与城市设计	用地建设适宜度分析、基于交通设施和公共服务设施等要素建立 GIS 多因子强度校核模型，基于 GIS 分析的建筑高度管控分区
2006级	江门市历史街区保护与更新规划	基于 GIS 多因子评价进行建筑价值综合评价，GIS 与空间句法集成辅助规划设计
2007级	河源市太平街保护与更新规划研究	基于 GIS 的历史街区保护要素评定及保护范围划定，GIS 与空间句法集成辅助规划设计
2008级	从化太平镇村庄布点规划	村庄发展条件专题分析、村庄用地集约度评价

图 4　2001 级学生毕设应用示例

图 5　2002 级学生毕设应用示例

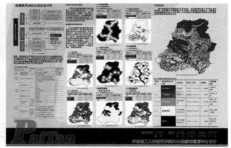
图 6　2004 级学生毕设应用示例

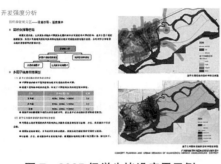
图 7　2005 级学生毕设应用示例

图 8　2006 级学生毕设应用示例

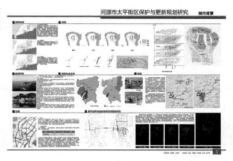
图 9　2007 级学生毕设应用示例

卫星影像,从而更好地辅助规划决策和公众参与等[3](图5)。在 2006 级本科毕业设计城规专业中有 2/3 小组或深或浅应用了 GIS 技术进行相关分析,其中笔者合作指导的江门市历史街区保护与更新规划中,组内学生合作基于 GIS 平台构建历史街区建筑、街巷和用地数据库,基于 GIS 多因子评价进行建筑价值综合评价,运用空间句法分析方法以新的视角剖析历史街区的街巷路网结构及用地布局,结合建筑三维模拟与街巷空间句法分析,对不同拆迁方案进行经济测算比较,对街坊地块的开发强度、配套设施设置等提供规划参考,针对 GIS 与空间句法集成在历史街区保护更新规划中的技术方法和流程做了有益的探索[4],小组成果获得全体答辩老师的一致肯定,GIS 专题研究的同学获得校级优秀的好成绩(图 8)。

结语

在专业技能的培养上,美国规划教育的关键在于教授学生如何将经济学、政策分析、政治科学以及城市设计等知识作为规划工具,来解决复杂的社会实际问题,包括"GIS 与城市规划"、"定量规划方法与技术"等可视化分析与模型模拟相关课程[5]。时代的发展对人才的培养提出了更高的要求,信息时代的城市规划教学也相应要求学生具有将所学的各类知识相互渗透、综合、移植、融会贯通的综合能力,需要我们在保持传统规划设计知识和技能训练方面优势的同时,探索新的教学模式与方法,加强对规划类学生在 GIS 等新技术方面的训练和应用技能,从而提高未来城市规划工作者的综合能力,积极推进 GIS 在中国城市规划行业中发挥应有的效能。

主要参考文献

[1] 宋小冬,钮心毅. 城市规划中 GIS 应用历程与趋势——中美差异及展望[J]. 城市规划,2010,10:23-29.

[2] 王成芳. 城市规划专业 GIS 课程实验教学改革与探索[J]. 高等建筑教育,2012,2:110-114.

[3] 王成芳. GIS 等多技术融合辅助城市规划设计及应用[J]. 南方建筑,2009,5:76-79.

[4] 王成芳,孙一民. 基于 GIS 和空间句法的历史街区保护更新规划方法研究——以江门市历史街区为例 [J]. 热带地理, 2012, 2: 154–159.

[5] 韦亚平,董翊明. 美国城市规划教育的体系组织——我们可以借鉴什么 [J]. 国际城市规划, 2011, 2: 106–110.

"Teach Students Fishing, and Apply What They Studied": Research & Innovation of GIS Teaching in Urban Planning

Wang Chengfang Huang Duo

Abstract: In this paper, based on the ten-years teaching experience of GIS (Geographic Information System) course in urban planning of architecture colleges, some new teaching methods of GIS course were explored, including reverse thinking in teaching practice, interactive teaching between teachers and students, and practice oriented research teaching. Besides, some teaching experience and students' exercises of combining with GIS into planning and design were shared.

Key Words: Urban Planning, GIS, Teaching Innovation

基于设计应用的 GIS 课程改革探索[1]

许大明　袁　青　冷　红

摘　要：城乡规划一级学科背景下对于 GIS 教学要求日益提高，而当前 GIS 教学与城乡规划设计教学脱节的尴尬局面影响了 GIS 技术在城乡规划专业学生中的学习积极性和专业应用。本文在阐述我国城乡规划建设中的 GIS 技术需求背景下，从应用发展缓慢、课程设置滞后、推广存在限制三方面分析了 GIS 在城乡规划设计教学中的应用现状和存在的问题，提出了坚持理性规划教育理念、加强设计应用的实践教育、突出规划分析能力培养和注重 CAD 与 GIS 的技术融合的城乡规划专业 GIS 课程改革的适应性探索建议。

关键词：GIS，课程改革，设计应用，实践教学

1　引言

2011 年城乡规划学成为新设立的国家一级学科，其教育内容和教育体系等方面面临着新的要求和挑战。许多高等院校的城乡规划专业在传承优势学科背景的基础上，努力完善城乡规划专业的教学体系和课程内容，不断开展一级学科背景下的城乡规划教育体系改革。GIS 课程作为借鉴国外城乡规划学科发展经验的技术类课程之一，自 1990 年代以来，相继在各类城乡规划专业开设。但是由于国内城乡规划专业的发展阶段和发展特点影响，与其他计算机技术课程如 CAD 等的教学与学习效果比较而言，GIS 课程在学生认识度和重视程度方面仍处于较低水平。GIS 课程教学在建筑学背景下的城乡规划课程体系中仍处于尴尬的地位。本文在分析 GIS 的发展现状基础上，从 GIS 应用层面的需求缓慢以及 GIS 技术特点的易用性较低等方面进行分析，进而从城乡规划学的学生培养目标入手，以设计应用型 GIS 教学为主导，探索城乡规划学课程体系中 GIS 课程教学的新定位和新方法。

---

[1] 黑龙江省高等教育学会"十二五"教育科学研究规划课题编号 HGJXH B2110301 "城乡规划学硕士研究生培养体系建设"，哈尔滨工业大学研究生教育教学改革研究项目"面向注册规划师执业制度的城市规划硕士专业学位研究生培养机制改革"。

2　城乡规划 GIS 的应用现状与问题分析

2.1　GIS 在城乡规划中的应用发展缓慢

在西方发达国家，以 GIS（地理信息系统）技术为核心的数字城市、数字地球建设为城市管理和社会经济发展起着日益重要的作用。然而，近几年，我国应用以 GIS 技术为核心的现代信息技术于城乡规划领域虽发展较快，但大多处于科学实验研究以及较小领域内的封闭式应用阶段。基于经济效益与安全责任等因素的考虑，各城市间的试验性小规模 GIS 数据也大多自行制作、自成体系，与当前大数据、云数据的开发共享数据的 GIS 发展趋势相背离，也与我国当前城市快速发展形势下对 GIS 数据的巨大需求仍存在较大的差距。

虽然城乡规划问题的综合性、复杂性要求城乡规划的管理和技术人员面对纷繁复杂的城市问题，能够有较强的调查研究能力和综合分析能力。而 GIS 技术则可帮助城乡规划人员快速准确的进行城市信息的调查获取、城市未来发展的预测分析、规划设计思想的真实表达以及规划成果的公众参与等各个方面。但在当前我国城乡规划设计与管理实践当中，虽也对城市未来的发展做出预测，但多数情况下凭借的是直观的经验判断和数字的

许大明：哈尔滨工业大学建筑学院副教授
袁　青：哈尔滨工业大学建筑学院副教授
冷　红：哈尔滨工业大学建筑学院副教授

简单计算。我们的城乡规划不是建立在科学理性的分析基础上,而是建立在城市有关领导或城乡规划技术人员乌托邦式城市美学的基础之上。

在一些城乡规划管理部门和设计机构,虽有部分GIS技术在城乡规划中的应用,但据有关部门对各类城乡规划GIS系统工作效果的调查分析来看,有近1/3的GIS应用系统没有充分发挥其相应的作用。另外,从规划设计人员和规划管理人员应用情况来看,远未达到对信息技术具有相应深入理解和熟练应用的水平,且对规划信息技术的学习积极性不高。在日常工作当中,仍按照传统经验模式的规划设计方法与管理方法进行城乡规划的设计与管理工作,大大削弱了城乡规划信息技术在规划管理和实践中的高效应用。

与国外相比,我国目前的城乡规划GIS系统还没有起到相应的支持作用。造成这样的原因,一方面是由我国社会经济发展水平决定的,另一方面主要是当前我国城乡规划教育体系中对现代信息技术的重视程度还不够,未使城乡规划技术与管理人员对现代信息技术的应用有深入的理解和认识。应用层面的需求缓慢,直接影响了城乡规划专业的学生积极性,对于课程学习多为图面表达为目标的城乡规划学专业学生而言,应用photoshop、3Dmax等渲染、建模工具增加的图面效果要比GIS的分析结果更具有表现力。

2.2 GIS课程与其他计算机课程相比较为滞后

1987年建设部规划司、科技司和中国城乡规划学会在昆明召开首届"新技术在城市中应用经验交流会",并成立了新技术应用专业委员会。经过二十多年的发展,CAD(计算机辅助设计)技术已经全面普及,深入人心,而以GIS技术为核心的信息技术在城乡规划设计和管理领域中的普及应用却仍处于较低的阶段。

与我国的规划课程设置现状形成强烈反差的是,作为CAD技术发源地的美国,在其各规划类院系中学生会熟练使用CAD的只是少数,而大多数的规划类院校都开设了GIS方面的规划信息技术类课程。英国作为现代城乡规划科学的发源地,其各规划类院系中对学生在计算机辅助规划设计管理方面的训练侧重于GIS应用,而对CAD应用的训练则不太重视。著名的卡迪夫大学规划系迟至1998年才引进一种小型CAD软件为学生开设CAD课程,而我国的情况则与此相反,CAD训练较强而GIS训练相对薄弱。

分析国内外规划院校在城乡规划信息技术教育方面的反差,这一方面是由于当前我国城市化水平不断提高,国家基本建设规模巨大,各类建设项目量多面广,规划设计任务多、规划管理任务重的大环境对规划设计和城乡规划管理实践的现实要求。另一方面也反映了目前城乡规划GIS技术在我国各级规划设计与管理实践机构的应用由于城乡规划任务繁重、规划市场的空前繁荣而导致的急功近利与不求甚解。此外,由于某些城市领导追求政绩的"短平快",急于想用较小的投入在短期内取得较明显的社会经济效益,在城乡规划的基础数据建设与数据资源管理方面的认识水平和地方社会经济发展水平等方面还存在着不同程度的限制因素,使得以GIS为核心的城乡规划信息技术水平仍有待提高。

城乡规划市场的重设计表达、轻理性分析的行业发展特点引导了城乡规划专业的学生在课程学习中的重视程度和学习比重。在理性规划成为日益重视的规划思维之时,在设计课程中培养学生的理性分析意识,引导学生从城乡规划的学科特点来全面、综合、定性与定量相结合的分析城市发展过程中的各类信息和数据,只有在充分调查分析城市相关数据的基础上,才能做到有据可依、有的放矢,才能理性的对城市未来和城市发展过程中的问题进行解析和认识。

2.3 GIS技术推广存在限制

与CAD技术相比,GIS技术有着强大功能的同时,其技术特点与应用系统的综合性、系统性和高标准也对GIS的推广应用不可避免的产生了某些影响。总体来看,主要有以下几个方面:

首先,GIS软件的通用性、易用性有待进一步提高。CAD软件的广泛应用,其中一个很大的优势,就是CAD软件的通用性、易用性较强,"所见即所得"的快速学习特点,使用者能够在较短的时间内学习CAD软件并应用于实际工作中去,提高工作效率较快,效果立竿见影。与此形成对比的是,GIS软件由于功能的不断丰富,要满足GIS平台中数据的获取、编辑、查询、分析、输出等各类功能。使学生难以在较短的时间内较快的全面学习GIS软件并应用于实际工作之中,学生在耐心学习了数据结构、数据输入和数据编辑等枯燥课程之后,也难以理解和应用 GIS 的空间分析功能。对 GIS 应用方面的或低或高的应用功能需求理解误差,影响了学生的学习积极性。另外,由于 GIS 数据类型的多样化以及 GIS 应用系统类型的多样化,使得不同 GIS 软件之间的数据共享不充分,缺乏 GIS 的通用平台,使 GIS 软件的通用性受到了限制。

其次,GIS 的相关技术学科较多,学习投入较大。GIS 技术是多学科多专业复合的综合性技术,要理解并应用 GIS 系统的空间分析与辅助决策系统等功能,就要与 RS(遥感系统)、GPS(全球卫星定位系统)、VR(虚拟现实)等相关空间信息技术相结合,从数据获取、数据编辑以及数据分析、数据表达等方面需要学生在地理系、地图学以及测量学进行较为深入的学习。因此,在实际 GIS 系统的建设中,对 GIS 系统的学习投入较大,在需要有多种数据类型的城市空间数据相支持,对学生的技术水平和应用能力提出了较高的要求,也对城乡规划专业学生对 GIS 技术的学习理解能力产生了"雾里看花,水中捞月"的负面影响。

另外,GIS 基础数据源的获取困难,降低了 GIS 应用的需求。GIS 应用很重要的一个方面,就是基于大量数据基础上的空间查询与分析功能。而投入大量人力物力进行不断更新的空间数据信息则是 GIS 广泛应用的根本前提。在美国,基础地理信息及每 5 年一次的人口调查工作,全由政府投入并廉价甚至免费供社会应用,产生了巨大的社会效益和经济效益,而直接将 GIS 通过市场化运作取得的经济效益则是微乎其微的。相对而言,由于我国经济发展水平以及政府部门的开发程度不够,难以建立起一个高精度的共享型 GIS 基础数据信息库。GIS 数据的"无米之炊"也为 GIS 课程的应用方向提高了门槛。加之 GIS 学时较紧张,既要输入数据,还有编辑数据的教学过程,占据了较多时间,从而降低了 GIS 的空间分析应用效果,使城乡规划人员与管理者更难以认识到 GIS 的巨大应用潜力。

虽然 GIS 技术的特点对其在城乡规划领域中的广泛应用会产生某些限制因素,但从国外发达国家的长期实践经验来看,GIS 又有着其他信息技术不可替代的优越性。特别是随着新空间信息技术的发展,以 3S 技术、网络技术、虚拟现实技术等的综合性应用必将会对我国城乡规划的建设和管理实践产生巨大的社会经济效益。在我国当前社会经济发展水平仍相对较低以及城市政府管理意识仍以传统经验为主的情况下,在课程教育体系中,注重规划理念的理性思维和分析意识,能够使对学生 GIS 技术的应用分析与设计课程的规划设计课程的图面表达相衔接,使学生在学有所用、学有所乐的环境中有所收货。

3 设计应用型的 GIS 课程改革探索

从发达国家的城市发展经验来看,城乡规划学科的发展也已经由定性的传统经验教育模式向以定性、定量相结合的科学理性分析模式转变。分析近年来西方发达国家在区域社会经济发展和城市建设管理方面的经验表明,应用现代信息技术对于城乡规划的管理和实践都将起到巨大的社会经济效益。在分析我国城乡发展阶段的现实需求和城乡规划教育体系的结构特点基础上,还需要使 GIS 课程内容适应当前城乡规划专业的设计应用型的专业需求特点,主要从以下方面来进行 GIS 课程的适应性改革和探索。

3.1 强化科学理性的城乡规划理念教育

城乡规划被认为是向权力讲述真理的学科。在我国的现实情况下,城乡规划专业人员对于城市的未来发展起着至关重要的作用。而规划师占有城市相关信息的多少又是在规划过程中影响未来城市发展的重要影响因素。同时,在城乡规划建设和管理中,规划师对城市相关信息的掌握程度也对规划工作产生了重要影响。在城乡规划课程教育中,需要专业老师从理性规划的教育理念出发,通过强化理性规划理念教育,加强规划对象和规划问题的空间分析过程教育,在规划问题分析的需求背景下,引导学生通过应用 GIS 技术为城乡规划的现状问题和规划方案提供更多的理性信息,使学生逐步理解在充分综合分析规划对象的社会、经济、历史以及地理等相关数据的基础上做出科学理性规划。从而带动 GIS 课程教育与规划设计教育的衔接与互动关系。

3.2 理论结合实践,重注设计应用型实践教育

GIS 技术虽在城乡规划学科有着广泛的应用领域,但高深的理论框架与实际可操作性相对复杂与枯燥,在

一定程度上影响了其在城乡规划领域中的应用。因此，在课程教育过程中，本着注重实践应用教育的原则，主动为规划设计课程服务，强化GIS的规划设计分析与实践应用。以实践应用为先导，结合生态公园设计、城市设计、控制性详细规划设计以及城市社会调研、城镇总体规划等设计课程，提取设计课程中的分析过程元素，引导学生通过GIS课程内容学习，解决设计课程中的分析问题与设计表达策略等方面。为避免枯燥的计算机类课程特征明显的理论课弊端，在教学实践中，多采用案例教学和问题指向型教学方法，适当减少GIS技术原理和数据计算等课程内容，强化规划设计应用的问题分析过程，结合上机、授课一体化的授课环境特点，将上机实验课程分解为若干小目标进行练习。在上机过程中，针对学生对GIS课程的理解能力和计算机动手能力的差异较大、上课时间紧、无法全程指导每一位上机同学等问题，自编图文并茂、步骤详细的上机指导手册，努力使大多数学生通过参考实验指导手册也能完成上机练习。从而在有限的时间内增强学生学习GIS的积极性和实践动手能力。

3.3 以有限目标为主，突出规划分析能力教育

GIS在城市规划中的应用非常广泛，几乎涵盖了所有的城市规划与建设领域。在有限的课程时间内，讲授较多的规划应用领域是不现实的。因此，在GIS课程中，以有限目标为主，突出规划分析能力的教育成为GIS课程的教育目标。课程不求大求全，以规划学生的就业市场需求相结合，以规划设计应用为主线，突出GIS在规划对象的分析能力和数据管理能力等方面的技术特点，使学生对GIS的数据特点和分析功能等基本能力有所了解和掌握。使GIS课程的教学内容应用到规划设计课程的实践中并取得较好的效果，进而使学生从被动学习GIS到主动学习GIS的转变，推动GIS在规划设计领域的深入应用。

3.4 注重GIS技术与CAD技术的系统衔接与配套

鉴于CAD技术在我国城乡规划设计与管理中的普及应用，许多数据直接来自于CAD数据。强化GIS数据与CAD数据的融合和转换训练也日益成为不可回避的问题。在课程教育过程中，认识到当前我国城乡规划行业的技术特点，一方面在保持学生CAD技能的同时，另一方面还要注重培养学生运用各类城市数据进行综合分析、统筹规划的能力。通过CAD技术特点与GIS技术特点的比较教学，使学生能够理解GIS技术与CAD技术的衔接和转换，使GIS技术与CAD技术互相支持，互为补充。从而使学生在规划设计作业和规划方案分析与表达方面更好的结合GIS分析与CAD制图等多种手段，使学生的规划设计教育过程趋于完善。

4 结语

城乡规划学科的综合性与复杂性对GIS课程的教育内容和授课方法等方面也都提出了较大的挑战。在教育探索过程中，设计应用型的GIS课程教育探索一方面是适应当前城乡规划专业学生的教育背景和技术背景，另一方面也是对我国规划设计领域技术应用现状特点的折中尝试。未来随着理性规划理念的不断深入和GIS技术在城乡规划领域的不断深化和推广，设计应用型的GIS课程的教育目标定位和教学方法还有待于进一步的完善和检验。

主要参考文献

[1] 冷红，赵天宇，郭恩章. 面向新世纪的城乡规划专业教学改革探索[J]. 高等建筑教育，2000，3：37-38.

[2] 陈秉钊. 城乡规划新技术推广中的观念和策略[J]. 规划师，2001，2：5-7.

[3] 张建，吴娜. 中美现代城市规划教育教学对比思考[J]. 高等建筑教育，2012，1：98-102.

[4] 周昇，吴缚龙. 英国GIS高等教育与城乡规划实践[J]. 国外城乡规划，2001，3：13-15.

[5] 孙世界，吴明伟. 信息化城市的特征—关于信息化条件下我国城乡规划的思考[J]. 城乡规划汇刊，2002，1：9-21.

GIS curriculum reform based on design application

Xu Daming   Yuan Qing   Leng Hong

Abstract: The curriculum requirements for GIS are gradually increasing in the context of the first-degree subject of urban-rural planning, however, the current embarrassing situation of disjointing between GIS course teaching urban-rural planning course teaching makes bad impacts on learning motivation and professional applications of urban-rural planning students. Under the background of elaborating the GIS technical needs in urban-rural planning and construction in China, The article analyzes the present application status and existing problems of GIS in urban-rural design and teaching from the perspectives of slow application development, curriculum lag and promoting limitation. Also, the article put forwards adaptive exploration suggestions in levels of adhering to rational planning education idea, strengthening practice education for application design, outstanding planning and analysis capacity-building as well as the integration between CAD and GIS.

Key Words: GIS, curriculum reform, design application, practice teaching

进阶式地理信息系统教学体系的构建
——针对城市规划专业地理信息系统教学改革的尝试

赵晓燕　孙永青　兰　旭

摘　要：城市规划专业的 GIS 课程教学具有一定的独特性和复杂性。本文在分析目前 GIS 课程教学存在的问题基础上，尝试构建适合于该专业的进阶式 GIS 教学体系，并探讨教学方法改革措施。希望在本次教学改革中，通过补充相关基础知识，简化课程理论内容，重视实践教学环节，增加上机操作实验课程教学环节，并结合后续的课程设计进一步加深学生对 GIS 的理解和应用。将理论基础、软件操作，课程设计三个模块融合形成进阶式课程模块。通过理论与实践的紧密结合，贯穿整个 GIS 课程教学过程，有效地提高了学生的主观能动性和 GIS 技能的综合运用能力，对推进城市规划专业 GIS 课程的教学具有一定的参考价值。

关键词：进阶式，GIS 课程，教学体系

1 引言

目前，我国持续快速发展的经济与如火如荼的城市建设相辅相成，城市规划已成为城市建设有序、协调开展的重要环节。面对这样历史性的机遇和挑战，城市规划人才的培养成为一项十分紧迫的任务。同时，针对传统的城市规划思想方法中存在的问题，为适应新形势的要求，使城市规划工作向更深入、更严谨、更切合实际的方向发展，新的城市规划思想体系正在实践中酝酿产生。GIS 技术的发展促进了城市规划新的思想方法的发展，给城市规划工作带来了一系列的影响和冲击，实现了规划分析的广泛性、论证的严谨性、成果的弹性等。因此，加强对 GIS 等相关信息技术的学习是培养高素质城市规划人才不可或缺的重要环节[1]。

同时，GIS 的运用对城市规划行业和人才培养也提出了相应的要求。国家注册规划师考试大纲中明确列出"3S（GIS、GPS、RS）技术与城市规划管理相结合"的相关考试内容，要求规划师"熟悉地理信息系统在城市规划中的应用"。全国高等学校城市规划专业本科（五年制）教育评估标准（试行）文件中，明确要求城市规划专业学生了解 GIS 的基本知识。目前，国内设置有城市规划专业的高等院校都相继开设了 GIS 课程。各高等院校尽管对 GIS 课程深度和侧重点的把握各不相同，但普遍都意识到 GIS 课程在城市规划专业教学中的重要性。对于城市规划专业而言，开设 GIS 课程，探索在城市规划专业教学中的教学方法和手段，构建适应时代发展、培养创新人才的 GIS 课程教学体系是十分有意义的。本文将结合我校城市规划专业 GIS 课程教学的实践经验，就如何构建 GIS 教学体系进行了一些探讨。

2 当前 GIS 教学中存在的问题

2.1 城市规划专业学生缺乏 GIS 学习的必要背景知识，理论学习较为困难。

国内建筑院校的城市规划专业大都源于建筑学专业，教学也偏重于对建筑及城市物质形体、色彩、构图等进行设计的专业技能的训练。而 GIS 学科脱胎于地理科学和测绘学，与地理学、地图学、计算机科学有密不可分的联系。学习 GIS 不可避免地设计这些学科的背景知识，而我校城市规划专业学生非常缺乏地学的等大量的相关学科知识，所以在 GIS 的理论学习上较为困难。

赵晓燕：天津城建大学建筑学院城乡规划系讲师
孙永青：天津城建大学建筑学院城乡规划系讲师
兰　旭：天津城建大学建筑学院城乡规划系讲师

2.2 在 GIS 的教学方式上，缺乏实验环节，难以掌握对 GIS 软件的应用。

城市规划专业学生大部分基础课程均重视城市形态、空间营造及物质形体、色彩、构图等，很少涉及地理学相关知识，学生觉得理论知识晦涩难懂，又缺乏实验教学和上机操作的练习，难以掌握对 GIS 软件的应用。学生在学习 GIS 课程时在主观上自认为是与专业无关紧要的课程，从心理上对该课程有抵触情绪，从而在学习上缺乏必要的积极性与创造性。

2.3 GIS 课程与其他规划专业课程脱节

GIS 只在 GIS 课程上出现，在城市规划设计类核心课程上没有出现 GIS 的内容。学生在前期的专业课程学习中缺少知识准备，在后续的专业课程学习中缺少应用机会，在设计课中，学生没有机会将 GIS 与城市规划专业课程联系起来，学到的知识技能难以使用[2]。

3 教学模式建设

3.1 教学目标

GIS 课程在城市规划专业中是专业基础课，重点在于培养 GIS 应用能力，使得学生使用 GIS 解决规划中的实际问题，使 GIS 知识与城市规划专业理论、基本知识相联系，培养学生在未来实践中的应用能力。

3.2 教学内容：理论教学——实验教学——课程设计的进阶式教学体系

教学内容可以分为三个模块，包括：理论教学、实验教学和课程设计，这三个模块逐步深入形成一个阶梯状的进阶式课程模块（图1）。

第一阶段：理论教学阶段以教师课堂讲授理论为主。

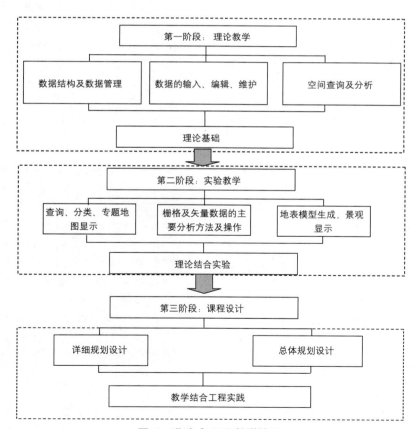

图1 进阶式 GIS 教学体系

在该部分内容教学过程中必须把新理论和新技术以学生能够接受的形式表达出来,使教学内容和教学手段具有新颖性、先进性,同时还应加强相应的方法性内容,以便在理论教学与实践应用之间建立起有机的联系。

第二阶段:实验教学阶段以学生在机房上机操作,教师辅导的实验课为主。在实验教学中,利用 GIS 软件对空间数据库的操作、简单查询和分析辅助等讲授特定教学内容的方法,达到辅助教学和提高理论教学效果的目标。教学内容上突出 GIS 的应用教学,培养运用 GIS 技术和研究方法进行城市规划管理和规划分析,以及提高规划方案科学性等方面的能力。

第三阶段:课程设计阶段注意保持 GIS 课程与详细规划设计、总体规划设计等课程的相互衔接,努力做到活学活用、理论联系实践,使学生能在城市规划实际项目中结合信息技术的应用综合考虑。

4 教学内容

4.1 第一阶段:理论教学

GIS 本身作为一门学科,具有完整的学科体系。课程内容侧重于城市规划中使用的 GIS 技术,与城市规划理论、专业知识相结合,运用 GIS 技术,解决城市规划专业领域的实际问题。在此基础上,解释和讲授涉及的 GIS 基本原理。城市规划专业 GIS 课程学时数少,我们在有限的教学时间内要注重纵向知识的系统性,教学内容要有梯度,从简单到复杂,逐步积累和深化[3]。如从 GIS 系统结构、数据结构、数据输入输出、数据库、数据编辑、信息的查询等基础知识到 GIS 中最具特色的空间分析,层层递进讲授,让学生系统地掌握 GIS 知识(表 1)。

在教学的细节中,比如城市规划专业的学生对深奥的数据结构等知识点感到陌生,但计算机应用和操作能力较强,我们在 GIS 课程的理论讲授中,不用像 GIS 专业的学生那样,过深地涉及数据结构等知识,这方面的知识只需他们达到了解的程度即可。如讲到数据结构时,可提出为什么城市规划信息系统中常用矢量数据结构。因为矢量数据格式的优点是所有线和节点的记录都允许 GIS 产生拓扑结构,在城市里每条街道的中心线在每个十字路口都有一个节点,节点之间的线段代表一个街区,这些线段都有一个方向,与街区中门牌号码逐渐增加的方向一致。经过这样的讲解,学生就会对矢量数据结构产生兴趣并愿意去了解它。

理论教学内容及学时安排　　表1

学时	教学内容
2	GIS 产生、内容、发展,GIS 的基本组成、GIS 与城市规划
4	属性数据的数据结构、栅格空间数据结构、矢量空间数据结构、拓扑关系、GIS 的数据管理
2	数据的输入、遥感技术及其应用、空间数据的编辑、空间数据的转换、空间数据的维护
4	空间查询、叠合分析、邻近分析、网络分析、格网分析、专题地图的表达,相关的应用案例
2	GIS 的输出概述、GIS 与地图制图
2	GIS 应用与展望

4.2 第二阶段:实验教学

实验教学是教学过程中的重要组成部分,也是一般课堂教学所无法代替的。对于 GIS 这样一门知识面广、理论性强、应用广泛的课程而言,实验教学具有更重要的现实意义,其重点在于培养学生使用及维护 GIS 系统的能力。具体而言,通过 GIS 上机实验环节教学,能加深学生对所学 GIS 理论知识的理解,实现理论和实践的紧密结合和相互渗透[4]。实验教学的具体教学内容及学时安排见表 2:

实验教学内容及学时安排　　表2

学时	教学内容
2	ARCGIS 的基本操作、进入、退出、空间要素的图文互查、要素的分类显示、专题地图的显示
4	属性表的编辑、连接、维护;要素合并、空间关系查询、连接;专题地图布局、输出;空间要素输入、编辑
4	ARCGIS 栅格数据的主要分析及操作。坡度,坡向分析
4	ARCGIS 中的矢量数据的主要分析方法和操作。包括:邻近区分析、服务区分析、多边形叠合分析、网络的最佳路径分析、最近设施分析
2	地表模型生成、景观显示;视线、视域
2	ARCGIS 的综合应用

我们的教学目标主要有两方面:一是 GIS 软件的学习,目的是为了日后对图形及属性数据进行某些处理;

二是城市规划 GIS 信息系统的使用及维护，如图形与属性查询、叠置分析、缓冲分析、专题图的制作、统计制作、新的图形及属性资料的入库等，在这些方面要多安排教学时间，对各种常用的地形图、管线图、道路红线图及规划图入库方法，如对纸质地形图扫描后如何矢量化，或者对已经存在的 CAD 或其他格式的数据进行转换等等，要详细讲解并安排上机实习。通过实验教学环节的上机操作，既可以帮助学生理解消化理论知识，也可以让他们感到学以致用而对其产生兴趣。

4.3 第三阶段：课程设计

通过 GIS 教学的第一、二阶段的学习，学生已经逐步理解并掌握 GIS 的应用和实际操作，在后续的设计课程学习中，我们可以结合城市详细规划和总体规划设计课程继续深入学习 GIS 的具体应用，努力做到活学活用、理论联系实践，进一步深化对 GIS 课程的学习和应用，将 GIS 与城市规划设计相结合。使学生能在城市规划实际项目中结合信息技术的应用综合考虑，适应信息时代发展的需要。

4.3.1 详细规划层面

在详细规划课程设计中，在规划的现状调研阶段的教学中可以以 GIS 为基础平台介绍规划调研中相关统计数据整理的方法和经验，对收集得到的地形、地貌、土地利用、行政管理、统计数据、建筑、权属等相关信息统一建立空间数据库，并生成相应的专题地图。使学生学会在规划前期方案辅助分析中借助 GIS 软件分析来提高方案的科学性。

例如我们要求学生生成地块内建筑高度、建筑年代、建筑质量的专题地图。再如，在公共设施规划中，利用 GIS 的空间分析功能，以服务设施为中心，按照服务半径自动产生一个服务区，获取区内相应的人口规模，然后以服务区总人口与设施规模的比值对照相应的设置规范，就可以找出需要新增设施的地区，为新建设施的选址提供参考，学生通过整个分析过程便可以更清楚地掌握相关的知识点。

4.3.2 总规设计层面

因为城市总体规划的编制需要对城市自然环境、人口、产业、交通等方方面面的信息进行综合考虑，所以前期的调研及资料收集工作就显得非常重要。同时，后期对数据的处理也直接关系到方案的构思和工作的进展。因此，有必要将 GIS 引入城市总体规划教学，通过加强新技术在城市规划教学实践中的应用这一交叉型教学的研究，探索一种更科学、合理的城市规划教学体系，并积极与市场接轨，培养复合型人才，积累教学经验和方法[5]。

在教学中，目前我们在现状分析阶段引入了 GIS 的教学。用 GIS 进行现状空间分析，主要是利用 GIS 的统计分析和专题制图功能对位置、形状、分布进行统计、分类、比例计算，形成各种数据表。另外，在现状调查数据中有很大一部分是适用于某种地理单元（如行政区域、企业等）统计的社会、经济数据。利用 GIS 软件对调查数据进行分类、汇总、比例计算、人均占有量计算等，可以将所有的调查数据输入相应的数据库，用数据库管理系统的有关功能来完成这些分析任务，自动生成各种统计图表（如直方图、圆形比例分配），使其配合数字表格说明数量特征。

5 结语

从目前的教学实践经验看，GIS 教学与城市规划教学、课程设计相结合的思路取得了初步成效。通过将 GIS 技术引入到城市规划设计的前期分析、辅助决策等方面的运用，逐步改变了城市规划设计课程传统的教学模式，学生的计算机能力和数据分析、整合、处理等各方面的能力明显得到加强。学生对教学方法、内容和效果的评价均高于单纯的理论加应用练习的授课模式，学生的 GIS 综合应用能力也有了明显的提高。可见，进阶式的 GIS 教学体系的构建，提供了学生的综合应用能力，还激发了学生的主观能动性，促使他们进行更加深入广泛的学习探讨。

以上教学改革实验有较为成功的地方，但也有待改进的地方。由于综合实验内容较为复杂，使得部分学生的学习积极性受到打击。因此，如何将项目的设计更加系统化、并分出难易层次，使不同水平的学生均能达到掌握一般 GIS 技能的基本要求，而有更高要求更多兴趣的学生能实现采用 GIS 技术完成实际规划问题的基本流程，是笔者需要进一步思考和完善的地方。未来将更进一步结合规划方案的设计环节，预测环节及成果制作环节，继续深入研究 GIS 课程的教学模式。

主要参考文献

［1］叶嘉安. 地理信息系统及其在城市规划与管理中的应用［M］. 北京：科学出版社，1995.

［2］钮心毅. 三个层次的要求，三个层次的课程——对城市规划专业GIS课程的思考与建议［C］. 人文规划，创意转型——2012年全国高等学校城市规划专业指导委员会年会论文集. 北京：中国建筑工业出版社，2012：101-105.

［3］张瑞芳，刘祖文. 城市规划专业GIS课程教学体系的构建［J］. 测绘与空间地理信息，2009，32（1）：32-33，50.

［4］王成芳，黄铎. 城市规划专业GIS课程的设置与教学实践研究［J］. 规划师，2007，11：68-70.

［5］赵红红，王成芳，阎瑾. 将GIS和RS引入城市总体规划教学的尝试［J］. 规划师，2005，4.

The manner of gradually advancing GIS teaching system construction: For Urban Planning GIS teaching reform attempts

Zhao Xiaoyan Sun Yongqing Lan Xu

Abstract: Urban Planning in GIS teaching has some uniqueness and complexity. This paper analyzes the current problems of GIS teaching, based on trying to build for the advanced professional teaching system of GIS and explore teaching methods reform measures. I hope in this teaching reform, by supplementing basic knowledge and simplify the content of curriculum theory, emphasis on practice teaching, increasing on labs, teaching courses, combined with the subsequent course design further enhance students' understanding and application of GIS. The theoretical basis, software operation, curriculum design three modules fused to form Advanced Formula course modules. By the close combination of theory and practice throughout the entire process of GIS teaching, effectively improve the students' initiative and the integrated use of GIS skills, ability, promoting urban planning professional GIS teaching has a certain reference value.

Key Words: gradually advancing, GIS curriculum, teaching system

"过程教学"理念在城乡规划专业理论课程中的实践与探索

肖少英　白淑军　任彬彬

摘　要：城乡规划专业课程分为理论课程和设计实践课程两个体系，在实际教学过程中存在两者相互脱节的问题。本文作者将"过程教学"理念引入城乡规划专业理论课程教学实践，重点从教学时序、教学内容、教学方法、考核方式等几个方面进行探讨，以期使理论课程与设计实践课程形成更为有机的整体，使学生把所学理论知识内化为专业素质，使学生的创新实践能力进一步提升。

关键词："过程教学"理念，创新实践能力，课程改革

城乡规划学虽成为一级学科，但目前国内城乡规划教学体系仍滞后于学科发展[1-4]。这将必然进一步推动城乡规划教学的改革，以满足我国快速城市化阶段对城乡规划人才的强烈需求，同时也是城乡规划教育工作者的责任和义务。教学改革的灵魂在于教学理念的革新[5-8]。本文所探讨的"过程教学"理念就是学生创新意识和实践能力的培养过程[9]。在城乡规划理论课程改革中以"过程教学"理念为主旨把理论课程教学和设计实践课程教学视作一个完整的教学过程，前者为后者提供理论支撑，后者践行前者的理论，从而把规划理论课和设计实践课融合成一个有机整体，使学生把学得的各种理论知识内化为其自身专业素质，从而提高其创新实践能力。

1 "过程教学"理念指导下教学时序的优化

目前的城乡规划主干课程，从授课方式和师资配比上可以分为原理、方法等理论课程和设计实践课程两大类。从规划层面上分为与总体规划和详细规划相关的两类课程。在现实教学中，由于缺乏科学的时序安排，前后教学脱节、不同课程之间互不相干，使学生所学的各课程的知识孤立存在不能形成一个完整的知识系统。理论课程滞后于相对应的设计课程。给学生造成"学的用不上，用的没有学"的窘状，使学生的学习兴趣降低，觉得所学理论课程没有用；学生由于缺乏理论知识体系在完成设计作业时也觉得无所适从。

以"过程教学"理念优化教学时序，使理论课程与设计实践课形成所学为所用、所用即所学有机整体。首先确定各年级阶段之间不同的教学重点与目标定位，其次针对目标定位设计相应的理论和设计教学课程，最后在教学时序上打造一条不同时期教学目标各有侧重、前后教学环节层层递推的"过程化"教学链。

2 "过程教学"理念指导下教学内容的更新构建

理论知识与规划设计所需相脱节的问题不只存在于教学时序上，还体现在教学内容上。针对目前城乡规划理论课程教材滞后甚至没有相适应的教材（例如，城市环境与城市生态学教材），教学内容的构建应以设计实践课程所需求的理论、技术、方法为支撑来组织、更新教学内容。

城乡规划专业理论课程可分为两大类：基础理论课程和学科交叉课程。对基础理论课程教学内容构建以衔接为主，将课程的理论内容与设计实践教学进行横向联合衔接。即将课程间进行衔接与沟通，使学生学到的各门单独课程知识进行有效融合与灵活运用达到1+1>2的教学效果。本人教授的城市环境与城市生态学课程，在"过程教学"理念指导下对其重点教学内容的更新构建

肖少英：河北工业大学建筑与艺术设计学院讲师
白淑军：河北工业大学建筑与艺术设计学院讲师
任彬彬：河北工业大学建筑与艺术设计学院副教授

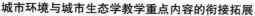

城市环境与城市生态学教学重点内容的衔接拓展　　　表1

	重点内容	衔接
城市环境	城市大气环境的特点现状	城市节能降耗的相关知识
	城市水体环境的特点现状	雨水收集利用设计；城市水景观设计的问题
	城市气候环境	绿色建筑、生态城市等相关案例、知识；让自然做功塑环境之形来引导生态之流
城市生态	生态因子作用规律	城市发展与其影响因子的关系
	城市生态学原理	生态工业园区的规划设计；城市后工业化设计、城镇职能规划等
	生态系统的结构与功能	城市总体布局

（表1），使学生运用所学生态环境理论进行设计。

城乡规划成为一级学科后其覆盖领域更加广泛，需要扩张学科的外延，增加相关学科交叉课程。若这些课程内容只简单、机械的"学科交叉"会使学生感到迷茫，使城乡规划丧失主导地位，形成规划理论的空心化、"放出去收不回"的局面。因此对于学科交叉课程教学内容的构建更要以"过程教学"理念为指导，拓展教学内容以城乡规划设计为导向，找到与城乡规划专业的结合点，形成适合城乡规划专业的学科交叉课程的教学内容。

3 "过程教学"理念指导下教学方法的改进

"过程教学"理念的主旨就是培养学生的创新意识和实践能力。若采用传统的"老师主讲，学生被动听"教学方法，学生自主学习能力、分析问题能力、独立创新能力等方面很难有进一步的提升。因此，需改进传统的教学方法，采用与"过程教学"理念相一致的探究式的教学方法，真正把课堂归还给学生使其能够得到足够表达自己思想和感情的机会。课堂教学要以老师精讲，学生多练为宗旨，在教师的启发引导下，以学生独立自主学习和合作讨论为主导，为学生提供充分自由表达、质疑、探究、讨论问题的机会，从而培养学生的学习兴趣，调动学生的积极性，增强学生的创造性思维能力[10-12]。

以笔者讲授的城市环境与城市生态学课程为例，在讲授城市气候风环境部分内容的时候，尝试结合专业所关注的建筑自然通风、城市风道等相关生态问题由老师带动学生进行讨论分析，不再像传统的课堂教学那样由老师一人来完成讲解。首先让学生查阅相关的绿色建筑案例，并对案例解读分析如何在节能的基础进行自然通风，教师在课堂上围绕着案例和要讲解的知识点来引导学生以小组为单位进行讨论、分析问题、解决问题。通过课堂的互动使学生以宏观、整合的思维对环境控制的基本原理和单项节能技术深入的解析，自觉地运用生态、节能的基本原理和方法融合渗透到建筑设计中去，最终反映了我们的教学主导思想。在讲授水环境部分内容时，把理论知识延伸到规划设计实践中，改变过去在课堂上把雨水收集、处理、利用等相关的知识满堂灌输给学生，而是让学生做雨水利用小设计（图1、图2）。在设计实践过程中老师根据学生所遇到的问题以及对问题分析解决的程度来加以引导、讲解相关的生态知识。通过设计实践不仅锻炼学生的理论创新运用能力而且有助于把生态知识内化为自身的生态素质，体现了素质教育的目标。

4 "过程教学"理念指导下考核方式多样化

"过程教学"理念的特点是重过程而不只重结果，重创新和实践能力的培养而不只是知识的积累，重得出结论的方法而不只是答案和标准。因此，对学生学习效果评价不能通过"一次考试定乾坤"的传统考核方法来衡量了，在探究式师生互动的学习过程中，更应注重学生分析问题、自主学习、创新实践等能力的考核评价。在"过程教学"理念的指导下应以培养学生的综合素质为目标，以知识和能力考核为基础，适当减少期末考试比重，增大平时能力考核比重的多元化考核模式：闭卷考试＋平时考核＋读书报告（或小论文、案例分析报告）＋个人小设计。如在案例分析、课堂讨论过程提出问题、分析问题、解决问题的能力、设计活动中注重学生对所学理论知识的掌握和再创新能力。这样使学生重视平时的学习成绩，

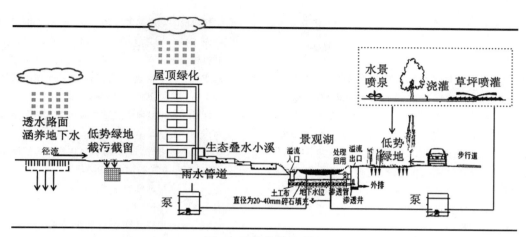

图 1 雨水收集示意图

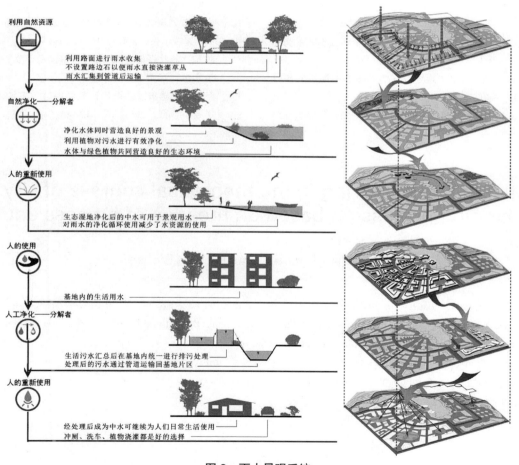

图 2 雨水景观系统

有利于拓宽知识面，并巩固和加深理解所学的知识。

5 结语

城市规划专业理论课程教学以"过程教学"理念为指导，把理论课程教学与设计实践课程教学视为一个完整的教学过程。不仅要使课程间的教学时序调整优化，而且对理论课程的教学内容、教学方法、考核方式也要围绕着服务于设计实践课程和学生的创新实践综合能力提升来进改革，进而使学生把所学的知识升华为自身的素质。同时对教师也提出了新的挑战，不仅需要教师更新教育观念，还对教师的课堂组织能力和把控能力及科研能力提出了更高的要求。

主要参考文献

［1］陈前虎.《城乡规划法》实施后的城市规划教学体系优化探索.规划教育，2009，4：77-82.

［2］谭少华，倪绍祥.城市规划应作为一级学科建设的构想［J］.城市规划汇刊，2002，1：53-55.

［3］赵万民，赵民，毛其智等.关于"城乡规划学"作为一级学科建设的学术思考［J］.城市规划，2010，6：46-54.

［4］增设"城乡规划学"为一级学科论证报告［R］.住房和城乡建设部人事司、国务院学位委员会办公室.2009.

［5］别敦荣.大学教学方法创新与提高高等教育质量.清华大学教育研究，2009，4：95-99.

［6］马仲岭.本科教育应注重大学生自主学习能力的培养.教育探索，2011，4：90-91.

［7］孙卫红.城市规划理论课教学内容与方法改革探索.高等建筑教育，2008，1：42-44.

［8］毛洪涛.高校教师教学能力提升的机制探索.中国高等教育，2011，23：35-37.

［9］崔轶.培养理性思维过程的教学方法—关于二年级建筑设计课程的实验性实践.中华建筑，2011，10：171-174.

［10］宋德萱，吴耀华.片段性节能设计与建筑创新教学模式.建筑学报，2007，1：12-14.

［11］陈喆，刘刚，张建.生态思想与建筑设计教学模式变革.建筑学报，2007，1：15-17.

［12］孙卫红.城市规划理论课教学内容与方法改革探索.高等建筑教育，2008，1：42-44.

Practicing and exploring in the theoretical courses of city and rural planning profession based on the idea of process education

Xiao Shaoying　Bai Shujun　Ren Binbin

Abstract：The professional courses of city and rural planning are divided into two systems of theoretical courses and practical courses, both disjointed in the actual teaching process. For the first time, the authors introduced the idea of process education into teaching practice of the urban and rural planning professional and focused on aspects of teaching timing, content, methods and assessment methods. The authors think that will enhance students' ability of innovative practic.

Key Words：the idea of process education, ability of innovative practic, curriculum reform

从轨道交通沿线调研中理解城市用地布局
——城市规划原理教学探索

张晓宇　运迎霞　孙永青

摘　要：本文介绍了"从轨道交通沿线调研中理解城市用地布局"教学活动的产生动因、组织形式、主要内容和总结体会。在城市规划原理传统教学方式的基础上，天津大学建筑学院城市规划系在规划原理课程教学中增加了轨道交通沿线用地布局的调研与优化的内容，提升了学生认知城市空间的能力，使学生加深了用地规范的理解，丰富了城市规划原理的教学方式。

关键词：城市规划原理，用地布局，轨道交通，教学方法

用地布局是城市规划原理教学的重要内容，是城市规划设计的基础。在《城市规划原理》教材中，用地布局的内容分布于第11章城市用地分类及其适用性评价、第13章总体规划、第14章控制性详细规划和第15章城市交通与道路系统。如何将这些分散的内容融会贯通，并且灵活运用于高年级的规划设计课程？天津大学城市规划系在《城市规划原理（二）》的教学中进行了积极的探索，从当前大城市建设的热点区域——轨道交通沿线的调研中理解用地布局。

1　增加轨道交通沿线调研的动因

1.1　规划原理的传统教学方式

在以往规划原理的教学中，引导学生理解城市用地布局的方式主要有两种，一是规划理论与规范的讲解，二是城市用地现状图或者城市用地规划图的分析。这两种方式能够比较全面的传授城市用地布局的教学内容。但是，这两种教学方式也存在着不足。

1.2　当前教学方式的不足

当前中国学生依然习惯于课本学习，缺乏发现、浏览专业资料的主动性，同时学生们擅长于建立在标准化答案基础上的单向思维，缺乏综合运用专业理论解决问题的多元思考能力，特别是由于对社会知识了解有限，相当多的同学难以把规划原理和支撑城市各项功能的用地布局联系起来。这样的弱点通常表现为《城市规划原理》笔试的高分和面对总体规划、详细规划等课程设计时的茫然，仿佛是从未学习过规划原理的新生。

1.3　调研环节是对传统教学方式的积极补充

为了准确、生动地理解规划原理与用地布局之间的关联，最好的学习方式是通过实地调研理解规划原理与用地布局的关系，深刻领会用地布局的特点。

在国家"985"工程和"211"工程的经费支持下，天津大学采购了天津轨道交通线网周边一定区域的部分数字地图，为城市用地布局的调研提供了条件。

2　轨道交通沿线用地调研的教学

2.1　调研组织

考虑到课时安排、学生的设备条件和专业能力，每一个同学进行的调研范围不能过大，同时又应当使学生对大区域范围的用地布局有所了解，因此调研活动的组织形式为"小组分段，整体共享"，具体内容为根据天津市轨道交通线网的建设与规划，结合所购数字地图，选定包含若干建成线路和规划线路的沿线用地作为调研的

张晓宇：天津大学建筑学院城市规划系副教授
运迎霞：天津大学建筑学院城市规划系教授
孙永青：天津城建大学讲师

图1 天津市轨道交通线网与站点

图2 轨道交通沿线调研用地

区域。每学年授课时将学生分为小组,每个小组负责调研两个站点及其之间的沿线一定区域的用地。调研的任务是依照规范完成用地现状图,总结现状存在问题,提出用地规划方案。

2.2 用地布局的现状调研

每一组的学生以轨道交通沿线的数字地图为主要资料,辅以谷歌等地图工具,依据国家用地分类标准绘制用地现状图,同时撰写现状用地分析报告,指出所在区域的现状存在问题,提出概念性解决方案,在课堂中进行前台演讲。

通过现状用地的分析报告,所有的学生不仅完成了进入规划专业的第一张用地图,而且运用课堂讲述的原理进行了所调研范围的区位分析、用地结构、公共设施、道路交通等方面的分析,为下一阶段提出用地与道路交通的优化方案打下坚实基础。

例如,在对天津西客站区域的调研中,学生们写到:

(1)地铁沿线现状以居住为主,沿街有少量商业金融设施,以西站为中心附近有大量建设用地,大面积的荒地导致过河的人行交通不便,荒地旁的城中村的居住环境恶劣。

(2)西站城市CBD改造工程规划前景良好,五大板块的功能合理。

(3)地铁枢纽带动了沿线的商业,娱乐,办公地发展与建设(天津水游城,时尚生活MALL,高密度的消费娱乐综合体)。

(4)在地铁与火车站交点这种综合的交通枢纽旁会密集地规划出一系列的商务,休闲,科教,生活用地,以最大效率地利用交通枢纽带来的经济效益。

在关注现状用地布局的同时,大部分学生对区域的道路交通问题产生极大的兴趣,结合教材中"城市交通与道路系统"篇章的学习内容,部分学生主动借阅、查询相关专业资料,得出了用地与道路交通应当一体化规划的结论,在专业学习中获得很好的提升。

通过全部小组的分析演讲与教师点评,每一个学生不仅更加对自己所调研区域的用地布局更加清晰,而且对调研轨道交通沿线的所有区域有了初步了解,激发起很多同学了解城市布局、研究城市布局的热情。在城市

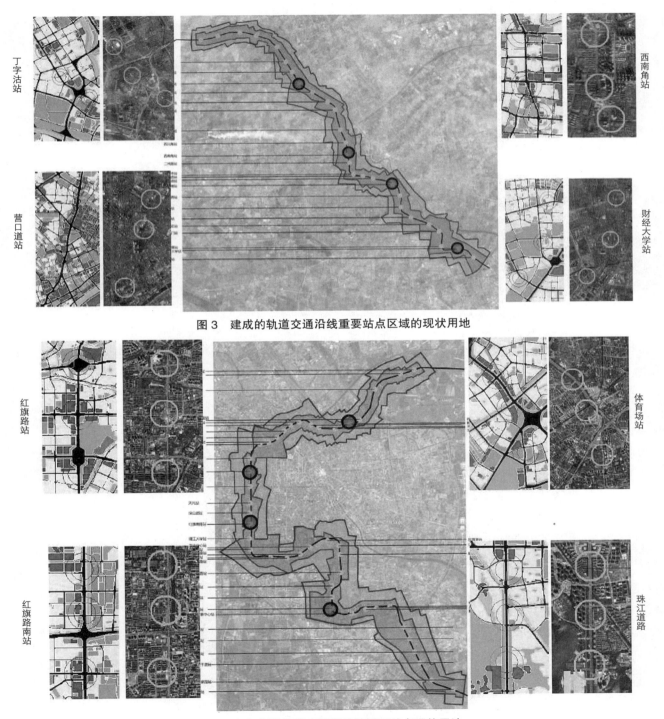

图3 建成的轨道交通沿线重要站点区域的现状用地

图4 规划的轨道交通沿线的重要站点现状用地

149

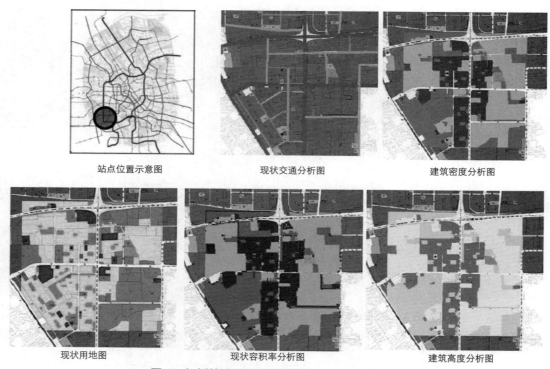

图 5 规划的重要站点区域的现状用地布局分析

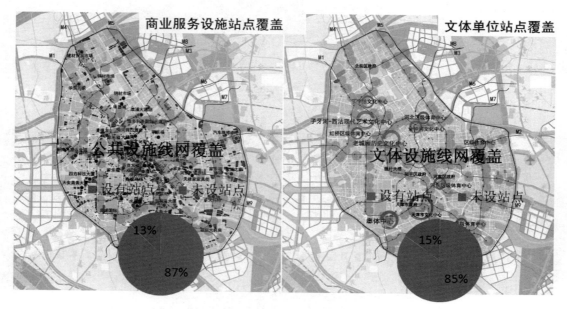

图 6 轨道线网与公共设施布局分析

轨道交通建设飞速发展的时期，在规划原理教学中及时引入"地铁上盖"、"TOD模式"、"串珠式结构"等概念，通过与城市公共服务设施、城市空间结构的分析，使学生们初步意识到轨道交通引导的城市空间结构的变化。

2.3 提交用地布局优化报告

在课堂对轨道交通沿线区域用地特点分析、讲评的基础上，将轨道交通站点周边区域用地优化作为课程作业予以布置，每个调研小组可以参考城市总体规划、专项规划和控制性详细规划（单元图）等公示项目，主要结合现场踏勘的总结与感悟，融合规划原理的理论指导，对现状用地提出优化方案。

在课堂讲评过程中，需要及时纠正学生的普遍现象是将复杂问题简单化，不少学生表现出以数学解题的方式理解用地布局问题，机械、生硬地套搬规划原理，不考虑现状用地建设情况，简单地以大拆大建实现规划原理所主张的布局要求。通过教师分析讲评、同学们各抒己见对不当之处及时修正。

3 教学总结

从轨道交通沿线调研中理解城市用地布局的教学活动已经开展了两年，教学内容的趣味性、时代感、专业性强烈地激发了学生们的积极性，很多的学生主动地申请调研城市边缘的线网区域的用地、现状用地复杂综合的区域，希望在调研中学到更多的专业知识，处理更加复杂综合的用地布局。

综合两年的教学经历，形成一些教学体会。

3.1 认知城市空间

当前，大部分学生在进入大学进行专业学习之前忙于应对高考；进入高等教育大门后，相当多的学生不能很快适应具有社会学特点的城乡规划专业学习，他们急需在教师的指导下尽快认知城市，理解规划原理与城市用地之间的密切联系。

调研活动要求学生以步行、自行车出行和公共交通出行的方式感知、触摸、欣赏和梳理城市，在城市的街道上以规划专业的背景知识分析所见所闻。同时，调研活动还促使相当多的学生开始关注他求学所在的城市，开始细致、深入地以专业视野关注他正在生活的城市。

3.2 深入了解用地规范

调研区域的现状分析报告要求学生以用地现状图为核心进行多层次、多方位的分析，这一过程促使学生仔细研读国家的用地分类标准，在城市用地认知与表达中

现状用地图

土地利用规划分析：
轨道交通站点周边土地利用不足；轨道交通站点周边土地紧凑度不足

土地利用规划图

图7 轨道交通站点区域用地优化示意一

土地利用规划分析：
轨道站点周边的道路网密度偏低；站点周边商业、办公等用地比例较低，用地功能有待调整；轨道站点附近公交站数量较少

土地利用规划图

图8 轨道交通站点区域用地优化示意二

理解城乡建设用地的分类标准和规范要求，为后期的总体规划的课程设计打下良好的基础。

3.3 为总体规划和控制性详细规划的课程设计储备专业知识

总体规划与控制性详细规划是城乡规划专业教学的最重要的设计课程之一，需要综合运用原理、法规和相关知识。在城市规划原理课程中进行的用地调研活动使学生们得到一个提前"演习"的机会，特别是提交的用地优化方案，促使学生们思考用地布局的合理性，在多要素思考中提升专业规划设计能力。

3.4 提高了团队协作意识

城乡规划工程不是由精英个人完成、执行的项目，而是在团队协作中由多部门、多个人、跨时段完成的技术工作。学生们在以往的学习中，几乎是单兵作战方式进行，极少有团队合作的方式进行学习和工作。

而从轨道交通沿线调研中理解城市用地布局的教学活动全部为团队合作方式进行，通常为3~5人一组，男女混合搭配，培养学生们的团队意识和分享意识，为走上工作岗位打下专业素养。

从轨道交通沿线调研中理解城市用地布局的教学活动将不断完善、细致，使规划原理的教学紧密结合社会环境，培养高水平的规划人才。

主要参考文献

[1] 天津市综合交通规划，2008-2020.
[2] 吴志强. 城市规划原理（第四版）. 北京：中国建筑工业出版社，2010.
[3] 明瑞利，城市轨道交通与沿线土地利用结合方法研究［硕士论文］. 同济大学，2009.
[4] 王宁，北京地铁站口与城市空间协同设计研究［硕士论文］. 北京建筑工程学院，2010.
[5] 田莉，快速轨道交通沿线的土地利用研究［J］;城市研究，1999，3.

Understanding City Layout by Survey of Landuse along Subway Line——Exploration in Teaching Method of Urban Planning Principle

Zhang Xiaoyu   Yun Yingxia   Sun Yongqing

Abstracts：This article describes the motivation, program, activities and experience of education method of "the survey of land use and layout near the subway line" in the course of theory of urban planning. Basing on the normal method, the Department of Urban Planning in Architecture School of Tianjin University teaches the students to do the research of the survey and improvement of land use and layout near the subway line in order to increases the ability of students to understand the urban space, enabling students to understanding principles more clearly and present more methods of profession education.

Key Words：principle of urban planning, land use and layout, subway, teaching method

基于时代性·实践性·创新性的城市规划原理课程改革

王桂芹

摘　要：本文首先论述了城市规划原理教学背景的动态性，对城市规划原理的培养目标进行了分析，以体现时代性、增强实践性、富于创新性为教学内容改革的核心，提出实习指导、最新政策法规以及成果反馈机制等一系列措施，对于提高《城市规划原理》课程教学水平，增强学生对《城市规划原理》课程学习兴趣和提高城市规划设计水平，建设美丽城乡，推动城乡规划专业永续发展有重要意义。

关键词：时代性，实践性，创新性，城市规划原理

近几年，我国进入了城市化高速发展的时期，各项城市建设广泛开展。城乡规划学科是一个涉及社会经济发展和物质环境建设的综合交叉学科，并且是实践性、政策性、动态性很强的学科。其内容要求、方法手段、政策与技术规范都要求与时俱进，体现时代性。《城市规划原理》是城乡规划学科的一门基础课程，因此，提高此门课程的教学水平，是非常重要的。城市规划原理课程的教学一定要体现时代性，紧随不断更新的法规和政策，同时该课程理论性极强，内容较为抽象，所以提高学生理论与实践结合的能力，增强实践性至关重要。此外，与学生的互动明显不足，学生很难参与到老师的教学过程中来，都是被动式的填鸭式的教学。因此，根据课程特点和教学要求，必须对教学内容和教学安排做相应的创新性的改革，以适应发展的要求。因此，提高城市规划原理课程的时代性、实践性和创新性至关重要。

1　城市规划原理教学背景的动态性

现在，中国的城市化水平快速的提高，城乡规划能够为城市建设的顺利开展提供指导。随着市场经济体制的建立与完善，城乡规划也越来越走向宏观与战略的研究，成为政府进行宏观调控的手段。在此情况下，传统的城市规划学科也相应面临发展的新机遇和新挑战。

《城乡规划法》的实施以及"城乡规划学"一级学科的设立，给城乡规划专业带来了重大的影响。

由于城市规划原理是城乡规划专业理论层面的核心课程，教材的内容发生了很大的变化，现在使用的是《城市规划原理》教材第四版，内容比以前大为增加，强调规划的法制性、树立正确的城市规划价值观，补充了生态、经济以及人口等方面的知识，注意历史文化的保护与传承，以及与GIS以及RS等技术信息的结合，也就是培养规划工作者的全面发展，同时特别强调控制性详细规划的作用以及地位，这些新的内容的变化导致以前的教学模式根本不适应现在的需求，这种教学背景的动态性，要求我们的城市规划原理教学模式也要随之变化。

2　城市规划原理的培养目标

城市规划原理课程是城乡规划专业本科教育课程体系中最为重要的课程之一，规划工作者除了必须掌握城市规划设计的方法，树立正确的城市规划的价值观，抱着对社会负责任的态度，还必须完善自己的知识体系，学习许多相关知识。所以，该课程的培养目标应为：培养学生运用城市规划学科的基础理论和城市规划设计等有关的专业理论，规划设计的原则和方法以及规划设计的经济学知识去进行控制性规划设计、城市总体规划、城市研究的能力，为城乡规划培养专业人才。

3　城市规划原理课程的教学改革

笔者主要立足于如何体现时代性、增强实践性、富

王桂芹：湖南科技大学讲师

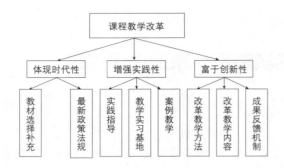

于创新性对城市规划原理课程的教学内容,教学方法,教学目标进行研究。

3.1 体现时代性

《城市规划原理》知识更新频率比较快,其内容要求、方法手段、政策与技术规范都要求与时俱进。在城市规划原理课程的讲授过程中,注重教学内容的时代性主要体现如下:一是我们现在所选用的教材虽然是第四版《城市规划原理》,但是其中很多的知识内容较为陈旧,已经与现行实施的不相符合,比如城市用地的分类标准。所以,教师应博览学科专业前沿信息以及现在的实时动态,并能够在上课过程中及时将国内外一些新的规划思想、理念与方法传递给学生;同时,应引导学生培养学习兴趣,使他们主动注意浏览国内外期刊、杂志上的一些新的专业知识与信息;二是《城市规划原理》是综合性很强的一门课程,也是政府进行宏观调控的手段,具有法制性。所以,授课时一定要关注最新的政策和法规:比如2008年《城乡规划法》的实施以及2011年,新的"城乡规划学科"的建立,使城市规划原理这门课程能够与时俱进。

3.2 增强实践性

知识的学习和掌握是要经过付诸实践这样的一个过程才能够融会贯通、学以致用、举一反三。《城市规划原理》这门课程理论性极强,内容较为抽象。教师在给学生讲授规划理论的基础上,增强教学内容的实践性,主要包括以下三个方面:

3.2.1 实践指导

增加实践指导这个环节,湖南科技大学的《城市规划原理》这门课程开课学期是学生大三的上学期,在此之前,学生分别到北京、上海、广州开始城市认知实习。通过实习,增加了对城市的直观认识,对于城市的规划设计方法,城市功能分区,城市规划总体布局有了感性的认识,这对于掌握第十三章"总体规划"的理论知识有一定的指导作用;同时,融入实践性内容,如教师在讲授城市总体规划的设计方法时,可以把实际的总体规划方案给学生讲解,使他们能够更好地理解理论知识,培养学以致用的意识和能力,为后期的课程设计奠定良好基础。

3.2.2 教学实习基地

学校特别重视实践教学,为学生的实习提供一切便利,与湘潭市城市规划设计研究院、湘潭市城市规划局、湘潭市建筑规划设计研究院等单位有长期的业务往来,保证学生能够轻松的联系自己想实习的基地,城乡规划的学生在实践基地进行为期一年的实习,在实习的过程中和设计院的人员学习专业的知识如何应用到实际的案例项目中。在这个过程中,即培养了他们的设计能力,最关键是的学习了如何分工协作,培养了他们的团队精神,能够做到毕业后顺利与社会的无缝连接。

3.2.3 案例教学

案例教学法在我们的城市规划原理教学中尤为重要,比如讲授修建性详细规划设计的时候,要提醒学生观察自己所居住的小区,观察他们的规划设计手法以及人的舒适度,这样学生才会针对这个问题进行思考,他们就能切实感受到理论知识是如何应用到实践上的。

3.3 富于创新性

根据课程特点和教学要求,必须对教学内容和教学安排做相应的创新性的改革,以适应发展的要求,主要从以下三个方面来体现:

3.3.1 改革教学方法

以前老师上课的时候常采用填鸭式的教育模式,但是《城市规划原理》这门课内容很抽象,学生不容易理解,所以很难得到很高的教学效果。教师上课的时候应该尽量活跃课堂气氛,我的课堂我做主,学生对于老师的理论阐述能有所回应,积极参与思考,同时应该尽量多引用一些实际的案例,对他们加以分析,增加理论知识的形象性,并且针对某个问题进行辩论,目的就是以练促学,启发学生积极思维,培养学生提炼问题、分析、解决问题的能力。

3.3.2 改革教学内容

《城市规划原理》内容特别多,涉及城市规划的方方面面,《城市规划原理》教材第四版总共有22章,但是湖南科技大学这门课程实际的授课课时只有48个,所以在授课的过程中,不可能面面俱到,对一些内容要进行适当的取舍。《城市规划原理》主要是阐述城市规划的基本原理,掌握城市总体规划设计和控制性详细规划设计的基本方法。因此,通过通读教材,反复研究,把第三篇的内容作为课程教学的重点。同时对教材的内容有所删减:如教材的第18章"城乡住区规划",主要是从修建性详细规划角度进行介绍,后面要专门开设居住区规划设计这门课,我便将其删除,第19章 城市设计也是如此。在讲授第二章 城市规划思想发展的时,城市规划许多新的思想已经产生,所以要把这部分内容补充进去,要紧跟时代的步伐;第11章 城市用地分类及其适用性评价,现行的用地分类标准与教材上的已经不符合,所以要进行更正。此外,为了避免课程教学内容的反复性,突显教学特色,在确定教学内容与重点时,必须统筹考虑这门课程与前后课程的关系,如第二篇城市规划的影响要素及其分析方法,包含了城市经济学、城市社会学、城市生态学等课程的内容。这样,经过调整改变后的教学内容才有针对性,提高了每一个课时的效率性。

3.3.3 成果反馈机制

教学成果反馈机制,能在宏观上是对教学质量进行管理,教师也能对教学过程进行自我检查。传统的教学方法是教师只注重结果考试的结果,而忽视了学习过程,很大一部分学生临时抱佛脚的现象,并没有很扎实地掌握课本的知识。在我们的实际教学过程中,应该通过"教学礼拜"听课、督导听课、教考分离和学生意见等方法形成反馈机制,随时检验教师的教学方法是否合适,从而全面、客观地评价教师教学,以期提高教学效果。

4 结语

城乡规划是多学科、复杂性的综合领域,认真分析《城市规划原理》课程教学中存在的问题,并提出改进对策,有助于提高教师的教学水平,增强学生对《城市规划原理》课程学习兴趣和提高城市规划设计水平,对建设美丽城乡,推动城乡规划专业永续发展起着重要的作用。

主要参考文献

[1] 张峰,任云英,周庆华,黄嘉颖,杨辉.城市规划基础理论教育教学改革实践探索[J].建筑与文化,2009,06:55-57.

[2] 陈秉钊.谈城市规划专业教育培养方案的修订[J].规划师,2004,4:10-11.

[3] 邓云叶,童成丰,杨贤均.城市规划原理课程教学创新的实践[J].安徽农业科学,2009,37(35):17765-17766,17770.

Reform of urban planning theory course based on times. practicality and innovation

Wang Guiqin

Abstract:Dynamics of teaching background of urban planning theory course is discussed,and the teaching purpose of urban planning theory course is analyzed.The teaching content reforms which conform to the times,strengthen the practice and display great innovation in this course are researched.Materials selection supplement、reform of the teaching content、the teaching method and results feedback mechanism are introduced in this paper.The reform has important significance to improve the teaching level of urban planning theory course，to better train students learning interest on urban planning theory course and improve improve the level of city planning and design，to build beautiful urban and rural construction and to promote urban and rural planning professional sustainable development .

Key Words : times，practicality，innovation，urban planning theory

城乡规划专业"自然地理基础"课程拓展式教学思路研究

路 旭 姚宏韬 韩 凤

摘 要：针对理科高中教育基础和工科城乡规划专业"自然地理基础"课程教学的基础性知识要求之间的诸多问题，本文分析现有《自然地理学》教材内容与城乡规划学科教学需求的关联性，提出以"自然地理学重点内容为源点、城乡规划学科内容为延伸"的拓展式教学思路，在现有教材的重点内容基础上进一步联系城乡规划学相关知识点，引导学生做到更好的结合自然地理学现象、原理和思维方法学习城乡规划，发挥地理学对城乡规划教育的基础性作用。

关键词：自然地理基础，城乡规划教育，学科交叉，教学内容

1 引言

"自然地理基础"课程是城乡规划专业课程体系中的重要一环，有助于城乡规划专业学生了解快速城镇化的自然环境背景，树立正确的人地观、环境观和科学的城市发展观。然而，在教学实践中我们发现，本校学生对自然地理基础课程教学的接受度普遍不高，在学习过程的初期往往兴趣较高，但到中后期往往容易出现学习兴趣下滑、无所适从的心境，影响学习热情和效果。为优化本课程的教学内容，更好的实现本课程对城乡规划专业学习的基础性作用，我们组织了授课效果调查和研究，探索教学思路和内容的改革。

2 授课效果调查与问题分析

为明确了解学生在学习过程中遇到的问题，我们在完成一个学期的课程教学后对授课学生进行了简单的问卷调查。调查采用匿名填写和单项选择的方式，共回收有效问卷66份，填写问卷者均来自城乡规划学专业本科生一年级。调查内容主要关注教材内容、教师行课内容、学生学习兴趣点三方的匹配程度。调查结论如下：

（1）城乡规划专业学生对自然地理基础课程学习热情较高，具有很好的接受基础。其中87.9%的学生表示对教材"很感兴趣"，100%的学生表示"喜欢听"本课程老师授课。在日常授课中我们发现，城乡规划专业低年级的学生在高中时期多为理工科背景，因此对自然地理学科的接受度分为三个层次：第一是自然地理学包含的量化分析公式和数据推导，学生接受起来很容易；第二是各类地理现象的特征和演化原理，需要经过较多的定性理解和记忆，学生掌握起来有一定难度；第三是自然地理学的原理与规律，学生掌握和运用往往比较困难。但总体而言，学生具备学好自然地理基础的学习热情和能力。

（2）城乡规划专业学生对自然地理基础课程学习的专注度较为欠缺，主要原因是教学内容与本专业基础教学阶段的主干课程有一定的距离。近一半（48.5%）的学生认为自然地理基础课目前对学习城市规划无帮助，超过一半（51.5）的学生在课后对所学内容印象较浅。经过讨论，我们认为学生如此选择的主要原因是对自然地理学知识的日常重复率很低。自然地理基础课程只有24学时，在开课学期所学课程中占据一个很小的比例，且其他课程大多都属于建筑设计基础和制图、美术基础等方面，与自然地理学缺少关联性，学生缺乏应用和重复理解自然地理基础课程内容的机会，久而久之难以坚持"预习 – 行课 – 复习 – 运用 – 掌握"的有效学习节奏。

路　旭：沈阳建筑大学建筑与规划学院讲师
姚宏韬：沈阳建筑大学建筑与规划学院教授
韩　凤：沈阳建筑大学管理学院讲师

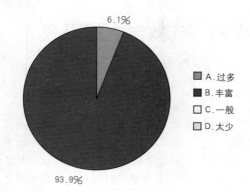
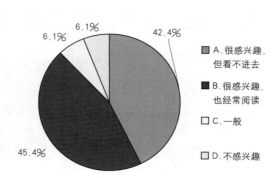
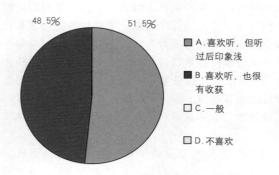
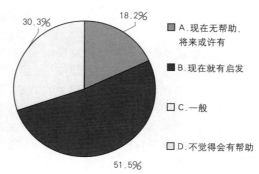
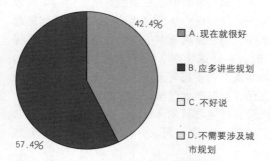

图1 对授课效果的调查问卷分析

（3）作为城乡规划专业教师，应当在现有自然地理学教材的基础上充分拓展，在授课中联系和解释更多城乡规划学相关的知识内容。有42.4%的学生表示对教材"很感兴趣，但看不进去"，12.2%的学生表示对教材兴趣一般或不感兴趣，可见本专业学生对现在使用的教材具有一定的距离感。目前国内自然地理学方面可供选择的教材较多，但缺乏专为城乡规划专业编写的教材。已有教材所设定的读者对象多为地理学各专业学生，重点介绍自然地理学在地理科学体系中的地位和作用，而并没有刻意联系和突出城镇化过程在地球表层系统演化中的特殊作用。因此，如果在教学过程中仅仅满足于传授现有教材的知识体系和内容，必然难以满足城乡规划专业学生的理解需求和探索兴趣。

调查问卷显示，全体学生都认为授课内容"丰富"甚至"过多"，然而仍有近六成（57.6%）的学生建议未来增加城乡规划方面内容，这种授课内容多但仍然不解渴的情况与我们的授课感受是一致的。综合上述结论，我们认为自然地理基础课程不能拘泥于教材内容复述，应该立足于本专业知识体系对教学思路和内容进行调整。

3 教学思路调整的目标与内容

城市规划学科的基本特点是具有很强的实践性，城乡规划学科的课程学习应当关注城市发展过程中的种种问题，在对各种问题的学习、研究和解决过程达到不断积累实践能力，培养专业人才的教育目的。本科教学方法应由被动接受式教学方法向接受式教学、问题探究式教学、启发式教学、案例讨论式教学等相结合的研究性教学方法转变[1]。然而，基于工学的学科门类和建筑工程的学科体系的传统教学模式已不能满足社会发展与人才知识结构的需要，城乡规划学习和研究应由传统的注重"城市物质空间形体"相对单一的领域转向对"城乡社会经济和城乡物质空间发展"的综合研究[2]。自然地理基础课程无疑是这种转变中的重要一环。

笔者认为，自然地理基础课程的教学思路有较大调整空间，最终目标应力争实现在基础知识、分析方法、实践能力三个层面与主干课（规划设计课）教学充分融合，真正融入城乡规划学科本科阶段的学习实践过程当中。教学调整过程不仅局限于自然地理基础课程，也应涉及其他专业课程中对自然地理基础知识和研究方法的应用与强调，可分为三方面内容。

第一方面是自然地理基础课的授课内容拓展，在传授自然地理基础知识的同时，强调这些基础知识对城乡规划实践的意义和作用，增加讲授城市发展与城乡规划方面的相关案例，让学生体会到自然地理基础知识的实用性和应用方向。

第二方面是自然地理基础知识在设计类课程中使用，尝试开设短期的、形式灵活的实践课，指导学生在一个课程周期内完成基于自然地理基础原理的设计或研究作业；同时，在各个设计课中强调应用自然地理基础知识、理论来建构设计思路、解决设计难题。

第三方面是推动与自然地理教学相关的学术讨论和交流，充分联系国内外城乡规划领域的相关热点问题，如城市防灾与灾后重建、生态城市、低碳城市、产城一体化等，引导学生以自然地理基础和规划设计课程学习基点，建构符合生态发展观和人地和谐观的规划设计思路和方法。

4 自然地理基础课程教学的"源点—拓展"式思路调整

对自然地理基础课程本身的内容调整而言，我们采用"源点—拓展"的方式调整教学思路，不断拉近自然地理学和城乡规划学两大学科体系的距离，引导学生从被动式理论学习模式转入到以实践为导向的专业技术学习模式。

（1）源点：教材重点内容

将与城市发展过程直接相关或相近的自然地理现象和原理作为重点教学内容，使之成为从自然地理基础知识介绍向城乡规划应用拓展的源点。现有教材中多以非常强调地球表层系统中自然环境对象的完整性和关联性，故而囊括了非常齐全的部门地理知识和理论体系，各部分内容"少不得、浅不得"[3]。而城乡规划专业的自然地理基础课程是为城乡规划实践服务的，因此可以适度简化对原理推导过程、历史演化过程、地理现象类型特征等内容的介绍，重点讲授与城市发展过程直接关联的、频繁出现而且影响严重的、体现我国主要特征地域的自然地理现象和原理。

（2）拓展：城乡规划相关知识点或案例

以更好的理解和运用教材重点内容为目标，在教学过程中引入城乡规划学科方面的拓展性教学内容，以案例讲述为主要形式，实现两大知识体系之间的有效对接。如表1所示，拓展教学内容可以包括几个方面，一是讲授自然地理现象对城乡规划技术发展的直接影响，例如在讲授地震原理和地震带分布以后，向学生介绍我国受地震影响的主要城市和地区，以及5.12汶川大地震以后我国城市的灾后重建规划和城市抗震防灾技术进步；二是讲授自然地理现象对城市发展的影响，例如在讲解河流、水系和流域后，以不同河流类型的水源、径流变化、河床形态特征为基础，讲解河流类型对沿岸城市发展的影响，对本校而言，重点讲解东北地区河流的冰冻、春汛、洪枯水量变化等特征以及相关的滨水设计手法；三是讲授自然地理学原理在城乡规划中的应用，例如基于土地类型研究原理和方法，向学生讲解土地分类评价方法对城乡建设用地功能确定的作用；四是讲授基于自然

自然地理基础课程的教学提纲　　　　　　　　　　　　　　　　　　　　　　　　表1

章	教材重点内容	城乡规划学科方向的拓展教学内容
1. 地球	海陆分布与海陆起伏曲线	全球大城市的地域分布特征
2. 地壳	板块构造学说	板块运动对城市发展、人居集聚的影响
	火山	我国的火山分布、活动情况与火山周边的城市发展
	地震	我国地震带分布，我国城市的灾后重建规划
3. 大气圈与气候系统	大气成分	城市空气污染现象和监测控制方法
	气候带与气候型	气候带分布对我国城市自然和人文景观的影响
	大气环流与海温异常	厄尔尼诺现象的成因与影响
4. 海洋和陆地水	海平面变化	全球气候变暖现象及低碳城市运动
	河流、水系和流域	河流类型对沿岸城市发展的影响
	地下水	城市地下水资源利用
5. 地貌	重力地貌和流水地貌	地质灾害的成因、危害与城市防灾规划
	海积地貌	沿海城市岸线综合开发的一般原理
	地貌景观	作为城市旅游资源的地貌景观
6. 土壤圈	土壤类型及分布情况	地方建筑材料和建筑形式的选择
	土壤资源的合理利用和保护	土地利用规划的意义以及与城乡规划的关系
7. 生物群落与生态系统	生物群落的结构和演替规律	生物群落规律衍生出的景观与城市的生态设计方法
	城市生态系统	生态系统理论影响下的生态城市规划的概念与原理
	生物多样性保护	区域景观生态规划的目标、途径与方法
8. 自然地理综合研究	自然区划	地域分异规律对研究城镇系统职能结构作用
	土地类型研究	土地分类评价方法对城乡建设用地功能确定的作用
	人地关系研究	人地协调理论影响下的城市可持续发展的内涵与控制模式

地理学理论形成的城乡规划工作思路、目标和原则，例如在讲解土壤资源的合理利用和保护后，进一步介绍我国土地利用规划的意义以及此类型规划与城乡规划的关系等。

5　结语

在当今社会经济变革的时期，我国城乡规划学科专业教育面临的要求不断提高，需求逐步多样化。城乡规划专业教育体系中以建筑工程的学科体系为主体，地理类课程在教学体系中所占比例低、经验积累少、与主干课程融合不足的现状仍将持续，然而从长期趋势看，地理类课程必须走出边缘化困境，在城乡规划工作中发挥更加重要的作用。因此，我们从教学实践经验出发对自然地理基础课程的教学思路提出调整，这些调整的效果还有待于接受实践检验，希望此类尝试有助于推动城乡规划教学系统中的多学科的融合和发展。

主要参考文献

[1] 陈锦富,余柏椿等. 城市规划专业研究性教学体系建构[J]. 城市规划,2009,06:18-23.

[2] 段德罡,白宁 等. 基于学科导向与办学背景的探索——城市规划低年级专业基础课课程体系构建[J]. 城市规划,2010,09:17-21、27.

[3] 伍光和,王乃昂等. 自然地理学[M]. 北京:高等教育出版社,2008.

Teaching Thought of Physical Geography Fundamental Knowledge in Urban Rural Planning Discipline

Lu Xu　Yao Hongtao　Han Feng

Abstract: Under the background of the new era, physical geography fundamental knowledge teaching in urban planning discipline is confronted with a lot of difficulties. In this article, the connections between physical geography teaching materials and the requirement urban planning studying were discussed. It argues to establish physical geography teaching priority and extended contents in Urban Rural Planning discipline, therefore establish the physical geography course system that conforms to the characteristics of current situations of the urban planning discipline and adapts to the backgrounds of different schools.

Key Words: physical geography fundamental knowledge, teaching of urban planning, combination of multi disciplines, content of courses

浅谈园林景观专业城市规划原理课程的教学改革

郑翔云

摘　要：随着我国经济发展的进步，在城乡统筹规划的城镇化进程的促进下，传统的园林景观专业城市规划原理课程面临着严峻的挑战，教学改革必不可少。城市规划原理是园林专业的核心课程之一，随着其知识难度的加大和内容的迅猛扩展，以往的教学存在前沿性与研究性不足、教学力量缺乏以及课程研讨较弱等问题。本文首先对园林景观专业城市规划原理课程的发展现状作了分析，在此基础上，从课程内容框架的改革、教学内容及目标的调整、教学方法的改进三方面阐述了城市规划原理课程的综合改革。

关键词：园林景观，城市规划，课程改革，教学目标，课程框架

在当今世界，任何一门学科的发展都不会是独立的，而是彼此借鉴和渗透的。城市规划原理课程是园林景观专业的核心专业基础课程之一，由于其具有实践性、长期性、地方性、经常性、交叉性和综合性的特点，也是地理专业、建筑学、景观、交通工程等专业的重要专业课程。城市规划原理课程学习的目标是让学生对城市以及城市问题全面的了解掌握，明白城市规划在我国城市建设和其他领域的意义，同时能掌握城市规划实施与编制方面的问题。从而促使学生专业知识面不断拓宽，在园林景观专业学习中融入城市规划，促进他们思考问题的系统性和全面性。随着我国城镇化进程的加快，城市规划原理课程传统的教学方式存在研究前沿性不足、课程研讨缺乏和教学力量太弱等问题，因此在讨论园林景观专业城市规划原理课程发展现状的基础上，提出城市规划原理课程教学框架、内容和方法的综合改革是非常有意义的。

1　城市规划原理课程发展及教学现状

1.1　学科背景的变化

目前，随着我国城乡建设范围和规模的不断增大、城镇化进程的不断加快，遗产保护问题、住房问题、生态环境问题、法制建设问题等朝着越来越尖锐的趋势演变。在这样的背景下，城市和农村的建设应该由粗放型的规模扩张转变为精细型的质量提升，因此园林景观专业以往的城市规划原理教学也面临着严峻的挑战和发展的机遇。从2008年我国《中华人民共和国城乡规划法》实行开始，我国城市规划工作传统的思路和方法也在不断变化和更新。从2011年，城市规划从建筑学分离而成为一门独立的学科开始，园林景观专业城市规划学科建设有了全新的进步。

城市规划原理课程作为园林景观专业理论角度的核心专业基础课程之一，在我国学科发展和城乡建设的转型背景下，城市规划原理课程的教学也出现了相应的变化趋势。新的城市规划原理教材包括了从城市规划建设的价值观到技术层面与空间层面有机结合的体系，从新时期的方法、理念到内容的不断丰富，使得园林景观专业的城市规划课程教育内容不断拓展，与此同时，城市规划原理课程的教育改革也更加迫切。园林景观专业城市规划原理课程在教学内容方面存在着课时少但结构庞杂的问题，而且课程框架不能与园林景观专业学生的知识需求相适应，教学方法不能引起学生的共鸣，得不到良好的教学效果，因此，为了顺应时代发展的要求，城市规划原理课程的综合改革应该从多方面进行，既有课程内容框架结构的改革，也包括教学目标及内容的不断调整，还有教学方法的改进实践。

郑翔云：沈阳建筑大学建筑与规划学院讲师

1.2 学生适应性不佳

园林景观专业城市规划原理课程的教学现状之一是学生的适应性不高。由于传统的城市规划原理课程教学的学时较短,教学内容繁多而且偏向于理论性,学生对城市规划知识的掌握程度差强人意。由于教学内容和方法的欠缺性,对于城市规划专业的学生来说,要将此课程学好尚且具有很大的难度,更不论说是园林景观专业的学生,由于他们对城市规划相关专业知识的储备不足,在城市规划原理和理论的理解上存在较大的难度。根据与学生的沟通交流以及城市规划原理课程的考核结果来说,园林景观专业学生对城市规划理论知识的理解掌握度不高,对于一些关键的理论知识,只是机械性的死记硬背而缺乏理解,因此在不久就会忘记。同时,由于园林景观专业的学生对城市规划原理课程的认识存在误区,他们普遍觉得城市规划原理课程并不是本专业的主要课程,认为只要将园林景观设计掌握,城市规划的相关内容无足轻重,因此对城市规划原理课程的学习缺乏一定的积极性,且重视程度不高。所以,教师在课程开始的时候,首先应该介绍本文课程,让学生明白城市规划和园林景观专业之间的关系,阐述学习本课程的重要意义、学习要求、学习方法、学习内容等,让学生思考为什么要学习城市规划原理,这也是新时代教学的首要出发点。教师通过课程介绍让学生对城市规划原理的学习目标和知识结构有足够了解,做到胸有成竹,如此才能使他们树立正确科学的学习目标,为之后城市规划原理课程的学习奠定良好的基础。

2 园林景观专业城市规划原理课程的综合改革

2.1 课程内容框架结构改革

园林景观专业城市规划原理课程的综合改革,重要方面之一是以教学改革的课题为出发点,促进城市规划原理课程内容框架结构的改革。近年来的城市规划原理精品课程教学的研究和改革立项,为园林景观专业城市规划教学改革提供了良好的机遇和基础。相关教学组织在对新版城市规划原理教材的改革调整方向进行深入分析的基础上,借鉴国外城市规划原理改革的资料,对新的课程内容框架进行了重新梳理,主要分为城乡规划前沿实践、城乡规划的方法技术、城乡规划的思维理念、城乡规划的理论原理、城乡规划的影响因素、城乡规划的实施、城市规划体制等几部分。其中城乡规划的前沿实践模块注重双语教学方法,对国际化、前沿性的教学内容和素材牢牢把握,重点教学内容是现代国内和国外城市规划前沿理论和发展时间内容;城乡规划的方法技术主要由城市规划的编制内容和类型、城市规划的体系、城市的区域性规划、城市用地的类型及对其适用性的评估、城市详细的控制性规划、城市的总体规划、城市环境和生态规划、城市道路与交通系统规划、城市住区的规划、城市工程的系统性规划、城市复兴与城市的遗产规划保护、城市的规划设计、城市规划的管理以及城市的规划开发等内容;城市规划的思维理念主要包括城市规划价值观念、城市规划方向发展、城市规划方法思维等;城市规划的理论原理包括信息与技术、文化与历史、社会与人口、产业与经济、环境与生态以及城市化与城市等内容,城乡规划的影响因素主要是生态与环境和经济与产业,生态与环境因素包括人类、城市生态系统和城市环境,经济与产业包括经济的增长、产业结构和全球背景下城市产业的发展等内容;城乡规划的实施指的是在了解城市规划原理的基础上,运用城乡规划方法技术来建设城市,注重理论知识的实际应用;城市规划体制包括了我国现行的城乡规划法规、行政、技术和运作体制等。

通过城市规划原理课程内容框架结构的改革,使得传统教学模式中的轻思维、重技术的功能主义理念被纠正,更加侧重于关注城市规划中的行为科学、社会与工程、建筑等交叉性问题,使得园林景观专业的学生能得到正确的引导区认识城市规划问题,将分析与设计、分析与规划互相间的问题处理完善。

2.2 明确园林景观专业与城市规划原理课程关系,适时调整教学目标及内容

园林景观专业城市规划原理课程改革的关键之一是明确城市规划原理课程与园林景观专业二者间的关系,对教学内容和目标进行适当调整。由于园林景观专业的实践性和综合性较强,城市规划原理课程的教学内容应该突出重点,注重对学生应用实际能力的培养。城市规划原理课程的教学内容范围较广,很多章节缺乏逻辑性,教材上的案例时效性不强,给园林景观专业的学生带来理解上的困难。所以,在教学内容设置上,应该

遵循三个培养、一条主线的原则，使得教学目标达到预期效果。三个培养指的是城市规划原理课程教学中从始至终注重学生实际能力的培养以及基本理论、基础知识的综合应用；注重对学生刻苦钻研、求实认真精神的培养，增强园林景观专业学生作业、调查报告、设计和参观报告等能力的练习；注重对园林景观设计、城市规划专业互相间联系运用能力的加强，处理好城市规划与园林景观专业二者间的衔接。一条主线指的是以基础教学为侧重点，即将城市规划专业的基本观点和理论作为主线，在教学内容分配上，首先要保证难点、重点和基础内容的协调性。

另外，应该对园林景观专业的最新动态切实掌握，使得教学内容和目标不断优化。根据园林景观专业学生的需求特点，适当的优化和充实教学目标与内容。教师要摒除传统教学内容选择中的照本宣科、面面俱到、案例少而理论多的缺点，掌握园林景观专业的特点，安排与专业密切联系、形式多样的城市规划学科教学内容。教师应该注重城市规划原理课程实际案例的整理收集，引导学生积极思考，拓展他们专业思维的深度和广度。在教学目标制定上，应该强调实践环节的重要性，促进学生自主性的学习。按照城市规划原理课程的教学特点，增强实践与理论的有机结合，在课堂教学中引入实际案例。在城市规划课程内容设计中，应该尽可能多的开展真题设计，组织园林景观专业学生对所设计区域的实际状况亲自考察，对城市规划的限定条件和基本要求充分考虑，从而促进他们对知识的实践能力和实际运用能力，使他们对城市规划理论的理解更加迅速、形象和充分，并在园林景观设计中巧妙应用，促进城市规划原理课程教学质量和效果的提高。

2.3 教学方法改进实践

2.3.1 教学方式引入互动式教学

在园林景观专业城市规划原理课程教学方法的改革中，首先应该引入互动式教学。互动式教学指的是由教师提出相关现象或问题，启发学生回答，拓展他们的发散性思维能力，从而促进教学互动的实现。互动式教学法的小组讨论，能够实现学生互相间的启发作用，从而促进教学质量的提高。一方面，可以利用互动式教学中的四种提问方式，促进学生综合素质的提高。"我问你答"方式指的是教师提问，学生自主回答，从而促使学生的注意力集中在城市规划问题中，增强他们的思维能力；"我问群答"方式指的是教师提问，多个学生自主回答，这种多向互动的方式能提高学生的学习积极性及逻辑思维水平；"你问我答"方式指的是提问方是学生，回答人是教师，这种方式能将城市规划教学中的难点重点及时反馈，促进学生提问的积极性；"我问我答"方式指的是教师提问，然后教师回答，这样的方式能将城市规划原理课程的重点反映出，通过设问来串联章节内容，使得学生在类比过程中掌握新知识，提高他们的类比水平。

另外，在园林景观专业城市原理课程互动式教学中，利用引导学生思考的方法，促进学生钻研水平的提高。教学互动是通过师生问答来提高学生深入思考问题的主动性和积极性。如果城市规划教学的多个问题具有多种解决方法和答案，那么教学互动的效果会更加跌宕起伏，使得学生的印象更加深刻。其中递进式引导指的是当学生回答了正确的问题答案时，根据这个问题，拓展出新的内容和问题，引导学生回答，使得他们对城市规划课程知识点的掌握更加深入。类比式引导指的是教师提出两个相似的问题，通过多种解决方式让学生明白城市规划原理课程因地制宜、灵活处理的特点；对比式引导指的是将园林景观专业知识与城市规划原理专业知识互相对比，然后提出问题，如此能让学生将城市规划专业知识的学习与园林景观紧密结合起来。

2.3.2 注重能力培养，强调实践

城市规划专业学科是一门包含了物质环境建设和社会经济发展的综合性的交叉学科，我国的城市问题是比较复杂的，且具有多种矛盾，因此城市问题不会是简单的物质建设问题，园林景观专业的学生要将城市问题真正解决，如果不具备坚实的理论基础，则不能进行科学的理解和正确的判断，因此城市规划原理课程的教学应该注重知识理论和能力的培养，强调实践，在实践中合理运用理论。首先，应该做好城市规划的实习工作。城市规划原理课程中重要的实践环节是城市总体规划的实习，这也是园林景观专业学生对城市规划与城市了解的最好方法。城市规划实习中，学生应该分成多个小组，每个小组针对某个案例城市，经过一周以上的现场观测、资料查阅等方式，对城市的特征和本质进行认识，以此把握城市的发展方向、性质和功能布局等，对城市在未

来的建设发展提出合理科学的建议。其次，应该组织园林景观专业的学生进行城市居住区的认识实习。通过对已经建成的城市居住区的认识和调查，对居住地的设施的使用情况、组织和构成等具备感性的认识，提高了学生对城市规划专业学习的主动性。同时能够有针对性的发现城市居住区规划中的相关问题，帮助教师在教学中结合案例，系统的讲解和阐述城市规划原理内容。

2.3.3 强调引入案例分析，同时注重引导学生科学学习

我国社会城市经济较为复杂，因此城市开发项目的重复性较少。近年来，城市规划原理相关的理论仍不够完整和严密，因此在园林景观专业城市规划原理教学中引入案例的研究和分析是非常有必要的。城市规划原理课程教学中应该参考工商管理课程的相关教学方法，通过案例的大量分析和研究来阐述城市问题和城市现象，从而对规划设计经验进行总结，让园林景观专业学生对城市规划课程的理论知识和基础理念的掌握不断加深。案例教学能够让教师和学生直接参与，一起对城市规划中的疑难问题和案例开展讨论。案例教学的目标不是传授理论，相应的，教师通过一些城市规划具体案例的出示，引导学生对案例中所出现的问题和矛盾进行积极思考，通过讨论来发表自己的意见，从而使得学生的创新意识和创造潜能得到挖掘，培养他们积极主动学习的能力和兴趣。案例教学的重点不是能否得到正确答案，而是学生对答案的探索和思考过程。在城市规划原理教学课堂上，每个学生都要参与并开动脑筋。学生在教师的指导下加深对城市规划问题的理解，提高处理问题的水平，同时学生互相间也会讨论和交流，促进他们对问题的观察能力，调动学习的主动积极性，活跃课堂气氛，从而使得他们对城市规划课程内容有较好的掌握。

3 结语

通过对园林景观专业城市规划原理课程教学的改革，学生学习的主动积极性会大大提高，他们能自主的参与到城市规划课程的认识实习和讨论中，从而加深了对理论知识的掌握，并将它们应用到设计实践中，使得学生思考能力和思维创造性进一步增强。城市规划原理课程教学的改革，与我国社会对人才的需求相符合，同时也满足社会经济的发展要求，意义重大。

主要参考文献

[1] 张峰，任云英，周庆华等.城市规划基础理论教育教学改革实践探索[J].建筑与文化，2009，06：55-57.

[2] 孙卫红.城市规划理论课教学内容与方法改革探索[J].高等建筑教育，2008，01：42-44.

[3] 吴志强.城市规划原理（第四版）.北京：中国建筑工业出版社，2001.

[4] 全国城市规划执业制度管理委员会.城市规划相关知识.北京：中国计划出版社，2002.

[5] 全国城市规划执业制度管理委员会.城市规划实务.北京：中国计划出版社，2002.

On teaching reform of city planning principle course for landscape professional

Zheng Xiangyun

Abstract：With the progress of China's economic development，to promote the process of urbanization in urban and rural planning，the traditional landscape professional urban planning theory course is facing severe challenges，teaching reform is essential. Garden city planning principle is one of the professional core courses，along with the increasing difficulty of their knowledge and content of the rapid expansion of the past, present cutting-edge teaching and research is insufficient, the lack of teaching and curriculum seminars weak forces and other issues. This article first landscape urban planning theory courses Professional Development of an analysis, on this basis, the reform of the framework from the course content, teaching content and objectives of adjustment, improve teaching methods three aspects of urban planning theory courses integrated reforms.

Key Words: landscape, urban planning, curriculum framework, curriculum reform, teaching objectives

《城市工程系统规划》课程教学改进探讨[①]

宫同伟　张　戈

摘　要：从城市规划专业本科培养目标出发，在分析城市工程系统规划课程特点的基础上，从授课内容、授课方式、授课时间、考核方式四方面探讨了课程教学的改进，以使学生通过课程学习，具备城市各专业工程规划的基本知识和综合规划设计实践的能力。

关键词：城市工程系统规划，改进，城市规划

城市工程系统规划是全国城市规划学科专业指导委员会制定的城市规划专业本科教育培养目标中的专业主干课程[1]，是城市建设中多项工程性设施布局与设计的综合，也是城市规划设计与管理中必不可少的环节。随着城市建设的深入，城市工程设施在城市日常生活、生产和建设中的作用日益突出，迫切要求城市规划专业教育向广度和深度发展，要求城市规划从业人员具备专业工程规划的基本知识和系统设计的能力，以利于科学有效地指导城市建设[2]。

我国多数院校的城市规划专业以传统建筑学教育为基础，教学上注重设计能力的培养，侧重于直观、具体的物质空间形态。城市工程系统规划相对比较抽象，其中涉及空间的内容很少，一定程度影响了学生的学习兴趣[3]。如何激发学生的学习兴趣，探索适合城市规划专业的城市工程系统规划课程教学方法，是教学过程中必须面对的问题。

1　课程特点

依据城市规划专业本科培养计划，城市工程系统规划课程的教学目标是使学生了解城市工程系统的组成和作用，理解工程系统的运行方式和技术要领，掌握城市总体规划与控制性详细规划阶段中工程系统规划设计的方法。城市工程系统规划作为城市规划专业的综合性配套课程，具有以下两个特点。

1.1　覆盖面广，规范性强

城市工程系统规划课程涵盖了除交通工程以外，几乎所有城市基础设施部分的规划内容，主要包括给水工程、排水工程、电力工程、电信工程、热力工程、通信工程、燃气工程、管线综合、竖向规划、综合防灾、环境卫生工程等。其中的每一单项工程都是一个庞大的系统，都可作为城市建设的专项规划独立存在。以综合防灾工程为例，主要由消防工程、防洪（防潮）工程、抗震工程、防空袭工程及救灾生命线工程等组成，且其中的一些工程系统，如消防工程、生命线工程等，还可进一步细分[4]。

城市工程系统规划与城市规划设计类课程的特点迥异，后者更关注学生发散性思维和创造力的培养，前者则更关注学生规范性的培养。城市工程系统规划课程内容本身就有相当一部分源于《城市给水工程规划规范》、《城市排水工程规划规范》、《城市电力规划规范》、《城市热力网设计规范》、《污水再生利用工程规范》等相关专业的技术规范。城市工程系统规划过程中自由发挥的空间相对较小，更多的是对指标数据的严格计算，对设施位置和网络线路的最优选择[5]。

1.2　与规划设计联系紧密，实践性强

城市工程系统规划是城市规划设计实践的重要组成

[①] 天津市教委重点项目，专业理论课程教学体系及教学模式改革与实践研究（C03-0828）。

宫同伟：天津城市建设学院建筑学院讲师
张　戈：天津城市建设学院建筑学院教授

部分。一方面城市规划内容必须包含工程系统规划，为城市市政工程设施预留用地和管线通道，保证城市功能的完整性；另一方面，城市工程系统的容量也能够制约或促进城市的发展。良好的城市工程系统可以保障城市生活、生产环境的提升，促进城市健康发展；城市工程系统容量不足，则会制约城市的承载人口和产业发展[6]。

虽然，城市工程系统中的每一单项内容都具有一定完整性，都可作为独立的专项规划，但城市规划专业培养目标并非要求掌握各个单项规划，而是做好各单项规划与城市总体规划和详细规划的衔接。城市工程系统规划过程中通常受到人口规模、用地规模、用地布局、交通系统、绿地景观等诸多方面规划设计因素的影响，工程实践中，通常需要反复与规划设计进行协调，这就要求教学过程中应注重学生实践能力的培养。

2 改进探索

基于对城市工程系统规划教学目标的理解和课程自身特点的认识，笔者认为课程教学可以向"互动与融合"的方向进行改进。"互动"除包括教师与学生、学生与学生之间的互动外，还应包括学生与相关工程设施之间的实地互动；"融合"主要指理论授课与设计实践的融合，教学过程可与相关设计课程进行衔接，甚至可以实施联合教学。就"互动与融合"的教学改进方向，笔者从授课内容、授课方式、授课时间、考核方式四方面进行了更为具体的探讨。

2.1 突出专业特点，精简授课内容

城市规划的专业特点决定了城市工程系统规划的教学目标不是完成各单项工程规划，而是注重单向规划与设计实践的衔接。这就使得城市工程系统规划在授课内容上不必面面俱到，而是在有限学时内，重点讲授工程系统中与设计实践相关的内容。以城市给水工程规划为例，该节涉及内容包括城市给水系统的组成、运行原理及各部分的作用，城市水源地的选择与保护，城市用水量预测的方法，城市给水工程设施及管网规划的方法等诸多内容。从实践角度出发，本节的重点应放在用水量预测、给水设施规划和给水管网规划三方面内容上，其中又以用水量预测最为重要。首先，用水量预测作为一个量化分析过程，计算量相对较大，通常容易被学生忽视；其次，工程设计实践中，用水量预测不仅会影响后续的给水设施和给水管网规划，还可能影响到发展规模、产业定位等规划设计内容，甚至会对整体规划设计方案产生影响[7]。因此，教学过程中，应突出专业特点，精简授课内容，着重讲授与工程设计实践相关的部分。

2.2 适度走出教室，采用现场教学方式

城市工程系统规划在授课方式上多采用理论讲授的形式。这种授课方式可以快速讲解课程的基本理论内容，但对工程设施的运行方式、技术流程等实践性较强内容的讲解存在一定难度，不利于培养学生的感性认识。这样的授课方式使学生很难接触到城市中供水泵站、调压站等基本的工程设施，无法区分35kV变电站与110kV变电站，不知道各种工程管线如何敷设，当然，也就难以理解这些设施在城市中的合理布局。

在授课方式上可以适度走出教室，选择合适的城市工程设施，进行现场教学，让学生参观其工艺流程，实地认识各工程设施。如在排水工程规划中，可将部分授课时间安排在就近的污水处理厂，让学生观看污水流经不同的反应池，了解污水处理的流程，感受大面积污水沉淀池散发的难闻气味，有助于学生理解污水处理设施选址过程中，除了对地势的考虑外，城市主导风向的影响同样重要。

2.3 合理安排开课时段，衔接设计课程

城市工程系统规划教学过程中，理论授课与设计实践之间的矛盾一直存在。一方面，课程的实践性特点要求应与设计实践相结合，适当增加课程设计环节；另一方面，授课过程中很难找到合适完整的设计案例，供学生在有限的授课时间内进行设计实践。城市工程系统规划与规划设计课程教学上也一直存在衔接不当的问题。规划设计课程教学中，工程系统配套部分是学生最不愿面对的难点内容。虽然相关内容在城市工程系统规划课程中都有所涉及，但仅通过理论学习，学生难以短时间内灵活运用到具体的规划设计中。

基于以上分析，笔者认为可以通过调整开课时段，将两门课程有机衔接起来，以解决城市工程系统规划缺设计案例、少实践时间和规划设计课程少工程系统指导

的难题。实际上，我校在修订新一轮培养计划时，已在这一方法进行了尝试。首先，对城市工程系统规划课程设置进行调整。课程原授课时间12周48学时均为理论授课，调整后，改为10周40学时理论授课和2周8学时的课程设计。其次，对开课时段进行调整。将2周8学时的课程设计时间调至与控制性详细规划设计的设计周相重合。通过这样的调整，学生可以在2周时间内，经由工程系统规划和设计课教师的共同指导，完成控制性详细规划设计中市政工程设施配套部分内容。该部分内容既作为工程系统规划的课程设计成果，同时也是控制性详细规划成果的一部分。2012年秋季学期，班级教研组对该方案进行了初步尝试，基本达到了预期教学目标，赢得了学生的广泛支持。

2.4 重视教学过程，采用多种考核方式

城市工程系统规划与其他理论课程一样，多采用闭卷形式的传统考试作为主要的考核方式。这样的考核方式可以一定程度上增加学生对课程基本知识的记忆[8]，但很难突出课程的特点，考察学生将理论知识灵活运用到设计实践中的能力。所以，城市工程系统规划应适当弱化传统考试，采用多种考核方式，加强对学习过程和设计实践的考查。考核方式上可采用课程讨论、课程调研、课堂问答、课程设计等多种形式，发现教与学两方面存在的问题，进行及时调整。对教学过程和设计实践的考核，能够较为真实的反映学生平时的学习状态和努力程度，使考核真正全面测试和评价学生的知识、能力和素质，一定程度上转变学生的学习态度，调动学生的学习积极性。

3 总结

随着城市建设中对工程系统重视程度的提高，城市工程系统规划在城市规划中的地位也正日益提升。城市工程系统规划长期以来难以摆脱传统"填鸭式"教学方式，与当前的城市规划专业教学目标存在一定距离，也不符合"卓越工程师"的培养计划要求。笔者仅从"互动与融合"方向对课程教学的授课内容、授课方式、授课时间、考核方式进行改进探索，并将其中的部分内容应用到实际教学中，虽取得一定的成效，但需要改进的方面依然很多。作为应用型理论课程，城市工程系统规划必须以设计实践为导向，依据城市规划的专业培养目标，从实践教学环节寻求突破，进行针对性的教学改革，只有这样才能为培养技术全面的规划人才贡献力量。

主要参考文献

[1] 高等学校土建学科教学指导委员会城市规划专业指导委员会. 全国高等学校土建类专业本科教育培养目标和培养方案及主干课程教学基本要求：城市规划专业[M]. 北京：中国建筑工业出版社，2004.

[2] 吴志强，于泓. 城市规划学科的发展方向[J]. 城市规划学刊，2005，6：2-10.

[3] 陈秉钊. 谈城市规划专业教育培养方案的修订[J]. 规划师，2004，4：0-11.

[4] 戴慎志. 城市工程系统规划[M]. 北京：中国建筑工业出版社，2008.

[5] 刘兴昌. 市政工程规划[M]. 北京：中国建筑工业出版社，2006.

[6] 郝天文. 市政工程专项规划编制几点问题的探讨[J]. 城市规划，2008，9：84-86.

[7] 刘光治，葛幼松，周彧. 市政工程规划编制工作探讨[J]. 江苏城市规划，2008，8：36-38，44.

[8] 田建荣. 科学的考试观与义务教育质量[J]. 江苏教育研究，2010，7：3-7.

Interaction and Fusion: The Exploration on Improvement of City Engineering System Planning Teaching

Gong Tongwei Zhang Ge

Abstract: Starting from undergraduate training objectives of Urban Planning, the paper explore the improvement of City Engineering System Planning teaching based on the analysis of course features from teaching content, teaching methods, teaching time and assessment. Students through course learning have basic knowledge of professional engineering planning, and the capacity of integrated design.

Key Words: City engineering system planning, Improvement, Urban planning

新时期新挑战新要求下，历史文化遗产保护课程教学的新探索

王 月 张秀芹

摘 要：研究针对目前城市规划专业历史文化遗产保护课程的教学现状和新时期面临的新挑战新要求，结合课程特点，提出历史文化遗产保护课程应培养学生在城乡规划中树立基本的历史文化遗产保护观念，搭建合理的知识体系框架，训练分析综合问题的基本技能，并以认识事物的基本规律为主线，适时融入新的教学内容、方法和手段，从而强化历史文化遗产保护的课程教学，提升教学品质。

关键词：历史文化遗产保护，教学模式，教学内容，教学手段

自1933年《雅典宪章》❶中首次从城市规划的角度上提出了历史文化遗产保护的原则开始，历史文化遗产保护的问题正式在规划学界引起普遍的关注及重视。遗产保护的观念也经历了一系列的演进和发展——由保护单一建筑本体到保护建筑与周边环境，再到"人和房子一起保护"❷等，强调了人与自然环境、人工环境的和谐发展。迄今为止，在世界范围内对于历史文化遗产保护的研究，无论是理论层面还是实践探索方面都未曾停下脚步。因此，历史文化遗产保护这一科学是一门始终发展着的科学，相应的在文化遗产保护的课程教学中应当不断进行教学改革，适时的引入新的相关理论、案例，应用新技术新设备，探索新的教学模式，教学应紧随科学发展的脚步，致力于文化遗产保护问题的前沿研究，努力避免课程教学的相对滞后性。与此同时，党的十八大报告指出：要"建设美丽中国"，"必须把生态文明建设放在突出位置，融入经济建设、政治建设、文化建设、社会建设各方面和全过程，实现中华民族永续发展。"由此可见，建设生态文明的重要性，而保护历史文化遗产对于建设自然生态文明和文化生态文明都具有重要意义。一方面，历史文化遗产的保护性再利用，能够节约建设成本、避免资源浪费、减少建筑垃圾的产生，从而降低建设污染程度，是一种低碳、经济、可持续的规划建设手段，有利于自然生态文明的建设；另一方面，作为文化生态❸的重要载体，历史文化遗产中所传承的城市发展脉络，城市生活印记是城市特色、城市文化底蕴的根本来源，因此城市历史文化遗产保护的好坏直接反映着城市文化生态文明建设的优劣，对其有重要的表征作用。因此，为了应对新时期"生态文明建设"的新要求，历史文化遗产保护课程的教学改革及教学探索势在必行。

1 现阶段城市规划专业历史文化遗产保护教学的概况

现阶段城市规划专业历史文化遗产保护的教学仍处在逐步探索，不断提升的阶段。教学的基本情况：主要包括教学模式，教学内容和教学安排，教学手段及其反映出的问题如下。

1.1 城市规划专业历史文化遗产保护教学的基本情况

1.1.1 城市规划专业历史文化遗产保护的教学模式

主要的教学模式依然是传统的课堂讲授式教学为

---

❶ 国际建筑协会（C.I.M.）于1933年8月在雅典会议上制定的一份关于城市规划的纲领性文件——"城市规划大纲"。

❷ 意大利古城博洛尼亚第一次提出了"把人和房子一起保护"的口号，这也是全球性的保护新观念，即"整体保护"。

❸ 文化生态学（cultural ecology）是一门将生态学的方法运用于文化学研究的新兴交叉学科，是研究文化的存在和发展的资源，环境，状态及规律的科学。

王 月：天津城建大学建筑学院城乡规划系讲师
张秀芹：天津城建大学建筑学院城乡规划系讲师

主。在某些章节的教学中或许会增加一些互动式教学。传统的课堂讲授式教学有着其固有的优势即：通俗化和直接性，它可以在教师讲授的过程中将复杂问题简单化，并通过定性的形式将相关知识直接传递给学生，使学生能够用最短的时间构建起相关的知识架构，并得出相应的结论。在历史文化遗产保护的教学中，采用讲授式教学，无疑也能使学生尽快的树立保护的意识，了解和掌握保护的内容和方法。然而一方面这种"灌输"的保护意识有多牢固，是否能够转化成为一种潜意识，一种规划习惯尚未可知；另一方面对于"拿来主义"的保护内容和方法的认识有多深刻，能否建立起合理完整的知识体系，从而进一步形成分析解决保护问题的能力也是未知之数。

1.1.2 城市规划专业历史文化遗产保护的教学内容和教学安排

教学内容的设置主要包括历史文化遗产保护的相关概念的解释，基本理论的介绍以及保护实际案例分析等。教学内容的设置符合由浅入深，循序渐进的学习规律，三大部分的教学内容对于历史文化遗产保护知识体系的构建形成了强有力的支撑，如图1。但在基本理论与保护实际案例之间缺少分析理论的联系，如图2，在历史文化遗产保护的教学中，分析理论实际扮演着方法论的角色，是指导学生应用基础理论分析解决遗产保护中所遇到的纷繁复杂的综合问题的重要手段和途径，分析理论的缺失将直接影响学生分析解决实际问题的能力。

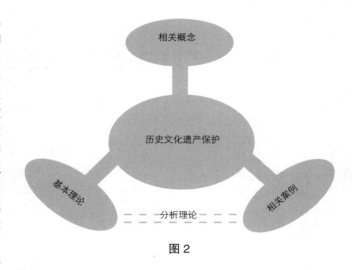

图2

在教学安排上，由于基本理论相对枯燥，不如实际案例生动鲜活，因此教学安排的时间上会有一定的缩减，这样无论从理论讲述的深度和广度上都会大打折扣，致使学生的理论功底不够扎实，在遇到保护的实际问题时常不知如何切入，显得手忙脚乱，捉襟见肘。

1.1.3 城市规划专业历史文化遗产保护的教学手段

PPT文稿的二维演示是历史文化遗产保护课程的主要教学手段。相较于传统的板书式教学，PPT文稿的演示涵盖的信息量要大得多，同时通过图片的展示，影片的观看等会使学生对于历史文化遗产有更为直观的认识。现阶段，随着计算机和信息技术的发展，历史文化遗产保护的教学手段完全有能力，有条件由二维形式的演示提升为三维甚至四维的演示，使学生身临其境，感受历史文化遗产所营造的历史环境和历史氛围。

1.2 城市规划专业历史文化遗产保护教学中反映出的主要问题

1.2.1 教学模式过于封闭、呆板和单一

封闭的课堂讲授式教学模式并不符合认识客观事物的基本规律，尤其是对于有关于历史文化遗产保护的课程来说，呆板的课堂教学只会抹杀学生对于历史文化遗产保护课程学习的兴趣，不利于学生从鲜活的历史文化遗产实例中直接汲取营养，获得最直观的感受，从而树立牢固的历史文化遗产保护意识，培养未来规划师对于

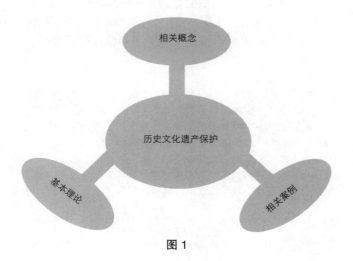

图1

文化遗产保护的责任感和使命感。

1.2.2 教学内容不够完备，理论及实践教学拓展不足

一方面，历史文化遗产保护本身是一门实践性很强的科学，研究的目的就在于应用理论指导保护实践，使历史文化遗产的保护工作更加的严谨、科学、高效的进行，因此在课程教学中应该注重引导学生搭建完善合理的与保护相关知识体系构架，立足于基础研究理论的学习之上，更应该引入相关的分析方法理论，将其作为历史文化遗产保护课程中相关理论学习的重要组成部分，训练学生以基础研究理论为基石，以分析方法理论为手段，提高遗产保护中分析和解决综合问题的能力，并用以指导实践。

另一方面，历史文化遗产保护本身又是一门始终发展着的科学，涉及的相关知识范畴又很广泛，这就意味着它的理论体系是十分庞大的，并处在一种时时更新的状态，因此在教学内容中需要不断拓展、不断引入文化遗产保护相关的新理论及实践的新探索。

1.2.3 教学手段亟待更新

在教学中，采用科学合理的教学手段往往可以起到事半功倍的作用，达到良好的教学效果。而历史文化遗产保护的教学手段仍然停留在 PPT 文稿二维演示的阶段，并未应用新的技术设备丰富其教学手段，提升教学水平，因此其教学手段亟待更新。

2 城市规划专业历史文化遗产保护课程教学的新探索

结合历史文化遗产保护的课程特点，以及新时期对于历史文化遗产保护教学的新要求，针对其课程教学的现状与发展困境，在以下三个方面进行课程教学的新探索。

2.1 基于认识事物基本规律理论下的文化遗产保护教学模式的新探索

众所周知，认识客观事物的基本规律即感性认识到理性认识的过程，二者之间是相互依存、相互渗透的辩证关系。感性认识是认识的低级阶段，是理性认识的基础。理性认识是认识的高级阶段，是感性认识的升华，感性认识有待于上升为理性认识。感性认识只能解决对现象的认识的问题，理性认识才能解决对本质的认识的问题。对于文化遗产保护的教学模式来讲，应当遵循认识事物的基本规律，在课程教学之初，采取开放式的教学模式，组织学生走出课堂，充分发挥地区历史文化遗产的资源优势，到历史建筑、历史文化街区、历史文化名城中去，亲身感受历史文化遗产所营造的历史环境和历史氛围，获得最初的感性认识。这种全方位的立体的感性认识比任何课堂讲授都更具有说服力，更容易引发学生的学习兴趣，引起保护共鸣。由于认识的更深刻，也有利于后续学习中将感性认识上升到理性认识。课程教学之中，则采取课堂讲授的方式讲授相关的理论和实践知识，引导学生搭建完善合理的知识体系，完成由感性认识到理性认识的飞跃。课程教学之末，应当再次回到历史文化遗产保护的实践当中去，用实践检验文化遗产保护课程学习的实际效果。

2.2 基于文化遗产保护科学特点下的文化遗产保护教学内容和教学安排的新探索

文化遗产保护科学的实践性特点决定了文化遗产保护的教学内容在原有相关概念、保护基础理论及案例分析的基础上应当加入分析方法论的内容，包括：定量分析、定性分析、数理统计、概率统计、类型学分析、数据整理、研究方法设计、研究框架搭建、数字模型分析以及重力模型分析等。分析方法论的引入能够增强学生分析解决综合问题的能力，使学生在分析文化遗产保护综合问题时能够制定合理的分析方案，选用适当的分析方法，从而得出真实、有效、可靠的分析结论，而不是主观臆断的分析结果，为下一步进行保护实践打下良好的基础。

文化遗产保护科学的发展性特点决定了文化遗产保护的教学内容需要进行适时的更新。例如：十八大关于生态文明建设的新要求促使在文化遗产保护课程教学的理论教学部分必须引入文化生态学、经济生态学等相关的理论，增加理论教学的课程时间，丰富教学内容，适时的调整相关的教学安排。

2.3 基于新设备新技术支持下的文化遗产保护教学手段的新探索

伴随着科学技术的发展，许多新设备新技术都可以应用到历史文化遗产保护的教学中来。

其一，将计算机虚拟现实技术应用到课程教学中可以弥补对于异地甚至国外的历史文化遗产不能进行实地调研的缺憾，同时可以增加课堂教学的乐趣，活跃课堂气氛。

其二，将一些新设备应用到课程教学中可以增加学生的学习兴趣，完善教学手段。例如：三维扫描仪、三维照相机等将其应用于历史文化遗产保护的教学中，可以得到更为准确的数据资料，从而更为直观地展示给学生，激发学生的学习热情，挖掘学习潜力，提升教学水平。

3 结语

历史文化遗产保护课程教学是城市规划专业教学中必不可少的重要环节。随着中国城市化进程的加快，保护与发展之间的矛盾将显现的更为突出和尖锐，在规划中权衡好保护与发展、保护与更新的关系成为准规划师们必须具备的基本素质。科学的历史文化遗产保护课程教学才能保证学生具有扎实的专业理论功底和实践能力，以适应城市发展的需要。

主要参考文献

［1］陈林.我国城市规划专业教育存在问题与改革思路［J］.规划师，2010，12.

［2］吴志强，于弘.城市规划学科的发展方向［J］.城市规划学刊，2005，6.

［3］杨俊宴，高源，雒建利.城市设计教学体系中的培养重点与方法研究.城市规划，2011，8.

［4］陈秉钊.中国城市规划专业教育回顾与发展［J］.规划师，2009，1.

［5］汤移平.历史文化遗产保护专项规划的教学与方法研究.科技世界，2011，03.

［6］向梅芳.城市历史文化遗产保护重要性初探.南方论刊，2011，03.

New exploration on Teaching the Curriculum of the Historical and Cultural Heritage Protection Under the new periods, the new challenges and the new requirements

Wang Yue Zhang Xiuqin

Abstract: We explore present teaching circumstances along with the emerging challenges and demands of the curricula on the protection of historical cultural heritages within the major of urban planning. Given the expectations and characteristics of this major, our main perception is conveyed that the students ought to be trained through the curriculum to have consciousness on the protection of historical cultural heritages. The knowledge hierarchy should be constructed properly, and the fundamental skills for analyzing and synthesizing problems should be practiced. With some creative contents and teaching methods properly introduced, the performance of teaching activities are strengthened and the teaching effects are optimized.

Key Words: the protection of historical cultural heritages, teaching method, teaching content, teaching mean

"我爱我家"主题式情景教学模式在民族高校住宅建筑设计原理特色课程建设及改革中的探索

刘艳梅　陈 琛

摘 要：民族高校城乡规划专业办学晚、底子薄，只有坚持以特色课程建设为先导，发展学科特色，才是完善学科体系、提升办学质量的必由之路。住宅不仅是城乡的重要组成部分，且与每个人的生活息息相关，其设计的优劣直接影响着人们的生活质量和城乡居住环境；因而唤起住宅问题的关注、掌握基本的设计方法和设计思路对学生今后的工作有直接的帮助。本文试图通过在《住宅建筑设计原理》这门专业理论基础课程的教学改革中大胆创新地引入"我爱我家"主题式情景教学模式，来探索实现特色课程建设和提升教学质量的途径和方法。

关键词：主题式情景教学模式，民族高校，住宅建筑设计原理，特色课程

《住宅建筑设计原理》是建筑及城市规划专业必不可少的专业理论基础课，是住宅设计和居住区规划的理论基础。本文立足于民族高校的特殊背景，试图通过引入"我爱我家"主题式情景教学模式，探索住宅建筑设计原理课程特色建设的创新之路。

1 住宅建筑设计原理特色课程建设及教学改革的背景

1.1 学科发展之需要

我国民族高校土建类专业普遍办学时间不长，无论从教学条件，还是教学积累、教学研究等诸多方面，都无法和国内其他老牌院校相比，但民族高校也有其独特的资源优势。因而，以建设特色课程为先导，发展学科特色，完善学科体系，将是学科发展的必然途径。

1.2 人才培养之需要

就民族高校而言，其办学宗旨是为民族地区经济社会发展服务，为少数民族和民族不发达地区培养专业型、应用型人才。而民族地区特殊的自然条件和文化背景，他们对人才的需求是不同的；同时，来自民族地区的学生，一般相对基础较差，无法与其他普通高校该专业的生源相比，但他们也特点鲜明，那就是他们对民族地区的热爱和对本民族历史文化的认识和了解。而住宅本身就具有很强的地域性，这就要求住宅建筑设计原理课程改革传统的教学模式，突出特色，以适应民族高校学生的特点以及人才输送地区的要求。

1.3 教学质量提升之需要

从高校内涵式发展策略来看，教学质量的提升始终是高等教育发展的重要目标之一，课程的改革是教学质量提升的重要举措。而住宅建筑设计原理课本身也需要不断完善和探索。目前，主要存在的问题有以下几个方面：

1）对理论课的重视程度不够

城市规划、建筑学等专业都是实践性很强的专业，其中设计类课程占了很重要的比重，也占据了学生的主要注意力和精力，而相对理论课的重视程度普遍不够。因而，在理论课中如何提高学生的兴趣，如何将理论知识与设计能力进一步的结合，成为理论课老师面临的最大挑战。

2）对住宅建筑本身的重视程度不够

目前国内建筑设计人员普遍存在重视公共建筑设计，而轻视居住建筑设计。对住宅设计的投入少，户型趋于雷同、住宅设计的精细化、创新性远远不够。这一

刘艳梅：西南民族大学城市规划与建筑学院副教授
陈　琛：西南民族大学城市规划与建筑学院讲师

方面说明，设计者的社会责任意识还不强，另一方面，对住宅的意义认识还不足。同时也反映在学生阶段这方面教育的缺失。

3）住宅建筑设计方法不当

住宅是大量性建筑，他与公共建筑有着不同的特征，设计方法上也有所不同。公共建筑可以从空间从形态入手，住宅则更多地从功能平面入手，公建更注重大的空间形体关系的把握，住宅更注重细部的精细化设计。所以很多学生熟悉了公共建筑设计的基本方法之后，对住宅设计还不适应，而在理论课教材中对设计方法的强调也不够。

4）对居住空间尺度把握不足

学生以往做的设计以公共建筑居多，又多以设计大空间为主，对细小的空间缺少推敲。居住空间都属于小空间，空间尺度需要较精准的把握，需要熟悉基本家具的尺寸，而这些学生在以往的设计中还训练不够，因而导致学生对居住空间尺度把握不足。

2 基于特色教学下住宅设计原理课程目标体系的修订

基于特色课程建设和课程质量全面提升的宗旨下，结合住宅建筑设计原理课程本身在教学中存在的问题，首先对课程目标进行了修订，强化和增加了以下几方面的内容：

1）强化住宅社会性的认识
2）强化以精细化设计为先导的住宅设计思路和方法
3）强化住宅地方性的再认识
4）强化住宅的创新意识
5）强化学生的社会责任意识

3 "我爱我家"主题式情景教学模式的提出与构想

3.1 情景教学模式的概念

情景教学是指充分提供符合学生水平和需要的学习资源和创造有利的学习条件，把学习内容与相应的情景相结合，使学生能主动、生动地开展多种学习活动，有效地掌握知识并加以应用，同时，在自我导向的学习过程中提升学习能力。这种模式注重情景的创建，学生与情景的互动，从而掌握知识，应用知识[i]。

这种方法最初是在二战时期，为培养情报人员学习外语方法之一。到了 20 世纪 80 年代，人们在对情景教学开展系统研究的基础上，将这种模式从语言学习广泛运用于各个学科教学领域。这种方法让学生从书本上的知识转向这些知识的现实意义，可以更好地认识和掌握整个知识体系，还可以让学生从被动学习转向主动学习，提高学习兴趣，激发学生能动性。同时结合任务教学法，互动教学法等多种方法与情景相结合，对学生多种能力的提升是卓有成效的。而这种方法非常符合像住宅建筑设计原理这类设计理论课的教学目标和教学要求。值得我们对此方法进一步研究和应用。

3.2 "我爱我家"主题式情景教学模式的提出

住宅不仅仅是实体空间，更是每个人生活的承载。住宅建设更是家园的建设。每个住宅就是一个家，是一个真实的情景，承载着一个人一生的成长故事。如果设计者意识到设计住宅也是设计家，对他投入关注投入爱，那住宅一定会设计的更好。学生认识住宅不仅是它的表皮更是它的内涵—家。家是社会的、情感的，我们有责任创建美好家园、和谐家园。因而我们用"家"替换"住宅"，以"我爱我家"为主题，通过创建 4 大情景模块来展开教学工作。

3.3 "我爱我家"主题式情景教学模式的整体构想

结合课程的特色建设、目标定位、课程内容、教学对象等众多要素，对情景教学模式的整体构想如下：

1）用"家"替换"住宅"，以突出住宅的社会属性，从"爱家"到"爱住宅设计"，突出住宅设计的重要性，唤起学生的使命感和学习兴趣。

2）把住宅设计的基本理论融入真实的生活体验中。让学生通过在实际体验中掌握住宅设计要点和设计思路，引起学生对现实问题的关注，并寻求解决途径。

3）以"家"为起点，从"小家"到"大家"、从热爱自己的家到热爱我的家乡，以"家"为起点深入认识住宅与住区、住宅与城市的关系，以扩宽学生的视野，提高学生看问题的高度、广度和深度，从学习方法和学习能力上有所提升。

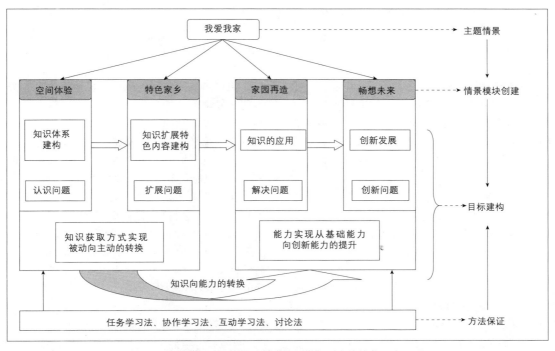

图1 "我爱我家"主题式情景教学模式的整体构想框架图

4）整合知识体系，形成以"我爱我家"为主题的从知识到能力培养的4个模块，如图1所示。

3.4 "我爱我家"主题式情景教学模式下的课程改革和创新

1）教学内容：根据情景主题的需要，调整教学内容，使知识点与情景内容相结合。将内容分成基础知识模块、更新知识模块、特色知识模块、创新知识模块等四大模块。基础知识模块：内容相对固定，以教材为依据，精简内容，突出主要知识点。更新知识模块：这部分需随着住宅发展而不断更新内容。特色知识模块：以学生特色家乡的介绍为主体的知识建构，会随着学生家乡的不同而发生变化。创新知识模块：结合学生住宅改建和概念设计，形成以设计方法为主导的知识模块。

2）教学方法：在传统的讲授法的基础上，结合任务教学法、互动教学法、协作教学法讨论教学法等多种方法展开情景教学。

3）教学手段：充分发挥多媒体教学手段在情景创建中的优势。

4 教学模式的具体环节和操作

4.1 我爱我家之空间体验

4.1.1 目标

通过对自家住宅的测绘，体验居住空间的尺度，发现问题，进一步体会住宅空间与生活的关系，体会住宅精细化设计的重要性。以自己的家为起点，认识住宅社会性的，强化社会责任感，为设计注入情感。

4.1.2 内容及要求

1）测量并绘制自家套型的平面图、并按实际情况绘制平面图中的详细家具布置，比例1∶50。

2）测量并绘制套型所在单元的平面及整个楼栋的立面和剖面图。比例1∶100

3）绘制自家住宅周边环境示意图。比例自定。
4）描述自家各个空间的使用状况和空间感受。
5）描述使用中存在的问题，并做出初步评价。
6）图纸要求 A3 图幅,表达方式自定。可电脑绘制。

4.1.3 具体构想和操作

这个环节要求学生在开课前的假期完成，并做成 ppt，开学提交。将作为住宅认识的起步，也会贯穿到课程讲授的诸多环节，融合在住宅建筑设计原理的大部分基础知识中，将亲身体验与知识点相结合。具体操作如下：

1）第一节课绪论部分，随机抽 2~3 个学生在课堂上讲。由认识自己的家，拉开这门课的序幕。

2）套型设计中，讲到套型每个空间的设计要点时，也随机抽学生来讲述自己家中各空间的使用情况和自己的体验。这样就把一个个空间转换为一个个鲜活的生活情境。

3）对住宅分类型讲解时，也同时根据学生自家的情况相应分类，组织学生讨论不同类型的特点及设计要点。以自己的家为基础，认识从套型—单元—楼栋—居住区—城乡之间的关系。

4.2 我爱我家之特色家乡

4.2.1 目标

通过对自己家乡特色住宅、住区、聚落的实地考察、资料收集。作为特色课程建设在教学内容上的重要补充和体现民族特色的重要手段，让学生深入认识住宅的地域性和文化性，认识住宅与环境的关系，住宅与城乡的关系。同时加深了学生对自己家乡的认识和家乡之爱。引起学生对地域性的兴趣，为今后城市规划及建筑设计的地域化奠定基础。

4.2.2 内容及要求

收集自己家乡特色民居、聚落资料，要求实际考察与书籍网络资料相结合。收集内容包括：特色民居的平面、立面、剖面及相关图片照片，以及特色聚落的图片资料，整理后以 ppt 的形式提交。

4.2.3 具体操作

这个环节要求学生主要在假期完成，我们将其穿插在课堂内容中，不定期的挑选不同地域特别是民族地区的学生将自己收集的资料在课堂上与大家分享交流，让一个人的资料辐射到全班学生，发挥民族高校生源的特点。

4.3 我爱我家之家园再造

4.3.1 目标

通过对自家住宅的改建，让学生将掌握的知识点应用到住宅设计中。

4.3.2 内容及要求

在自家住宅平面的基础上，根据家庭需要，进行改建、扩建或者更新。来改善居住空间和居住环境创建温馨家园，鼓励民族地区的学生做民居改建的课题。

图纸要求：平、立、剖透视、设计说明等内容齐全，比例 1：100。A3 图幅，表现方式自定。

4.3.3 具体操作

这个环节要求学生在套型设计基础知识教授完毕的时候完成，并在课堂上抽取适当的学生在课堂上交流自己的设计思路和处理方法。

4.4 我爱我家之畅想未来

4.4.1 目标

通过对未来居住可能性的思考，引导学生进行住宅创新性的探索，提升学生创新能力。

4.4.2 内容及要求

以居住可能性为题做一个概念设计。要求图纸内容强调概念生成的过程，概念表达清晰，平、立、剖面、透视、模型等具体内容自定，表达方式自定。

4.4.3 具体操作

这个环节放在上一个内容之后，学生在学完教材的大部分内容之后进行，在课后完成。鼓励民族地区的学生对自己传统住宅形态发展可能性的创新探索，可小组完成。成果提交的时候采取相互观摩，重点汇报的方式，促进交流。图 2，为学生居住可能性概念设计作业。

5 情景式教学模式的建设和完善

目前，该教学模式仍在不断完善中。通过 3 年的教学实践，获得良好的效果，受到多方的好评，学生在课堂上得到锻炼，唤起了上课的兴趣。通过这门课程的评教，作者获得校教学质量奖，课程获得校级精品课程。学生以课程作业为基础，申报的 2013 年国家级大学生创新创业训练计划项目获得立项。但同时由于这门课的

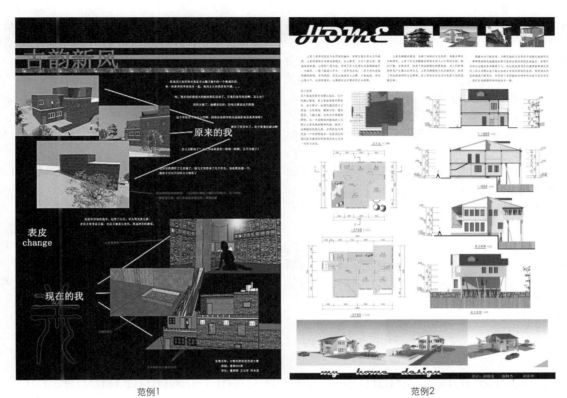

范例1　　　　　　　　　　　　　　　范例2

图2　民居改建作业（学生：许永宾、董碧荷、王大军、赵晓龙、滕树杰、刘亚坤等）

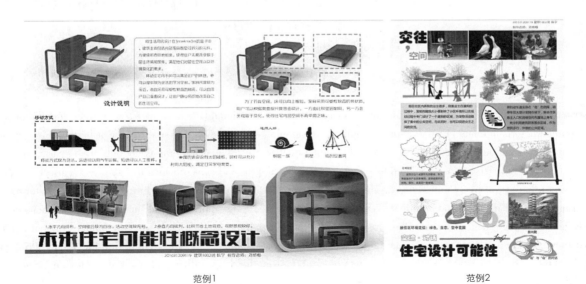

范例1　　　　　　　　　　　　　　　范例2

图3　居住可能性概念设计作业（学生：韩宇）

教改还处在起步中，仍有一些问题需要作我们进一步深入和完善。

1）课程内容中基础知识模块部分已基本完善，更新知识模块、特色知识模块、创新知识模块都需要随着课程的建设不断完善，并逐渐系统化。

2）教学计划、课堂组织、情景教学的实施还需要进一步的探索，以加强课堂的掌控，各教学环节的有效开展。

3）由于学生的程度不一，需要在教学方法上不断改进，如采用协作完成任务的方式，相互带动等等，探索多种方式方法让不同程度的学生得到应有的锻炼。

6 结语

通过在《住宅建筑设计原理》的教学实践中创新地引入"我爱我家"主题式情景教学模式，为民族高校特色课程建设和教学质量提升提供了有效的途径和方法。诚然，本文所阐述的还只是这种探索的初步思考，其方法的完善、扩展、衍生、推广仍将在今后继续探索中不断丰富和完善。

主要参考文献

［1］ 吴兆颐. 超越课堂：21世纪教与学的新视野［M］，济南：山东人民出版社，2009：50-64.

［2］ 刘艳梅、杨旭明. 民族高校城市规划专业特色课程的建设与实践——以住宅与住区规划课程为例［J］，西南民族大学学报（人文版），2009，08.

［3］ 李茂林. 民族院校要正确定位办出特色［J］，中央民族大学学报（社会科学版）：1998，03：102-105.

［4］ 赵万民. 创建地域特色的城市规划学科体系—重庆大学城市规划专业教育改革与实践的探索［J］，重庆大学学报（社会科学版），2001，7.5：30-32.

The application of thematic situational teaching mode "I love my family" in exploration of construction and reform in the distinctive course of Residential Building Design Principles in universities for nationalities

Liu Yanmei   Chen Chen

Abstract：The Urban and Rural Planning major of universities for nationalities starts late, with weak foundation, only we insist on characteristic course construction as a guide, developing discipline characteristic, can it be the only way to perfect the discipline system development and improve educational quality. Residential building is not only the important part of urban and rural areas, but also is closely related to everyone's life, the pros and cons of which design directly affects people's life quality and urban-rural living environment. Thus, it is directly helpful to the student's future work when mastering the basic design methods and ideas in undergraduate. This paper tries to explore the approaches and methods that can achieve specialty course construction and improve teaching quality, based on innovative introducing "I love my family" thematic-situational instruction modal in Teaching Reform of the Profession Theories Basis Course—— "Residential Building Design Principle".

Key Words：Thematic situational teaching mode, Universities for nationalities, Residential Design Principles, The distinctive course

2013 全国高等学校城乡规划学科专业指导委员会年会
Proceedings of China Urban And Rural Planning Education Conference 2013

美丽城乡
永续规划

实践教学

2013 全国高等学校城乡规
划学科专业指导委员会年会

小处着手、大处着眼，立足实际、体验创新
——清华大学建筑学院本科生城市总体规划教学探索

刘　健　刘佳燕　毛其智

摘　要：结合2010年开始的教学改革，清华大学建筑学院面向已获得城市规划和风景园林专业免试推研资格的四年级本科生开设城市总体规划设计课程。课程以"北京周边地区小城镇空间发展研究"为题，力图通过对案例城镇空间发展的规划设计训练，引导学生由小见大，了解城市总体规划的地位作用、编制内容和工作方法。文章对课程缘起、课程设置和教学目标进行了简要介绍，并围绕专业知识积累、研究方法训练和综合能力培养三个教学重点进行具体阐释，总结出小处着手、大处着眼、立足实际、体验创新的教学特点。

关键词：总体规划，空间发展，小城镇，规划教学，清华大学

1　课程概况

1.1　课程缘起

清华大学城市规划教学始于1947年梁思成先生开设"都市计划"课程，后由吴良镛先生于1951年主持成立市镇设计教学组，1952年设立城市规划本科专门化方向，同年开始招收城市规划与设计专业研究生，并于1981年获全国首批城市规划与设计专业博士授予权；1988年，清华大学建筑学院成立，下设城市规划系，城市规划与设计二级学科于当年被评为全国重点学科。由于长期实施本科按建筑学一级学科招生，清华大学城市规划教学主要集中在研究生阶段，仅在本科阶段设立城市规划与设计专门化方向，结果导致本校建筑学专业本科毕业的学生在选择攻读城市规划与设计专业的研究生后，往往面临城市规划专业知识积累和专业技能训练不足的劣势。对此，清华大学建筑学院于2010年开始推行教学改革，面向本校已获得城市规划和风景园林专业免试推研资格的四年级本科生，结合综合论文训练开设城市总体规划设计课程（以下简称"总规课程"），教学任务由城市规划系承担。

1.2　课程设置

总规课程是一门3学分96学时的设计专业课，每学年春季学期开课，为期12周，每周8个课内学时，教学小组由4名教师组成❶。建筑学专业本科生虽然学过《城市规划原理》，但从未受过城市规划训练，因此总规课程以"北京周边地区小城镇空间发展研究"为题，每年选择北京周边地区的2个小城镇作为案例，要求学生在当前城市化快速发展背景下，针对案例城镇在社会、经济、环境等方面的发展变化展开实地调研，提出城镇可持续发展的战略性建议，并在镇域和镇区两个空间层面上进行城镇空间发展的规划布局和城市设计（表1）。目的在于通过模拟城市（镇）总体规划编制的全过程，对学生进行城镇空间规划设计的专业训练，引导学生由小见大，了解城市总体规划的地位作用、编制内容和工作方法，为其未来的城市规划专业学习打下基础。

---

❶ 目前，教学小组成员主要包括刘健、毛其智、刘佳燕和赵亮。在2010年至2011年，马强也曾参与课程教学。

刘　健：清华大学建筑学院城市规划系副教授
刘佳燕：清华大学建筑学院城市规划系副教授
毛其智：清华大学建筑学院教授

总规课程的内容要求 表1

调研分析	规划研究	
	镇域层面	镇区层面
• 概况：历史沿革，自然条件等 • 社会：人口的数量和年龄组成及其变化，就业人口的数量和职业组成及其变化，社区组织，家庭的数量、规模和人员构成及其变化等 • 经济：三种产业的规模和结构及其变化，企业的数量、规模、类型和空间分布及其变化等 • 土地：土地利用的分类、数量、空间分布及其变化等 • 基础设施：道路体系的组成、规模和空间分布，市政基础设施的类型、规模和空间分布，农田水利设施的空间分布，环保、防洪和其他设施的空间分布等 • 公共服务：公共服务设施（行政、商业、文教、卫生等）的类型、建设年代、面积规模和空间分布，公共交通的线路数量、服务范围和使用强度等 • 景观绿化：自然环境的生态状况和景观特点，村镇的绿化建设和景观特点，环境污染状况和保护措施等 • 村镇风貌：房屋建筑的质量和风貌特点等	• 长远发展的总体目标和基本原则 • 人口城镇化 • 村镇体系的结构与布局 • 各村镇的性质、职能、人口规模和发展方向 • 各村镇的规划范围、用地规模、用地布局和用地指标 • 村镇建设用地布局 • 镇级基础设施和服务设施布局 • 实现乡镇可持续发展的政策措施	• 性质和发展方向 • 人口规模和人口结构 • 用地规模、用地结构和用地布局 • 主要基础设施和服务设施布局 • 旧区改造和用地调整的原则、步骤和方法 • 主要建设项目的建设时序 • 道路设计 • 重点地段的城市设计 • 近期建设规划

2 教学任务

2.1 教学目标

总规课程要求学生通过城镇空间规划设计的专业训练，了解或掌握以下专业知识和专业技能：

1）了解我国有关城乡规划的法律法规；

2）了解我国城乡规划编制体系的构成，以及不同层次和不同类型的城乡规划编制之间的相互关系；

3）了解与城市（镇）总体规划编制相关的标准规范和技术指标；

4）掌握城市（镇）总体规划编制的主要任务、基本职能、编制内容和成果要求；

5）掌握城市（镇）总体规划编制的工作步骤和工作方法；

6）掌握城市（镇）建设用地的分类、构成与空间布局原则，以及评价其适用性的技术方法；

7）掌握城市（镇）公共服务设施、交通基础设施和市政基础设施的分类、构成与空间布局原则。

2.2 教学组织

为了在有限的12周教学时间里模拟城市（镇）总体规划编制的全过程，总规课程将教学过程划分为现状调研、初步方案、深化方案和完成方案四个阶段，每个阶段均明确规定教学内容要求（表2），并且采取了学

总规课程的四个阶段及其教学内容 表2

阶段	进度	教学内容
现状调研	1~3周	针对每个案例城镇，2名同学为一组，分别进行有关综合概述、上位规划、社会经济、土地利用、基础设施、公共服务、景观绿化与村镇风貌等不同专题的实地调研和分析，小组共同完成现状调研分析报告
初步方案	4~6周	针对每个案例城镇，每位同学基于小组完成的现状调研分析报告，首先完成个人的规划方案；之后，具有相似发展思路的同学组成小组，形成两个发展思路互不相同的设计小组，并分别完成小组初步方案
深化方案	7~9周	针对每个案例城镇，两个设计小组分别根据各自的发展构思，确定专题研究内容，以专题研究推进规划设计，深化小组规划方案。同时，专题研究内容成为每位同学综合论文训练的选题
完成方案	10~12周	针对每个案例城镇，两个设计小组分别结合城市设计工作，进一步完善小组规划方案，并合作完成小组规划方案的最终成果制作。同时，每位同学完成各自的综合论文撰写

生分组工作的组织方式。在教学过程的四个阶段，每位学生都有自己相对明确的任务要求，包括现状调研阶段的专题调研、初步方案阶段的个人方案、深化方案阶段的专题研究、完成方案阶段的成果制作；个人工作与集体工作相互结合，使得每位学生既有机会独立体验城市（镇）总体规划编制的全过程，也能从团队协作中收获从分歧到共识的磨炼与成长。教学小组则分别对学生在四个阶段的学习表现进行评价，综合形成最终的课程成绩。

2.3 教学重点

在教学过程中，总规课程把对学生专业知识的积累、研究方法的训练和综合能力的培养视为教学重点。

（1）专业知识积累

针对建筑学专业本科生城市规划专业知识积累相对不足的问题，总规课程重视结合规划设计过程，开展多环节、多途径的专业知识讲授（表3）。

所谓多环节主要体现在教学过程四个阶段讲授的专业知识重点各不相同，从基本概念到专业理论逐步深化。其中，现状调研阶段的知识点主要包括城乡规划编制的体系构成和任务要求、城市（镇）总体规划编制内容和成果的要求，以及规划调研分析的方法和与案例城镇相关的规划背景知识；初步方案和深化方案阶段的知识点主要包括城市（镇）总体规划编制涉及的各专项规划的基础知识和研究方法，以及城市（镇）总体规划编制的工作步骤和工作方法；完成方案阶段的知识点主要包括较大尺度的建筑群体和外部空间环境设计、城市（镇）总体规划制图，以及城市（镇）总体规划编制成果的展示与汇报。

所谓多途径主要体现在针对各教学阶段重点讲授的知识内容，采取集体授课与分组讨论相结合、专题讲座与设计辅导相结合的授课方式。其中，现状调研阶段主要以集体授课为主，以便于基本概念和基本方法的讲授；进入方案阶段后逐步转化为以分组讨论为主，以利于开展深入的方案讨论，但其间仍穿插集体授课，以促进不同设计小组之间的相互交流。此外，以集体授课形式进行的专题讲座贯穿整个教学过程，重在讲授有关城市（镇）总体规划的专业基础知识，并与设计辅导相辅相成，帮助学生将抽象的规划理论与具体的规划实践有机结合。

（2）研究方法训练

鉴于建筑学专业本科生普遍逻辑推理和理性分析能力较弱，总规课程重视对研究方法的系统性和科学性训练；这其中既包括实地调研、文献整理、数据处理和规划设计过程中的具体工作方法，也包括区域分析、情景分析、综合分析、比较分析以及定量和定性分析等具体分析方法。同时，针对建筑学专业学生习惯于拍脑袋出

总规课程不同教学阶段的知识点设置与授课方式 表3

阶段	知识点	授课方式	专题讲座内容（2013年）
现状调研	城乡规划编制的体系构成和任务要求； 城市（镇）总体规划的编制内容和成果要求； 实地调研和现状分析的方法； 与案例城镇相关的规划背景知识	集体授课	城乡规划编制体系与城市（镇）总体规划； 规划调研及分析方法； 大兴新城规划介绍； 首都第二机场及南中轴线规划研究； 北京市集体产业用地规划研究
初步方案	人口和产业规划； 城市（镇）用地分类与规划建设用地标准； 城市（镇）建设用地适用性评价； 城市（镇）建设用地空间布局规划； 道路交通、公共服务设施、市政基础设施、环境、能源等专项规划； 城市（镇）总体规划编制的工作步骤和工作方法	集体授课为主，分组授课为辅	城市与区域规划的人口要素； 《城市用地分类与规划建设用地标准》、《镇（乡）规划标准》与《村庄规划标准》技术讲解； 城市道路与交通规划； 城市基础设施与规划； 生态环境保护与综合防灾专项规划探讨； 村镇建筑能源与环境
深化方案		集体授课为辅，分组授课为主	
完成方案	以镇区和重点村庄为代表的较大空间尺度的建筑群体和外部空间环境设计； 城市（镇）总体规划制图；城市（镇）总体规划编制成果的展示与汇报	集体授课为辅，分组授课为主	城市（镇）总体规划制图的基本技术和技巧

方案，重想象、轻论证，重观点、缺论据，重形体表现、轻数据支撑，重发散思维、轻逻辑思维等现象，教学过程尤其重视启发学生多问"为什么"，通过师生之间和学生之间的不断质询与求证，在讨论和争执中寻求共识，引导学生逐步建立起基于逻辑推理和科学论证的规划分析和研究方法。

（3）综合能力培养

城市规划工作不仅需要个体的设计独创、更有赖于团队的分工协作，不仅需要新颖的观点想法、更有赖于充分的沟通交流，因此总规课程重视对学生综合能力的全面培养，其中包括专业知识范畴之内的独立科研和规划设计等能力，以及专业知识范畴之外的口头表达、沟通协调、团队协作、组织领导等能力。一方面，整个教学过程采用了分组工作组织方式，从现状调研到方案设计，每个学生作为小组成员，可以根据个人的兴趣和小组的需要确定各自的工作重点和研究方向，并在组长带领下，通过课后的小组讨论表达观点、寻求共识，以及最终形成成果；另一方面，在教学过程中，几乎每节课都安排了汇报环节，要求每个学生在小组工作的框架下汇报各自的研究进展，并且鼓励不同小组之间的相互评述。这样，通过课下的小组讨论、课上的个人汇报和小组互评，不仅锻炼了学生的沟通协调和口头表达能力，更提高了学生的独立思辨和团队协作能力。

3 教学特点

3.1 小处着手，大处着眼

小城镇位于我国城镇体系的最底层，因量大面广和在城乡之间的桥梁地位而在城镇化进程中发挥重要作用。总规课程选择北京周边地区的小城镇作为案例进行深入研究和规划设计，向上可以触及大北京地区的宏观发展战略，向下又可以触及居民生活的微观环境塑造，体现出"小处着手、大处着眼"的特点。

（1）通过多元化选题探讨不同的城镇化发展模式

自2010年至今，总规课程先后选取了廊坊、唐山、顺平和北京四地的8个小城镇作为教学案例，它们分别位于不同的空间区位，处于不同的发展阶段，面临不同的现实问题，拥有不同的发展机遇，需要寻求不同的发展路径（表4）；这为教学中师生共同深入探讨适宜于当地条件和现实需求的城镇化发展模式创造了条件。尽管在每年的教学中，两个案例城镇基本位于同一地区，但因自身发展基础和资源条件不同，常会形成不同的城镇化发展模式；即便是针对同一个案例城镇，教学中也会

2010~2013年间总规课程选题列表　　　　表4

年份	城镇名称	所在县市	空间区位	发展阶段	现实问题	发展机遇
2010	曹家务镇	廊坊市永清县	发达地区外围，平原地带	发展中城镇	发展基础薄弱，发展动力不足，位于永定河泄洪区	首都第二国际机场建设，过境高速公路建设
	九州镇	廊坊市广阳区			发展动力不足，位于永定河泄洪区	
2011	老庄子镇	唐山市丰润区	发达地区外围，平原地带	相对发达城镇	二三产业基础薄弱，土地分割严重	城市外延发展，唐山机场建设
	柳赞镇	唐山市滦南县	发达地区外围，滨海地带		工程地质条件受限	曹妃甸新区建设
2012	神南镇	保定市顺平县	贫困地区，山地地带	相对落后城镇	发展基础薄弱，发展动力不足，山区生态保护	政策支持
	腰山镇	保定市顺平县	贫困地区，平原地地带		发展基础薄弱，发展动力不足	城市外延发展
2013	安定镇	北京市大兴区	发达地区，平原地带	相对发达城镇	土地分割严重，用地指标受限	首都第二机场建设，过境高速公路或城市轨道交通建设，京郊休闲旅游发展
	庞各庄镇	北京市大兴区			用地指标受限	

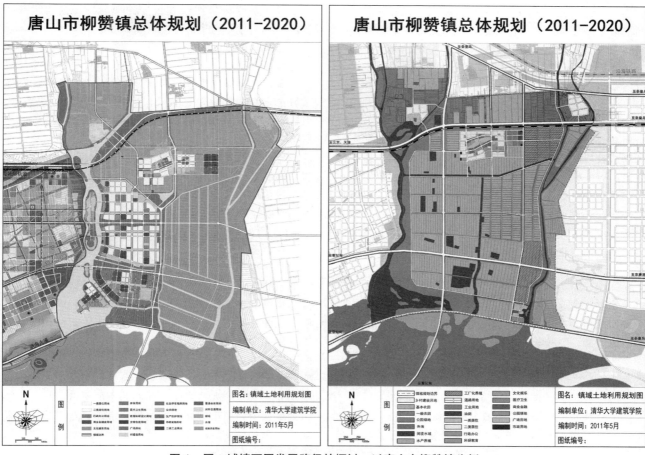

图1 同一城镇不同发展路径的探讨：以唐山市柳赞镇为例

结合学生分组，有意识地引导学生探讨不同的发展路径，进而通过对比论证，比较分析两种不同发展模式的优劣（图1）。

（2）通过设计化思考（thinking through design）建立基于个人感受的人文关怀

小城镇作为我国城镇体系的基层单元和城乡之间的桥梁纽带，是乡村地区迈向城镇化进程的前沿地带，小城镇规划也因此成为促进城乡协调发展的关键所在。但对于绝大部分学生而言，有生以来几乎从未离开城市，对城镇生活知之甚少，对农村生活更几乎是一无所知，这使他们很难将自身的感性认识融入对城镇规划的理性分析中。有鉴于此，总规课程倡导设计化思考，通过组织学生深入实地进行调查研究，走进城镇和乡村，体验民风民俗，了解百姓疾苦，摸清发展意愿，逐步建立起对城镇建设发展现状问题和未来趋势的感性认识；进而鼓励和引导学生将建立在个人感受基础上的人文关怀融入后期的规划设计之中，围绕撤村并点、服务均等等热点问题开展专题研究，通过城市设计塑造更加贴近生活的宜人空间，彰显"以人为本"的价值理念。

（3）通过专题化讲座将最新规划理论与现实热点问题相结合

在每年的教学中，总规课程采用集体授课形式组织十余次专题讲座，根据讲座内容可将其划分为专业知识讲授和现实问题讨论两种类型。其中，专业知识讲授共9讲，主要围绕城市（镇）总体规划编制的核心内容展开，重点是有关人口产业、用地布局、道路交通、服务设施、基础设施、环境保护、防灾减灾、能源利用等方面的最新规划理念和技术方法，题目相对稳定；现实问题讨论一般为3~5讲，主要针对案例城镇的基本概况和发展趋势展开，重点是案例城镇面临的现实问题以及可以借鉴的研究成果，设置较为灵活、题目也相对多变（表3）。专题讲座注重将最新的规划理念与热点的现实问题相结合，通过生动的案例，引导学生由此及彼，对研究对象的共性和个性问题做出深入剖析，并且基于宏观的区域背景和政策背景，对相关问题进行深刻的理解和思考。以《城市道路与交通规划》专题讲座为例，其间不仅讲授了总体规划阶段道路交通规划编制的具体任务和要求，还结合国内外成功的规划案例，介绍了TOD、TND、慢行交通等最新规划理念，启发学生将上述规划理念创造性地应用到案例城镇的规划设计中。

3.2 立足实际

城市规划是一门实践学科，要求城市规划教学与实际紧密结合。总规课程在教学过程的各个环节，从案例城镇的选择、到教学内容的组织、再到授课教师的组成，都十分重视与实践需求的密切关联，体现出"立足实际"的特点。

（1）案例城镇选择与地方发展需求紧密结合

总规课程至今所选择的8个案例城镇虽在空间区位、发展阶段、面临问题等方面存在显著差异，但也存在一个共同特点，即城镇发展面临新的重大机遇，现行规划编制已不能适应新的变化。因此，教学选定的案例城镇并非教学小组的一厢情愿，而是与当地政府及其相关部门多次沟通协商的结果，目的在于通过模拟城市（镇）总体规划编制的全过程，不仅满足课程教学的各项要求，教学成果也可提供给当地城镇，为地方政府思考未来的城镇发展路径、修订未来的城镇规划编制提供参考。基于双方互惠互利的关系，整个教学过程得到案例城镇的大力支持；从前期的实地调研、到中期的方案讨论、再到终期的成果汇报，始终都有当地政府领导和技术官员，乃至上级政府部门人员的积极参与，使学生全面、真实地了解当地城镇发展的现实状况和实际需求，以及不同层级领导、不同职能部门的不同发展诉求，切实感受作为职业规划师需要面对的矛盾和问题，并深入思考应该如何解决这些矛盾和问题。

（2）教学内容组织注重理论学习与规划实践紧密结合

在教学内容的组织上，总规课程针对源自实际的设计题目，通过教学计划设置，有意识地使专题讲座与设计辅导相互穿插、集体授课与分组讨论有机组合，确保了城市规划的专业理论学习与规划设计实践紧密结合，引导学生一方面带着规划设计实践中的现实问题去学习城市规划专业理论，另一方面自觉运用城市规划专业理论指导具体的规划设计实践，逐步实现知识学习从感性到理性的上升，进而基于自身的认识和理解，逐步建立起自己的城市规划知识体系及其在实践中的应用方法，做到学以致用。

（3）授课教师组成广泛吸纳一线人员参与

在授课教师的组成上，总规课程除教学小组成员外，还广泛邀请来自案例城镇的技术官员和来自国内知名规划单位的专业人员参与教学过程，通过专题讲座，或是介绍当地的发展背景和现实问题，或是介绍前沿的城市规划理论及其在实践中的应用；来自工作实践和基于个人感受的现身说法生动鲜活，内容的说服力更强，技术的可行性也更高，因此更容易被学生接受。授课教师组成的多元化使学生有机会听到来自不同利益主体和拥有不同专业背景的人员对同一问题的不同看法，从而更加深刻地认识到城市规划问题的复杂性，拓宽视野、博采众长，在各种观点的碰撞和博弈中逐步建立自己的认识体系。

3.3 体验创新

社会经济发展的不断变化导致城市问题层出不穷，作为公共政策的城市规划在应对和解决相关问题时，并不存在唯一的方法和定论。因此，总规课程不要求学生针对问题给出唯一答案，而是通过多种方式引导学生逐步认识城市规划的复杂性，尝试采用不同思路和不同方法解决问题，体现出"体验创新"的特点。

（1）倡导师生互动的研讨式教学

与传统的老师教、学生学的教学模式不同，总规课程实际上是一个师生共同讨论、共同研究的研讨式教学过程，是对教学相长教学模式的有益实践。在教学过程中，教师并不以"裁判"身份简单地对学生的观点做出是非曲直的评判，而多是以"队员"身份参与学生的小组讨论、发表观点、接受质疑，最终与学生一起就某一问题达成共识；其间甚至出现教师之间观点不一的情况，恰恰成为让学生认识城市规划复杂性的生动案例。

（2）鼓励学生体验不同利益群体的博弈

城市规划的编制过程不仅是科学研究的过程，更是多元价值观念碰撞与博弈的过程。因此，总规课程有意识引导学生从包括政府领导、部门官员、开发机构、城镇居民、乡村农民等在内的不同利益群体的立场出发，感受他们各自不同的利益诉求以及相互之间的矛盾冲突，进而深入理解作为专业人员的城市规划师如何运用自己的技术特长发挥协调和整合作用，并逐步建立可持续发展、以人为本等价值理念。其间，有的设计小组在汇报规划成果时，为每个组员设定了专门角色，撰写了面向当地百姓的规划宣传文稿，用生动形象、贴近生活的话语向居民宣传他们的规划方案，以另类的方式体现出他们对城市规划作用的认识。

（3）借助三维城市设计深化二维规划表达

为了充分发挥建筑学专业学生的空间形体设计特长，总规课程探索出将总体规划与城市设计有机结合的训练方法，要求学生在总体规划的基础上，针对包括镇区和特色村庄在内的重点地段进行城市设计。城市设计所采用的三维空间表达方式可以更加形象和直观地反映出未来的城镇空间环境，一方面有助于学生理解城市规划以色块表现土地利用的二维空间表达方式，另一方面也有助于学生通过微观层面的三维空间设计反过来优化和完善宏观层面的二维空间规划（图2）。

4 教学效果

相对于城市规划学科的复杂性以及城市（镇）总体规划编制法定内容的庞杂，12周的总规课程所能传授的知识内容显然是杯水车薪，但从教学效果来看（表5），还是受到了学生们的普遍认可，为他们未来的城

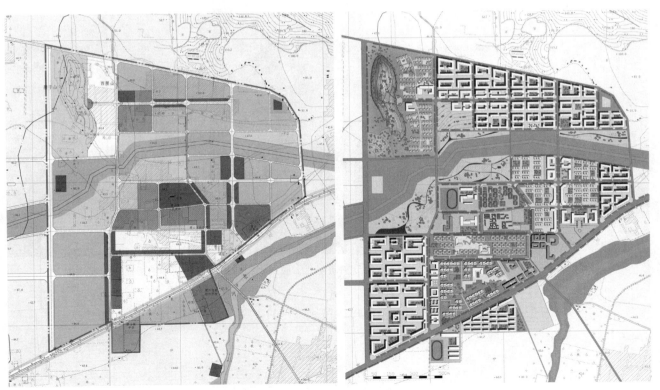

图2　用地规划与城市设计的综合表达：以顺平县腰山镇为例

部分学生课程感想摘录	表5
"整个课程的效率和容量都非常高";"方案进度的把握非常规范和及时";"使得我们每一步走得都很踏实,每一阶段收获都很大,这是同以前做建筑 studio 感受很不一样的地方"	
"理论学习穿插课程设计的方式还是很受人喜欢,不但给课程设计减少了压力,同时也比单纯地自学来得有效率";"各种讲座让人受益非常大……在知识面上得到了很大充实"	
"把每一课都当成一次汇报,也是这次课程的一大特色";"让我们懂得在汇报中如何有的放矢,突出精华";"对我的表达方式训练很大……让我更加明确了沟通的重要性"	
"小组内部成员知识的互补以及思想的碰撞与激发是整个设计过程中最富有魅力的一环";"团队合作规划的过程也比之前的团队合作设计要有趣。虽然也没少熬夜,但是大家以苦作乐,结下了深刻的革命友谊"	
"这门课让我更加喜欢上了城市规划这门学科,严密的逻辑性,有趣的故事性,还有各种学科的交叉学习引用都充满着乐趣";"我真希望这个课程设计没有结束的那一天……不过,未尽的内容还好有研究生的课程来继续完成"	

市规划专业学习打下了坚实基础。最为直接的检验便是学生们在汇报时的表现,从教学之初的语无伦次和漏洞百出,到经过12周专业训练以后的条理清晰和侃侃而谈,得到答辩老师、地方领导以及学科评估专家的普遍好评(图3)。从长远来看,总规课程必然成为城市规划专业本科教学的基础课程,还需要在现有基础上,根据学生专业背景的变化,对教学内容和教学深度做出必要调整。

图3 在2011和2012年教学中,学生分别向河北省唐山市和顺平县地方领导汇报规划方案

Understanding Complexity through Simplicity and Exploring Innovations through Practice——Some Reflections on Education of Town Planning at School of Architecture Tsinghua University

Liu Jian   Liu Jiayan   Mao Qizhi

Abstract: Along with the curriculum structuring of the undergraduate program of architecture, the School of Architecture, Tsinghua University has initiated since 2010 the Studio of City Master Planning for the forth-year undergraduate students who have been recommended as postgraduate candidate in the majors of urban planning and landscape architecture. Taking the theme of "Study on Spatial Development of Small Towns in Greater Beijing", this studio is aimed at cultivating the students' fundamental understanding about the role, the contents, and the formulation process of city master planning through the case studies on the spatial planning and design for the small towns in Greater Beijing. Starting with a brief introduction on the origin, the programming and the objectives of the studio, this paper explains in details how to achieve the pedagogic objectives through the accumulation of professional knowledge, the training of research methodologies, and the strengthening of overall capabilities. It also articulates the characteristics of the studio which can be summarized as thinking globally while acting locally, respecting actual situations while exploring possible innovations.

Key Words: master planning, spatial development, small towns, education of urban planning, Tsinghua University

立足自身，求变解困，自觉觉他，事半功倍
——记城乡总体规划设计课程教学改革

隗剑秋　刘兰君　胡开明

摘　要：本文剖析了本校专业现状及教学困境，在传统的总体规划设计课程教学模式上，针对当代大学生的特质，提出设计课程的教学改革举措，主要突出两个目的，即"激发学生自我学习热情，减轻教师上课压力"，并对两学年的教学改革予以总结，认为达到"自觉觉他，事半功倍"的双赢目标。

关键词：专业现状，教学困境，总规设计，教学改革

1　前言

城乡规划专业目前开设的一门设计课程是"城乡总体规划设计"，总规设计涵盖的内容广博复杂，要有一个综合可行的设计方案出台，需要对预选方案的反复推敲、权衡，因而在制定培养方案时，这门课程安排了相对多的学时。然而，对于教师和学生而言，"教无定法"，"学无定法"，设计本身没有对与错，只有合理与不合理，总规设计本身就是一个相互协调、相互妥协、相互融合的过程，在此过程中，需要多种理念及思维的碰撞，才能设计出更合理更精彩的方案。

2　传统的教学模式

在传统的教学中，往往是教师下发了设计任务书之后，先是带学生跑现场，熟悉地形地貌，整理已有的或收集到的资料，进行现状分析；回到学校之后，就开始分组实施规划，布置每一期任务，在此过程中，学生如果有什么问题没有经过自己成熟的思考或小组的充分讨论，就直接找老师解答，虽然老师全程参与、尽心尽责，但往往演变成了"老师的规划成果"，交上来的设计成果几乎雷同；而且，如果要完成教学任务，必须得配备相当数量的老师（如果以一个老师指导2组10个学生，起码需要6个老师同时上课，这显然不太现实，更不可能实现），所以，经常是老师上设计课筋疲力尽，但效果却差强人意。

3　自身的优势与不足

众所周知，武汉高校数量众多，除了占据龙头地位的武大、华科之外，开设有城乡规划专业的院校不下十所，竞争激烈。所幸的是，我校地理位置占优势，距离武大、华科非常近，师生常常有机会到这两所龙头高校观摩、交流、学习，"他山之石，可以攻玉"，我们的教育教学质量稳步提升；近几年，随着研究生招生规模扩大，武大、华科以培养高层次人才为主，我校城乡规划专业抓住这个机遇，大力培养实践应用型本科人才，城乡规划毕业生得到用人单位青睐，在就业市场上占得一席之地。要想继续保有这种优势，除了提升自身能力之外，对"实践应用型人才"要有更新的高层次的诠释。

另一方面，我校的城乡规划专业虽然已有十多年的历史，但由于种种原因，师资严重缺乏。每位教师满负荷工作，仍然不能满足正常的教学需要。其次，随着科技的快速进步，信息渠道的多维拓展与专业知识的交叉融合，教师也迫切需要有更多的时间和精力来更新自己的知识层面和专业素养。第三，众所周知，现在学生基本上都是90后，个性外扬，视野开阔，思维活跃，传

隗剑秋：武汉工程大学环境与城市建设学院讲师
刘兰君：武汉工程大学环境与城市建设学院高级工程师
胡开明：武汉工程大学环境与城市建设学院讲师

统的由教师组织讲评的做法，学生并不买账，他们渴望展现自我，实现自我，并且得到认可。学生更多地倾向于由自己来探索，老师最好担任"领路人"的角色，并一路保驾护航：全程参与，只"旁观"与"提示"，在需要的时候，做个"无所不能"的"智囊库"。可以说，这种思想在学生中渐渐成为一种主流，它对传统的设计课教学带来了挑战。这种美好的期许蕴含着对教学改革的期盼，如果善加利用，必然带来不同凡响的成效。

由此，如果仍然以传统的教学方法来实施总规设计的教学，思路僵化，知识结构老化，长此以往，必将在竞争中失去优势。

4 转变思路，教学改革，实现解困

基于上述种种情况，痛定思痛，必须进行教学改革，目的只有两方面：一是减轻教师上课压力；二是从源头诠译、实施培养"实践应用型本科人才"。

教研室的教师们经过反复权衡，慎重考虑，决定改变过往的"教师拽着学生跑"的教学思路，实施"放权"，教师把握大局，把主动权交给学生，由学生自己组织自己、自己管理自己，自己对自己负责。教研室一致拟定了统一的设计课程大纲，确定了教学改革的思路，如右图所示：

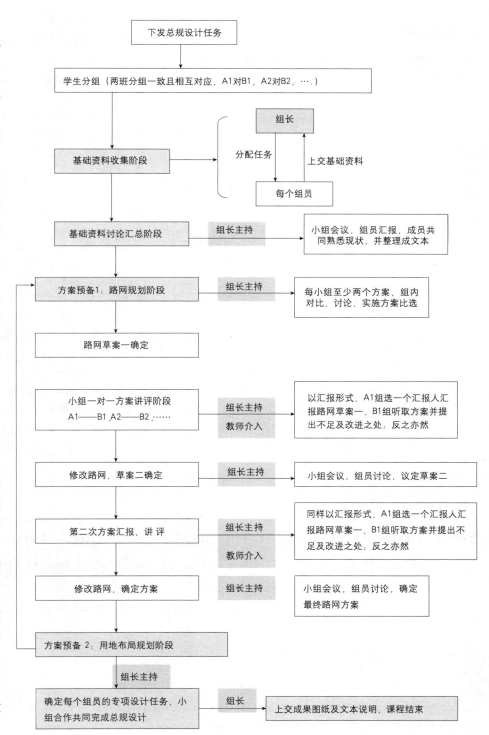

5 实施教学改革后的分析与自评

教学改革后的总规设计课既在教师的掌控之中，时时引导学生的设计进展，又完全符合了学生的心态，给学生提供了一个展现自我的良好平台。设计课上，学生积极性很高，尤其在学生自己汇报方案、评价方案时，场面激烈，争论不休，精彩纷呈。"问题越辩越明"，很多学生都说在这看似"争吵"中学习到了很多知识。这正是我们所期待的一种成效，表明学生已经真正地进入到状态中，这是一种可喜的变化，是有利的正能量。

进过两学年的改革试验，实现了"查——讲——绘——评"以学生为主、教师为辅的教学模式，减轻了老师上课压力，同时调动了学生自我学习、自我管理的热情，学生的自觉主动能力大大提升，而且要求学生课本、规范不离手，在讨论方案时要有理有据，有问题从书中、规范中寻求答案，实在解决不了再咨询老师，这种反客为主的形式，也逼使学生对规范手册熟练程度大大增强，整体达到了"觉他"的改革目标。这主要表现在以下几方面：

（1）学生设计方案多元化，真正体现了不同思想理念的碰撞，设计精品不断涌现；

（2）学生对知识点以及相关规范的熟练程度及应用能力大大提升；

（3）四年级后学生跟着老师作项目，能够较快地进入特定的角色状态；

（4）考研时专业课高分率逐年提升；

（5）就业面试时，用人单位对我校毕业生认可度较高，尤其是方案构图及方案表述能力方面获得一致好评。

但是，由于实行"小组"及"组长负责制"，小组长的人选很大程度上决定了小组的进度及完成质量，也间接决定了我们的教学改革能否成功。因而，在课程开始之初物色有高度责任心、积极踏实的组长，是重中之重。同时，对教师的专业素养也提出了更高的要求，必须全方位的备课，充盈自己，随时随地的发挥"智囊库"作用。

6 结语

综上所述，这是我们规划专业立足自身实际状况不得已而为之的教学改革，突破了教学中师资不足带来的教学压力大、教学效果不甚好的困境，更大程度地实现以学生为主、激发并释放学生学习激情的改革举措，"教无定法，学无定法"只有让学生切切实实的得到利益，学生自然而然地会认可此种教学模式；在这种模式中，教师也得以更新、储备专业知识量，这也是我们总结的"自觉觉他，事半功倍"的体现吧，希望更多地专家、同行们给予意见并多加交流，提高设计课程教学效果，有利设计课教学，真正实现"实践应用型人才"的培养。

Based on ourselves, changing in trouble, benefiting to teachers and students——get twice the result with half the effort

Kui Jianqiu Liu Lanjun Hu Kaiming

Abstract: This paper analyzes the present situation of our professional and teaching difficulty, and then puts forward design teaching reform measures with In-depth study of college students' qualities based on the traditional teaching mode of master planning, which outstanding two purposes "lighten the teacher stress in class, stimulate students' self learning enthusiasm". After two years of teaching reform, we think that we achieve a win-win goal.

Key Words: Professional status, difficulties, master planning design, teaching reform

基于研究性学习理念的设计类课程改革
——"开放式研究型设计"课程探索与实施评价

董 慰 吕 飞 董 禹

摘 要：《开放式研究性设计》是基于一级学科发展对城乡规划专业教学的要求和培养学生研究性学习的能力，对原有城乡规划设计类课程改革的探索。本文以2012年度实施的《开放式研究性设计》作为对象，探讨授课对象、课题选择、教学过程、教学方式、课时安排和考评方式等方面教学安排情况，并通过学生问卷调查和教师交流，对课程实施效果进行评价。师生反馈的结果显示，基于研究性学习理念的《开放式研究性设计》能够有效地提高学生的自主学习能力，对设计类教学质量提升具有十分积极的作用。

关键词：城乡规划学，研究性学习，开放式研究型设计，教学改革

1 背景与理念

1.1 一级学科对人才的新需求

从学科发展的角度，成为一级学科的城乡规划学科已经从传统的物质形态进入到社会科学领域，不再是一门单纯的技术领域的学科。而社会学、经济学、地理学、管理学、生态学等更多交叉学科加入学科研究与实践工作，进一步促进学科研究范畴的不断延伸和拓展。城乡规划不再只是关注物质空间的形态问题，而更多地关注城市发展的诸多社会影响因素，多层面、多角度地审视人类赖以生存的居住环境。

从学科教育的角度，城乡规划教育的重点在于培养学生面对城市这个复杂研究对象时，能够具备发现问题、分析问题并提供解决方案的能力。然而，在实际教学中，大部分院校（尤其是工科院校）的城乡规划专业是从建筑学专业发展而来，课程体系带有强烈的工程实践导向，由于课程目标设定和组织形式等原因，学生往往会重视设计类课程，而忽视理论类课程；而在设计类课程中，明确指向的设计任务和"结果"导向的评价标准，也使得学生往往重视设计创作和图面表达，而忽视空间设计背后，影响规划过程及实施效果的城市所依托的各种复杂环境及其之间的矛盾关系。忽视社会、经济、环境等多学科综合培养模式的单纯的设计与工程型专业人才已经难以适应一级学科发展与实践的需要。同时，受我国应试教育体制的影响，学生已经习惯教师单一方面知识的传输，习惯性地向教师讲授的某一个方向上发展，不主动多问几个"为什么"，或是思考更多可能解决问题的办法，自身的思辨能力和创造能力得不到锻炼。这种思维惯性很难适应城乡规划复杂、综合的学科领域的学习和研究。

因此，城乡规划教学应从学科发展和实践需要的角度，重新审视课程，尤其是设计类课程的教学设计，更多地引导学生主动思考和自主学习，并引导学生在一级学科的框架下，借鉴相关学科的理论与实践成果，拓展对学科方向的认知格局，理解并构建不同类型规划所需的理论、方法和技术体系，明晰自身在学科发展中的兴趣所在，进而实现人才的个性化培养目标。

---

❶ 黑龙江省高等教育学会高等教育科学研究"十二五"规划课题（HGJXHB2110300）

董 慰：哈尔滨工业大学建筑学院城市规划系副教授
吕 飞：哈尔滨工业大学建筑学院城市规划系副教授
董 禹：哈尔滨工业大学建筑学院城市规划系讲师

1.2 "研究性学习"理念的引入

联合国教科文组织在《学会生存》中写到:"未来的学校必须把教育的对象变成自己教育自己的主体,受教育的人必须成为教育他们自己的人,别人的教育必须成为这个人自己的教育,这种个人同他自己的关系的根本转变是今后几十年内科学与技术革命所面临的一个最困难的问题。"《国家中长期教育改革和发展规划纲要(2010-2020年)》指出:高等教育要"支持学生参与科学研究,强化实践教学环节",做到"注重学思结合,倡导启发式、探索式、讨论式、参与式教学;注重知行统一,坚持教育教学与生产劳动、社会实践相结合"。在高等教育中,研究性学习是指学生通过研究性的方式提出、理解和解决问题,并在此过程中形成学习能力、创造能力与相关专业精神的活动。

研究性学习是一种符合能力培养规律、符合综合素质形成逻辑的教学组织形式和教学方式,其特质包括:①开放式问题。研究性学习中的问题应存在某种程度的开放性,并没有所谓的标准答辩,学生可以从不同的观点和角度来解析问题和提出解决方案;②真实性情境。研究性学习是一种回归"生活世界"的"真实性学习",选题和结果都应具有现实意义,其价值在于向学生呈现人类群体真实的生活体验,并培养学生解决现实问题的能力;③渐进式解决。在研究性学习中,师生应以渐进式的步骤共同介入问题解决的过程,包括问题设定、问题探究、问题解决与表达等阶段;④发展性评价。在强调真实性与探索性的问题解决学习中,采取以学生的实际表现为基础的、注重学生个性化反应的质性评价方式。这种评价的意义在于提供更多的反馈信息,提升评价的个人发展价值。

1.3 原有城乡规划设计课程体系的改革

基于一级学科发展对城乡规划专业教学的要求,和培养学生研究性学习的能力,我们改进原有城乡规划设计课程的体系,增设了"开放式研究型设计"课程,通过给定研究对象和基本的成果要求,对其课程具体的目标、过程、形式均不做限定,由各个课题的指导老师引导学生在开放的教学组织过程中寻找问题、分析问题并提出解决方案。课程注重从问题开始而不是从结论开始,剖析城市复杂系统中某一角度的特定问题,分析、研究和提出解决方案。课程将学习知识与研究问题相结合,使学生在思考、分析、探究问题的过程中获取、应用和更新知识,在解决问题的过程中培养和训练发现、研究和解决问题的能力,在合作学习和团队交流过程中提高沟通能力和综合素质。

2 教学安排

2.1 高年级的授课对象

指向研究型学习的设计,尤其面对城市这一复杂的研究对象,是需要学生具备一定的专业知识积累和经验的。在我们的课程设置中,将这门课程安排在四年级的下半学期。进入这个阶段的学生,已经完成2~3年的建筑和环境设计课程,也通过接近一年的城乡规划专业知识的积累,已经基本建构起对城乡规划学科整体的认知系统,并且学生也能够大概了解到自己在城乡规划领域内的兴趣所在。更具有意义的是,通过倡导研究性学习激发学生对城乡规划专业的兴趣,找到自身接下来为之努力的专业方向。

2.2 研究型的课题选择

研究性学习的目标通过教师的引导和学生的自主学习,能够对学科发展的前沿和热点问题进行深层次思考。选题应带有较强的研究价值。整个设计课程的教学过程都是以项目专题为核心,针对城市规划的热点问题进行了深入研究。在操作中,申报课题指导的教师可以根据自己的研究方向,自主确定选题方向,设计教学内容。设计题目选取应遵循向深度和广度发展的原则,深度上强调问题的综合性、复杂性、技术性,广度上关注影响与城市问题相关的环境、社会、文化、经济等问题。大体上,课题选择可包括如下几个类型:①"学科前沿"类主题,可通过校际联合或与研究机构合作,关注国际上本学科发展中的热点问题;②"学科交叉"类主题,可与交叉学科或专业相结合,关注交叉领域内的研究问题;③"设计实践"类主题,可与规划设计机构合作,突出设计单位多方面的实践优势,可进行特定方向的实践训练;④"设计竞赛"类主题,选择国际、国内高水平的设计竞赛。设计竞赛的题目应体现社会经济生活中的热点问题和学科学术前沿问题。

2012年度"开放性研究型设计"课程选题情况表　　　　　　　　　　　　　　　　　　表1

课题	课题类型	合作对象	校外导师
微气候因应的大众运输场站地区城市设计—以台北信义计划区为实际操作案例	学科前沿	台湾成功大学建筑系、美国加州伯克利分校城市与区域规划系、美国加州大学伯克利分校城市与区域发展研究中心(IURD)	有
台湾坪林老街区再生规划研究	学科前沿 学科交叉	台湾大学建筑与城乡研究所	有
TOD模式下城市轨道交通站点周边土地利用优化研究	学科前沿 学科交叉	哈尔滨工业大学深圳研究生院城市与景观规划研究中心、城市与建筑设计研究中心、交通运输规划与管理中心	有
黑龙江省旅游名镇横道河子镇规划设计研究	设计实践	与哈工大城市规划院合作	无

2.3 开放式的教学过程

研究性学习的教学过程由课题目的和学生兴趣决定，因此，教学过程具有开放性。教师通过对研究目标和内容的多方向引导，使得学生能够发挥自己的主观能动性，在开放的空间中明晰个人的研究专题，通过各种可能的渠道获取研究专题所需的信息，按照自己的能力和兴趣开展特定专题的研究，从而训练学生的自主学习能力、有用知识的选择能力和专门问题的研究能力。在"开放式研究型设计"课程中，其开放性体现在课题选择的开放、学生选择的开放、教学形式的开放等方面。

（1）课题选择的开放：课程采取主讲教师申报制，即全院教师可以根据自己的研究方向，自主确定设计题目，设计教学内容，自由申报，由学院组织领导小组审核确定参加本次课程的主讲教师团队，各组的题目完全不同。

（2）学生选择的开放：表现在课程在前一个年度的秋季学期向学生公布设计题目和指导教师团队，学生可以根据自己的想法自主选择学习小组，不受班级界限的限制，调动学生的积极性和学生自主选择教育的权利。

（3）教学形式的开放：课程鼓励教师与海外院校结合，通过使国外的知名教授"走进来"参与设计教学和使学生"走出去"，参加海外名校的设计课堂，在全球化语境下探索工程教育改革，使学生能在不同地域与不同文化背景下共事；鼓励教师与规划设计院结合，可选择国内一流规划院的规划师做联合指导教师，以项目为核心与学院教师共同成设计组，做到"基于项目教育和学习"，培养学生根据工程任务，建立系统的工作目标，对项目发展进行较好的理解和管理；鼓励教师与相关交叉专业教师联合教学，通过加强与相关专业的联系，提高学生对实际工程项目中各专业协同的认识，提高教学体系的完整性。

2.4 互促协作的小组教学

研究性学习强调基于问题、面向实际，凸显自主探究、合作互动，重点体现在"提出问题、自主研究、讨论互动、批判改进"等核心环节。因此，适应研究性学习方法的教学组织形式是小组教学。以小组为单位的教学能够给予学生更多参与教学过程的机会，有利于充分调动学生学习的主动性，也有利于教师动态地关注学生的反馈，关注学生个体的差异，加强师生间的互动，切实提高教学效果。小组内的学生分工合作，相互学习，共同分析、讨论与研究问题，小组间的学生相互比较、相互促进和竞争，从而形成学生自主学习、自由探索，师生互动、同学协作的学习氛围。

2.5 集中授课的课时安排

为了便于组织开放式的授课过程，包括海内外校际及跨专业的合作，同时也为了让学生更为集中地对课题进行深入研究，"开放式研究型设计"突破原有理论课和设计课相互穿插进行的教学模式，采取四周集中授课的方式。在这四周内，不安排任何其他课程。

2.6 过程评价的考评方式

研究性学习重视结果，但更注重学习过程以及学生在学习过程中的感受和体验。学生经过一段时间的研究，可能他们最后的研究结果并不完善，存在很多问题，但这并不重要。因为学生通过各自角度的问题探究，从在对城市问题直接感受中，了解传统课程以外获取信息的其他渠道，并综合已有的知识来提出相应的解决方案。从这个意义上说，研究性学习过程本身恰恰是它要追求的结果。同时，课程也要考虑不同选题研究内容和成果的差异性，建立区别与传统学习的评价体系，实现对学生的过程性激励。"开放式研究型设计"采用过程评价的考评方式，将阶段性评价与传统的终结性评价相结合，降低最终成果的权重，强化平时考核评价的作用，激发学生的热情，引导学生在不同阶段取得收获，做到评价阶段的全程化。

3 实施评价

3.1 教学成果

总体上，本次基于研究型学习的"开放式研究型设计"课程达到了预想的成效（图1）。

首先，学生能够在教师指定的课题范畴内，明晰个人的研究专题，并能够在小组内相互协作和配合。例如，在"台湾坪林老街区再生规划研究"课题中，学生们分别展开了产业策划、公众参与以及旅游策划等专题的研究；在"微气候因应的大众运输场站地区城市设计"课题中，学生们则对街区热环境、能源循环等专题进行了

图1 学生成果展示
（左为"台湾坪林老街区再生规划研究"课题成果，右为"微气候因应的大众运输场站地区城市设计"课题成果）

深入的研究。

其次，各课题小组成果呈现出多样化的特征，包括：从实地测试和软件运用角度，形成对城市街区微气候环境的技术分析结果；与当地业主共同完成的农庄设计；从旅游及相关产业研究出发的地方发展策略；公共交通导向的地区发展远景等。在成果表达上也有着较大的差异性，包括：倾向于形体塑造的空间设计方案；倾向于过程引导的公共参与设计；倾向于理想达成的城市发展模式设计等。

此外，各课题小组还在一定程度上进行了学科交叉研究，例如，在"台湾坪林老街区再生规划研究"课题中，引入了管理学科的指导教师和理念，在公众参与历史街区更新层面进行了探讨；在"TOD模式下城市轨道交通站点周边土地利用优化研究"课题中，邀请了道路交通专业的教师参与了课程辅导，使最后的成果具有更好的现实性和可行性。

3.2 学生反馈

从整个课程结束后的学生反馈意见可以看出，"开放式研究型设计"课程对比一般的课程设计具有很大的进步性。在37名学生中，认为本次课程收获更大的比例高达62%（图2）。在对本课程目标的看法上，学生更期望在这门课程中收获区别于一般设计的设计创意和规划的思考逻辑的，更多的同学倾向于注重某一角度的研究性内容（图3）。

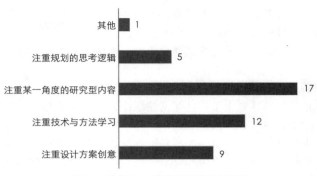

图3 学生对本次课程目标的看法

在对本次课程收获的调查显示，学生们更多获取了新理念、观念和新思路（图4），而在课程组织的各个阶段的调查显示，大部分学生认为相比设计阶段和答辩阶段，在调研阶段能够有更多的收获（图5），这个调查结果更好地体现出开放式教学方式带给学生更为宽阔的视野，更为新鲜的视角。我们相信，这对提高学生学习兴趣，鼓励学生专注思考和研究具有非常积极的意义。

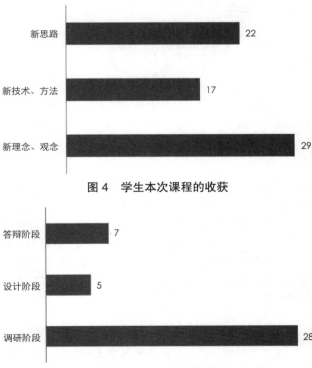

图4 学生本次课程的收获

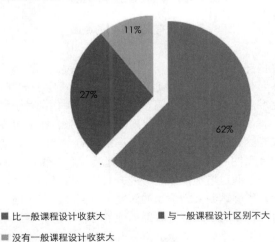

图2 学生对本次课程的总体评价

图5 学生认为本次课程中收获最大的环节

此外，学生问卷调查结果显示，开放式的教学过程中，校外导师的加入起到了非常积极的作用（图6）。在本次课程中，赴台湾的两个小组，邀请了台湾知名高校的教授作为指导教师，在调研阶段，通过讲座、参观、研讨的方式进行对课题全方位的交流，在返回学校后，校外导师通过电子邮件等网络联络方式继续参与到课程指导之中。校外导师的加入，在一定程度上，解决了我校在师资上学缘结构相对单一的问题，使得学生能够接触到更为多元的思维和知识，同时，对我校教师教学水平提升以及专业校际交流方面都有好处。

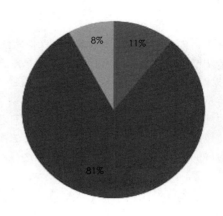

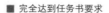

图7　学生对完成成果的自我评价

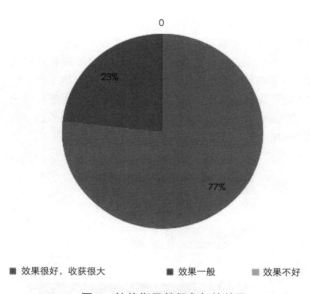

图6　校外指导教师参与的效果

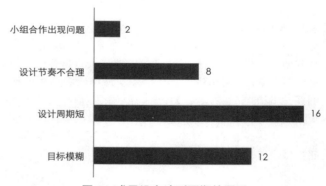

图8　成果没有达到预期的原因

当然，学生的反馈不只有积极的一面，有超过80%的学生认为最后成果与任务书要求以及个人预期还有一定的距离（图7），原因包括：①设计周期短；②目标过于模糊；③设计节奏不合理；④小组合作出现问题（图8）。可见，学生们在集中授课过程中自主学习和自我管理的能力还有所欠缺，这也正是研究性设计课程所想要达到的训练目标。

3.3　教师反馈

在课程结束后，指导教师共同对本次课程进行了交流，认为首次"开放式研究型设计"课程对于设计类课程质量提升具有积极的作用，老师们也通过此次课程收获颇多。但是，在教学过程中，还存在着一定的问题，需要在今后的教学工作中逐步加以改进。例如，对于城乡规划类的项目，4周的设计周期比较紧张，在成果深度上较难达到预期的结果。这就要求我们在选题上，要考虑设计周期的问题，拟定与之相适应的任务要求，同时，还可以通过增加课外学时的方式，适当延长设计周期，使其能够达到更为理想的深度；再例如，在实施过程评价中，不同小组指导教师的评价标准不同，导致学生间可能出现不公平的情况。这就要求在过程中增加小组间交流与联评的环节，使不同小组间形成监督与认可，同时，增加学生之间的互评，使其也成为评价的主体，在评价其他同学中也完成自我评价，这也正是研究性学习很重要的体现方式。此外，还存在课程经费、异地教学管理等问题，这将在后续的教学实践中开拓思路，为学生提供更多参与的渠道与平台。

4 结论

《开放式研究性设计》是基于一级学科发展对城乡规划专业教学的要求和培养学生研究性学习的能力，对原有城乡规划设计类课程改革的探索。本次课程改革的尝试和经验表明，基于研究性学习的设计类课程对引导学生建构全面的学科知识体系，拓展学生视野和信息渠道，培养学生自主学习和自我管理能力，差异性、个性化培养适应一级学科发展和实践需求的优秀城乡规划人才具有十分积极的意义。总之，基于研究性学习的设计类课程教学效果明显优于传统的设计类课程，但仍需从课题选择、教学设计以及教学管理等方面进行进一步的尝试与探索。

主要参考文献

[1] 卢文忠，陈慧，刘辉．大学研究性学习的特征和模式构建［J］．扬州大学学报（高教研究版），2006，05：61-64．

[2] 中共中央国务院．国家中长期教育改革和发展规划纲要（2010-2020 年）（Z）．2010．

[3] 林健．面向卓越工程师培养的研究性学习［J］．高等工程教育研究，2011，06：5-15．

[4] 众启泉．研究性学习："课程文化"的革命［J］．教育研究，2003，05：71-76．

[5] 腾凤宏．研究性学习在城市规划基础教学课程城市空间环境感知与分析训练中的应用［J］．人文规划 创意转型——2012 全国高等学校城市规划专业指导委员会年会论文集，2012：17-22．

Teaching Reform of Design Courses Based on Research Orienting——Exploration on the course of Open-ended and Research Oriented Design and its implementation

Dong Wei   Lv Fei   Dong Yu

Abstract：The course of Open-ended and Research Oriented Design is the exploration on the teaching reform of design courses based on the needs of urban and rural planning as the first-level discipline and the goals on the ability of research orienting of students. Targets on the course of Open-ended and Research Oriented Planning and Design in 2012, discusses the teaching schedule including selection grade of students and the projects, process, methods and planning of teaching, and ways of examination, and valuates the effect ion of implementation though the questionnaire survey on students and the interview of the teachers. The results show that the course improves the ability of autonomic learning effectively, and has an positive effect on the improvement of design courses.

Key Words：urban and rural planning, research orienting, Open-ended and Research Oriented Design, teaching reform

城市规划专业硕士研究生校内实践基地建设回顾与思考[1]

冷 红 刘生军

摘 要：快速发展的中国城市化进程对城市规划专业高端人才实践培养需求迫切，为了提升城市规划专业硕士研究生的实践能力，并解决其外出实习效果不佳的问题，哈尔滨工业大学建筑学院以哈尔滨工业大学城市规划设计研究院为依托建设规划工程实践中心，作为专业型硕士研究生的校内实践基地。本文论述了校内实践基地的建设目标与任务，基于实际的运转情况对近年来的建设成效进行分析，并从基地的认识、管理、建设和交流四个方面对校内实践基地的发展作相关思考，为校内实践基地的进一步建设与发展提供更好的参考。

关键词：城市规划，专业硕士研究生，校内实践基地，平台建设

1 建设背景与建设意义

随着中国城镇化进程的不断加快和城镇化水平的不断提高，特别是在当前各级政府大力重视城乡规划建设的背景下，针对城市规划专业高端人才培养的社会需求巨大且极为迫切，城市规划专业硕士研究生培养需要进一步将理论与实践教学结合，从单一的传授规划设计理论知识向培养学生独立分析和解决设计问题的能力和自主创新设计的能力转变，以从教师为中心向学生为主体的规划实践教学模式转变。因此，面向城市规划师执业制度建设研究生实践基地，将规划设计实践贯穿城市规划硕士研究生培养过程，对于培养学生将所学的理论知识与高水平城市规划实践相结合的能力具有重要的意义。

然而，实践是当前研究生培养较为薄弱的环节。在市场经济的条件下，较为稳定的、确保绝大多数研究生进行实践的校外实践基地数量较少，实力较强的规划设计单位实践岗位不能满足需求。目前，研究生外出实习效果并不理想，不仅花费多而且在规划设计单位大多为作为廉价劳动力从事低端的绘图工作，无法接触和深入了解规划设计的核心领域。此外，由于国内规划设计市场的火爆，研究生参与实践的规划设计单位指导教师大多忙于生产任务，对于参与实践的研究生疏于指导，造成学生在高端的规划设计实践能力方面并未得到真正提高，迫切需要建立新模式的实践基地。

基于此，哈尔滨工业大学建筑学院在建立符合教学要求的校外实践基地的同时，以哈尔滨工业大学城市规划设计研究院为依托建设规划工程实践中心作为应用型研究生校内实践基地。城市规划设计院隶属于建筑学院，属于建筑学院下属二级单位，由学院进行管理，拥有城市规划编制甲级及文化遗产保护规划编制乙级资质，成立以来承担了众多规划设计项目，涵盖城市发展战略研究、区域城镇体系规划、城市总体规划与分区规划、控制性详细规划、城市设计、历史文化遗产保护规划等各类规划和咨询项目。由于依托建筑学院，规划院拥有较强的实用研发和产业创新能力，在项目实践中能够做到高端化和前沿性，同时又能够按照学院的要求保证研究生的实践需要，因而是城市规划专业硕博研究生理想的实践基地和发展平台。

---

[1] 黑龙江省高等教育学会"十二五"教育科学研究规划课题编号 HGJXH B2110301 "城乡规划学硕士研究生培养体系建设"，哈尔滨工业大学研究生教育教学改革研究项目"面向注册规划师执业制度的城市规划硕士专业学位研究生培养机制改革"。

冷 红：哈尔滨工业大学建筑学院教授
刘生军：哈尔滨工业大学城市规划设计研究院讲师

实践基地的建设将搭建城市规划实践教学平台，通过校内外规划工程实践相结合的方式来提高应用型研究生规划实践的效果。通过校内实习基地为研究生提供充分的规划设计实践机会，培养研究生的实践能力和创新精神，弥补校外实习不能参与规划设计过程仅仅能帮助绘图的缺憾，使得研究生深入了解城乡规划实际工作的复杂性和艰巨性，缩短与实际工作岗位适应的时间。同时，在实践环节中强调实地调研的准确性、规划设计过程的规范性和学生间分工合作的协调性，贯穿质量意识、创新意识、团队意识的培养。通过规划工程实践中心的实践学习，帮助应用型研究生进一步加深理解所学专业理论知识，培养应用理论知识解决实际问题能力的同时，加强设计思维的训练，提高工程实践能力，使学生真正成为社会适应能力强、专业技能过硬、综合职业素质高、具有创新能力和较强实践技能、符合社会需要的高技能应用型人才，并在这一培养过程中，确立论文选题，在教师的指导下完成论文。

2 建设目标与任务

2.1 建设目标

根据建筑学院专业的特色和专业方向的具体内涵要求，按照"突出工程设计实践，体现专业人才培养特色"的要求，以城市规划设计研究院为依托建设能提供城市规划（含风景园林规划）的工程实践平台作为应用型研究生校内实践基地，以研究型、开放式、前沿性工程实践项目作为应用型研究生校内实践基地的设计项目，承担应用型研究生培养工作。

工程实践平台建成后能够达到如下目标：

以城市规划硕士研究生为服务对象，以应用型研究生的培养目标为宗旨，通过精选和提供大量不同规模与方向的城乡规划设计实践项目，使学生有机会接触实际环节和程序，获得将所学理论知识与技能进行应用与验证的机会，并以此为基础进行更为广泛和深入的学术研究和科研创新。加强应用型研究生综合运用理论知识进行设计实践及工程实践的能力，培养其掌握先进的实践技术与方法，进一步与进入规划设计企业接轨。

2.2 主要建设任务

实践基地主要建设任务包括：

（1）平台设置

依托城市规划设计研究院的潜在优势，设置实践平台。

城乡规划与设计实践平台依托单位为城市规划设计研究院，开辟专门的工程实践基地空间，按照专业需求进行设备的配套建设，接收城市规划专业学位研究生，满足实践需求。

建设城市规划实践教学研讨室，增加数字媒体设备、打印设备、计算机、图形工作站、复印机、配套设计及分析软件（包括控规、修规等规划设计软件、建筑与规划分析软件等）、测图系统、投影仪、调研用数码相机、GPS定位仪等。对实习过程所需硬件软件设备有效的合理配置，使硬件资源充分使用，高端设备共用，中低端高使用率设备按人员数量合理配置。

城市规划设计研究院负责提供具有高级技术职称和执业资格、业务突出、示范能力较强的注册规划师作为实践基地指导教师与学院教师共同指导研究生的实践工作，按照参加实践的研究生人数，每名执业规划师指导2~3名研究生实践。同时加强与国内外规划设计机构的合作，聘请国内外设计机构专家作为校内实习基地的指导教师。结合研究生培养方案中要求的"规划师业务实践"环节，实行产、学、研一体化，建立完整的全过程实践教学体系，完成从资料调研、综合分析到规划初步方案设计、方案优化、图纸及文本制作的规划编制完整过程。

（2）平台管理

工程实践平台将实践内容全面纳入规划院业务体系中，针对实践需要，以短期和长期两种组织形式结合的方式，形成对应用型研究生实践的全程支持，将参与实践的研究生按专业特点编入项目组中，按工作流程对学生进行管理和指导。编写平台专业实践大纲及设计指导书，确立实践教学内容、实施方案及考核方法。结合正在进行的实际城乡规划设计项目安排研究生的实践内容，使学生全面接触实际工作环境，享有甲级设计院的信息资源和设备以及文化环境和休憩、娱乐空间，建立高质量高规格的实践环境。

建立科学的实践管理与评价体系，对参与实践的研究生实行设计院——所——项目组三级责任制，严格把关，制定实践基地指导教师考核与管理办法，明确实践基地指导教师的职责。同时，建设可扩展实践平台，服务领域面向硕士研究生为主，同时也兼顾对本科生、博士生等的全程培养、训练，形成本硕博一体化工程实践平台。

实践基地建成后能够达到：通过精选城乡规划设计项目，加强应用型研究生综合运用理论知识进行设计实践及工程实践的能力，培养其掌握先进的实践技术与方法，进一步与进入规划设计企业接轨。

3 建设成效分析

自2011年开始，按照计划依托哈尔滨工业大学城市规划设计研究院完成实践基地建设，购买了相关设备，完成了规划实践教学大纲及设计指导书编写，制定了相关的管理规定，建立了一支业务水平高、有丰富经验的指导教师队伍，均为具有丰富实战经验的国家注册规划师。

实践基地注重规划实习内容的综合性、典型代表性等，不断改进实习的模式，为研究生提供了丰富的实践机会，不仅有利于巩固专业理论知识，还提供了更广阔的学术交流视野，锻炼了学生的团队协作能力。

实践基地建设过程中承担了部分城市规划研究生实践工作，获得了良好的实践教学效果，研究生参与的实践课题均受到相关评审单位和设计单位的好评，并顺利通过评审。其中研究生参与的实践项目《海林市横道河子镇总体规划（2011-2030）》获国家小城镇规划设计一等奖，伊春市中心城总体城市设计年获全国城市规划设计三等奖，扎兰屯市中和镇福泉村扶贫开发移民扩村项目获得2012年全国人居经典建筑规划设计双金奖。

部分研究生通过实践课题完成了项目的生产实践，并结合项完成了研究论文及相关课题研究报告的工作。通过在实践基地的工程实践项目，加强了应用型研究生综合运用城乡规划学理论进行规划实践的能力，促进了学生掌握先进的规划实践技术与方法，为学生毕业步入设计单位起到了良好的实习铺垫作用。

4 几点思考

在城市规划专业研究生校内实践基地建设上虽然取得了一些成效，但是仍然存在一些问题有待解决，例如虽然目前实践基地已制定了相关管理规定，但随着实践基地的逐步运转，对于研究生进入实践基地从事实践工作的相关管理还有待于进一步规范化和深化；实践基地空间不足，无法完全满足从事实际规划设计的需求，影响实践的效果；参与指导学生的实践基地指导教师的数量和指导能力有待于进一步提高等。因此，需要从以下方面进一步完善：

（1）进一步提高对实践教学基地建设的认识。实践教学基地建设工作是建筑学院研究生教育教学工作的重要组成部分，是提高城乡规划实践教学质量、保证实践教学环节、体现教育特色的重要措施之一，也是培养复合型、应用型人才的基本条件之一。实习基地的建设需要投入大量的人力、物力和财力，同时也是一项涉及面广、工作繁杂的综合性工程，不仅要建设好基地，而且还要巩固下去，求得高质量的发展。

（2）加强实践教学基地的科学化、规范化管理。实践教学基地的建设与发展关键点之一是规范化管理，要树立质量、效益意识。要按照专业人才培养方案要求，加强实践教学，确保实践教学时数，在完善实践教学大纲的基础上进一步完善考核办法和管理细则，提高实践教学基地培养学生素质和能力的整体功能，加强实践的组织管理。

（3）重视实践基地指导教师队伍建设。人才队伍的建设非常重要，实践基地指导教师在实践指导的过程中不仅需要扎实的专业基础知识，还需要有丰富的实践技术经验，以便完成对研究生从基础理论到技术实践多方面的指导。城乡规划学学科领域的技术手段越来越先进，客观上要求实践基地指导教师要不断更新知识，提高业务水平，尽快掌握前沿技术。因此，应高度重视实践教学指导教师队伍建设，以利于充分发挥其在实践领域中指导研究生理论联系实际的作用。

（4）实践基地应加强与市政、交通、土木、环境工程等相关学科的联系，在实践过程中引入相关联专业的指导教师和研究生加入，本着"面向需求、注重应用、瞄准地方经济社会发展需要，追踪前沿、交叉创新、整合资源、开放协作"的指导思想，积极探索跨学科合作的实践方法和有效途径，打破学院、学科、专业的壁垒，面向寒地城乡人居环境设计和建设实践的探索，为应用型研究生的研究提供广阔的实践空间。

Review and thinking of the construction of urban planning practice base in campus for postgraduates

Leng Hong   Liu Shengjun

Abstract: There is an urgent need to high-caliber personnel major in urban planning with the rapidly developing urbanization in China In order to improve the practice ability of professional postgraduate student major in urban planning, and find the solution to the problem of the ineffective internship outside, Architecture School of Harbin Institute of Technology constructs engineering practice center, supported by Urban Planning and Design Institute, as the practice bases inside campus of professional postgraduate student. This paper discusses the construction target and assignment of practice bases inside campus, then it deeply analyzes the construction result in the recent years based on the actual conditions, at last, it raises some related thoughts for the development of practice bases inside campus in four dimensions, which contain understanding, management, construction and communication of the practice bases, in order to provide better reference for further construction and development of practice bases inside campus.

Key Words: Urban Planning, Professional Postgraduate Student, Practice Bases inside Campus, Platform Construction

乡村规划及其教学实践初探[1]

张 立 赵 民

摘 要：乡村规划教学实践刚刚开展，尚处于探索阶段。本文结合近年的农村调研和规划实践，探讨了乡村规划在理念、方法论和技能上的共性和差异性，指出乡村规划编制的基本准则应是"扎实调研，因地制宜"。进而结合2012年同济大学的乡村规划教学实践，提出了五种乡村规划的教学组织模式，最后从乡村规划编制的目的、类型和规划师的角色等方面提出了若干见解。

关键词：乡村规划，教学实践

2008年起正式施行的《城乡规划法》扩大了既有空间规划的工作范畴，即从城镇扩展到了农村。2011年，"城市规划"学科由二级学科升格为一级学科，并更名为"城乡规划学"；由此可见，国家和社会各界对乡村规划高度重视。但是我们必须承认，由于长期的"偏向城市"，乡村[2]规划方面的工作积累非常有限。从CNKI的相关研究文献搜索结果，可以看出乡村规划和城市规划的关注度差异明显。以篇名"乡村规划 or 村庄规划"作为关键词模糊搜索，得到所有收录文献941篇（核心期刊201篇）；以篇名"城市规划 or 城镇规划"作为关键词模糊搜索，得到所有收录文献23686篇（核心期刊5007篇）。这从一个侧面印证了乡村规划一直处于被忽视的境地；2006年以后学界才开始对乡村规划有了相对多的关注。

在社会各界燃起对农村发展和乡村规划的热情之时，同济大学城市规划系于2012年秋季学期开展了多年来的第一次村庄规划教学实践，在村庄规划内容、教学方法和教学组织等方面获得了初步的经验。笔者参与了本次教学的全过程，有所感悟，记录下来，以期有助于城乡规划教学的进一步实践和完善。

1 乡村规划的特殊性——规划理念、方法论和技能

开展乡村规划教育，首先要认识到乡村规划与城市规划在规划理念、方法论和技能上既有共性的一面，也有差异性的一面。其共性在于，二者都要以"人"和"资源环境"为基点，获得与"空间"相联系的"物质性规划设计"与"社会人文修养"的充分训练与教化（赵民，2013）。

与共性相比，乡村规划与城市规划的差异性亦很明显。首先，城市是"人口集中、工商业发达、交通便利的地区"，而乡村是"农民聚居的地方，人口分布比城镇散"（《现代汉语分类大词典》）。显然，乡村天然的不同于城市，乡村具有分散、与农业紧密集合的特点；而城市则具有集聚的特征，是生产和交易的空间。乡村相比于城市而言，其人与土地的联系更加紧密，村民之间的交往更加密切。

其次，因为乡村与城市的不同，乡村规划的理念与城市规划的理念必定会有很大不同。城市规划强调生产（工业）与生活（居住）相隔离[3]，以减少干扰；而农村要注意生产与生活相融合，住宅的选址既要便于劳作，

---

[1] 本文获国家自然科学基金项目（51203862）资助。
[2] 《城乡规划法》区别了乡规划和村规划。本文为叙述和理解方便，未对乡村和村庄二词进行严格区别；但本文的乡村，仅指行政村或基层村，而不是指乡集镇。
[3] 当然，也有产城融合的理念，但产城融合是指较大尺度的融合，在微观尺度上，仍然是产居分离的。

张 立：同济大学建筑城规学院城市规划系讲师
赵 民：同济大学建筑城规学院城市规划系教授

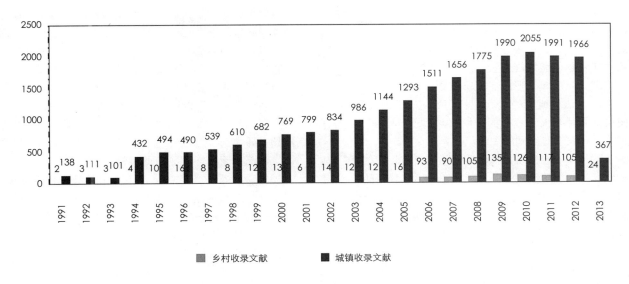

图 1　CNKI 搜索结果汇总

又要设施配套。

再次，乡村规划的方法论与城市不同，我国的城市是典型的自上而下的主导，由城市人民政府组织编制各层次的城市规划❶；农村由于其土地集体所有的性质，严格讲，乡村规划编制的主体应是村委会和村民，应以自下而上的方法论为主导，以农民的意愿和村庄的需求为导向，规划师仅是提供技术支持，而城市或镇人民政府根据其规划是否会产生负面的外部效应，来决定是否批准执行。

最后，乡村规划编制的技能与城市规划也很不同。城市规划尽管也要关注规划对象的社会属性和经济属性，但城市规划的核心任务是统筹空间资源，尤其是在快速城镇化阶段，其面对的是如何应对城市增长——尤其是空间的扩张；反观乡村规划，由于农业现代化水平的持续提高，农业对劳动力的需求呈日益减少的态势，加之城市对农村青年的吸引力，农村普遍处于人口逐步减少的境况，村庄建设的绝对规模趋于下降。以笔者在海门市调研的农村为例，某镇有 10.8 万户籍人口，2012 年仅有不到 80 户的宅基地建设申请，即每年的农村新建住房需求不及总人口的 1%，如果再算上其中的改建或者住房的自然毁坏的话，农村建设空间的增量需求实际是相当少。因此，农村规划的核心问题可能已经不是空间问题，而是社会问题。比如如何应对农村的老龄化，如何应对农村的"三留❷"问题。这就需要规划编制的技能做出相应调整。

2　乡村规划的准则——扎实调研，因地制宜

据《城乡规划法》，"乡规划、乡村规划应当从农村实际出发，尊重村民意愿，体现地方和农村特色。乡规划、乡村规划的内容应当包括：规划区范围，住宅、道路、供水、排水、供电、垃圾收集、畜禽养殖场所等农村生产、生活服务设施、公益事业等各项建设的用地布局、建设要求，以及对耕地等自然资源和历史文化遗产保护、防灾减灾等的具体安排"（第十八条），约 150 字的阐述清晰明确了村庄规划的三大原则和主要内容，其中三大原则虽很简练，却对规划师提出了非常明确的要求，即结合实际、尊重农民、体现特色，概括起来就是要"因地制宜"。

---

❶ 虽然也有公众参与，但主体仍然是自上而下的。
❷ 留守儿童、留守妇女、留守老人。

"因地制宜"的前提是深入"调查研究",从而真正把握实情。虽然"调查研究"是规划编制的基本要求,"公众参与"也一直是规划编制所倡导的,但是由于城镇化的快速发展,城市规划设计单位长期处于工作任务饱和的状态,且逐年来形成了城市规划编制的一套约定俗成的工作方法,或者说套路。长期的城市规划编制实践,使得规划师在面对乡村的时候,习惯于"城市"的思维定式,习惯于对空间的关注。

对于本次村庄规划教学实践而言,很多同学尝试"以一个农民的视角来规划乡村";出发点显然是好的,但是大部分同学来自城市,没有做过农民,更没有做过农活,怎么能够知道农民的视角是什么呢?即使百般尝试"身份转换",仍然还是以市民的视角来把自己转化为所谓的"农民",着实勉为其难。

再从乡村规划的内容来看,前文已述,当下的村庄与城市不同,城市处于增长之中,而大部分村庄可能处于逐步萎缩态势,每年只有非常少的零星建设需求。那么,对于大部分村庄规划而言,更像是"旧城更新"。规划需要的是对现有空间环境的梳理,但是由于宅基地的非国有属性,规划方案的制定不能基于大的空间布局调整。因为即使微小的调整,都会触及相关的权益,要达到再次平衡绝非易事。所以对于大部分村庄而言,村庄规划的重点可能是健全基层公共服务和环境设施,其重点是"环境整治",而环境整治不是一定要体现在平面布局上。这也就是说,现实中看起来非常漂亮的规划方案,大部分时候是不符合村民需求的。当然,对于部分整体迁建的村庄,应另当别论;但毕竟这种整体迁建是需要一定的投资的,而这不是所有村庄都能做到的,只能当作个案来讨论❶。

因此,在推进乡村规划教学前,需要进一步明确乡村规划的类型,是增长型的,平稳型的,还是萎缩型的?不同类型的村庄规划,其具体内容会有很大差异。而准确判断村庄发展的类型,有赖于扎实的调查和研究分析。

3 乡村规划的五种教学组织模式

同济大学在1950年代就有过乡村规划的教学实践(董鉴泓,2013),但是之后中断了近半个世纪,相关的教学和实践经验也就未能获得积累。2012年同济大学城市规划系的村庄规划教学实践是一种积极的探索。此次教学组织方式是采取设计竞赛的形式,16个小组(每组4位同学)分别做8个村庄的规划,每组有一位同学暑期进行过现场踏勘,并做了问卷,获得了部分资料❷。此种模式的优点是调研组织方便,缺点是大部分同学未去过现场,难以获得直观体验,也无法直接倾听规划对象的意愿。暂且可以称此种模式为第一种模式。

第二种模式是结合本科总体规划暑期实习,在总体规划调研中选择1~2个村庄,安排同学们下乡踏勘和访谈,进而制定村庄规划。此种模式的优点是,可以与总体规划教学实习紧密结合,不必再单独安排现场调研,利于教学工作的组织。缺点是,不同小组的规划内容差异会较大,不利于教学的统筹。

第三种模式是在总规教学环节中加入独立的村庄规划教学环节,约2~3周,组织同学们到邻近地区的乡村进行村庄规划实践。优点是空间距离接近,利于现场踏勘和补充调研,也利于教学统筹;缺点是教学组织的前期协调负责,需要教师具有较强的社会活动能力。

第四种模式是在本科教学课程中,设置独立的"乡村规划理论与实践"课程,半学期的理论科讲授,半学期的村庄规划实践,实践部分参考第三种模式。

第五种模式是与居住区规划教学结合,前半学期是城市住区(居住小区)规划,后半学期是农村住区规划。此种模式的优点是强调了农村的居住属性,与城市住区可以形成鲜明对比;缺点是可能对农村住区的社会属性的理解难以深入,可能会偏于关注物质空间布局。

由于乡村规划教学尚在初期探索阶段,对以上五种模式均可以进行教学尝试,在实践过程中不断总结探索,进而找到适合自身地域、适合自身教学特色的组织模式。除了采取常规教学以外,还可以采取规划竞赛的方式,以激发学生的工作热情,并更为主动地去了解农村和开拓思路。同济大学的教学实践已经证明,竞赛是一种很好的促进学习的方式。在教学的中期环节,可以组织各教学小组进行成果交流,教师对各组方案予以点评;在

---

❶ 但实际上,社会上经常是对于某些特殊的村庄规划案例实践,加以宣传,但事实上很难普遍推广。

❷ 具体内容参见《乡村规划——2012年同济大学城市规划专业乡村规划设计教学实践》。

教师点评的过程中，学生可以相互借鉴，再行完善自己的规划方案。

4 乡村规划教学实践的五点引申思考

尽管乡村规划教学早有实践，但不可否认，对于当下的教师和学生而言，其仍然是一项新生事物。同济大学2012年的教学实践，与其说是第一次尝试，不如说是开启了规划教育工作者对乡村规划及教学的全面思考之门。基于笔者自身的教学经验和遇到的困惑，在此对有关问题加以梳理、并试图提出自己的见解。

第一，村庄规划编制的目的是什么，是为了防止村庄的无序建设？还是为了提升村庄的生活环境水平？如果是前者，那么我国大多数地区的村庄已无明显的增长动力，建设量非常之少；如果是后者，那么，其物质空间规划属性是否是第一位的？如果不是，那么村庄规划的工作内容是什么？由此，只有编制目的明确了，其后的内容设定才会有根基。

第二，村庄规划是自上而下的规划，还是自下而上的规划？目前的实践大多是前者，除了经济发达的村庄有自下而上的规划需求以外，大多数的村庄规划是被动编制的，不是村庄本身的要求；现实中基本是高层级政府的统一要求。基层的村民除了对道路、环境卫生、服务设施有要求外，其他的规划内容基本与之不直接相关，村民也就没有动力去关心这些内容。

第三，老龄化是中国的大趋势，笔者近期的农村调研表明，当前农村的老龄化程度远比城市要高，尤其是80后和90后的村民几乎全部选择离开农村，造成农村的日益空心化，进而改变着农村的社会结构。这样的结构转换是否可能会对农村的生产和生活模式带来前所未有的改变？这种改变的影响是什么？对此不甚了了，规划必定流于形式。

第四，规划师在村庄规划中的角色是什么？村庄规划可能更像是一种特定的社区规划——与城市社区相对应的农村社区。由社区成员（村民）参与规划，编制规划，才是村庄规划的本质。规划师可能应担当技术支持的角色，而不应是着力"推销"自己的观念或偏好。

第五，城市规划师能胜任村庄规划吗？城市规划实践中成长起来的规划师对于农村是普遍陌生的，对于农业和农民也是生疏的；而"三农"恰是村庄规划的核心，因此，村庄规划的"启蒙"必须从教师做起，教师首先要深入农村、了解农民、了解农业。

总而言之，村庄规划及教学是一项具有挑战性的工作，需要我们耐下心来，以责任感和使命感来探索乡村规划和教学的相关议题，在摸索中逐步形成相对完整的规划理念、方法论和技能。

主要参考文献

［1］同济大学建筑城规学院 等（编）.乡村规划——2012年同济大学城市规划专业乡村规划设计教学实践［M］.北京：中国建筑工业出版社，2013：8-19.

［2］同济大学建筑城规学院 等（编）.乡村规划——2012年同济大学城市规划专业乡村规划设计教学实践［M］.北京：中国建筑工业出版社，2013：40.

［3］同济大学建筑城规学院等（编），乡村规划——2012年同济大学城市规划专业乡村规划设计教学实践［M］.北京：中国建筑工业出版社，2013.

［4］董大年（主编），现代汉语分类大词典［M］.上海：上海辞书出版社，2007.

The discussion on Village Planning and its Teaching Practice

Zhang Li   Zhao Min

Abstract : The village planning and its teaching practice has just been much emphasized than before, though it is still on the probing phase. This paper, based on the investegation and the panning practice in rural areas, points out the difference of concepts, methodologies and skills between urban reagions and rual areas and indicates that the key lines for village planning should be of the real understanding and systematic investegaton in rural areas. Then, five patterns of teaching organizing for the village planning are advanced, which roots from the teaching experience and its understanding for villages planning in Tongji University last year. Finally, some standpoints about the goals and types of village planning and the role of planners are put forward.

Key Words : Rural Plan, Teaching Practice

基于"美丽乡村"的村镇规划设计教学改革初探

周 骏

摘 要：村镇规划课程设计应结合"美丽乡村"目标导向进行内涵的提升和内容的补充。以"美丽乡村"目标导向要求出发点，以课程设计内容组织构架为落脚点，提出村镇规划设计课程应涵盖认知调研、品牌策划、全域规划、规划布局、节点设计等环节，并强调项目策划、总体布局、详细规划、建筑设计、景观设计的融合，为城乡规划课程教学工作提供参考。

关键词：城乡规划，村镇规划设计，美丽乡村

1 村镇规划教学背景变化

近年来，中国城镇化快速发展，城乡建设规模不断扩大。2008年《中华人民共和国城乡规划法》正式施行，2011年城乡规划学独立于建筑学并作为一级学科，突显了城乡统筹发展、小城镇建设及新型农村社区建设的重要性。强化县域经济发展、加快小城镇建设、推动新农村创建成为当前规划的重要转向，也是实现新型城镇化为引领、新型工业化为主导、新型农业现代化为基础的"三化"协调发展的重要抓手。村镇规划也逐步突显出其重要性。

同时，随着资源约束问题、环境污染问题、生态系统问题等变得越来越尖锐。城乡规划必须树立尊重自然、顺应自然、保护自然的生态文明理念，以"美丽中国"为目标，并予以贯彻到经济发展、科学布局、环境提升、文化建设等方面。村镇规划原理与设计应以"美丽城乡"为目标，扩展与补充新理念、新内容、新方法。针对强调在扩大空间范围内进行综合布局的村镇规划设计教学培养方案，进行全域设计、关怀设计、建设设计等相关内容的补充，并向培养适应生态文明建设需求的方向发展。

2 村镇规划设计课程简介

2.1 村镇规划教学目标

村镇规划设计是城市规划、建筑学专业的重要专业实践课程，也是理论联系实践的重要环节。笔者所在的浙江工业大学的教学计划及大纲对本课程的教学目的定位为：通过对此课程的实践和教学，培养学生认识、分析、研究村镇问题的能力，掌握镇、乡和村庄规划的工作范畴和任务，具备综合协调处理村镇问题、掌握组织编制镇、乡和村庄规划的能力。基本具备村镇总体规划、建设规划等工作阶段所需的调查分析能力、综合规划能力、综合表达能力。

2.2 村镇规划教学基本情况

（1）重课堂案例分析，少实地考察

我校村镇规划设计课程设置在三年级，以短学期的形式要求学生在2周内完成相应的实践内容；以村镇规划原理课程为基础，但由于后阶段高年级课程设置中有城市（镇）总体规划设计，本课程在选择实践设计案例时往往以村庄规划设计为主。同时，由于短学期时期较为紧张，课程教学过程中缺乏对村镇案例现场的认知与考查，特别是在当前"美丽乡村、富丽村镇、风情小镇"等背景下建设过来的一些优秀案例，同学们往往缺乏对乡村人居环境建设的认知。

（2）重物质形态设计，轻理念策划

课程设计过程中，主要强化学生在规划结构、空间布局、专项规划等物质形态规划的练习，而弱化了在经

周 骏：浙江工业大学建筑工程学院讲师

济、产业、文化、生态等方面的解读与研究。特别是在乡村的名片设计、品牌策划、产业策划等方面，缺少前期的策划思考与内涵挖掘。

（3）重居民驻点设计，轻全域规划

村镇规划设计课程中，往往村镇驻点的详细规划成为老师与学生关注的重点，并侧重于功能结构、建筑布局、工程设施布局等方面。忽略了村域、乡域、镇域的全域引导，包括空间管制、生态环境、产业布局等内容。学生的全局观概念没有得到锻炼。

（4）重拆建空间布局，轻可实施设计

由于缺乏现场深入的调研，村镇特别是乡村，在学生的脑海里更多是拆旧建新的对象。在课程设计中学生更多的设计内容是旧房如何拆建、新区如何布局、道路如何通入等。而往往忽视乡村街区特色保存、民居建筑立面整治、详细节点环境提升，缺少基于"美丽乡村"的与景观节点设计与旧房改造设计，缺乏可操作性。

3 教学内容与方法革新

3.1 建立基于"美丽乡村"的课程设计内容组织构架

（1）现状课程设计基础内容

目前，村镇规划课程设计内容主要侧重在村镇驻点的空间布局为主。通过村镇案例的规划设计实践，使学生熟悉规划设计的基本步骤，掌握设计的内容和设计方法以及表达手法，使学生能了解村镇的相关知识，培养学生独立进行方案创作的能力和表达能力，见表1。但忽视了村镇的全域设计、产业引导，以及真正具有可操作性的环境提升工程和建筑整治工程。课程实践结果也印证学生在区域统筹能力和细节设计能力较为薄弱。

（2）"美丽乡村"目标导向要求

基于"美丽中国"战略目标，以促进人与自然和谐相处、提升乡村生活品质为核心，围绕"科学规划布局美、村容整洁环境美、创业增收生活美、乡风文明身心美"的目标要求，着力推进乡村生态人居体系、乡村生态环境体系、乡村生态经济体系和乡村生态文化体系建设，形成有利于乡村生态环境保护和可持续发展的乡村产业结构、乡民生产方式和乡村消费模式，见表2。"美丽乡村"目标将致力农村生态经济加快发展、农村生态环境不断改善、资源集约利用水平明显提高、农村生态文化日益繁荣，并涵盖人居、经济、环境、文化等方面。

（3）基于"美丽乡村"的课程设计内容组织构架

村镇规划设计课程设计内容应以创建"美丽中国图景"为目标，"生态文明建设"为出发点，构建"美丽乡村、幸福家园"为落脚点，在基于品牌策划的规划布局、基于可实施的综合整治、基于生态循环的经济建设、基于文化体验的乡村旅游等方面提升村镇规划设计课程的时宜性，充实与完善课程设计内容。详见图1。

现状村镇规划课程设计内容表　　表1

阶段	重点	内容
理论讲述	课堂学习	村镇规划设计理论概述与规划实例评析
现状分析	现状踏勘	规划背景分析与场地踏勘
一草阶段	总体布局	概念设计与规划结构研究
二草阶段	详细设计	基本生活单元修建性详细设计研究
深化阶段	专项规划	村镇交通、绿化系统、市政工程等
最终完稿	指标分析	用地平衡表与技术经济指标掌握

"美丽乡村"目标导向与行动任务　　表2

目标	行动	主要任务
科学规划布局美	实施"生态人居建设行动"	推进农村人口集聚 推进生态家园建设 完善基础设施配套

续表

目标	行动	主要任务
村容整洁环境美	实施"生态环境提升行动"	完善农村环保设施 推广农村节能节材技术 推进农村环境连线成片综合整治 开展村庄绿化美化
创业增收生活美	实施"生态经济推进行动"	发展乡村生态农业 发展乡村生态旅游业 发展乡村低耗、低排放工业
乡风文明身心美	实施"生态文化培育行动"	培育文化特色 开展宣传教育 转变生活方式

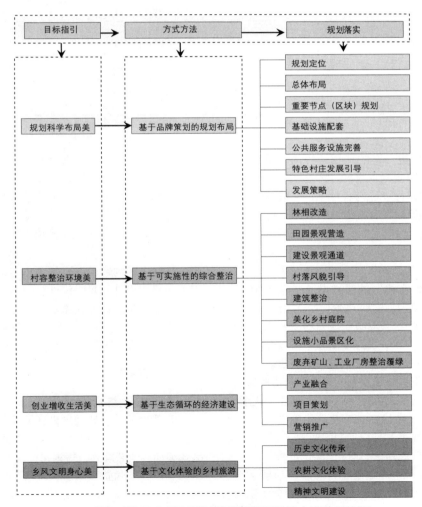

图1 基于"美丽乡村"的村镇规划课程设计内容组织构架

村镇规划课程设计阶段安排、掌握重点与主要任务　　　　表3

阶段	重点	主要任务
认知调研阶段（时间：1周）	优秀乡村案例现场认知	村镇规划设计理论概述 规划实例学习与评析 优秀乡村案例现场参观与考察 课程设计对象的现状踏勘调研
品牌策划阶段（时间：1/2周）	品牌策划、名片设计	发展目标 品牌策划 文化定位 发展战略
全域规划阶段（时间：1/2周）	全域产业空间布局	产业项目策划 全域产业布局 全域土地利用 全域空间管制
规划布局阶段（时间：1周）	驻点修建性详细规划	总体布局 基础设施规划 公共服务设施规划
节点设计阶段（时间：1周）	节点整治改造设计	田园景观营造 景观节点美化设计 建筑改造与立面整治

3.2 明确基于"阶段提升"的课程设计内容重点

针对目标我校村镇规划课程设计内容现状，结合美丽乡村目标引导下的课程设计内容体系，明确课程设计的阶段与重点，增加课程设计总学时，并强调优秀案例认知、品牌名片策划、全域空间引导、详细节点设计的重要性。详见表3。

3.3 完善针对"规划客体"的课程设计教学手段

（1）模块1：村镇规划学科动态

让学生清晰地认识到当前城乡规划的新背景、新理念与新动态，感受到村镇规划的时宜性与实践性。一方面，强调当前"美丽中国图景"、"生态文明建设"、"新型城镇化推进"背景下对村镇规划从概念到行动的影响；另一方面，注重国内外先进经验的学习与研究。让学生体会和理解村镇规划设计的方向导向，并关注经济、社会、政治、环境、工程等对村镇规划的影响。

（2）模块2：村镇规划核心理论内涵

让学生基本了解村镇规划是统筹城乡、协调区域、建设美好家园的重要手段，也是实现新型城镇化为引领、新型工业化为主导、新型农业现代化为基础的"三化"协调发展的重要抓手。通过基于"美丽乡村"的村镇规划课程设计，让学生明确村镇规划重点解决的问题，并在此基础上延展城乡规划的价值与目标，从理论、现实角度培养学生的专业素养。

（3）模块3：村镇规划实践方法

村镇规划设计是一项涵盖宏观与微观、策划与规划、建筑与景观等内容的综合性项目工程，也是对学生前期培养的建筑设计、景观设计、规划设计、调查研究等能力的综合考查。通过村镇规划课程实践，提升学生认识分析能力、研究策划能力、规划布局能力、建筑改造能力、景观设计能力，以及综合表达能力。

4 教学改革成效

4.1 提升学生综合能力

改革后的《村镇规划设计》课程基于品牌策划、宏观引导、中观规划、微观设计四个层面，设置认知调研、品牌策划、全域规划、规划布局、节点设计等多个环节。认知调研环节强化了学生的观察、思考、表达能力；品牌策划环节锻炼了学生创新与总结的能力；全域规划环节培养了学生区域观、统筹观；规划布局环节让学生熟悉了镇、乡和村庄规划的工作范畴和任务；节点设计环节锻炼了学生微观设计与表达能力。有效提升了学生综合能力。

4.2 搭建整合性的实践平台

村镇规划课程设计包含了项目策划、总体规划、详细规划、建筑设计、景观设计等内容，搭建了一个符合城乡发展趋势和实际建设的实践基础平台。教学的重点在于让学生认识到国家政策背景的重要性，掌握规划设计的方法思维，巩固建筑与景观的设计能力。该实践基础平台有利于课程学习的系统性和延续性，对后续课程具有引导和提升作用，促进学生对已学知识的整合。

4.3 激发学生专业兴趣

基于理论联系实际的课程设计，有效地提高了学生分析问题、解决问题、学以致用和适应社会的能力，是巩固所学理论知识、培养创新意识，进行基本技能训练的重要途径。笔者认为，在村镇规划改革课程设计环节，涉及内容多层面、表现形式多样化，容易引起学生参与课程设计的兴趣；学生可侧重其中较为擅长的某一方面或某几方面，提升学生的成就感与信心。同时加强了同学之间的交流与合作，使学生对所学知识有所思考、有所感悟、进而内化，并通过学生间的相互交流、相互启迪，进一步接近或达到熟练应用的程度。

主要参考文献

［1］周骏．基于"认知论"的《城市规划初步》教学改革实践．人文规划 创意转型——2012全国高等学校城市规划专业指导委员会年会论文集．北京：中国建筑工业出版社，2012：249–253．

［2］吴怡音，雒建利．城市规划初步教学改革实践．规划师．2006，8：62–64．

［3］付薇．《城镇规划》课程教学改革研究．农业进行教育研究．2012，3：31–33．

［4］中共浙江省委办公厅，浙江省人民政府办公厅．浙江省美丽乡村建设行动计划（2011–2015）．2010．

Discussion on the Instructional Reform in Township-village Planning and Design Based on Beautiful Countryside

Zhou Jun

Abstract：With the goal-oriented demand of "Beautiful Countryside", curriculum design should perform upgrading connotation and supplement content. Starting with the goal-oriented demand, standing on organizational structure of course, it is proposed to design several steps of cognitive research、brand planning、regional planning、planning layout and node design, and to focus on the integration of project planning、overall layout、detailed planning、architectural design and landscape design.

Key Words：Urban and Rural Planning，Township-village Planning and Design，Beautiful Countryside

艺术村落
——以问题分析为导向的宋庄城市空间设计

童 明　包小枫

摘　要：通过2013年同济大学城乡规划专业毕业设计的一次教学实践，本文介绍了如何在教学中具体应用以问题分析为导向的城市设计方法。该课程以北京宋庄艺术集聚区为研究对象，针对核心区域小堡村进行相应的城市空间设计。课程从空间成本、专业平台、社会交往、城乡融合四个角度出发，针对艺术集聚区的形成背景、发展机制以及未来趋势进行研究；同时课程也从表象问题开始着手，逐层分析涉及创意产业、城乡关系、社会融合、生态发展等各类本质问题，并从中提炼出14条规划策略，具体应用于相应的城市空间设计中。

关键词：宋庄，乡村，艺术，创意产业，空间

1　宋庄城市空间设计的课程背景

伴随着当前快速城市化进程，许多地处经济发达地区的大都市（如北京、上海、广州、深圳）所存在的一个显著问题就是，急速推进的城市扩张在城乡交接区域形成了不少问题空间。它们往往表现出功能组织不够完善、社会结构较为复杂、基础设施较为薄弱、生态环境严重退化等特征。其成因或者是由于在城市空间快速扩张过程中被直接包裹进来，未及调整和优化所导致，或者是由于未能跟上周边城市环境的快速发展节奏所导致。总体上，在城乡交接区域的问题空间形成的背后，往往都存在着极其难以应对的制度瓶颈和现实因素。在这样一种时代发展背景之下，传统的单纯注重城市空间形态的城市设计理念与方法将面临新的挑战。

2013年，同济大学城乡规划专业参与了由清华大学牵头的六校联合毕业设计。联合毕业设计以北京通州区宋庄艺术集聚区为研究对象，其主旨就是以城乡融合发展为宏观背景，探讨如何通过具体的城市空间设计，在现实层面逐步落实城乡统筹发展战略的具体实施。

宋庄艺术集聚区成型于20世纪90年代初期，由于宋庄村民住宅院落较大，租金相对便宜，陆续有艺术家到宋庄镇小堡村租房开办工作室进行艺术创作。2005年，宋庄已经形成以画家为主的316名艺术家群落，成为中国最大的一个原创艺术家聚居群落。当地政府为此提出"文化造镇"战略，对于宋庄的艺术发展采取了顺势引导的方式，并举办宋庄文化艺术节、成立宋庄艺术促进会。

2006年12月，北京市认定了首批十个文化创意产业集聚区，宋庄集聚区是其中面积最大的一个，并逐步形成了产值3亿元以上，集现代艺术作品创作、展示、交易和服务为一体的艺术品市场体系。为加快集聚区发展，2008年1月，通州区成立了集聚区管委会，具体负责辖区范围内产业发展、开发建设和各项相关管理工作。然而，宋庄在为艺术家提供多种生活方式、生活环境和创作环境的同时，目前也面临着多种现实问题的困扰，以及各类未来前景的挑战。

在本次联合毕业设计课程中，同济大学城乡规划专业共有8名学生参与其中，并辅以2名指导教师。在确定课程的基本内容、成果要求和组织方式之后，本课程选择宋庄小堡村作为重点研究对象，就意味着课程所面对的既是一项复杂的宏观课题，也是一项具体的微观课题，它的复杂性与困难点在于：

（1）研究对象空间格局的复杂性：宋庄是北京市通州区确定的"一城"、"五镇"发展战略中的一个重点

童　明：同济大学建筑与城市规划学院城市规划系教授
包小枫：同济大学建筑与城市规划学院城市规划系副教授

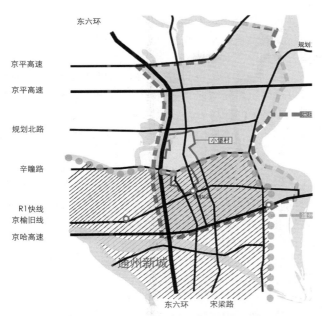

图1 处在通州新城与宋庄村落交接区域的小堡村原创艺术聚居区

镇,因此在已经确定的上位规划中,小堡村南部地区已被纳入通州新城,是通州新城的重要区域和城乡一体化的重要节点之一;而小堡村的北部地区仍然被留在农村属性的北寺组团,属于农村保护地区。这就造成了当前的小堡村原创艺术集聚区将被分割成为南北两个不同属性的城乡空间。新城建设在为小堡村带来发展机遇的同时,也使得小堡村原创艺术区既有的内生动力、空间环境、功能构成、政策管理等方面面临着重新理解和路径选择。

(2)研究对象现状特征的复杂性:伴随着从初起、成形、扩张的发展历程,小堡村原创艺术区的建成环境目前已经基本覆盖整个村域。但是由于不同时段发展的不同特征,小堡村在空间格局上形成了若干形态特征截然不同的区域,其中有小堡村原始村落、佰富苑工业区、艺术家自建区、国防艺术园区、艺术机构区……在这些不同区域之中,最新介入的一些高密度商业开发也穿插其间,同时还并存着一些关停并转的废旧厂区,从而导致当前小堡村的空间结构极其混杂。

(3)研究对象构成内容的复杂性:截至2013年,宋庄已有注册艺术家7000人左右。除画家外,小堡村还汇集了雕塑家、观念艺术家、新媒体艺术家、摄影家、独立制片人、音乐人、诗人、自由作家等众多领域的艺术家,艺术家结构已趋于多元化。同时即使在同类艺术家的圈层里,他们的发展状况也各不相同,有些早已成名成家,蜚声国际,有些则刚刚起步,徘徊于创业阶段。另外再加上一些著名艺术机构、文化创意企业陆续入驻宋庄,它们与大量的民间小型画廊混合着一起,与仍然保持着自然属性的村舍、村民混合着一起,构成了一幅复杂的多元化图景。

(4)研究对象发展机制的复杂性:小堡村本质上是一个在市场主导下自发形成的原创艺术集聚区,是一个具有生态特征、以原创为主要特色的艺术家工作室集群。这种模式有别于许多国家和地区所采取的政府主导的园区模式,而是在一个特定的开放的地域空间中,对创意阶层和企业的聚集行为加以规划和引导所形成松散型的、与原住居民混居的模式。针对小堡村的现状进行空间梳理,需要在充分理解并尊重原有发展机制的前提

图2 宋庄小堡村艺术聚居区的表象问题,主要表现为空间无序发展、功能结构混乱,乡村环境衰退等

下进行,而不能武断地植入常规的城市空间秩序。

总体上,本次毕业设计选择宋庄作为研究对象,其本身就为城市设计课程提供了一种不同寻常的时空背景和空间尺度。它不仅超越了以往各种城市空间设计的狭义范畴,同时还涉及更为复杂的创意产业的经济话题、城乡协调的社会话题。因此,本次毕业设计虽然针对的是北京城乡交接区的一个微观领域,但是由于特殊的空间区位和产业特征,这个微观领域折射出当前我国城乡发展工作中最为迫切的研究领域。

2 课程设置目标课题研究与规划思想

本次毕业设计要求学生一方面从理论角度学习文化创意产业经济的概念、理论和方法,了解城乡统筹发展的战略思想,综合考虑艺术聚落的功能特征、行为网络、历史文化、空间形态、生态机制等各方面因素,另一方面也需要熟练掌握和应用城市设计的主要方法与核心技能,采用具体的空间设计方式来探讨城乡统筹、文化创意、产业转型、都市旅游、空间格局、文化传承、生态空间等研究课题,以低碳和可持续发展为原则,探索宋庄在新的发展机遇与挑战格局下,如何持续拓展文化创意产业的多种发展路径,如何提升城乡融合发展的未来前景和整体思路,并具体落实与之相关的规划路径和实施方案。

为了达成此项目标,在本次毕业设计课程中,需要参与学生既要思考宋庄过去发展的机制和轨迹,也要在未来的城市发展格局中促进宋庄的转型与提升,因此课程设置具体落实为:

(1)理解城市发展基本原理:系统性研究文化创意产业的发展规律和特征,通过借鉴国内外相关成功案例,参考各类文化创意产业的发展经验,同时注重考虑基地及区域自身特点,在充分尊重小堡村原创艺术集聚区的构成内容、运行机制的基础上,结合通州创意文化产业集聚区发展规划前景,整合、优化、提升小堡村这个艺术村落的整体空间品质。

(2)整合现有人文空间资源:依托小堡村现有的当代艺术家群落的核心资源,以小堡村为中心,发展以绘画创作为核心的文化产业以及艺术品展销、交易、培训等服务产业。依托佰富苑工业区建设,积极推动产业结构的升级改造,引导艺术品加工等相关衍生产业。同时依托良好的人文、生态环境资源,在镇域东部地区引导发展具有特色的文化旅游、艺术会展等休闲产业,创建当代的文化艺术基地。

(3)完善城镇公共服务体系:提升村落公共设施建设,形成通州新城以北、辐射周边农村地区的镇级公共服务中心;同时以公共性为目标,通过营造人性化的城乡空间环境,体现小堡村特有的艺术文化气质;努力创造具有活力的城市街道,通过小尺度、路径丰富且富有变化的街区组织方式,延续小堡村现有典型的紧凑、密集的布局方式,营造一个富含活力的城市区域;从建筑、空间、环境三方面研究村镇整体空间环境,协调未来城市轨道交通的发展,形成连续、立体、内容丰富的公共活动体系。

(4)凸显城乡空间结构特色:通过对地区整体风貌的研究,提出小堡村的空间景观构架,注意与周边区域协调关系,突出乡村环境,体现区位特色;研究各功能组团的总体布局,针对用地布局进行更细微的划分,提倡土地的混合利用,充分挖掘土地的潜在价值。

(5)展示新型城乡和谐发展关系:注重城镇建设与乡村环境之间的融合,充分结合原有农村地区的生态自然结构,营造具有地方特色的城镇公共环境。通过多元化的活动和有机性的交通组织,将现状中的自然元素与城区的工作、居住、休憩紧密结合,使市民能时时感受到乡村空间的润泽。

(6)落实可持续发展目标策略:宋庄当前的郊区区位及生态优势应当成为创意文化产业集聚区建设的重要基础,这需要保护和利用好基地的自然优势,体现低碳、生态和可持续的发展要求;同时课程设计以"集约土地、低碳发展"为目标,注重轨道交通枢纽地区的规划设计,倡导公交优先,合理组织基地内外交通系统、停车系统及步行系统,建立高效、便捷、绿色的交通活动空间。

总体而言,本次联合毕业设计希望通过在宋庄小堡村的城市设计工作,强调城市规划工作的整体性、连续性和高效性,要求学生通过细致的城市设计研究提出该地区的规划建设准则,具体营造有序又有变化的城市空间环境。

3 以问题分析为导向的教学方法

为了提升毕业设计课程的研究内涵及其质量,本课程以现实环境问题作为思考对象，以实践操作能力为培养目标，力图将城市设计的理论、方法和技能训练有机结合起来。课程取题"基于可持续发展立场的宋庄城乡空间设计"，在这里，可持续发展不仅意味着城乡空间环境发展的可持续性，同时也意味着在新型城乡统筹发展的格局中，原有自发形成的村落艺术集聚区的可持续发展。

为了综合思考宏观与微观层面上的各种因素，本课程要求学生从表象问题调研分析着手，结合相关理论的系统性学习，逐级进行思考讨论，一直延伸到当前城乡发展中的各类深层问题，从而形成核心观点。与此同时，课程设计又需要从基本原理开始着手，按照各类线索进行细化，逐步落实为具有物质环境操作基础的空间设计。通过现场的详细调研工作，学生从表象层面上发现，作为传统的农村社区，宋庄给人直观印象方面的现实问题在于：

（1）空间格局零散无序：由于村、镇工业大院的兴起，使得村庄建设用地不断扩大，导致宋庄小堡村目前的建设密度较大，建设用地布局分散。北部以艺术家集聚区为主，中部以工业用地为主，南部以农村居民点为主，公共服务设施主要分布于徐宋路两侧，局部地区用地零散，基地内部弃置待开发土地较多。

（2）产业结构多元混杂：小堡村现状产业结构中，农业生产已经基本消失，工业生产由于效率不高而局部停滞，创意服务产业主要以艺术相关产业为主。独立艺术家工作室集中在北部环水域区域和南部原始村落内，而画廊及其他艺术机构建设集中在村域东北部与徐宋路沿线，酒店、餐饮等生活服务页主要分布在沿徐宋路南段和小堡广场。

（3）交通网络断裂无序：徐宋路及小堡西路等干道与支路呈鱼骨状布局，交通性道路过宽且容易对基地内部功能连续性产生分割，村民出行不方便。同时由此导致支路系统联系不紧密，各片区与组团之间产生隔离，不利于网络结构活力点的形成。

（4）服务设施匮乏不整：小堡村内部基础设施较为匮乏，公共服务设施水平较为低下。小堡村部分高压线与部分现状道路走线重合，对道路空间安全产生了较大的威胁，并且对现状景观节点与公共绿地造成了干扰，降低了公共环境品质。

（5）生态环境逐步退化：小堡村的农业环境主要集中在北侧、西侧和东侧。随着村镇建设的不断扩展以及无序建设，不仅导致农田系统遭到蚕食、自然环境支离破碎不成体系，而且也导致原有生态系统遭到破坏，水面环境不佳，中坝河水质黑臭。小堡村内也存在不少在建工地和荒地，空间使用效率不高。

同时在另一方面，学生通过进一步的分析，发现在小堡村当前这样一种环境背景中，业已成形的艺术集聚区也存在着更为深层的发展问题，其中较为典型的有：

（1）空间成本显著上升：在小堡村原创艺术集聚区形成的过程中，吸引大量艺术家前来创办工作室进行艺术创作的一个重要原因就是低廉的租金价格。由村民自建住房租赁、村委会将空置的废旧厂房改造成工作室出租，以及村集体出租土地供艺术家自己建房，这种方式保留了艺术家所追求的原有的居住创作格局，保持了乡村的田园风貌，生活居住成本也没有大幅度提高。然而随着越来越多艺术家集聚小堡村，可租用房屋数量有限，导致租金相应上涨。

（2）空间资源消耗殆尽：随着宋庄艺术集聚区的社会影响力逐年增大，小堡村不仅吸引大量艺术家前来定居，同时也吸引大量艺术机构、企业前来入驻，从而导致土地资源紧缺，空间成本上升。土地的资源稀缺性导致小堡村的房价持续上涨，抬高小堡村的物价，直接或间接增加了村民、艺术家及外来务工人员的生活成本；

（3）产业转型缺乏引导：宋庄艺术集聚区的当前发展趋势就是需要从一个自发形成的艺术村落转变为正规的创意产业集聚区，这使得小堡村需要从自由发展的构成途径转变为通过规划组织和引导的发展模式。然而由于目前的规划管理体系尚未成形，小堡村目前的产业结构、人口结构仍然非常复杂，如何为该地区引入新的经济职能以应对由于核心产业缺失所带来的发展问题？如何利用有利契机，带动原本相对孤立且功能单一的区域融入城市整体发展的格局之中？这是小堡村产业转型发展的一个主要难点。

（4）横向联系乏力不足：尽管小堡村原创艺术集聚区已经形成多年，但是由于村落内部环境错综复杂，中部地区又经历过一段村镇工业化的发展阶段，从而导致各类艺术家在小堡村内被划分为南北两个组团，同时他们又各自与原有村民、外来人口混居在一起，艺术家之

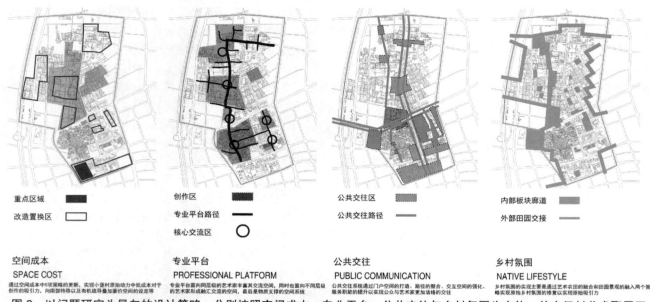

图3 以问题研究为导向的设计策略,分别按照空间成本、专业平台、公共交往与乡村氛围为主体,从小堡村艺术聚居区的发展原初动力着手,探讨具体空间设计手段

间的横向联系相对不足,成熟艺术家与底层艺术家之间的交往不够充分,从而导致艺术创作的提升动力机制没有充分发挥出来。

面对这些挑战,课程要求学生在宏观背景的分析与理解的基础上,采用城市设计方法去探讨区域发展、产业转型、都市旅游、空间格局、文化传承、自然保护、旧建筑利用等城市设计课题,并具体落实小堡村可持续发展的整体思路、规划路径和实施方案。

在组织方式上,本次毕业设计分为两个阶段,第一阶段以集体成果为主,8位同学分工合作,完成小堡村总体发展背景分析及空间策略研究,以期培养学生的团队合作精神和协同工作能力。在小堡村开展的初期现场工作中,教学团队按照研究主题分为4个小组进行调研,了解基地的地形地貌、空间布局、建筑构造以及产业流程,并参观了宋庄美术馆、上上美术馆、各类画廊以及画家工作室,了解宋庄发展历史,感受宋庄文化。

在第一轮现场调研和专项研究的基础上,经过短短1个多月的快速整理和深化工作,4个设计小组提出了各自的主题和设想,从本质问题着手,分析原先影响并促成宋庄原创艺术集聚区形成发展的四个主要因素,并相应提出规划策略,这四个研究角度分别为:

(1)如何控制空间成本:宋庄艺术集聚区第一个优势在于空间价格。对于定居在这里的艺术家来说,在最原初的吸引力中,价格因素无疑占据了重要的一点。然而随着城乡环境的不断发展,小堡村的空间成本逐年上升,为了维护空间成本这方面的优势,就需要按照现有空间格局和周边环境发展趋势,提出相应的空间发展策略。对此,学生在经过多轮次的讨论后,提出了按需设置准入制度、实行商业反哺艺术、择地提供廉租空间、实行城市有机更新等策略,通过局部有限调整来降低城镇空间发展的成本代价。

(2)如何完善专业平台:宋庄艺术集聚区第二个优势来自于较为成熟的专业平台。成熟的艺术圈子已近形成了较为固化的业内社交空间与话语。年轻的人们慕名来到宋庄,寻求艺术家园的庇护,但似乎这些大家离他们都太过于遥远。支撑的系统还不够完善,他们不得不依靠个人的力量在这里一边生活以边创作。对此,学生提出了在维持艺术家独立创作环境的同时,强化同层级的交流平台,搭建。不同层级艺术家之间的沟通渠道,同时辅以完善的支撑服务体系,以促进不同圈层、不同层次艺术家之间的专业互动，提升小堡村的创新环境。

（3）如何强化公共交往：宋庄艺术集聚区第三个优势在于多元化的市场系统，目前小堡村内部的大小画廊星罗棋布，每年一次的艺术节也为宋庄带来了大量的艺术爱好者与游客。然而由于缺少合理的规划与组织，目前小堡村的市场网络系统并不完善，公共环境品质不足，服务设施体系不够健全，从而影响了宋庄作为文化创意产业集聚区的发展趋势。对此，学生提出了增强艺术圈层与社会圈层之间的交往空间，结合 P+R 换乘站点设置 TOD 交通枢纽，将高速运行的城市生活引入基地内部，促进艺术家与外部交往的可能。同时设置 LOFT 生活产业园区域，主要吸引草根艺术家及处于起步阶段的艺术家群体，共同拥有的展示空间能够使得艺术与外部圈层之间发生交互行为的可能性最大化。

（4）如何促进城乡融合：宋庄艺术集聚区第四个优势在于乡村环境。淳朴的田园风光往往会吸引许多艺术家进入，然而大量人口的进入后村庄就会面临着她前所未有的挑战，无论是置之不理或是过分规划，乡村风貌都会面临着逐渐衰退的危险。对此，学生提出了促使艺术和农业有机结合，融合艺术家和当地农民关系。通过规划将艺术和农业相结合，不仅能够形成有小堡特色的乡村艺术景观，也可以融合艺术家和当地农民的关系。另一方面，通过将周边农田分层次的渗透入小堡村内，将田园乡村风貌植入小堡村的景观设计之中，采用农业元素来表达城市景观的公共空间，从而打造具有村落特色的艺术园区。

在毕业设计的后半学期，课程小组遵照前期确定下来的总共 14 个城市空间设计策略，形成个人设计成果，每名学生选择大约 30 公顷的地块进行深化详细设计工作。在详细设计阶段，每位同学在充分了解小堡村的历史文脉传承以及当地居民的生活方式基础上，有选择性地对基地进行的功能调整和空间设计，充分把握和利用城市产业结构调整带来的发展契机，完善城市功能、激发城市活力、提升城市形象。

4 宋庄城市空间设计课程的经验总结

毕业设计是城乡规划专业中的一项高度专业并且高度复合的教学环节，它既需要有效的方法体系来进行

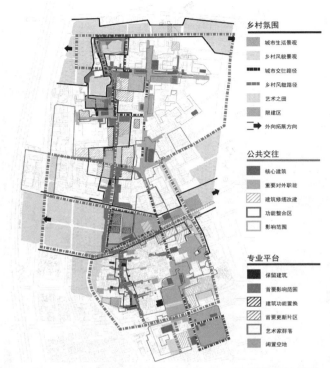

图4 根据4个策略层面的分析，综合14个具体设计策略的总体空间设计策略图

普适性教学，也需要根据学生的不同特点来进行具体指导；既需要学生熟练掌握传统的技能方法，也需要学生融合现代技术的手段。因此，本次联合毕业设计也使我们更加充分认识到城市研究对于毕业设计课程建设的重要性。将毕业设计课程基于一定的城市研究的基础之上，通过以问题研究为导向的城市设计工作，可以强化训练并系统提高学生在城乡规划领域中的知识与方法的储备，提高学生的理论修养及判断分析问题的水平，提高学生对于城市的观察、解读能力和分析具体问题的能力，从而也能够提高学生在城乡规划与设计成果表达方面的能力。

将城市研究融入城市设计课程中，可以加强学生的团队工作与社会工作的能力，通过注重个体设计研究和团队协作能力的训练，鼓励学生根据自己的兴趣点以专题研究的形式发现问题、研究问题、解决问题；培养学

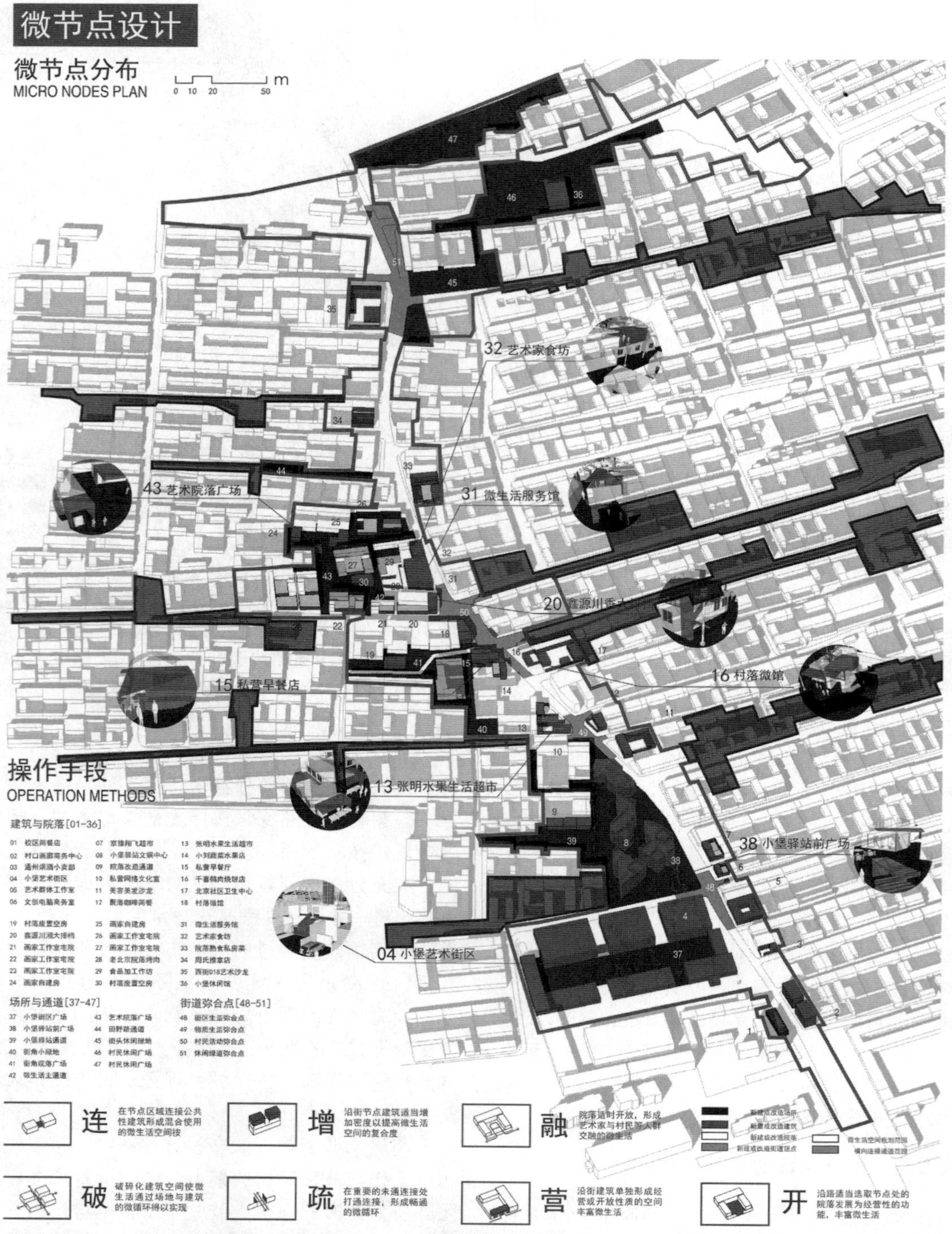

图 5　叶启明，小堡村艺术村落有机更新方案，通过整合村内现有公共性节点，提升艺术家与村民的互动空间

图6 项伊晶，将村边原先逐渐衰退的农地改造为艺术公园，为小堡村的日常生活和艺术活动提供带有乡野特色的景观场地

生的团队合作精神，以及与其他成员分工合作完成实际项目的协作能力。

同时，将城市研究融入城市设计课程中，也可以完善并提升现有的课程教学系统，在理论核心部分进一步完善有关城市规划领域的概念、目标和理念，综合考虑城市空间发展的生态格局、景观特征、空间形态和历史文化，进一步加强与其他课题领域的教学团队进行紧密配合，使城市设计课程能够较充分融合当前城市发展中的热点课题，并且具体落实城乡可持续发展的整体思路、规划路径和实施方案。

The Artistic Village A questions orientated urban design on Songzhuang

Tong Ming　Bao Xiaofeng

Abstract：By introducing a teaching project of graduation thesis in Urban Planning department，CAUP，Tongji University 2013，this paper tries to present a teaching method exploration on how to implement questions orientated urban design. This project took Beijing Songzhuang original arts cluster as the target area，and made a space designing for its core area，Xiaobu Village. Based on a broad reach work on the topics like affordable space cost，professional platform，social exchanges，and urban-country integration development，the project analyzed not only those city problem of everyday lives，but also some profound problem related with creative industries，urban-country relation，social integration and sustainable development. Finally，the project team abstracted 14 strategies for the Songzhuang original arts cluster，and used them as design methods into some specific projects design.

Key Words：Song Zhuan，country，Art，Creadtive Industry，Space

面向基层人才培养的城乡规划专业教学实践探索

龚 克 邓春凤 冯 兵

摘 要：本文结合桂林理工大学多年的城市规划专业教学的探索与实践，提出面向基层人才培养的教学实践思路，构建了循环渐进的"核心素质+模块嵌入"教学实践体系，有针对性强化教学实践内容，提高教师的实践教学能力，重点探索了使学生具有基层规划师基本能力的一系列教学改革方法。

关键词：基层人才，城乡规划，教学实践

教育部《关于进一步加强高等学校本科教学工作的若干意见》中提出"大力加强实践教学，切实提高大学生的实践能力"的教学方向[1]，实际上，实践能力培养一直以来也是各高校城市规划专业教学的重点。改革开放以来，全国各地的经济发生很大变化，城市化在中国快速发展，近几年又大力推进新农村、新乡镇的建设工作，党的十八大召开以后，国务院副总理李克强曾多次强调城镇化是未来中国经济增长的动力。可以看出，未来几年城镇建设将是我国城市化进程中重要的一环，处于国家基层的乡镇或县城的发展将迎来新的契机，村落和城镇建设也将面临新的挑战，对于城乡规划人才的要求也将进一步提升。

目前，设置城市规划专业的本科院校全国大约有180余所[2]，地方本科院校城市规划专业在近几年为地方输送了大量人才。从目前各高等学校城市规划专业的教学计划及毕业设计来看，教学内容多是以城市为主线来设置，着重考虑城市的用地规划、基础设施规划、居住区规划和城市设计等方面；而从学生实际就业趋向和从事的工作内容等信息反馈来看，多从事与县城、乡镇和村落等有关的最基层工作。但是，多数毕业生并不完全了解乡镇或农村的规划建设实际需要，出现规划成果不符合实际需求的现象，因此，注重乡镇地域社会、经济和文化知识的培养，科学安排城乡规划专业教学体系和内容，加强实践教学环节改革，是地方性院校培养基层城乡规划人才的重要责任之一。

1 城市规划专业发展定位和人才培养目标

我校在《城乡规划法》2007年颁布以前，就已注意到乡镇规划人才培养的重要性，并思索地方性院校城市规划专业教学实践的发展思路，提出了"转变传统课程模式，全面提升综合就业能力；整合专业课程内容，形成专业能力优势；利用潜在课程资源，形成个性化就业能力"的教学改革研究成果[3]。经过多年的改革探索，结合目前基层对城市规划人才的实际需求、学生就业趋势和就业后主要从事的基本规划和管理任务，及时调整有针对性的教学实践安排和内容设置，明确了我校城市规划专业的发展定位和人才培养目标。

1.1 明确人才实践能力培养的目标

根据我校城市规划专业近十年来毕业生的回访来看，我校学生毕业后无论是在规划设计单位还是在行政管理部门，绝大多数学生都主要从事县城以下的规划设计与管理工作。地方普通院校城市规划专业毕业生要想在目前竞争激烈的就业市场中立足，就必须在人才培养定位上目标明确、定位准确。针对目前国内基层建设和管理领域规划人才缺乏，需要具有理论基础扎实，专业

---

❶ 基金项目：广西高等教育教学改革工程项目 [项目编号：2011JGA049 和项目编号：2013 JGA150] 共同资助。

龚　克：桂林理工大学土木与建筑工程学院副教授
邓春凤：桂林理工大学土木与建筑工程学院副教授
冯　兵：桂林理工大学土木与建筑工程学院教授

知识面广、实践能力强、综合素质高的实用型人才，因此，学校将城市规划专业人才的定位为培养面向地方的中小城镇城市规划管理与设计部门的应用型人才。

1.2 强化面向基层应用型人才的培养

我校城市规划专业开办之初，无论是从课程设置和教学内容要求，还是课程实践与实习都是主要针对城市的规划建设和管理人才为目标来安排课程和培养定位。随着城市化进程的加快，乡镇规划建设需求加大，社会对人才的需求也呈现多样化趋势，因此，学校及时调整专业培养定位为面向基层应用型人才的培养。

城乡规划专业目前的主要教材和课程设置都是围绕城市来设计和论述的，相应的实践内容也是针对城市建设中所面对的问题来安排的。实际上现阶段小城镇或村庄规划所需要的基本理论知识虽可以运用城市规划理论作为指导，但是由于它们与城市的差别还是比较明显的，为了减少学生将来在实际工作中盲目套用城市规划理论，提高工作适应能力，我校在教学课程实践和实习中有意识地安排相关的课程实践项目和实习内容，帮助学生提高对基层工作、服务对象和需求有较好的认识。

2 构建循环渐进的"核心素质 + 模块嵌入"教学实践体系

小城镇或村庄规划虽然规模小，但是需要考虑的因素并不比城市的少，而且民众切身感受和参与规划的机会比较大，因此规划的可操作性要求比较高，需要规划人员对基层有较为深入的了解才能满足需求。为此，我校经过多年的不断探索，逐步构建了面向基层规划人才的"核心素质 + 模块嵌入"教学实践体系（见表1、表2）。

核心课程实践内容及拓展　　　　　　　　　　　　　　　　　　　　　　　　　　　　表1

课程实践	核心素质内容	拓展模块内容
建筑设计基础	一般建筑知识的基本认知与表达、建筑形态和空间理解与表达手法练习	传统经典乡村民居测绘、院落空间认知、村落建筑表现手法练习
建筑设计	住宅、中小型公共建筑的设计	传统经典乡村民居建筑解析、表达与传承设计
住区规划设计	居住组团和居住小区规划设计	传统民居户型的现代应用与更新、村庄整治规划、新农村规划
城市总体规划设计	县城总体规划	乡镇总体规划
城市控制性详细规划设计	城市片区或县城片区控制性详细规划	县城或乡镇重点地域控制性详细规划
城市设计	城市滨河地带、城市商业区的城市设计	乡镇或县城商业中心区、滨河地带城市设计

核心实习实践内容及拓展　　　　　　　　　　　　　　　　　　　　　　　　　　　　表2

教学实习	核心素质内容	拓展模块内容
社会实践	现时社会的各种社会现象（如贫富差距、东西部差距、精神文明等）的调查研究	安排学生利用寒暑假分别到各自家乡的县城或乡镇进行走访，体验乡镇生活，撰写相关调查报告
建筑设计初步	室外建筑渲染与表现的强化训练	重点安排学生进行传统村落或古镇的现场建筑认识和写生训练
建筑设计实习	对住宅、简单公建和综合功能进行建筑设计，加强水粉、水彩着色快速表现技法的练习	重点安排乡村住宅、乡镇商贸综合楼的建筑设计，快速表现技法训练，了解乡镇级别商贸楼宇设施的构成
修建性详细规划实习	城市已建成的居住小区、城市商业街区、旧城改造区的参观与调研	安排参观特色新农村、古乡镇参观考察与调研

续表

教学实习	核心素质内容	拓展模块内容
城市总体规划实习	通过城市参观调研，培养学生认识、分析、研究城市问题的能力，培养运用城市规划的基本理论与方法，解决具体工程实践问题的综合能力	重点安排乡镇或县城的总体规划调研，培养学生正确认识、分析、研究城镇问题的综合能力
社会生产实践实习	规划设计院进行一学期的实际规划设计实习，完整参与一个项目的规划设计	选择目前正在承担的乡镇规划或县城规划的设计院实践，从现场调研、资料收集、规划方案形成、方案汇报、方案修改等整个规划过程
毕业实习	城市总体规划、修建性详细规划、控制性详细规划、城市设计	主要以乡镇总体规划、村庄整治规划、乡镇控制性详细规划、中小学校规划等为主

2.1 强化"核心素质"，合理取舍教学内容

在城乡规划学课程安排中，主体核心理论体系还是以城市为主，原有的城市规划实践教学环节、教学内容和教学要求没有过多减少，重点考虑通过实践教学，让学生掌握基本的专业认知、专业技能和基本方法，培养学生具有最基本的规划思维、规划技能等规划人才的核心素质，并通过引导开拓学生的创新意识，以提升学生综合能力。

在课程实践安排上，主要保留原有的规划设计的基础课程、专业课程实践和专业实习等环节，主要实践内容基本保持不变，部分内容可以通过课外获取的进行适当缩减，但是加强学生课外阅读和观摩的要求，通过布置课外实践作业，培养学生主动走向现实社会，独自发现城乡建设问题、分析问题和提出解决问题的能力。

2.2 精心编排"模块嵌入"，拓展对基层认知

随着全国城镇化的推动，城市生活方式向农村地区的渗透，乡镇居民对于建筑、村落、集镇的认知已不再停留在以前的传统农作生活方式的认知水平，现代化的交通工具、农业生产技术和文化生活已经在逐步减少与城市的差距。然而，在乡镇各层面的规划设计却具有自己的特点，不是城市规划的精简版。

虽然地方院校学生多来自农村，但是因常年生活在学校，对于乡村或乡镇建设的认识并不完全了解。基层建设工作包含从民居建筑设计、村落规划、乡镇规划到建设管理等内容。因此，为加深学生对基层的全面认识，在保证学生掌握基本的城市规划相关知识基础之上，通过在各个基本课程实践中插入相关乡镇设计模块，逐步推进，形成启蒙认识到设计入门的系统链条，逐步加强学生的认识和理解。

3 强化教学实践内容的现实运用性

城乡规划是应用性、实践性、社会性很强的专业，无论是在规划建设管理部门，还是规划设计部门，都需要掌握多种技能（图1）。需要加强实践环节，拓展知识面和见识，培养学生发现问题、分析问题和解决问题的综合能力。

3.1 重视学生乡镇认知能力的培养

由于大部分学生都是来自农村，但是对于乡镇建设

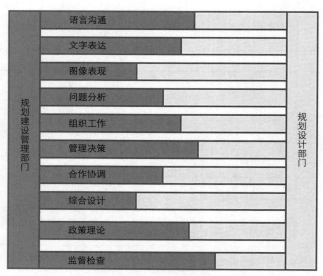

图1 就业去向能力要求对比分析

的认识和理解还停留在比较肤浅的认识上，并没有系统性的思索乡镇建设的特殊性和管理的差异性，因此，在教学实践内容安排中特别强调学生重视从各种角度了解和理解乡镇规划的本质、规划运作机制和相关学科知识对规划工作的影响，提高学生对于乡镇规划的全面认知。如通过社会实践，分阶段安排学生深入乡镇和村庄，调研农村的公共活动和公共空间的设置、农村空心化现象、乡镇商贸发展、乡镇和村庄道路布局与通行能力、垃圾收集和处理、民房建设、水源和水质问题等。

3.2 注重培养规划师的基本素质能力培养

作为基层规划师或规划管理人员，所需要面对的服务对象主要是最普通、最朴实的乡镇及农村居民，同时规划人员应具有的城市规划基本素质能力也不能欠缺，因此，从教学内容上重视以下几方面的能力培养。

①语言沟通及表达能力

作为城乡规划人员，无论是在调研还是在规划过程、方案汇报等阶段都需要有良好的语言沟通和表达能力。在现场调研阶段规划人员需要与当地的群众、部门工作人员进行沟通交流，需要清晰地表达自己的意图和回答别人的问题，通过交流真正了解当地居民的实际需求；在规划过程和方案汇报过程中则需要能够清晰表达自己的观点和规划设计思路，系统、客观、简洁地阐释规划规划成果的特色和优点，使同事或委托方容易理解。因此，在各教学阶段注重培养学生的文字和语言表达能力，指导学生独立完成社会调查实践报告、规划说明书、规划文本和汇报方案文字材料的撰写工作，训练学生通过文字的形式规范地、缜密地、简洁明了地表达规划意图。例如，每一次课程实践结束前都安排每一位学生在班上公开宣讲自己的研究或设计成果，以此训练学生语言总结、公开演讲及汇报能力。

②问题发现及处理能力

城乡规划的工作对象是城市、乡镇、村落，它们都是一个较为复杂的系统，其建设与发展均受到各种因素的影响，规划人员需要从各种繁杂因素中敏锐的发现问题、抓住问题的本质、分清问题的轻重、寻找出规律性的特征，掌握运用各种数学和数字手段处理能力。

教学过程中一是采取案例剖析来提高学生对对象的认识，总结规划经验和教训，积累实证经验；二是指定某个区域，安排学生进行针对性的现场体验，寻找问题，并提交解决处理所发现问题的解决方案；三是加强学生运用部分专用软件练习坡度分析、空间分析、环境生态评价和数据表格的制作，强化量化依据，提高规划的科学性。

③合作协调能力

城乡规划工作是一项复杂的系统性工作，需要多学科、多工种、多人员合作完成，从初期的现场调研、问卷分析、交通流量调查分析，到最终的方案成果的形成和汇报都需要多人配合完成，因此团队精神和合作意识的理念灌输和训练是必不可少的。在教学实践过程中，特别注重学生的合作协调能力。每一次不同的课程实践，都分别指派不同的同学担任组长，进行项目的组织、协调、安排，负责方案的集体讨论和评价，老师参与旁听并及时发现问题，引导学生按正常教学进度和朝着既定教学目标行进。通过各种不同实践课程的大量训练，学生逐步养成互相尊重、互相协调、相互配合的意识，同时也训练学生的组织和协调能力。

④综合设计能力

城乡规划设计不仅仅需要学生掌握空间形态设计方面的能力，而且由于基层单位不可能像大型设计院那样拥有市政工程等其他专业技术人员，因此培养学生具有足够的市政设施、交通组织、竖向规划设计等工程技术规划设计能力，使学生掌握综合运用各种基本工程技术、结合空间形态设计进行综合规划设计的能力。

教学过程中，特别是在总体规划或控制性详细规划项目实践课训练过程中，向学生讲授如何计算供排水量、用电负荷等，并详细分析它们的分布特点，指导学生进行工程管线的规划布局，并让学生结合竖向规划设计进行适当的调整和安排相关设施；在住宅小区规划设计过程中，让学生先对地下车库绘制详细规划布置图，可以使学生了解其上层住宅楼和道路的安排布置之间的影响，对地下车库大小、形状、范围和出入口位置及坡道要求就会有很强的印象和理解；针对广西农村多建立在丘陵坡地，在建筑布局、基础工程设施、公共空间的安排与平坦地区不一致，因此，专门安排学生现场参观考察村落场地，现场分析与体会，学会综合考虑各因素、解决问题的能力。

4 加强教师队伍建设，提升实践教学水平

地方院校由于教学和科研实力不强，在高学历高层次教师引进上比较困难，因此，教师无论是理论水平还是实践能力都比较有限。为提高师资水平，学校采取分批选送教师到重点院校进行进修或攻读学位、选送教师到规划设计院或规划建设管理单位进行挂职锻炼，并鼓励教师参加国家注册城市规划师考试，我校目前已有四位教师获得注册城市规划师资格。与此同时，在教师指导学生实践过程中，不定期组织教研室教师开展教学实践研究讨论，组织教研室教师成团组进行学生实践成果汇报审核工作，相互学习、相互交流，相互提升各自的教学实践指导能力。申办城市规划设计资质，积极承接项目，安排教师参与并全程指导学生参与项目设计，不仅能增强教师本人的生产实践能力和项目组织能力，同时也让学生深入了解实际规划的过程和技术要求，达到多赢的格局。

主要参考文献

［1］教育部．关于进一步加强高等学校本科教学工作的若干意见［Z］．2005．

［2］赵万民，赵民，毛其智．关于"城乡规划学"作为一级学科建设的学术思考［J］．城市规划，2010，6：46-52，54．

［3］冯兵．面向综合就业能力培养的课程体系设置思路探讨［J］．桂林理工大学学报（高教研究专辑），2010，30：39-42．

Study on The Teaching Practicing of Urban and Rural Planning for Local Planning Talents Training

Gong Ke　Deng Chunfeng　Feng Bing

Abstract：Basic on the practicing and study on the urban planning teaching, Guilin University of Technology, This paper propose the teaching practicing thought for local planning talents training, construct the gradual teaching practicing system of the "Core Quality + Embedded Module". On this basis, the paper propose a serial of measures of teaching reform for training the basic abilities of local planner through strengthening practical teaching content and improving teachers' practical teaching abilities.

Key Words：local talents, urban and rural planning, teaching practicing

从结果导向到过程导向
——建造教学在城市规划基础教学中的实践和探索

滕夙宏

摘　要：天津大学建筑学院的城市规划基础课程在近年来的改革历程中引入了空间建造教学，帮助学生用更直观的方式感知和体验空间、结构和形式、材料和节点、环境与场地等各个要素，理解多层次的空间概念，建立综合而全面的设计观。
在几年来的建造教学实践中，教学组根据建造教学的特点不断地调整教学的目标、教学环节和方法，完成从关注成果到关注过程，从传统教学到建构主义教学等方面的转变，为寻求适合时代发展的城市规划教育方法提供了新的思路。
关键词：城市规划基础课程，建造，教学目标，教学环节，教学方法

1　背景

随着知识经济时代对建筑人才需求模式的改变，传统的教育理念也随之转变。我国很多大学中传统的城市规划专业基础课直接引用或借鉴了西方学院派的教学模式，以严格的技法培训为主要导向，以严谨的制图、规范的渲染将学生引入设计的大门。课程强调手头基本功的训练，学生经过从模仿、到半模仿的学习过程。这一模式在培养学生的绘图表现方面是卓有成效的。但这种方式也存在着一些弊端——平面的、二维的临摹练习占用了大量课时，使得学生在建立三维空间概念时显得经验不足，学生处于相对被动接受的地位，也不利于学生创新性思维的培养。同时，对材料、技术、尺度等环节的忽视也导致学生不能正确理解空间和建造的重要性，忽略对空间真实性的思考，导致在以后的学习中对方案现实性的忽视[1]。

基于此，天津大学建筑学院对城市规划基础课程进行了一系列的变革，教学改革的重要目标之一是将三维空间的训练作为进入规划专业领域的开始和职业训练的基础，作为设计方法学习的重要组成部分。为此，我们引入了一组以空间为主题的课程单元，例如城市空间认知，空间分割与组合等，其中，足尺的空间建造是其中的一个重要环节。

这种形式也是经历了几年的教学改革实践后慢慢确立下来的。我们发现，在低年级的城市规划基础教学中，特别在是一年级的入门教学中，学生更需要一种直观性的方式来引导。建造课程具有强烈的实践性特征，可以帮助学生用更直观的方式感知和体验空间、结构和形式、材料和节点、环境与场地等各个要素。

同时，在建造教学的课程目标设置上，教学组也经过了多次的调整，形成从最初的关注建造的结果，转为关注建造的过程。空间建造的过程提供了一个综合性的平台，在这其中，学生能够理解多层次的空间概念，了解和掌握空间从设计到建构的能力，建立综合而全面的设计观，并建立团队合作精神。反观几年来建造教学的实践成果，也充分证明了这种教学方式的可行性与有效性。

2　教学目标的设置

英国教育家斯特豪斯（L. Stenhouse）曾系统地提出了"过程模式"的教学理论。重视教学过程，有利于鼓励个性化和富于创造性的学习，确立并保证学生在学习过程中的主体和主动地位；教师也由感性色彩较浓的重视结果的教学方式，向比较理性的注重教学过程和教

滕夙宏：天津大学建筑学院城市规划系讲师

学环节的方向转变，引导学生提高分析问题和解决问题的能力。同以往目标模式教学强调结果的方式相比，这种理念更加强调学习者的主动参与和探究学习，重视学生思考能力和创造性的培养，对于建筑学这种情境式的知识体系来说显然是非常适合的。在建造教学中，我们就借鉴了过程教学的理念[2]。

由于事先不知道学生会选择什么样的形式，会建造成是什么样的结果，所以对于教师来说，这一个过程也是一起研究和探寻的过程。因为没有限定，所以学生的思路很广，他们会找来很多不同于传统的材料来进行建造，这是无法预先设定的，所以教学的过程就是一起研究的过程，教师不是在教授已知的知识，而是更多地体现在一种通过研究、发问、讨论而实现的过程引导，这与以前的教学方式就有了很大的差别。我们发现，有了一个合理的过程，也就有了更加符合逻辑的结果。这一点从几年的建造课程所积累的学生成果中也能体现出来。

在最初的建造教学中，教学目标更偏向于建造的结果。在建造任务书中给出了几个选项，学生可以在建筑学院迎新站、便携式旅行帐篷、木结构桥和张拉整体结构中选择一个进行设计和建造。虽然在任务书中也对环境的融合、结构的优化、发掘并利用材料的力学特性、选择合理的节点和建造方式等进行了要求，但是由于教学目标和教学环节的设置都更多地指向建造的结果，使得在设计和建造的过程中很多方面的内容有所忽略。

在评价和审视教学成果的时候，教学组及时发现了这一点，经过分析和调整，在后来的建造教学中，将整个建造过程分解为两个大的部分：

第一部分是节点单元设计，要求形成节点单元，节点单元可以是单元空间、单元结构或单元形体。单元作为重复组合中最为基本的组成元素，是进行创作的原始切入点，并且是可以被明确识别的组成体。

教学目的包括：了解材料的结构和构造特性；了解所选材料主要的连接方式和节点形式；初步掌握节点的设计方法。成果要求每人做一个1:1的节点大样，材料不限，要做到形式美观，构造稳定，具有扩展性。

第二部分是设计与建造部分，要结合第一阶段的节点设计，3~5人自由组合成小组，将第一阶段的节点单元扩展、变化生成整体，实体功能可根据调研自由选定（例如展示、休息等）。

教学目的包括：根据具体条件，基于人体工学的知识，设计相应功能的实体，设计建造的实体与环境相结合；初步掌握构件组合及装配的相关知识、技术；训练动手能力，了解设计到建造的全过程；在建构的过程中利用小组合作的方式建立团队精神。成果要求在1.5m×1.5m×1.5m～2.5m×2.5m×2.5m的现实空间范围内进行节点单元组合设计，组合方式需符合形式生成逻辑，并具有一定功能。

在这两个阶段中，又对每一个阶段进行了详细的分解，帮助学生通过一个有序的、由浅入深的过程逐渐探索建造过程中的各个方面，引领学生经过渐进式的思考和探索，全面地理解空间、环境、行为、单元、序列、材料、节点、结构、建构、经济诸多因素的概念和相互作用的关系。从最后学生建造的成果上来看，虽然对建造结果并没有特别的关注，但是各个小组都能在过程认知的基础上做出满意的空间建构作品（图1）。

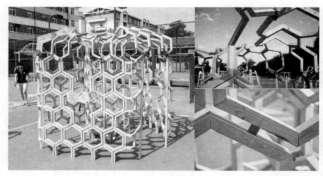

图1 学生的建构作业，从最初的节点设计出发，通过复制、组合、转换形成最后的建构作品

3 教学方法

传统教学方法经过多年的发展与完善，具有较完整、严密的理论方法体系和很强的可操作性。然而在拥有许多优点的同时，也存在弊病：以教师为中心，只强调教师的"教"而忽视学生的"学"，全部教学设计理论都是围绕如何"教"而展开，很少涉及学生如何"学"的问题。按这样的理论设计的课堂教学，学生参与教学活动的机会少，大部分时间处于被动接受状态，学生没有自己学

习和探究的过程，主动性、积极性很难发挥，也难以建立属于个人完整的专业知识体系。

自20世纪60年代起在西方逐渐盛行起来的建构主义教育理论，改变了传统教学中教师与学生之间的关系，提倡以学生为中心的学习，强调学习者的主动性和创新性，为我们进行城市规划基础教育改革提供了新的思路。在建造教学中，我们引入了建构主义的教学方法，教师的作用主要体现对学生的引导。传统教学中教师的"改图"作为主要的教学手段在某种程度上阻止了学生自己的思考进程，不利于其进行自主式的学习和思考。因此在建造教学中，教师尽可能以更为开放式的提问为主，避免封闭性的问题和答案，更好地帮助学生进行思维训练，多问一些"为什么这样做"或者"还有没有更好的解决方式"，引导学生发散性思维、批判性思维和创造性思维的培养[3]。

经过了这样一个过程之后，学生的学习习惯有了很大的改变，他们不再要求教师给出一个最终的结果，而是由他们自己来决定哪些内容是合理的或者适合的，这非常有助于帮助其建立设计思想，学习设计方法，为后面的规划专业学习打下基础。而这种转变也使得学生最终的作品多姿多彩、精彩纷呈（图2）。

在建构主义的教学理论指导下，我们设置了建造教学初始阶段、设计阶段、建造阶段和评价总结阶段四个教学环节。

初始阶段，学生要明了任务与目标，通过观察、听讲或阅读等途径，把握任务要求及预期结果，成果表现为明确的任务表述；设计阶段，学生应确定工作方案，通过讨论、观摩、咨询等途径，为完成任务而构想工作的途径、操作方法、步骤、规范、条件等，成果为设计图纸；在建造阶段，学生执行任务操作，执行操作计划，并进行过程管理，成果为实体的空间建构物；在评价总结阶段，教师和学生共同对结果进行评价，将评估结果和方案形成报告。

与传统的课程把课程内容看成是固定的东西不同，在建造课程中，教师所要教的东西不再是预期的书本知识，而是强调在学生在实践过程中碰到问题，分析问题和解决问题的方法和能力。因此材料的选定、节点的研究、与环境的融合，以及建构的方式都是在课程进行的过程中，根据具体的设计产生，不是预先设定的。需要

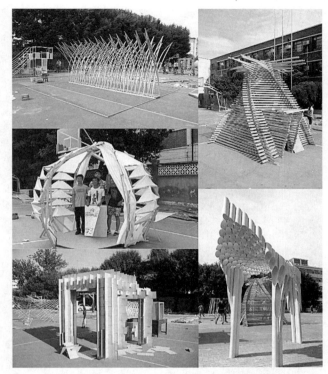

图2 经过对材料、节点、结构形式和建构方式的研究，学生的作品最后呈现出多样性的特点

给定的限制主要在于空间的规模，尺度，并保证方案具有最终的可行性。

4 收获和总结

无论从最后的学生作品，还是在教学过程中的反馈来看，建造实践基本上达到了课程设置的初衷，学生通过这个过程建立了空间从设计到实现之间关联的知识体系，对建造有了真实的体验，对空间本身也有了更为深刻的理解。伴随着几年的建造课程实践，逐渐收获了一些经历过积累而产生的体会。

4.1 设置合理的教学目标

在建造教学单元中，为了避免过于关注最终的形态而忽略建造过程中应该重点进行研究和分析的内容，应在观念上实现从以结果为导向到以过程为导向的转变，将重点放在过程中的节点研究，构造研究，材料特性研

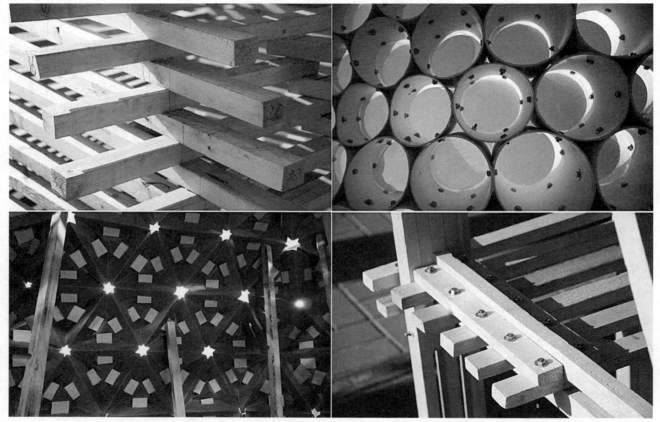

图3 由于对过程的关注，使学生注重建构作品的细节处理，使之即符合材料的特性，同时满足结构和使用的需要

究，环境和场地研究等方面，使得建造教学环节的中间过程更加清晰理性，学生也在这个过程中渐渐明晰他们想要什么，可以做到什么，以及为什么这么做，使得所有的选择都是建立在理性分析、逻辑思考和实施检验的基础上，从而建立了分析问题的能力和逻辑思考的能力。（图3）。

4.2 注重研究的教学过程

对于这个教学单元来说，建造本身不是唯一的目的，研究是一个贯穿于建造始终的行为。空间建构的成品并不是教学所要达到的唯一结果，建造过程本身就是一个值得仔细研究的对象，学生要研究采用什么样的方式使得方案能够建起来。这一点在培养良好的学习方法和建立思维体系方面有着比建造本身更为重要的意义。真实的环境与真实的建构过程能够帮助学生在兼具技术与艺术基本理论素质的前提下，提出合理的、融于环境的、富于独创意识的设计和见解，在建造的过程中培养理性的空间逻辑和创新性思维。

4.3 寻求适合的教学方法

传统的教学注重知识的传授，师生之间是教与学的关系，从心理学的角度是刺激——反应的关系。随着哲学和心理学领域研究的发展，科学家发现人们的头脑中知识结构的形成并不仅仅是被动地接受，还需要主动地建构过程，尤其是像城市规划专业这样需要理解并应用的内容一定要经过一个知识的内化过程，才能把书本上的理论转变成学生自身知识体系的一部分。建造教学强调学生主动参与整个学习过程，在与教师、同学的协商、会话、沟通和交互质疑的过程中建构相关的知识体系，这种教学方法对于城市规划的基础教学来说是非常有效的，也值得在其他的专业课中尝试推广。

5 结语

建造是形成空间的基础，建造的目的不仅仅是形式的表现，还是对空间的体验，对环境的感知，及其建构的材料、结构逻辑性的表现，从而建立作为一个规划师所应该具备的最基本的认知。我们希望在城市规划基础教学中运用建造教学的方式提供一个综合性的平台，将与空间有关的基本问题渗透到学生的知识体系中，同时，在教学的改革实践中探索从结果导向到过程导向的城市规划基础教育方法。

主要参考文献

［1］李伟．建筑创作中超越物质层面的非物质观．天津大学博士论文．天津，2007．

［2］汪霞．课程开发的过程模式及其评价．外国教育研究，2003，4：60-64．

［3］滕凤宏．建构主义理论在建筑初步教育中的应用与实践．2009建筑教育国际研讨会．北京：中国建筑工业出版社，2007．

From results-oriented to process-oriented
——The practice and exploration in the building and construction course in preliminary urban planning education

Teng Suhong

Abstract: In recent years of reform process, School of Architecture of Tianjin University introduces building and construction course in the preliminary urban planning education to help students to establish the whole concept of space, structure, form, material, nodes, environments, and the construction process, to gain the ability of realizing the plan to a real space, and to build up the comprehensive view of space.

In the past few years' practice of the building and construction course, our teaching groups adjusted teaching objectives, teaching methods according to the characteristics of the building and construction course and changing our focus from results-oriented to process-oriented; complete the transition from traditional teaching to constructivism teaching. Our practice in building and construction course provided a new way of thinking in seeking the suitable urban planning teaching method in the new era.

Key Words: preliminary urban planning education, building and construction course, teaching aim, teaching link, teaching method

从"认识"到"认知"——城市参观实习中的关键能力①培养

王 瑾 段德罡 王 侠

摘 要：针对新时期城乡规划建设事业对人才培养需求的变化趋势，专业教育应更加注重自主学习、沟通表达、团队合作等关键能力培养。城市认识实习课程作为学生认知基础培养的重要环节其在教学体系中未得到足够的重视。本文结合近些年教学组对城市认识实习课程的思考与探索，介绍了本校在其课程设置上的调整与优化，并通过问卷调查和访谈对2009级规划专业学生展开效果评价的调研分析，在此基础之上提出改善建议及进一步优化的措施。

关键词：关键能力培养，城市参观实习，课程调整，教学效果反馈

城市参观实习是城市规划专业学生认知基础培养中的重要实践环节，是学生将理论知识与城市建设活动结合的具体实践，同时，也是检验学生专业能力、社会应变能力的考核依据。它对于拓展学生眼界、启发学生思维、加深学生专业理解起着重要作用，并且这种作用是其他教学方式难以替代的，但是，城市认知实习课程长久以来为得到教师和学生足够的重视，其课程内容设置也未随着人才培养趋势进行更新。本文将结合教学组近5年跟踪调查的反馈，介绍城市参观实习从"认识"到"认知"的教学改革和探索。

1 城乡规划人才培养趋势

著名的规划理论家佛利德曼（John Friedmann）曾指出，城市规划专业实践的性质主要体现为多学科知识的综合应用。随着当前我国城镇化进入发展转型期，城乡规划在城乡建设中的前期指导性越来越强，同时政府、市场及社会之间与土地、空间资源配置的关系日益复杂，因而对城市规划专业人才的综合能力要求日益增强，加强能力培养为导向的教学方法探索已成为广大教育工作者的共识。

1.1 注重独立学习能力的培养

城乡社会的转型不断拓展着规划教育体系的知识内涵，已有的专业教材已不能满足学生对学科发展的全面认知，相关书籍、杂志、网络已成为重要教学辅助手段，而当今是信息爆炸的时代，面对大量信息来源，尤其是良莠不齐的互联网信息，如何快速有效的获取知识需要学生具备独立学习的能力，包括搜索资讯、思考评判以及核心问题分析等。

1.2 注重团队合作能力的培养

城乡规划学科多元交融发展更加强调部门合作、团队配合的工作形式，团队精神和合作意识对于一个合格的规划师必不可少。尤其针对90后大学生追求个性、责任感较差的群体特征，在教学计划中需要针对性的强化学生的协调能力、团队精神、责任心与荣誉感、合作能力等。

1.3 注重沟通表达能力的培养

当前，城乡建设与城乡规划实践的联系愈发紧密，

---

① 关键能力指城乡规划教育中除基础知识体系外的方法能力、社会能力，是书本与社会、理论与实践的链接，诸如自主学习、团队合作、沟通表达的能力以及掌握规划实施相关政策法规、运营机制相关知识的能力。该定义参考自唐由海老师的论文"浅谈城市规划专业教育中的关键能力——以城市设计为例"（2010）。

王 瑾：西安建筑科技大学建筑学院讲师
段德罡：西安建筑科技大学建筑学院副教授
王 侠：西安建筑科技大学建筑学院讲师

城市参观实习教学方式调整方向   表1

教学阶段	原教学方式	效果反馈	教学方式调整方向	能力培养方向
准备阶段	教师：制定计划 实习动员	学生在这一阶段参与度低，导致对参观对象的认知度低、认可度不高	1 学生可参与前期实习路线制定 2 以分组的形式展开前期资料收集分析工作	独立学习能力 团队合作能力
实习阶段	教师：讲解 学生：参观体验 观察记录	学生通过实习获得感性认知居多	1 实习对象丰富化（规划院、规划局、地产公司等） 2 实习方式多样化（报告、座谈、汇报、访问等）	团队合作能力 沟通表达能力 联系实际能力
整理阶段	实习报告	大多为资料堆砌，学生个人感受、分析的内容偏少	1 加强平时成绩考核（讨论、汇报） 2 改变实习报告成果表达形式	独立学习能力 沟通表达能力

资料来源：作者自绘。

除调研与成果汇报外，城市规划师还需要与政府、开发商、市民/住民、商贩等不同群体进行沟通与衔接，好的沟通能力往往决定的项目的成败。沟通能力，尤其是与不特定群体沟通能力的缺乏，是城市规划专业学生亟待解决的问题。

1.4 注重理论联系实际能力的培养

在城市竞争激烈、能源面临枯竭的今天，经济性、文化性、创新性等要素决定了城市/项目在未来建设发展是否具有竞争力，面向实施的规划实践要求规划师必须掌握诸如政策、经济、社会、历史以及规划运行机制等相关知识。这些相关知识在本科阶段的教学体系中都有单独的课程设置，需要进一步培养学生理论联系实际的能力，理解各有关知识在专业实践中的作用。

以上四个方面即为城市规划专业的关键能力，其与纯粹的专业技能、知识联系紧密，又与专业实践的场所、环境密切相关，是当前规划专业职业技能的重要组成。

2 基于关键能力培养的城市参观实习的思考

城市参观实习，即参观城市、认识城市的实践活动。本校的城市认识实习设置于二年级暑假，课时量为2k，调整前一般以建筑认识为主要教学内容❶。

2.1 调整前课程存在问题

参观类实践为被动式教学，学生在实习中表现为被动接受、思考少，加之时间有限，学生往往注重了形式上的要求，而忽略了对参观点深度的挖潜和分析，因而呈现的实习报告差异不大，主要是资料的拼凑和图片的堆积，尤其是个人认识性的内容体现不够。

分析原因如下，首先，教学目的过于单一，重在认识，忽略了引导学生在实践活动中对相关知识的深入理解；其次，教学方法过于单一，以老师带领、重点讲授的方式展开，难以激发学生的主动性、积极性；第三，缺乏有序的组织方式，学生以个人或自愿组合的方式进行参观，使得教学过程散漫、教学效果差。

此外，我校从 2006 年开始对城市规划低年级教学展开基于城市规划学科特征的教学改革，而城市认知实习课程仍处于建筑学教学体系之下，其教学内容与学科的发展方向脱节，不利于学生专业学习的连贯性、全面性。

2.2 教学思考

面对城市参观实习中存在的问题，教学组反复思考该课程在教学体系中所扮演的角色及可以扮演的角色，如何使其教学效果最大化。为此，与学生展开座谈，探

---

❶ 2008 年前，本校的城市认识实习课程与美术实习课程同时设置于大二后暑假，美术实习在前，后逐渐意识到美术实习在时间、教学内容上对其的冲突，将美术实习调至大一后暑假，以保证城市参考实习的独立性，调整后的城市认知实习课程由规划系老师负责。这部分内容并不是文章论述的重点，故在正文中不做描述。

讨城市参观实习的调整方向。关于实习地的选择,学生的建议主要3类,综合实力较强的一线城市,如北上广;历史文化名城,如苏杭;古村/镇,如西塘、凤凰等。关于对实习的要求,学生希望通过实习提高自我的空间设计、灵活运用理论知识、审美、创新等方面的能力。从选择结果可以看出,这一阶段学生对于参观实习的认识表现在物质空间形态上,但不满足于单纯的观赏,希望实习能对自身设计能力产生作用,因而偏向于知名度较高的发达城市或者有特色的城镇。

如何在实习中加强与课堂专业学习的联系,使学生对一二年级所学知识有更进一步的理解;如何在实习中加强对学生关键能力的培养,使其逐渐具备职业规划师的基本素养,面对这两个问题,教学组对城市参观实习进行了梳理。

自2008开始,本校城市认识实习课程的教学目标从"认识"转向"认知"。

3 调整后的城市参观实习的教学特征

城市认知实习课程共分为8个环节,即选题/拟定参观路线(学生反馈)、确定教学日历、布置任务、提交初步成果、现场参观(观察、体验、访问、交流、分析)、小组汇报、提交成果/意见反馈(图1)。

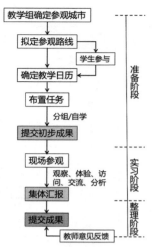

图1 城市认知实习流程示意
资料来源:作者自绘。

3.1 实习计划制定——多维视角

为强化学生在第一次面向社会的专业实习中可获取较为全面的实践知识,课程调整的第一大举措即强调多维视角认知城市。由于每年的计划都有调整,本文以跟踪调查的09级学生的城市认知实习课程为例,介绍多维视角方式的展开。

多维视角在城市参观实习中的尝试　　表2

对象	选择原因	组织形式	预期效果	技能锻炼
东莞大岭山镇	东莞小城镇就地城镇化对于当前落后地区城镇化发展有借鉴作用	1 查找资料,总结城镇特征 2 镇区参观,体会城镇规模、经济发展水平 3 设置问卷,与当地居民进行访谈	加深对城镇化发展及相关经济、产业等的理解	资料收集整理、语言表达能力、沟通能力
广州珠江新城	珠江新城的运作、开发模式使其逐步承担起广州总部经济的核心地位	1 了解珠江新城建设、开发、运作过程 2 用脚步、参照丈量新城不同区域的空间尺度 3 核心公共建筑参观	理解新城建设应具备的基本条件;积累城市设计手法	相关知识分析、空间尺度认知
深圳大芬油画村	城中村问题是当前城镇化进程中越来越普遍的问题,而大芬村的成功转型堪称经典	1 了解大芬村的历史变迁 2 调查村庄内村民的就业类型 3 尝试分析村庄空间演变	理解城中村成功改造的核心问题,及改造前后的空间形态	资料收集整理、沟通表达能力、相关知识分析
深圳华润万象城及周边区域	成功的地产开发模式;时尚的商业空间	1 了解企业文化、企业规模、运营方式 2 理解不同功能的空间形式与流线组织	理解房地产开发的主要影响因素;积累设计经验	资料收集整理、空间认知

续表

对象	选择原因	组织形式	预期效果	技能锻炼
深圳华侨城/东部华侨城	可持续的经营理念与设计理念	1 重点参观生态广场、波托菲诺小区、OCT创意园、万科总部 2 理解企业文化，反哺社会以获得更多发展机会	对与新型节能建造技术、设计理念的认知	资料收集整理、沟通表达能力、相关知识分析
广州红专厂	成功开发与运营的创意街区	1 创意街区运营模式 2 厂房建筑改造的方式/材料 3 王世福老师工作室参观	了解厂房改造的基本流程、改造方法	沟通表达能力、空间认知、材料认知
广州市城市规划勘测设计研究院		1 与易晓峰规划师座谈 2 设计院参观	—	沟通表达能力、思考分析能力
深圳市城市规划设计研究院 深圳市蕾奥城市规划设计咨询有限公司		1 王富海规划师关于深圳城市规划、建设、管理的介绍 2 学生提问 3 设计院参观	—	沟通表达能力、思考分析能力

资料来源：作者自绘。

以上为城市参观实习的主要认知对象，除此之外，还包括有岭南建筑群、广州大学城、福田CBD、东莞松山湖产业园、深圳华强北商圈、深圳大学❶等，但取得的效果不佳，故不一而足。

3.2 实习组织方式——以学生为主体

校外实习的教学方式，一方面学生的好奇感强，容易产生兴趣；但另一方面，2名老师各负责一个班，在管理学生上有较大难度。因此，建立以学生为主体的管理模式有助于形成秩序，且充分调动起学生的积极性。

首先，建立学生参与制。在拟定参观路线时让学生积极参与，除了增强学生的兴趣外，也会有意外收获，例如学生推荐都市实践的罗湖公共艺术广场，其在规模、功能上皆与本校第三学期城市规划思维训练中的空间地段改造环节作业要求接近，因此通过实地的直观感受对学生启发很大。

其次，建立组长负责制。在整个实习中，将每个班分为5组，每组5~6人，每组推选组长，组员离队、请假等行为必须经组长批准，组长对组员的各方面负责。这样充分调动起组长的积极性，其中有位组长，在大三时被推选为班长。

最后，变被动接受为主动思考，这是该课程最主要的调整之一。在准备阶段，分组布置任务，在实习前每组进行讲评，结合老师、同学的意见修改完善，同时制定小组实习时的调研问卷，在这一过程中，老师要教会学生整理信息、分析核心问题的自学能力。在实习阶段，每天乘坐大巴时为老师与学生的互动时刻，学生需要结合自己的理解尝试分析某一事物；在各种座谈、报告会上，学生要积极思考，学会提题、学会提有水平的问题；在实习结束前的总结会上，每个学生积极畅谈此次实习的所感所获，同时这些交流都将成为学生成绩考核的重要依据。

4 城市参观实习课程教学效果调查反馈与改善建议

为全面了解调整后城市认知实习课程的教学效果，教学组在两年后对2009级58名学生进行了调查，回收有效问卷50份，内容涉及总体评价、教学环节、教学效果以及教学设想等内容。

4.1 总体评价

图2、图3展示了大四学生对两年前的城市认知实习课程的评价结果，48位学生对该课程表示有较深刻印象，其中学生对珠江新城、创意街区、福田CBD、华侨

---

❶ 深圳大学规划系给予了极大支持，两位老师做了精彩报告，学生们获益匪浅。但当时正值大运会即将开幕，加之出于暑期，在学校间教学交流上未达到预期效果。

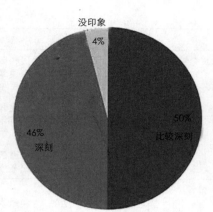

图 2　对城市参观考察的印象
资料来源：问卷调研。

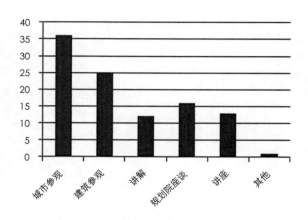

图 4　帮助较大的环节
资料来源：问卷调研。

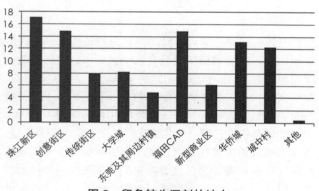

图 3　印象较为深刻的地方
资料来源：问卷调研。

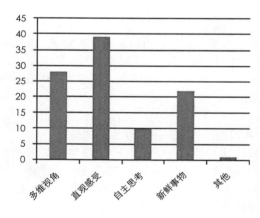

图 5　课程优点
资料来源：问卷调研。

城、城中村改造的印象较为深刻，说明学生对新鲜、独特、富有艺术感的事物关注度较高。

4.2　教学环节

图 4 展示了学生认为对自己促进较大的教学环节。其中分别有 39 人、24 人认为城市参观、建筑参观对其作用较大，可以看出传统的参观模式在学生心目中依然占据重要作用。

4.3　教学效果

图 5~ 图 8 分别展示了学生对于城市认知实习教学的效果的评价。其中图 5 为学生对课程的特征评价，有 45 个学生选择了直观感受，32 个同学选择了多维视角，自主

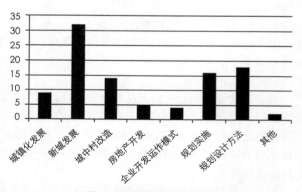

图 6　可获得的相关知识
资料来源：问卷调研。

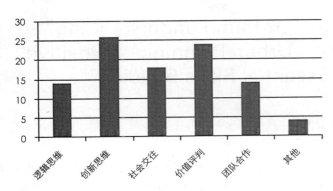

图7 可获得的相关能力
资料来源：问卷调研。

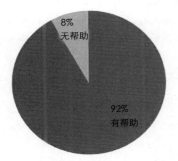

图8 对以后专业课程学习有无帮助
资料来源：问卷调研。

思考有12个人，其中有1人选择其他，指出要培养专业兴趣；由图6、图7可知，学生通过实习对新城发展、规划设计方法、规划实施、城中村改造相关知识有了进一步了解，对创新思维、价值判断和社会交往能力有一定提升。

关于对学生以后专业课程学习有无帮助，46个学生认为有帮助，表现在城市中心区设计、居住区设计、总规、控规、城市规划思维补充、城市发展认识、空间认识、真实空间设计、建筑设计、建筑与场地设计、案例深刻认知等方面有较大帮助。

4.4 教学设想

调查询问到学生"对于当前城乡规划学科的认识"，高频出现的词汇为"统筹发展、多维度思考与协作、价值观、复杂综合、知识面广、不断创新与融合的学科、公共政策、科学方法"，提到"面对学科发展，专业教育应当注重培养学生的什么能力"，出现较多的为"宏观多维思考、逻辑能力、空间设计、实践、社交、自主、创新、价值观、口头表达、综合协作、团队协作、联系实际"等。

关于对未来参观点选择上，除北上广等一线大城市、苏杭等历史文化城市外，不少学生建议选择小城市、城镇、新型发展城市、城市更新示范区；对于教学内容设置上，建议多了解些规划案例及评审、实施过程。

4.5 问题与改善

由此可见，整体教学效果较好，尤其是实习地相关人员对本校学生的表达能力、知识覆盖面的广度表示认可，同时学生对于学科发展及自己在职业道路中需要具备的能力已有了初步认知。当然实习中也存在一些未达到预期效果具体环节，表现在：①学生在思想上认识到自主思考、团队协作等关键问题的重要性，但在实际行动中还未真正引起重视；②教师丰富了实习内容，但在时间分配、组织形式上还有待斟酌，使其未能很好地启发学生。

那么，今后有可能将小组成果整体性、分析问题深入性与考核体系挂钩，以此刺激学生对关键问题的重视；结合学生的兴趣，规划案例座谈、设计院参观等环节在未来的课程中可适当提高时间分配，在组织形式上可更加趣味性、随意性。

5 总结

城市参观实习经过5年的教学改革和跟踪调查的反馈完善，已逐步与城乡规划学科发展对人才培养要求相一致，虽然在教学中还有些不尽如人意、未达到预期效果的地方，但从学生在其后阶段学习过程中反映出来的城市认知能力、思维习惯等方面上的转变已让我们看到光明。

主要参考文献

[1] 孙施文. 城市规划哲学[M]. 北京:中国建筑工业出版社, 1997.

[2] 韦亚平, 赵民. 推进我国城市规划教育的规范化发展——简论规划教育的知识和技能层次及教学组织[J]. 城市规划, 2008. 32（6）: 33-38.

From "preliminary knowledge" to "profound understanding": A Study of the Course Internship in Urban Planning's Positive Impacts upon Students' Essential Skills Building

Wang Jin　Duan Degang　Wang Xia

Abstract: The changed demand for urban/rural planning professionals has caused a shift in the teaching and training mode: essential skills, such as, learning initiative, effective communication, strong teamwork, etc. are thus highlighted. However, the elementary course, *Internship in Urban Planning*, which lays the groundwork for higher study, has been neglected to some extent. The paper, first of all, introduces the teaching reform in Xi'an University of Architecture and Technology (hereafter referred as "the University"); it then combines the previous studies on this elementary course, with an analysis of the teaching evaluation (in the form of questionnaire and interview) carried out among the urban planning majored students (enrolled in 2009) from the University, and under this basis the paper goes further to put forward some suggestions for the improvement on this course.

Key Words: essential skills building, internships in Urban Planning, teaching reform, teaching evaluation

城市规划思维训练课程教学思考
——以西安铁路局社区调查研究为例

张 凡 段德罡 王 侠

摘 要：城市规划思维训练课程设置于城市规划专业本科二年级上学期，是为低年级学生建构城市规划思维，有效展开专业前期教育的关键课程。该课程目前结合理论授课与课堂辅导的方式选择西安铁路局社区展开调查研究，使学生在短时间内迅速拓展规划理论知识，养成善于发现问题、准确分析问题、深度解决问题的核心思维能力，并能在系统解决问题的基础上进行局部地段空间的改造设计，实现从感性认知城市空间到理性分析城市问题，再到空间改造落实的完整体验。同时，也为后续高年级规划专业的学习奠定坚实的整体、系统的逻辑思维基础。

关键词：城市规划，感性思维，理性思维，教学思考

近些年，伴随着城镇化水平的快速提高，城镇建设也得到了空前发展。城市规划在城镇建设中扮演的地位也越发重要，"先规划，后建设"已经成为政府部门建设管理城市的准则。伴随着城乡规划一级学科的设立，使原本从属于建筑学背景的城市规划教学体系也发生了显著变化。如何培养综合的城市规划专业人才，使其不只局限于城市建设专项工作或是城市发展政策研究，而综合把握城市建设问题，寻根求源，更好地服务于城镇建设，城市规划教学中增强城市规划专业思维训练，促进专业人才的综合培养显得尤为重要。

1 城市规划思维注解

现代思维科学把人类大脑的思维方式分为理性思维和感性思维两类。感性思维主要呈自觉表现性，如人的"喜、怒、哀、乐"等主观情感；理性思维则是主要是通过"演绎"、"归纳"、"推理"、"论证"等客观判断。城市规划专业作为社会科学和自然科学的结合，需要我们在专业学习和应用中培养和提高感性思维和理性思维能力，既具备对城市社会、经济、生态等全面整合的理性思考能力，同时也需要把握城市特色、地域文化、建构城市整体空间环境风貌的感性表现能力。在教学中通过培养学生主体能动的感性认知城市，连续、全面地获取各种城市环境信息，对信息进行一系列的理性整理和运算，发现城市发展的规律和特征，找出城市发展中问题产生的原因，探寻解决问题方案的答案是我们的核心目标。

2 课程研究对象

在课程研究对象的过程中，通过综合考虑研究对象的完整性，所呈现问题的复杂性，区位交通的便利性，调研工作的趣味性等因素，最终确定西安铁路局社区作为本阶段认知解读的对象。该社区位于西安市碑林区，南北两侧毗邻城市主要干道南二环和友谊路，东西两侧紧邻城市次干道，交通条件十分便利。社区用地面积约35ha，是一个传统的国企社区。社区建设最早可追溯到1958年，最初是以家委会的形式形成，是新中国成立初企业办社会的典型产物。随着铁路局社区的不断改造建设，内部功能组织及空间结构逐渐演变，目前已基本形成较为完备的生活系统。但随着城市建设的快速发展，社区与其周边城市环境的关系越来越紧张，居住人员构成也呈现原有居民、陪读家庭、打工租户、学生等多元化的现象，社区的内向居住功能也渐被外部环境侵入，长时间遗留下来的众多问题和矛盾已经对社区的更新和

张 凡：西安建筑科技大学助教
段德罡：西安建筑科技大学副教授
王 侠：西安建筑科技大学讲师

发展造成很大程度的制约，而这些问题又往往清晰地反映在社区的空间组织方面。面对这样一个城市快速建设所遗留下来的完整的"小社会"，将有利于培养学生由感性的认知对象到理性解读对象的能力，从而在综合复杂的城市问题中寻找解决问题的途径。

3 课程内容组织

本课程选择西安铁路局社区作为城市规划二年级第一学期的认知、调研、改造对象。基于现阶段学生对城市规划相关知识的匮乏，在课程组织中着重对学生城市规划思维进行培养。通过对研究对象存在的现状问题进行调查，分析问题产生的原因，提出解决问题的方法对策，最终在空间上落实整体规划设计意图，激发学生对专业学习的热情，培养其树立正确的城市规划认识观，加强其感性认知，理性分析的综合思维能力培养，从而建立整体、系统、逻辑性强的城市规划思维意识。在教学环节中还强调团队协作，让学生真正理解城市规划专业工作中团队协作的重要性。

3.1 认识并发现问题

（1）感性认识：让学生在授课前选择不同时段自行前往铁路局社区进行现状调研，写出调研感受，方式不限。此阶段注重对学生感性思维的培养，培养其深刻的观察力和丰富的想象力，塑造个性特点。

（2）理论授课：本阶段通过理论教授《城市认识论初步》课程，使学生系统的了解城市规划专业知识，初步树立正确的认识观和思维方式；通过教授《城市规划社会调查方法初步》课程，使学生理解社会调查在城市规划工作中的重要作用，掌握科学的社会调查的程序和方法；通过学习《城市规划中的图示语言》课程，强化学生对城市系统整体性的认识，能够根据文字所描述的事物发展过程、规律等各种条件，掌握并做出与事物相符合的示意图语言，提升其对结构的图示语言的灵活运用技能。整个阶段重在加强学生的理论学习，培养其掌握用城市规划思维进行社会调查的一般程序与方法，并帮助学生形成全面、系统的思维模式。

（3）现场教学：课后带领学生再次前往铁路局社区，简要介绍铁路局社区的现状情况，包括铁路局的人口构成特征、居住环境特征、公共服务设施配置情况、道路交通的相关问题等。通过启发的方式激发学生自主学习的积极性，并指导学生利用理论课所讲授的城市规划调查方法对铁路局社区展开翔实的现状调研，了解该地段的现状情况，全面发现铁路局的现状问题，进行问题的总结、归纳和分类。此阶段以现场教学为主，有利于教师对学生在现场提出的个性问题进行合理解答与引导。

（4）课堂辅导：针对学生调研所呈现的阶段性成果有意识地辅导：①是否全面发现铁路局社区的各类问题；②是否对发现的问题进行分类标准的确定，按照一定的分类原则将铁路局社区的问题进行分系统整理、归纳和总结；③发现问题的准确性和有效性。最终以小组完成"西安铁路局社区现状调查"为题的课程环节作业，要求图表、图片及文字相结合，表达方式不限。此阶段以课

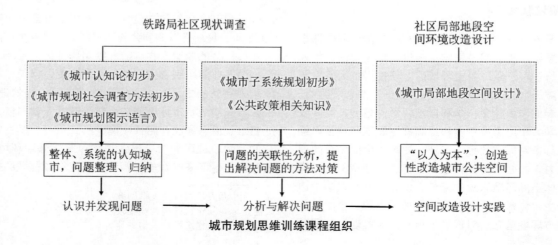

城市规划思维训练课程组织

堂辅导为主，组织学生课堂内进行讨论，有利于教师针对学生收集、整理和分析过程中遇到的相关问题进行解答，培养其全面认识城市的能力。

3.2 分析与解决问题

（1）课堂讨论：课堂以大组讨论交流为主，进行铁路局社区现状问题报告成果的评图与总结，引导学生思考分析问题的方法，进行初步想法与思路探讨，课后准备分析问题的思路框架与草图。此阶段重在培养学生在全面、准确、有效发现问题的基础上以感性发掘为主，提出不同视角下问题产生的原因。

（2）理论授课：通过学习《城市子系统规划初步》课程，使学生在形成初步的专业认识观基础上，了解子系统规划的方法和步骤，进一步培养其具备把握复杂对象、解决城市问题的基本能力，强调从总体认识入手，注重整体与部分、部分与部分之间的相互关系，把握问题之间的关联性，抓住主要矛盾；通过教授《城市规划公共政策初步》，使学生在进行了城市规划认识论的理论学习后尽早认识城市规划的社会性和公共政策属性，培养学生在政策视角下的城市规划思维方式与工作方法的建构。

（3）课堂辅导：本阶段主要通过以小组为单位进行铁路局社区分析问题探讨，结合感性的认知发掘城市问题产生的原因和通过提交思路框架、草图并阐述图纸，引导学生在问题表象发掘的基础上植入城市规划系统分析论方法，结合城市规划公共政策属性，建构子系统分析与规划的步骤和方法，培养其通过系统分析、从各子系统规划的角度建构以人为本的规划思维，进行问题产生的本质原因分析。重点是在社区系统调查发现问题的基础上，通过公共服务设施系统、交通系统、道路系统和绿化系统等进行分析研究。各人应提出社区存在的系统问题以及与铁路局社区总体问题之间的关系，进行各系统问题的关联性分析。寻找问题产生的根本原因。最终完成铁路局社区问题分析报告，成果注重分析问题的敏锐度、完整性、科学性及合理性。

（4）课堂讨论：课堂采用大组汇报与讨论交流、辅导相结合的形式，组织学生以组为单位进行铁路局社区分析问题报告成果汇报，老师结合作业成果及汇报情况做出总结，并启发学生在全面分析掌握铁路局社区问题的基础上由感性认知上升到理性认知，探索问题的本质及其发展规律，从不同角度寻找解决问题的方法和途径。课后要求学生再次对阶段性成果进行总结与提炼，准备解决问题的思路框图与草图。本阶段旨在使学生灵活运用城市规划社会调查方法，培养学生在全面分析问题的基础上学会初步探寻解决问题的方法与策略，为后续铁路局社区规划奠定重要基础。

（5）课堂辅导：使学生在对铁路局社区现状问题产生原因深度分析与总结的基础上，努力贯穿"以人为本"的城市发展思想，让学生先认识人，了解不同群体的物质和精神空间需求，阐述解决问题方法与内容的初步想法与思路；在初步建立系统解决城市问题的想法与构思基础上，进一步明确基本的解决问题思路，将公共政策融汇于分析与解决问题的过程中。让学生以公共利益为核心，制定社区某领域的公共政策，提出建设性与创造性的规划改造设想，并提出改造方案的概念构思；深化思路框架和图纸表达，体现规划的可操作性、系统性和创造性。最终完成铁路局社区问题解决报告，创造平等、自由、轻松、安全且舒适的生活环境，促进社区健康发展。本阶段重在培养学生如何针对社区存在的系统问题进行本质原因的总结与梳理，针对各系统问题的关联性，掌握解决城市问题的能力；培养学生在日常生活中建立规划决策的意识，以公共政策作为一个视角来看待城市规划的能力。

3.3 空间改造设计实践

（1）课堂讨论：课堂依然采用大组汇报讨论交流、辅导相结合的形式，组织学生以组为单位进行铁路局社区解决问题报告成果汇报，为铁路局社区局部地段改造奠定重要基础。课后完成基地感性勘测，主要以感觉和体验为主，引发设计思路并提出建设性与创造性的改造设想。

（2）理论授课：通过教授《城市局部地段空间设计》课程，使学生建立城市空间设计的一般性方法，体会由形式到设计、功能到设计、概念到设计的区别与联系，完成从明确设计对象，到运用空间手法进行空间设计，最后深化环境完成设计的完整体验。

（3）课堂辅导：①要求学生根据上阶段分析与解决问题的小组成果自行选定存在问题的社区公共空间，如

环节一、二学生部分作业
学生：城规 11 级刘志伟、韩会东、吴倩宜等

街道空间、绿化空间、广场空间、入口空间等，辅导其选择类型与区位的合理性，帮助其进一步明确地块四周的空间边界，如建筑、道路、河流、绿化等，划定范围并确定规模；②让学生进一步明确为何选择该地块的原因，并对基地进行现状空间分析，包括它与周边环境的关系和基地自身现状要素的特征，完成感性归纳、理性总结的基地勘测，从空间层面、功能层面、社会层面提出改造设计初步构想；③在明确改造思路后，加强对人

环节三学生部分作业

学生：城规 11 级韩会东、刘志伟、罗兰、吴倩宜

的活动的进一步研究，明确空间为谁服务，并以草图+草模的设计推敲形式组织基地功能结构、交通流线、形态意向及家具布置等，创造空间，落实概念。辅导中既要注重设计过程的逻辑性，又要积极鼓励学生在空间设计中的创造性思维的表达。最终完成铁路局社区局部地段改造设计，打造亲切的居住尺度，融洽的邻里关系，舒适的生活环境。成果形式以 A1 图纸（1~2 张）+ 模型呈现，要求学生个人独立完成。这一阶段主要针对城市公共空间进行改造设计，要求学生在上阶段规划成果的基础上展开，自行选择社区一处公共空间，规模限定在约 3000m²~5000m² 左右。培养学生通过造型和功能角度进行三维空间改造设计，提高社区空间品质，增进社区归属感，体现人文关怀。

4 结语

城市规划是一门综合性的学科，规划师不仅要从专业技术角度认识和解决城市问题，还要综合考虑社会、政治、经济等各方面，全面把握城市的发展方向。这就需要城市规划教学中不仅要加强对学生进行整体、系统的逻辑性强的理性思维训练，还要培养其感性思维，发掘想象力，使学生切身融入社会环境中，直接感受城市建设不同方面的需求，使城市建设即高效又特色显著，符合城市自身发展需求。我们在城市规划低年级教学中，考虑到学生接触专业面的有限性，注重循序渐进的专业思维引导，培养学生的规划意识。

主要参考文献

[1] 余柏椿. 非常城市设计——思想·系统·细节[M]. 北京:中国建筑工业出版社, 2008.

[2] 段德罡, 王侠, 张晓荣. 城市规划思维方式建构——城市规划专业低年级教学改革系列研究(4)[J]. 建筑与文化, 2009, 5.

[3] 褚冬竹. 开始设计[M]. 北京:机械工业出版社, 2010.

[4] 段德罡, 白宁, 王瑾. 立足专业背景 面向学科发展——城市规划专业基础教学体系构建[J]. 城市规划, 2010, 09.

[5] 朱婷. "两型社会"背景下城市规划思维变革——湖北省孝感市两型社会示范区建设规划探讨[J]. 华中建筑, 2010, 10.

[6] 洪亘伟, 杨新海. "思维+技能+创新"——城市规划专业基础教学体系建构研究[J]. 规划师 2011, 12.

[7] 屠启宇, 林兰. 文化规划:城市规划思维的新辨识[J]. 社会科学, 2012, 11.

Reflections on teaching of urban planning logical curriculum——Based on the view of research & survey from Xi'an railway community

Zhang Fan Duan Degang Wang Xia

Abstract: In the university city planning major the second grade last semester set city planning thinking training course, rational thinking of city planning for low grade students construction, key curriculum effectively carry out professional early education. Now this course adopts theory teaching combined with classroom counseling approach to teaching, and the investigation of Xi'an Railway Bureau community as the object, Enable students to rapidly expand planning theory knowledge in a short time, foster the students' ability to discover problems, analyze problems, to solve the problem of accurate depth of the core thinking ability. At the same time, laid the foundation for the whole system, solid logic foundation for the following senior planning professional learning.

Key Words: City planning, Emotional thinking, The rational thinking, Reflections on Teaching

逻辑思维和形象思维并重下的控制性详细规划教学

朱凤杰　刘立钧　兰　旭

摘　要：文章结合我校城市规划专业实践应用型人才培养目标，分析了控制性详细规划的教学目标，提出教学中应关注物质空间与社会经济空间的融合，注重形象思维和逻辑思维的双重培养，重视动态的教学过程，提高学生的空间创造与理性分析的双重能力。

关键词：控制性详细规划，形象思维，逻辑思维，形态，指标

1　引言

2011年城乡规划学科成为独立的一级学科，学科内涵、特征和属性的转变为专业人才培养提出了新的目标和要求：除了培养学生掌握城市规划理论和相关知识，具备良好的专业素质和形态设计技能外，更应该具有高度社会责任感、树立科学的价值观，掌握协调和兼顾各种利益的方法。控制性详细规划（以下简称控规）作为管理城市空间及土地资源和房地产市场的一种公共政策，它的编制涵盖内容非常广泛。控规教学应适应城市建设与管理的需求，着重培养学生逻辑推导及空间形象思维能力。在此思路基础上对我校对控规的教学目标、教学方法上做出相应调整。

2　控规教学目标

在我国城市规划体系中，控规的核心价值在于"承上启下"，体现在规划设计层面，它是总体规划、分区规划和修建性详细规划之间的环节，以量化指标将总体规划的原则、意图、宏观的控制转化为对城市土地乃至三维空间定量、微观的控制。我校城市规划专业以建筑学为背景，教学上大致采用"2+2+1"的培养模式，即一、二年级学习建筑设计基础知识，培养建筑形体的塑造能力，三、四年级转入城市空间设计，包含小区规划、城市设计、控制性详细规划和总体规划，五年级进入从业实践及毕业设计阶段。在此教学体系中，控规确定了以下教学目标。

2.1　完善控规编制为核心的知识结构

我国的控制性详细规划是为适应土地有偿使用的要求，从土地划分、开发控制、建筑管理的角度制定，通过具体的定性、定量、定位和定界对城市建设项目进行控制和引导。根据《城市规划编制办法》（2006），规划的基本属性从物质空间的部署与安排逐渐开始向"调控城市空间资源、指导城乡发展与建设、维护社会公平、保障公共安全和公众利益的重要公共政策"过渡。控规公共政策性强，涉及经济、文化、区域、政策、管理等多学科领域，控规的教学理应建立起以控规编制为树干、以城市经济学等相关理论知识为树枝的"树型"知识体系。

2.2　增强逻辑推理等综合能力

结合《全国高等学校城市规划专业本科（五年制）教育评估标准（试行）》，控规教学阶段应逐步具备相关知识，培养调查、分析及表达的能力。所以控规教学中不仅注重学生对专业知识的系统吸收，还要提高逻辑推理等多方面的综合技能。

（1）逻辑推理能力

正如《逻辑十九讲》中所说："逻辑是一种推理科学，它可以使我们认清楚：好的推理可以导引出真理；

朱凤杰：天津城建大学建筑学院讲师
刘立钧：天津城建大学建筑学院教授
兰　旭：天津城建大学建筑学院讲师

坏的推理则会给我们带来厄运，并导致我们每天不停地犯错"。控规文件是直接指导城市土地开发及管理，政策性强，需要相对严密的分析及推理，才能制定出科学合理的控制引导措施。

（2）数－图－空间的转换能力

控规最核心的内容是对城市建设项目的"定性、定量、定位和定界"，整个控规的学习过程也是"数－图－空间"相互转换的过程。熟练于形体设计的同学对于数字比较模糊，缺乏图形跟实际城市空间的联系。比如要保留六层住宅容积率大概是多少，绿地率要达到40%容积率要达到3.0会形成什么样的城市空间形态。可以通过实地调研，建立现状模型等方式加强"数－图－空间"转换的能力，体现城市设计的构想，加强控规的应用性和实践性，更好地与管理开发衔接，成为城市规划管理的依据。

2.3 培养规划师价值观

国外城市规划专业教学包括知识、技能、价值观和实践四大部分，价值观培养一直是规划教育的核心之一。国内《城市规划原理》（第四版）明确提出了规划师价值观培养内容，但在课程体系中尚未设置价值观课程。在控规教学中应掌握协调和兼顾各种利益的方法，培养学生理解城市不同利益群体的空间需求，树立公益性、公平性的职业价值理念。

2.4 培养学生"守法"意识

整个城市规划专业的教学体系是从培养学生的空间感觉出发，逐步过渡到建筑单体、建筑群体的设计到对城市片区和整体空间的控制，设计的每个层面都受到规范的约束。控规成果是土地出让、转让的依据，法律效应是控规的基本特征，相关的法律法规及标准规范较多，虽然学生在做设计时不一定熟知各类法律法规，但是在学习过程中要掌握查阅及运用相关法律法规及规范的方法，尽可能遵守国家及地方法律法规、技术标准与规范，逐步培养"守法"意识。

3 教学方法的调整

从表1城市规划专业核心课程安排中可以看出，设计及理论课程的安排基本是相互承接的关系。设计题目从简单到复杂，规模从小到大，理论课跟同期的设计课基本匹配。但是低年级及高年级的设计课教学中关注点不同，前者较多关注纯形体空间，后者关注经济、产业、人口、环境等复杂空间的协调性，前者重形体生成的结果，后者注重方案生成的过程，前者重空间塑造技术，后者重逻辑推理。针对以上形体空间设计与控规关注点的不同，在教学中做出如下调整。

3.1 从关注形体设计到协调多种空间分布

低年级的教学体系中，基本侧重于形体设计，教学方法上强调方案构思是否新颖独特，设计与图面表达是否符合规范，图纸表现是否美观等，一定程度上关注方案的可实施性，较少关注物质空间的经济、人文、管理及政策等方面的问题。但控规"作为管理城市空间资源、土地资源和房地产市场的一种公共政策，在编制和实施过程中包含城市产业结构、城市用地结构、城市人口空间分布、城市环境保护等各方面广泛的政策性内容…"。控规学习的整个过程也正是引导学生从以关注物质形体空间为主，到关注经济、政策、产业等更广的视觉的转变，从纯粹的形体设计到多种利益空间的协调。

3.2 重视动态的过程性教学

（1）系统学习理论知识

低年级的设计主要关注形体空间，可以通过一些案例分析、理解、模仿完成设计作业。控规的知识点多，涵盖面广，控规设计应先系统学习一本理论教材，掌握最基本的理论核心知识，理解控规的发展历程及作用，掌握控规的编制内容与方法、规定性与引导性控制要素，理解控规配套设施控制以及控规的实施与管理，此外，相关的土地政策、经济利益，区位理论以及土地开发对周边的影响等也是制定控规中必须具备的知识。系统学习以控规编制为核心的相关知识体系，是编制控规的理论基础。

（2）现状的调研及认知

在系统学习理论知识的基础上，开展为期两周的现状调研，掌握调研的技术与方法，通过团队协作，对现状资料进行搜集、整理、分析，建立对规划地块的客观认知，同时系统掌握上位及相关规划，运用相关政策及技术标准，在此基础上进行方案的设计。

城市规划专业核心课程安排　　表1

学年	学期	设计课安排	课时安排	专业课相关课程
一年级	第一学期	专业设计基础（1）	·城市空间解析（128学时）：交通解析（32学时） ·绿地解析（32学时） ·建筑群解析（32学时） ·外部空间解析（32学时）	美术基础（1）
一年级	第二学期	专业设计基础（2）	·水彩渲染（24学时） ·建筑测绘（32学时） ·空间模型制作（40学时） ·构筑物设计（32学时）	美术基础（2）、建筑制图（1）
二年级	第三学期	建筑设计（1）	·（20m×20m）场地设计（18学时） ·小型茶室设计（30学时） ·艺术家工作室（64学时）	建筑制图（2）、建筑表现、建筑设计原理Ⅰ
二年级	第四学期	建筑设计（2）	·幼儿园设计（48） ·名人纪念馆（48学时）	计算机辅助设计（1）、建筑构造Ⅰ
三年级	第五学期	城市规划设计（1）	·商业建筑（群）规划建筑设计（104学时）	居住区规划原理A、中外城市建设史A、城市景观设计概论、城市生态学A、城市地理学
三年级	第六学期	城市规划设计（2）	·社区规划（104学时）	城市规划原理A、城市工程系统规划、城市规划与地理信息系统、城市经济学A、城市规划调研（1）
四年级	第七学期	城市规划设计（3）	·控制性详细规划（72学时）、 ·重点地段城市设计（24学时）	城市设计原理、城市道路与交通、城市规划管理与法规、城市规划系统工程学、城市规划设计（3）调研、城市规划调研（2）
四年级	第八学期	城市规划设计（4）	·城市设计（48学时） ·总体规划（48学时）	城市规划设计（4）调研

注：根据我校2010版城市规划专业培养计划整理。

（3）完善课程体系

从表1中可以看出，与控规课程同时进行的还有城市工程系统、城市规划与地理信息系统、城市经济学，这些课程可以完善控规理论知识，同时控规设计又可以为以上三门课程提供实践的平台。城市工程系统课为学生传授市政工程的相关理论知识及布局方法，结合控规给出的规划地块，进行实际的布网布点，进行相应的负荷预测。地理信息系统可以在GIS最基本的数据转换、数据管理的基础上，结合调研的数据及图像进行"数据输入、数据维护、空间分析"。同时控规编制中的许多问题可以依靠简单的GIS分析来辅助规划决策。不同课程之间的相互支撑促使理论与实践紧密结合。

（4）重过程的评价标准

设计课评价标准会直接影响学生整个设计课的学习方法，以往的设计课比较重视最后的图纸和文字的表达，在教学过程中老师督促学生完成各阶段的草图，草图成绩占的比例基本为10%~20%，最终成果所占比例80%~90%，这种评定学生设计成果的体系就使得一部分学生最终两三周突击方案，设计成果也还相对较完善的现象，这种现象在低年级的简单形体设计中存在。控规涵盖面较广，涉及多个学科交叉，完成给定任务相对简单，但真正理解控规编制的内容需要在设计的过程中学习历练。所以在控规的教学过程中，任课教师对每组设计有动态的教学记录，加强平时草图及汇报环节，提高平时成绩的比例。

3.3 建立形态与指标的联系

技术经济指标是评价规划方案经济性和可行性的基

图1 控规所选河北区中山路地段1：2000模型
（2012年10月，我校2009级规划专业学生完成）

一般是方案完成之后算指标，甚至有编造指标数据的现象。控规阶段是学生自己定量、定性、定界、定指标，而之前学生对指标就没有太清晰的概念，最后定指标就会"拍脑门"，最后导致形态与指标存在"两层皮"的现象，空间形态与数据指标相互分离。控规教学中，我们从以下三个方面解决这个问题。

（1）现状空间模型

通过现状调研和实地感受，制作1：2000的空间模型（图1），计算现状地块的容积率、建筑密度、绿地率、停车位等指标，建立起地块指标与城市空间的关系。

（2）建立不同类型的城市空间尺度

通过实地调研不同类型的城市空间引导学生建立起城市"地块尺度"（见表2），选择具有针对性及真实性的案例，建立起对于常见城市空间及建筑类型的体量、规模、用地和配套设施的认知。把普遍性的城市空间、场所特性与人们行为方式和规模之间的关联。

（3）城市设计引导

城市设计引导是控规控制体系中的重要组成部分。

础。低年级的设计课接触到的技术经济指标仅限于任务书提出的几项。如规划一个小区，通常给出规划用地面积、容积率、绿地率、停车泊位数、地块禁止开口段等，一般不涉及指标的来源和依据。学生根据任务书做设计，

不同类型城市空间的调研 表2

序号	功能区块	调查的类型	调研选项	主要指标				
				容积率	绿地率	建筑密度	停车情况	配套设施及使用状况
1	居住区	高层居住区	阳光100、格调春天					
		多层居住区	华苑日华里、格调故里					
		公寓式住宅	塞纳公寓					
2	商业区	商业综合体	大悦城					
		商业步行街	滨江道商业步行街					
		批发市场	大胡同批发市场					
3	办公	办公区	华苑产业园区					
		商业办公综合体	大悦城商住综合体					
	宾馆		假日酒店、友谊宾馆					
4	文化娱乐	音乐厅或剧院	小白楼天津市音乐厅					
		博物馆	天津博物馆					
5	工业类	高新科技园区	海泰科技园区					
		传统工业区	中北工业园区					

续表

序号	功能区块	调查的类型	调研选项	主要指标				
				容积率	绿地率	建筑密度	停车情况	配套设施及使用状况
6	交通运输类	长途汽车站	天环客运站					
		公交首末站	华苑公交站					
7	教育类	中小学	天津中学、昆明路小学					
		幼儿园	南开五幼、河西一幼					
8	静态交通设施	停车楼	大胡同商业区停车楼					
		地面停车场	南开区广开四马路停车场					
		地下停车场	沃尔玛地下停车场					

它是依照空间艺术处理和美学原则，从城市空间环境角度对建筑单体和建筑群体之间的空间的关系提出指导性的综合设计要求和建议，乃至用具体的城市设计方案进行引导。城市设计虽然不是法定规划，但在控规制定中起着重要的作用，建立起形象的空间形体，直观感受城市现有及将来发展的城市空间。通过城市设计可以反过来推导控规指标及控制引导的要素。

3.4 加强逻辑推理能力

四年级的学生对 Autocad、Photoshop、Sketch 以及湘源控规等制图软件运用的较为熟练。控规阶段进一步强调了制图的规范性，比如分层、图例等都有相应标准和规范。通过老师的引导，这些技术性问题学生可以很快掌握。但是问及方案如何生成时，部分同学还是凭感觉想当然，少数同学有逻辑推理的意识。城市规划学科中很多问题不是"非黑即白"，方案的生成需要通过多个影响因子分析权衡，这就需要我们先建立起"逻辑构架"去分析推理，逻辑构架尽量缜密，尽可能符合永续发展的理念。控规方案的分析可以借助 GIS 等软件进行土地利用的多种因子分析。比如分析一片 20 世纪 80~90 年代的居住区，不能仅仅由于绿化环境质量不好、停车位不足等问题在规划中简单予以拆除，而应从区位、建筑质量、居民对环境的评价、拆迁成本、所处区位等多角度分析，采取更适宜地块发展的策略。

3.5 强化控规的可实施性

"控规作为管理城市空间资源、土地资源和房地产市场的一种公共政策，在编制和实施过程中都包含诸如城市产业结构、城市用地结构、城市人口空间分布、环境保护等各方面广泛的政策性内容…"，这里提到的产业、用地、人口、环境都是在城市中客观存在的，对这些进行有效调整和规划必须立足现实，单凭理想的形体塑造和建筑群的空间布局容易脱离现实，重新回到原来规划"墙上挂挂"的状态。所以，控规作为政策性、实践性较强的文件，首先，应立足对现状城市空间进行深入实地调研，从现实中收集数据，从现状中探索将来适合地块发展的空间，从真实的规划及管理部门掌握真正的决策者的想法，最终达到引导城市规划与建设的目的。

4 结语

控规作为管理城市空间、土地资源和房地产市场的一种公共政策，在我国的发展有近 30 年的历史，控规的实施与编制处于动态变化中，它自身受经济、政策、环境影响较强。我校在控规的教学实践中，注重学生调研分析及动态的过程性学习，强化学生的逻辑思维与形象思维的关联能力，深化学生对控规实施与编制、城市建设与管理的认知。

主要参考文献

[1] 袁媛. 控制性详细规划教学中规划师价值观的培养——以中山大学城市规划专业为例.[C] // 人文规划·创意转型—2012全国高等学校城市规划专业指导委员会年会论文集. 北京：中国建筑工业出版社，2012.

[2] 同济大学等联合编写. 控制性详细规划 [M]. 北京：中国建筑工业出版社，2011.

[3] 《城市规划编制办法》，2006.

[4] （美）威廉姆·沃克·阿特金森著. 逻辑十九讲. 李奇译. 北京：新世界出版社，2013.

[5] 刘晖，梁励韵. 城市规划教学中的形态与指标 [J]. 华中建筑，2010，10：182-184.

[6] 许学强，叶嘉安，林琳编，全球化下的中国城市发展与规划教育. 北京：中国建筑工业出版社，2006.

Regulatory plan teaching based on logical thinking and image-thinking

Zhu Fengjie   Liu Lijun   Lan Xu

Abstract：In accordance with the goal of fostering talents with pre-professional knowledge, the paper elaborates the teaching methodology of regulatory detail planning course. The main focus are the integration of physical form finding and logical thinking, the cultivation of responsive process between teaching and learning, and the improvement of the abilities rational analysis among analyses.

Key Words：regulatory plan, image-thinking, logical thinking, form, indicator

"三三制"人才培养模式下的城市与建筑认知实践课程探索

于 涛 张京祥 翟国方

摘 要： 为了应对国家社会经济发展对高等学校本科教育的新要求，2009年南京大学开始实施了以"三阶段"和"三路径"为特征的"三三制"人才培养模式创新，包括城市与建筑认知实践课程在内的南京大学城乡规划学科本科教学课程体系也随之进行了从以"学科"为本到以"学生"为本的改革转向。本文藉此为背景结合城市与建筑认知实践课程的教学实际，对"三三制"人才培养模式下该课程新的教学理念、建设目标和实践内容进行了系统梳理和归纳，并且总结提出了课程在学生专业学术能力培养、交叉复合能力培养以及就业创业能力培养三个方面的新特色，从而为城乡规划学科相关课程的教学改革创新提供了有益的借鉴。

关键词： 三三制，认知实践，人才培养

1 "三三制"人才培养模式简介

为了建立符合高等教育发展规律的本科人才培养新体系，应对国家社会经济发展对高等学校本科教育的新要求，南京大学于2009年着手实施了新一轮全方位的本科教学改革，积极探索通识教育与宽口径专业教育相结合的多元化人才培养新模式。该模式由于以通识教育和个性化培养为特征，实行三个培养阶段和三条发展路径，因此被称为"三三制"人才培养模式：即通过全新打造"通识通修类、学科专业类、开放选修类"三类课程模块，设计了"大类培养、专业培养、多元培养"三个培养阶段以及"专业学术类、交叉复合类、就业创业类"三条个性化发展路径（图1）。

"三三制"人才培养模式的教育理念可以概括为"四个融通"：即学科建设与本科教学融通、通识教育与个性化培养融通、拓宽基础与强化实践融通、学会学习与学会做人融通。其总体思路就是坚持通识教育、交叉学科建设，更新人才培养体系，给予学生更大的选择权：本科生进校后以院系大类为单位进入"通识培养阶段"，选修通识通修课程；学生经过自主选课，满足某个专业的"专业准入标准"后，进入"专业培养阶段"，该阶段主要由学科大类平台课程和专业课程两部分组成，通过把学科当中最基本的专业基础课程和研究方法传授给学

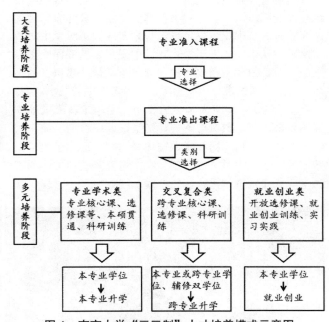

图1 南京大学"三三制"人才培养模式示意图

于 涛：南京大学建筑与城市规划学院讲师
张京祥：南京大学建筑与城市规划学院教授
翟国方：南京大学建筑与城市规划学院教授

生，使其建立扎实的专业基础；学生完成前两个学习阶段任务以后，就进入多元培养阶段，进一步明确自身发展方向。在此阶段学生一方面须完成相关的"专业准出标准"要求，另一方面还可以从"专业学术类"、"交叉复合类"、"就业创业类"三条发展路径中选择最适合自己的个性化成才通道。

2 "三三制"下的城市与建筑认知实践课程新体系

2.1 课程新体系趋向"以学生为本"

南京大学城市与建筑认知实践课程设立于2005年，是以城市规划专业本科二年级暑期学校的方式集中进行。由于课程开设时间正处于学生从建筑学向城市规划专业过渡的关键转换期，因而有助于学生顺畅的切换空间研究与思考的尺度，从而顺利地实现从微观到宏观跨越城市规划专业学习门槛的目的。课程建设学习了国内工科建筑背景院校以建筑认知、写生为主要内容的实践传统，强调以学生自己观察、体验为主，教师教学为辅的实践方法。不仅增强了城市规划专业低年级学生对城市的感性认识，激发了学生对城市规划专业课程的学习兴趣，而且为学生搭建了发挥城市空间设计想象力的平台，提升了学生进行独立思考、学习与制图的技术能力。

自2009年南京大学"三三制"人才培养模式改革实施以来，包括城市与建筑认知实践课程在内的南京大学城乡规划学科本科教学课程体系也随之进行了改革创新，具体表现为对"三三制"人才培养模式的具体贯彻和落实。像城市与建筑认知实践课程改变了过去仅仅着眼于城乡规划学科自身教学体系的完整性和关联性，以"学科"而非"学生"为本的专业人才培养思路，转而建立了以"三条路径"为导向，以学生的未来发展为出发点的新课程体系。由于该课程处于"三三制"模式中的"专业培养阶段"，其主要任务就是以走出课堂、投入实践的方式来接轨当前我国快速城镇化发展的实际，进一步提高学生的专业知识与技能水平，全面提升其综合素养，从而为高年级"多元培养阶段"学生进行"专业学术类"、"交叉复合类"、"就业创业类"三条发展路径的选择打下坚实的基础（图2）。

2.2 课程新目标立足"三条路径"

2.2.1 目标1：夯实专业学术基础

使学生系统掌握城市与建筑认知的基本理念与方法，通过实践中切入一定的视角撰写学术论文来提高学生的科研思维与表达能力，从而为学生进一步学习城乡规划理论，建立城乡规划的三维空间概念打下良好的专业学术基础。

2.2.2 目标2：培养交叉复合兴趣

扩展学生学习的国际化视野，启发和锻炼学生在实践中发现问题、分析问题和解决问题的综合能力和素养。通过对城乡规划实践的内涵挖掘和外延拓展，发掘学生在社会、经济、建筑、历史和生态等交叉学科领域的学习潜能。

2.2.3 目标3：增强就业创业意识

通过分组学习成功的城乡规划和建筑设计范例或者

图2 实地讲解认知实践方法

批判失败的城乡空间和建筑典型,使学生初步掌握城乡规划设计中解决实际问题的方法,并增强团队合作的精神。通过参加城乡规划设计与管理单位的实地交流以及举办规划师职业生涯培训等形式,增强学生未来就业创业的意识和能力。

2.3 课程新内容体现"手脑并用"

经过多年积累,课程已经形成了以南京为大本营,辐射上海、安徽、浙江和苏南等地区的认知路线,涉及城乡规划与建筑设计等多个专业知识与技能实践点(表1)。课程教学主要采取"课堂讲授"、"实地认知与写生"和"交流讨论"相结合的方式:其中课堂讲授主要是通过案例讲解和评析国内外优秀城市和建筑,特别是以南京市城市总体规划为例使学生初步了解城市与建筑调查评析的方法;实地认知与写生则主要是使学生对国内典型城市特别是对长三角地区的城市与建筑特点有深刻的感性认知和系统理解,使其既能从城市总体规划和城市设计的角度学习城市与建筑认知的理论与技能,又能从城市、建筑与自然环境的关系以及城市建设发展的轨迹出发,总结其经验与教训;交流讨论则是课程教学以学生为主体理念的具体落实,课程改变了传统的"老师讲、学生记"的填鸭式教学方式,而是鼓励学生"多看"、"多听"、"多想"、"多讲"和"多画",并且通过现场答疑和交流讨论会的形式,

形成师生之间平等交流、相互切磋的良好互动,从而共同升华认知实践的教学成果。因此,在课程的具体实践过程中不仅增强了学生对城乡建设规划的感性认识,提高了写生与制图的技术水平,还充分锻炼了其对城乡发展问题的综合思考与评价能力。

3 "三三制"下的城市与建筑认知实践课程新特色

在"三三制"人才培养模式改革的背景下,城市与建筑认知实践课程的建设目标和内容体系均发生了质的变化,形成了自身新的特色:即顺应"三三制"提出的"三路径"多元培养目标,在课程建设中对应"专题研究论文"、"综合实践报告"和"个人手绘图集"三种考核方式,凸显对学生"专业学术能力"、"交叉复合能力"和"就业创业能力"的培养。

3.1 专业学术能力培养特色:开展专题学术研究

课程不仅使学生能够了解典型城市的发展脉络、用地布局和空间结构,而且还能使其利用比较研究和实证研究等方法对城乡建设的具体问题进行专题学术研究(表2)。因此,课程考核的方式之一就是要求学生基于实践中的感性认识,从城乡建设的某一视角或方面出发撰写专题研究学术论文,论文必须选题科学、论据充分、格式规范,基本达到学术期刊发表论文的水平,其分值占总成绩的30%。

城市与建筑认知实践课程实践点　　　　　　　　表1

城市	专业知识与技能实践点
南京	南京规划展览馆、玄武湖中央公园、台城明城墙、南京大学城市规划设计研究院、1912街区、南京图书馆、江宁织造府、熙南里、甘熙故居、南捕厅社区、夫子庙、雨花台、晨光1865创意产业园、仙林大学城、江宁方山大学城、江宁玛斯兰德小区、河西CBD、奥体中心、滨江风光带
上海	上海规划展览馆、新天地街区、延安东路绿地、八号桥创意产业园、田子坊艺术产业区、外滩和陆家嘴CBD、浦东新区、张江高科工业园区、虹桥综合交通枢纽
杭州	杭州规划展览馆、西湖、清河坊休闲街区、钱江新城CBD、城市阳台
苏州	苏州博物馆、拙政园、苏州新加坡工业园、李公堤、苏州科技文化艺术中心
镇江	大市口广场、金山寺
扬州	瘦西湖、个园、新城西区
合肥	包河景区、经济开发区欧洲街
湖州	南浔古镇

表2 课程开展的专题学术研究

专题研究	专业知识与技能实践点
城市发展脉络与公众参与	南京规划展览馆、上海规划展览馆、杭州规划展览馆
城市公共绿地与旅游景区建设	玄武湖中央公园、雨花台、西湖、延安东路绿地、包河景区、瘦西湖、个园、拙政园、滨江风光带
城市休闲街区建设	1912街区、新天地街区、清河坊休闲街区、合肥经济开发区欧洲街、李公堤
城市历史文化保护	台城明城墙、熙南里、甘熙故居、南捕厅社区、夫子庙、外滩、南浔古镇
城市产业园区建设	晨光1865创意产业园、八号桥创意产业园、田子坊艺术产业区、张江高科工业园区、苏州新加坡工业园
城市CBD建设	钱江新城CBD、河西CBD、陆家嘴CBD
城市大学城建设	仙林大学城、江宁方山大学城
城市大型公用设施建设	虹桥综合交通枢纽、奥体中心

城市规划重抽象思维和逻辑推理，理性精神是其首要[1]，因而课程在实践点的选择中，非常注重"相似性"或"相关性"。一方面强化学生对城乡建设某一方面特征的认知，另一方面可以进行同类空间要素间的横向比较，从而更深入的掌握城乡建设的一般规律；通过审核学生的学术论文发现，他们的确能够结合自己的兴趣爱好和感性认识，聚焦于城乡建设的某一领域进行较为理性的专项研究。其中研究频率最高的专题集中在城市休闲街区建设、历史文化保护和创意产业园区规划三个方面，学生善于通过不同城市相似要素的空间特征比较来发现问题，如南京1912、杭州清河坊、苏州李公堤与上海新天地的城市休闲空间比较研究，南京老城南、湖州南浔古镇同上海外滩的城市历史空间比较研究和南京1865与上海八号桥、田子坊的城市创意空间比较研究等都成为学生进行专题研究的主要切入点和案例支撑。另外还有像南京仙林大学城与江宁方山大学城的比较研究、南京、杭州和上海规划展览馆的比较研究以及南京玄武湖中央公园、河西滨江风光带、杭州西湖和上海延安东路绿地的比较研究等也成了学生进行专业学术研究与讨论的热点。"不怕不识货、就怕货比货"，课程就是通过大量的实证案例对比来激发学生对城乡空间进行抽象思考与研究的兴趣，进一步引导学生形成深入的观察分析与理性思辨的能力，从而为其今后在城乡规划专业领域的学术发展打下良好的基础。

3.2 交叉复合能力培养特色：撰写综合实践报告

城乡规划学从建筑学科分离，并作为独立的一级学科进行设置，显示出城乡规划学科有着独立而完整的内涵和外延[2]。课程充分利用了南京大学综合性高校学科交叉的资源优势，在教学过程中努力引导学生向建筑学、地理学、经济学、历史学、生态学、社会学和风景园林学等其他学科领域拓展（表3）。为此课程考核要求学生基于对实践的深度认知，利用查阅文献和分组讨论等方法撰写体现学科交叉的综合实践报告，报告必须内容充实、图文并茂、逻辑性强，要能够充分体现以城乡规划学科为基础，其他相关学科交叉复合的特点，其分值占总成绩的40%。

通过学生的综合实践报告反馈来看，绝大部分学生都能够主动探索相关学科领域的知识和技能：比如在建筑学的交叉领域，通过对大型公建、现代住区以及古代建筑的认知，学生基本掌握了从物质空间环境入手进行建筑评价的原则、角度和方法，进一步熟悉了城市建筑细部的设计与表现技法，从而为未来部分学生向建筑学领域的专业拓展奠定了良好的基础；而在社会学的交叉领域，通过对南京老城南地区旧城更新的典型代表——南捕厅社区的认知，学生基于该社区复杂的房屋产权归属、主体博弈关系以及历史文化保护等矛盾，综合运用

表3　课程蕴含的交叉复合学科

一级学科	专业知识与技能实践点
建筑学	规划展览馆、南京图书馆、江宁织造府、江宁玛斯兰德小区、甘熙故居、金山寺、1912街区、新天地街区、清河坊休闲街区、城市阳台、奥体中心、苏州博物馆、苏州科技文化艺术中心
地理学	仙林大学城、江宁方山大学城、浦东新区、晨光1865创意产业园、八号桥创意产业园、田子坊艺术产业区
应用经济学	张江高科工业园区、苏州新加坡工业园、钱江新城CBD、河西CBD、陆家嘴CBD
风景园林学	玄武湖中央公园、雨花台、西湖、包河景区、瘦西湖、个园、拙政园、
中国史	台城明城墙、夫子庙、外滩、南浔古镇
生态学	滨江风光带、延安东路绿地
交通运输工程	虹桥综合交通枢纽
社会学	熙南里、南捕厅社区

了城乡规划、社会学甚至法学的理论与方法，从空间和管理两个层面提出了我国旧城历史风貌区社区更新矛盾化解的金钥匙——社区更新动态循环模型。以此为基础学生撰写的《城市旧城区社区更新矛盾研究——基于南京市南捕厅社区的调查》获得了第十三届江苏省大学生课外学术科技作品竞赛哲学社科类优胜奖，并入围"挑战杯"全国总决赛。

3.3　就业创业能力培养特色：提交个人手绘图集

"三三制"实施以来，课程开始有意识的对学生进行早期就业创业能力的培养，一方面是通过实践过程中具体规划项目的介绍，使学生了解未来就业创业的项目设计内容，激发今后的专业学习兴趣与动力；另一方面强化学生的动手能力，要求学生独立完成个人手绘图集（占总成绩的30%）（图3）。

为了使学生尽早树立就业创业的意识，课程还通过参观交流和举办讲座等形式，组织学生实地考察设计单位的工作环境，了解行业用人需求与发展趋势；同时为了落实规划师的职业价值观和社会道德教育[3]，课程邀请了规划管理和设计单位的骨干从规划师的业务实践和素质要求等角度讲述就业创业经验，并对学生进行职业道德与价值观等方面的职业培训（图4、表4）。

图3　学生个人手绘作品

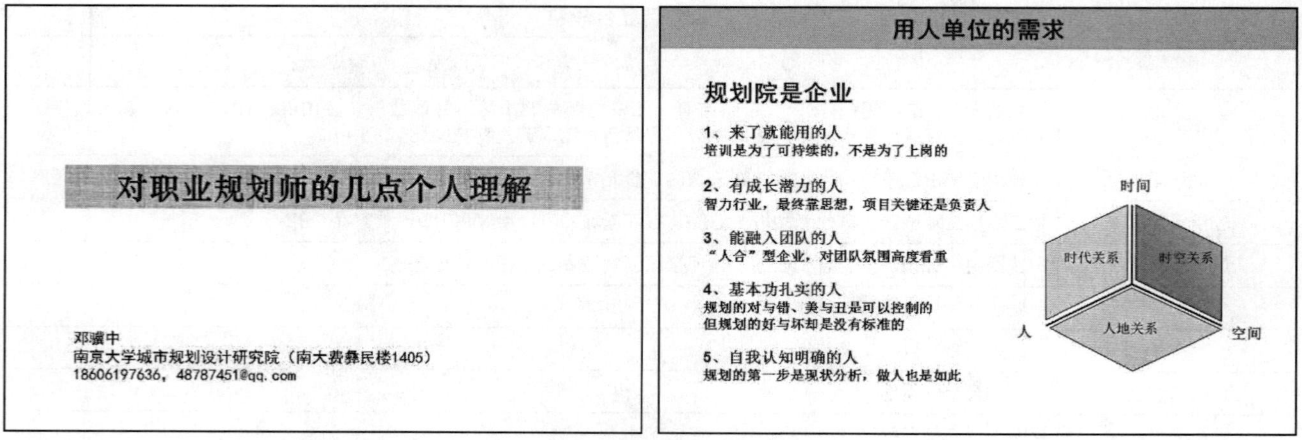

图4 规划师职业培训

课程体现的就业创业意识　　　　　　　　　　　　　　　　表4

主要内容	专业知识与技能实践点
项目了解	规划展览馆、江宁玛斯兰德小区、甘熙故居、1912街区、奥体中心、仙林大学城、浦东新区、八号桥创意产业园、苏州新加坡工业园、玄武湖中央公园
汇报锻炼	成果汇报与展示
职业教育	规划管理职业教育讲座、规划设计职业教育讲座
环境体验	南京大学城市规划设计研究院

4 结语

如果说全国高校城市规划专指委指导下的城乡规划学科教学体系是"条"的话，那么"三三制"下的南京大学城乡规划学科教学体系更类似于"块"，也许正是根植于不同高校差异化的人才培养模式，我国的城乡规划学科教学体系才能兼容并蓄、百花齐放。当然"三三制"教育目标的实现必须依靠全校教学课程体系的共同协作，城市与建筑认知实践课程只是其中一门普通的专业课程，因而其在向"以学生为本"的教学理念转型过程中只能是有所侧重，更多的还是以夯实学生的学术研究与专业技能基础为主，同时尽可能的鼓励并引导学生进行未来多元化发展路径的选择。课程在具体的实践过程中已经收到了许多来自师生和学校等方面的积极反馈，期望通过本课程的探索能为城乡规划学科相关课程的建设提供有价值的参考。

主要参考文献

[1] 汪芳，朱以才. 基于交叉学科的地理学类城市规划教学思考——以社会实践调查和规划设计课程为例[J]. 城市规划，2010，34（7）：53-61.

[2] 邱建，崔珩. 我国城市规划教育起源的探讨——兼述朱皆平教授教学思想[J]. 城市规划，2012，36（10）：75-80.

[3] 袁媛，邓宇，于立，张晓丽. 英国城市规划专业本科课程设置及对中国的启示——以六所大学为例[J]. 城市规划学刊，2012，2：61-66.

Explores of the Urban and Architectural Cognitive Practice Course under the "Three-three System" Education Model Innovation

Yu Tao Zhang Jingxiang Zhai Guofang

Abstract: In response to the new requirements of national socio-economic development to the undergraduate education, Nanjing University began to implement the "three-three system" education model innovation featured with a "three-stage" and "three paths". Based on this, the undergraduate teaching curriculum of urban and rural planning in Nanjing University also conduct the "discipline-oriented to student-oriented shift" reform including the course of urban and architectural cognitive practice. Under this context, this paper systematically reviews and induces the new teaching philosophy, the constructive goal and the practical content of this course, and proposes three aspects new features of this course on building the student's professional academic ability, the crossover compounding capacity and the entrepreneurial ability, thus provides a useful reference and experience to the teaching reform of urban planning curriculum.

Key Words: three-three system, cognitive practice, cultivation of students

基于城市规划专业启智教育的低年级设计基础课程内容体系研究

刘 欣 兰 旭 赵晓燕

摘 要：设计基础课是低年级主要的专业基础课程，在专业教育体系中承担着初步培养规划思维形成与专业基本技能训练的重要作用。传统的一年级设计基础课多沿用建筑学专业的教学内容安排，呈"节点"状的表现形式，以针对性的技能训练为主，缺乏规划背景的渗透，并未体现出规划专业的思维方法与工作方式，不利于规划专业的启智教育。针对于此，通过对课程内容设置的调整，突出专业背景，增加课程作业的整体性与连贯性，建立基于更多规划知识和专业能力培养的课程内容体系，采用规划工作的组织方式，将基本技能训练以规划常用的表达形式体现在作业成果中，以达到培养专业素养的目的。

关键词：专业基础课，城市认知，专业素养，课程内容体系

"城市规划是政府调控城市空间资源，指导城乡发展与建设、维护社会公平、保障公共安全和公众利益的重要公共政策之一。"这是城市规划的本质，也是城市规划专业办学的根本目标。随着城市规划社会科学属性的日益凸显，大多数以工科建筑学为背景的城乡规划专业，开始了对人才培养目标的重新定位，在课程体系中"增加经济、社会、政策分析的入门课"，"以及定量分析、数学模型等方法论课程"。但是，在传统2+3培养模式中，学生的思维方式、关注视角、价值观等往往在专业平台中已经形成，这些是其与建筑设计的本质差异，后期规划专业理论课并不能完全弥补之前造成的方法与能力上的局限性；而培养模式的改革又因受到办学背景、师资配备、就业需求等因素的限制，具有一定难度。因此，可以考虑在基础平台中通过对课程内容和教学方法的改进，增强前后两个阶段的衔接，完成规划知识的渗透。本文即以一年级的设计基础课为例，探讨城市规划低年级设计基础课程内容体系的设置及其操作方式。

1 新时期城市规划人才培养的目标

城市规划要解决的问题来自于构成个体间的"相互联系性（interconnectedness）和复杂性（complexity）"，这决定了城市规划工作的综合性与协调性。今天的城市规划学科其研究内容已经从"城市物质空间形体"转向"城乡社会经济和城乡物质空间发展"；研究方法从"城市空间发展构成"转向"社会经济发展和物质空间形态"；研究理念从"空间视觉审美和工程技术"转向"区域与城市社会经济和物质空间"；学科门类从"建筑工程类学科"转向"城乡统筹的人居环境大学科"。

城市规划学科的变革引导城市规划专业教育培养相应的具备城市综合知识、分析能力、应用技术的专业人才，在教学中体现在城市规划思维养成，城市规划技能训练，城市规划能力培养三个层面，每一个层面都有城市规划专业自身的特征：城市规划思维中除形象思维、逻辑思维、创造性思维外，强调规划的社会属性、人文意识、政策导向和价值观；城市规划技能中除制图、模型制作、工程设计、综合设计外，强调城市规划的工作方法和程序；城市规划能力除语言文字表达、团队协作、社会交往外，强调社会关注度与分析能力。这种综合素质的培养需要从基础教学做起，特别是意识和方法的培养，要让学生在接触城市规划学科的初始，明确学习的目的。

刘 欣：天津城建大学建筑学院讲师
兰 旭：天津城建大学建筑学院讲师
赵晓燕：天津城建大学建筑学院讲师

2 城市规划低年级设计基础课程教学目标定位

2.1 传统设计基础课教学内容与不足

建筑学平台下的设计基础课程在教学内容和组织上都不能完全满足规划的专业要求。

以本校旧版培养计划为例，一年级的设计基础课中针对基本技能训练的作业包括：字体练习、线条练习、立体构成、色彩构成；针对建筑基本知识的作业包括：单一空间设计、小建筑测绘、名作解析、建筑场地环境设计。二年级主要从小型建筑入手，训练建筑设计的一般方法。其中并没有任何城市规划背景的渗透，也没有规划意识的培养，到三四年级学生往往难以改变形成的建筑设计的思维方式，缺乏公共政策和管理意识，在对整体的把控和系统的理解上都存在一定难度。

教学组织方式上以相互独立的作业单元的形式操作：一年级平均每个作业安排四周时间，节奏较慢，有明确的训练目的，内容上并无延续。对于缺乏学科背景认识的学生来说，只是起到了基本功的强化训练，对规划需要的团队协作、语言表达、观察分析等能力培养都没有达到。

2.2 低年级设计基础课的任务

以设计基础课为主的低年级专业教育，因为没有过多的接触专业知识，尚未形成思维定势，是进行专业综合素养培养的良好时机，是学习这门学科的启智阶段。能否具备正确的价值观，初步形成规划思维，理解规划的工作方式与特点，应该是这个时期的主要任务。

对于一年级的学生来说，认识规划工作的对象，激发专业学习的兴趣，培养独立思考的习惯，熟悉规划工作的方法，即是主要的教学目标。

二年级则是培养设计思维的阶段，利用类型教学，使学生理解设计的主体和概念，掌握设计的方法，应该包括不同尺度、不同类型的建筑空间、城市空间等。

3 城市规划低年级设计基础课程教学方案设计

基于对专业启智教育的出发点，课程内容的设置以思维和方法为关键词，强调以规划的工作方式组织教学过程，以规划的方法论分析问题，以参与者的视角观察与体验，达到对城市规划概念的基本理解，对城市环境的基本认知。体现在作业内容、教学方法和考核评定几个不同的方面，本文仍然以一年级设计基础课的设置为例说明。

3.1 一年级设计基础课的内容体系

一年级设计基础课的教学目的定为思维养成、技能训练、建筑与空间的基本知识。教学内容仍然涵盖之前建筑学教学大纲上的重点：包括表现技法、构成训练、空间认知和建筑的基本知识；同时增加了对城市概念、组成、空间类型、尺度的认知。在对课程内容的组织上，没有延续以前"节点式"相互孤立的方式，而是将每学期的课程内容"打包"为单元，以系列作业的形式呈现，针对事物认知的一般规律，采用了从整体到单体，从简单到复杂，从形式到本质的研究过程，既能较全面的认识研究对象，也掌握了整体、系统的概念和思维方法。教学深度以感受—认知—初步分析为主（表1）。

一年级设计基础课程内容安排　　表1

1学期—城市认知单元	2学期—空间认知单元	
城市形象认知	尺度认知	
城市空间认知	单一功能空间认知	
城市功能认知	建筑空间认知	
城市景观认知	城市空间认知	城市空间尺度认知
城市意象		城市空间形态认知
		城市空间类型认知

比如第一学期的教学主题是城市认知：理解城市的构成要素及其相互之间的作用和关系，找到其内在规律和一般特征。课程单元里的每个作业都是基于一个点展开而彼此之间又相互关联。我们指定城市中适宜规模并具有典型特征的地块为备选，学生可以选择其感兴趣的地块作为本学期课程单元的研究对象，按照不同作业任务书的要求对该城市区域展开相应调研，建立对城市的感性认知，并用不同的表达方式：语言描述、技法表现、立体模型等展示出来。之所以选择这样的主题，是因为希望学生首先知道"我要做什么"、"我可以怎样去做"而不是"我要怎么做"；同时，认知与调查作为社会学科

普遍采用的基础研究方法，也是认识复杂城市环境最简单有效的方法。

城市认知主题包括城市形象认知线条练习、城市空间认知空间构成、城市功能认知交通体验、城市景观认知色彩训练、城市意象几个部分（表2）。

1）城市形象认知线条练习：从城市构成要素中的建筑物入手，也是最为直观的城市环境组成部分，学生在对所选地块中建筑物进行实地观察后，针对建筑体现出的城市历史、人文特色，选择有代表性的形象，以徒手线条表现的形式完成作业。学生在观察中可以发现，历史、文化、社会环境对物质空间的作用力，同时认识到城市空间是以一定规律组织的建筑群体的组成。

2）城市空间认知空间构成：包括平面构成和立体构成两个部分。感受研究地块的空间形态和特征，将城市三维空间转化为二维平面，并遵循构成规律抽象其为平面构成，以工具线条表现；依据自己的平面构成，重新定义空间形式和风格，制作立体构成的模型。整个过程训练学生形象思维的能力，理解空间的本质，是实体和虚体之间的转换，摒弃外在形式的干扰。

3）城市功能认知交通体验：观察分析地块周边的交通现状，尝试不同的交通方式和工具，观察交通量和不同用地功能的关系，交通设施的形式与功能等，以数据统计，规划图示的方式表达。这个作业可以使学生了解城市交通的功能、产生、构成与形式以及系统的概念。

4）城市景观认知色彩训练：对研究地块景观环境的认知，以手绘和色彩表现，同时以语言与文字描述环

一年级第一学期设计基础课城市认知单元课程内容设计　　表2

作业题目	课时（96）	素质能力	教学内容	作业内容	成果要求
城市形象认知	16	形象思维	专业概述、徒手表现、工程字	以不同类型线条，将2-3张古典建筑素材与仿宋字、美术字等，完成一幅完整构图，以线条表现出均匀、退晕、肌理（材质）、图案、造型等变化，符合一定的构图规律，表现城市与建筑的历史文化	绘图纸工具：铅笔
城市空间认知	32	创造性思维模型设计及制作	工具表现、平面构成、立体构成	选取研究区域内的典型空间形态，抽象构成的规律或特点为二维空间，绘制平面构成图纸；对生成的平面，重新定义转换为新的三维空间，制作相应的立体构成模型和图纸	绘图纸工具：墨线笔、尺规、模型
城市功能认知	16	逻辑思维、团队协作能力、调查分析能力	规划图示、调研的一般方法	分组（8-9人）选定城市中固定的2个交通点（地块），体验不同的交通方式（2-3人/种），观察描绘不同的交通站场和配套设施，评价不同交通方式，比较其费用、耗时、舒适度、便捷度等指标，找出影响数据变化的外在因素和作用关系，总结交通方式选择的规律；对研究地块进行相应的交通分析	交通出行及地块交通分析图纸：拷贝纸 调研报告：绘图纸 形式：不限
城市景观认知	16	形象思维、语言表达能力	快速表现、色彩的基本知识	对研究区域环境要素的描述与表现，并从使用者的生理、心理角度进行分析讨论不同景观环境给人的感受	绘图纸工具：钢笔淡彩
城市意象	16	创造性思维、综合分析能力	城市的概念与构成	利用图片、文字、数据、图示分析等，表现出研究地块的主要特征，描绘出其给人的最强烈的印象，找出其吸引人、令人印象深刻的本质原因和内在规律	绘图纸表现方式不限

境和景观给人的感受。体验与比较可以让学生理解人的行为与心理对城市空间环境的影响作用。

5）城市意象：表现研究地块的最直观的映像与最显著特征。"城市中许多个别的意象重叠，形成一个共同的意象"，是这个作业设置的出发点，在对研究地块经过不同层面的调研后，学生已经找到该地块的特征与本质，或者是风貌特色，或者是活跃的功能，也或者是丰富的生活；同时基本的表现技法都尝试和训练过，在这个作业里可以将认知过程中获得的信息与数据整合，充分发挥想象力和创造力，完成一张能体现整体把控和综合能力的作业。

3.2 设计基础课的教学组织原则与方法

1）一年级教学组织的主要原则即是感性认知。不论是教学内容深度的把握，还是教学的操作方式，都强调学生自主的观察、感受、体验和总结，这样有引导的自主认知能够加深印象并增加兴趣。我们要做的是为学生选择好观察的视点与视角。

另一个原则是用规划的思维来思考。城市规划的社会属性决定了我们要有对公共利益的关注，对人文精神的关怀，以及对不同权力的制衡。参与到城市生活中去体验远比教科书要生动得多。

以及用规划的方法来做事。城市规划的基本逻辑"调查—分析—规划"，是我们完成作业的方式，也是今后工作的方式；调查来自于最真实的环境和最客观的记录，从上学起，就培养严谨的科学态度；团队协作可以提高效率，而一件复杂的事情可以通过合作来完成；交流是获取信息的途径，也是表达自我的方式。

2）与教学内容上的"化零为整"不同，我们在理论知识讲授上则是"化整为零"。过去每个作业集中讲授一节课，其他时间学生画图为主，我们调整为根据课程进度的推进，将理论知识拆分到每节课中。例如城市形象认知线条练习，由原先的4个教学周缩短为2个教学周，分别在第一次讲解历史人文对城市发展的影响，第二次讲解绘图工具的使用和表现技法，第三次讲解构图的基本知识。线条和字体的练习在第一节课就以课下作业的形式布置，不再占用课上时间。

教学环境也由单一的课堂扩展到不同的城市空间，课程中的调研环节由教师分组带领，实地讲解和指导，激发学生学习的积极性与参与性。

针对不同主题，选配合适的老师来讲授。例如城市形象认知线条练习由规划专业历史研究方向的老师讲授；城市空间认知空间构成为建筑学背景的老师讲授；城市景观认知色彩训练由景观设计的老师讲授，提高学生的学习兴趣和新鲜感。

分组协作以增加学生社会交往能力和团队合作能力，增强其集体归属和荣誉感。根据作业量大小，决定分组人数，以保证调研和作业的顺利完成。例如城市形象认知线条练习，城市空间认知空间构成均为个人完成，城市功能认知交通体验则按照交通方式的不同分组完成。

3.3 考核评定与教学效果评价

一年级的教学目标是能力培养，各种基本技能只是载体和表现形式，因此作业的评判标准是以该环节训练的能力体现为主，同时采用多种方式去衡量学生的水平，包括图纸、模型、调研报告、课堂汇报等，让学生了解到工作成果的不同表达方式，并训练学生的表达能力。

以一年级第一学期的教学效果来看，这种将学生置身于城市环境中的体验式教学方法，有利于学生从理性思维模式向综合思维模式的转变；因为没有过多理论知识理解上的压力，学生的学习氛围活跃；学习环境轻松有趣，学生的学习兴趣高；学习过程感性直观，学生接受程度高。整体而言，加快了学生对城市的认识，对城市规划的认识，培养整体性和全局性，使学生具备了一定的社会观察力，交流、交往能力、分析能力，并初步建立城市规划基本的价值观。

4 结语

本文仅以城市规划一年级设计基础课程中的部分内容设置为例来探讨适应规划教育发展的低年级设计基础课教学内容体系的建立，试图找到适用的原则与方法来利用专业基础平台，在合理人才培养目标确立的前提下，通过对课程内容设置的调整，突出专业背景，增加课程作业的整体性与连贯性，建立基于更多规划知识和专业能力培养的课程内容体系，采用规划工作的组织方式，将基本技能训练以规划常用的表达形式体现在作业成果中，以达到培养专业素养的目的。

主要参考文献

[1] 约翰·M·利维. 现代城市规划[M]. 北京：中国人民大学出版社，2002.

[2] 凯文·林奇. 城市意象[M]. 北京：中国建筑工业出版社，2002.

[3] 张庭伟. 中美城市建设和规划比较研究[M]. 北京：中国建筑工业出版社，2007.

[4] 赵万民，赵民，王其智等. 关于"城市规划学"作为一级学科建设的学术思考[J]. 城市规划，2010，6：46-54.

Study on the Basic Course System for the Lower Grades of Urban Planning Majors Based on the Professional Quality Training

Liu Xin Lan Xu Zhao Xiaoyan

Abstract: Design course is the major professional foundation courses for lower grades, it is important to the formation of professional consciousness and basic skills training. The traditional education system which arranged in points use more content arrangement for the architecture and pay more attention to the skills training. The lack of the background and way of thinking is not conducive to the urban planning education. In light of this, by adjusting the course content, highlighting the professional background, increased integrity and coherence of curriculum, in order to cultivate professionalism accomplishment.

Key Words: pre-professional course, city cognition, professional quality, curriculum content system

控制性详细规划课程设计中城市设计的互动性研究

卞广萌　孔俊婷　白淑军

摘　要：本文在对控规课程教学现状及问题剖析的基础上，分析了控制性详细规划的课程特点，着重探讨将城市设计运用到控制性详细规划的课程设计教学中的方式、方法。通过在空间形态控制上具有优势的城市设计导则来指导控规课程的教学，充分发挥城市设计的互动性作用，弥补控规编制的不足，并对学生理解控规作用、掌握控规编制方法等方面起到了很大的帮助。

关键词：控制性详细规划，城市设计，互动性，教学

城市设计自20世纪80年代引入中国以来，因其在构建城市形象、塑造城市环境方面的显著作用越来越受到城市管理者、城市规划师等的关注。我国的控制性详细规划（以下简称"控规"）在近二十多年的城市发展过程中虽然起到了举足轻重的作用，但就其编制成果而言缺少对空间形态方面的表达与控制，反映在控规教学中尤其明显，单纯的控规教学过于枯燥乏味，教学效果不够显著。在控规教学过程中加入城市设计之后，教学效果不断改善，教学质量逐步提升。

1 控规教学综述

1.1 控规的教学背景

控制性详细规划在我国的城市规划编制体系中处于详细规划阶段，其向上承接城市总体规划，向下衔接修建性详细规划，是具有承上启下功能的中间层次规划。2008年《中华人民共和国城乡规划法》实施后，控规的法律地位空前提升，控规成了城市规划实施管理最直接的法律依据，是国有土地使用权出让、开发和建设管理的法定前置条件。目前，我国规划管理部门用于指导日常规划、设计、建设审批的规划依据是控规，它是有针对性、有实施操作尺度的管理依据。总体规划的意图需通过控规以图则及各种控制指标的形式来具象化、具体化，从而保证在实际建设中得到实现。相应的，在城乡规划专业课程框架中，控规课程的重要性也日益显现。

1.2 控规课程的教学目的与要求

通过本课程的学习，让学生掌握控规编制的内容和方法，在贯彻执行国家住建部及天津市颁布的控规编制办法的基础上，分析土地使用规划的功能性、经济性、法规性，制定城市空间设计的规划导则，建立修建性详细规划制定的操作原则和规定，同时掌握控规文本、说明书的写作方法，并按照教学规范提交相应成果。

与建筑设计或修建性详细规划课程设计教学重点不同，控规课程设计的教学重点不是培养学生的形象思维、空间思维与工程技术思维，而是培养学生的逻辑思维、抽象思维及社会经济思维，强调学生的经济分析、价值判断与利益协调等方面的能力，并自觉培养调查分析与综合思考的能力，做到因地制宜、经济技术合理，理论联系实际，充分反映建设用地环境的社会、经济、文化和空间艺术的内涵，使设计的成果既切实又具有建设的导向作用，既严谨规范便于操作实施、又具有适当灵活性的特点。

1.3 控规课程的特点

1.3.1 由微观向宏观的过渡课程

笔者所在高校城乡规划专业的设计基础课程是建立

卞广萌：河北工业大学建筑与艺术设计学院讲师
孔俊婷：河北工业大学建筑与艺术设计学院教授
白淑军：河北工业大学建筑与艺术设计学院讲师

图1 控规课程特点示意图

在建筑学教学平台上的（图1），因此在一二年级必须学习建筑设计基础课程，从三年级开始，逐步开设居住小区规划、城市广场设计、城市公共空间设计、城市设计、控制性详细规划、总体规划等城乡规划方面的课程设计。学生面对的设计对象由微观逐渐走向宏观，由小尺度逐渐过渡到大尺度，而其中具有承上启下作用的一个课程就是控规。因此，控规课程教学质量的好坏直接关系到学生对宏观、大尺度空间规划设计的整体把握能力，必须实现各个规划设计教学环节的良性过渡。

1.3.2 由形象思维向逻辑思维的过渡课程

控规课程设计通常都安排在四年级，经过了两年的设计基础课程以及一年的城乡规划修建性详细规划课程的学习，学生们大多适应了以空间形态先入为主的形象设计思维，而控规则需要以理性分析、综合比较、抽象概括为主的逻辑思维，其成果也由原来的图纸过渡到由说明书、文本以及图则所组成的综合成果。

1.3.3 由空间设计技能向综合技能的过渡课程

根据城市规划设计系列课程的性质和特点，课程教学内容体系包括空间设计技能课、综合技能课两种不同类型，以笔者所在高校为例，居住小区规划、城市广场设计、城市公共空间设计为空间设计技能课，总体规划为综合技能课，而包含城市设计的控规课程则为兼有空间设计与综合技能两项机能的课程，同时此课程也成了由空间设计技能向综合技能的过渡课程。

2 控规课程教学中的问题分析

2.1 教材可选性少

由于控规在我国出现时间还比较短，且各地对于控规的成果及表达方式还处于探索阶段，因此关于控规编制的专门书籍较少，关于控规教学的教材更是凤毛麟角，大多数研究控规的文献多见于各种期刊和书籍中的某部分章节。目前有关控规的书籍有四本，分别是中国建筑工业出版社出版的《城市规划资料集第四分册：控制性详细规划》、《控制性详细规划的调整与适应》、2011年出版的教材《控制性详细规划》以及同济大学出版社出版的《控制性详细规划》。其中只有后两本适合作为高校控规教材使用，其他两本书籍要么作为实际规划项目的参考用书，要么作为规划管理者的参考用书。这两本教材以各种基本要素概念的解释为主，内容较全面，但对确定控规指标的影响因素和确定指标的方法的讲解过于理论化，容易导致学生在控规课程设计中无从下手，适宜作为控规理论课程的教学，而不是控规设计课程的教学。

2.2 学生思路转变难

进入控规的阶段，学生面对的设计对象由微观逐渐走向宏观，从不足几千平方米的单体设计转换到十几公顷的居住小区甚至面对一个城市，尺度转换较大，需要考虑的设计要素从较单一的建筑要素转换到综合性极强的城市规划要素，即思维模式的转换幅度过大，学生容易产生迷惘和兴趣减弱的现象。

因此，必须实现各个规划设计教学环节的良性过渡，降低学生由于不适应而带来的消极情绪，尽早领会城市规划的设计思维模式和方法。比如可以在城市设计课程设计中加入控制性详细规划中对于土地功能规划、指标体系等的控制，而在控制性详细规划中又可以加入城市空间形态的引导，实现城市设计与控制性详细规划的相互协调和整合。

2.3 缺乏与其他课程的衔接

在我国的城乡规划编制体系中，控规是一个相对独立而重要的环节，具有承上启下的作用，同时控规又涉及城市设计、道路交通规划、绿地系统规划、工程设施规划等多方面的内容，但在课程学习过程中，一般采取的单科课程按照自己的教学内容和方法来，缺少和其他课程的协调，无形中造成了学生对不同类型的规划之间的关系不理解、同一规划不同体系之间的关系不明确等问题，使学生不能完全消化课程中所讲授的内容，甚至导致在规划设计时主观性强，随意性很大，对自身知识综合运用的能力较弱。

3 控规课程中城市设计的互动性教学探索

笔者所在高校的控规课程设计安排在四年级秋季学期进行，选取的基地位于天津市北辰区双口镇镇区内，是一个新建加改造型的区域，规划用地面积约4.5平方公里。在最初的教学过程中只是把控规单独作为课程设计来完成，不可避免地出现了诸如控规理论很难联系实际、控制指标的确定没有依据、学生完成作业偷工减料积极性不高等众多问题，经过几年的课程教学探索，逐渐将城市设计、道路交通规划、绿地系统规划、工程设施规划等相关学科的知识、方法运用到控规课程设计当中来，逐一解决了这些问题，使其慢慢步入正轨。下面就以城市设计在控规课程设计中的互动性为例论述我校对于控规课程设计的教学探索。

3.1 控规与城市设计的互动作用

3.1.1 城市设计与控规的联系

城市设计与控制性详细规划密不可分、互为补充。一方面控规决定着城市设计的内容和深度，另一方面城市设计研究的深度，直接影响着控规的科学性和合理性。在课程设计中，学生把城市设计的研究成果通转译成控规的各项控制要素和指标，具体落实到相应的建设地块上进行控制，以便在建设中付诸实施，是城市设计重视"实施性"的集中体现。

3.1.2 城市设计与控规的差异

尽管城市设计与控规相辅相成、互相交叉。但是，它们之间仍存在很多差异。比如，控规作为城市建设管理的依据，更多的涉及各类技术经济指标、经济合理性以及与上一层次分区规划或总体规划是否匹配等方面，而城市设计则更多地与具体城市生活环境和人对实际空间体验的评价，如艺术性、可识别性、可达性、舒适性、心理满足程度等难以用定量形式表达的标准相关，从更深层次体现了"以人为本"的思想。其实这样的差异更显现了城市设计与控规的互补性，更加强调了控规课程中增加城市设计的必要性。

3.1.3 城市设计向控规的转化

控规层面的城市设计的设计技术是实现对城市空间环境的塑造，它注重控制和引导城市体型和空间环境的各种要素以形成城市未来的可能形态，其研究对象是三维的城市模型。所以城市的成果与实际报送的控规成果有较大的区别，所以必须将城市设计的成果向控规转化，变成如何控规标准的控制指标、文本及图则。

3.2 控规与城市设计的互动性教学探索

3.2.1 二维与三维的互动

控规的图则成果，不论是总图图则还是分图图则，都是二维的，虽然二维的图纸在体现控规"定位、定性、定量、定界"方面丝毫没有问题，但是对于教学来讲却显得捉襟见肘。一方面，缺少三维图纸对于空间形态塑造的表达，很难确定控制指标。控规编制的最终目的就是控制和引导城市未来的建设，起到这一作用的就是各种控制指标，对于学生而言这些指标如何得出是本次课程设计的重点也是难点，而能够直观反映这些指标的方式就是城市设计的平面图和三维的立体模型，城市设计的主要研究对象是城市体型环境的营造，是实现控规由二维平面向三维空间实行规划控制的关键技术，只有二维和三维互相作用互相制约才能真正体现控规的效果（图2）。另一方面二维图绘制相对简单，学生容易偷工减料。单纯从控规的成果来看工作量并不大，成果也并不复杂，如果只是按照国家的相关规范完成课程作业，那么将会有不少同学应付了事。

3.2.2 空间形态与指标体系的互动

在教学过程当中，我们以"城市设计是城市规划的有机组成部分，城市设计贯穿于城市规划的全过程"的基本思路为出发点，城市设计的研究对象主要是城市空间环境品质，目的是为了创造出舒适、宜人的空间环境。不同的空间环境品质势必对应一组土地的开发控制指

图2 控规课程中二维与三维的互动联系示意图

标,这二者之间也同要是互动和制约的关系。

可以说控规在除土地为核心的研究内容之外,城市形体空间环境便是控规首要关注的问题。虽然在控规的已有控制元素和指标体系中,以明确的城市设计控制元素和指标直接出现的,仅仅集中于建筑的风格、类型、色彩等弹性指标上。但是,从实际教学过程中不难发现,城市设计与控规其他的诸如建筑密度、建筑高度、用地边界等用地控制元素和指标有很强的关联性。

3.2.3 刚性与弹性的互动

控规指标当中包含刚性指标与弹性指标,亦即《城市规划编制办法》中所确定的规定性指标和指导性指标,笔者在实际教学中发现很多学生非常重视城市设计对于弹性指标的控制,却忽视了其对刚性指标的确定作用。因为在控规编制完成之前,势必需要不断地进行指标的推敲,其中的指标不仅包含刚性指标也包含弹性指标,而完成推敲任务的正式城市设计。可见,在控规课程设计的教学中,城市设计辅助控规确定了刚性和弹性指标,同时作为一个纽带建立了刚性和弹性指标的互动联系。

4 结语

新版城乡规划法的颁布实施以及城乡规划专业成为一级学科之后,控规课程设计作为专业主干课其地位更加突出。由于控规的专业性、特殊性和独立性的特点,控规课程在实际教学中反映的问题较多,同时作为我国城乡规划编制体系中重要的中间环节,控规与其他专项规划又有着密切的联系。鉴于此,将城市设计的研究方法运用到控规课程设计的教学中来,可以起到提升学生对于控规的兴趣、提高学生对控规课程的接受度、改善控规课程的教学质量的诸多效果,为城乡规划专业课程框架的建构也起到了积极的作用。

主要参考文献

[1] 吴宁.《控制性详细规划》课程改革探析[J].教育教学论坛,2011,10.

[2] 汪坚强.探析转型期控制性详细规划教学改革思考[J].高等建筑教育,2010,19(3).

[3] 全国人大常委会法制工作委员会经济法室.中华人民共和国城乡规划法解说[M].北京:知识产权出版社,2008.

[4] 李磊.城市设计导则纳入控制性详细规划的可行性研究[D].天津大学硕士论文,2009,5.

[5] 徐桢敏.城市设计视角下的控制性详细规划指标研究[D].华中科技大学硕士论文,2005,11.

[6] 田莉.我国控制性详细规划的困惑与出路[J].城市规划,2007,31(1):16.

[7] 赵民,赵蔚.推进城市规划学科发展,加强城市规划专业建设[J].国际城市规划,2009,24(1).

[8] 阎瑾,赵红.浅议工科院校城市规划专业培养重点及方法[J].规划师,2005,21(3).

Research On Interactivity Of Urban Design In Regulatory Planning Teaching

Bian Guangmeng   Kong Junting   Bai Shujun

Abstract : Based on present teaching situation and problem analysis of regulatory planning teaching, this article analyses the characteristics of regulatory planning teaching, and mainly discusses the pattern and method on how to use urban design into regulatory planning teaching. Through the teaching guides from Urban Design Guidelines which has great advantages on space form controlling, under the interactivity effects from urban design, this teaching mode may make up the weakness of regulatory planning teaching. And this teaching mode may help students understand the effects of regulatory planning teaching, master the methods of regulatory planning teaching greatly.

Key Words : Regulatory Planning, Urban Design, Interactivity, Teaching

新学科背景下城市规划专业"风景园林规划设计"课程建设的思考与实践[❶]

张善峰 陈前虎 宋绍杭

摘 要：在城乡规划学与风景园林学均独立成为一级学科的背景下，城市规划与风景园林专业人才培养体系、目标与人才就业范围间的交叉将会进一步弱化。浙江工业大学城市规划系探索了以"风景园林规划设计"课为核心，以"做好配角、服务主角"为课程定位，以"不求全、但求通"为课程教学目标，实践在城市规划专业培养计划下实现具有一定"风景园林/景观"方面的知识与技能的城乡规划设计、开发管理或后续城市研究人才的培养。

关键词：一级学科，城市规划，培养目标，风景园林，课程建设

1 引言

2011年3月国务院学位委员会、教育部下发通知，公布了新的《学位授予和人才培养学科目录（2011年）》，风景园林学与、城乡规划学与建筑学均独立成为全国110个一级学科之一。风景园林、城乡规划与建筑学专业相关专家一致认为："三个学科内涵有着密切的关联性，但不能互为替代或是从属关系，它们分别从不同空间尺度和角度进行研究，三者的研究领域和研究内容都已发生了很大变化，目前已形成了三位一体、三足鼎立的格局"（截至2009年，设有三个本科专业的高校分别达184个、175个、228个）[1]。原有三个学科（专业）人才培养中"你中有我，我中有你"的情况将逐渐得到理顺，学科（专业）定位、培养模式、课程体系、课程建设等如何响应这种变化成为每一位专业教师需要思考并加以实践的问题。笔者仅以浙江工业大学城市规划专业新修订的培养方案为例，就《风景园林规划设计》课在新学科背景下的定位思考、建设实践进行论述介绍。

2 课程定位思考

依据全国高等学校城市规划学科专业指导委员会制定的《全国高等学校土建类专业本科教育培养目标和培养方案及主干课程教学基本要求——城市规划专业》（2004），在培养目标中明确要求城市规划专业学生在专业知识层面要：①了解风景园林与景观规划的基本知识和方法；②了解园林植物和造园工程的基本知识。在专业技能层面要：具有风景园林与景观规划的基本能力。同时将《风景园林规划与设计概论》作为城市规划专业核心选择设置课程之一，引导与保证培养单位对学生专业能力的培养[2]。

在"城乡规划学"与"风景园林学"学科已明确分野的背景下，二个学科学士、硕士与博士专业人才的培养必将呈现更加清晰明确的差异（2012年的研究生招生与学士学位的授予即已按照新的目录执行）。城市规划专业不可能只利用几门课程就使规划专业的学生获得对等于风景园林专业学生经过4年系统培养获得的专业知识与技能。但是鉴于城乡景观环境作为城乡规划、建设和管理中一个重要的内容和领域，专业指导委员会设定的这些指导性的要求对于保证城市规划专业学生获取在学习期间及毕业后职业岗位所需的"风景园林/景观"方面的基本知识与专业技能具有重要作用。

因此，笔者所在的浙江工业大学大学城市规划系在

---

❶ 浙江工业大学优秀课程建设项目（YX1010）（YX1211）资助。

张善峰：浙江工业大学城市规划系讲师
陈前虎：浙江工业大学建筑工程学院教授
宋绍杭：浙江工业大学城市规划系教授

修订城市规划专业培养方案过程中,确定《风景园林规划设计》课定位——做好配角,服务主角——即实现在城市规划专业培养计划中,有限的风景园林/景观方面课程作用的最大化;确定城市规划专业学生"风景园林/景观"方面的知识与技能的有限性培养目标——不求全,但求通——即不要求规划专业学生掌握全部或大部分风景园林/景观规划设计项目类型,但是要能够通晓某一类型风景园林/景观项目的规划设计技能;探索与实践在城市规划专业培养计划下实现规划专业学生的有限的"风景园林/景观"方面的知识与技能培养。

3 先修课程的设计

3.1 课程的选择

"配角也是主角"。虽然确定《风景园林规划设计》课在我校城市规划专业新修订的培养方案中的"配角地位、服务功能"定位,但在确保学生获取有限的"风景园林/景观"方面的知识与技能的过程中,《风景园林规划设计》课处于关键的"主角"地位。但是,只通过一门课程就实现规划专业学生对这种知识与技能的掌握显然不现实也不科学;区别于风景园林专业学生以《风景园林规划设计》课(或类似课程)核心、重中之重的专业培养计划,为了确保规划专业学生获得"不求全,但求通"的风景园林/景观方面的知识与技能,规划专业的学生必须需要相关支撑知识——即通过开设相应课程来实现。因此,在我校城市规划专业新修订的培养计划中,在保证专业培养方向、考虑总体学时、总体学分限制下,设置以《风景园林规划设计》课为核心,以感性认识园林景观——理性认知园林景观——规划设计园林景观为思路,将《中外古典园林概论》(我校建筑学专业共选)、《植物景观规划设计概论》、《风景园林规划与设计概论》3门课程作为《风景园林规划设计》课的先修课程,通过对这些选修课的教学内容进行统一规划,使学生能够通过较少课程,获得较全面,不盲目、不重复的知识,各先修课程主要教学内容见表1。

3.2 时序的安排

在我校城市规划专业新修订的培养计划中,学科依据学生学习的认知规律与教学规律,综合城市规划专业人才培养所需的知识体系与能力结构,培养计划采用包括"公共基础与专业基础"、"专业基础与专项规划设计"、"专项规划设计与总体规划"、"专业提升与实习实践"的4段式的课程整体构建时序,见图1。

先修课程主要教学内容说明　　　　　　　　　　　　　　表1

序号	课程名称	课程学时	课程内容
1	中外古典园林概论	理论课/32	中外古典园林发展历程、典型代表园林类型
2	植物景观规划与设计概论	理论课/32	城市常见园林植物、植物景观规划设计的基本知识
3	风景园林规划与设计概论	理论课/32	城市绿地系统规划、风景园林规划设计的基本知识

注:风景园林专业所需的如美术、色彩、空间构成、工程制图等基础课程与城市规划专业基本相同。

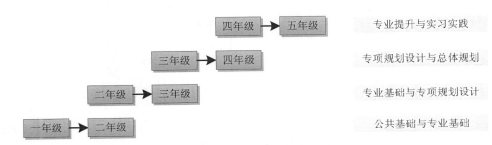

图1　课程整体构建时序示意

先修课程的时序安排　　　　　　　　　　　　　　　　　　　　　　　表2

序号	课程名称	开课学期 1 2 3 4 5 6 7 8 9 10	备注
1	中外古典园林概论	■(3)	与建筑学共享
2	植物景观规划与设计概论	■(4)	
3	风景园林规划与设计概论	■(5)	

因此，在《风景园林规划设计》课的先修课程开课时序的安排上，在兼顾与服从于城市规划专业培养计划其他城乡理规划设计理论课与设计课的时序安排、平衡考虑专业学生不同学期的课业压力的情况下，根据根3门先修课程不同作用，采用由"理论——方法——设计"的逻辑将课程开课时序安排如下：《中外古典园林概论》安排在第3学期，《植物景观规划设计概论》安排在第4学期，《风景园林规划与设计概论》安排在第5学期，见表2。

4 课程主体的建设

4.1 程序时序与内容设计

根据我校城市规划专业新修订的养方案确定的专业培养目标与专业特色定位，培养计划共设置有规划设计类专业课8门，分别为《建筑设计与原理》、《居住区规划设计》、《乡村规划与设计》、《控制性详细规划设计》、《城市保护与更新规划设计》、《城市总体规划设计》、《风景园林规划设计》、《城市设计》。如何寻找《风景园林规划设计》课的开课时序与课程授课内容成为实现"做好配角，服务主角"的课程定位关键。依据其他城市规划设计类主干课程确定的开课次序、分析这些规划设计课程与《风景园林规划设计》（及3门先修课程）包含或传授知识与技能之间存在支撑关系，可以得出《居住区规划设计》与《城市设计》两门课程与《风景园林规划设计》课的交叉、融合性强，见表3。

由此，确定《风景园林规划设计》课的开课时间与课程内容：

（1）开课时间位于《居住区规划设计》与《城市设计》之间，承前启后。

（2）课程教学内容分为以下两个部分（课程学时分成两部分48+16）。承前，第一部分（48学时），衔接《居住区规划设计》课，课程设计内容为"居住区景观设计"。在每位同学完成的"居住区规划设计方案"的基础上，再次为"自己规划的家园"设计景观，实现居住区项目

《风景规划设计》课开设时间及其与其他规划设计课程交融关系说明　　　　　　　　表3

序号	课程名称	课程/学时	开课学期	交融关系	备注
1	建筑设计与原理	设计课/192	3/4/5	弱	
2	居住区规划设计	设计课/64	5	强	
3	乡村规划与设计	设计课/48	6	弱	
4	控制性详细规划设计	设计课/48	6	弱	
5	城市保护与更新规划设计	设计课/64	7	弱	
6	城市总体规划设计	设计课/64	7	弱	
7	风景园林规划设计	设计课/64	6	—	48(设计)/16(专题研究)
8	城市设计	设计课/64	8	强	

从规划设计——景观设计的"做通、做实、做细、做透",完成对前期所学的风景园林规划设计相关知识的检验与综合应用。启后,第二部分（16 学时）,衔接《城市设计》课,针对《城市设计》课设计任务,引入相应类型城市设计景观部分内容的小专题研究,采用案例资料收集、整理、汇报的形式完成,服务于《城市设计》课的学习,使规划学生能够将城市设计项目中非常重要的景观规划设计内容"做实、做细",避免城市设计中景观设计内容的"蓝色水体 + 绿色草地 + 植物画圈"空洞的、所谓景观设计。

这样,通过《风景园林规划设计》先修课程——《居住区规划设计》——《园林景观规划设计》——《城市设计》课程之间的协作,既实现现了规划专业学生对风景园林 / 景观方面知识与技能的有限掌握——不求全、但求通,应用与实践了居住区景观设计技能,同时实现了最大化"风景园林 / 景观"方面课程作用,服务于《居住区规划设计》与《城市设计》两门课程的目的。

4.2 教师配备与教学方法

采用以《风景园林规划设计》课教师为主体的教师组的形式。由于《风景园林规划设计》课一方面对《居住区规划设计》设计任务的延续性,另一方面对《城市设计》设计任务的前导性。为了保证 3 门课程之间良好的配合与协调,教师之间的沟通与协作是课程建设实现的重要保证。在授课开始前,3 门课程教师协商《风景园林规划设计》课教学内容的设计、教学方法与考核标准,以保证 3 门课程之间良好的衔接；在授课过程中,《居住区规划设计》与《城市设计》课老师将以辅导教师的形式适时的参与到《风景园林规划设计》课教学过程中,对学生的设计方案、专题研究内容等进行指导。

采用研究型教学方法。为了使学生能够真正进行"知其然,也知其所以然"的思路清晰、手法真实的"白箱式"景观设计。针对课程教学内容的第一部分,即居住区景观设计。在学生按规定时间提交居住区景观设计方案一稿前,必须完成"任务书解读——设计基址调研——案例收集——案例分析——案例借鉴"的专题研究过程并且进行成果汇报。接下来,学生才能全面进入居住区景观设计方案一稿、二稿、成稿以及成果图纸编制阶段。针对课程教学内容的第二部分,城市设计的景观专题研究。学生要根据专题研究设定的基址类型,完成"案例收集——案例辨析——成果汇报"的专题研究过程。通过研究型教学方法的引入,最大化的避免了学生简单、盲目、抄袭式的"万能设计方案"。

4.3 成绩评定与课程平台

采用"过程评价方法"进行课程成绩评定。对于课程第一部分设计作业成绩的评定,改变以往园林景观规划设计课作业评定只关注最终图纸成果的"唯形式、重表现"状况——图纸漂亮说了算。一方面学生对课程设定教学过程的全程参与表现都具有规定分值；另一方面要也要关注景观最终方案的生成过程在图纸上清晰展现,关注住区景观环境应提供的功能、景观采用技术先进性与可行性,如可特别关注在居住区景观方案设计中对可持续性技术的应用,如雨水的景观化利用、渗透性铺装材料的使用等。对于课程第二部专题研究作业的评定,同样关注学生对教学过程的参与,避免"交个报告就给分"的情况。

课程设计任务突出真实性。充分利用我校城市规划学科的研究所与研究中心、教师个人工作室或公司的平台,将这些平台所承担的实际居住区规划设计 / 城市设计项目有选择地作为课程设计任务,以"真题真做"或"真题假做"的形式完成。保证课程设计任务的实战性,尽量转变从"书面"——"图面"的设计学习过程为"书面"——"项目基址"——"图面"——"工程场地"的设计学习过程。学生通过对真实设计项目、真实（近真实）项目设计要求与实际运作过程体验,真正实现书上知识与实际应用的结合、真实面对与解决居住区景观设计项目实际设计过程会遇到的问题,真实体验"图纸设计与实际设计"的差距。

5 结语

新学科目录确认了城乡规划学科与风景园林学科各自的"主体地位",理顺与界定了二个学科各自的人才培养目标与体系,城市规划与风景园林专业人才培养目标与就业范围的交叉将会进一步弱化。城市规划专业不是培养"风景园林 / 景观"专业人才的地方,而是培养具有一定"风景园林 / 景观"方面的知识与技能的城乡规划设计、开发管理或后续城市研究人才地方。区别于偏重管理、公共政策、社会科学、地理学方向的规划系，浙江工业大学城市规划专业的办学目标为培养"精"于"城乡空间物质形态规划设计"的应用研究型人才。因此，如何在我校城市规划专业的培养方案实施过程中合理处理"风景园林规划设计"相关课程与城乡规划其他主体课程关系是一个重要问题，既不"喧宾夺主"，又要保证规划学生获得一定的风景园林/景观方面的知识与技能。"做好配角、服务主角"的课程定位，"不求全、但求通"的课程教学目标即是我校城市规划学科在新学科背景下进行探索与实践。

主要参考文献

［1］李武英. 三大学科专指委首度联席会召开：建筑学、城市规划、风景园林将同为一级学科［J］. 建筑时报，2010，9：1-2.

［2］全国高等学校土建学科教学指导委员城市规划专业指导委员会. 全国高等学校土建类专业本科教育培养目标和培养方案及主干课程教学基本要求——城市规划专业［M］. 北京：中国建筑工业出版社，2004：2-4.

Course Construction Thinking and Practice of "Landscape Architecture Planning and Design" for Urban Planning Specialty against the New Discipline Background

Zhang Shanfeng   Chen Qianhu   Song Shaohang

Abstract: City and Country Planning and Landscape Architecture have been the first-grade State Discipline individually. Talent cultivation and job range of the major of Urban Planning and Landscape Architecture will separate further. Department of Urban Planning of Zhejiang University of Technology now is searching for the way to cultivating the professional who is suit for the city and country planning, design, development and management. At the same time, they should have certain ability at landscape architecture planning and design. Methods are as follows: landscape architecture planning and design is the core course, its function is serving the leading actor, its teaching object is mastering ability to design a certain landscape project.

Key Words: First-grade Discipline Context, Urban Planning, Education Object, Landscape Architecture, Course Construction

"延续与发展"老旧工业厂区城市空间特色再创造
——西建大–重大–哈工大联合毕业设计的教学实践与思考

林晓丹　尤　涛

摘　要：本次西安建筑科技大学、重庆大学和哈尔滨工业大学以"延续与发展——老旧工业厂区城市空间特色再创造"为题的联合毕业设计，旨在探讨如何在历史的脉络中寻找设计思想，如何处理新与旧的关系，如何处理保护与发展的矛盾，如何复兴城市的活力，从而加强建筑与城市、环境、社会、经济、历史、文化等方面的关联性，本文通过此次联合毕业设计的教学实践与思考，提出了老旧工业厂区城市空间特色再创造的空间规划策略及其发展原则。

关键词：重庆特钢厂，老旧工业厂区，延续与发展，联合毕业设计

1　课程概况

1.1　背景及其选题

联合毕业设计是近些年来国际上流行的，建筑院校之间为了促进相互交流，相互学习的一种成功的教学实践模式。2012年底，地处西南、西北和东北的三所建筑特色类院校，重庆大学、哈尔滨工业大学、西安建筑科技大学联合举办了三校联合毕业设计，由城市规划、建筑学、景观学三个专业的老师和学生共同参与，并由重庆大学进行了组织命题。

本次联合毕业设计的题目是"重庆特钢厂片区空间城市设计与建筑设计"，最终课题的主题确定为"延续与发展——老旧工业厂区城市空间特色再创造"。结合重庆这座城市的工业历史特色，山水城市格局特色，基地选择在重庆市沙坪坝区处于嘉陵江西岸的重庆特钢厂片区。

课题选址在城市老旧工业厂区，与城市历史保护古镇磁器口相连，紧邻嘉陵江。片区内有许多丰富的历史文化元素（特别是工业建筑、铁路、码头等）与景观资源，形成特有的风格和空间特色。随着城市发展的需求，该片区的用地性质将发生极大的改变，必将成为新时期城市建设中的又一个亮点。面对机遇和挑战，面对工业转型过程中城市空间结构的演变，本课题关注重庆城市工业"退二进三"的发展过程，关注作为曾经西南地区最重要的钢铁生产厂之一特钢厂区的发展未来。

本次联合毕业设计的基地范围为北面紧邻新规划的嘉陵江大桥，南面与磁器口历史保护古镇相邻，西面为212国道，东面为嘉陵江。场地南北方向长约2000m，东西方向在300~500m，滨江沿线地形有一定的起伏与变化，地面高程在165~205m之间，相对高差约40.0m。总用地83.0ha。

1.2　教学组织与教学效果

作为城市规划、建筑学、景观学三专业联合毕业设计，整个联合毕业设计包含现场调研、中期评图、毕业答辩三个环节，其中现场调研和中期答辩在重庆大学，毕业答辩在哈工大进行。

此次联合毕设从2013年2月底开始至6月中旬结束，为期三个半月左右。各校同学在各自的分析定位的基础上，完成了各人的规划方案，景观方案及其建筑设计方案。此次联合毕设反映了三校的差异性及其不同特点。哈工大比较提倡明确而富有想象力的设计定位；重大更立足现状，从上位规划角度出发，强调从城市发展与开发的角度合理定位，将基地定位为以住宅功能为主，休闲功能为辅；西建大则介于其他两个学校之间，从城

林晓丹：西安建筑科技大学建筑学院助教
尤　涛：西安建筑科技大学建筑学院副教授

图 1 基地区位图

图片来源：西安建筑科技大学建筑学院参加联合毕设学生绘制，绘制人员：兰鹏、单建、牛月

市发展与开发角度出发，提出较为鲜明的设计定位，尊重文脉。

2 课题解读

在本次毕业设计的指导过程中，我们首先试图从解读"延续与发展"这一主题入手，结合特钢厂片区特有的历史价值，人文价值和景观价值出发，寻求规划的立足点。

2.1 解读重庆特钢厂片区

重庆市沙坪坝区特钢厂片区的特殊价值所在，这是我们城市设计要回答的首要问题。而要回答这一问题，必须对重庆特钢厂片区进行一个详细的文脉梳理及其场地认知。

2.1.1 文脉梳理

重庆特钢厂是全国重点特殊钢厂之一。1935 年始建，名重庆炼钢厂，1937 年名军政部兵工署第 24 工厂，1950 年改为西南工业部 102 厂，1963 年名冶金部 102 厂，1972 年名重庆钢厂，1978 年更今名。

随着城市建设的发展，城市不断扩大，曾经作为西南地区最重要的钢铁生产厂之一的重庆特钢厂在九十年代末改制后走向倒闭，厂区内大多数厂房都常年处于停产状态，下岗职工多。这些象征重工业文明的庞大生产性空间失去了生产的功能，当年的边缘区域已成为重庆市城区的重要组成部分。而且由于计划经济时代遗留的体制与机制问题，使井口片区城市功能难以完善配套，企业发展受到严重制约。

2.1.2 滨江景观

重庆特钢厂临水而建，厂区拥有长长的水岸线，厂区拥有码头、提水泵房等设施，山、水、厂房共同构成了重庆特钢厂的山水厂区形象，也是山城重庆特有的工业遗产特色，与平原地区厂区烟囱、厂房林立的景观特色有很大的区别。

重庆特钢厂地处嘉陵江西岸，本次设计场地东侧紧邻嘉陵江，拥有独一无二的江景视角。从宏观角度来讲，目前重庆市的主城区的两江四岸中，滨水地带与城市的联系被切断，仅剩朝天门、江北嘴、磁器口以及我们此次的设计地段，重庆特钢厂地区。所以重庆特钢厂地区在重庆两江四岸的滨水空间中起着较为重要的作用。

2.2 如何"延续与发展"

我们的规划策略要解决的主题是如何"延续与发展"。或者说要"延续"什么，"发展"什么。重庆特钢厂作为城市老旧工业厂区，与城市历史保护古镇磁器口相连，紧邻嘉陵江。片区内有许多丰富的历史文化元素（特别是工业建筑、铁路、码头等）与景观资源，形成特有的风格和空间特色。随着城市发展的需求，对于重庆特钢厂片区的延续与发展矛盾重重。我们应当"延续"的是重庆特钢厂片区的生产记忆，生活记忆，其特殊的工业文化，同时该片区的用地性质将发生极大的改变，我们应当进一步寻求发展社会经济的多种可能性，"发展"新的城市功能，激发土地活力，完成工业转型过程中城市空间结构的演变。

3 城市空间结构策划与城市设计

3.1 规划目标

3.1.1 传承老旧工业区场所记忆。重庆特钢厂起起落落60余年，承载了重庆工业发展的记忆。厂区的历史、厂房建筑、厂房辅助服务设施、植物植被以及特殊的山水格局共同构成了重庆特钢厂片区的场所记忆，每一项都是重要的历史要素。所以对于老旧工业区场所记忆的传承，展示其特有的历史文化内涵、场所信息、历史记忆，是我们本次空间结构策划的重要目标之一；

3.1.2 集中展示具有重庆地域特色的"山－城－水"空间格局。重庆特钢厂片区地处嘉陵江西岸，与中梁山遥遥相望，具有典型的重庆地域特色的山水格局。对于城市设计片区视线廊道的通达性、规划片区的滨水天际线、建筑高度控制都是我们本次空间结构车的重要目标；

3.1.3 整合周边旅游资源联动发展，形成重庆市城市游憩商业区，打造成为重庆市活力消费场所、创意设计产业街区和休闲生活前沿阵地。重庆特钢厂片区与城市历史保护古镇磁器口相连，同时片区周围有丰富的旅游资源。

3.2 功能定位

根据以上规划目标，进一步确定了基地的功能定位为：以商业、游憩业为核心功能，融合商务、居住等，实现土地的复合利用，打造多元、复合的重庆滨江城市功能片区。

3.3 定位支撑

对于我们提出的规划目标，逆向推倒过来要检验是否有着充足的定位支撑才可以成立并最终确定，我们从以下几个方面来分析。

3.3.1 交通区位

基地具有明显的交通区位优势，城市居民和游客可选择多种交通方式快速到达基地。基地厂区西侧主要以重庆轨道1号线及G212国道带来外部人流，基地北部规划正建的双碑嘉陵江大桥，基地临江，基地南边有著名的瓷器口水码头，基地内部也有废弃的厂区码头。

3.3.2 经济区位

基地具有优越的经济区位，为未来基地商业快速发展奠定良好基础。基地处于三峡广场和观音桥两大商圈的中心位置，并通过渝遂高速公路连接西永城市副中心。可以通过方便快捷的轨道交通与解放碑，杨家坪，南坪等商圈相联系。

3.3.3 生态区位

基地的自然环境形成了南北向的山脉以及东西向的两江水，基地也位于这样大山大水的山水环境中，在自然区位中背靠中梁山，东邻嘉陵江，生态优势明显。为基地休闲生活氛围的形成提高良好的自然环境。

3.3.4 旅游资源

基地比邻磁器口古镇、渣滓洞、白公馆、三峡广场、歌乐山森林公园，旅游资源丰富。

3.3.5 城市产业

通过研究发现，重庆市以消费产品及服务为主要产出的第二和第三产业在产业结构中的比例不断上升，尤以服务业为主的第三产业上升幅度最大，这反映了基础性消费在居民消费结构中比例的降低，而以居住、文化娱乐等享受型消费比例在不断增加。

3.4 规划策略与城市设计

在提出规划策略之前，先提出几个关键问题：

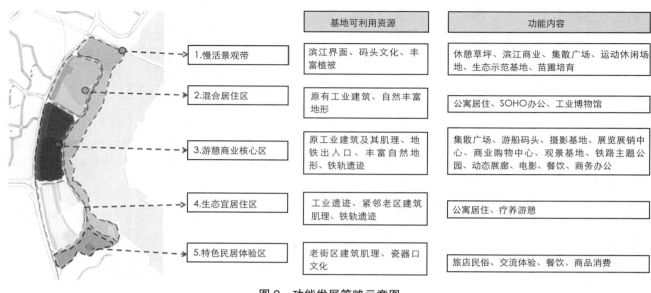

图 2　功能发展策略示意图
图片来源：西安建筑科技大学建筑学院参加联合毕设学生绘制，绘制人员：兰鹏、单建、牛月

问题一，城市"退二进三"进程中，特钢厂在物质与非物质两方面都与其外围环境形成了割裂封闭状态，特钢厂片区要如何实现土地功能置换？布置什么功能可以激发土地活力？

问题二，到底如何评定工业遗产要素价值及修建或保留要素的选择？

问题三，如何结合现有空间基础与原有肌理，搭建空间结构以承载复合的功能、业态与活动？

带着这三个问题，我们来寻找并制订了规划策略。

3.4.1　功能发展策略

我们的规划定位，是以商业、游憩业为核心功能，融合商务、居住等，实现土地的复合利用。通过分析我们也可以发现，基地周边的吸引力产业多为参观型的，缺乏参与型与度假型的。于是我们对于土地利用的具体功能进行了策划。通过不同的使用人群，对于功能配比进行了较为详细的策划，加入了展览展销、传媒、休闲

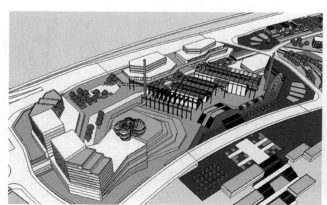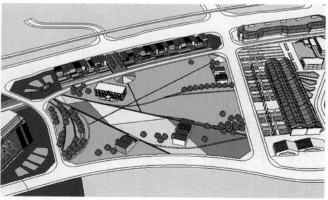

图 3　工厂改建节点图
图片来源：西安建筑科技大学建筑学院参加联合毕设学生绘制，绘制人员：兰鹏、单建、牛月

娱乐、生活体验、商务办公等功能。最后形成了五大片区：慢活景观带、混合居住区、游憩商业核心区、生态宜居住区、特色民居体验区。

3.4.2 工业遗产保护与利用策略

保留不同种类的工业遗产元素中最具代表意义的部分。其中工业遗产的构成元素有：机械设备、铁路、火车头等工业文物、车间、仓库、管理办公房等工业建筑、开采后废弃的矿山、码头等工业遗址。保留原则制定为将布置最集中的工业遗产元素铁路设施进行保留改造、将年代最久远的工业遗产元素一号厂房进行保留改造、将使用最频繁的工业遗产元素，一座开采后废弃的矿山进行景观改造。同时应加强工业厂房的场所感，在东侧片区建立相应的展示功能建筑，保留和展示当时的技艺，强调厂区的工业历史价值。

3.4.3 空间策略

反映原有的空间肌理，梳理特钢厂片区的山水格局，大山大水的映射交接点形成重要空间节点，外来人流方向于空间开口处形成重要开放节点，沿江景观步行轴线串联重要景观节点。

（1）空间体量与风貌控制
（2）天际线控制
（3）空间功能组织体系

3.4.4 交通策略

结合周边道路交通情况以及基地地形现状，建造多基面的复合交通体系。

（1）车行交通。基地与国道、城市主道路和次干道相接，外围道路情况复；基地内主要车行道的生成即要考虑与外围城市道路的交接，还要考虑避免对城市主要交通造成干扰；基地内次要车行道为解决车辆由主要车行道到基地各片区内部的问题。

（2）自行车交通。基地内自行车交通的布置主要考虑到滨江景观带和核心景观区的游览路线。

（3）步行交通。基地内步行交通的组织考虑到居住组团到滨江和核心区的步行通达，以及外来游客的游览路线。

3.4.5 开发实施策略

滚动开发，分期实施，结合基地内的土地使用及其

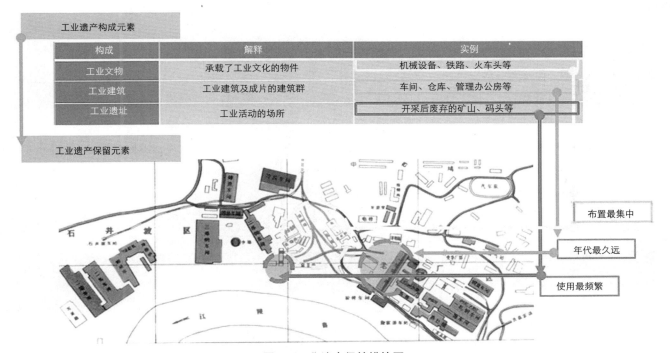

图 4 工业遗产保护模块图

图片来源：西安建筑科技大学建筑学院参加联合毕设学生绘制，绘制人员：兰鹏、单建、牛月

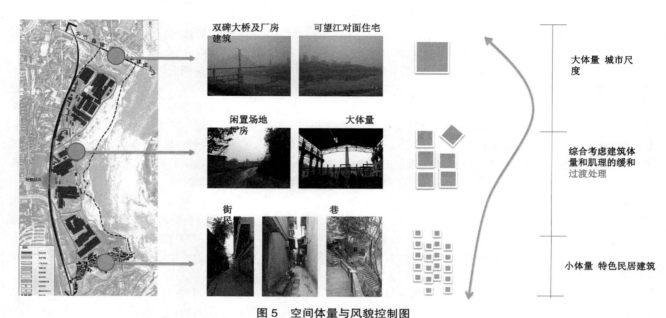

图 5 空间体量与风貌控制图
图片来源：西安建筑科技大学建筑学院参加联合毕设学生绘制，绘制人员：兰鹏、单建、牛月

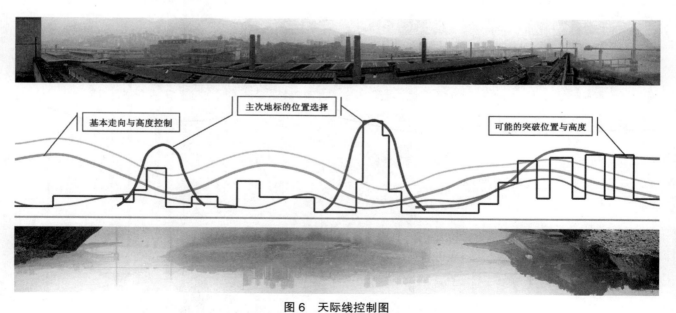

图 6 天际线控制图
图片来源：西安建筑科技大学建筑学院参加联合毕设学生绘制，绘制人员：兰鹏、单建、牛月

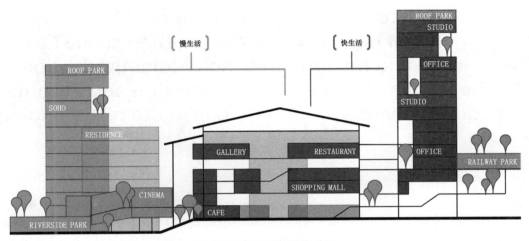

图7 空间功能组织体系图
图片来源：西安建筑科技大学建筑学院参加联合毕设学生绘制，绘制人员：兰鹏、单建、牛月

城市建设现状，逐步调整用地性质，合理规划建设时序，保证规划的有序实施。

4 小结

本次三校联合毕业设计通过对重庆特钢厂基地的实地调研，加强学生对老旧工业厂区城市空间景观内容的认识和理解，特别是对城市山地、滨水公共空间在整个基地总体布局中的位置、功能和景观特点等内容的理解和掌握。同时提高学生发现问题、分析问题、解决问题能力，带着问题去思考，提高学生综合运用专业知识进行老旧工业厂区景观及城市公共开放空间设计的能力。

在基础调研之后进行的详细地段城市设计，在研究片区城市空间的历史发展和变化，提高学生对于重庆山地地貌特征的认识，同时要求学生关注建筑保护与文脉传承，在共同探讨合理有效的城市空间开发和改造更新的多种可能性之后，提出自己的相应规划策略，并对片区建设的详细项目提出具有可行性的设想。

最后阶段学生进行具体的城市设计与空间建构，在过程中时刻探讨工业历史保护的文脉特征，工业遗产设施改造的合理空间组织模式，在城市快速发展的需求下，合理配置城市功能，探讨城市老旧工业废弃地改造中空间、山水格局、功能配置、建筑、景观等一系列关键问题的解决途径，在传承场所记忆的同时增新活力。

主要参考文献

[1] 阮仪三.城市遗产保护论[M].上海：上海科技出版社，2005.

[2] 刘易斯·芒福德，倪文彦，宋峻岭译.城市发展史——起源.演变和前景[M].北京：中国建筑工业出版社，1989.

[3] 张松.历史文化保护学导论—文化遗产和历史环境保护的一种整体性方法[M].上海：同济大学出版社，2008.

[4] 伍江，王林.上海城市历史文化遗产保护制度概述[J].时代建筑，2006，4.

[5] 寇怀云.《工业遗产技术价值保护研究》[D].博士论文.复旦大学.2007.

[6] 朱晓明.当代英国建筑遗产保护[M].上海：同济大学，2007.

[7] 戴志忠.陈杰.重庆特钢工业遗产保护与再利用[J].室内设计，2012.

"Continuity and development" the old industrial plant re-creation of urban space Features
——The practice and forward thinking of joint graduation design among The Xi'an University of Architecture and Technology, Chongqing University and Harbin Institute of Technology

Lin Xiaodan   You Tao

Abstract: There is the joint graduation design about "Continuity and Development – old industrial plant characteristics of urban space re-creation" among The Xi'an University of Architecture and Technology, Chongqing University and Harbin Institute of Technology, we want to explore how to find design ideas from the historical context, how to deal with the relationship between old and new, how to deal the contradictions between the protection and development, how to revive the city's vitality, thereby strengthening the architecture and urban, environmental, social, economic, historical, cultural and other aspects of the relationship, This paper summarizes the design of the joint graduate teaching practice, and then put forward thinking, made of the urban space characteristic spatial planning strategy and its development principles of the old industrial plant re-creation.

Key Words: Chongqing Special Steel, the old industrial plant, the continuation and development, joint graduation design

民办本科城乡规划设计类课程的教学困境与创新实践探索
——以南京大学金陵学院城市规划专业为例

徐菊芬

摘 要：本文以南京大学金陵学院城市规划系为例，探讨民办本科城乡规划专业设计类课程教学面临的主要问题，以及在实践中对这些问题进行的创新实践。文章指出民办院校的城乡规划应注重基础性、实践性、应用性，然而这类院校的设计课程普遍存在师生比偏低、设计基础薄弱、教学案例缺乏等问题，严重影响到教学质量，结合南京大学金陵学院的实践探索，文章介绍了通过多途径保证合理师生比、将设计练习融入前期设计原理教学，并且利用互联网实现案例练习的基础资料支持等应对策略，探讨民办院校城乡规划设计课程的创新教学路径。

关键词：民办本科院校，城乡规划，设计课程，教学

1 引言

近年来，城乡规划与设计专业升级为一级学科，城市规划设计及规划管理各层级对规划人才的需求也使其成为民办本科院校广受欢迎的办学专业之一。截至2008年，全国开设城市规划专业的高等院校超过150所，其中民办院校接近50所，约占规划类院校总数的1/3（根据网络搜集整理）。

民办本科院校以培养应用型人才为主要目标，而设计类课程作为培养城乡规划专业技能的核心课程，在教学内容、教学组织方面均要求有自己的特色，同时受到招生规模、生源质量、教师数量以及实践平台的限制，民办本科院校的设计类课程也面临许多问题亟待解决。

2 民办本科办学特色对设计类课程的要求

2.1 民办城乡规划本科的办学及就业特色

民办本科院校注重培养应用型人才，其一大优势在于为学生提供多样化的毕业选择（继续深造、从事规划设计、规划管理、规划咨询等行业或转行），因此培养方式必须多元化，在培养专业技能的同时帮助学生找准自身定位。与公办知名院校相比，民办院校办学起点偏低，但笔者认为一流的民办本科院校应该为学生提供多种选择，构建完整的城市规划知识体系，在培养基本技能，保证多样化就业的同时，保证一部分精英学生进入更高领域进行深造，因此笔者所在的南京大学金陵学院城市规划系在设计类课程设置方面坚持全覆盖的原则，两年的实践证明，完整的课程体系有利于在设计过程中采用多样化的培养方式，保证多元化的毕业去向（表1）。

金陵学院城市规划专业现有本科毕业生去向统计　　表1

毕业去向	比例
国内攻读本专业研究生	8%
出国攻读本专业研究生	1%
规划设计公司	36%
规划管理及咨询部门	10%
其他	45%

① 本文为金陵学院教改课题"城市规划专业课程体系建设"的部分成果。

徐菊芬：南京大学金陵学院城市与资源学院城市规划系讲师

三大核心设计课程主要内容及能力培养说明　　　　表2

	内容及特征	侧重培养能力
修建性详细规划	侧重建筑形态、景观、人车交通组织以及公共空间设计。重点包括总平面设计及分析配套图纸设计	微观设计方案的构思设计能力；建筑、景观、道路等要素的表现技法；色彩、线条等基本功
控制性详细规划	在总规指导下细化用地和路网布局，侧重对土地使用、环境容量、建筑建造、设施配套、城市设计、行为活动等要素的控制引导。指导修详规设计	与上下位规划的协调和衔接能力，用地布局方案优化的要点与技法；规划管理的基本原理和流程；理性的逻辑思维能力
城乡总体规划	制定城镇发展目标和战略，确定空间结构和用地布局，布置交通、景观、市政公共设施。指导控规编制	多维度分析问题的能力，逻辑思维能力，规划方案设计及表达能力

2.2 城市规划设计类课程的能力培养特点

本文探讨的设计类课程包括中高年级开设的修建性详细规划、控制性详细规划以及城乡总体规划三大核心设计课程，覆盖微观、中观、宏观三个设计层面，前者以后者为上位规划，多采取案例教学的手段，设计过程一般包括现状调研——现状分析（提出问题）——提出规划思路（形成初步方案）——比选确定最终规划方案——完整成果的规范表达，在培养专业技能的同时，也培养学生认识现状–提出问题–分析问题–解决问题的逻辑思维，各类设计课程内容及能力培养特点见表2。

2.3 民办本科院校特色对设计类课程的要求

立足培养学生解决实际问题的能力，体现办学特色，笔者认为民办本科院校设计类课程应体现以下要求。

首先，设计课程设置要全覆盖。三大设计课程构成当前法定规划的核心内容，对培养学生各项专业知识、技能，提高专业素养具有重要意义，多项能力的培养也为学生未来的毕业去向提供更多的可能性。

第二，强化规划设计基本功。民办院校重在培养应用型人才，本专业的培养目标就是要让大部分学生具备从事规划设计的基本技能，因此绘图能力、现状调研、规划分析、规范出图等基本功必须经过长期的实践练习得到强化。

第三，择优提升创新设计能力和方案表现能力，保证适当比例的精英培养。对部分有能力在本专业进一步深造的学生要适当进行精英培养，因此在设计课程中也要加强对设计能力和方案表现能力的培养，实现从模仿到创新的思维转变，这也是民办院校创建专业品牌的关键途径。

3 民办本科当前城乡规划设计类课程的教学困境

3.1 偏大的招生规模与偏小的师生比

民办院校多为自收自支的经营模式，城市规划设计作为当前热门专业，其招生规模总体高于普通公办院校，近5年来，城市规划本科招生规模普遍略有增长，但是民办学院的涨幅明显高于公办院校（图1）。

与理论课程不同的是，设计类课程的作业往往需要单独完成或者分小组完成，因此维持合理的师生比对保证设计课质量至关重要，而民办院校偏大的招生规模也带来设计类课程师生比偏小的问题。

在设计课专业教师配备方面，南京大部分公办院校的规划设计课均由2~3名教师进行分班指导（另可能由2~3名研究生担任教学助理），师生比一般在1∶10~1∶20之间。而民办学院在近年来也开始尝试分班教学，如金陵学院城市规划设计类课程分2个

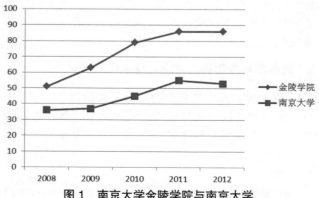

图1　南京大学金陵学院与南京大学
城市规划本科招生增长对比图

城乡规划专业设计类课程师生比对比表　　　　　　　　　　　表3

	设计类课程师生比	周课时		
		修详规	控详	总规
南京大学	1：17~1：25	7	4	5
南京工业大学	1：8~1：10	5+5（2学期）	3	5
金陵学院	1：30~1：40	5	3	5

班级进行授课，目前的师生比约1：42，相比之下师生比仍然偏低，就独立完成设计作业的修详规设计课而言，每个学生每周得到的方案指导仅5~7分钟，而2人一组的控规练习，每个小组每周的方案指导时间约10~13分钟。不同的设计课程如果合理地进行分班，以及周课时量如何分配，以保证学生能够得到充分的一对一方案指导，仍然有待探索。

3.2 规划原理基础薄弱与"学而不思"的状态

各类设计课程大多分为两大阶段，第一阶段为设计原理讲解，约5~7周时间，讲解各类设计的基本概念、设计内容、设计原则以及案例分析，第二阶段为综合设计练习，往往以命题练习的形式布置设计作业，由学生自主完成相应的方案设计。民办本科院校生源多为本二、本三批次的学生，自主学习能力相对不高，尤其对理论课程兴趣不大，对设计课前期的原理课程缺乏学习热情，平时对设计案例的积累、学习都比较被动，事实上，民办类院校的学生可能更适合通过反复的实践练习理解掌握基本原理，按照传统的先基本原理后设计练习的环节安排，前期理论课的效果不是很理想，后期进入练习环节，学生往往疲于应付各种绘图作业，进入设计状态所需时间较长，也容易陷入"学而不思则罔"的状态。

3.3 侧重实践应用能力与缺乏教学案例的矛盾

民办本科设计课程的一大重点是锻炼学生的现状调研、发现问题和分析问题的能力，并且形成规范而专业的图纸表达和文字表达，因此我们的设计课程应更加注重现状调研、现状分析、规范的成果表达等基本环节的训练。

公办院校的规划设计课程大多有学校下属设计院或工作室提供案例支撑，以实现案例的比选和基础资料的获取，简言之就是有"真题"支撑，教师也可以分组带领学生参与到"真题"的战场上进行"真题真做"的实战演练，而民办院校往往没有这一实战基地提供案例支撑，对控规、总规这类偏中观和宏观的设计综合练习带来了很大的难度，这两类设计前期需要详实的基础资料用于支撑现状分析，由于没有实际的规划委托部门，地形图、社会经济数据、现状基础设施、相关规划等资料获取不便，前期现状勘察与分析难度较大。

4 创新实践探索——以南京大学金陵学院城市规划系为例

4.1 多途径保证相对合理的师生比

（1）途径一：维持稳定的招生规模，合理增加周课时

针对设计课师生比偏小，实训时间不足的问题，首先要根据现有的实验室及专业教室、专业教师队伍状况，保持稳定的招生规模。其次，应保证合理的周课时，缓解师生比偏低带来的指导时间偏少问题，通过适当增加周课时确保每个方案小组每周得到的指导时间不少于15分钟，也可将以个人独立完成作业（需要更多的一对一辅导时间）的修详规拆分成两个学期进行授课，以加强基础设计课程的练习。

（2）途径二：因材施教下的小班化教学

分班教学是扩招背景下保证设计课教学质量的重要前提。然而一个标准班应该维持多大规模，这是分班教学首先要探讨的问题。分班教学的一个基本原则就是确保每个设计小组具有合理的一对一方案指导时间，因此标准班的规模应与设计课程的周课时安排相匹配，并与设计课程的类型相适应（图2）。

金陵学院拟采取的改革方案如下：首先根据专业实验室配建标准确定标准班人数，目前我系城市规划专业

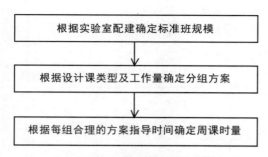

图2 设计类课程教学组织流程图

图3 设计练习融入前期原理讲解阶段的示意图

实验室按照30~40人的标准配建设施，并由此确定标准班规模，然后根据设计课类型及其工作量确定方案分组人数，修详规为个人独立完成方案设计，控规和总规由于设计方案较为复杂，宜采用分组方式进行，最后根据合理的方案指导时间确定周课时量，具体分班分组及课时安排见表4。

4.2 将设计练习融入前期原理教学环节

把设计练习融入前期原理教学阶段，通过由简单到复杂的练习使学生掌握基本设计方法，是民办院校设计类课程的一大要求和特色。因此可以在前期的设计原理阶段融入适当的小设计练习，包括与设计理论同步的课堂分项练习、方案临摹、典型方案学习等简单的前期练习，让学生更好地在实践中学习，并且尽快进入设计状态。

笔者在近三年的教学实践中积累了一些经验，现对各类设计课程的前期练习内容和要求进行简单介绍。

（1）修详规：单项临摹与方案临摹

修详规的前期设计练习主要为临摹练习，根据内容分为单项临摹和方案临摹两部分。单项临摹即结合课堂设计原理的讲解，同步进行居住区结构、景观设计、道路交通组织、建筑组合、户型等项目的临摹，以及组团设计、分析图绘制等练习，实现对设计要素的分解练习，并帮助学生积累素材。方案临摹即是遴选优秀的修详规设计方案进行临摹，可以选择历年获奖作品或者最新教材中的典型案例，在进度安排上也可以从单个组团的临摹过渡为完整方案的临摹，在学生做临摹练习的过程中，教师要对临摹方案的特点进行讲解，比如方案的结构、设计要点、方案特色是什么，方案中有没有不合理的地方，结合方案解释基本的设计原则，比如住宅间距与建筑高度的关系，建筑空间组合的原则、道路设计的特点和一般标准、停车设施配建的要求等等，以减少临摹练习的盲目性。

临摹的主要目的在于练习线条和手感，对修详规方案及成果表达的要求形成感性认识，模仿优秀作品的色彩搭配、表现技法，以提高后期设计练习的出图水平，最重要的是能够通过同步练习掌握修详规设计的基本原则。

（2）控制性详细规划：典型方案学习

控制性详细规划具有承接总规要求、指导修详规编制的特点，在设计内容上既要体现用地布局的一般要求，也要体现建立控制指标体系的刚性要求，是学生从微观设计向中、宏观规划过渡的层次，学生对控规设计基本原理的理解难度相对较大。因此结合前期理论讲解，我们融入了典型方案学习的过程，首先要遴选相对完整而典型的控规案例，可以是最新教材中的案例，也可以选择课外的案例，然后各控规练习小组对案例内容进行学习、分析，并对主要图纸进行徒手临摹，在临摹学习的

南京大学金陵学院城市规划设计类课程教学组织模式改革方案　　表4

课程类型	标准班人数	分组方式	周辅导时间/组（分钟）	周课时
修建性详细规划	30～40人	独立	10～15	7～8
控制性详细规划	30～40人	团队（2～3人）	10～15	3～4
城乡总体规划	30～40人	团队（3～4人）	20～30	5～6

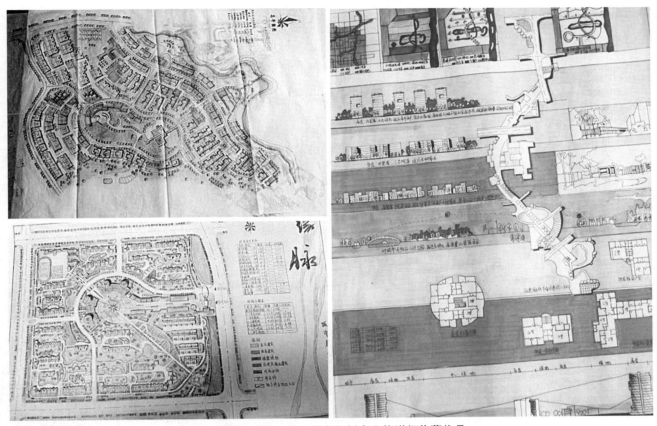

图4 金陵学院08级城市规划专业修详规临摹作品

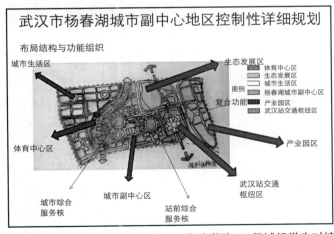
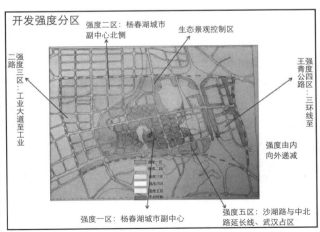

图5 金陵学院10级城规学生对控规典型案例的学习汇报示例（一）

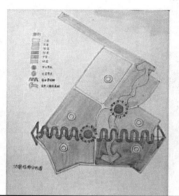

图5 金陵学院10级城规学生对控规典型案例的学习汇报示例(二)

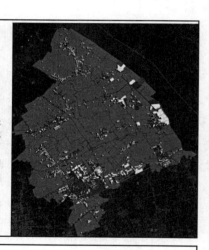

图6 金陵学院10级城规学生总规纲要练习的学习汇报示例

各类设计课程的前期设计练习内容及要求　　　　表5

	设计课前期原理讲解内容安排	同步小设计练习
修建性详细规划	1 居住区规划概论 2 居住区结构形态规划及道路交通组织 3 居住区外部空间设计 4 居住区设计方法与流程 5 校园规划设计	居住区组团临摹 居住区完整方案临摹 与理论内容同步的结构练习、景观练习、户型练习
控制性详细规划	1 控制性详细规划概论 2 控制体系与控制要素 3 控规编制程序与成果要求 4 控规的指标确定与实施管理 5 控规编制方法与流程	控规典型案例分析 分组汇报
城乡总体规划	1 城乡总体规划概论 2 总体规划中的现状分析与发展战略 3 总规中的空间规划要点（市域、镇域、市区、镇区） 4 镇村规划要点与趋势 5 总体规划编制技术路线与设计要点	总规典型案例分析 中等城市的纲要练习 分组汇报

注：根据笔者教学实践整理。

过程中要注意对方案设计要点的引导，最后各组以PPT汇报的形式，对案例的内容组织、构思、方案特点进行讲解。

这一方式通过学生对既有典型方案的学习和理解，了解控规编制的程序、内容和要求，有助于学生理清控规方案设计的基本思路，并锻炼语言表达能力。

（3）总体规划与设计：中等城市的纲要练习

城乡总体规划与设计是高年级的设计课程，具有较强的综合性，对逻辑思维要求比较高，经过前期的控规设计练习，学生已经了解规划的基本流程、分析方法，为了让学生尽快熟悉总体规划编制的思路，在前期理论课阶段笔者从学生熟悉的长三角区域遴选县级市作为案例城市（提供用地现状图），按照总规纲要简化要求，重点就区位条件、市域社会经济与城镇空间分析、市域城镇体系规划、中心城区用地现状分析、规划结构优化、用地布局调整等核心内容进行简要分析，引导学生梳理总体规划的基本思路和核心问题。

4.3 依托互联网实现基础资料支持下的"真题假做"

案例练习是设计课程的核心环节，而案例的选择与前期基础资料的获取是设计的基本前提，当前发达的互联网不仅构建了规划信息共享平台，也为规划前期基础资料的获取提供了多种途径。笔者经过三年的实践积累，就如何利用互联网资源获取设计前期资料，保证规划环节的顺利开展形成了一些初步的结论。

首先，在案例选择方面，采取就近原则以方便学生外出调研，控规一般选取区位较好、未来发展潜力较大的旧城地区（2平方公里左右），总规综合练习一般选取学校周边资源和产业比较有特色的新市镇（规划城镇人口一般在8～10万人）。

第二，调研前基础资料的获取，重点利用互联网获取区位分析底图、社会经济基础数据、上位规划及相关规划内容及要求、与本规划相关的典型案例以及规划区相关的大事件，为实地勘察奠定感性认知，减少外出调研的盲目性，各部分资料获取途径及用途分类见表6。

第三，设计规范的获取，包括用地分类标准、计算机辅助制图规范及设施配套标准。通过网络搜索获取，或与当地规划设计院实现资源共享。

第四，分组外出调研，以影像图代替地形图，明确现状用地和现状路网布局状况，获得对规划空间风貌和存在问题的基础感知，以获取第一手资料。

互联网支持下的设计基础资料获取途径及用途一览表　　表6

所需资料	获取或替代途径	用途
区位背景	网络地图及影像图	区位分析
地形图	高清影像图	现状用地勘察 用地现状分析
社会经济基础数据与发展概况	规划区官方网站、统计网站、统计年鉴	社会经济现状分析 产业现状分析
上位规划及相关规划	规划局网站搜索上位规划及相关规划的公示成果；政府官方网站获取五年规划	明确上位规划要求
学习案例	规划局网站规划公示案例	案例学习，从规划思路到表达方式的模仿
其他	新闻报道、各类照片信息	了解与规划区相关的大事件、政府执政思路
设计规范	通过网络下载或与设计院共享相关设计规范： □ 江苏省控制性详细规划编制导则 □ 南京市控制性详细规划及乡镇总体规划的编制技术规定 □ 计算机辅助制图规范及标准 □ 城市用地分类与规划建设用地标准 □ 南京市乡村地区新市镇基本公共服务设施配建标准	明确规划设计依据 规范图纸绘制，保证出图效果

注：根据笔者教学实践整理。

 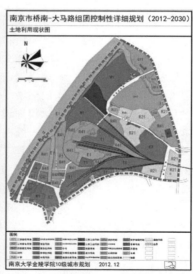 

图7　金陵学院10级城规学生依托高清影像图（左）完成的土地利用现状图（中）、土地利用规划图（右）

5 结论与讨论

民办本科院校的城市规划专业作为当前规划建设人才多样化培养途径的组成部分，其设计类课程尤其要强调基础性、实践性、应用性，遵循先模仿后创新的思维过程，在反复的实践训练中提升学生的设计素养，本文对教学组织模式、教学方法的探讨皆来自于金陵学院城市规划教学团队的探索和实践，尽管目前民办本科的城市规划设计课程在师生配比、设计原理教学、教学案例来源等方面比公办院校面临更多的困境，但是通过后续的教学实践，我们有信心去探索更加合理的解决路径。

笔者对设计类课程教学内容及教学安排的研究均得到了南京大学城乡规划专业多位老师的悉心指导，在与他们的讨论中获得了许多有益的启示，借此机会一并表达最诚挚的感谢！

主要参考文献

[1] 陈征帆. 论城市规划专业的核心素养及教学模式的应变. 城市规划, 2009, 9: 82-85.

[2] 杨光杰. 城市规划设计类课程教学改革的研究与探索. 规划师, 2011, 10: 111-114.

[3] 韦亚平, 赵民. 推进我国城市规划教育的规范化发展——简论规划教育的知识和技能层次及教学组织. 城市规划, 2008, 6: 33-38.

The teaching problems and innovation practice of urban and rural planning and design courses for the private undergraduate university: with the case of urban planning department of Jinling School, Nanjing UNiversity

Xu Jufen

Abstract: Taking urban planning department of Jinling School as an example, this paper analyzed the major problems of urban and rural planning and design courses for the private undergraduate, and the innovation practices against these problems. This paper pointed out the urban planning course in private school should focus on foundation, practice and application. However, these schools are facing the common problems such as low proportion of teachers to students, the weak design foundation and the lack of teaching examples, which influence the teaching quality dramatically. Combined with teaching practices, this paper introduced innovation path for urban and rural planning and design course in private school. For instance, by guaranteeing the proper proportion of teachers to students in various ways, the design practice was combined in the formal theory course. Meanwhile, the basic data of case study can be well supported by network.

Key Words: private undergraduate school, urban and rural planning, design course, teaching

人文关怀教育视角下的城乡规划——丽江城市设计教学探讨

欧莹莹

摘 要：从人文关怀的视角思考城乡规划教育，从调查研究和设计实践两个阶段，总结丽江城市设计教学实践经验，探讨如何培养城乡规划专业学生在规划中体现人文关怀。

关键词：人文关怀，城乡规划，教育视角，丽江

1 城乡规划与人文关怀的联系

城乡规划的目的是为了给人类创造更舒适的人居空间环境。然而，在中国城市的飞速发展和大规模建设的浪潮中，城乡规划为人们能够更好的居住和生活的初衷往往得不到保障。人们对城市的质疑，生活满意度的下降，都反映了城乡规划建设的不足。为了让人们在满意的环境中生活，城乡规划需要肯定人性和人的价值，需要关注社会与环境的和谐，才能创造更好的人居生活。将人文关怀的理念引入城乡规划，可以帮助规划师更好的认识规划的方法和目标。

人文关怀理念基于人的主体地位和独特价值，倡导社会的公平公正。从人文关怀的视角看城乡规划，就不难理解那些忽视了人的感受和需要，按照严密的模型和理论设计出的开发方案为何会屡屡受挫。

1.1 城乡规划中人文关怀的体现

1.1.1 社会公平公正的体现

城乡规划的人文关怀，首先体现在城乡规划的多样性及对社会资源公平公正的分配上。这除了需要规划师在思想上充分认识人文关怀的重要性外，还体现在一些城乡规划的工作手段中，比如规划的公众参与机制。保

罗·达维多夫（Paul Davidoff）1965年确立了倡导性规划（advocacy planning）的理论，从多元主义出发，奠定了城市规划中公众参与的理论基础，提出城市规划应该是社会各个团体共同作用的成果。城市规划的公众参与在越来越多的城市得到了推广，在公众参与机制下得以实施的规划方案，在很大程度上体现了城市规划的人文关怀。

1.1.2 人文价值的体现

除此之外，城乡规划本身应该体现出人类文化的继承性和创造性，体现人性和人的价值。充分的观察和了解人们的需要，拒绝拿来主义，发现、继承和创造新的价值，能让一个规划富有活力。

1.2 城乡规划教育中的人文关怀思想

城乡规划专业学生应具有人文关怀的思想，这需要在教学中循序渐进的加以引导和培养。目前，高校规划专业学生在低年级的专业课程中，以训练其对城市形体的设计和理解为主，到二、三年级才开始学习社会、经济、历史、地理等方面的知识，高年级的设计课程，才会接触到需要深入调查和了解市民感受的设计题目，这时，学生往往缺乏洞悉和观察社会的能力。

在城乡规划教育中，呼唤人文关怀理念的培养，这需要引导学生对环境、人性、社会、价值取向有着更深入的认识。以丽江城市内古城周边的三个旧居住区为设计题目，指导城乡规划四年级学生完成概念性的规划设计，目的在于培养学生以人文关怀为导向进行规划设计，

---

[1] 本文为云南省教育厅科学研究基金一般项目《丽江市"城中村"居住形态更新及防灾研究》（立项号：2011Y110）成果，云南大学教学改革立项项目《以职业规划师为导向的城市规划专业设计系列课程教学体系研究》的阶段性成果。

欧莹莹：云南大学城市建设与管理学院讲师

深入调查，充分发挥想象力。

从设计课程的调查阶段和设计阶段分别探讨如何培养学生将人文关怀的理念运用到规划设计中。

2 设计课程选题及丽江城市设计的特殊性

近年来，滇西北成为云南省继以昆明为中心的滇中旅游区之后的第二大旅游区。丽江自1996年震后恢复重建，1997年成功申报世界文化遗产，2002年丽江"撤地设市"，现已然成为与国际接轨的旅游城市和区域中心城市，丽江古城承受着巨大的压力，其周边土地的开发活动频繁，建成区的再开发强度大，农田和自然环境被开发项目不断吞噬，国际性旅游城市的地位和原有的落后的西部城镇建设水平不相匹配，古城周边城市建设与旧城问题产生了矛盾。

本次城市设计实为丽江市城区控制性详细规划的前期调研工作，学生可根据调查研究提出设想和概念性的规划方案，可大胆地提出设计思路和想法，为学生从体现人文关怀的思想去探讨设计方案提供了良好的条件。针对上述丽江城市发展问题，选取了丽江市区内亟需整治的3个片区作为设计课程题目，分别为：①古城西侧金甲路地段；②寨后社区；③古城东北侧的金虹路片区。

以这几个片区作为设计题目，要求从人文关怀的视角解读设计目的，将人文关怀的思想融入城市研究和规划设计当中。在城市演化的过程中，各个居住片区有其特有的生产方式、住宅形式、居住形态。在无法大拆大建的情况下，探讨更新居民的居住形态，从物质和非物质渠道入手，进行局部环境的治理和功能再造，逐渐更新居民生活方式和社会经济网络，对探讨丽江城市更新具有重要实践意义。以此作为城乡规划专业学生设计题目，可锻炼学生深入社会调查，发现人文价值，将人文关怀与城乡规划相结合的能力。

3 调查研究中的人文关怀

从人文关怀的视角看城乡规划，首先要有一个深入全面的社会调查研究作为支撑。

丽江的旧居住区普遍存在以下特征：①建筑缺乏统一规划，过道狭窄，房屋间距小。②基础配套设施不足。③社会形态复杂，矛盾突出。④普遍存在复杂的经济业态环境。⑤居民生活满意度较低。

将学生编组，针对丽江城市的特殊性，对设计地段展开现场调查。

3.1 从人文关怀的视角设定设计目的

人文关怀是多层次的，它包含了生命关怀、生存关怀、权利关怀、道德关怀、终极关怀、自然环境关怀[1]。从人文关怀的视角设定设计目的，结合城乡规划的内容和关注的重点，引导学生从最基本的个体和居住单元，到社会群体及各方利益，最终考虑城市和社会的总体价值的综合体现。从以上三个方面思考片区规划设计的目的，体现了不同层面的人文关怀。

（1）居民的居住形态及满意度——个体的生命关怀、生存关怀、自然环境关怀。

（2）社会公平公正——权利关怀、道德关怀。

（3）总体价值的体现——终极关怀。

针对这三个层面的问题，学生进行了初步调查和思考，从人文关怀的视角设定规划目标，分别如下：

以人文关怀为导向确立规划目标 表1

片区名称	区位及特征	占地面积	规划目标		
			居住形态	社会公平公正	总体价值
金甲路地段	位于大研古镇边狮子山西侧，内部用地混杂，与古城一山之隔	37.5ha	整治河改良片区杂乱的居住方式	整治同时保护市民特别是贫困人群的利益	承接古城的外溢城市职能，提升其社会、经济环境
寨后社区	位于丽江市大研古镇、主城区雪山大道以西，城乡接壤处。东干河流经，环境急需整治。已形成院落型居住聚集区	40ha	保障和完善院落式的居住形态	整治河流，改善环境。增加片区的经济活力	建立良好的传统居住示范区。增强局部地段的经济活力
金虹路片区	位于丽江大研古镇的东北侧，丽江市东侧交通主入口。紧接古城入口，与古城的社会经济紧密联系	40ha	改善和完善居民的生活方式	提高商业效益，改善居住环境	改善和塑造城市入口形象

3.2 从人文关怀的视角开展问卷调查与访谈

大多数城乡规划专业的现状调查课程都局限于片区的居住、交通、绿地、基础设施等城市基本功能的调查。培养学生从人文关怀的视角展开调查需要学生观察城市中社会更深层次的内涵。针对上述对各片区拟定的设计目的,指导学生展开具有针对性的调查,并要求他们自拟题目探讨所负责区域的特殊性。安排调查和访谈的内容如下:

通过初步实地勘察和问卷走访调查,发现丽江市旧居住区具有普遍特性,但也具有其特殊性,如:①多为震后重建,建筑已形成规则的院落整齐排列。②建筑高度多为2~3层,无间距不足等问题。③居民已形成良性的居住形态模式,生活满意度高。④少商业功能,多为居住功能,本地居民居多。⑤居民生产生活与古城关联度高。⑥多位于古城风貌保护范围内,受风貌和建筑高度限制,更新难度大。

3.3 小结

深入和渐进式的社会调查是帮助学生建立人文关怀思想必不可少的环节。介于规划片区社会、经济、人文环境的复杂性,需要学生考虑规划中的人文关怀,综合研究城市的整体发展。要求学生从社会公平公正、居民生活需要的角度切实了解片区的生活状况。①通过问卷调查和采访的安排,首先使学生认识到市民感受的重要性,学生在走访调查设计片区居住、建筑、绿地、交通、商业、公共设施等基本情况的同时,更加注重市民意愿和感受。②通过走访政府、规划部门、开发商及片区内的大型公共设施和商业设施,将市民的意愿与社会多方意愿相结合,针对片区居住环境的质量和居民的满意度高低可采取不同的更新手段。③结合丽江市经济环境和人文价值的特殊性,综合考虑城市整体发展,从而体现城乡规划中的人文关怀。

4 设计实践中的人文关怀

在设计阶段,需要指导学生更多的重视城市软环境的建设。大多数学生会将注意力集中在建筑的拆除或保留,各项硬件设施的配置上。应鼓励学生进行更深层次的挖掘,大胆地提出设计思路和想法。在调查和掌握了多种城市更新模式和方法手段后,结合调查内容提出更新的方法和改造程度。为了更好的让学生将自己调查的内容运用到规划设计中,在课程教学中需强调以下几点。

4.1 注重人居环境

城乡规划教育中,强调人是城乡规划的主要服务对象,创造良好的人居环境是城乡规划的首要目的。以人为核心,需要关注人的主观意愿、居住形态、居住习惯、生活方式以及居住环境。在一些情况下,城乡规划设计讲求标新立异,创造新的价值。而对于丽江的城市建设,尤其针对这三个居住形态复杂的老区,更锻炼学生关心人群和人居环境的能力。

在设计过程中,引导学生充分分析调查访谈获取的信息,将居民、政府、开发商的意愿充分结合,以创造更舒适的人居环境为目的,针对各个片区提出规划方案。人居环境的改良不仅仅可以通过空间形体的改造

以人文关怀为导向确定调查与访谈内容 表2

片区名称	调查侧重点	调查内容
金甲路地段	如何整治片区现有居住环境,充分利用现有大型公共设施,探讨商业开发的可能性	(1)调查居民的生活方式、居住形式和生活满意度 (2)片区经济增长和业态环境 (3)结合设计片区的周边环境、在总规中的政策定位,征询政府、开发商,重点调查区内大型设施、建筑物的使用情况和所有情况
寨后社区	如何保留和保护现有院落型城市肌理,改善和提高居住环境质量,为社区注入新的活力	(1)河道整治的意向调查 (2)居民住宅安全调查 (3)重要节点的商业活力调查
金虹路片区	如何营建能够让古城内及古城周边居民、商家、游客都满意的城市入口形象	(1)城市入口形象意向调查 (2)与古城商业关系互动调查 (3)游客访谈

实现，也包括对现有环境的改良，梳理。通过理顺社会经济关系，刺激经济发展，使商家和居民在获得良好的效益和生存动力时，自发的追求更加舒适的生活条件，从而作用于城市空间环境，以达到城市环境自我调节的目的。

4.2 注重人际交往关系

人与人之间的交往，是建立社会网络的基础。学生们走进民居院落，和老、中、青年人及游客进行交流，可以从中发现各个居住社区中人际交往的密切程度和矛盾关系。

通过访谈，学生感受到不同社区的居民对生活满意度有所不同，但绝大多数居民都不希望现有的生活发生改变。特别在基本形成稳定的院落住宅单元的寨后片区，居民普遍对自己的生活十分满意。

此外，游客是一个很特别的群体，他们大多对古城的规划、开发、未来的发展很有兴趣，并且愿意与学生进行交流和讨论，游客们也如大多数规划师一样，既想要参与到旅游体验中来，又希望丽江的人文价值可以永续的保留，担心过度开发会消磨丽江原有的文化和生活方式。

4.3 注重实现人与社会的自身价值

引导学生探讨人、人的生活状态、城市、环境、社会之间的复杂关系。通过社会调查作业的布置以及资料收集的训练，学生可以了解多种城市开发项目的运营机制，而从中获取最适合丽江这样一个历史文化古城的合理的更新模式或设计手段，更好的传承和保护城市的人文价值。

4.4 发现和创造价值的能力

首先引导学生要充分研究城市自身的肌理，认识城市的价值。避免将其他的规划设计方案照搬到设计中，避免规划方案与周边环境不符。同时从规划的神韵、思想、地方的人文特征入手，创造源于城市又高于城市的价值。

4.5 小结

在设计实践中，鼓励学生运用多种模式尝试进行规划设计，规划设计的过程要充分运用和考虑前期调查成果。学生在综合考虑了古城周边的规划控制要求、丽江城市本身的发展要求、开发商经营的收益、居民的意愿、游客的需要几项因素后，对几个旧居住区提出了不同的设计思路。在总体规划的指导下，几个旧区改造后的性质均以居住和商业为主。针对不同的片区，其规划方案主要区别在于：①更新的强度。②商业化的程度。③商业的形式。④容积率。⑤更新后居民的居住形态和生活方式。⑥片区开发经营的模式。

学生可以充分认识到城市的更新设计不仅仅在于哪些建筑要拆，哪些要保留，更重要的是，通过城市设计，居民的社会肌理和社会联系是否受到影响，市民和游客需要什么，城市的发展需要什么，丽江这个古老的城市能留下什么，我们又能为他创造什么价值，最终的设计方案是否可行。

5 结论

首先，运用多学科的知识进行深度的社会调查，是城乡规划体现人文关怀的第一步。当前的城乡规划教育中，特别在详细规划层面，容易忽视培养学生对社会经济条件的论证，学生往往只关注规划地段的基本资料收集以及规划方案的生成，对于一个开发方案的运营和操作机制认识太少，容易造成方案与现实脱节，违背市民的意愿。

其次，培养学生在设计过程中更加重视人文环境、社会关系、商业形态、居住形态等软性的内容，指导学生从人文关怀的角度，考虑居民和社会的需求，研究方案运营的可行性、思考规划能够带来的深层次的人性与价值层面的内容，这对学生进入社会，从事城乡规划工作有很大帮助。

主要参考文献

［1］周薇.社会主义现代化进程中的人文关怀［J］.广东社会科学.2011，04.
［2］赵景伟.城市规划教育与规划的人文思想［J］.高等建筑教育.2008，04.
［3］应四爱.陈前虎.城市规划教育中的人文关怀［J］.高等工程教育研究.2010，01.
［4］王中.城市规划与人文关怀［J］.城市问题.2006，07.

Urban and Rural Planning form the Educational Perspective of Humanistic Concern——Discussion on Urban Design Course Teaching in LiJiang city

Ou Yingying

Abstract: This paper analyses the teaching methods of urban and rural planning education from the perspective of humanistic concern. Based on the experience of urban design course teaching in Lijiang city, this paper studies how to teach a college student to pay attention to humanistic concern in urban planning during the process of survey and practice.

Key Words: Humanistic Concern, Urban and Rural Planning, Educational Perspective, Lijiang

"一生的社区"三年级社区规划"研究型设计"教改小实验

杨向群

摘 要：城市规划专业三年级学生，正处于从建筑设计到规划设计的过渡阶段，如何培养学生从对建筑形式的"个人偏好"转变到对城市问题的思考和分析，是这个年级的教学重点。传统设计教学通过一系列"建筑（规划）类型"的学习和练习，教授学生创造空间和形式的思维方式和设计技巧。而本次"研究型设计"小实验，鼓励学生对特定的居住问题"一生的社区"进行分析，锻炼研究和设计能力。本次教学实验的实施有三个步骤：首先，选择特定年龄和家庭结构作为研究主题并作出相应研究报告；之后发展出针对专题的设计概念；最后，对基地进行分析，将相应设计概念贯彻到具体城市环境之中。通过本次教学实验，希望能超越传统上的"教授已经成型的学科知识和范式"的教育模式，为培养具有研究分析能力的复合型人才探索一条新的道路。

关键词：研究型设计，一生的社区，设计范例

居住区规划与住宅设计，是城乡规划专业三年级下学期的设计题目。目标是指导学生掌握居住区小区、居住街坊及住宅组群规划设计的内容、方法、步骤，及熟悉相关规范、掌握有关图纸的绘制，为进一步学习及其他详细规划设计打下基础。在此基础上，如何引导学生通过对特定居住问题（主题）的思考，培养城市规划的思维方法及综合分析问题、解决问题的能力，是本次教改实验的主要目标。

首先，在主题设置上，选取了"一生的社区"作为一个特定的城市居住问题，通过对不同年龄段和家庭结构的分析，将居住行为理解为与人的生命周期相协调的延续性的社会行为。其次，将"多元融合"作为社会可持续性的重要方面，通过社区外部空间和住宅室内空间的设计，创造一个多年龄结构、多家庭结构的和谐社区。

1 解题

欧洲的 Eco-housing 研究项目成果显示，很多家庭在考虑搬家时，愿意选择在自己原来居住的社区中寻找合适的住宅。"一生的社区"是指在社区中提供不同大小和价格的住宅，促进居住的延续性。即使居民的家庭或生活模式改变了，仍然可以在同一地区找到合适的住房。考虑社会的包容性，在住区内为各种收入水平、各种活动能力的人提供满足其特定需求的住宅。

本课程设计旨在对城市高密度环境下打破"居民同质化"，实现多元化居民共生的住区规划模式和建筑设计进行探索。主要考虑的目标人群包括：

- 单身居住者第一套住宅（青年住宅）
- 核心家庭住宅（年轻夫妇带孩子）
- 养老社区（考虑老龄化社会情况下，多种养老方式）
- 适应不同年龄居民的混合住宅

2 教学方法

传统的"命题式设计"，要求学生经历"基地调研、设计概念、草图、成果"等几个环节。这对应于日常实践中的"设计"：总是针对一个或者一系列特定的现实问题，通过逐步排除的方法，提供一个最终的最佳解决方案，即一种"问题－解决"范式。本次教改实验，引入"研究型设计"的概念，培养学生的研究与分析问题能力："研究型设计"则通过设计行动本身获得对建筑学知识的深入理解，并通过设计工作来探索和发展设计者自身的知识模式。它避免朝向单一解答方案的逐步递减，而是针对问题进行批判性思考，并提出多种建议，保持对求

杨向群：天津城建大学建筑学院规划系讲师

对比研究型设计与传统设计教学计划　　　　　表1

传统设计	研究型设计
基础调研（1周）： 分析基地现状、周边环境，发现问题，了解住区规划和住宅设计的基本要点	**理论学习（1周）：** 了解城市社区的定义和发展动态、住区规划和住宅设计的基本要点、重点研究居住区、住宅设计的规范和既有范式，提出问题。汇报
初步概念（3周）： 发现需解决的问题，并提出初步解决概念	**基础调研及概念提出（2周）：** 分析基地现状、周边环境，结合研究成果选择"设计假设"。汇报
发展概念（3周）： 深入发展设计概念	**专项研究（2周）：** 明确规划专项设计研究方向、深化居住区规划的设计概念。汇报
设计（3周）： 深化规划设计；找出住宅单体建筑设计的突破点、完成住宅和组团设计	**研究+设计（6周）：** 深化既定课题的研究和规划设计；找出居住区规划的突破点、完成设计。
成果及汇报（3周）： 方案深化、成果整理、成果汇报（图纸）	**成果及汇报（2周）：** 方案深化、成果整理、成果汇报（图纸+论文）

解的开放性[1]（表1）。

3 研究部分

3.1 目标人群的选择和主题的确立

本课程要求学生设计一个"适合一生的社区"，目标人群设定为"老年、核心家庭和青年"。其中所选择的主要目标人群和另两个次要目标人群所占比例（建筑面积）分别为60%、20%和20%。课程要求学生首先根据首选目标人群进行分组（4人以下），并用三周的时间对此人群的居住需求模式、当前住宅市场提供产品的特点等进行调查研究，并作出调查报告，进行统一汇报。通过汇报，学生的成果汇集成一个"知识库"，每个学生都可以从此知识库中提取其他目标人群的研究成果，为下一步设计提供理论支持。

经过18组学生（其中12组选择核心家庭为首要目标人群，5组选择青年社区，1组选择老年社区）的研究汇总，总结出以下要点：

• 核心家庭对住区的需求，主要体现在户外亲子互动环境以及户内空间的可适性，以及亲子相关的功能配套比例的提高方面；

• 青年人群对住区的需求，体现为对运动场地和相应社交功能配置方面；

• 老年人群对住区的需求，主要体现为充足的室内外活动场地和医疗娱乐功能方面。

3.2 "设计范式"的研究

三年级学生已经修完《居住区规划》的理论课程，但在实践教学中发现，学生的设计与理论学习脱节严重。笔者认为，这是由于传统理论课和设计课，没有重视引导、启发学生从日常生活经验出发寻找设计切入点造成的。因此，本课程要求学生结合自身居住体验，对"居住标准"（居住区规划设计和住宅建筑设计规范、市场认可的通行居住区模式和住宅建筑范例）的理解，对居住区规划领域的"既有范式"提出质疑。在此基础上，提出自己的"规划范式"概念。在规划层面，包含"密度"、"混合使用"、"开放度"、"安全"等方面；在建筑层面，包含"户型"、"混合使用"、"朝向"等方面。

4 课程设计部分

天津"八大里"是近邻天津市主要公共及商业建筑

图 1　设计基地"天津八大里"

群"文化广场"的东南侧，为20世纪五六十年代的危旧楼房，即将拆迁。此地区既有居住建筑质量不佳，然而密度适中，街道尺度宜人，绿化良好。课程在此地区选择两个地块作为设计基地。要求创造环境优美、舒适、符合"一生的社区"要求的现代混合居住建筑组群（图1）。

4.1 开放社区的尝试

4.1.1 半开放社区

中国的"封闭居住模式"，具有悠久的历史，从封建时代的里坊制，到20世纪的"单位大院"，沿袭着生活、工作在一处的模式，这种独特的封闭式居住模式，与西方的"Gated Community"既具有相同之处，又有自己的集体主义文化传统[2]。商品房时代，封闭的居住区 – 居住小区 – 居住组团分级开发配套方式，顺应了新时期居住者对于安全、独享环境及物业服务的更高要求。然而，随着工作与生活分离，邻里交往的匮乏问题较为严重。如何通过住区规划，在保持集体主义文化传统的同时，满足个性化居住需求，是一个有趣的研究课题。本组学生对开放式社区的创造，也做了一些探讨。如曹佳驰方案（图2），通过保留基地内部一条成型的林荫道，分隔出一组青年组团，混置于城市商业街区之中，创造一种"完全开放"的居住模式，同时其他组团仍保持相对的封闭性。这个开放的青年组团，成为封闭社区与商业街区之间的"缓冲体"。

4.1.2 全开放社区

王韦通过基地调研发现，八大里既有的建筑质量不高，而街道尺度宜人、绿化良好，底层商业与上层住宅结合，形成了丰富的城市生活空间。他的解决方案是沿城市快速路和主干道布置相对较大的青年、核心家庭及老年社区组团，而面向西北侧则采用窄路密网的全开放街区方式，结合底层零售商业服务及中心公园，创造了一种延续城市记忆的混合街区（图3）。

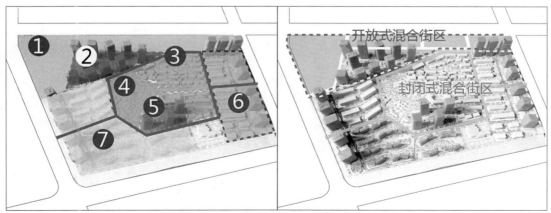

1.城市商业 2.开放式青年社区 3.老年社区 4. 中心绿地 5.混合社区 6. 核心家庭 7.封闭式青年社区

（a）功能分析图　　　　　　　　　　　（b）半开放街区分析图

图2　曹佳驰方案"半开放式社区"

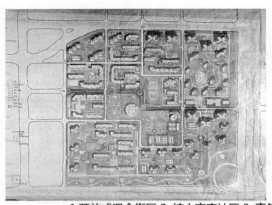 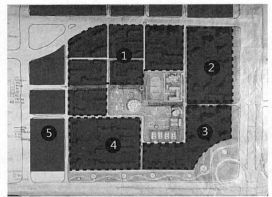

1.开放式混合街区 2.核心家庭社区 3.青年社区 4.老年社区 5.城市商业街区

（a）总平面图　　　　　　　　　　　　（b）开放街区分析图

图3　王韦方案"承载城市记忆的混合街区"

4.2　开放交往空间

4.2.1　运动公园

于翱的方案将青年社区与城市商业并置，成L型，有利于青年人充分利用城市商业服务设施，同时在内侧布置线性的运动公园，创造充满活力的青年运动社区。核心家庭社区和老年社区相对独立，共享一个中心绿地。三个组团之间有一个高度混合的组团（图4a）。

4.2.2　中央公园

张锴钢从柯布西耶的"花园城市"以及纽约的"中央公园"得到启发，采用以高层居住模式为主，从而尽最大可能留出中心公园，成为一个各社区进行休闲、娱乐和交流的大尺度公共空间（图4b）。

5　讨论

本次教学实验帮助学生了解调查研究和思考问题的方法，并取得了较好的效果。同时也存在一些问题：学生对于研究型设计的形式不够适应，前期研究的成果，在后期设计中贯彻不够，往往流于形式；在规划中，基本格局更多的沿袭了"四菜一汤"的传统布局方式，不敢突破；学生的汇报表达能力仍然需要进一步锻炼。

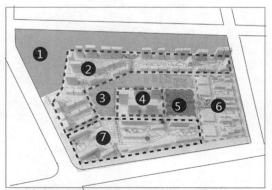 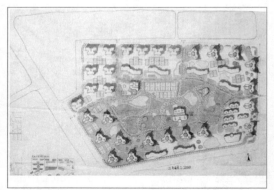

1.城市商业 2.青年社区 3.运动公园 4.混合社区
5.中心绿地 6.老年社区 7.核心家庭社区

"中央公园"

图4　（a）于翱方案"运动公园"（b）张锴钢方案"中央公园"

6 总结

本次研究型设计，宗旨是训练学生思考、行动、操作的技巧，而不是仅仅从形式和结果出发：如果从形式的"先入之见"着手设计，那么得到的是"已经知道的知识"；仅关注形式，则陷入了"个人偏好"之中，阻碍了"对话"的可能。

而研究型设计，强调自下而上的过程和方法，弥补学生对城市生活的关注缺乏，使建筑设计教学不脱离生活。建筑学习应该针对发挥每个学生先前的生活经验，而不是断绝、并重新开始。应引导学生，从其每个个体的生活经验出发，发掘其"天性"的创造力，使其设计过程是"连续的"、"可控的"，但结果是"不可预知的"[3]。

通过研究型设计的过程，不仅使学生学习其职业的工具，也对学科本身进行思考，不但具有职业知识，同时能独立思考、质疑既有范式。这种思考能力，对于毕业生（不仅可能成为规划师、建筑师，也有可能成为房地产从业人员、规划管理人员和教师等其他相关职业）在将来的工作岗位上为城市的发展提供了更多元的思路。

此外，由于学生数量多，教师时间短，本次课程采用与传统的教学（小班式、个人教授式）不同的方法——集体授课＋小组式研究，取得了良好的效果。这也复合规划的集体性工作特点。在此过程中，培养了学生合作、交流的工作能力——"设计即交流行动，需要诠释多种观点"。

在未来的居住区规划教学中，其他可能的研究方向为：
- 宗教、民族、文化的多元混合
- 所有权不同的混合住宅（自有、房东和租房者）
- 适应性的住宅（考虑住宅的空间适应性，可改变性）
- 在城市中提供花园住宅（高密度环境中的花园）
- 适合残疾人居住的住区和住宅

主要参考文献

[1] 冯路. 建筑学知识的两种形式，看不见的景框. 南京：江苏人民出版社，2013.

[2] Youqin Huang and Setha M. Low, Is Gating Always Exclusionary? A Comparative Analysis of Gated Communities in American and Chinese Cities, Urban China in Transition, Edited by J. R. Logan, Blackwell Publishing, 2008：182–202.

[3] M. Angeli, D. Hebel, Inchoate Deviations, Deviations：Designing Architecture, ETH, 2008：13–21.

Lifetime Neighborhood：An Experiment in Urban Design Education for 3rd Grade Design Course

Yang Xiangqun

Abstract：The transaction from architectural design to urban design is the main focus of the 3rd grade's design course. An experiment in urban design education is applied through the introduction of "Design by Research". "Lifetime Neighborhood" is defined as the theme of the research and design. Following "research–concept development–design" process, this experiment encourages the students not only learn the basic techniques of the planning of residential district, but also improve the ability of innovative thinking.

Key Words：Design by research, Lifetime neighborhood, Design paradigm

美丽城乡
永续规划

教学方法与技术

2013 全国高等学校城乡规划学科专业指导委员会年会

发挥学生创造力的平台
——城市系统分析之多代理人模拟教学探索

朱 玮

摘 要：在倡导城市规划专业教学创新、转型的背景下，本文介绍了笔者对城市规划本科生进行多代理人模拟教学的尝试，目的是提供学生理性分析城市现象和城市规划的工具，以及融汇专业知识技能、快速检验规划设计想法的创新平台，并提高其专业学习的兴趣。论文简要介绍了课程教学的主要内容，分为两个阶段：第一个阶段目标使学生掌握 NetLogo 多代理人软件的基本操作方法；第二个阶段目标是使学生能够应用新方法来解决食堂就餐的问题。通过回顾学生的课堂表现、课后作业以及心得体会后发现，本教学取得了超乎预期的良好效果：学生不仅快速掌握了 NetLogo 模拟技术，而且在设计选题和问题解决手法上均有很多创新，感到开阔了规划设计的思路，对新方法在城市规划实践中的作用表现出很多期望，对城市现象背后的规律性也有更加深刻的认识。笔者将此次教学的成功经验归结于契合学生的学习动机、激发学习兴趣、提供创新空间、教学循序渐进、选题贴近生活等几项，而多代理人模拟技术本身对于城市规划和研究的有用性也满足了学生的求知欲。

关键词：多代理人模拟，教学，创造力，城市规划，NetLogo

1 介绍

"创新、转型"是当下的两个关键词。本文介绍笔者在面向同济大学城市规划系本科生的城市系统分析课中，尝试教授多代理人模拟技术的教学探索和经验，作为对于这一大背景的和我国城市规划教育创新需求的回应。笔者认为，该课程能够提升规划专业学生的综合能力，特别有助于发挥其创造力，值得今后推广深化。

本系的城市系统分析课程面对城市规划本科三年级学生开设，分两个学期授课，共 72 课时，主要目的是培养学生的系统思维、理性思维，使其掌握基础的城市研究和规划方法。教学内容以定量分析方法为主，作为设计类、原理类教学课程的补充。教学形式以课堂讲授、调查实践、课后练习、课堂讨论等方式相结合。

多代理人模拟（Multi-agent Simulation）从 2011 年秋季开始被引入城市系统分析课程，至今已实践了两个学年，每年约 11 课时。引入该教学内容出于以下三个问题：①学生虽然已经积累了一定的专业知识技能，但是由于对实际城市规划的接触非常有限，还难以体会这些知识技能的实际效果，因而造成其对知识理解不深、技能掌握不牢；②前两年的教学培养了学生较强的空间设计和表达技能，但以系统严谨的方式分析问题的技能相对较弱。结果是学生也在疑惑设计的真正效果是怎样，规划对人会产生什么影响，评价设计的依据又是什么；③城市系统分析课所需求的逻辑与数序思维方式有别于学生以往接受的感性设计内容，思维方式上的冲突和对比，凸显本课程的相对枯燥和难度，造成学生学习兴趣下降，学习动力不足。

因此，引入多代理人模拟教学希望到达三个目标：①提供学生一个理性地分析城市现象和规划的工具。②提供一个整合专业知识技能、检验规划设计想法的平台，同时帮助加深对知识的理解。③提升学生的学习兴趣。

---

❶ 基金支持：国家自然科学基金青年基金项目，"城市居民使用公共自行车的决策研究"，编号：51108323。

朱 玮：同济大学城市规划系讲师

计算机模拟在城市规划教育中并不常见，但也有先例。Hung（2002）认为，学生通过模拟直接操控变量，能够培养解决问题所需要的推理能力。在若干教学研究中，一个名叫"模拟城市"（SimCity）的计算机游戏多被使用（Gaber，2007，Manocchia，1999，Adams，1998）。Gaber（2007）利用该游戏作为学生检验已知规划理论和尝试自己提出理论的环境。他认为 SimCity 提供了一个动态的决策环境以使得学生能够：①进行系统思维；②学习解决问题的技能；③优化规划过程。Adams（1998）发现计算机所提供的"创造"环境可以培养一个人的思辨态度，如此来对那些习以为常的城市概念和理论进行批判；同时又能够激发学生学习的动机和兴趣，这点在 Manocchia（1999）研究中也得以证实。

虽然"模拟城市"一定程度上符合笔者的教学目标，但类似游戏作为教学手段存在以下不足。首先，只有很少的自由度让学生改变虚拟世界中的规则；学生只能利用游戏既定规则来达到其目标。而真实世界的问题往往要复杂得多而且具有特殊性，这些规则可能偏离实际从而误导学生。因此该游戏作为理论检验平台的可靠性有限。其次，该游戏的机制对于教学过于复杂，改变一个子系统的变量会引起其他子系统的连锁反应。尽管真实世界比游戏复杂得多，但对于教学来说，从包含有限要素的理论和机制开始来解析子系统的作用，更有助于学生的理解和掌握。再次，学生在玩该游戏的时候，不得不在给定边界条件中去建设一个世界，而非像"上帝"一样，通过定义要素和规则来创造一个世界，用于解决他们特定的问题。

笔者发现多代理人模拟更适合于本教学。多代理人模拟技术是兴起于 20 世纪 90 年代的计算机模拟技术，主要通过逼真模拟个体之间的交互行为来呈现整体的运行状态，对于主体众多、要素繁多、关系复杂的社会现象具有很好的仿真能力，近年来在城市研究和规划领域的应用也渐渐增多。多代理人模拟技术也是"模拟城市"等类似游戏的核心技术，这就意味着学生将学到更加本质层面的技能，这将给予他们更大的创造空间。本教学采用美国西北大学开发的 NetLogo 多代理人模拟平台作为主要手段。该软件是开源的，使用免费，任何人均可通过因特网下载，具有以下特点：①可以用来表达、分析高度复杂的各种理论和实际问题，这就提供给学生一个综合运用知识、技能的实验平台，规划措施的效果可以通过模拟马上呈现在学生面前；②具有较完善的空间处理和表达功能。NetLogo 提供二维和三维的栅格空间作为现实空间的表达形式，足以满足城市规划和研究对于空间的需要，可视化使得模拟结果的表达更加直接生动；③需要编程操作，但是语法明晰、直观、简单，学生一旦掌握，可以快速地实现规划想法，并对其进行检验，同时也是锻炼学生的逻辑思维和组织能力的有效途径；④平台的架构自由开放，只要有想法，几乎都能够在 NetLogo 上实现，因此学习的过程给予学生很大的自由探索发挥空间，趣味性高，符合本科生的学习方式偏好。

本文以下分三个部分来介绍本教学的内容、效果和经验。第二部分介绍该课程教学，按照两个学期循序渐进的教学设计逐一介绍；第三部分归纳两个阶段的教学效果，主要从学生的作业和反馈来反映；第四部分总结经验及反思；第五部分总结全文。

2 课程教学

本教学探索的理论基础很简单。核心目标是培养规划学生的创造力，这需要三个条件：动机、能力、方法。笔者相信，个人能力是天生的，教育无法创造或改变；但也同时相信，每个学生都有足够的能力来创造。为了提升他们的学习动机，需要激发他们解决问题的好奇心，而方法就是向他们展示，只要运用恰当的手段，他们可以把规划做得更好并且也能够解答他们心中的疑问。该手段就是多代理人模拟和 NetLogo。

多代理人模拟技术对于本系城市规划专业教学是一个全新的知识点，可以说是一次"摸着石头过河"的教学探索。因此，在课程量上，每个学期仅安排约 5 课时；在教学设计上，采用循序渐进的原则，第一学期教学的主要目的是提升学生兴趣并使其掌握基本的操作方法；第二学期的主要目的是让学生把该方法应用于解决实际问题。

2.1 上半学期

对于刚从设计语境转换到数理语境的学生来说，教学要注意过渡和衔接，尽量创造一个"友好"教学环境。课程教学分为三个步骤，首先用 1 课时介绍多代理人技术的基本概念、起源、原理、功能。前文提到，学生开始对规划设计的效果产生疑问，对规划设计的空间形态依据感到不满足。这说明他们对规划有了更加深刻的认识和知识需求，应该利用这个动机进行教学切入。因此该课以城市现象的复杂性开题，强调城市形态、城市结构、城市肌理等这些概念之下蕴含的是城市中千百万个体的复杂交互，如此把学生的关注点从形态转向个人以及行为，引导其从更本质的层面来寻找对城市现象的解释和规划设计的依据。接着介绍多代理人技术的概念和特点，说明其解释复杂现象的强大功能，并演示了用NetLogo编写的各类多代理人程序，其包罗万象的模拟能力对学生的冲击和吸引可从他们的惊叹和笑声中见一斑。

第二次课用2课时讲授NetLogo的基本操作方法，基本上按照软件自带的教学程序，学生边听讲边操作软件。布置的课后作业要求学生至多3人成组，共同编写一个多代理人模拟程序，内容不限，用三周时间完成程序编写并提交设计报告。第三次课用2课时，笔者在课前甄选了部分较有特色的作业，请学生上讲台介绍，随后由听讲的同学进行点评。

2.2 下半学期

接着上半学期学生已经掌握了NetLogo的基本操作方法，本学期的课程目标是使他们能够运用该方法解决实际的规划问题。第一次课用2课时介绍了笔者研究上海2010年世博会参观人流过程中应用多代理人技术优化设计方案的案例，强调用"问题—目标—约束—实现"的思路来界定简要、明确、有意义的研究问题，提出可实现、可度量的规划目标，通过调查掌握影响规划的各种约束条件，综合运用所学的知识配合模拟方法来实现规划的想法，针对规划目标进行检验并以此为依据优化规划方案。

本次作业要求学生模拟学苑食堂的就餐行为，以此为手段来解决食堂运行中的问题。选题出于以下考虑：①食堂是学生生活的重要组成部分，他们对食堂问题有深刻的体会，对食堂状况的改善有切身的利益诉求，因此该选题更容易激发学生的积极性；②虽然不是城市规划问题，但食堂优化与城市规划在内容和工作方法上有很多相似处，都涉及设施的空间安排，都需要考虑多种约束，都应该以使用者的行为和体验来评价，因此重点是锻炼思路和方法；③复杂性宜深宜浅，学生可以发挥各自的特长；④容易开展基础调研，这对于规划工作同样是很重要的。要求学生2~4人成组，分两个阶段完成任务：第一阶段是研究的设计，要求参考课上的案例，提出目标明确、思路清晰的研究方案，一周内完成；第二阶段则实施该方案，在一个月内编写NetLogo模拟程序，并完成研究报告，报告中要通过模拟分析提出解决食堂问题的优化方案。

接下来的4课时均采用类似上学期的介绍、讨论相结合的形式，中间安排了一次课外技术答疑。

3 教学效果

学生在课堂上对多代理人模拟表现出浓厚的兴趣；课后学生询问思路和技术上的问题，对作业的批复也会跟进探讨；作业质量超出笔者的预期；学生还主动在作业后附上学习心得。这些都示意着此次教学尝试取得了很好的效果。

3.1 自选题模拟

自选题模拟作业是学生首次接触NetLogo后的小试牛刀。由于课堂教学量和深度有限，学生以自学、互学、与教师交流等方式为补充，在三周内递交程序和报告，作业上交率为93.4%。不限主题给学生发挥创造力留出了空间，表现在选题丰富多样，涉及校园生活（如，教学楼交通、校园自行车、图书馆借还书）、社会问题（如，人口老龄化、大学生就业、社会公德）、环境问题（如，绿化带减噪效果、太湖生态系统、商场垃圾）等，也有一部分学生设计可以互动的游戏（如，俄罗斯轮盘赌、荒岛求生、深海争霸），说明他们在用娱乐轻松的心态来对待作业。此次作业获优的占52.1%，获良的占43.7%。

令笔者欣喜的是，部分学生已经在作业中融入规划思维。例如，某作业对校园主要通道进行"自行车友好评价"（图1），模拟行人与车流的关系，设置了一些可操控的参数（如，路宽、行人数、车速、摊位），动态地展示参数变化所引起的自行车友好性变动，并在分析比较的基础上提出实施建议。另一份作业模拟了土地价格受不同类型设施影响而变化的过程（图2），为每类设施定义

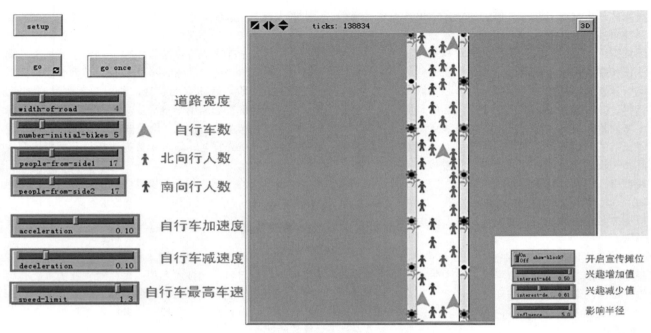

图 1 自行车友好评价

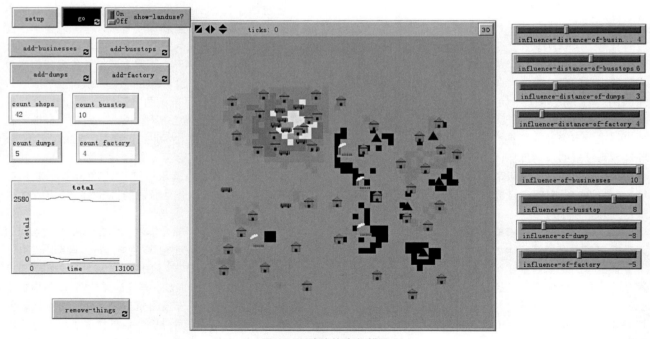

图 2 土地价格变化模拟

了环境影响的程度和范围（实现为可调节的参数），在地图上添加设施的同时，程序动态地显示周边地价的变化。值得指出的是，类似这两个作业中较复杂的编程技巧并没有在课堂上讲授，完全是学生通过课余自学后发明的。

3.2 食堂就餐模拟

第二学期的作业限定同济大学学苑饮食广场为模拟地点，但学生可以自行确定研究问题。大多数学生关注于食堂的拥挤问题，说明这个矛盾非常突出，也有助于学生相互借鉴，了解不同角度解决同一个问题的各自效果。统计下来，研究对象包括：调整桌椅排布方式、调整打饭窗口数量和位置、优化打饭排队队形、改变出入口位置、改变收碗处的位置、改善清洁人员工作效率、组合不同菜品等，可见对于具有深刻体会的就餐问题，学生有很多建设性的想法。本作业上交率为100%，获优的占45.8%，获良的占41.7%。

本作业相较上次难度增加较多，要逼真地还原就餐行为并非易事。有的学生通过在食堂里观察人流走向、统计人数、测算排队、打饭、吃饭时间来获得关键的行为参数（图3）。无论其测量精度如何，笔者更加看重学生对掌握事实的投入和严谨的态度。过程是本教学训练的核心，真实性是次要的，但要求研究结论必须在方

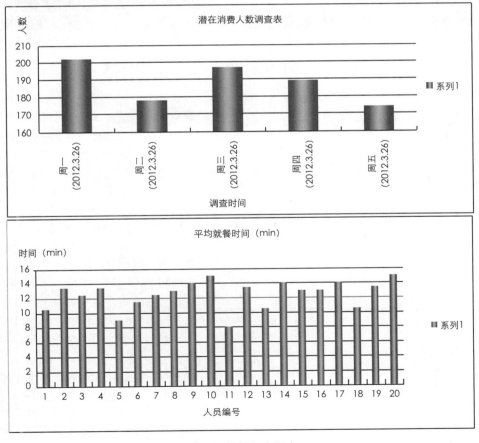

图3　就餐行为调查

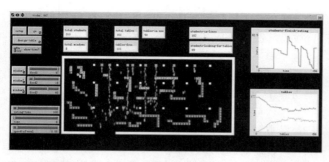
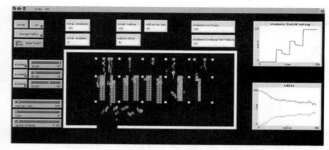

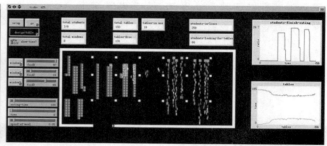

窗口的均匀分布能够很好地分散排队人流，使排队效率最大化。而桌椅的过于均于分布会使前往队伍路线迂回曲折，不易到达队伍增加拥堵，所以桌椅适合集中布置型的。

图 4　以打饭窗口位置和桌椅排布为变量的方案比选

打开程序"改变服务方式"，此程序与"现状"程序的最大不同之处在于其服务窗口是从最里端开始服务。最开始是从最里端三个窗口供应打饭，由于人数较多，三个窗口前的排队队伍都较长。然后暂停程序，开启5个服务员，即开启了三个窗口打饭，可以看到原本三个队伍改为五个队伍后每个队伍人数都较为平均。从而我们可以得到结论，从里面的窗口先开始贩卖，可以改善服务状况。

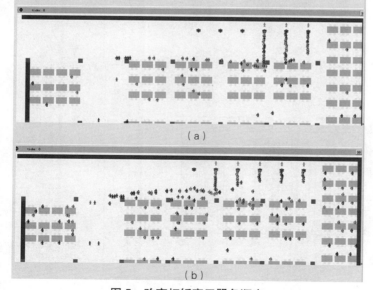

图 5　改变打饭窗口服务顺序

案比选下得到。部分学生完成得比较出色，例如，某作业以打饭窗口和桌椅排布为两个主要的变量，以排队效率最大化为目标，交叉比较四种组合方案的效果（图 4），完全符合实验研究的标准做法。另一作业创造性地提出改变窗口的服务顺序，以达到平衡打饭队伍长度的效果（图 5）。

3.3　学生反馈

一学期末，笔者开展了一次课程教学意见调查，通过因特网发布问卷邀请学生参与。全班 76 人中的 25 人参与了调查。其中的一个问题是问学生认为从城市系统分析课中收获最多的内容。结果表明多代理人模拟受到学生的欢迎（图 6）。

在以上两次作业最后，部分学生总结了学习体会。反馈数量总计 44 条，占作业总量的 69.8%。需要指出的是笔者并没有要求学生这样做。这对于笔者是另一个重要且鼓舞人心的迹象，说明学生经过此次训练后收获之多，以至于主动表达。表 1 概括了学生的体会以及典型的表述，其中最为集中的是学到了新的方法（占所有反馈

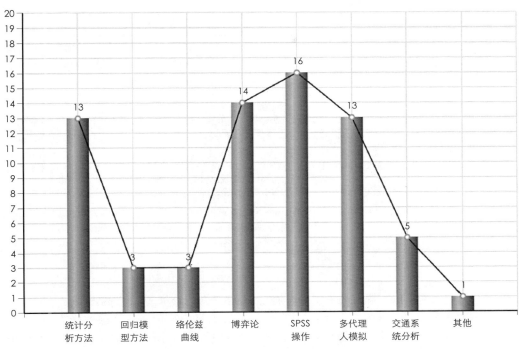

图6 学生认为收获最多的教学内容

学生反馈总结　　　　　　　　　　　　　　　　　　　　　　　　　　　　表1

体会归纳	占比（%）	典型表述
学到了新的方法，开阔了规划设计的思路	45.5	"而且netlogo是一种数据化的理性分析方式，会得出一些我们通过感性分析感知不到的东西。我们都觉得这种分析方式在我们今后对于城市空间的分析和营造工作上会有很大的帮助。" "本次作业是一次难得的提升机会，它使我们跳出传统的设计思路，开拓新的设计视角，思考设计的更多可能性。我想，这正是系统工程这门课的意义所在"
可以用来解决很多复杂的实际问题	38.6	"可以试着把netlogo应用到未来城市规划的实践分析中，如模拟人行的行为，在小区规划或商业规划中，增加规划的可信度和科学性。" "这次通过NETLOGO多代理人模拟的方式进行学苑食堂底楼餐厅优化设计的过程启发我们用科学的方法和手段解决问题。促使我们对自己熟悉的日常生活空间环境进行探究和思考"
认识到把握规律性很重要	29.5	"将复杂的现实问题提炼为核心的解决问题，将复杂的人的行为抽象为动态模拟过程，需要抽丝剥茧出清晰的逻辑，这个过程需要不断修正。" "这次作业向我展示了生活中充满可以研究的规律是道理，留心观察的话处处需要规划"
快乐合作，相互学习	25.0	"就整个团队而言，从前期实地调研、讨论分析，到中期编制报告、交流分享，再到后期程序编制、整体把握，我的组织能力、合作意识和编程能力都得到了极好的锻炼。" "和伙伴一起思考解决方法，和同学多交流提高效率防止走弯路。团队合作多多交流很有帮助"
克服困难的成就感	22.7	"假如用一个词来形容从开始讨论到最后的成果表达这个过程，第一个想到的词就是——挑战，从思路混乱到一次次讨论后渐出灵感，从每天纠结到熬夜做实验报告，每一步都没有之前想象的轻松" "编程是一个有趣、辛苦又快乐的过程，从项目开始时的摸不着头脑，到一个小小的循环就停滞一整天的调试，再到最后完成一个完整程序的欣喜若狂"

续表

体会归纳	占比(%)	典型表述
提升了学习、研究等多项能力	22.7	"在面对诸如程序出错的问题时,不再只是盲目抱怨,而是能冷静下来考虑背后的原因和解决方案。这次作业培养了我们通过现象研究本质以及从细节发现问题的能力,打破常规的学习方法,是个可贵的锻炼机会。" "这次作业使我在工作过程中的细致度和准确度都有所提升"
分享研究过程中的经验	20.5	"写程序开始时,不妨先理清整体思路,分块进行,不容易在编写的过程中出现理不清的头疼状况" "编写程序的过程中要注意细节,比如语言的标准化,这样才能避免频频出现的小问题"
加深了对研究对象以及专业知识的理解	13.6	"通过此次的作业,一方面对于具体的食堂空间有了深入的理解,另一方面也对于空间评价的量化方法有了一定的了解。" "这次通过NETLOGO多代理人模拟的方式进行学苑食堂底楼餐厅优化设计的过程启发我们用科学的方法和手段解决问题。促使我们对自己熟悉的日常生活空间环境进行探究和思考。解决问题的过程同时也是一个良好的学习过程,经过思考和实践我们无疑可以更好地掌握相关知识"
改进了学习和处事态度	9.1	"要让软件真正的为我们的专业服务就要着眼更远大,落脚点却要踏实细致。我们在努力。" "严谨。一个括号也可能让你检查半天,还是养成随时整理代码的习惯比较好,对于学习、生活、研究应该都是如此,注意细节可能看似浪费时间,事实上相当提高效率"

的45.5%),开阔了思路,能够以更理性的方式来开展分析和规划设计,并认为对今后的学习工作有很大的帮助。占第二位的体会是认为该方法可以应用到城市规划以及很多其他领域来解决实际问题(38.6%),激发了对日常生活环境的探索和思考。占第三位的体会是认识到把握规律的重要性(29.5%),特别对个人行为、心理与环境关系的关注,说明学生对"以人为本"的理念开始有更切实的理解;而一句"处处需要规划"的表述更是体现学生对规划的认识提升,已经不仅仅局限于专业;这一小练习之下的逻辑是普适的,这将对学生产生持久的影响。其他的体会包括合作的快乐、克服困难的成就感、研究和表达能力提升等方面,另笔者高兴地看到这次教学中学生获益良多。

4 讨论

4.1 教学经验

总体来看,此次教学达到了预期的目标,并产生了一些预料之外的良好效果。笔者认为此次教学首要的成功之处在于从一开始就提起了学生学习多代理人模拟技术的兴趣,成为学生主动、积极学习的最主要动力。这一效果主要是从两方面来达到的。首先在介绍课中抓住了学生希望丰富规划设计思路和方法、希望掌握更理性的规划依据的动机,通过阐述城市现象是由千万个体复杂交互的产物,进而引入多代理人技术对于解决复杂社会问题的强大功能,使学生相信,该技术可以用来解决他们的疑惑。接着,通过丰富多样、充满趣味、交互性强的多代理人程序案例展示吸引学生,使其产生强烈的好奇心和跃跃欲试的冲动。所以,第一次课总结起来可以说是"利用动机,明之以理,动之以情"。

第二个成功之处就是给学生自由发挥的空间。在学生首次接触NetLogo时让他们自选题目。介绍课后,学生肯定已经酝酿了一些自己很感兴趣的题目,正好可以通过首次操练得以实现。在自我实现的驱使下,他们可以学得更快。第二次作业限定了题目的大方向,但具体问题的确定仍由学生自己决定,目的是希望他们能够按照个人的理解和关注,从不同的角度、采取不同解决方案来对待同一个问题,充分展现每个人的独特想法和本领,只要言之有理,都可以对实际有贡献。在具体的编程教学上,也只进行基础技能的培训,高级技能让其通过自学、互学、师生交流在课后获得,按其需要充分发挥其能动性和创造力。这些经验概括起来即"给空间,助创造"。

第三个成功经验是采用循序渐进的教学原则。第一次作业的要求比较简单,为了不给学生太大压力而削弱了学习的兴趣,仅要求通过简单的编程实现感兴趣的题目。但事实上不少学生的作业已经达到相当的复杂程度，并主动向规划问题接轨。在学生掌握了基本技能后，第二次作业提高了难度，要求以研究的规范程度来完成作业，并能够较真实地模拟代理人行为，因此在课上介绍了研究范例让其参考。而食堂就餐的选题也是希望问题更贴近学生的生活，这样他们才有深刻的体会和思考，激发其解决问题的动机，更有助于问题的解决和调研。食堂问题比较复杂，但相比更加复杂的城市问题更适合于作为一个可以掌控的训练。食堂模拟的原理与城市规划有很多的相通之处，学生一样能够学到规划的思路和方法。这些经验可用"由浅入深、以小见大"来概括。

最后想说，除了教学实践，本教学的成功与多代理人模拟技术本身的价值密不可分。NetLogo 的高度灵活性和空间表达功能可以非常好地适应城市研究和规划的需要，学生也感受到了这一新工具的应用前景，同时又容易上手，能快速实现并检验想法，因而提高了学习的兴趣和积极性。

4.2 不足之处

本教学可以说实现了一开始提出的后两个教学目标：提供学生规划设计的创新平台以及提升学习兴趣，但是对第一个目标——加强对专业知识和技能的理解实现得还不够（仅 13.6% 的学生体会中明确提到）。原因是由于作业着重学生自由发挥，没有明确要求把已有的专业知识点纳入模拟开发过程。未来教学中可以更加明确这一要求，在程序设计中实现专业知识点的原理，并通过模拟观察知识点要素变化的效果，进而加深对知识点的理解和运用，应该能够与其他课程相配合获得更好的教学效果。

5 总结

本文介绍了笔者对城市规划本科生进行多代理人模拟教学的尝试，目的是提供学生理性分析城市现象和城市规划的工具，以及融汇专业知识技能、快速检验规划设计想法的创新平台，并提高其专业学习的兴趣。通过回顾学生的课堂、课后表现、课后作业以及心得体会后发现，本教学取得了超乎预期的良好效果：学生不仅快速掌握了 NetLogo 模拟技术，而且在设计选题和问题解决手法上均有很多创新，感到开阔了规划设计的思路，对新方法在城市规划实践中的作用表现出很多期望，对城市现象背后的规律性也有更加深刻的认识。这些现象在其他类似教学研究中也有发现，说明该类模拟教学可以产生稳定的教学效果。

笔者将此次教学的成功经验归结于契合学生的学习动机、激发学习兴趣、提供创新空间、教学循序渐进、选题贴近生活等几项。尽管这些经验不外乎一般教学的经典原则，但在此用新的实践来再次证明也不以为过。而多代理人模拟技术本身对于城市研究和规划的有用性也满足了学生的求知欲。相比于"模拟城市"之类的上层游戏和模拟软件，NetLogo 更加适合作为本类教学的手段和专业工具，因为使用者可以通过它来建立自己的世界，用于解决很多理论以及实际问题，使其成为一个理想的培养规划学生创造力的手段。

主要参考文献

[1] ADAMS, P. C. (1998) Teaching and Learning with SimCity 2000. *Journal of Geography*, 97, 47–55.

[2] GABER, J. (2007) Simulating Planning: SimCity as a Pedagogical Tool. *Journal of Planning Education and Research*, 27, 113–121.

[3] HUNG, D. (2002) Situated cognition and problem-based learning: Implications for learning and instruction with technology. *Journal of Interactive Learning Research*, 13, 393–415.

[4] MANOCCHIA, M. (1999) SimCity 2000 software. *Teaching Sociology*, 27, 212–215.

A Platform for Developing Students' Creativity
Exploration of Teaching Multi-agent Simulation in Urban System Analysis

Zhu Wei

Abstract: This paper introduces a pedagogical exploration of teaching multi-agent simulation to undergraduates of the urban planning major, with the purpose to provide students with a tool for analysing urban phenomena and urban planning more rationally, a platform for integrating academic as well professional knowledge and techniques and testing their planning and design ideas, and to promote students' interests of learning. The course teaches NetLogo in two stages: The first stage was aimed to make the students grasp the basics of the software; the second stage was aimed to make students apply the new tool to solve real-world problems, which was dining in canteen in this particular case. By reviewing the students' homework and feedbacks, it is found that the effect of the teaching was over expectation. The students not only grasped the software quickly, but also made innovations in topic selection and problem solving. They learned more advanced programming techniques by themselves; they thought their way of thinking was broadened, had deeper understandings of the mechanisms behind urban phenomena, and expected further application of the new tool in urban planning practices. The success of this exploration can be attributed to stimulating students' motivation, providing space for innovation, and taking a step-by-step pedagogical arrangement.

Key Words: Multi-agent simulation, teaching, creativity, urban planning, NetLogo

基于信息化平台的"微教学"模式探索

杨俊宴　胡昕宇

摘　要：信息时代对传统的城市规划学科教学模式起着深刻的推动变化，学生的学习方式、生活节奏、知识结构本身都正发生巨大的转变。传统的固定式设计课程教学过程已经不能完全满足新的城市规划教学需求，本文阐述了基于信息化平台的"微教学"教学模式的内涵特征，提出开放联动式，协作研讨式，师生交互式，情景再现式四种教学模式。在此基础上，探索以碎片化教学为基础的即时短促教学单元，以感性设计与理性逻辑共同培养为核心的开放式教学单元，以突出个人能力为目标的激励式教学方式，以师生互动为核心的教学反馈模式和以信息交流为平台的多元化教学模式五种培养方式，弥补传统教学模式的不足，激发城市规划专业学习的主动性和积极性。

关键词：微教学，信息化，即时教学，针对性

1　引言

信息化时代对年轻一代带来了深刻的变化，也对城市规划专业教学产生了巨大的冲击。城市规划学科学生的社会网络、学习方式、学习节奏、知识获取的途径以及交流沟通的方式都在发生内在的转变。从学习工具来看，城市规划与设计的学习方式已经不仅仅停留在传统的类比式设计工具（如草图纸，手工模型，绘图板，绘图笔）上，而向数字化设计系统（CAD制图，多媒体表现，3D打印）转变。从学生本体来看，与传统的学生性格特征比较，信息化时代的学生正往积极可变的趋势发展，洞察力、自我调节、创造力成为这一时代学生的性格优势，在专业知识和信息快速流动传播的推动下，学生不再满足于理论课认真听讲，设计课老师示范等单向的知识与技能学习，提出了更高、更有针对性的学习需求。从学科内涵来看，城市规划的外延与内涵不断扩大，逐渐向社会、经济、环境与地域拓展，知识体系的快速更新也促使城市规划教学不断地探索多元化的教学模式创新。

本文根据信息化时代的学习需求和教学特征，在多年学生访谈调研和教学实践探索的基础上，提出基于信息化平台的"微教学"教学模式，作为原有规划设计教学模式的补充，以针对性地解决学生个体问题为核心，采取微型化、碎片化以及开放式的特征，提升教学培养的质量。

2　传统教学方式存在问题剖析

城市规划与设计的传统教学方法经过几十年的发展，已经形成一整套教学培养模式，也发挥了很好的人才培养效果。在信息化时代的快速发展中，也暴露出一些不足之处。

2.1　设计教学时间的固定僵化

在传统的教学模式中，规划设计课时间通常是固定的节奏，图1为某高校本科四年级的课程表，从该表中可以看出，规划设计课一直设置为周一及周四上午1~4节课。这也是大多数高校规划专业的普遍课程安排。

设计教学时间规律化的同时，也出现了固定僵化的问题：在实际课程设计中，学生往往会在设计过程中遇到各种难以解决的问题，这些问题可能是随时出现的，有的是指导教师几句话点拨就能解决的，但是这些问题又只能在一周2次的固定设计课时间内去请求教师指导，往往因为得不到及时解决或是深入探讨而被忽略，困扰

杨俊宴：东南大学建筑学院城市规划系教授
胡昕宇：东南大学建筑学院城市规划系助教

		星期一	星期二	星期三	星期四	星期五
上午	1 2 3 4 5	城镇总本规划 [1-16周]1-4节	城市经济学 [1-16周]3-4节 四牌楼中山-404	城市设计概论 （双语） [5-16周]1-2节 四牌楼求是-300	城镇总体规划 [1-16周]1-4节	GIS及其在城市规划中的应用 城镇总本规划 [1-16周]1-4节 [5-8周]1-2节 四牌楼中心-303 城市中心（区）发展规划 [1-8周]3-4节 四牌楼中心-212
下午	6 7 8 9 10		城市道路与交通 [1-16周]8-9节 四牌楼中山-404	GIS及其在城市规划中的应用 [5-8周]6-8节	近现代景观史 [1-16周]6-7节 四牌楼礼东-202	

图 1　某高校本科四年级课程表

了学生规划设计的深化。

在教学单元时间方面有同样的问题。从图 1 中可以看出，设计课程的时间通常安排为 1~16 周，每次课程的教学时间均为 4 节课，无法随着设计课程的深化而调整时间长短。而在实际课程教学中，规划设计前期调研构思阶段的教学时间是非常宽松的，实际工作量只有该课时时间的一半；而设计中晚期由于设计深化调整的工作量大，设计教学时间较长，大大超过了课时规定的时间，造成前期宽松有余，中后期课时不够的问题，一成不变的教学单元时间带来低效的时间利用率，也难以解决设计中期学生的所有设计问题。

2.2　教学过程循序渐进和单向传输难以适应信息化时代跳跃式的知识获取

传统的规划理论课堂教学以传授技能和知识的单向教学为主，教师站在讲台上进行教学过程，学生在讲台下被动接受知识和技能。这种教学方式适合普适性的知识传授，讲究知识的层层拓展深入，学习的台阶式提升。这在知识获取途径单一的时代是有效地，但信息时代的知识快速传播和跳跃式传播，使得学生不再满足逐步提高的过程，学习过程变得更加跳跃式。如在前期基础知识教学阶段，学生就会通过网络获取后期复杂知识，甚至对某些前沿信息产生兴趣，入手学习，这种跳跃式的知识传播，对传统循序渐进的教学体系产生了挑战。

2.3　教学问题缺乏对个体的针对性解答

规划设计教学中对于学生产生的问题给予足够的重视，但是由于教学时间所限，不可能逐个学生解决所有问题，同时针对单个学生的问题解答也难以使所有学生所收益。尤其缺乏解决学生针对性问题的“交互式”信息传播。现代学生更加追求个性自我，寻求自我价值，学生洞察力和创新能力的提升使得他们有越来越多的个人看法，从被动接受向主动探索转变。传统的面对面的课堂教学由于教师与学生之间身份的差异，许多学生不愿意当面进行直接的问题交流，忽略探索中遇到的相关问题。

2.4　教学过程的反馈缺乏平台

传统课堂教学已经应用多媒体进行互动的教学反馈，教师与学生通过多媒体图像和问答中得到多重反馈，但是由于设备有限和缺乏平台，这种互动交流经常是即时性的，教师无法将每次教学互动反馈的过程记录在案，也难以从多次教学过程中吸取经验及教训。

3　“微教学”的概念及特征

3.1　微教学的概念

微教学概念来源于美国斯坦福大学的怀特・艾伦等提出的微型教学概念（microteaching），是将常规课堂教学过程中复杂的教学技能予以分解和简化为各个单一

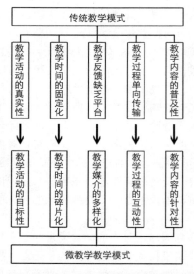

图 2　微教学教学模式与传统教学模式特征比较

资料来源：作者自绘。

的教学技能，使初学者更容易掌握，并达到规范化的目的。本次教学研究提出微教学概念是在微型教学的基础上，结合信息时代特征发展而来，其内涵特征为：打破原有固化的课堂模式，形成碎片化、及时性、微型化的教学方式，并完全利用数字技术和即时通讯平台，能对某个单一问题的深入交流。在课堂面对面教学以外，远距离和学生个体或者学生簇群进行针对性的点对点交流，形成课堂以外24小时的熏陶潜移默化、言传身教的开放式交流，能深入探讨及分析问题，解决学生的困惑，以达到专业知识及技能的交流。

3.2 微教学的特征

教学活动的目标性：微教学是目标明确的教学，虽然不是面对面的教学方式，但教学过程中教师和学生都明确自己扮演的角色、需要解决的问题、担负的责任以及要达到的目的。

教学时间的碎片化：微教学是将完整而固定的长教学时间分解成短时间的、不固定的教学时间，达到及时解决学生遇到的教学问题的目的。

教学媒介的多样化：微教学可以借助于信息化的媒介设备，如QQ，微博，论坛等，也可以借助专业化的媒介设备，如网络辅助教学平台等，达到无需同时同地点进行教学的目的。

教学对象的小型化：微教学参加的人数不宜多，除了教师之外，最多不超过10人。实践证明，人数较少在实施机动灵活的讨论与评价时会更加充分与深入，也更加易于指导教师了解每位学生的特征与掌握程度。

教学内容的针对性：微教学具备时间短，参加人数少等特征，同时决定了其每次教学内容单一并具备强针对性，不断重复且深入的讨论能加强学生对该项技能的接受程度。

4 "微教学"的教学模式

4.1 开放联动式：微博与论坛

开放联动式教学模式是指教师采用微博、论坛等教学模式，在网络平台上与学生进行专业课程问题的互动和探讨。微博具有便捷开放、及时互动、自由群聚的特征；相对于微博的完全开放，论坛则多了访问限制，可以面向更加明确的学生簇群。开放联动式教学互动不受

地点与时间甚至参与人数限制，教师和学生可以利用一切碎片化的时间，交流问题与想法。此外，微博在教学中的应用非常注重师生之间的良性互动，针对提问学生的明确问题予以解答，避免了传统的知识单向传输的问题，而由于微博的开放式特点，单个问题的解答过程可以为用开放、分享、平等、互惠等理念代替原有的集中化、等级化、权威化的教学。

图3是微博的"微话题"功能在城市规划教学中的应用，教师结合专业教育，在微话题面板发起"中国城市的公共性"话题，同时发表观点，对此观点感兴趣的学生在该观点下留言进行探讨，最后达到熟悉教学内容的目的。教师和学生在交流互动中一起完成教学任务，不仅能充分调动学生的积极性，也能培养学生的人际交往能力。在教学实践中，每周结合设计进度，发起教学讨论，如"场地调研的技术方法、访谈问卷如何统计分析、空间构思的3种模式"等讨论话题，完全结合设计课程进度，讨论学生正面临的难题，激发起同学们极大的兴趣投入其中。

图3 "微话题"功能在城市规划教学中的应用
资料来源：作者自绘。

4.2 协作研讨式：QQ群与微信群

协作研讨教学模式指的是教师采用具备组群功能的软件如QQ、微信等建立组群，在网络平台上建立教学小组，围绕不同阶段的学习目标，进行协作研讨的教学

模式。

网络组群具备即时性、自由性、群聚性等特征。教师和学生采用组群的协作学习法，可以在很大程度上发挥小组成员之间在现有知识上的互补作用，也可以发挥学生之间的协作研讨精神，弥补教师传统授课过程中缺乏协作讨论解决问题的缺陷。此外，群组教学具备较强的协作性和同时性，教学时间可以贯穿于教学任务从开始到完成的全过程，从而实现学生协作讨论与教师引导教学共同完成教学任务的目标。

图4是"群组"功能在城市规划教学中的应用，每个教师指导一个规划设计教学任务就单独设置一个QQ群，教师和学生在QQ群协作互助中一起完成教学任务，解答同学们设计中的任何问题，发布该阶段样板图纸，总结每个阶段学生普遍出现的问题，指明未来工作重点，不仅能提高设计成果的质量，还能激发同学之间的讨论，培养学生的团结协作精神。在每个课程设计结束，将该QQ群所有资料打包下载，教师就获得了一个完整的课程设计教学资料，其中记录了学生在每个设计阶段的问题点滴和解答过程，对教学累积和教学总结有很大的帮助。

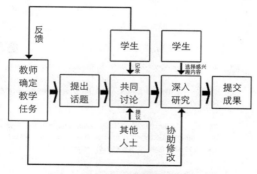

图4　开放联动式教学模式流程
资料来源：作者自绘。

4.3 师生交互式：Email、QQ、短信

个人互动教学模式指的教师与学生借助网络或者手机交流平台，采用Email、QQ 短信等联络方式，面对个人在设计过程中出现的问题、灵感，实现"一对一"的针对性交流互动的教学模式。个人互动教学模式具备自由性、针对性、单一性、及时性等特征，能够针对不同学生的不同教学问题进行交流互动和学术探讨，是传统的课堂教学方式无法解决的。而且这种远程联络不是直接沟通，而是间接进行的：学生随时可以提出问题，不影响其他学习进程；教师也不必立即回答，可以抽零碎的闲暇时间翻查资料，回答问题，不干扰自身的其他科研教学工作。尤其在学生设计深化的关键阶段，帮之学生及时抓住设计构思中的灵光一现，实现创新突破，或者及时指出学生设计中的问题，避免大量时间做无用功甚至是错误的方向。

4.4 情景再现式：校内网漫画

情景再现教学模式指的是教师借助网络交流平台再现教学情景，如通过人人网漫画、隐喻再现等手法，将正在进行的教学情景趣味化，夸张化，传达适宜的教学内容，实质上是教师对教学效果的反馈，对学生进行再教学的方式。这种再现是夸张的，让同学体会设计中的种种乐趣，快乐学习；其批评也是隐喻的，不指名地指出目前设计组存在的问题或者缺点，让同学在会心一笑的同时改变自己的错误。

情景再现教学模式具备以下优势：

①教师易做到准确评析教学过程，克服主观因素（如遗忘或记忆不清等）带来的问题，在每次现场设计教学结束以后，通过回溯重新思考其中的场景，表扬好的苗头，点出不好的潜在问题。

②学生既可看到教师漫画中对他们的评析，又可作为实况场景的参与者，看到自己的在教学过程中的表现，自我评析。微教学中的被再现者的双重身份，有利于调动学生的主动性，有利于巩固正确技能和纠正错误动作。

③漫画情景再现的趣味性淡化了教师对学生的短处以及学习错误的批评，化解了学生在学习过程中"不敢交流，怕犯错误"的尴尬，减弱了和教师交流的等级性。学生在微笑中接受教师的批评，奋起改进，调动了学生学习积极性。

如教学中某同学设计能力较强，但是拖延症比较严重，每个阶段都会来不及完成，教师并没有挡名批评他，而是专门为他画了一系列漫画《乐观而拖延的少年》，描述了他几次设计拖延的场景，并期待他尽快深化完成设计。最后那位同学看到教师发布的漫画非常高兴，哈哈

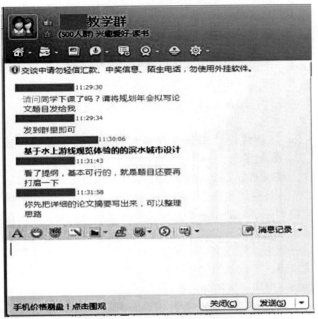

图5 "群组"功能在城市规划教学中的应用
资料来源：作者自绘。

图7 情景再现式教学
资料来源：作者自绘。

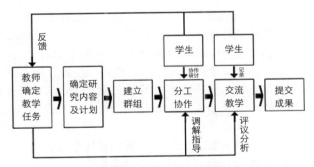

图6 协作研讨式教学模式流程
资料来源：作者自绘。

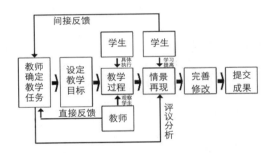

图8 情景再现式教学流程
资料来源：作者自绘。

大笑后一改以往拖延的毛病，提前完成了课程设计，并获得全学院最高分。

5 "微教学"的培养方法

微教学模式有很多种具体方法，基于信息化平台，

微教学各个教学模式特征 表1

教学模式	教学过程特征	教学对象特征	教学内容特征	教学时间特征
开放联动式	开放过程	群体对象	普适性	碎片时间
协作研讨式	封闭过程	群体对象	针对性	碎片时间与固定时间结合
个人互动式	封闭过程	个人对象	针对性	碎片时间
情景再现式	开放过程	群体对象	针对性	碎片时间

教师能够在原有规定的教学体系之余，采用各种灵活多变的教学方法，针对不同的教学内容和学生问题进行培养。

5.1 以碎片化教学为基础的即时、短促教学单元

将学期内城市规划设计课程作为一个连续的过程，从整体的角度来分配教学时间，增加碎化而短促的教学单元。在这个一体化原则下，将全部教学单元作统一的规划，适当打破原有固化的教学单元结构，从教学课程开始时就建立网络交流平台，及时反馈及综合各项来自教师和学生的意见。每周在固定时间与固定教学目标的主要教学单元之外，建立即时教学单元制度，其教学时间应由教师与学生共同决定，但必须保证每周的最低教学讨论时间以保证规划设计教学质量。此外，即时教学单元的教学目标应由教师主导，学生协作制定，避免教学时间不当的而造成的课时重叠和教学时间的低效浪费。此外，应加强网络交流及教学反馈制度，保障每次教学的高效集约。这种"碎片化"的培养方式有助于我们更清晰地认识到原来的固定教学模式中存在的各种问题，在"碎片化"教学单元中还建立了讲座制度和讨论制度，不仅点明了下一设计阶段的工作主题，更好地衔接设计专业课程和相关课程内容，而且可以加强学生之间的交流，深入探讨各个主题的内容。

5.2 以感性设计与理性逻辑共同培养为主题的开放式教学单元

在城市规划设计中，感性设计往往占据很大部分的内容，往往体现在个人审美以及空间感知上，但由于城市规划是一门复杂科学，涉及多方面知识，因此理性逻辑在规划研究及设计中同样重要。在网络上发布最新的设计信息，问卷调查以及设计问题，多渠道多行业开放式交流，不仅能为学生提供思维灵感，同时也能跨学科的交流提供坚实的分析基础以及开放的平台。

在开放式的教学单元中，教师应鼓励学生进行现场调查研究，绘制空间感知意向图并建立相关案例分析库，并组织多话题讨论，甚至利用开放式教学的优势，在整个教学过程中，向行业专家以及跨学科专家提问。开放式的交流教学平台，可以为理性逻辑思维和量化分析提供软件介绍及分析方法，如相关的Excel、Spss等数据软件，Mapinfo和Arcview等GIS软件，Sketch up等三维建模软件，同时为感性设计提供基地的城市环境、风貌特色、历史文化、空间感受等方面的素材。

5.3 以突出个人能力为目标的激励式教学方式

作为教学课程的目标是培养学生的个人能力，但在实际的教学过程中，首先需要的是激发学生对设计任务的兴趣。在微教学的培养方法中，运用开放教学，分组协作，师生交互，情景再现等互动性强的针对式教学方式，借助网络交流平台，及时从学生的个人能力和个人特征出发，做出不同的目标要求和能力培养模式，凸现个人学习特色和能力，同时也考察了学生的交流能力，团队协作能力，养成交流学习能力以及团队协作精神。

5.4 以师生互动为核心的教学反馈模式

打破大教室混合教学的模式，采用教师负责制的分

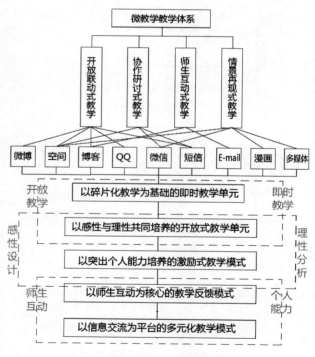

图9 "微教学"教学体系图
资料来源：作者自绘。

组设计单元教学，在课程设计伊始就公布各设计单元的设计题目和教学主题，进行教师与学生的双向选择。这种岗位教学制度使每个学生拥有自己的独立设计场所和共同的网络交流平台，学生在设计课之外能有大量机会独立或合作讨论分析，有利于师生之间以及学生之间的学术交流和教学反馈，培养学生的职业精神和团队意识。同时，教师在教学过程中可以根据学生的反馈意见和能力状态，及时调整教学目标，学生可以根据教师的反馈意见，及时调整自己的学习状态以及研究内容，这样的互动教学反馈模式既保证了学生的能及时得到教师的指引，又突出了学生的个人研究特色，充分强调"一专多能"的能力培养。

在信息技术日新月异的互联网时代，各种信息获取方式以及交流方式层出不穷，传统的教学方式已无法完全满足现代学生的需求，教师不仅应该了解学生的性格特征以及时代特征，也积极尝试新的教学模式，虚心向学生学习交流新的教学方式。在教学过程中，教师和学生应相互学习，共同提高，从相互学习过程中体会"教学相长"的交流乐趣。

6 结语与讨论

城市规划是一门历史悠久的学科，也是一门解决当代最新需求的学科，因此其教学培养模式需要不断加入新鲜血液。微教学的探索是在应对信息时代的学科变化、学生变化以及教学工具变化的基础上的一种教学改革尝试，希望能够通过时代性的探索，弥补传统教学模式的不足，更好地激发城市规划学生的主动性和积极性，为城市规划作为一级学科的教学体系构建提供新的思路和尝试。从这个意义而言，本文所述的探索只是近年教学一线工作的理论总结，仅仅是基于这种目标的开端，更多地尝试和完善还需要学界同仁共同研讨，推动城市规划教育的发展。

主要参考文献

[1] 张桂荣，朱天志.课堂教学技能训练的最优途径——微型教学[J].高等农业教育.2001，9：55-56.

[2] 袁丽.基于互动教学理论范式的微博辅助教学实施探究———以传媒类课程在新浪微博上的教学实践为例[J].价值工程.2012，24：248-250.

[3] 李冰，李滨泉，李桂文.数字时代下建筑设计方法的变革[J].新建筑.2009，3：95-99.

[4] 段文杰，唐小晴，王志章，张永红.中国大学生性格优势调查分析——跨文化视角[C].Proceedings of Conference on Creative Education（CCE2011）.华中师范大学.2011：528-531.

[5] 杜士珍.微型教学的基本特征及理论基础[J].高等函授学报（自然科学版）.1995，2：1-3.

Exploring of "Micro Teaching" mode based on Information platform

Yang Junyan　Hu Xinyu

Abstract：In the Information age, the traditional teaching mode in urban planning has witnessed tremendous changes in the way students learn, the pace of life, the knowledge structure itself. Traditional fixed design teaching process has been unable to fully meet the needs of the new urban planning teaching. This paper describes connotation of "Micro Teaching" mode based on

Information platform, proposes open linkage type, seminar-style collaboration type, teachers and students interactive type, scenario reproducing type four kinds of teaching type. According to this, the paper explores immediate teaching unit based on fragmentation teaching, open teaching unit based on emotional designing and rational logic, teaching methods to highlight the ability of individual incentives, teaching feedback mode of teachers and students interactive, diversify teaching mode based on information exchange five kinds of training methods, to make up for the lack of the traditional teaching model, inspiring initiative and enthusiasm of students in urban planning professional learning.

Key Words: Micro Teaching, Information age, Immediate Teaching, Targeted

城乡规划管理与法规课堂案例教学法探索

杨 帆

摘　要：本文阐述了城乡规划管理与法规课程采用案例教学法的过程，指出通过案例教学法能够让学生更生动直观地理解概念，并获取对城乡规划实践状况的认知，以及培养学生运用知识的能力。案例教学法将知识讲授的重心放在学生，放在事实，促使学生像规划师一样思考。在增强学生表达和交流能力的同时，帮助学生更准确地理解学科的逻辑，从而培养规划专业学生在具备空间设计能力、社会观察能力的同时，具备分析阐述能力和价值维护能力。

关键词：城乡规划管理与法规，案例教学法，规划研究

　　城乡规划专业本科"城乡规划管理与法规"的教学值得不断探索和积累。原因有三：其一，该课程内容涉及管理制度和法律法规等条律性内容，它所指向的行为规则与此前学生掌握的空间思维技能大不相同，空间设计在实施过程中面临着种种意想不到的因素，学生有时不愿接受这种事实；其二，在国家转型发展的时代背景之下，城市管理以及规划管理制度在各地都有不同的实践，充满着不确定性，容易给学生造成难以把握、与己无关的印象；其三，课程促使规划专业学生增加新的观察视角，在判断事物时综合考虑行事规则、决策规则、社会规则等准则体系，这些准则有时与学生先前接受的规划原理和规划规则相冲突，甚至无法调和。

　　事实上，该课面临的困难还不止于此。一方面，学生容易产生应付学分、混过了事的情绪；另一方面，很多规划专业的老师也觉得这门课可有可无、事不关己，认为涉及管理、制度、社会的知识和技能都应是在日后工作中提高的，不是在校学生的本分。

　　笔者认为，一名城乡规划毕业生应当具备四种基本的能力：空间设计能力、社会观察能力、分析阐述能力和价值维护能力。其中所谓的价值维护能力，也就是知道如何运用社会管理的工具保证规划价值的实现；这一能力从另一个角度来说，就是将规划及其价值取向当作管理城市和社会的工具，并充分运用好。同济大学城乡规划专业本科教育中不仅坚持讲授这一内容，而且作为一个持续不断创新完善的课程来对待，充分说明了在城乡规划专业学生的知识和能力体系中，非常有必要进行这种素质的培养。

　　在2012-2013学期四年级的"城乡规划管理与法规"课程教学中，笔者尝试采用"案例教学法"完成教学。从教学效果来看，学生们都很好地领会了教学目的，初步掌握了教学内容，教师也从教学中获得了启发。

1　通过"案例教学法"帮助理解相关概念

　　"城市管理"和"城乡规划管理"是这门课首先要涉及的两个概念。如果仅仅复述书本和阅读材料中的定义，即使学生把文字背下来也未必理解其内涵，课堂教学也就容易成为枯燥的照本宣科。

　　案例教学法不是在知识讲解时辅以"举例说明"的方法，它是学习者全程参与教学的过程。学生通过课前准备首先完成自我教育，通过课堂交流呈现自己的理解和认识，并接受同学的提问和老师的评价。比如，笔者针对理解"城市管理"和"城乡规划管理"出了两道题目："如何理解在政府职能部门中设置城市规划管理"以及"如何理解地方政府城市管理与城市规划的关系"。两道题目看似简单，但是要准确读懂并找到能够回答问题的案例，学生们必须在课余查阅文献，针对"政府"、"地方政府"、"城市管理"和"城市规划管理"等概念获得准确认识，还要遴选能够针对问题所问的实例。

杨　帆：同济大学建筑与城市规划学院规划系副教授

判定学生对概念的理解是否正确、选择的案例是否恰当，可以通过三个环节实现：其一，案例教学开始之前将学生分为若干小组，案例准备由小组成员共同完成，在完成的过程中，学生之间可以相互校正自己的理解；其二，在课堂交流环节，不同的小组之间会产生不同看法，相互之间会有启发，可以丰富对同一问题的不同理解；其三，老师针对每个小组的案例会给予点评，在点评过程中通过赞赏某些恰当的内容强调正确的做法。

通过案例教学，学生们逐步认识到"城乡规划管理"是地方政府对城乡建设活动进行规制的工具之一，并由此影响到社会经济的方方面面；发生于各地的城乡规划管理案例，是对某一个或一群行政官员进行的一项决策或一组决策这样事件的论述；这一过程并非与我们的专业无关，它是每一位城乡规划工作者所必须面对的。

2 通过"案例教学法"增强知识运用的能力

学生们通过听课所获得的知识，其根本目的是为了增强专业能力，而不是为了应付某项考试或者检查，"城乡规划管理与法规"课程更是如此。城乡规划领域的现实可能与教材所述相去甚远，学生需要通过一般性的知识信息获得对未来实践状况的感知，以增强对专业知识的运用能力。

2.1 将学习重心让给学生

"案例教学法"推崇将领会知识、发掘真理的过程交给学习者。传统的灌输式教学，甚至是问题驱动的（problem-driven）、经验为本的教学观念，都要让位于以学生为中心（student-centered）的小组研讨和发言。老师经常采用的"举例说明"，这种做法仍然是在为学生提供一个真理而不是激发他们去发现真理。事实上，一个教学案例没有最佳的确切方法，它提供给学生的是争端、问题、选择，以及信息，需要学生找到解决方法以及能够运用案例中的信息提供行动方案。❶

通过学习，学生们能够获得一些分析技术、技巧和解决问题的体验，从而达到理解事实，掌握知识的目的。这种亲历的体验是传统教学方法的薄弱之处，它不能给学习者以知识与事实之间关联的感受，从而降低了知识被理解和吸收的程度。因此，采用"案例教学法"教学，要愿意让学生部分地决定课堂内容和课堂讨论的节奏，

将学习的重心让给学习者。

2.2 通过了解事实掌握知识

琳达·爱德华兹曾说过，案例分析本身是一个创造性的过程。知识在脱离现实的应用环境时，不仅缺少帮助记忆的参照，而且缺少某种针对性。在与管理和法律有关的教学过程中尤其需要强调事实过程的作用，因为人们往往需要违背逻辑的正规形式而倡导价值判断，管理、法律分析因此被简化为四个基本因素：争论焦点（issue）、法规（rule）、应用（application）、结论（conclusion）。❷

"案例教学法"强调知识本身并不比如何获得知识、处理知识、应用知识更重要，应将教学的重心让给事实。由于城乡规划工作领域的特殊性，其"基本知识"体系的构成不仅远未明确，而且尚未完成；因此，在这样的专业性领域中，为了与实践相适应而对价值、规范以及态度进行整合，以及掌握更全面、更广泛的相关基本知识，两者相比前者无疑更为迫切也更为重要。

基于这种认识，笔者要求学生以一种与实际的决策背景相适应的方式来交流案例研究结果和建议。试图使学生认识到，这样的学习过程与他们未来将要面对的工作需要相一致，从而事实与知识的对应性得以构建。当然，作为一种探索，笔者并没有要求学生提供解决方案，而是首先要求他们将事实和问题认识清楚。

2.3 像规划师一样去思考

流行于西方商学院、管理学院的"案例教学法"强调培养学生一种"类临床医生思维"（thinking like a clinician），偏法学的课程推崇"类律师思维过程"，商业案例则培养明确界定的"类经理思维"（thinking like a manager）。

那么，"城乡规划管理与法规"课程教学是否应该培养学生"类规划师思维"（thinking like a planner）也

---

❶ 举例说明方式所提供的案例可以被称作"科研案例"，它不同于教学案例。

❷ 简写 IRAC。（美）小劳伦斯·E·列恩著. 公共管理案例教学指南 [M]. 郏少健等译. 北京：中国人民大学出版社，2001：6.

值得探讨。通过案例分析有利于学生去评价：在实际工作中各种制约因素给各级官员带来的压力；无论是否达到对问题的科学理解就要做出决策的必要性；大部分政策问题比较混乱，并且具有界定不清楚的特征；与规划有关的或者规划领域的政策决策，在更大的行政、政治的以及社会的背景中受到不同程度的约束。

这种对规划事实的认知使学生们认识到，除了必备的空间规划技能，还需要从城市管理、相关法规条文要求的角度审视"规划"（plan）——不管是空间规划还是规划分析、规划建议，还需要具备分析复杂问题以及构建有可行性的、政治上具有吸引力的解决方案的能力——这是对空间规划技能的必要补充。学习过程帮助学生养成在政治和官僚制生活领域中的分析习惯，并认识到在这一领域中分析的价值始终是不确定的。进而认识到，"类规划师思维"的形成基于政策分析能力与空间设计能力两方面。

3 指导学生完成完整的案例教学过程

在"案例教学法"操作过程中，笔者认为几个环节比较重要，并能够体现教学理念：

（1）选题。所谓选题，意指希望学生通过案例学到的知识或者技能要点，要求所选案例应能够围绕主题展开并突出核心内容。指导学生查找案例体现了两个教育目标：其一，在特定情况下识别和应用相关知识所需要的技能；其二，体会涉及整合、判断以及应用等方面的，具有以问题为导向的、跨学科的现实世界中的实践。

（2）信息搜集。要讲好一个故事并能完成具体的教学目标，部分地依赖于能否成功地研究和掌握有关的全部事实。因此，寻找信息全面案例的准备工作非常重要，并且，预先研究问题能够有助于调动学生的热情，促使他们为讨论做好准备。参加实际规划项目的经历、文献和学位论文、网络新闻等是主要的案例来源，从案例分析的针对性和学习效果来看，亲身经历的规划实践是其中最好的信息来源。

（3）写作。基本信息搜集完成后，就需要学生按照基本的案例撰写要求进行整理。一般没有经验的学生选择或撰写的案例总是会长一些，也会忽视比较重要的细节，但是，这并不影响案例教学的效果。材料整理过程中，笔者建议学生应突出与争议有关的主角、要解决的争议

点、作为妥协和谈判基础的信息、达成解决方案的斗智斗勇的过程；暂时尽可能地保持中立，尽可能不预先判断或排除你不喜欢的某些可能性——即使你认为自己发现了"真理"。

（4）小组合作。笔者强调以小组为单位完成案例准备，并将小组表现作为对个人表现评判的标准，以培养学生的团队工作和协调不同意见的能力。不允许学生只是充当纯粹的旁观者或者逃避为准备发言做努力的责任，使每个学生都面临着即便自己宁愿不做出决定也必须做出决定的情形。这种感觉非常接近规划实践的真实情况。

（5）交流。课堂中应给予学生更大的民主，学生们与市民类似，都有权分享一部分权力去选择谈论什么和达到什么结果，而不管他们的技能或者准备情况怎样。同时，教师应当注意到每位学生有着不同的学习风格：寻求达成一致的人倾向于避免或者消解冲突，而真理追求者则惯常对得出的结论和他人的观点发出猛烈攻击。因此，针对不同的教学目的——无论达到对概念的掌握，还是培养学生识别和注重相关事实的能力——都应当在案例教学过程中为各类不同学习风格的学生提供机会。但是，课堂交流应避免有些学生过于炫耀自己、试图支配讨论进程或影响其他参与者。

（6）点评。这应该是"案例教学法"课堂上教师主要能做的事情，这对教案或者教学计划的实施带来的挑战是，案例教学课堂有各种难以预料的结果，教师只能计划如何开始，无法预先知道和准备好要说的一切；换句话说，教师不能让课堂进程完全按照自己的设想进行，反而说明案例教学某种程度上更为成功。教师与学生在这个课堂上的权力是平等的，让学生尽可能发挥，并静等启示的到来。因此，必须让学生处于讨论的中心，教师要克制住自己的观点并扮演辅助者的角色。教师可以通过将大家的注意力集中在某个学生的言论上来认可他的努力；通过对他们的观点做出反应，或复述或概括他们的观点的准确程度等反映出对他观点的认可。

4 引入案例教学法的意义和作用

4.1 强调对能力的培养

传统的教育依靠外在激励物——分数——来激发学生的学习动机，而往往激发的可能只是学生的服从行为。

"案例教学法"使学生们围绕案例引起争论,锻炼分析问题和解决问题的能力,并由此获得对理论或者知识点的理解,激发的是学生探究和自我教育的动机。

笔者通过案例教学,告诉学生们学习"城乡规划管理与法规"这门课不仅仅是为了考试,更重要的是对规划实践状况的了解;通过这种了解,去反思自己的不足,建立将科学的探究与解决社会问题整合起来的能力。规划专业的学生应当具备的,除了绘制蓝图,还要有与其他人、与社会相处的智力,而这种智力是由经验塑造的,是个人与环境互动的产物,是抽象知识的扩展能力和运用技能。

4.2 帮助学生理解学科的逻辑

通过案例教学,笔者还想让学生初步了解"城乡规划学"的学科逻辑,通过教学方法的改变,达到解读和诠释城乡规划的目的。如果学习者的身心不去参与探索,那么学科的逻辑对于学习者来说不可能真正有意义,想要在某种程度上改变你的学生以达到育人的目的就难以实现。

理解城乡规划逻辑这一命题可能对本科学生来说比较困难,但是,通过案例分析去了解规划实践,从知识和能力上进行"储备",无疑对学生未来的发展是有益的。教学效果显示,学生们发现规划领域并没有唯一正确的答案或者做法,没有唯一正确答案并不意味着没有答案或者所有答案都同样重要,也不意味着没有对答案进行选择的标准。比如,在针对"如何理解城市规划是对利益的分配"这一主题搜集案例的过程中,学生们发现,处于事件焦点中的规划者的伦理道德,连同他的专业和政治判断都可能对项目的建设质量产生显著的影响,这一认知无疑有利于学生了解城乡规划学科的逻辑。

4.3 增强学生的交流表达能力

"案例教学"是一门自发管理的艺术。❶教师只是设计者、主持人、仲裁者、学生的同学、临时的"法官"。通过教学能够提高和增强学生的评论性、分析性的思维和概括能力,包括辩论、说服等方面的能力和自信心。同时,学生能够获得一种经验,就是在碰到任何模棱两可的情况下,都必须自己做决定,而不能依赖什么专家权威来提供答案。这些方面,都是城乡规划专业学生在实际工作中所必须具备的能力。

5 启发

通过在"城乡规划管理与法规"教学中运用"案例教学法",除了获得了学生的认可,笔者也对专业的理解更加深入并受到若干启发。

(1)实施"案例教学法"有一定的难度。在城乡规划教育中采用案例教学法的主要难度,是在对某个规划建设行为的短期评价、长期评价,以及多角度评价、单一角度评价之间进行平衡的错综复杂性。同时,还有选取典型案例的难度——一般来讲,没有哪个地方的政府会承认某一规划或者建设项目在某一时期是错误的,而最重要的、最具启迪价值的恰恰是那些针对失败案例的分析。

(2)案例教学法的流程设计非常重要。也就是说,是先进行基本知识讲授然后切入案例教学,还是直接进入案例教学,逐步引出基本知识内容。这需要一个通盘的考虑。先从案例讨论开始,可以对学生群体进行预先评价,以便及时调整教学计划,强调的是归纳能力。以案例教学作为结束,可以用该案例来检测学生的推理能力和讲课程材料运用到相关问题上的能力,强调的是演绎能力。这种灵活的教学安排,需要在教学管理上给予足够的创新空间。

(3)向学生强调返回审视空间语言。城乡规划专业注重用空间语言表达对城市社会的理解和展望,用空间语言去解决观察到的问题,并尽可能避免产生新的、因为知识的缺陷和理解的偏颇造成的误解,以及有意地忽视带来的问题。案例教学法的价值是与应用知识和进一步学习的侧重程度相适应的,就本科阶段的学习而言,影响空间设计能力是其最直接的结果;当然,也同时为学生选择规划管理和对更广泛利益诉求进行协调的工作埋下"种子"。

(4)开展案例研究以拓展新的研究方法和研究领域

笔者在采用案例教学法的时候,要求学生自己完成案例撰写。这虽然还停留在文献研究的层面,但目的是

---

❶ (美)小劳伦斯·E·列恩著. 公共管理案例教学指南 [M]. 郏少健等译. 北京:中国人民大学出版社,2001:48.

希望学生将案例研究当作一种研究方法,并通过案例研究,了解城乡规划专业的基础知识架构和形式逻辑。事实上,教师和学生共同合作完成的案例研究和案例教学过程,既为"城乡规划管理与法规"课的讲授提供了新的思路,也为学生和老师双方提供了新的理解所学专业的视角。

主要参考文献

[1] 杨帆.让学生讲给我们听——城市规划管理与法规课程互动教学的探索.人文规划创意转型——2012全国高等学校城市规划专业指导委员会论文集[M].北京:中国建筑工业出版社,2012.

[2] (美)戴维·H·罗森布鲁姆著.公共管理的法律案例分析[M].王丛虎译.北京:中国人民大学出版社,2006.

[3] (美)小劳伦斯·E·列恩著.公共管理案例教学指南[M].郄少健等译.北京:中国人民大学出版社,2001.

[4] (美)科尼利厄斯 M 克温著.规则制定——政府部门如何制定法规与政策[M].刘璟,张辉,丁洁译.上海:复旦大学出版社,2007.

An Experimentation of Case Teaching Methods of Urban Planning Management and Regulation Course

Yang Fan

Abstract: This paper elaborates the whole process of teaching with case of Urban Planning Management and Regulation Course, and points out that it would make the understanding of concepts easy through Case Teaching Methods. The students can get the true condition of urban-rural planning practice, and can learn how to use knowledge in planning practice through teaching with case. It put the heart of instruct on the learner, on the fact, in order to impel the students thinking like a planner. Teaching with case can strengthen the ability of communication and express of students, help the understanding of the logic of course. Through teaching with case, we could try to construct the ability of preserving the interests of planning of students, except the ability of spatial design, social surveying, and problem analysis.

Key Words: Urban Planning Management and Regulation, Case Teaching Methods, planning study

城镇总体规划多方案分析教学的内容与方法研究

王兴平　李迎成　沈思思

摘　要：多方案分析是总体规划的核心环节，也是总体规划教学的重点和难点。现有教材对此均没有系统、规范的阐述，导致学生无法系统、规范地理解总体规划的分析方法。本文在综述已有研究的基础上，对城镇总体规划多方案分析的内容要点进行了系统梳理和规范化建构，对发展多方案及空间布局多方案的分析方法进行了系统的归纳与总结，研究认为，发展多方案的分析包括以定性为主的初步遴选、定性与定量分析的二次优选、以"检验"为目的的最终优选三大部分内容；空间布局多方案的分析包含基于城市开发重点的比选、基于城市发展方向的比选、基于城市战略结构的比选、基于城市功能布局的比选四个层次。针对这一规范性的分析方法，结合教学实践，总结提出了循序渐进式案例教学的具体步骤和模式。

关键词：总体规划，多方案，教学方法

1　城镇总体规划教学的难点：多方案分析教学

城镇总体规划多方案分析是城镇总体规划在方案形成过程中应对诸多不确定因素的重要技术手段，同时也是规划方案科学性的重要体现。现阶段，在我国新型城市化及社会转型发展的大背景下，来自社会、经济、政治、文化、科技、环境等方面的变化为城镇总体规划的编制带来了新的挑战，以往基于城市发展历史的渐进式规划方法已经难以应对诸多复杂的、无法预测的因素的影响，故多方案分析成为城镇总体规划的重要技术方法。

城镇总体规划多方案比较的理论依据在于城市发展的不确定性。1927年德国物理学家海森堡提出"不确定性"理论[2]，从此自然科学界的"决定论"被彻底否定，诸多偶然性在历史发展中的作用被重视。延伸至城镇规划领域，城市未来发展的不确定性决定了城市未来发展的"蓝图式"愿景也不可能是单一的，而是多种可能性共存，并基于不同的策略选择与条件变化而呈现不同的可行性。然而，截至目前城镇总体规划过程中多方案的形成与比较并未形成完整的、具有普适性的理论框架或技术方法，这造成实际规划实践过程中巨大的随意性，规划师往往都是根据当前规划城市或地区的发展条件与特点做出多种发展方案，且往往存在"为了多方案而多方案"的情况，大大降低了城镇化总体规划的科学性和权威性。

多方案分析作为城镇化总体规划技术环节的重点和核心，也必然是城镇化总体规划教学的重点所在。但是，现有关于总体规划的各种教材和研究中，对于多方案分析如何教学、教什么内容并没有科学、系统的阐述。总体规划多方案分析的具体内容、环节和相应的规范性、系统性分析程序在理论上没有总结和明确，导致相应教学长期处于"模糊"的、随教师知识水平、案例城市特性而变化的非科学状态，严重影响了学生总体规划职业能力的培养。因此，多方案分析是总体规划的重点，而该方面具体内容的缺失则导致其教学无法确定性、规范性地开展，其"教什么"和"如何教"的难点急需加以探究和解决。

---

[1] 本文为江苏省2012年研究生教育与教学改革研究实践课题资助成果。

[2] 测不准原理. http://baike.baidu.com/view/51569.htm#3.

王兴平：东南大学建筑学院教授
李迎成：东南大学建筑学院硕士研究生
沈思思：东南大学建筑学院硕士研究生

2 相关研究综述

国内关于城镇总体规划的研究，主要集中在城镇总体规划的系统性方法研究[1][2]，对于城镇总体规划多方案分析的研究相对较少。

在城镇总体规划多方案形成与比较的方法探索过程中，"情景规划"成为当今研究的热门，并被看作成为城镇总体规划方案中处理未来不确定性因素、规划多方案生成及分析的有效工具[3][4]。有学者认为情景规划可通过焦点问题的确定、评估、确定可变性因素、建立模拟方案、测评评估模拟方案、政策的更新六个步骤，来处理未来的非确定性，以完成规划中多方案的生成与比较，最终科学的选择最优方案[5]。在情景规划与城镇总体规划用地布局方案的相关研究中，秦贤宏、段学军、杨剑借助GIS技术对适应多情景分析下的城市用地布局模拟与方案评价方法进行了探究[6]；谈晓珊提出构建嵌入规则约束的多情景规划模型，在情景归纳和情景模拟的环节都融入用地规则约束部分，即可根据外界条件的变化调整方案，以期提高规划方案的科学性[7]；钮心毅、宋小冬、高晓昱通过将情景规划和目标达成矩阵引入城镇总体规划，提出了由用地评价、情景归纳、情景模拟、情景评价四个步骤组成的生成和比较用地布局方案的通用方法[8]。

与此同时，在城镇总体规划发展多方案的研究中，学者们大多强调区域分析、产业分析、特色分析等在城市发展定位和规模预测中的作用[9~11]，盛科荣、王海提出城市规划弹性工作方法的思路，即在城市人口规模预测、城市化发展水平预测方面，赋予其一定幅度和弹性的值域（一般包括高、中、低三个系列），然后通过战略环境评价选取最优方案[12]。在空间布局多方案的研究中，王宏伟、罗赤通过研究珠海市发展的前景假设，提出多种可能的"极端性"方案，最大限度的考虑某一发展模式下城市供给要素最有利的用途配置，然后根据各方案对该项供给要素的需求程度和时间序列，确定供给要素的最佳配置[13]。

综上所述，学者们虽然普遍认识到城镇总体规划中多方案分析的重要性，对城镇总体规划多方案分析方法中部分要素和局部环节的多方案分析方法也有相关探索，但是系统的、普适的、规范的城镇总体规划多方案分析方法并没有被建构起来，各要素和单一内容的多方案分析方法和流程并没有被进行系统整合、关联和进行逻辑上的整体建构，无法作为科学的知识向学生进行传授。这正是本文希望通过探讨予以回答的核心问题。

3 教什么：城镇总体规划多方案方法教学要点构建

依据笔者规划业务积累和教学实践观察，多视角多层次的多方案比较分析的规范性方法，是城镇总体规划多方案教学的关键，其核心环节和要点是发展多方案及空间布局多方案两个方面，学生学习和教师教学过程中最难以把握的也是这两个方面，其难点在于至今缺乏系统的发展多方案及空间布局多方案的规范流程和方法。为此，笔者经过对有关规划和教学经验的总结，试图提出这两方面多方案规范性分析的具体内容、流程和方法，解决多方案教学中"教什么"的问题。

3.1 城镇总体规划中发展的多方案比较分析

城市总体规划中"发展"的多方案比较是城市总体规划多方案比较的重要组成部分。概括而言，"发展"方案核心是发展定位和发展规模两个方面，前者具有鲜明的战略性、综合性、地域性和动态性[14]，对城市在规划期内的经济社会发展起着提纲挈领的作用；后者则是城市发展目标的具体量化表现，主要涉及经济规模、人口规模和用地规模的预测。本文从多方案确定的阶段性出发，提出下述基于定性和定量分析相结合的"发展"多方案比较的"三选"技术路线，并在相关教学中向学生进行了讲授。

3.1.1 多方案的初步遴选

城市的发展模式对明确城市发展定位、确定城市发展规模具有重要意义，不同的发展模式决定了城市不同的发展速度，进而也决定了城市不同的发展定位与规模。因此，发展多方案的初步遴选就是要以定性分析为主，穷尽城市所有可能的发展模式和发展速度，初步遴选出城市"发展"方案的多种备选方案。表1列出了三种典型的发展模式所对应的内涵、特征与条件，但实际上不同发展模式的确定还要针对具体的城市类型，在这三种典型发展模式的指引下，进一步细分出与城市类型相符合的其他发展模式，构成多方案的初步遴选结果。

三种典型发展模式的内涵与特征　　　　　　　　　　　　　　　　　表1

发展模式	内涵	特征	适用条件
激进式	超越原有发展模式，寻求快速超前发展	开发和建设强度过大、目标和规模预期过高、增长和发展速度过快	重大产业项目、重要政策调整、重大基础设施建设、重要资源发现
稳健式	延续原有发展模式，寻求适度超前发展	发展速度较快、目标较高，但合乎发展规律和要求，不盲目追求规模	城市发展较为平缓，各项工作稳步推进，近期无重要的发展机遇
保守式	坚持原有发展模式，不寻求超前发展	较原有发展模式，其发展速度较慢、目标较低	城市发展出现衰退迹象，且近期又缺乏重要因素的推动

3.1.2 多方案的二次优选

发展多方案的二次优选是在初步遴选的基础上，对城市面临的区域发展条件和自身发展条件，进行定性和定量两个方面的综合分析，剔除初步遴选方案中与发展条件明显不符的"发展"方案，最终构成多方案的二次优选结果，这一阶段的技术路线如下图1所示。

首先，区域发展条件的分析是对初步遴选方案进行二次优选的一个重要标准，具体可以从以下四个方面展开：

（1）发展背景分析。从国家和区域层面对城市当前面临的时代背景、政策背景、产业背景等进行全方位、多层次分析，明确更大区域范围的发展方向；

（2）联系强度分析。运用定量分析的方法，具体测算出城市与周边地区的经济联系、空间联系和人员联系强度等，明确城市与周边地区的竞合关系；

（3）产业现状分析。城市产业的现状分析要跳出城市自身范围，结合区位商、产业同构指数、产业集聚度等定量分析方法，从区域层面比较分析产业的竞争力；

（4）承担功能分析。在明确城市当前在区域中承担的职能分工基础上，分析其需要优化的功能以及未来可以承担的潜在功能。

其次，自身发展条件的分析以SWOT分析方法为主，对城市自身存在的优势和劣势、面临的机遇和挑战进行综合比较分析，并判断城市对不同发展条件的利用程度，这些发展条件的不同利用程度的组合构成了对初步遴选方案进行二次优选的另一个重要标准。

最后，综合区域条件和自身条件的分析结论和判断标准，得出多方案的二次优选结果。这一阶段的多方案应该包括定位和规模两个方面，每个方面一般有三种备选方案。以定位多方案为例，其二次优选后的备选方案应该只包括高定位、中定位和低定位三种方案，且与规模多方案中的高、中、低规模相对应。

3.1.3 多方案的终选

在二次优选后确定的多方案基础上，进一步考虑与相关规划的衔接、与城市空间布局方案的耦合以及公众意见，得到多方案比较的最优结果。需要指出的是，最优结果往往并不是原先多方案里的某一个具体方案，而是以二次优选方案中的某一个方案为基础，对其他优选方案的优点加以整合之后形成的一个最优方案。这一阶段的三个工作主要以"检验"为目的，具体解释如下：

（1）与相关规划的衔接。检验二次优选后的多方案是否符合上位规划关于定位的表述和规模的要求，是否能与上版规划以及其他相关规划进行有效衔接；

（2）与城市空间布局方案的耦合。检验多方案中确定的定位与规模是否与城市发展方向、用地规模和产业

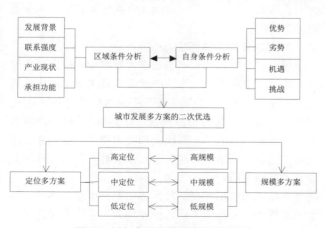

图1　多方案二次优选的技术路线

布局等方面存在矛盾和冲突,如果存在,则两者之间需要进一步协调;

(3)对公众意见的参考。强调公众参与是规划公平性和科学性的重要组成部分,因此,需要检验多方案中的定位与规模是否反映了大多数市民的发展意愿和需求。

3.2 城镇总体规划中空间布局的多方案比较分析

空间布局多方案是在城市发展定位确定的基础上,对城市未来空间发展多种可能性的探讨。要得到客观、科学的城市空间布局方案,首先要对城市发展背景进行深入的分析,通过回顾城市结构演变历史,了解城市现状空间布局以及与城市发展决策者的沟通与交流,对城市在其演变过程中的变化方式、目前所处的发展阶段以及未来的发展需要形成全面的认识,为接下来准确、客观地把握多方案比较分析奠定基础。故在空间布局多方案的比较过程中,本文提出从城市发展重点、城市发展方向、城市战略结构及城市功能布局进行前后相接的"四级"递进式空间多方案分析,每一层次的比较结构都是下一层级展开情景模拟的前提条件(图2)。

3.2.1 第一级:基于城市开发重点的比选

旧城改造与新区开发是城市在发展过程中经常要面临的两个选择,城市的发展也正是在旧城改造与新区开发的交替过程中进行的,因此,协调旧城改造与新区开发之间的关系是空间布局多方案分析的第一步。

将新区开发与旧城改造进行组合,可以得到"旧城改造为主,新区开发为辅"、"新区开发为主,旧城改造为辅"、"新区开发与旧城改造并重"三种模拟方案。其中,"旧城改造为主,新区开发为辅"方案的优势是可以提高与改善旧城区环境质量,恢复旧城区城市活力,但劣势是新区发展缓慢,不能形成足够的吸引力,通常是城市在发展初期的选择;"新区开发为主,旧城改造为辅"方案的优势在于可以迅速扩大城市规模,拉开城市空间骨架,劣势为投资金额巨大,旧城区的矛盾也会日益尖锐,这是城市在快速发展阶段的选择;"旧城改造与新区开发并重"方案是较为理想的发展方式,可带动旧城区与新城区同步建设,是可持续发展的重要表现,缺点是资金投入量大,一般在城市进入高速发展阶段之后才可能实现[15]。在具体的选择过程中,应根据城市现在所处的发展阶段进行判断选择。

3.2.2 第二级:基于城市发展方向的比选

在新区与旧城的发展关系明确之后,城市发展方向的多方案是空间布局多方案分析的第二层次,即以用地自然环境条件、交通条件、建设条件、其他条件等用地评价结果作为衡量标准,分别权衡城市向东、向西、向南、向北四个方向的优势与劣势,优选出城市最佳发展方向。其中,用地的自然环境条件包括用地形态及地貌(决定城市布局形态)、地势与地下水埋深(决定防洪排涝)、土地政策、用地规模(决定发展余地),植被绿化条件(决定城市环境景观)、坡度高程(决定城市市政及工程投资)等;交通条件是影响城市发展方向选择的重大要素,能直接带动两侧用地的开发建设,包括高速公路、对外干线公路、干线铁路等;建设条件主要表现为基础设施的配套建设及已开发程度;其他条件主要包括高压线走向、

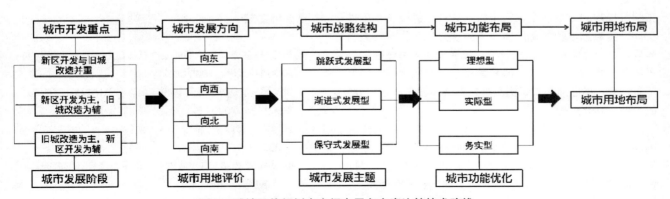

图2 城镇总体规划中空间布局多方案比较技术路线

区位优势、开发心理、土地本身的经济效益等[16]。

3.2.3 第三级：基于城市战略结构的比选

在已确定的新区与旧城开发关系、城市发展方向的基础上，空间布局多方案分析的第三层级主要是城市战略结构层面的分析。即确定城市中心与各城市组团之间的关系，根据城市发展主题的不同一般有"跳跃式发展"、"渐进式发展"及"保守式发展"三种。其中，跳跃式发展型是将新区组团作为城市中心区的外围组团纳入，各自发展，彼此之间较为独立；渐进式发展型是指带状发展，连接新区组团；保守式发展型指暂不考虑新区发展，以城市中心区的发展为主。针对这三种战略结构方案，具体比较中应从城市用地规模、发展门槛、经济发展模式、城乡区域联系、建设成本、区域景观环境等方面进行，以得到最优方案。

3.2.4 第四级：基于城市功能布局的比选

在第四层级城市功能布局的多方案比选中，根据所需投入成本、建设困难程度亦有"理想型"、"实际型"、"务实型"三种。其中，理想型方案为完全抛开城市建设中需要考虑的实际制约因素；务实型则更加尊重城市的现状条件，在城市功能的提高上也较为保守；实际型介于理想型与务实型之间，在现状基础上尽可能作大胆设想。进一步综合专家和领导者的意见、城市背景的基础上，权衡这三种方案的优势与劣势，最后综合三种方案提炼成为可实际操作且最大程度上实现了城市建设美好愿景的功能布局方案。

4 如何教：循序渐进式案例教学

总体规划作为综合性、系统性较强的规划类型，与工科院校规划专业学生在低年级培养形成的擅长物质性空间、具象思维和侧重形体表达的规划技能具有较大的差异，如何让学生实现"转型"，接受和适应总体规划中多方案分析方法，对教师的教学具有一定挑战性。依据笔者体会，循序渐进式案例教学是多方案教学"如何教"的关键，其要点如下：

（1）坚持循序渐进原则，按照由发展到空间的先后顺序，以及前述的基本分析流程，环环相扣地循序渐进进行引导式教学，避免将复杂的、多层次的内容整体"打包"灌输给学生，否则，学生只会更加迷惑于突然而至、无从下手的多因素和多环节、多情境中，无从下手。

（2）与案例教学密切结合，先介绍已经做过的案例经验，给学生实际演示其多方案构建、必选和决策的具体过程，并进行不同案例的比较，对其进行多方案分析的异同点进行说明，为学生树立起"活学活用"的基本方法观，避免按照单一、固定、程式化套路机械地构建缺乏生命力和具体适应性的标准"多方案"。其次，安排学生结合具体规划项目，从调研入手，在"实战"状态下进行多方案构建和分析，进而逐步掌握这一方法。

（3）把发展的多方案与空间的多方案之间的逻辑关联重点讲授，避免学生"就空间论空间"，或者搬用微观设计手法，从物质化、理想化的"空间概念"入手、脱离发展支撑构建空间多方案。

（4）基于案例研讨，师生高度互动交流，或者安排进行规划不同利益方的角色扮演与互换，让学生对基于主观选择、基于不同角色和视角可能形成的多方案切身体会，并与基于不同客观条件约束框定的多方案进行联系分析，从而对多方案构建、分析和比较选择的不同要素、多元视角加深认知和体会，以切实掌握多方案分析方法的内在精髓。

5 结语

上述总体规划多方案教学内容和方法要点是笔者教学经验的总结，在本校城市规划专业持续多年的教学实践中得到较好应用，对参与教学的本科生和助教研究生总体规划职业能力的培养发挥了重要作用。由于篇幅所限，本文没有结合具体教学案例对上述教学内容和方法进行说明，这将在以后研究中进一步深化和具体化。

主要参考文献

［1］岳登峰.基于城乡统筹的城市总体规划编制方法研究［D］.华中科技大学，2008.06.

［2］黄文娟.基于城乡统筹理论下的城乡总体规划研究［D］.重庆大学，2009.05.

［3］张学才，郭瑞雪.情景分析方法综述［J］.探索与争鸣，2005.8.

［4］张润朋，李嘉宁.当代城市发展与城市情景规划研究［J］.小城镇规划，2003.4.

［5］王睿.基于情景规划的城市总体规划编制方法研究［D］.

［6］秦贤宏，段学军，杨剑. 基于GIS的城市用地布局多情景模拟与方案评价——以江苏省太仓市为例［J］. 地理学报，2010.9.

［7］谈晓珊. 基于规则约束的城市用地布局多情景规划［D］. 南京师范大学，2011.5.

［8］钮心毅，宋小冬，高晓昱. 土地使用情景：一宗城市总体规划方案生成与评价的方法［J］. 城市规划学刊，2008.4.

［9］程茂吉. 基于区域视角的南京城市定位与空间布局［J］. 现代城市研究，2011.11.

［10］张登国. 城市定位及其影响基因分析［J］. 环渤海经济瞭望，2007.07.

［11］张义丰，穆松林. 基于地域识别的城市定位及发展模式——广东省徐闻县的实证分析［J］. 资源科学，2011.12.

［12］盛科荣，王海. 城市规划的弹性工作方法研究［J］. 重庆建筑大学学报，2006.02.

［13］王宏伟. 市场经济条件下城市空间增长的多方案比较研究［J］. 城市发展研究，2003.04.

［14］张复明. 城市定位问题的理论思考［J］. 城市规划，2003，3.

［15］张沛. 旧城改造与新区开发［J］. 城市问题，2000.01.

［16］蔡什谦，王剑波. 用地评价与城市发展方向选择［J］. 惠州学院学报，2004.6.

Research on the teaching model of Multi-plan analysis method of urban master planning

Wang Xingping Li Yingcheng Chen Sisi

Abstract: Multi-plan analysis is the core of the master planning as well as the emphasis and difficulty of master planning teaching. Current textbooks do not teach students to get a systematic and standard understanding of multi-plan analysis. Based on existing research, this paper makes a systematic and standardized construction of multi-plan analysis in master planning and summarizes the methods of multi-plan analysis in development and layout planning. The study suggests that multi-plan analysis for development includes three steps, that is, preliminary selection based on qualitative analysis, secondary selection based on qualitative and analysis for layout contains four aspects including urban development focus, urban development directions, urban development strategy and urban function layout. On the basis of this normative analysis method and combing with teaching practice, this paper puts forward the specific steps and model for incremental case teaching.

Key Words: Master planning, Multi-plan analysis, Teaching methods

面向时代需要的乡村规划教学方式初探

栾 峰

摘 要：根据国家有关要求设置的城乡规划学一级学科对于乡村规划教学提出了要求。新时期的乡村规划教学必须适应快速城镇化和产业化的时代背景，培养学生树立正确的乡村地区认识观和规划观，理解城市发展背景要求，认识到乡村地区与城镇的明显差异性，注重乡村统筹发展和特色资源保护。在具体的教学组织中应积极争取政府、企业等单位的支持并建立教学基地，乡村案例选择上宜尽量差异化并引导同学们多方案比较，注重针对性地增加有关乡村教学和评图，采取设计竞赛方式对于调动学生积极性有着明显作用。在教学成果方面，一方面要适当强调规范性，一方面也应当积极鼓励同学们探索，以避免乡村规划有关规范缺失和滞后的制约影响。

关键词：城市规划，乡村规划，教学方式

1 概述

中国的城镇化水平已经超过50%，国际公认的城镇化相对成熟阶段已经不再遥远，城乡格局演变也已经进入了关键性历史时期。在此背景下，党的十八大首提"美丽中国"，为践行科学发展观和城乡格局优化提出了战略性要求，而"美丽乡村"的倡议也迅速引发广泛共鸣。承担着"协调城乡空间布局，改善人居环境，促进城乡经济社会全面协调可持续发展"重任，经由城市规划转型而来的中国城乡规划事业，也因此被寄予了厚望。2011年的《学位授予和人才培养学科目录（2011年）》增加了"城乡规划学"一级学科，对于乡村规划教学提出了明确要求。同济大学城市规划专业为此继1950~1960年代的乡村规划教学实践，再一次积极创新调整课程安排，并于2012年首次结合城市总体规划课程开设了乡村规划板块，并秉承"从实践中来、到实践中去"的一贯传统，与西宁市有关部门结合课程设计共同组织了概念性村庄规划设计竞赛，取得了良好的教学效果和社会反响。

简要而言，同济大学的这次乡村规划教学实践方法和过程，在组织上采取与已经较为成熟的城市总体规划课程相结合的方法，整个教学环节包括暑期集中讲座、结合总体规划的现场调研和资料整理、回校后小组调研报告撰写、相对集中的分组乡村规划方案编制及其间的评图等阶段。作为本次教学的特色，则是与西宁市城乡规划局合作，共同选择典型村庄并采取设计竞赛方式，邀请专家评奖点评，积累了一定的经验。

2 树立满足时代需要和应对现实问题的乡村规划教学理念

虽然早在1950年代同济大学即组织过乡村规划教学，但教学小组在访谈研讨中认为，有必要适应时代发展的新要求和直面现实问题的角度，从树立正确的乡村认识观和规划观的高度，来组织乡村规划教学。

首先，在有限的教学时间里，引领同学们树立正确的认识观应当是首要任务。从时代发展角度来看，新颁布的《城乡规划法》背景下的乡村规划正逢快速城镇化和产业化进程这一重要背景，理解这一过程对乡村发展和规划的影响，应当是组织乡村规划教学的首要任务。相比1950年代的教学实践（李德华，等，1958），现阶段的乡村规划，最为重要的时代背景，就是全国范围内的迅速城镇化和产业化进程，以及其间明显的乡村人口

---

① 十二五科技支撑项目课题（2012BAJ22B03）资助。

栾 峰：同济大学建筑与城市规划学院副教授

快速流失、村庄用地乃至农田迅速被城镇建设占用、乡村地区多种方式的产业化等现象，乡村风貌和重要的自然及历史人文资源也因此遭受普遍性威胁。正确认识这一过程的影响，引领学生正确理解乡村发展和乡村规划中的突出问题，探寻因地制宜的研究方法和规划应对措施，应当是现阶段时间短暂的乡村规划教学环节中的首要任务。

其二，应当正确理解快速城镇化和产业化进程的深刻影响。准确把握时代发展背景意味着，应当充分认识到快速城镇化和产业化进程对乡村发展和规划的深刻影响。不仅大多乡村地区与城镇有着紧密的联系，而且越来越多的乡村地区正在深刻卷入城镇化和产业化进程，前述的主要背景现象都必须纳入到这一不以个人意志为转移的时代发展规律层面来理解，而造成的影响也不仅是传统乡村地区地景地貌的改变，还包括广大乡村地区生活方式的明显改变。因此，对于乡村的认识，以及乡村规划的编制，既不能采取目前经常可见的如农民上楼等简单粗暴的方法，也不能无视时代发展进程的影响而片面强调浪漫色彩的乡村风貌保护，将乡村外置于时代发展的背景，深刻理解农村生活水平提高和生产、生活方式转变的影响。

其三，必须充分认识乡村地区与城镇的深刻差异性。如果说自《雅典宪章》以来，人们已经逐步积累了大量有关现代城镇的建设经验和认知范式，城镇发展也确实具有更大的抵抗外部环境变化的能力，对于历史悠久的乡村地区的认识反而有些抽象化和简单化，容易导致在处理乡村发展问题上和编制乡村规划时的种种偏差现象。乡村地区与城镇发展的明显差别，既包括乡村地区对于自然环境的重要依附特征，也包括因此而带来的乡村发展的明显差异性。前者意味着，乡村建设和发展非常突出的特点就是对自然环境的适应性，包括自然地形地貌、水文地质和气候条件等自然环境因素往往对乡村发展具有重要先天决定性，乡村也因此形成了与自然环境的良好和谐和非常突出的生存和生产低成本投入特征。依靠高强度的建设和维护投入来维持或推动发展，显然与乡村地区的特性不符。也正是上述特点，决定了即使在同一地区的不同乡村，也会由于微观层面的自然环境、人工环境、历史过程等差异，而明显不同。乡村发展和乡村规划没有统一的模式，因此应当成为重要的前提性认识。

其四，乡村规划必须站在乡村地区统筹发展，而并非仅仅是村庄建设的层面。虽然从乡村发展层面的规划可以追溯到1920~1930年代（李欢，2010），1950~1960年代间的乡村规划也同样有着乡村发展统筹的高度，但此后较长时间的管理专业分工和有关法规等原因，国内的乡村规划虽然也涉及乡村发展等议题，但实际上已经主要局限在村庄建设规划范畴。结合城市总体规划教学设置乡村规划环节的一个重要目的，就是要改变这一现实制约，将认识问题和解决问题的层面提升到乡村地区统筹发展的高度。这也是适应乡村地区特点的调整，简要而言，与城镇居民日常生活主要集中在城镇建成区不同，乡村地区农民日常生活天然地融入村庄居民点及其周边田林之间。村庄居民点周边的农田、山林等不仅是农民日常生产的重要地点，同样还是农民日常生活的经常之地，而且较长时期的家庭联产承包责任制更进一步巩固了村庄居民点与村庄地域整体的复杂紧密关系。因此，无论是否存在从乡村产业化发展角度的空间整理，乡村地区都是天然的统筹发展地区，涉及生产、生活、生态等多重范畴。因此，通过教学设置调整，重点强化从乡村统筹发展的认识观，避免简单的将乡村规划直接落实在村庄居民点建设层面。

其五，突出强调对各项资源的发展及保护，以及乡村风貌特色的塑造。这是与时代背景紧密相关的面向，从避免低水平的城镇化建设和产业化建设破坏的角度，特别强调在规划编制中对既有资源的发掘和利用、保护。而资源的范畴，也必须从相对单一的自然产品资源，转移到更为广泛的自然生态和环境、特色农副产品、特色景观风貌、特色历史人文风貌等诸多方面，特别是对于一些珍稀性的资源，更加强调保护在规划编制中的核心地位。同时，对于规划确定的乡村地区，特别主要对传统风貌特色的认识和归纳，并要求在规划中特别注重延续塑造传统风貌特色，避免简单的移植和模仿。

3　乡村规划教学组织中的难点和探索

适应新形势开展的乡村规划教学不可避免地面临着原本紧张的课程安排还要插入有限课时，以及师资经验不足、缺乏成熟教学经验、法规文件滞后等问题，组织现场调研也面临着基础资料匮乏、教学经费缺乏，甚至学生安全保障等一系列问题，这些问题的成熟解决，显然需要不断积累教学经验并获得多方面支持。从已经开展的教学实践来看，至少有以下方面值得继续探索总结。

其一，依托教学基地，获得多方教学支持，是确保教学质量的重要途径。工科教学质量的重要保障性因素，就是尽可能结合实践，这是培养同学们理论结合实践，解决现实问题能力的重要环节。同济大学城市规划专业高年级设计课程历来强调结合真实案例就是基于这一重要原则。然而中国高校普遍存在的教学经费非常有限，以及难以获得实践机会则是突出的制约因素，乡村规划教学更直接面临着这方面的考验。本次教学案例的选择，既获得了上海同济城市规划设计研究院的支持，也受到了西宁市城乡规划局的支持。依托于上海同济城市规划设计研究院在当地的实际项目任务和经费支持，以及西宁市城乡规划局借助新农村建设与西宁市下辖三县的协商，同济大学一个教学小组共10多位本科生及参与教学的教师和研究生获得了亲赴现场深入调研的机会，也因此得到了所在县、镇、村各级机构的支持，不仅获得了宏观层面统计数据和地形图等必须基础资料，而且获得了深入乡镇展开问卷和走访深入访谈等调研机会，相关机构专人接待陪同也提高了分散深入陌生乡村地区调研同学的安全性，这可以说是教学实践顺利开展的重要保障。当然，由于经费等制约，只能由参加了实地调研的同学分散参与各个编制小组，以及现场调研时间短暂，都一定程度上影响到同学们的理解深度。

其二，案例选择宜尽量差异化，方案编制宜强调多方案，引导同学们更为深入理解乡村发展的多样性。本次教学在案例选择方面，得益于西宁市规划局和西宁市下辖三县的大力支持，在案例选择上尽可能差异化，既有旅游资源突出的乡村、山地丘陵分散布局的乡村、山林经济为主的乡村、农业种植业为主的乡村，也有因为生态等原因必须迁址安置的村庄，不仅有对外交通条件良好的村庄，也有相对深入山区对外交通闭塞的村庄。在方案编制时也按照每个村庄两个小组的方式分别展开。这样的教学安排，有利于师生在调研和方案编制讨论时，能够更为直接地感受到复杂背景条件的制约作用。而不同小组的方案比较，也有助于同学们更为直观的感受到在面对同样对象的情况下，也有着不同的考量。从教学实践来看，这一安排基本达到了预想效果，

有着非常积极的意义。存在的主要问题，则是大多已经基本习惯于建设用地布局方案制作的同学，尽管对于乡村的整体发展进行了探讨并制定了策略，但在策略的可行性，以及策略如何落地与方案编制更好的结合，这固然需要从教学安排上进一步加强引导，但也从反面证明了在教学安排上更加应当注重关注乡村发展，而并非仅仅是村庄建设布局的重要性，以及与总体规划教学结合的重要性。

其三、强化针对性讲授并增加中间评图互动，多层次推动师生间交流。考虑到新的教学任务要求，教学小组专门在教学开战前、教学过程中，针对性地增加了课程讲座，涉及村庄发展和规划编制要求、新农村发展和村庄环境整治、村庄基础设施和灾害防治等，在教学过程中又专门增加了带队调研老师对各个小组的现场答疑和指导，以及现状调研自交交流、方案编制中间、编制提交后的多次评图活动，特别是最终评图还邀请了来自全国各地的专家，以及青海省建设厅和西宁市的有关领导和专家，使得同学们获得了多方面的建议和意见，对于同学们在短时间内更多的了解乡村规划的特点发挥了积极作用。譬如在方案编制过程中，针对方案中的问题，及时讲解乡村地区道路布局、基础设施、经济和产业发展、日常生活方式和公共活动场地等方面与城镇的明显差异，避免了同学们简单将城镇规划手法移植到乡村地区的问题。然而，最终提交的方案也仍然存在一些普遍性的问题，譬如，仍然普遍建立在就地增长的发展模式前提下来探讨用地布局，这固然有着国家和地方对宅基地保护的影响，但也确实表明尚缺乏针对快速城镇化进程对乡村地区人口吸纳影响的理念和措施准备；在乡村经济发展中想当然地设想旅游业发展，而并未估计最为重要前提条件的自然资源和对外交通等方面因素影响，造成方案中村村发展旅游的现象；村庄居民点布局规划中习惯性地按照城镇地区的集中化方式进行布局，固然有着现行建设用地指标核算方式的制约影响，但也反映出忽视地方特色化庭院经济、宅院前后农田等现实需要。这些问题尽管在过程讨论中有所调整，但其实仍然是包括师生和专业工作者在内都需要长期思考的重要问题。

其四，短期设计教学的设计竞赛组织方式，明显有助于激发同学们的热情。由于在繁重的总体规划教学中

可以抽出的时间不多，除了现状资料整理由参加了现场调研的小组整理外，实际乡村规划编制时间前后仅集中了3周时间。实践表明，专门做的中期公开评图、方案设计竞赛和专家点评等环节，确实明显激发了同学们的热情。虽然不提倡同学们熬夜赶图，但大多设计小组精心准备，不断修改完善方案，无论是中间评图前还是最终方案提交前，都出现了普遍的彻夜集中赶图现象，总体上也都提交出了高质量的成果方案，这些方案都已经收录进了2013年出版的《乡村规划：2012年同济大学城市规划专业乡村规划设计教学实践》。

4 乡村规划教学成果的规范性和探索性

作为正式的教学环节，成果的规范性具有重要意义，既是教学质量的重要保障性因素，同时也是培养同学们专业化和职业化素养的重要方式。然而与其他一些法定规划，或者尽管非法定但却相对成熟的如城市设计相比，乡村规划教学成果的规范性在两者都存在一定特殊性。

其一，从培养职业规划师的角度来看，现行规范缺失滞后的影响值得重视。虽然涉及乡村层面的规划编制技术规范正在不断完善中，但相比相对成熟的城市规划，涉及乡村规划的有关法规和规范明显较少且滞后的现象突出，譬如在新的规划用地分类中仅有非常模糊笼统的乡建设用地（H13）和村庄建设用地（H14），而可以借鉴的2007年的《镇规划标准》也主要针对镇区用地类型。尽管包括住建部和青海省在内的全国各地也已经陆续推出了涉及乡村地区的一些新规范性文件，但不容忽视的是大多现行规范仍然主要聚焦于村庄建设范畴，这与前文提及的必须从乡村统筹发展高度进行整体统筹的要求仍有着明显差距。因此，在教学实践中，一方面需要培养学生查找和遵循现行法规和规范的职业意识，一方面也需要有所突破，从有利于培养未来规划人才的角度，提倡从实际需要适当开创性探索，包括建设用地核算办法等都可以纳入到教学中进行新的探索，避免同学们在培养职业习惯的同时又受制于现有滞后而缺失规范的禁锢。

其二，从教学成果的规范角度，宜突出强化规划调查和研究，并适当规范涉及主要规划要素的成果形式。由于新时期的乡村规划仍属探索阶段，既有的规范文件也存在上述的缺失滞后问题，而学时内的短时间也难以完成深入完整的成果，因此在教学环节应重在对正确理念和基本方法培养方面。适当强化对现场调研及相应研究成果的要求，有助于培养同学直面现实问题而并非成果表达的工作习惯及素养，这对于未来走向社会面向实际工作条件明显较差的乡村规划工作时具有重要作用。而注重主要规划要素的成果规范要求，既能够与现行规范文件适当对接，也有助于延续城市规划的一贯关注重点，继续将学生聚焦于空间资源的布局引导方面。经与支持单位的共同协商，确定规范内容主要包括现状及发展条件分析、发展建设目标及策略、耕地等重要资源保护与利用、村庄集中居民点选址评价及规划区范围、村庄建设布局、村庄重要设施布局、村庄环境保护及整治、村庄特色保护与村容村貌塑造、村庄建设发展时序与实施措施等9个方面。

5 结语

作为城乡规划一级学科的重要"新"内容，乡村规划的组织教学仍然有待积极探索。基于现有经验，除了要适应快速城镇化和产业化的时代背景，还应当树立正确的乡村规划理念，涉及前文中的多个方面，而最重要的是必须培养同学们乡村地区有别于城镇的认识观和规划观，并聚焦于乡村统筹发展和特色保护而并非仅仅是村庄居民点建设等方面，同时在现行规范文件和方法缺失滞后的情况下应积极引导探索性研究的工作方法及习惯。

主要参考文献

[1] 李德华，董鉴泓等. 青浦县及红旗人民公社规划[J]. 建筑学报，1958，10.

[2] 李欢. 城乡统筹下重庆市乡村规划的探讨[J]. 小城镇建设，2010，8.

[3] 同济大学建筑与城市规划学院等，编. 乡村规划：2012年同济大学城市规划专业乡村规划设计教学实践[M]. 北京：中国建筑工业出版社，2013.

A New Teaching Method Research to Development oriented of rural planning

Luan Feng

Abstract: After urban planning became the first level discipline, the training requirment of rural planning are put forward. Rural planning teaching must be adapted to the background of rapid urbanization and industrialization in China. It is very inportant to teach students to establish value of rurual planning, to understand the background of urban development, to realize the differences between rural and urban, to pay attention to the whole rural development and the rural-character resources protection. In practise, the organizer should look for the support from the government, enterprises to establish the practise base. As for the case selection, the teacher should pay more attention to the case differentiation and the more schemes comparison. Moreove, the design evaluation and design competition in public can play a key role for increasing the teaching of rural planning. In the aspect of teaching achievements, teacher should emphasis on standardization of rural planning, on the one hand, encourage the students to explore new methods and to avoid missing and lag of rural planning rules.

Key Words: urban planning, rural plannin, teaching method

多元目标引导下的城市规划社会调查课程教学方法探讨

周 婕 谢 波 彭建东

摘　要：本文通过在教学中设定多元化目标，引导学生在城市规划社会调查中关注社会问题，培养学生以公共利益为核心的价值观，洞察城市规划社会问题的能力，培养学生从事物表面现象找寻和发现其本质、内在规律，以及运用多学科方法展开社会调查和分析研究问题的能力，引导学生用正确的价值观从空间视角正确认知社会并进而培养他们研究和解决社会问题的能力；全面培养学生的逻辑思维以及熟练运用社会调查技术方法的能力。

关键词：城市规划社会调查，多元目标，教学方法，能力培养

城市规划社会调查是指人们为了达到一定的目的而有意识地对城市社会现象和客观事物进行考察、了解、整理、分析，以达到对城市空间本质的科学认识的一种社会认识活动。它与一般社会调查的不同之处在于对社会现象和客观事物的认识，是基于感性认识与抽象的理性思维并建构在公共利益基础上的社会调查，不仅停留在考察社会、搜集感性材料阶段，还要对社会现象和客观事物的认识从感性阶段上升到理性认识阶段，并提出解决空间问题的建议和措施。城市规划社会调查是一项科学的认识活动，具有一定的理论基础、方法体系和技术路线，该门课程的教学必须基于对城市规划社会背景的深刻认识，遵循一定的教学规律，采取循序渐进、多元目标引导的方式培养学生社会调查与研究能力。

当前，我国处在经济社会发展转型期，快速城镇化背景下城市问题层出不穷。在此背景下，社会空间视角对解决规划理论与实践中的问题具有重要意义，城市规划已逐渐从空间形态规划转向综合的城市空间设计与公共政策规划。转型中最为突出的问题表现为社会不公平、弱势群体与社会各种矛盾的交织，使得城市规划教学必须引导学生对这些问题予以关注。此次城市规划社会调查课程的教学正是以转型期突出的社会空间现象与问题为着眼点，运用科学的理论与方法培养城市规划专业学生的核心价值观、社会责任感、空间调查分析的方法以及一定的研究和理性决策能力。

通过理论的学习使学生掌握城市规划社会调查的方法，以及对社会现象和问题的分析洞察能力；通过社会调查深入剖析城市空间问题，并运用现代城市空间研究方法，展开科学的分析评价以指导理性决策。在多元目标体系引导下，本文结合城市规划社会调查课程的教学与实践，对32名学生展开问卷调查与访谈，共发放32份问卷，回收32份，回收率100%，有效回收率94%。通过分析学生在"选题、调查、分析、决策"阶段存在的问题，采取多层次循序渐进的方法引导学生掌握各阶段城市规划社会调查的理论与方法。

1 以公共利益为核心的规划价值观培养

1.1 关注弱势群体

城市规划社会调查课程的目的之一是为培养学生开展城市空间社会问题研究能力打好基础，但从当前学生对城市规划和城市规划社会调查研究的认识状况来看，空间形态规划的烙印制约了他们对城市规划根本目标及其内涵的认识。课前，学生对城市规划社会调查内容、方法、重要性普遍认识不够（图1），大多数学生认为城市规划就是城市规划设计、城市设计、景观设计（图2），服务于政府、开发商，是城市建设的重要手段与途径。认识维度上的欠缺导致了他们对城市规划社会价值与意

周　婕：武汉大学城市设计学院教授
谢　波：武汉大学城市设计学院讲师
彭建东：武汉大学城市设计学院规划系副教授

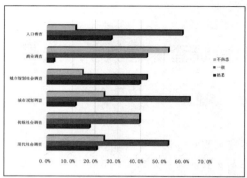 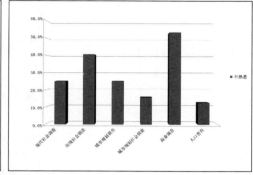

图1 城市规划社会调查认知调查表

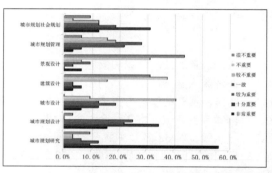 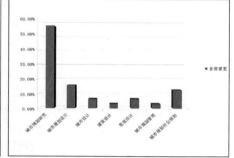

图2 城市规划社会调查相关课程认知调查表

义的漠视,其根本原因在于城市规划价值观上的培养有所欠缺。

从城市规划理论发展演变的历程来看,城市规划思潮与理论的范式发生了两次转变,第一次变化发生在1960年代,西方社会经历着严重的种族隔离、郊区化与城市蔓延等问题,城市规划从传统的城市设计转变为系统科学;第二次变化发生在1970和1980年代,城市规划师的角色观念发生了转变,从技术专家转变为"协调者"。从历史发展演变的角度来看,城市规划不仅成了一门科学,它还在一定道德观念、政治取向左右下,作为一种社会活动形式和"道德"实践,在决策过程中充满了价值判断和政治色彩。

城市规划的技术过程是其社会价值在空间上再现的过程。一般认为,城市规划的社会价值在于维护公共利益,通过城市公共利益机制来决定空间形态。但这种公共利益是基于特定价值观的社会大多数群体的认同,往往会损害城市中的个体利益,例如旧城更新中的弱势群体、工业开发区中的失地农民。因此,城市规划公共利益的实现不仅要体现效益还要体现公平,关注弱势群体,通过资源的再分配缩小阶层差异,增进公平。这就是城市规划社会调查研究的价值取向,课程要力图培养学生关注弱势群体空间利益的核心价值观。

1.2 客观、公正、实事求是的科学精神

从城市规划社会调查的选题与调查分析阶段来看,社会调查与分析需要从客观事实出发,掌握详实的材料,以事实为依据,用事实和数据说话。在教学过程中,我们发现学生普遍将城市规划理解为空间设计的艺术,他们认为经验超过事实,感性超出理性。认识上的差异导致学生在选题阶段尽管按照科学的方法,对社会现象和问题大胆分析与假设,但由于专业知识、训练和价值观的缺陷,他们往往未能正确处理好"假设"与"客观性"的关系,在调查分析阶段甚至不惜歪曲情况、伪造材料来"证实"自己早已得出的假设"结论"。

城市规划作为一门科学，不仅需要从传统的物质空间和美学的角度设计城市空间，还要从社会生活和经济活动等方面综合分析城市空间，因此需要严谨的科学分析方法和理性决策程序的支撑。在城市规划社会调查的教学环节中，应当在社会调查方法体系、调查设计、问卷设计、调查方法、数据统计、撰写报告等方面，侧重于培养学生求真务实的科研精神，并严格要求学生在社会调查分析的每个环节，做到调查数据真实、有效，调查分析客观、公正，做到"格物致知"和"实事求是"。

2 以系统逻辑思维能力构建为导向的现代社会调查方法的学习

城市规划社会调查的目标之二是培养学生开展研究的系统和逻辑思维能力，实现从"传统"向"现代"社会调查研究的方法论上的转变。从教学环节来看，学生传统的思维模式受到空间形态规划的制约，形成了单一的线性思维模式，由问题到策略，由规范、标准到设计，缺乏对城市空间现象及问题复杂性、多样性的深刻认识。

为了引导学生寻找切入点，确定合理的调研技术路线。方法论上，培养学生按照"假设－调查－分析－决策"的系统分析过程开展社会调查研究。从设立研究假设开始，以抽样调查的方式并采取问卷、访谈、观察的方法搜集经验资料；在经验材料的消化、理解过程中，依靠统计分析等定量分析方法处理资料以把握被研究对象的量，以定性分析方法系统把握被研究对象的质，并建立被研究对象的数学模型，验证理论假设的逻辑结构；最终，基于对象特征、规律、问题的分析，以目标为引导合理提出对象发展趋势或问题解决的途径，培养学生系统和逻辑思维的能力，并熟练掌握社会调查研究方法。

3 基于"社会－空间"视角的城市规划从社会现象到问题本质的洞察力培养

选题是城市规划社会调查的第一阶段工作，也是决定社会调查质量的重要基础，城市规划专业学生应具有从社会一般现象洞察深层次空间问题、内在机制的能力。

在选题阶段，学生所关注的视角包括两方面：一类是单一的社会视角；强大的好奇心和发散的思维模式使他们往往能通过互联网、视频媒体发掘到当前社会热点问题，但由于缺乏从空间视角思考社会现象的过程，导致仅能从社会学角度对社会热点问题及其背景作一般性解释。另一类是单一的空间视角，学生基于传统的城市规划专业知识，选择了居住空间、公共空间、道路交通空间等方面的一般性问题，过于侧重技术方法上的突破，却往往忽视了城市空间中的社会问题和社会调查研究的根本目的，仅从空间形态、规划布局、设施配置等传统规划层面研究城市空间，未能考虑到空间中人的需求、社会空间问题等方面的因素。从学生对城市规划热点问题熟悉情况来看，26%的社会现象或空间问题学生掌握情况较差（熟悉率仅达到10%），学生普遍对产生城市规划问题的宏观背景缺乏足够的认识，知识面上的欠缺导致学生的洞察能力十分有限（图3）。

为了合理引导学生转变思路，深入挖掘社会问题和城市空间热点问题，首先，采取目标引导式方法敦促学生掌握当前国内外城市规划领域的热门主题，内容涉及居住社区、弱势群体、公共空间、建筑、道路交通、历史遗产保护、规划管理、文化经济、公共设施、城市形象、环境整治、应急系统、土地使用等方面。其次，引导学生关注城市规划的宏观背景问题，主要涉及：①全球化问题，包括第四产业、消费主义与空间同质化、全球化的二次新自由主义、物联网形态，让学生了解当前城市规划的全球化背景，为深入挖掘城市空间问题提供支撑；②城镇化问题，包括土地城镇化、人口城镇化、虚假城镇化、贫困城镇化、空心化等现象及问题；③弱势群体问题，包括蓝领工人居住空间、农民工候鸟式迁徙、养老设施、失地农民等现象与问题，主要是基于对社会分化和不平等现象加剧的认识，关注弱势群体的空间问题并为其创造机会平等的空间环境而开展规划设计知识的储备；④城市环境的文化性、美学品质等方面要求日益提升，以社会科学的视角重新审视城市规划，更多的关注城市文化、公共空间、社会生活，为更新城市空间设计理论展开思考。

另一方面，引导学生关注城市规划的"实质性"空间问题，主要涉及：①居住空间问题，包括：居住空间分异、邻里衰退、门社区与新自由主义、社会分层与隔离、保障性住房、职住平衡、生态社区等；②城市形态及土地利用问题，包括：土地流转、城市蔓延、摊大饼、收缩城市、低碳城市、精明衰退、TDM与TOD模式等；③公共设施问题，包括：公共设施均等化、公共设施异

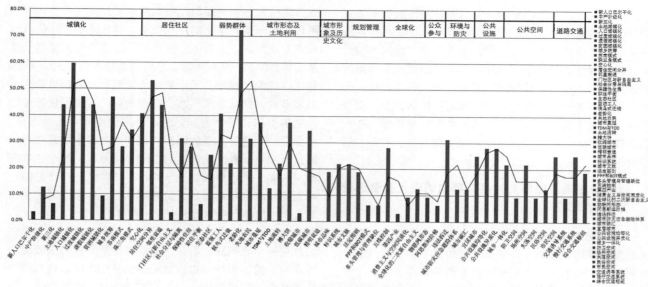

图3 社会现象熟悉状况评价表

质化、城乡一体化等;④公共空间问题,包括:防卫空间、场所空间、失落空间、民俗空间、市民空间等;⑤道路交通问题,包括:交通诱导系统、慢行交通系统、综合交通枢纽等;⑥规划管理问题,包括:法定图则、五线控制、PPP和BOT模式、多头管理与管理缺位等;⑦环境与防灾问题,包括:城市防灾应急避险体系、城市碳汇、宜居城市等。

通过对以上城市规划热点问题的讲授,培养了学生透过社会现象表面看城市空间"实质性"问题的能力,以及研究城市空间问题时外延式拓展思维的能力。学生们的思维模式也由发散型转变为集中型,并能够合理的整合社会视角与空间视角,既能探索城市社会问题的空间解决途径,也能从社会学视角分析空间发展演变的内在机制和深层次问题。

4 以问题为导向的社会调查综合能力培养

4.1 以目标为导向的调研设计

调研设计是根据调查目标,对整个社会调查研究工作的内容、方法、程序等进行规划,包括制定探讨和回答调查问题的策略,确定调查的最佳途径,选择恰当的调查方法,以及制定具体的操作步骤和实施方案。

学生在确定选题后,往往会马上就投入到社会调查中搜集资料,但由于缺乏对调研目标进行认真的思考和周密的流程设计工作,使得调研成果仅停留在简单的现状描述层面,无法继续深入开展分析研究。因此,开展周密的、切实可行的调研设计尤为重要。它能够使学生进一步明确城市规划社会调查课题的目的和意义、调研内容的框架、调查范围和调查对象,促使学生回顾所学理论知识,并将社会现象置于理论假设中,同时体验社会调查工作的人员分工、时间安排和进度把握。

4.2 以问题为导向多方法支持的问卷设计

城市规划社会调查的结论来自于对真实社会现象的反映和科学分析,而问卷设计则是在反映社会真实现象过程中具有重大影响的关键环节,它的质量好坏直接影响了调查资料的真实性、有效性和问卷的回收率。

尽管学生们对问卷设计的方法普遍较为熟悉(图4),但在问卷设计的具体环节仍存在较多问题,他们往往从自身的需要来考虑问题设计,而不考虑被调查者的实际情况。例如有的问卷内容过多,长达数页,问题前后重复,题目数量多达百个;有的问卷中问题设置的过于复杂、引导性差,或是问题中设置的子问题多,或是需要被调研者经过长时间思考并计算后获得。最终导致问卷调查的目的性不强,其根本原因在于设计问卷时调查者

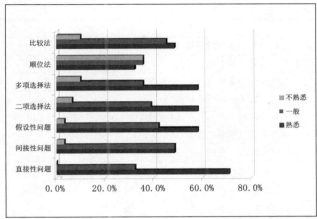 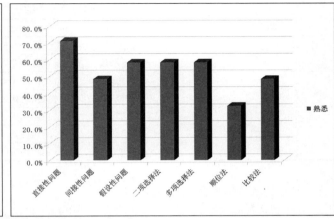

图4 城市规划社会调查问卷设计方法认知评价表

只把注意力放在编制什么问题上，缺乏对问卷调查过程中对象因素的考虑。另一方面，学生缺乏问卷设计的技巧，对问题的类型和答案的设计方法缺乏充分的认识与锻炼，直接导致问卷回答困难、限定性较多、被调查者存在顾虑甚至被迫回答的局面，无法反映被调查者真实的想法。

城市规划社会调查的问卷设计首先应当符合目的性、可接受性、顺序性、简明性、匹配性原则，即在子目标的明确引导下，按照清晰的条理和逻辑顺序简明扼要的让被调查者方便、满意的回答问题。其次，在问卷设计中应当掌握科学的方法以及城市规划社会调查的特殊性，即不仅关注被调查者的个人信息、社会问题，更为关注的应是城市空间问题。学生们往往忽视问卷调查中空间的区位、类型的特殊性，以一般性问题代表所调研范围的空间特性。因此，应要求学生掌握空间中社会问题的类型，分清直接性问题、简洁性问题、假设性问题、开放性问题、封闭性问题等（表1）；掌握答案设计的方法，熟练运用多项选择法、顺违法、比较法等方法（表2）。最后，面对不同区位条件、类型的调研对象及空间应设定针对性的问题。

问卷设计中的问题类型 表1

划分依据	问题类型	特点
提问方式	直接性问题	通过直接提问得到答案
	间接性问题	不宜于直接回答，而采用间接提问的方式
	假设性问题	通过假设某一情景或现象向被调查者提问
回答方式	开放性问题	提问简单，自由回答，适用于探索性调查
	封闭性问题	答案标准化，适用于大规模正式调查
问题内容	事实性问题	获得被调查者的个人资料
	行为性问题	对被调查者的行为特征进行调查
	动机性问题	了解被调查行为的原因或动机
	态度性问题	了解被调查者的态度、评价、意见

问卷设计中的答案设计方法 表2

类型	方法	特点
常规式	二项选择法	适用于互相排斥的两项择一式问题,以及询问简单的事实性问题
	多项选择法	设置两个以上选项,回答者可以自由选择
比较式	顺位法	列出若干项目,被调查者按重要性排序
	比较法	采用对比提问的方式,要求被调查者选择
自由式	自由回答法	自由提问,并无拟定好答案
	回忆法	通过回忆了解被调查者对不同事物印象的强弱
	过滤法	引导性提问,由广泛逐渐缩小范围直至专题

4.3 多学科结合的综合调查手段

现状调查是收集第一手经验资料的重要环节,直接影响了调查事实和数据的可靠性和准确性。它通过直接踏勘、观测和访谈,直接掌握物质空间及社会现象的客观资料,为解析现状特征、挖掘核心问题、提出切合实际的解决方法提供基础。在调研设计指导下,现状调查围绕研究的主要目标、内容有序展开。其中问卷调查是现状调查方法中的重要环节,其他方法包括现场踏勘法、观察法、行为活动调查法、访谈法等。

由于缺乏其他学科理论知识和方法的积累,学生在调查手段和调查方法运用上较为单一,对资料收集中的资料编码、统计分组与分配等定量化方法认识不足(图5),并主要采取传统城市规划的现场踏勘法展开调查,调研初步成果也仅停留在土地利用、道路交通、建筑、绿化景观等方面的物质空间现状,缺乏对空间中人的行为活动规律、需求特征以及各类业态的调查,导致调研结果往往就空间论空间,过分关注物质空间形态表征,缺乏对空间中社会内涵的认识与挖掘。为了提高与完善学生的调查能力,应当引导学生从社会学、地理学视角展开多学科结合的综合空间调查,运用相关学科的方法深入剖析空间中的人、建筑、公共空间等要素的内在关系,为解析社会空间现象的特征、规律提供经验和数据支撑。

5 基于新技术的空间分析与决策能力的培养

5.1 现代城市规划分析方法

城市规划社会调查从类型上划分,包括描述性调查和解释性调查。描述性调查关注的焦点通常在于解析空间的结构、分布特征,即回答"是什么"(what)的问题,或者研究现象的特点、分布及趋势"怎么样"(how)的问题,而不是回答为什么会存在这样的结构或分布状况;解释性调查则不仅停留在全面了解空间现状的层次上,还需要进一步探寻事物和现象"为什么"(why)以及如

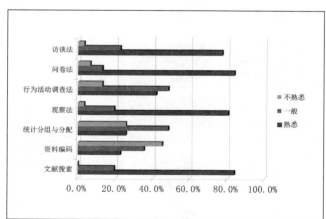
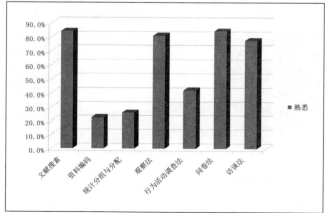

图5 城市规划社会调查方法认知评价表

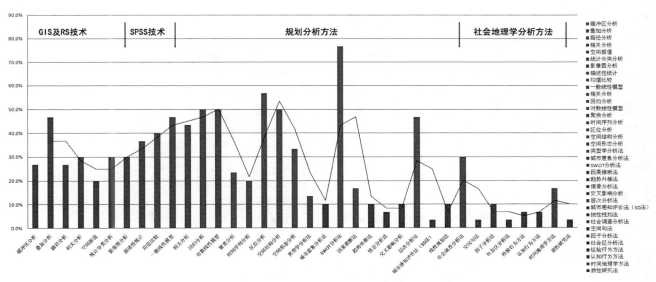

图 6 城市规划社会调查分析方法熟悉状况评价表

何（how）去解决的问题。

大多数学生的社会调查报告容易停留在描述层面，没有进一步探索现象背后的内在机制和规律性问题，或是就空间论空间，以及脱离空间视角谈论政策、社会、管理问题，偏离了城市规划的研究领域范畴，其主要原因在于分析研究层面思维模式单一和方法上的欠缺。调查表明，33% 的研究方法学生掌握情况较差（熟悉率仅达到 10%），尤其是城市规划传统分析方法之外的研究方法（例如，社会地理学分析方法）掌握情况较差（图6）。研究思路上，学生往往以问题为导向直接提出解决措施，导致结论不仅单一、空洞、局限性较大，还缺乏对事物客观规律全面深入的认识，以致存在以偏概全的问题。为达到解释性调查的目的，必须培养学生以目标为导向的研究思路，在确定调研对象和核心问题时，充分借鉴相关理论和实践案例，明确调研目标。

调研方法上，大量的现状数据、经验材料需要运用科学的方法进行统计分析，但由于学生普遍存在重现状轻分析的问题，或是缺少分析方法与工具展开研究。现代城市规划社会调查需要充分运用新技术方法展开研究，从定性走向定量，从感性认识走向理性和系统的分析。例如在现状分析阶段，充分运用 GIS 技术建立地理空间数据库，和 GIS 分析模块（缓冲区分析、叠加分析、路径分析、相关分析）展开空间分析；在社会调查前期搜集资料阶段，运用 RS 技术解析影像资料，建立调研范围的初步空间数据资料库；在数据分析阶段，运用 SPSS 软件进行统计分析，包括一般的描述性统计、均值比较和特殊的相关分析、回归分析、聚类分析等，提高数据分析效率以深入挖掘数据的关联性要素和规律性特征；在空间分析阶段，充分运用传统规划分析方法进行区位、空间结构、空间形态分析，以及运用类型学和城市意象分析方法进行城市空间的形态、认知分析，运用 SWOT 分析法、因果推断法、趋势外推法、情景分析法等进行城市空间宏观背景与政策分析，运用层次分析法进行空间需求、满意度分析评价。同时，也包括运用其他学科的方法展开交叉研究，扩充学生的知识面，更为深入地剖析社会现象背后的空间问题，包括社会地理学的空间句法、因子分析法、经验行为法、认知行为法、时间地理学方法、质性研究方法等。通过课程学习使学生初步掌握现代城市规划的分析方法。

5.2 决策中价值观的体现

城市规划社会调查研究的最终目的是为了探索解决社会问题的规划途径，并最终落实到空间设计与政策制定上。以维护公共利益为核心价值观的城市规划社会调查研究，主要是引导学生在探索维护公众利益，解决弱势群体的就业、居住、交通等问题时，平衡开发商、政府、其他组织和群体对弱势群体利益的侵蚀，为弱势群体争取到合理的空间利益，减少社会矛盾。例如，针对大学毕业生的居住问题产生的胶囊公寓现象，及其居住空间拥挤、设施老化、安全隐患严重等问题，从区位选择、套型设计、设施配置等方面探索一套适合于大学毕业生就业过渡期的保障性住房模式，为解决学生们即将面临的居住问题提供一种理想途径的思考，极大的激发了同学们的学习热情，并推己及人对价值观在城市规划中的体现有了更深的认识和理解。

6 结语

城市规划社会调查是一门培养学生调查分析研究能力的课程，本文结合学生在该课程学习中存在的主要问题，以多元目标为导向重点培养学生五个方面的能力：以公共利益为核心的规划价值观培养，以系统逻辑思维能力构建为导向的现代社会调查方法的学习，基于"社会－空间"视角的城市规划从社会现象到问题本质的洞察力培养，以问题为导向的社会调查综合能力培养，基于新技术的空间分析与决策能力的培养。通过以上能力的培养，使学生在"选题－调查设计－社会调查－分析研究－决策"过程中熟练运用相关理论和方法，科学探索当代城市规划热点和前沿问题，以"求真务实"的态度践行规划师的社会责任与义务。

主要参考文献

[1] 李丽红主编. 社会调查方法[M]. 大连：大连理工大学出版社，2012.

[2] 保罗·诺克斯，史蒂文·平奇著. 城市社会地理学导论[M]. 柴彦威，张景秋等译. 北京：商务印书馆，2005.

[3] R. 基钦，N.J. 泰特著. 人文地理学研究方法[M]. 蔡建辉译. 北京：商务印书馆，2004.

[4] 理查德·P. 格林，詹姆斯·B. 皮克著. 城市地理学. [M]. 北京：商务印书馆，2011.

[5] 尼格尔·泰勒著. 1945年后西方城市规划理论的流变[M]. 李白玉，陈贞译. 北京：中国建筑工业出版社，2006.

[6] 吴晓，魏羽力编著. 城市规划社会学[M]. 南京：东南大学出版社，2010.

[7] 刘佳燕著. 城市规划中的社会规划[M]. 南京：东南大学出版社，2009.

[8] 赵亮. 城市规划社会调查报告选题分析及教学探讨[J]. 城市规划，2012.10.

[9] 喻文承，黄晓春，邱苏文，杜立群. 城市地理编码：科学与理性城市规划的基石[J]. 规划师，2008.6.

[10] 李浩，赵万民. 改革社会调查课程教学，推动城市规划学科发展[J]. 规划师，2007.11.

Research on the teaching methods in urban planning social surveys course guided by diversified teaching goals

Zhou Jie XIE Bo Peng Jiandong

Abstract：This paper sets diversified teaching goals, including guiding students to concern social issues in urban planning social surveys, training students to view public interests as core value, improving the capacity of resolving urban planning social problems, training students to find the nature and inherent laws of things through the superficial phenomenon, as well as expanding the capacity of applying multi-disciplinary methods to analyze social survey research problems, guiding students to form correct understanding of our society through correct values from spatial perspective and thus developing their ability of resolving social problems; fully developing students' ability of logical thinking and applying social survey techniques methodologies.

Key Words：urban planning social surveys, diversified goals, teaching method, ability training

论城市设计课程教学中多维空间观的建构

戴 铜 路郑冉

摘 要：城市空间是城市设计最基本的研究对象，因此对城市空间内涵认识的不同直接决定城市设计成果的差异。本文在总结与分析当前城市设计教学存在问题的基础上，通过对空间属性的解读提出"多维空间观"概念，并试图通过"三多方式"将多维空间观引入到城市设计教学体系中，即多样化的教学方法、多层次的教学模块、多学科的教学团队，以期解决当前城市设计教学体系中由于空间概念认识不清而出现的问题。

关键词：城市设计课程，城市设计过程，多维空间观

20世纪90年代以后，伴随着城市建设的快速发展，城市设计成为我国城市规划实践中最为活跃的领域，高等院校中的建筑学以及城市规划专业教育体系也纷纷把城市设计课程作为核心课程纳入到培养计划当中。城乡规划学科一级学科建立之后，城市规划的重心逐渐偏向社会、经济、环境与地域的综合性发展，相应的城市设计的理论范式逐渐转向过程式设计。作为城市规划专业的核心课程，城市设计的课程体系也逐渐融入了一些过程式设计的教学内容，但在设计课堂中，对于城市设计的设计对象——城市空间的认识却仍停留在产品论中的物质空间形态的表层认识。这种空间认知导致在城市设计课程教学当中存在一定问题，例如，学生仍然以一种主流的美学观来布置空间，而不是通过对影响空间形态布局的社会、经济、环境等因素进行深入调研与分析的基础上得来的。因此在城市设计教学中，需要更正或是重新建立起与城市设计过程论对应的具有多元化含义的城市空间观。本文试图建构一种"多维空间观"，并将其通过一些操作手段引入到城市设计课程中，以期对城市设计教学改革提供一些可供参考的建议。

1 反思：城市设计教学中空间观缺失

近年来，城市规划的内涵与外延得到了迅速扩大，城市设计课程的内容在原有基础上也得到了极大丰富。但由于课程体系当中对于城市设计的设计对象－空间的内涵的存在教学缺失，以下为课程进行中存在的教学现象。

（1）设计对象与设计定位不清晰。部分学生对城市设计的设计对象不清楚，在完成前期的资料收集与实地调研后，不知如何对设计地段进行分析与空间定位；或直接将设计地段确定为居住区规划，将用地划为几个独立的居住组团；或者直接将空间设计的内容等同于环境设计或是建筑设计，直接从微观入手来布置环境设施或是摆放建筑，缺少宏观空间意识。

（2）设计方案的推导缺少逻辑。过于强调最后的成果表达，忽略设计过程，导致在方案的形成过程中逻辑混乱，例如：前期调研相关资料与设计定位及设计概念的形成没有关系；设计概念具有一定创新性，但无法落实到物质空间形态设计当中；设计概念与物质空间设计等同于居住小区规划设计；规划结构中交通体系规划过于简单，将环境保护直接等同于人车分流……

（3）设计方案突出"新与奇"形态。作为全国高等院校城市规划专业本科生城市设计作业评优主题的教学任务载体，很多学生们希望自己的设计作业能博得老师与评委们的关注，设计方案过分突出"新与奇"的空间

---

[1] 黑龙江省高等教育改革项目（项目编号：JG2201201081）。

戴 铜：哈尔滨工业大学建筑学院讲师
路郑冉：哈尔滨理工大学讲师

形态。但城市设计本身是一种预先性设计,其设计成果仅作为下一步城市开发建设的引导,因此突出地表现出过于复杂与奇特的形态反而表明学生对城市设计的全过程缺少理解,对城市空间的内涵缺少认识。

上述现象说明了以下的问题：其一,学生缺乏对城市设计对象、空间概念、理论缺少深入的认识,仅按照教学任务书的基本要求来完成设计任务；其二,学生缺乏对城市设计过程的完整认知、框架的整体认知,包括设计、分析、管理、评价等内容,作业内容偏重于物质空间设计,对于方案形成的来龙去脉不求甚解；其三,学生缺乏其他学科相关知识的融合能力,仍以美学角度来判断物质空间形态设计质量的高低。究其根源,当前的城市设计教学中缺乏对空间观内容的系统讲授,本文试图在城市设计课程体系当中建立一种多维空间观,以期对城市设计的课程教学体系改革有所裨益。

2 多维空间观的内容建构

城市设计理论范式的转变所带来的城市设计内容根本性的变革,相应的,城市设计课程也需建立起与过程论相适应的课程体系,其中最关键的环节是确立学生的多维空间观念。

2.1 空间的多重属性

近年来,城市设计被看做是一个有效的导控过程,城市设计的设计对象与设计内容均发生了改变。传统产品论的城市设计关注丰富的、创新性的空间秩序的营造。过程论的城市设计强调的是一系列的计划、方针,最终的设计方案是众多因素影响的结果。著名的城市设计师兼理论学者乔纳森·巴纳特（J. Barnett）曾经说过："城市设计本身不只是物质空间设计,而是一个城市塑造的过程,是一连串每天都在进行的决策制定过程的产物,是作为公共政策的连续性过程。"

由过程论主导下的城市公共空间内涵除了原有表象的物质空间属性之外,空间属性背后的各种隐象属性也逐渐展现出来,包括空间的人文属性、经济属性、社会属性等等。这些隐象属性分别被划归于不同的城市设计阶段,在设计过程中,只有所有这些隐象属性被一一落实并被表达完整,城市设计的目标才能够真正实现,城市设计的表象－城市物质空间形态设计成果才能够设计

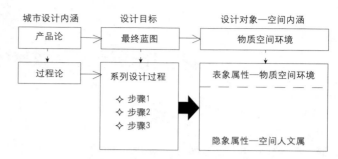

图1 城市设计理论范式转变之后空间内涵

合理,并体现出人文关怀（图1）,因此城市设计的研究对象－城市空间具有多重属性。

2.2 多维空间观的层级

"观"字本源的涵义是对事物的基本认识与看法,是决定实践成果的主导因素。城市设计实践中,城市空间作为最基本的研究对象,空间观的认识直接左右着城市设计的成果。也就是说,对城市空间有什么样的认识,城市设计师就会进行什么样的空间设计。当城市设计转向过程论之后,对空间的认识已经不能仅局限于物质空间表层,而应是建立一种适用于不同尺度、多层次的多维化空间观。简单地说,多维空间观的构成可以看作横向与纵向两个层级,每个层级都容纳了多种空间信息,所有空间信息共同叠加,构成涵义丰富的空间,这种形式可以被认为是一种多维的空间观（图2）。

首先,在不考虑空间尺度的前提下,横向空间观的构成可以从城市形态的建设过程角度入手来分析影响因素,如果按城市形态形成的顺序排列,这些影响因素包括：自然及区位因素、社会及历史人文因素、投资环境因素、政策因素、经济及市场需求因素……所有这些影响因素均作为空间的隐象属性隐藏在空间形态之后,共同叠加并直接左右着物质空间形态的形成,而物质空间形态则作为一种可视化的表象,集中地反映着各种隐象因素综合叠加之后的最终成果。

其次,纵向空间观体现在不同空间尺度当中。由于空间具有延续性,任何一个设计项目中的设计范围都不可能独立于周围空间而存在,设计地段当中的空间均受到来自于宏观、中观、微观尺度空间的不同空间信息的影响,如宏观空间的城市定位、中观空间的政策影响、

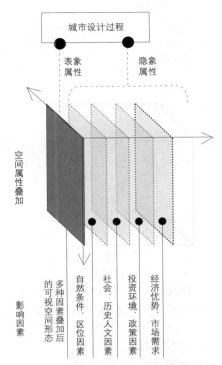

图2 横向空间观的多义层面表达

2.3 多维空间观导入课程体系

一般情况下，一个设计过程可以划分为：问题的提出、目标的建立、分析与综合、设计的评价四个阶段。这四个阶段是解决问题的重要步骤，也是按时间先后依次安排设计计划的科学方法[1]。按这种方式相对应，城市设计的课程内容划分为以下几部分：现场调查、资料分析、目标与概念设计、方案形成与修改、评价设计方案，每一部分内容都有具体的教学内容与教学要求（表1）。每一阶段的教学过程都可以融入不同的多维空间观内容，具体可以划分如下：

（1）多维空间观的输入。对应于设计课程中的资料分析与现场调查阶段，将在前期了解与访谈所获得的所有信息，包括与民生相关的内容以上位规划内容、城市历史风俗、地方规划政策、地段内部与周边影响因素等按照宏观、中观、微观三个空间层次归类并进行具体分析，确定影响三个空间层次当中最主要的因素，即多维空间观的信息输入。

（2）多维空间观的定位。将空间信息按照不同空间层次输入之后，通过引导式分析，让学生通过前期调研与资料学习过程中对信息的了解将这些内容进一步提炼，确定出主要矛盾，进而对设计地段提出一个多维的空间定位，既包括基本的设计性质确定，也包括适用人群、社会与经济环境等隐象因素的定位。

（3）多维空间观的输出。设计课程进行中的多维空间观的输出是指设计方案的形成与完善。有了前两个阶段的空间信息的输出与重要信息的提炼，输出的设计方案不仅会体现较为完整的物质空间形态，更重要的是还会符合最初的社会、经济、环境设计目标。

（4）多维空间观的整合。在设计方案完成的基础上，选择设计地段内的重点设计地段进行图则与导则的设计，以及将学生讲授基本开发程序的模拟，可以进一步考察设计方案的合理性，调整方案细节，使学生了解到城市设计方案的合理性对于实际开发活动的引导。

微观空间的周边环境限制等。这些不同空间层次的信息内容涉及经济、政治、法律、环境等多个学科，因此，最终输出的空间设计成果应是由城市设计引导的不同学科之间相互配合的结果（图3）。

3 多维空间观引入的教学实现

将多维空间观引入到城市设计教学体系中，需要建立多样化的教学方法、多阶段的教学模式以及多学科的教学团队。只要"三多"操作方式良好的运作，能够使

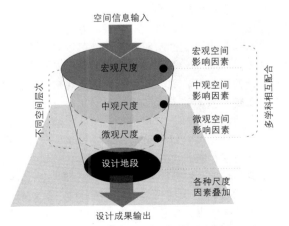

图3 纵向空间观的多尺度空间信息叠架

城市设计课程内容与多维空间观的引入　　　　　　　　　　　　　　　　　　　表1

设计阶段	课程框架	具体内容	多维空间观
问题提出	资料分析	上位规划解读；城市历史、风俗了解；规划政策学习	信息输入
	现场调查	周边环境分析；人群观察、访谈	
目标建立	目标确立	设计目标；设计原则；设计定位	多维定位
	概念构思	设计概念构思；规划结构	
分析综合	方案形成与修改	规划结构；一草方案；二草方案；方案成果；设计分析	方案输出
设计评价	方案评价与调整	设计图则与导则引入、开发程序模拟评价方案的可行性	整合调整

多维空间观较好地融合进城市设计的教学体系当中。

3.1 多样化的教学方法

在城市设计的教学过程中，多维空间观引入过程中，在多种空间信息的输入与设计方案的输出过程中，空间设计范围覆盖宏观、中观、微观等多个层次，每个层次所接触的规划与设计内容，也需要相关的政策法规、开发宣传、实施管理等多方面知识体系作支撑。进一步说，城市设计课程的基本教学目的之一也是培养学生发现问题、分析问题、解决问题的能力，即能够在众多的是通过完整的城市设计训练环节，使学生除了掌握城市设计的基本概念、理论及一般设计程序之外，能够综合城市社会学、经济学、地理学、交通学等相关课程知识，掌控对城市建筑群体空间的塑造和整合的能力，进而提高学生对城市社会、文化等问题的发掘、观察和分析能力。培养学生掌握以上的多种能力需要结合多样化的教学方法来实现，主要包括：

（1）多媒体演示、模型制作、手绘等教学手段相结合。对于多维空间观中不同的空间信息内容，需要不同的教学手段展示给学生，例如多媒体演示有利于不同学科理论性内容的教授；简单纸制或泥制模型有利于整体空间形态展示；而手绘方式教学则可突出地介绍与表达概念构思及分析图制作方面的内容。

（2）增加案例式教学，强化真实案例的研究性。课程中结合设计题目，为学生提供一些相似类型真实案例往往会比大段的理论讲解更容易使学生接受，教师可先行设置案例讲解内容作为试例，再规定每位学生自行选择一个真实案例对全班学生讲解，可有效加强学生对设计课程内容的理解。

（3）鼓励多元化的设计成果表达方式。由于前期多种空间信息的输入，因此多维空间观引导下的设计成果输出应是多样的，因此设计成果的表达方式也应是多元化的，在满足基本图纸成果的基础上，可增加实体模型、虚拟现实、动画等方式，以此来鼓励学生们的创新精神。

3.2 多层次的教学模块

宾夕法尼亚大学教授、《总体设计》作者–加里·海克（Gary Hack）教授认为，城市设计的最终目标不是创造出花样翻新的空间形态，而是最大程度地为下一层次的开发活动作出合理的预测及引导。城市设计所关心的是一段时间内城市形体环境的变化，而不是个体建筑的细部处理。所以，在城市设计的课程教学过程中，也应最大程度地体现空间形态以及背后多种影响因素的变化过程，即多维空间观的逐渐形成与过程，而这种过程可以通过多层次的教学模块来实现。城市设计课程中的教学模块与基本的设计阶段相对应，可以划分为四个部分（表1），问题提出部分、目标建立部分、分析综合部分及设计评价部分，每一阶段的教学模块都多层次的教学内容组成（图4），具体包括：

（1）讲授、辅导、汇报相结合。原本的课程教学形式以学生设计、单独辅导为主，学生与学生之间缺少交流，教师也很少有机会将学生中存在的共性问题进行系统地讲解，可在课程进行重要阶段开始之后设立讲授课，在结束之前设立汇报研讨课，在中间段以辅导课为主。这种方式既能够增加师生之间交流的机会，激发学生们对问题的思考与探索，也能够营造学生们在合作中学生

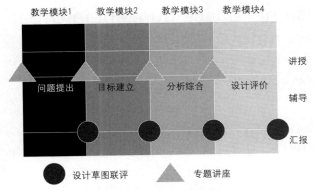

图4 多层次的教学模块

的良好氛围。

（2）增加专题讲座内容。在每个教学模块开始之前，增加相应的专题讲座部分，将这部分内容向学生系统地讲授。可以聘请相关的专家学者来完成专题讲座。如在评价模块开始之前，聘请规划院、规划局等实践专业人士结合建设实践讲解工程实践当中的经验，可为学生们提供若干的修改建议。

（3）设计草图联合评估。在每个教学模块结束之前，聘请其他专业课程的主讲教学参加设计草图的联合评比，通过不同学科背景的教师的参与，对学生的设计作业给予多种修改意见，既可以使学生横向进行对比，提高他们的竞争意识，也能够拓展他们的知识储备。

3.3 多学科的教学团队

在实践工作中，城市设计工作本身是一个多专业的集群，设计一直是这个集群中的一员，是以这个集群中各个学科专业的技术团体的中间人和代理人的身份出现，设计师的基本技能是了解每一门相关学科的特点和局限，在几个学科之间建立沟通与联系[1]。城市设计师可以看作是多方利益的协调者，可见，城市设计师的职责不仅体现在城市物质空间环境本身的设计，而且体现在逐步深入到实现城市物质空间环境建设的各个环节中。

但是，当前城市设计课程的教学活动多限于小班授课，教学内容也多强调由经典规划理论引导下的理想设计方案，使学生在课堂中所能接触到的知识具有一定的局限性，难为以后的成为城市设计师作好知识储备。因而，培养一名城市设计师需要有一支具有多种学科背景的老师来组成教学团队来完成。多层次的设计人才、国内外优秀的设计团队需适时、适当地引入到设计课堂中，为学生们在城市设计课程学习过程中开拓设计思路、提高设计能力，具体的操作方法主要包括：

（1）设置开放性的课堂，增加教师与学生的双向选择性。将原有小班授课形式转化为以研究团队式教学方式，由学生根据兴趣组成小组选择适当选题，再根据选题确定授课教师，有利于提高授课效率及效果。

（2）加强相关学科教育的后备力量。在增加专题讲座的同时，适时聘请与城市设计实践相关的其他专业或学科的专家学者作为后备力量，拓展学生的视野。例如，在课程设计过程中，学生确定路网结构阶段，邀请交通学科的教师做客城市设计课堂为学生们辅导，有助于学生们快速发现并解决关键性问题。

结语

总而言之，虽然城市空间及物质形态作为城市规划思想物质体现与城市建设的直接结果，但早已经不是唯一结果[2]。作为城市设计的最基本的设计对象，空间多维涵义应尽早、适时地应用到城市设计课程体系当中，才能有效解决当前城市设计课程进行过程中存在的部分问题，也才能更加快速地提高城市设计课堂的教学效果，为培养未来的城市设计师打下坚实基础。

主要参考文献

[1] 金广君. 图解城市设计. 哈尔滨：黑龙江科技出版社. 1999：8, 25.
[2] 杨俊宴, 高源, 雒建利. 城市设计教学体系中的培养重点与方法研究. 城市规划. 2011, 8：55-59.

The Construction of Multi-Dimensional Space Concept in Urban Design Teaching

Dai Jian   Lu Zhengran

Abstract: Urban space is the most basic research object of urban design, so the different opinions in urban space concept determine the urban design results diversified. Based on the summarizing and analyzing current teaching problems, the paper presents the "the concept of multidimensional space" from reading the urban space attribute, and trys to introduce the concept of multi-dimensional space into the urban design teaching system through the 3 ways: diversified teaching methods, multi-layered teaching modes and multidisciplinary teaching teams, in order to solve the problems for unclearing the space real concept in the current urban design teaching system.

Key Words: urban design course, urban design procedure, multi-dimensional space concept

多维互动教学模式在城市设计教学中的应用探讨

李 翅 董晶晶

摘 要：互动教学是当今教学改革关注的热点之一。本文以城市设计教学中面临的问题为导向，突破传统师生二维互动关系探讨，建立师师、师生、生生的多维互动教学模式，为互动行为的发生、信息传播的实现建立更加完善的平台，以促进教学目标的实现，培养具有综合素质的当代规划人才。

关键词：多维互动，城市设计教学

引言

互动教学是当今课程改革关注的热点之一。根据克林伯格的"交互主体"理论，"没有主体双方的交往，就不存在信息的交流传递，教学过程就不能发生"[1]动教学即是通过研究师生之间的互动策略，促成教学过程中师生之间交往活动的产生，实现教学信息的有效传播。

当前对于互动教学的研究，在对象上，主要集中在师生、生生之间的相互关系促成上；在方法上，主要面临两大核心问题，即教师预先互动设计与学生反馈信息收集[2]。

在此认识基础上，结合城市设计教学中面临的具体问题，本文尝试将互动对象的研究进一步扩展到教师与教师之间，讨论师师、师生、生生的多维互动关系，并通过统一场地、行为分析、彼此打分等互动方法设计，自上而下提供整合知识的平台，自下而上挖潜学生的需求，实现多维互动关系的建立，目的是促进教学目标的实现，培养具有综合素质的当代规划人才。

1 教师 – 教师：内容衔接整合知识

1.1 问题：综合知识不能综合应用

2011年建筑学进一步细分形成了由建筑学、城乡规划学、风景园林学组成的学科群。无论学生选择哪个学科学习，当今对其知识体系的建构都强调建筑、规划、景观三方面知识体系的整合，即在掌握本专业核心知识体系的基础上，培养其进一步了解、结合学科群中其他

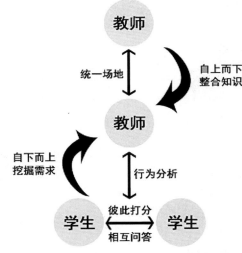

图1 多维互动教学模式及其应用框架

学科的相关知识、方法，从而在项目认知、表达上更加全面，专业素养更加综合。

在培养方案的具体制订中，各院校则会以"根据自身的优势、条件、基础来确定各自的重点，培育强项，办出特色"[3]为指导思想，通过增加其他相关学科专业，

李　翅：北京林业大学园林学院副教授
董晶晶：北京林业大学园林学院讲师

特别是本校优势专业的必修课、选修课等，实现对学生知识面的扩展，促成以上目标的实现。

但在具体教学实践中，由于任课教师来自不同的专业，同时还要承担不同专业的课程教学任务，因此，往往会在授课时间安排以及内容针对性上暴露出问题，不能保证学生学期课程的系统性，课程知识之间缺乏互相结合与应用。规划专业的学生们常常面临的问题是：建筑设计的内容在城市尺度中该如何应用和表达？园林内部景观的设计又该如何与城市空间融合？

1.2　方案：统一场地上的知识综合

面对这些问题，除了在整个五年本科教育体系上做到学科内以及学科间各门课程的合理有序安排外，还需要关注各学期内课程间在内容上的协调性。为了实现这个目标，教师与教师间的互动是关键。通过授课教师间，特别是不同学科授课教师间的沟通，使教学组织和课程内容相互融合、衔接，为学生形成综合知识体系以及综合应用知识提供平台。

"共同场地"，即各相关授课教师间统一课程的项目对象或场地选择，是实现以上目标的途径之一。学生在整个教学过程中需要将各相关课程关注的不同场地内容和要素协调和结合起来，才能形成完整的方案，完成课程作业。

如此，不仅能为学生提供一个系统的知识框架，使学生的学习整体、系统、连贯，更为学生融会贯通、综合应用不同学科的理论和方法去解决问题提供了演练平台，达到一加一大于二的学习效果，真正发挥系统性的功效。

对于我校来说，风景园林学是优势特色学科，发展形成具有北林特色的城乡规划学专业，是城乡规划专业培养方案制定的基本思路，知识体系架构上强调的是基于规划教育平台对风景园林相关知识的融合。基于该思路，城乡规划学的培养方案中专门设置了风景园林模块供学生选修，更在必修课中加入了风景园林的专业核心课程"园林设计"。

在此背景下，通过授课教师间的沟通，选择城市设计与园林设计两门课程为实践对象，确定了具体的"共同场地"教学组织形式，对教师间的互动模式进行应用探索。

1.3　实施

园林设计课程共80学时，安排在三年级的上下两个学期，各占32和48学时。上学期课程作业所选场地面积较小，重点是培养学生对园林设计基本语汇的掌握；下学期会选择场地面积较大的公园作为设计对象，重点培养学生在功能分区、景观组织、交通组织等整体空间布局、组织上的能力。

三年级的城市设计也包括了两个主题内容。上学期的重点是居住区，规模一般在10ha左右，其中涉及的户外场地规模相对较小；下学期是城市中心区规划设计，规模在20~30ha左右，其中会形成较为整体、有一定规模的城市公共空间。

不难看出，园林设计课程的时间、内容安排与城市设计课程是相适应的，为教师间的互动，知识的综合应用提供了基础。本次应用探索选择了三年级下学期中心区规划设计与园林设计作为实践对象。

通过教师间的沟通，安排在第8周学生确定了城市公共中心整体架构后，选择其中相对完整的开放空间作为园林设计的课程场地。如此，一方面可以使学生在同一个场地上完成两个课程设计的教学目标，另一方面可以使学生关注和理解园林与城市空间设计上的结合（图2）。

图2　课程在时间与内容上的互动安排

结果显示，通过授课组织上的衔接，能够及时引发和暴露学生在两个方面知识结合上的问题，教师可以结合方案给予学生说明，让学生及时、有效的了解到两个设计的区别以及两者之间的结合方式。如此，对于今后两个学科间的关系认识，知识结合应用，都有长远的意义。

2 学生－学生：主体参与互为明鉴

2.1 问题：集体评图丧失集体参与

集体评图是规划设计类课程常用的教学方式之一，即通过各方案组向教师和全体同学汇报、学生彼此间提问、教师点评等一系列课堂活动实现教学组织。与教师与学生间一对一的教学方式不同，其强调学生与学生之间的互动，理论上应该可以实现以下目标：①促进学生间的相互学习；②发现学生共同面对的问题，针对性细化讲解。

但是在现实教学中，预期的目标往往并不能很好的实现。往往会出现台上学生讲，台下学生忙于各自方案，汇报和点评仍旧只停留在学生与老师之间。到了学生彼此问答环节，由于前期汇报过程的参与不足，常常会出现鸦雀无声的情况，需要依靠教师点名才能完成整个教学过程（图3）。

图3 学生参与缺失

由于学生参与性不高，集体评图的意义也就完全丧失，学生仍旧处在孤立学习的境况下，无法深刻的理解教师讲解的重点，从而影响他们设计能力的有效提升。

2.2 方案：彼此打分激发主动参与

激发学生对他人方案的关注和疑问，是实现学生彼此间互动，发挥集体评图优势的重点。

在此认识基础上，我们在传统集体评图流程上增加了学生间彼此方案打分环节，形成学生彼此打分、学生汇报、学生问答、教师点评的课堂组织，实现激发学生疑问、学生主动提问、教师引导客观认知这一系列课堂活动。

具体来说，增加的打分环节具有以下三个方面的功效：一是对其他同学的方案有初步的认识，为真正参与集体评图打下基础；二是可以对比自己方案在成果表现上、思路上的优劣，彼此学习借鉴；三是可以看看自己的排名和最终全班同学排名的异同，激发心中疑虑，引起其上课讨论的关注度和参与度，为提问环节奠定基础。

不难看出，打分环节对于改善课堂参与度，提高集体评图的教学效果将会有重要的作用。

2.3 实施

在以上课堂组织思路的基础上，仍以三年级下学期的城市设计课程为应用对象。全班两人一组共形成了15组方案，将所有方案编号后展示于教室四周墙体，然后利用课堂20~30分钟时间让学生观看彼此方案、不记名打分，最后对全部打分结果计算平均值后排序（图4）。

图4 学生彼此评图打分

按照学生投票得出的排名顺序，前5组方案进一步在全班集体汇报和点评。

全班的综合排序和学生自己的排序可能不尽相同，抱着这样的疑问，在前五名方案的汇报中，大部分学生都能认真地聆听，希望更深入的了解，从而打破了一组台上讲，只有教师听的局面；在学生彼此问答环节，更打破了以往鸦雀无声、教师点名的境况，台下学生主动举手提问，甚至需要限制提问的数量以保证5组方案都能点评完。

评分不仅使学生都参与其中，保证了学生对彼此方案成果及其表达的基本了解。同时，评分排序对后续集体评图汇报活动的影响，更强化了学生的参与主体性和权利性，保证了其对待参与的积极性和认真态度。

通过该组织方式，学生在对各自方案的关注程度、提问环节的参与程度以及对后续点评内容的需求明确性上都有了很大的改善，切实促进了生生的互动性，实现了集体评图的目标。

3 教师-学生：行为分析搭建桥梁

3.1 问题：需求问询无法明确需求

对学生学习情况反馈信息的收集，是实现教师与学生间双向互动的必要环节。只有及时了解学生的需求，结合教学目标查漏补缺，才能使教师与学生之间的信息传播循环起来，促进学生持续成长。其中，询问、问卷调查等方式是教学过程中了解学生需求的重要途径。

但是在本科阶段，特别是中低年级，由于学生看得不够多，接触的知识还比较少，对本专业的了解不深，因此，对自己需要什么，可能还只是一个模糊的轮廓。对于大部分人来说，甚至可能还不会主动的去思索需要什么，更多的是处于被动、填鸭式的学习状态。

在这种情况下，当教师问询学生们在学习过程中遇到了什么问题，想补充了解哪些方面的知识时，学生可能会不知道，或者无法明确的表达自己的需求。

3.2 方案：行为分析深层挖潜需求

行为分析是对问询以及文字交流等需求调查方式的有效补充。通过对学生教学过程中的行为分析，可以更深的挖掘学生的潜在需求，支持教师与学生互动活动的进一步产生。

例如，前述提及的学生互相评图环节，即可成为教师分析学生行为、挖潜学生需求的对象。通过对学生评图结果的分析，可以看出学生认可的方案评判标准，了解到学生认为的一个好的方案应该具备的特质，这实际上也反映了学生对已有知识的理解程度。

在此基础上，结合教学目标，查漏补缺、补充知识，使学生树立正确、完整的方案优劣判断，进而促进对自我方案的审视和改进。同时，评图激发的学生间的热烈问答，也可成为行为分析的对象，从中发现学生关注的问题，从而在课堂中针对问题组织教学内容，促进学生的快速成长。

3.3 实施

基于以上分析，对三年级城市中心区规划设计学生互相评图环节的结果进行了分析，期望从中发现学生潜在的需求。

15组方案中排名1、5、10、15的方案平面图如表1所示。从学生的方案排序可以看出，学生在评判方案优劣上特别关注两个方面：①方案表达的完整度，前十名的方案表达都相对规范、完整，除了基本的黑白线条外，还运用色彩对方案进行了表达；②方案空间组织的整体性，前五名的方案都有一个整体、明晰的空间架构。

据此，对比学生与教师方案评价标准的异同，从中可以了解到学生对于好的方案的理解偏差，这实际上也是他们自身在创作方案时所忽略的方面。通过对比可以看出，学生在方案设计过程中面临一个共同的问题，即关注外在图面效果，而忽视内在方案功能。

具体来说，主要表现在两个方面：①对方案的设计理念以及功能定位不够重视；②只关注空间架构的突出性，忽视架构内含的功能组织合理性。对排序临近的几个方案的具体分析可以明显看出以上问题（表2）。

针对这个分析结果，在第二次课堂教学中增加了方案主题、理念讨论，通过对往届作业成果的对比分析，强调前期分析定位、设计理念对整个方案的重要性，改变了学生重图面，轻分析的学习思路，促进了学生方案设计的合理完善。

方案名次与对应平面图　　　　　　　　　　　　　　　表1

排名	1	5	10	15
方案平面				

教师与学生评图标准对比　　表2

教师评价标准		学生评价标准
方案创意	设计理念明确	
	功能定位合理	
空间组织	空间架构清晰	√
	功能组织合理	
成果表达	各项成果完备	√
	表达合理美观	√

4　结语

多维互动教学模式不仅可以应用在城市设计教学中，对于其他课程教学也具有应用可能。例如，以"共同场地"为媒介，实现师师互动的方法，不仅可以应用在规划与风景园林的结合上，同样适用于规划与建筑、规划与社会学、经济学的知识整合，培养学生的综合素质；以"行为激发"与"行为分析"为途径，实现生生、师生活动，挖潜学生需求，更具有较为普遍的实践平台。我们将在进一步的教学中积极应用探索，针对不同课程的教学问题，形成多维互动模式的不同应用策略，并进一步总结改进。

主要参考文献

[1] 孙泽文. 现代大学教学引论. 武汉：华中师范大学出版社，2006：153.

[2] 颜醒华. 互动教学改革创新的理论思考. 高等理科教育，2007，1：24.

[3] 陈秉钊. 谈城市规划专业教育培养方案的修订. 规划师，2004，4：11.

Multi-dimensional Interaction Pattern and Its Applications in Urban Design Teaching

Li Chi   Dong Jingjing

Abstract: Interactive teaching is one of the hot spots in the teaching reform nowadays. Taking the problems in the teaching of urban design as the direction, breaking through the traditional discussion of the teacher-student interaction, this paper establish a multi-dimensional interaction pattern made by teacher-teacher, teacher-student and student-student, to develop a more perfect platform for interaction behavior and information transmission, promoting the achievement of teaching goal, cultivating the comprehensive talents of urban planning.

Key Words: Multi-dimensional Interaction, Urban Design Teaching

基于双师制度的城市设计竞赛方案筛选机制建构

武凤文

摘 要：现阶段，城乡规划专业的学生和水平越来越高，老师们对于一年一度参加全国规划专业指导委员会的竞赛作品的挑选也越来越难了，我们学院的教学进行了一系列改革，在教学过程中增加了双师评图机制，双师制度就是我们每组参加竞赛的同学都有校外导师和校内导师，在整个筛选的过程中，我们主要经过四个阶段的筛选：①调研分析阶段；②初步方案及理念阶段；③方案扩初阶段；④方案成图阶段，经过四个阶段的评图，每个阶段我们都请校内导师和校外导师投票确定最终的参赛名单，整个筛选的过程我们摒弃了以往参赛时，老师对学生固有的成绩，按照原有的情况确定参赛的名额的情况，深受学生的好评。通过这种评图机制，使学生深入到设计过程中每个阶段，能提高学生的调研分析能力、方案及设计理念形成能力，及语言表达及方案设计能力。

关键词：城市设计，双师制度，评图，筛选机制

近几年随着我们学院在全国城市规划专业指导委员会的城市设计竞赛单元获奖的情况越来越好，我们也更加重视该课程，我们学校在对《城市设计》这门课的教改中，采取了一系列的机制，教学改革要体现时代特点，体现与时俱进的精神，为了更好的促进教学改革，我们在城市设计课程中引入了双导师制度的理念，整合城市设计课程教学的理念。在双导师评图和筛选机制评图方面我们主要做了以下几方面的尝试。

1 双师制度的建立

我们教学改革的核心理念是：以学生发展为本，结合学科教学建设，结合全方位的教学评图特点，培养优秀的城市规划专业人才。结合城市设计课的教学实际，我们建立新的理念：除了注重学生之间的互评；关注学生全面发展；培养学生的语言与徒手的表达能力；更注重学生在设计中各个阶段的能力；注意学科渗透，改变学科本位观念；构建多元评图机制，激励学生设计方案走向现实；更加注重校外导师。

所谓的双师制度，就是指课程设计的过程中我们采取每个设计团队安排两组导师，这两组导师：其中一组是校外的，另一组是校内的；我们聘请校外多名校外导师为校外导师，请校外的校外导师定期为学生的设计方

图 2 城市设计课程导师机制构架图

案草图及成果进行评图；校内导师有两名教师组成，主要是平时上课对学生的设计方案草图及成果进行总结性的评价。通过这两种评图，是学生吸取校外实际工程的设计方法和手段，提高学生应对实际设计方案的能力。

2 双师评图机制的确立

双师评图机制是我们在原有的评图机制：自我评图机制、互评机制的基础上，新增加的一种评图机制和筛选机制。这个机制的建立源于我们城市规划专业校外评审校外导师库和校企合作办学的企业中的有相当丰富工作经验的所长和总工。

双师评图机制在整个设计的各个环节进行跟踪评图，跟踪指导，校内导师平时指导，校外导师在每一个

武凤文：北京工业大学建筑与城市规划学院副教授

阶段进行阶段性讲评，双师制度的建立，对学生的设计水平有很大的提升。

3 校内导师评图机制

校内导师主要在每一个课都对学生又一次评图，同时，还建立学生自评和互评的机制，在各个阶段组织学生的自评和互评，下面简单介绍一下自评和互评方法。

3.1 自我评图机制

城市设计课中学生的自我评图是学生自己通过认识自己的设计、分析自己的设计方案构思，在自我评图的过程中，提高自己的设计水平。自我评图是一种自我发展的动力因素，对提高学生方案设计水平很重要，是学生设计水平进步的根本内部动力。辩证唯物主义认为：内因是起关键作用，它决定了外因。因此，我们通过学生设计方案的自我评图的机制，通过学生的认同，使设计方案更具有现实意义；自我评图一般没有一个客观的标准，其主观性比较强，每个同学都可以自抒己见，把自己的设计构思与大家交流，在自评的过程中，就会有一些启发。自我评图机制贯穿在城市设计的全过程中，在每一个方案阶段，学生针对自己的设计方案草图，进行自我评图。

3.1.1 自我评图的内容

城市设计的自我评图教学内容包括四个阶段：课程设计每一个教学机制阶段；每一次方案设计的草图阶段；最后的成果阶段；结课后的自我评图阶段。每个阶段的自我评图的内容包括：方案的合理性、方案的可实施性、徒手画的表现技巧、草图的画法等方面的评图（见图3-1、图3-2）。

3.1.2 自我评图的机制

充分调动同学们的积极性，每个同学都针对自己的设计方案，从方案的构思开始讲解，原始设计方案的由来；方案的发展过程，进行自我评图，总结出它的优缺点，其中，方案的优点继续发扬，方案的缺点加以改正；只有这样设计水平才能提高。

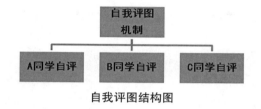

自我评图结构图

3.2 相互评图机制

在自我评图的基础上，同学们在每一个设计阶段都要展开相互评图。相互评图的机制是把整个班级分成四个团队，每个团队内的同学之间，团队之间的设计方案草图及成果的相互评图。

图3-1 自我评图

图3-2 自我评图

3.2.1 相互评图的动力

为了促进学生们展开相互评图，我们首先要做好硬环境和软环境的建设。这里的硬环境是指多媒体设备、徒手画展示栏、各团队对比榜等；软环境指团队之间的竞争，提供取长补短的团队组合，尽力创设同学间相互交往的机会等。置身于这样的软硬环境中，同学们相互学习、竞争，使教学环境从原来的以教师为中心的教学模式向以老师为指导的学习模式转变，从而，提高学生参与课堂教学的积极性，使学习的成果事半功倍。

3.2.2 相互评图的团队形成方式

团队的形成是相互评图成功与否的一个重要原因。那么，团队如何形成呢？团队内如何进行分工，如何选择队长以及队长如何开展小队活动都是非常重要的。下面是我们团队形成的主要模式：一般有以下三种团队形成模式：

（1）根据座位形成团队

根据座位形成团队，团队形成后保持到一个课程设计的结束。按照学生的设计水平、动手能力、语言表达能力等因素，进行团队内分工。这种团队的特点是优劣不均。

（2）根据教学单元形成团队

根据教学单元形成团队，按教学单元形成团队持续的时间比较短，一般只在一个课程设计中的不同教学单元中使用，一旦教学单元完成，团队也随之解散，这种团队形成的模式有三种：

第一种：根据设计水平的侧重形成团队，其特点是侧重于方案设计的同学共同形成一个团队，侧重于生态设计的同学共同形成一个团队。这样，老师根据不同的要求给他们上课，同时老师也分成不同的团队，因人而异进行教学，使同学们的设计能力提高更快。

第二种：根据爱好相同与否形成团队，其特点爱好相同设计水平却不尽相同。例如在广场教学单元中，同时交通广场、休闲广场和集散广场，让同学根据自己的爱好选择自己喜欢的设计项目，从而充分调动同学的主观能动性，挖掘同学的设计潜力，确保每一位同学的设计水平都有所提高。

第三种：根据设计水平好坏搭配形成团队，这种团队的目的是扩大团队内的差别，让设计水平好的帮助设计水平差的，让学习兴趣浓的培养学习兴趣淡的，发挥

同学们之间的团队精神，让学生成为设计的主体，加强了同学们之间的交流，培养学生良好的团队精神，改善了人际关系。

3.2.3 相互评图的机制

首先，每个团队的队员在自我评图的基础上，对各自负责的设计部分进行讲解；然后，团队内进行相互评图，共同讨论，在此基础上，使上课的中心多元化、不再是以教师为中心的教学模式，从而促进学生的独立发展；同时是他们有了很强的团队精神，在此期间，学会了相互帮助、相互激励、相互交流、相互启发，并在团队中寻求发展；与此同时，学生通过各种评图正确认识自我、完善自我；最后，各个团队派代表主讲，同时，有一辩、二辩、三辩准备解释和现场把其他同学不理解的地方用徒手画的形式进行形象的描绘，这样，即锻炼了学生的语言表达能力，又展示了同学们的徒手表达能力。

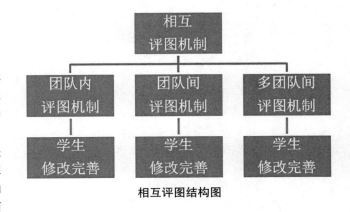

相互评图结构图

3.2.4 相互评图的成果

通过相互评图从课堂教学的一个机制逐步走向以评图学习为主导的设计课程新型教学模式，将这一评图形式设计为课程模式，并将其推广为师生相互评图、师师相互评图、校外导师与学生相互评图等相结合的评图体系。

从相互评图引导学生逐步走向其他的综合性评图，将评图的结果从单纯自我评图到综合的总结评图过渡（图3-3、图3-4）。

图 3-3 学生互评图

图 3-4 学生相互评图

4 校外导师评图机制

在自我评图和相互评图的基础上，同学们在每一个设计阶段都要展开校外导师评图。校外导师评图机制是请校外的同行校外导师对学生的设计方案草图及成果进行多阶段、多层次的讲评。

4.1 校外导师评图的机制

校外导师评图的主要分四个阶段：第一阶段，是现状调研分析阶段的成果评图；第二阶段，是方案和理念形成阶段的成果评图；第三阶段，是方案扩初阶段的成果评图；第四阶段，是完成阶段的成果评图。

4.1.1 校外导师评图结构图

首先，每个团队把自己的设计成果展示出来，然后，请校外导师对学生的设计方案草图及成果进行评图。最后，根据校外导师的评图结果，进行最后的修改。

4.1.2 典型方案点评

校外导师首先对所有的方案进行逐个的分析，最后，选出一个具有代表性的好的方案和问题方案进行剖析，让学生从中发现优点，吸取精华；找到缺点，在今后的设计中改正。这样点评的优点是：使学生一目了然，更清晰地从方案中学到设计技能。

4.1.3 逐个方案点评

校外导师对所有的方案进行逐一的点评，使所有的同学都从中受益，知道自己设计中存在的问题，在今后的设计中，使设计技能提高更快。

4.2 校外导师评图的成果

通过校外导师评图使学生从假题设计过渡到真题设计，从校外导师评图当中学到更多的实践经验，在设计时会更加从实际出发，少犯从理论到理论的错误，为今后走向工作岗位地下良好的基础。

5 筛选评图机制

筛选评图机制是评选出参加竞赛学生最重要的阶段，是在前几个评图的基础上，对设计进行筛选性的评图，如果学生在每个设计结束后都作筛选性评图，同时将学生的设计成果排序。那么，学生随时知道自己在整

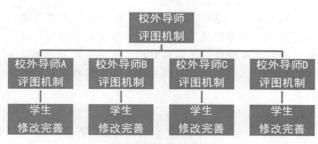

校外导师评图结构图

图 4-1　国外校外导师给学生讲评方案

图 4-2　校外导师给学生讲方案

图 4-3　学生与校外导师交流

图 4-4　校外导师给学生讲评方案

图 4-5　学生与校外导师交流

图 4-6　校外导师给学生讲评方案

个班级的设计水平和竞争力，可以激发学生的正能量。

5.1 筛选评图的机制

首先，每个团队把自己的设计的自我评图、相互评图、双师评图进行总结；然后，校内外导师把每个团队的设计方案进行总结。最后，由校内外导师共同对每个设计方案进行筛选评图，主要方法是有多位校内外导师投票，其中最好的方案给出的数值是1；以此类推，最差的方案给出5分，所以累计相加分数最多的方案是最差方案；累计相加分数最少的方案是最好方案；评出参加城市设计竞赛的团队顺序。下图是四个导师对A、B、C、D、E五个团队的评图结果。（表1是北京工业大学城市

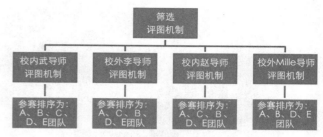

筛选评图结构图

规划系设计课程评定表；评分的分值是1、2、3、4、5，其中1为最好的设计团队，以此类推，5是最差的设计团队，最后，分数最高者被淘汰。）

北京工业大学城市规划系设计课程评定表（草）　　　　　　　表1

课程名称	城市设计			班级	101231	
学生姓名			指导教师			
序号	评图内容	≥90	80~89	70~79	60~69	<60
1	课程完成量					
2	现状调查分析					
3	设计构思及理念					
4	设计方案					
5	图纸表达效果					
6	设计说明及经济技术指标					
7	出勤及课堂表现					
	总成绩					

四个设计团队评分情况　　　　　　　表2

序号	团队	校内导师A	校内导师B	校外导师A	校外导师B	总计	排序
1	A团队	1	1	1	2	5	1
2	B团队	2	3	3	3	11	3
3	C团队	3	2	2	1	8	2
4	D团队	4	4	4	4	16	4
5	E团队	5	5	5	5	25	5

注：评分的分值是1、2、3、4、5，其中1为最好的设计团队，以此类推，5是最差的设计团队，最后，分数最高者被淘汰。

图 5-1　学生与校外导师交流

图 5-2　校外导师给学生讲评方案

由表看出 A 团队、C 团队和 B 团队分别排序为第一、第二和第三，可以参加全国城市规划专业指导委员会的城市设计竞赛；D 团队为第四，E 团队为第五，失去了参赛资格。

5.1.1　典型方案总结评图

老师和同学们首先对所有的方案进行逐个的总结性的分析；最后，选出一个具有代表性的好的方案和有问题方案进行总结性的剖析，让学生从中发现优点，吸取精华；找到缺点，在今后的设计中加以改正。

5.1.2　逐个方案总结评图

老师和同学们对所有的方案进行逐个的总结性点评，使所有的同学都从中受益，知道自己设计中存在的问题，在今后的设计中，使设计技能提高更快。

5.2　筛选评图的成果

通过筛选评图使学生在今后的设计中少走弯路，我们把筛选评图的形式推广为师生总结评图、师师总结评图、校外导师与学生总结评图等相结合的评图体系。这对设计课有很大的好处。

结语

我们在《城市设计》教学过程中采取双师评图机制：自我评图、相互评图、校外导师评图和筛选评图，学生和老师在这个过程中都得到了很大的提升，最重要的是，通过双师制度的参赛方案筛选机制，学生们感觉到了参加竞赛的公平性和竞争性，我们将继续对设计课程的教学进行改革，通过这些改革，培养出具有较强的创新性、竞争力及交流沟通能力的实践型人才。

主要参考文献

[1] 陈玉琨著.教育评价学[M]（第一版）.北京：人民教育出版社，1999.

[2] 豪尔·迦纳博士.多元智能教与学的策略[M].北京：中国轻工业出版社，2001：31-34.

Construction of Urban Design Competition's Filtering Mechanisms Based on the Double Division System

Wu Fengwen

Abstract: At present, urban and rural planning of professional students and level more and more high, the teachers to take part in the national annual planning competition of the steering committee for the professional work of selection has become more and more difficult, our college carried out a series of teaching reform, in the teaching process to increase the double review mechanism, double system on each group of students participating in the competition is our school teacher and the school teacher, in the screening process, we mainly through four stages of screening: ① survey the analysis phase; ② preliminary scheme and concept stage; ③ plan expansion in the early stage; Mapping stage; ④ scheme, through four stages of a review of the figure, each phase we are all school teacher and school teacher, please vote to determine the final squad, the whole screening process when we abandoned the previous entry, the teacher to the student the inherent performance, according to the original conditions of places, well received by students. Through this review mechanism, causes the student goes deep into the design process each stage, can improve students' ability to research analysis, scheme and design concept formation ability, and language expression and design ability.

Key Words: The Urban design, Double tutorial system, review figure, screening system

思变、司便、思与辩
——规划评析课程多元互动式教学改革初探

孙 立 张忠国

摘 要：本文提出多元互动式教学改革的模式，阐述了"发挥地缘优势、充分利用周边行业资源"，"挖掘学生潜力、充分调动其主动性与积极性"的教学改革思路，评介了四个教学环节具体的教学手法和教学效果。

关键词：规划评析，多元互动

引言

规划评析课是北京建筑大学具有特色的城乡规划专业研究生理论类课程之一。本课程以规划批评学与规划评估学为主体框架，结合国内外相关城市规划的案例分析，重点讲授城市规划评析的基本理论与方法等内容。其教学目标在于培养学生树立正确的城市规划的价值观；引导学生关注当代国际与国内城市规划的理论与实践，培养学生掌握城市规划评析的一般性原理与技巧；培养学生掌握规划评论文章的写作要领与综合表达能力。

然而，就城市规划评析学科本身而言，目前尚不存在成熟的理论体系，尚未见到专门的研究论著问世，如何界定规划评析，如何科学地进行规划评析都处于摸索阶段。再者，更无固定的教学模式可言，教什么、如何教、教到什么程度，让学生如何学，学到什么才最为重要，是从该课程设立之初一直不断思考的问题。经过几年的不懈探索，逐步形成了目前多元互动式的教学模式，收到了良好的教学效果，以下将这一教学改革的经纬与具体的教学方法加以整理。

1 思变——教学改革的背景

"思变"包括两层涵义。一是在"思"教学内容如何"变"才能让学生能够架构起关于规划评析完整的知识体系，全面了解其理论与方法，即在思考"教什么"。二是随着教学内容的不断调整与完善，传统教学模式受到挑战，必须认真考虑"怎么教"的问题，即在"思"如何通过"改变"教学模式才能使学生能动学习与主动思考。

1.1 教学内容的不断调整与完善

与规划评析紧密相关的提法有规划批评、规划评论、规划评价或规划评估等。然而，就严格的意义而言，"评析"的字面含义为评论、分析，而"评论"又可分解为批评与议论的意思，故此，规划评析似乎是个更大的概念，涵盖了规划批评、规划评论或评价以及规划分析等。基于这样的认识，城市规划评价、评论、批评均可视为城市规划评析的一种类型，其理论与方法共同构成了规划评析的理论与方法体系。课程设置之初，主要以讲授规划批评学的理论为主，但经过几轮的教与学互动反馈，在考虑学生对该课程要求的基础上，基于为学生建构起完整的规划评析知识体系结构的目的，在课程中又逐步增加了规划评价与评估学的内容。目前形成了规划批评学与规划评价学并举的理论教学格局，这两部分所涉及的内容虽有一部分交叉，但在课堂教学中各有要侧重解决的理论问题。

---

❶ 北京市哲学社会科学规划项目（青年项目编号：12CSC011）资助。

孙　立：北京建筑大学建筑与城市规划学院副教授
张忠国：北京建筑大学建筑与城市规划学院教授

除理论部分外，规划案例的评析一般被认为是比较经典的规划评析内容之一，由于注册规划师考试也涉及相关内容，这部分内容也是学生较为关心的，是课程教学的另一个重点内容。另外，结合课程特点通过课程锻炼学生的综合表达能力也是本课程近年增加的主要教学目标之一。

1.2 传统教学模式的窘境

面对不断调整与完善的教学内容和教学目标，传统的教师讲解、学生理解的讲授式的教学模式已经难以适应新的教学要求，主要面临以下几个问题：

首先是课时少，内容多。作为一门独立的理论课，要保证其理论体系的完整性，上述的理论内容是缺一不可的。而作为一门时时关注最前沿的规划实践活动的课程，对成为现时热门话题的规划案例的分析也必不可少。然而，课程总共只有16学时，如采用讲授式的教学模式光是理论部分中的规划批评学部分都难以讲解明白，如何利用这么少的学时实现如上所有的教学目标是教学内容调整后的最大难题。

其次是案例的前沿性与多样性问题。一般的理论类讲授课程所用分析案例大多为国内外比较成熟的经典案例，但这些案例难以满足学生渴望及时了解现时规划热门话题的愿望，难以提起学生的学习兴趣。通过对选课学生的事前调查了解到，他们更希望了解现时规划热门问题更为详尽的形成与发展的经纬，以及解决这些问题的最新思路与方法，同时希望案例的类型丰富多样，可以学习到如何从多角度对规划案例进行评析的方法。

2 司便——教学改革的思路

"司便"二字可以概括为了解决以上传统教学模式面临的窘境，该课程教学改革的特点。"司"者、利用也，"便"即为便利条件。"司便"式的教学改革思路具体又包含两个方面，其一为"发挥地缘优势、充分利用周边行业资源"，其二为"挖掘学生潜力、充分调动其主动性与积极性"。

2.1 发挥地缘优势、充分利用周边行业资源

"发挥地缘优势、充分利用周边行业资源"是针对如何保证案例的前沿性与多样性问题而提出的一种教学改革思路。任何任课教师其所涉及的研究与规划实践的领域都有一定的局限性，难以全面触及规划领域的所有类型，故此，单凭任课教师一己之较难保证案例的多样性。同样对于前沿性而言，高校教师所能接触到的规划实践案例也难于保证其都能成为现时的热点话题。当然，把国内外比较成熟的经典案例作为分析对象是一种较为稳妥地做法，但对于已经进入研究生阶段学习的学生来说，经典案例的评析完全可以通过自己查阅相关资料与文献来完成，在学时有限的情况下，这种常规的经典解析的做法无疑占掉了用于评析对学生启发更大、也是学生更感兴趣的前沿热点问题的时间。要解决这些问题，需要突破常规教学思维，任课教师应由主讲者变为组织者，如能让与现时规划热点话题相关的参与者、体验者来到课堂与学生互动交流，则上述问题可迎刃而解。

而北京建筑大学地处首都、校园周边密布着包括住房与城乡建设部、中国城市规划设计研究院、北京城市规划设计研究院等众多规划管理与研究机构，可供规划教学利用的行业资源非常丰富，很多规划行业的热门话题都与这些机构有着密切的关系。所谓"发挥地缘优势、充分利用周边行业资源"的教学改革思路，就是利用学校地处北京的地缘优势，邀请这些顶级规划管理与研究机构中与规划热门话题相关的当事人或参与者来到课堂为学生进行案例评析，与学生就这些规划的前沿与热门话题热点问题进行互动交流。

2.2 挖掘学生潜力、充分调动其主动性与积极性

"挖掘学生潜力、充分调动其学习的主动性与积极性"是针对"学时少、内容多"的问题而提出的教学改革的思路。由于课时少，内容多，但作为一门独立的理论课，又要保证其理论体系的完整性，光凭老师以讲授式是难以完成教学任务的。

不过，这些需要学生了解或掌握的理论部分内容大都有一定数量的参考文献，如果在给学生搭建好知识框架的基础上，能调动学生利用课外时间自己主动去研读的话，则在较短的学时内也能让学生系统地掌握相关的理论知识。基于这样的思路，教师不必去讲授各个理论的具体内容，而让学生自己去研读，教师的讲授只是导读性质的，目的在于让学生首先建立起知识框架，知道这个理论体系中都包括什么，哪些是重点，要怎么去学。

并且,为了激励学生积极性与主动性,要对学生自学的效果进行监察,建立与学生最后成绩相挂钩的奖惩激励制度。

3 思与辩——改革后的教学方法与效果

基于上述的教学改革思路,在近年的教学实践探索中,摒弃了传统的"教师讲解、学生理解"的讲授式教学模式,将整个课程划分为4个不同主题的教学单元,分别是理论与知识体系架构、难点与重点理论解读,前沿与热点问题评析、经典案例解读与亲身实践案例评析等。理论与知识体系架构由任课教师"主讲",重点与难点理论解读由学生"试讲"、教师点评,前沿与热点问题的评析由外请行业专家"串讲",经典案例解读与亲身实践案例评析由学生"轮讲"、集体点评。各个教学环节都以学术沙龙的形式为主,听众与主讲者可以随时相互提问与展开讨论,形成了能动学习、主动思考、"你言我辩"多元互动的课堂氛围,同时也实现了通过课程锻炼学生的综合表达能力的教学目标,收到了良好的教学效果。各单元的教学重点与具体方法归纳如下:

3.1 理论体系架构——任课教师"主讲"

该单元的任务是通过任课教师讲解,帮助学生建构起规划评析基本的理论体系框架。

首先要让学生掌握有关规划批评学理论内容。目前虽尚无专门关于此的系统理论著作问世,但借鉴郑时龄院士提出的建筑批评学的理论,可以帮助学生明确规划批评的主体与客体,规划批评的价值论与方法论,规划批评的模式与局限性等一些基础理论问题。这些规划批评学的理论是对规划评析这一学科本身的认识,使学生明确规划评析究竟为谁服务,制定规划评析标准应遵循什么样的价值观。这是学习规划评析的认识论基础,需要学生有较为深刻的理解。

再者要向学生介绍规划评价或评估学的基本知识。规划评价或评估学是关于如何进行规划评析的方法论方面的学问。需要学生了解规划评价学的源起、演进与流派与类型,掌握规划评价的一些主要类型与方法。诸如需要学生了解规划评价方法产生的哲学基础是与理性主义的发展息息相关,掌握规划评价分为包括规划文件分析等备选方案评价等规划实施前评价,以及规划行为研究、规划过程与规划方案影响描述、规划政策实施分析、规划实施结果评价等规划实践评价两大类,并能够基本掌握如何选择和使用合适的规划评价方法等。

如前所述,这一单元主要是为了帮助学生梳理规划评析的各类理论,建立起基本的理论体系架构,任课教师并不就各个理论展开讲解,主要使学生知道哪些是需要了解的理论,哪些是要重点掌握的理论,对于重点理论的讲解则放在第二单元。

3.2 重点理论解读——学生"试讲"

在学生对整个理论体系有了初步了解的基础上,第二单元的任务是对其中的一些重点理论由学生自己进行解读。

首先,列出需要重点解读的理论专题的名录,任课教师提供部分参考文献,学生根据个人的兴趣爱好自由组合为若干"试讲"小组,并留出一定的时间供学生课外查找资料进行试讲准备。

预先规定好讲解时间及答辩时间,明确根据试讲效果和答辩情况对该环节的评分规则。设有答辩环节可以促使学生广泛深入的阅读相关的理论内容,培养学生自觉主动学习的习惯。规定试讲时间可以督促学生进行课前试讲练习,利于培养学生的综合表达能力。实际课堂试讲时更严格按规定控制时间,讲解的全过程作为听众的同学和老师可以随时提问,每个理论专题还留有一定互动讨论时间。

最后,任课教师根据学生总体的认知情况,做补充点评。目的在于补充讲述遗漏的知识点、明确理论重点,点评学生的表现,指出各组的优缺点,并在征询其他听众意见的基础上,综合打分。

理论专题环节的教学变"教师主讲"为"学生试讲",试行了"教即学、学亦教"的教学理念,一改学生以往只是一味"等食填腹"的被动局面,激发了学生的表现热情。课后学生反映这种学习形式迫使自己不得不去广泛阅读,实现了开拓学生的课外阅读宽度,扩宽其知识面的教学目标。另外,各个理论专题原来由任课教师逐一讲授时,难免讲解形式单一乏味,常难提起学生的兴趣。改为学生试讲后,由于存在着教师点评和民主打分的激励机制,各组在表达上都下了很多功夫,表现形式可谓八仙过海、各尽其能,一些晦涩枯燥的理论,通过学生新颖、别致的表达也都让听众听得有滋有味，收到了良好的教学效果。

3.3 前沿与热点问题的评析——行业专家"串讲"

该环节是为让学生能及时把握学术前沿与行业热点问题，了解行业动态。案例评析以一些前沿与热点问题的评析为主，任课教师同外请的行业专家一起"串讲"。

首先将学生感兴趣的前沿与热点问题收集起来，再根据这些问题决定邀请哪些行业专家，一般每年会分别邀请2~3位行业专家来到课堂，为便于和学生之间沟通与交流，以中青年专家为主体。专家确定后，将学生希望该专家能为其解答的相关专业问题收集起来，并把这些问题提前告知，让专家结合案例有一定的准备。以下是2013年教学过程中收集到的"学生希望某外请专家讲授内容的要点"：

• 规划的评析方法是什么？
• 设计师如何把作为使用者的经验应用到规划设计中？
• 专家评审方案都是从哪些角度考虑的？
• 用人单位对学生的期望与要求？
• 从总规到分区规划到控规，是如何层层具体落实的？
• 规划前期应从哪里入手，以避免"从一开始就是错的"情况发生？
• 公众参与对规划的影响？
• 规划师如何对设计进行反馈收集和回访？
• 各利益群体对规划的评价标准不一样，规划师应该如何综合考虑？
• 讲解案例具体应用了那些理论和规划手法，设计规程中遇到的问题和解决办法，规划实施过程中的问题？

"串讲"内容的确定与课堂组织以行业专家为主，专家多以讲解、提问、答疑、全程互动讨论为主要形式。任课教师一般在答疑阶段参与进来，针对学生的有些问题，在行业专家在"实操"层面给予解答外，任课教师有时会站在理论高度和学科发展的视角对问题进行补充回答。专家带来的一些与现时热点问题直接相关案例，所有师生可以自由评析，但要求能尽量结合之前学习过的理论，有一定的逻辑性，能够"自圆其说"。评析过程中，鼓励大家相互争论，表达不同的学术观点。

由于大部分案例都与大家关心的热点问题有关，很多学生事前都有一定的准备，听完专家讲完案例背景和基本的评析观点后，对专家和任课教师提出的问题大都有一定的深度和难度，师生间、同学间课堂讨论、争论的气氛也十分热烈，经常已经到了课程结束时间，大家还意犹未尽，易地再辩。通过这样一个"吾思尔议"、"你评我辩"教学环节，很多学生都认为不仅了解到了最新的行业动态，自己的思辨能力和综合表达能力也都得到了充分的锻炼与提高，教学效果非常明显。

3.4 经典案例解读或亲身实践案例评析——学生"轮讲"

在完成上述让学生或教，或学，或辩（辨）的教学任务之后，最后要锻炼的是学生"实操"能力，即让每个学生真正进行一次规划评析。评析的内容和对象不限，有些有实践经验的学生可以自己参与的实际项目为依托，更可以解读一些经典案例、还可以从哲学与理论的高度来重新认识规划评析这一学科等。

"轮讲"环节的组织与对学生的要求同前面的"试讲"环节基本相同，也是留出一定的时间供学生进行准备，预先规定好讲授时间及答辩时间，明确根据试讲效果和答辩情况对该环节的评分规则。并且，由于有了前面各环节的学习基础，对每个"轮讲"同学的点评是以其他学生为主、教师为辅。点评同样也是对学生的一种训练，这样可以促使讲的学生和听的学生都积极思考，加深理解和认识深度。

这一环节学生觉得除了准备"轮讲"时需要大量阅读可以拓展知识面外，通过同学间的相互交流，更开拓了自己思路。

结语

面对传统讲授式教学模式窘境，本文提出了多元互动式教学改革的模式，阐述了"司便"式的教学改革思路，并具体介绍了四个教学环节具体的教学手法和教学效果。但如前所述，规划评析的教学并无固定的模式，教什么、如何教、教到什么程度，让学生如何学，学到什么才最为重要，都是需要不断思考的问题，这次的改革只是一个开始，还需要不断的探索下去。

主要参考文献

[1] 吴志强. 城市规划学科的发展方向[J]. 城市规划学刊, 2005.6: 2-9.

[2] 黄亚平. 城市规划专业教育的拓展与改革[J]. 城市规划学刊, 2009.33（9）: 70-73.

A Preliminary Study for Interactive Teaching in Multiple Aspects in the Course of Urban Planning Evaluation

Sun Li　Zhang Zhongguo

Abstract：This paper suggests an interactive teaching model in multiple disciplines，explains the idea of "promoting the local resources nearby the university in professional organizations，developing the students' potential while improving their enthusiasm and interests"，and evaluated the teaching methods and effects in four aspects.

Key Words：urban planning evaluatio，interactive teaching in multiple aspects

结合模型制作的案例式教学在城市规划二年级课程中的实践

李 婧 宋 睿 吴正旺

摘 要：城市规划二年级是城市规划专业重要的转型期，是城市规划专业学生认识空间、认识城市的重要阶段。传统的二年级城市规划教学侧重建筑空间的认知和感受，缺少对城市空间的理解。为衔接三年级学生走入城市规划设计项目，在二年级课程中引入了"案例式"教学法，形成以理论为导向，以"案例调研－理论认知－模型制作"的教学模式。本文将结合教学案例说明案例式教学的实施程序、步骤及效果。

关键词：案例式教学，模型制作

城市规划二年级专业课是城市规划专业设计系列课的重要一环，起着承上启下的重要作用。二年级专业课如何在五年的设计系列课中承担走进建筑，走进城市，感受空间的目标，对于培养学生对专业的兴趣，建立城市和建筑的紧密联系具有非常重要重要的意义。

1 城市规划二年级教学现状及实践尝试

1.1 课程概况

在传统建筑类院校的城市规划二年级设计课教学中，多数注重学生对建筑空间的感知，题目集中在"别墅、幼儿园、单体改造"等类似的设计题目，让学生从人体尺度走向建筑空间。二年级设计课的建筑题目无论是从 300m² 的别墅，还是到 3000m² 的社区活动中心，主线安排是为了让学生体会建筑在不同环境中的设计方法，强调空间感知，创造有想象力的空间。

1.2 教学困境

作为城市规划专业的主干课，传统的教学学生大多关注建筑内部空间，对于城市的考虑不够周全。同时特别作为城市规划专业的学生，在三年级就要转入规划设计的学习，从几千平方米的建筑突然转变到几万甚至几十万平方米的城市设计空间中，中间的衔接总是不够顺畅。多数学生会发现面对三年级题目不知所措的情况，通常三年级前半学期学生还在转型过程中，导致教学进程受到影响。同时二年级又由于太关注建筑室内空间，缺少了学生对室外空间的理解和感知，对城市空间的更是没有体会。

1.3 实践尝试

在这样的教学背景下，我校城市规划专业二年级教学组在进行了讨论和研究后，对传统的大师分析题目进行了调整，在二年级下半学期教学中，加入了案例调研和模型制作。利用学校在北京的地缘优势，教师针对北京已有的经典建筑群进行了摸底调研后，将题目作为选项分给学生，由学生从实地调研开始了解城市，了解建筑。学生将在这个设计题目中，完成实地调研——资料收集——模型制作——图纸或汇报文件这样一个全过程的设计。本题目以小组为单位，以四周为设计周期，作为一个小型设计题目穿插在二年级的单体设计中，弥补了二年级学生对城市空间的理解和感知，同时为走入三年级的规划设计奠定了基础。

2 结合模型制作的案例式教学的特点及意义

2.1 案例式教学的概念及特点

案例式教学法是通过对典型案例的分析和调研而进行教学的一种方法，通过学生讨论分析一系列具有典型

李 婧：北方工业大学建筑工程学院讲师
宋 睿：北方工业大学建筑工程学院讲师
吴正旺：北方工业大学建筑工程学院副教授

图2 案例式教学选取实地案例

图1 案例式教学特点在城市规划二年级教学中的应用

意义的案例,并进行分析研究,从而得出解决问题的方法,让学生在这样的过程中得到专业理论指示和实践技能。案例式教学法最早于1910年运用于美国哈佛大学,1990年底以来国内教育界开始探究案例教学法,发展至今其内容、方法、经验已日趋完善[1]。

案例式教学有以下几个重要特点,对于在城市规划二年级应用都具有很高的操作性。

2.2 案例教学结合模型制作在二年级城市规划专业设计课应用的意义

2.2.1 提高学生对城市空间环境和著名设计师理论的理解力

城市规划是一门综合的学科,而城市规划设计系列课在本科教学中是最综合的课程。在这门课程中会涉及学生学习的各种理论体系,设计体系,空间体系等多种知识。但是对于二年级学生来说,刚刚迈入城市规划专业这门学科,在经历了一年级和建筑学专业完全的基础培养和教育后,对城市规划学科的理解是比较茫然的。

结合案例教学和模型制作可以让学生从综合的角度来看待城市设计的项目,首先了解了建筑,再去了解城市里的建筑,了解城市里建筑群,由小及大,由浅入深。

---

[1] 于文波,杨育人,郭剑飞,案例在建筑设计教学中的应用探讨,华中建筑,2010,8:188.

从建筑——建筑群——城市,这样的理解对于后续学生对城市问题和城市用地的理解可以更深刻和更全面。而著名设计师,特别是明星设计师,一直是年轻学生追捧的对象,在这样的心理驱使下,学生可以自觉的去查阅更多的设计师理论,同时学生可以通过自己对项目的亲身经历来体会设计师设计的初衷。

2.2.2 提高学生的查阅资料的能力和动手能力

在信息网络化的今天,学生获取各种资料的手段早已日趋多元化。传统的教师讲授,学生被动接受,已经不能再适应今天的教学要求。作为一门具有极强应用性的学科,二年级设计课的内容应该切实的提高学生的动手能力和查阅资料的能力。从学生获取原始资料,到整理,再到分析数据,并根据个人努力将其还原为实体具有比例的模型,无疑需要学生付出极大的努力和投入。从开始的实地踏勘到后期的整理照片、数据,上网查找各类资料,后期的模型制作,细节刻画等,学生都将获益匪浅。从而,二年级的学生的整体能力都将获得极大的提升。同时配合在学校科学节模型制作大赛的参赛,学生对专业课学习的积极性不仅得到极大的提升,同时表达能力、动手能力、理解能力都得到全方位的提升。

3 结合模型的案例式教学法在二年级设计课程中的实施程序

3.1 基本程序

结合模型的案例教学法有以下四个重要环节:案例调研——资料收集——模型制作——汇报演示。案例的选择在教师认真筛选下完成,同时提供给学生多种选项,具体的选择由学生自己根据个人爱好来定。在学生做完选择后,分组查阅资料和实地调研。课上进行讨论和汇报资料的收集情况。一周之后学生基本上就可以将收集齐的资料进行分析开始模型制作了。最后模型过程中,教师会和学生就模型材质、表现方法、实际空间关系、城市立面等进行各种不同的交流和沟通,学生在不断的模型

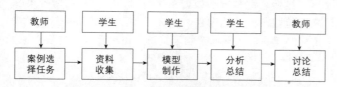

图3 结合模型的案例式教学法在课程体系中的基本实施程序

制作中得到启示,了解城市、建筑、景观的结合,并想办法通过各种材质和立面进行表达,对作品全方位的分析和理解,获得城市空间的第一手资料和第一手感受。

3.2 实施的步骤

结合模型的案例教学法一般学生按照4~6人分成小组,在分组结束后就分组进行调研和实地踏勘,让学生在真实环境中学习观察建筑,观察建筑材料、空间、功能流线、入口等各种要素,同时观察在场地中人行和车行的关系,观察景观小品的设置。让学生进行案例的各种数据收集分析,判断决策,注重培养学生从空间——图纸——空间的能力,能够切实的提升学生对图纸空间和实体空间的转换。通过模型制作让学生将所学的建筑设计原理、建筑设计知识,城市空间的体会等进行实践,从教室走向城市,从模型走向建筑,从图纸走向空间。

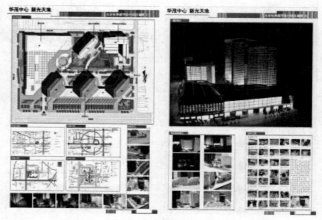

图4 学生图纸

4 结合模型制作的案例式教学对二年级规划设计课的促进作用

从2010年至今,我校二年级城市规划专业就加入了这个实践环节,在经过了三年的教学实践后,发现这四周的案例学习和模型制作,学生获益良多。主要体现在以下三个方面:

4.1 知识体系的扩展

城市空间和城市问题已经构成当代建筑师和城市设

图5 学生模型：对地下车库，地形，建筑和环境的多重关注

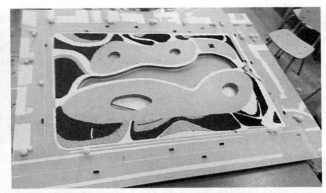

图6 学生模型：对建造过程和整体城市环境的逻辑认知

计师工作的主要内容。在二年级这个重要的过渡时期，如何扩展学生的知识体系，让学生建立正确的城市观和建筑观尤为重要。在二年级转折的关键时期，通过城市真实案例的调研，走进城市，走进建筑，了解城市规划设计涵盖的内容，促进专业视野的开拓，并通过系统的理论学习和模型制作，加深学生对城市规划学科体系的了解，有效的拓展未来学生对专业的理解和实践。

4.2 逻辑思维的强化

城市规划学生应有较完整的视野和较好的逻辑思维能力。因此如何引导学生从建筑空间的小尺度，走向建筑群体尺度，是至关重要的问题。同时在调研中，学生可以发现城市规划设计工作的逻辑性和综合性：涵盖了建筑、道路、景观、出入口、环境设计、小品、标识等方方面面的内容，为二年级学生建立一个初步的城市设计观。

4.3 合作的能力和学习的能力

城市规划学科是一个需要合作和不断学习的学科。在二年级培养学生学习合作，学习共享和互相帮助，是未来学生在职业道路上必须学会和掌握的技能，这种能力甚至超过知识本身。在模型在制作过程中，学生互相学习，学习材料，学习从各种书籍和网络中寻找各类资料，学习如何处理建筑细部，学习如何组合建筑群体，学习如何处理景观，学习如何接电源，学习如何表达自己的设计，在短短的四周学时中，可以看到学生的不断成长和进步。

图7 学生合作能力和学习能力的不断提高

5 结语

在实行模型案例学习的三年以来，学生们投入了极大的热情，最后也收获了较为丰富的成果。在学校组织的大学生科学节中，本设计模型在开展之后，一直稳居模型竞赛的一等奖。"不积小流，无以成江河；不积跬步，无以行千里。"对于刚刚进入城市规划专业的二年级学生而言，结合模型的案例学习只是漫漫人生城市规划学科学习中的一小步，但希望凭借这小小的一步，可以为他们在今后的学习和工作打下一个坚实的基础。

图8 部分成果展示

结合模型的案例教学还有很多有待改进的地方，在今后的教学和实践中将不断改进，让学生可以更多的获益，更好的成长。

主要参考文献

[1] 金广君.建筑教育中城市设计教学的定位.华中建筑，2001，2：18-20.

[2] 熊国平.城市规划管理与法规的案例教学研究与实践.华中建筑，2010，12：180-182.

[3] 王琰，黄磊.应用导向下的案例式教学在环境行为学课程中的实践.华中建筑，2013，3：175-177.

The Implementation of Case-study Pedagogy with Model Making at the Sophomore Level of the Urban Planning Discipline

Li Jing   Song Rui   Wu Zhengwang

Abstract : The sophomore level plays a transition role in the discipline of urban planning, and it is an important stage for students majoring in urban planning to read and understand urban space. The conventional pedagogy at the sophomore level in urban planning places more attention on architectural space rather than urban space. In order to bridge the urban scale's projects at the junior level of urban planning, we introduced specific case-study pedagogy for sophomore students. This theory-oriented teaching model can be generalized a process of "case investigation-theory study-model making". In this paper, we describe the pedagogical implementation, process, and results.

Key Words : Urban planning pedagogy, Case study, Modeling making

"走进微观"——《城市地理学》野外实践教学内容与方法探索

韩 忠

摘 要：《城市地理学》城市微观空间的野外实践教学，宜结合教材内容、学校所在城市的特色与专业实践基地建设合理选择各类空间，主要综合运用实地踏勘、问卷调查、访谈和座谈会等方法，通过课内课外两个环节，引导学生由表及里认识城市空间特质，由小及大建立城市系统感知，在实践中提高问题意识，增进城市认知，掌握解决问题的实际操作能力。

关键词：城市地理学，微观空间，野外实践

城市微观空间，即城市的内部空间，[1]不仅是我们日常生活的场所，也是我们认识城市的起点。尤其对于初学城市规划的同学，从身边的城市现象入手，开展微观城市空间的野外实践教学，有助于深度体验城市生活，掌握城市社会调查等实践主要方法和技能，促进从具体到抽象的归纳能力，在有限时间内形成对城市空间较为深刻的认识和系统感知。基于这种考虑，近年来我们结合《城市地理学》课程开展了一系列城市微观空间的野外实践教学探索。

1 微观城市空间选择的三重考虑

城市微观空间的选择，是《城市地理学》野外实践教学的基础。从教学环节开始，主要从以下三个方面考虑：一是要结合《城市地理学》教材的内容，二是要结合武汉城市特色，三是要结合实践教学基地建设。

1.1 针对教材内容体系

高等教育出版社出版的《城市地理学》教材，涉及城市微观空间的章节主要集中在第十、十一、十二、十三章，包括城市建设用地分类、城市地域结构模式、中心商务区、开发区、城中村、市场空间、社会空间和感应空间等内容。针对教材的系统安排，我们在实践教学中，紧紧围绕城市的"中心－边缘"这一组关系，选择了武汉市内环线以内的徐东商业区、居住区、特色街道、城中村等微观城市空间，对其空间功能、时空演变、社会结构变迁等问题，进行多角度的调查研究。这些微观空间的调查，强调书本理论与城市具体实践的结合，相互印证，用一般性来指导特殊性，再通过具体的案例探析，归纳总结，提高认识。注重启发性，引导同学们从认识某类城市空间的单一功能到各类空间有机联系的过渡，建立城市系统感知。

1.2 彰显武汉城市个性

首先，基于武汉市山水资源丰富的自然底色，选取湖泊和山地作为重点野外实践对象。武汉是"百湖之市"，市域内有166个湖泊，其中主城区有40个。但近年来，在城市化的快速推进过程中，湖泊周边地区的用地类型发生很大变化。针对这种情况，我们开展了"武汉市中心城区湖泊周边土地利用现状调查"。另外，武汉全市有500多座山体，主城区内就有58座，而且很多山体早已成为人们日常休闲娱乐的场所。但还存在山体自然和文化资源保护不力等问题。因此，我们选取部分有代表性的山体，进行了"武汉市主城区典型山地文化资源的保护与利用状况调查"。通过持续开展上述两类调查，引导学生们尽快的熟悉武汉的地理环境和山水特色。

其次，基于武汉是国家级历史文化名城的特征，选取典型历史街区进行野外实践教学。武汉城市内部有多个历史文化街区，仅城市总体规划重点保护的就有十个。

韩 忠：湖北大学资源环境学院讲师

这些历史街区，各有特色，保护和利用状况不一，但大多都曾经或正在经历更新和重生。而且经常有关于历史街区保护的议论见诸报端。但是关于历史街区保护规划，政府和规划师的声音多，社区居民的声音却少有听闻。针对历史街区所面临的问题，以及规划社区参与的缺失，我们进行了"武汉市历史街区时空演变与社会变迁调查"。

1.3 结合实践基地建设

庐山是湖北大学资源环境学院城乡规划专业的实践教学基地，每年暑期刚结束大二的学生都会前往实习，在牯岭镇居住一周左右。而牯岭镇正处于整体搬迁的争议之中。我们针对牯岭镇作为山地城镇的独特条件，在实践教学中引入时间地理学的方法，特意对城镇居民日常生活的时空特征和影响因素开展了调查和访谈研究。一方面，我们希望能够加深学生对牯岭这座山地城镇的整体感知，促进对"人－地"互动关系的理解；另一方面，我们也希望为国内时间地理学的发展提供新的案例。

2 野外实践教学的主要方法

由于我们野外实践教学的题目非常明确，方法的正确选择和运用就非常重要。常用的方法是实地踏勘法、问卷调查法、访谈法和座谈会。

2.1 实地踏勘法

所选择的微观空间，都要求学生要到现场去看、去了解。必须携带纸、笔和地图，有时也要有GPS等便携工具。这就能够调动学生运用所学的地图学、测量学等相关方法。这也是我们各种野外实践教学的基础。

2.2 调查问卷法

有些微观空间的野外实践，需要拟定调查问卷。特别是居住区的变迁等关系到城市社会问题的，调查问卷法更加合适。一般的，我们都会根据主题，由师生共同多次讨论之后拟定，有的还需要经过预调查，然后再确定问卷题目。最后根据调查问卷的结果，进行统计分析。

2.3 访谈法

强调在野外实践中要进行深度访谈。强调对不熟悉的地方，不熟悉的内容，要向当地的人请教，向在场的人请教，不论对方是管理者，还是游客，或者居民，都是可能访谈的对象。通过访谈以了解问题的由来、表现形式以及人们的看法。这实际上，也是引导学生了解公众参与，锻炼表达能力和理解能力的好机会。

2.4 座谈会

有些调查则需要与有关部门事先联系，通过对方协助组织小型座谈会来加以完成。如在进行城中村居民居住满意度的调查时，我们就借助了这种方式，集中听取意见。

实际上，很多野外实践活动都需要运用多种方法，甚至还需要事先事后查找文献资料。

2011-2013年城市微观空间野外实践教学内容与方法　　　　表1

课程	空间类型	野外实践内容举例	方法
城市地理学	商业空间	徐东商场的空间布局与演变	踏勘、访谈
	社会空间	小区广场与老年人社交网络	访谈、问卷
	居住空间	城中村居民生活满意度	访谈、问卷、座谈
	公共空间	城市门户地区的时空演变	踏勘、访谈
	边缘空间	开发区公共文化设施空间布局	踏勘、访谈
	公共空间	湖泊周边土地利用类型	踏勘、访谈
	公共空间	山地文化资源保护与利用	踏勘、访谈
	居住空间	历史街区时空演变与社会变迁	踏勘、访谈、问卷
	行为空间	牯岭镇居民日常生活时空特征	访谈、问卷

3 《城市地理学》野外实践教学的重点

3.1 由表及里认识城市空间特质

我们在进行城市微观空间的实践教学时，非常重视从问题表象出发，由浅入深进行探索。为了调动同学们关注身边的城市现实问题，我们曾尝试组织学生开展"读报会"，每人把一周内武汉不同报纸上的城市新闻分别进行简述，以信息共享和相互激发。实际上，很多的实践题目也正是从生活中来，从身边的城市热点问题而来。如对湖泊周边土地利用状况的调查，就是因为我们湖北大学濒临武汉市第二大城中湖——沙湖，而沙湖面临非常严重的污染和空间挤压，尤其是近些年中湖面快速减少。到底是什么原因导致了沙湖的萎缩？从这一表象出发，我们从沙湖周边的土地利用方式着手，先认识湖边城市用地的分类和结构，在了解用地方式的历史变化，继而追寻改变湖泊周边用地方式的各种因素，并探讨作用机制。在调研和讨论中，由表及里，逐渐引导，深入剖析，启发学生思考湖泊在城市发展中的作用，公共空间该如何利用，城市规划师应具有什么样的价值观等。除了沙湖之外，我们还选取了武汉三镇的内沙湖、四美塘、晒湖、紫阳湖、月湖等十几个湖泊，进行了类似的连续调查和访谈。

3.2 由小及大建立城市系统感知

鉴于我们往往分组来调查不同类型的城市微观空间，容易出现孤立的看待空间功能的问题。所以，我们在调查空间特征等基础上，倡导横向思维，从"孤立空间"到"整体空间"，从总体上思考城市作为一个系统如何运作。例如，我们既选择了处于武汉内环的徐东商圈，也选择了东湖高新经济技术开发区作为调研对象，两者都与外部区域有多重联系。因此，我们在进行野外实践时，既要求关注其空间功能的主导特征，又要求分析其多样性特征。通过类似案例，引导同学们在认识城市时，初步构建起"城市内部"、"城市与乡村"、"城市与区域"、"城市与国家"、"城市与世界"等五个层面的系统感知，在对城市微观空间的横向观察中，引入纵向时间维度，真正理解全球化背景下城市作为复杂的动态巨系统之意义。

3.3 由学到用掌握野外实践方法

在目前国内流行的《城市地理学》教材中，介绍野外实践方法的内容相对较少。我们通过组织系列野外实践，充分调动了同学们对问卷调查、访谈、实地踏勘、3S技术等不同野外方法的学习和运用。在实践现场发现问题，解决问题。

4 城市微观空间野外实践的教学安排

野外实践的教学，同样需要理论指导。城市地理学的野外实践教学，也分成课内和课外两个部分。通常，在课堂上，于《城市地理学》上课之初，老师便会告知本学期野外实践的主题内容与要求，由学生自愿成立学习小组并确定具体题目。老师根据教材章节内容，在课堂讲解微观空间的相关基本概念、理论、模式和实践方法要领，并进行适当案例介绍和讨论。在课外，则主要是在老师带领下的现场踏勘、问卷调查和访谈等，包括学生利用课下时间完成调查报告的写作，一般是两周左右。然后再次返回课堂，由每组同学用PPT演示调查内容，师生共同观摩、点评和讨论。

历史街区的空间演变与
社会变迁调查教学安排 表2

课内理论讲授	课外分组实践	课堂汇报要点
城市用地分类 内城更新 绅士化现象 社会空间	昙华林	历史街区的区位 时空演变 街区特色 居民构成 社会生活 演变机制
	江汉路	
	青岛路	
	红房子	
	吉庆街	
	汉正街	
	武汉天地	

5 初步的成效

开展城市微观空间调查等野外实践教学，能够促进对城市的更深层理解和认同。清华大学[2]和西安建筑科技大学[3]等高校的实践给予我们很多启发。而我们通过近几年的实践，也取得了初步成效。

5.1 增强了学生的问题意识

由于我们非常关注身边的城市，关心城市的热点问题,所以,我们在《城市地理学》的学习中,并没有完全遵循传统的"教材讲解-知识记忆"模式,而是更多的模拟"医-患"关系。倡导学生作为"医生",来诊断"城市病",从自己身边的城市问题切入,主动进行调查研究和学习,自主寻求解决问题之道。所以,学生在学习中的问题意识都比较突出,有很高的学习热情,乐于在实践中辩解概念,并进行多维思考。

5.2 促进了城市认知和理解

学生们深入到城市的内部,从城市中心到边缘,从繁华的 CBD 到拥挤破败的城中村,从历史街区到创意产业园区,都要用脚来丈量。很多同学野外实践下来,都觉得自己更加了解武汉这座城市,对武汉产生了更多好感,甚至连武汉土生土长的学生也说武汉还有这么多意象不到的地方。在这一个个的案例实践学习中,学生们开始有意无意的掌握认识城市之匙。很多同学能够更辩证的看待城市内部空间和城市之间的联系,更加乐意去认识和观察其他的城市,把在武汉和庐山牯岭镇野外实践中培养的思维,举一反三去运用。

5.3 提高了方法运用能力

通过上交的调查报告和 PPT 演示,学生们的写作能力、表达能力也得到了提高。也反映出学生们对于实地踏勘、社会调查、访谈等方法的掌握和运用。在任务实现过程中,师生都进一步掌握了课堂理论教学和野外方法实践操作的关键衔接点,学生不是简单的记忆抽象的方法,而是真正的实现了从"学"到"用"的跨越。

主要参考文献

[1] 周一星,许学强,宁越敏. 城市地理学 [M]. 北京:高等教育出版社,2009:11.

[2] 朱文一. 微观北京 [M]. 北京:清华大学出版社,2011.

[3] 王瑾,田达睿. 城市地段空间的"解"与"析"—低年级城市空间基础认知教育 [C]. 人文规划 创意转型—2012 全国高等学校城市规划专业指导委员会年会论文集,北京:中国建筑工业出版社,2012:33-37.

Into the Microcosmic Space: Study on the "Urban Geography" Field Practice Teaching Content and Methods

Han Zhong

Abstract: In the urban microcosmic space field practice teaching of Urban Geography, the choices of all kinds of space should be combined with the contents of textbooks, city characteristics and professional practice base construction reasonably, mainly using the field survey, questionnaire survey, interviews and seminars and other methods. By the curricular and extracurricular two links, students would be guide to know the city space characteristics from the outside to the inside, to build the city system perception from small and large, and to improve the awareness of the problem, the city master cognitive and the actual operation ability to solve the problems in practice.

Key Words: Urban Geography, microcosmic space, field practice

城乡规划学启蒙教育中的学习主体性初塑
——基于专业转型的城乡规划专业启蒙课教改实践方法研究

沈 瑶 焦 胜 周 恺

摘 要：中国进入城市化快速增长期已有十余年，各地城乡问题的复杂性逐渐凸显，对人才的多学科知识背景及综合解决问题的能力越来越高。本着尊重用脑科学，解决专业转型问题的改革理念，本研究将城乡规划专业启蒙课定位于打造强劲学习"关节"，以塑造长期记忆，激活兴趣，扩展思维，提高学习主体性为重点目标，展开了以"认知——体悟——讨论——反思——实践"为主线的教学环节改革，课堂以作业发表，讨论启发为主，也引入了KJ法概念讨论，表演工作营等互动环节。横向上该课程可延展为贯穿相关专业领域的"锚主力课"，展开跨学科的教学合作。纵向上则探索延展为"自主研发实践"的自由课程模式，启蒙学生从问题意识入手，带着明确的"主体性"完成五年庞大专业课程体系的学习。

关键词：专业转型，学习主体性，KJ法，工作坊

1 研究背景

中国进入城市化快速增长期已有十余年，各地城市问题的复杂性逐渐凸显，对人才的多学科知识背景及高度综合应用能力的要求越来越高。传统城乡规划专业大多从建筑学专业转型分离出来，教育中偏工程技术、轻理论应用，尤其是理论与实践脱节的弊端十分明显，具体来看，以下三大问题必须引起重视。

1.1 专业学习思维方式训练缺乏有效启蒙，三年级转型时缺乏动力

除少数地理学或农林、政经等专业以外，国内大部分城乡规划学专业都开设在建筑院校，带有很浓厚的建筑学色彩，普遍存在三年级转型问题，即思维方式难以适应新的变化，造成理论和实践的脱节。一个重要原因是低年级时学生对于专业知识的判断力和评价力没有得到有效启蒙和渐进的培养，从而导致三年级开始多门理论和设计课学习时，难以从本专业知识体系中找到能够组织学习进程的逻辑主线，而是演变为零散式的信息搜集和应付式学习，最终导致消极厌学情绪，有的甚至萌生转专业的想法。

1.2 理论启蒙课目标的应试化与模糊化

城乡规划作为一种综合性、实践性很强的课程，它的知识体系必定是多学科的高度综合集成，应当包括哲学，科学和技术三个方面或层次[1]。五年的专业课程的学习对学生的自学能力，综合协调能力要求很高，需要其充分发现自我潜能，保持持久的学习动力。而理论启蒙课的教学很多依然延续照本宣科的高中应试教学方法，学生的性格取向很难被发现和引导，导致很多学生在入门时就缺乏对专业学习的兴趣，不会设定专业学习目标，更不可能具备主动接近目标的学习能力。

---

❶ 本研究系2012年湖南省普通高等学校教学改革研究项目"基于专业转型的城乡规划学课程体系教学改革研究（201256）"，湖南大学教学改革项目"基于多学科交叉理论的公众参与式规划教学方法初探（2012026）"的部分成果。第一作者系《城乡规划概论课》责任教师。

沈 瑶：湖南大学建筑学院城乡规划系讲师
焦 胜：湖南大学建筑学院城乡规划系副教授
周 恺：湖南大学建筑学院城乡规划系讲师

1.3 学习团队的培养要从启蒙教育开始

城乡规划设计类课程，调研学习及竞赛项目尺度较建筑学专业大，老师会要求同学组成团队完成。而这类需要学生思想交融，积极合作的课程在大三集中开始，团队的形成仓促且缺乏磨合，经常会出现组学生"打酱油"及因分工问题而不合的情况，对其学业和社会性成长不利。因此从启蒙教育开始就给学生们留出时间和课堂空间，让其了解彼此的兴趣和特长，养成相互讨论，相互补全，勇敢分享，持续合作的学习习惯，探索增强学生凝聚力和相互交流的教学方法十分必要。

2 国内外研究现状分析

与中国的12年应试教育相比，西方发达国家的初、中级教育更强调培养学生发现和解决问题的能力，其大学教育更注重培养研究所需要的自觉性和主动性；此外因城乡规划学综合性、研究性要求高，国外很多院校选择只在研究生阶段开设，其本科学历背景多为经济、地理等，因此很少有建筑学向规划转型的问题。如意德等国的城乡规划学研究生教育偏重于政策法规和管理、经济学的分析，并不侧重于工程项目设计实践及城市、街区的空间形态研究，也并不完全需要建筑学的基础教育。可见专业转型类问题属于中国特色类问题。

中国的城乡规划学教育体系在近十几年来也跟随着专业知识体系的发展不断探索着前进的方向。2000年后，城乡规划学进入了一个以人居空间研究为核心研究对象，新一代的"规划本位理论（Theory of Planning）"为主线的理论体系创新的历史性时期[2]。近年来则进一步强调城乡规划学的研究对象是"人－空间"关系系统，应当更多地进行跨学科的交流整合[3]。这些知识体系改革方向的探索，都必须从源头的启蒙教育开始思考。近年来国内一些院校对低年级的启蒙课开展了有针对性的研究。西安建筑科技大学建筑学院 2006 年专门成立城乡规划学基础教研室[4][5][6]，以其城乡规划学专业基础教学改革实践为案例，探讨专业基础教育中，如何结合低年级学生特点，在专业基础课的不同教学环节中，以城市空间作为载体，引入城乡规划学设计方法、管理模式、政策法规的初步内容进行教学，使专业人才的培养向城乡规划学的本质回归。本研究组所在的湖南大学也在 2006 年发表了专业基础理论教学改革初探的文章[7]，从城市规划学科体系改革，教学模式等5方面提出了建议。本研究为该教改探索的一个新的延展，旨在以理论启蒙课—《城乡规划概论》课程为载体，引入现代脑科学知识，结合"美丽城乡，永续发展"的规划发展方向，探索更符合当代学生特点的城乡规划学启蒙课程培养目标，具体教学环节设计，以及延伸方式，为转型教学体系的形成奠定理论与实践基础。

3 启蒙课教学目标的设定

3.1 定位－打造强劲学习"关节"

《城乡规划概论》课程教学目标是在充分尊重学生学习兴趣和性格取向的基础上，帮助学生完成如下两大重要衔接：

一是与上游学习链的衔接，即与入校前学习经历，生活与城市认知经验，学习兴趣以及性格取向相衔接，主要目的是消除应试教育的被动式学习弊端，完成入学转型。通过城市认知地图，课堂互动与作业交流等各种活泼的教学环节，把握大一学生对本专业的学习兴趣点以及性格取向，使其能够带着积极的学习兴趣，自然地进入城乡规划学多学科体系的学习。

二是与下游学习链的衔接，即与城乡规划学主要课程的衔接。课程通过城市问题讨论，城市认知参观等促进学生对重要基础知识点的吸收，启蒙学生树立正确的职业价值观，理解城市规划学科的本质和特性，培养其客观认知城市，积极发现城市问题并综合思考的学习习惯，这样也有利于减弱建筑学形象思维、感性思维与工程设计思维的单向度影响，帮助学生建立起五年的专业学习目标，在后续的专业学习中具备强劲的发现并解决问题的原动力。

3.2 重点－提高学习主体性

城乡规划学是典型的综合交叉学科，文理兼容性十分强，要实现"美丽城乡，永续规划"的蓝图，对人才的发现问题，分析问题，综合解决问题的能力以及知识体系的全面性有了更高的要求，这也决定其学习不能是单纯的作业式学习，提高学生的学习主体性是关键。学习的原动力和主体性如何在启蒙课时形成？我们的教学改革也尝试向现代应用脑科学取经，一个突破口是记忆。

"人类的记忆不是像电脑数据一样可以保存不变，而是通过思考形成印象，然后记忆下那个印象"[8]。记忆可分为：作业记忆，体验记忆，学习记忆，运动记忆。作业记忆是一种短期记忆，即把不重要的事件短时间收集在脑的前头连合野处（俗称"脑的司令部"），处理完了就会忘记。长期记忆一般是后面三种。启蒙课离毕业实习阶段的实际专业知识应用间隔时间长，这也决定了使用作业记忆原理大量输入专业基础知识的效果并不会理想，而必须要尽可能地为学生塑造体验记忆，学习记忆和运动记忆。这些长期记忆，伴随知觉、思维和情感构成了意识形成基础[9]。学生在专业学习上意识水平的提高与学习主体性息息相关。学习主体性提高需要"最开始的兴趣和关系，以及喜好的信息"，只有学生"自己主动的思考学习和体验的东西"才会在脑海中留下积极的印象，才能转变为学生思考能力，反之则会形成消极印象。因此激活兴趣和喜好是启蒙教育所必需完成的重点目标，这样也能有利于摆脱应试教育在思维定势上对学生造成的负面影响，培养学生对专业的热爱。学习主体性的本质在于学生学会独立思考，人类认知活动分为"认识，联想，评价，判断"四个阶段。前两段还不能算思考，无意识的判断也不能算思考，思考的真正意义在于"评价"加"判断"，在脑科学上的解释是"前头前野在活动"，是在抽象空间的运动行为。和人可以同时进行多种运动一样，抽象空间中的抽象度越高的话，可以同时思考的东西就越多（图1）。这种脑运动对于脑的活动性起着重要的作用，与记忆和学习深度相关。因此尝试创新教学环节，帮助学生提高思维抽象度，激活大脑前头前野运动。

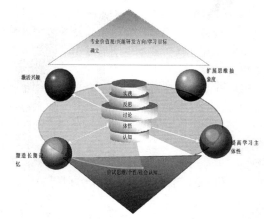

图2 启蒙课的教学目标与教学环节设计关系示意图

这一点对多学科交叉程度大，知识体系庞杂的城乡规划学专业学习来说尤为重要。

综上所述，因此《城市规划概论》课没有选择简单的给同学建立短期记忆，而是定位于打造强劲学习"关节"，围绕以下四个重点目标来设计具体的教学环节（图2）。

（1）塑造长期记忆
（2）激活兴趣
（3）扩展思维抽象度
（4）提高学习主体性

4 启蒙课教学环节设计

教学环节的设计按照"认知，体悟，讨论，反思，实践"的层次由浅入深地逐步展开，具体主题，目的，过程及成果详细总结见表1。交流讨论课占到了课堂学时的80%以上，主要以主题发表，学生相互提问讨论，老师当堂点评的模式进行。在主题发表上，除了学生作业以外，在教学开始的初期还尝试使用了以下类型的"主题引子"来加强课堂的互动和趣味。

（1）KJ法

KJ法是由日本的人类文化学家川喜在长期的野外考察中总结出的一套科研方法，发表于1964年，是将错综复杂的信息，以语言文字方式表达在卡片上，并依据内在的相互关系整理分类，然后做成归类合并图的方法。该方法作为一种有效的创造技法得到推广，广泛应用于规划设计，调查分析，会议讨论，课堂教学等多领

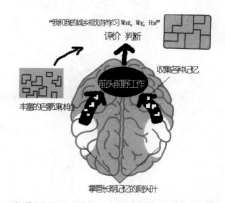

图1 启蒙课的信息输入与脑前头前野的关系简示图

湖南大学城市规划系《城市规划概论课》教学环节设计及实践过程汇总表 表1

环节	主题	目的	过程	成果[1]
认知	"什么是城市"	引导学生体会概念形成的过程,并使用图形表达空间印象,懂得与人分享认知的重要性	学生在便利贴上写"城市"定义→老师讨论点评→老师根据讨论结果重新对便签条的分组→老师对教材上的标准定义进行讲解	学生们在重新编组的讨论阶段都十分活跃,并主动地讲解自己定义时的想法,老师辅以教材上的"标准定义"讲解后,学生们的求知欲已被激发,有的会主动提问"标准定义"的定义角度,可见其通过训练已开始有了主动认知概念的思维萌芽(图3)
体悟	"城市结构的人体模型"	通过活跃的肢体表演,构建集体合作的"运动记忆"	学生随机被分为两个团队,每个团队必须当堂设计集体的肢体表演来表达规定的城市空间布局结构模式图	表演后老师结合教材对"城市空间布局结构"进行讲解,学生的求知欲已被激发,表现积极地参与老师的提问并主动发问。(图4)
讨论[2]	"我的城市印象图"/"我熟悉的城市中心区"	提高学生在课堂上的主体性,将自己最初的城市认知用语言和图像表达出来	学生发表,老师结合教材的城市中心区内容进行点评教学	课堂讨论激烈,有的同学课后会把遇到的问题继续钻研下去,到下一堂课再来交流。同时,老师对学生的性格和兴趣特征有了一定的把握
	"城市化给某地区[3]带来了哪些变化?"	训练判断力和评价力,提高思维的抽象度	播放城市问题视频,结合城市化和城市问题教学	
	"我感兴趣的城市规划内容"	激活兴趣,培养对专业的情感	学生发表对感兴趣专业内容的学习报告,相互问问后老师进行点评	
反思[4]	网上佛教人士撰写的批判城市建设的文章之我见(讨论+论文)	提高训练判断力和评价力,提高思维的抽象度,尤其是学生甄别信息的思辨能力,帮助其形成正确的规划伦理观	课堂集体阅读和讨论,讨论时必须明确自己的观点,老师参与其中讨论,对于较为偏激的价值观进行引导修正。课后同学还需要提交小论文对以整理课堂讨论成果,通过写作完成一个完整的独立反思城市规划职业功能的思辨过程	学生的思辨能力得到了训练,增强对网络信息的甄别能力,同时也促使其在入门时就注意到职业伦理的问题
实践	株洲核心区的规划成果认知	促使学生脚踏大地,尽早对自己生活的城市空间建立基本的专业认知,为学习目标的制定和自主研发积累充分的认知经历,构建丰富的"长期记忆"	请亲身感受到株洲城市变化过程的"老株洲"民众代表作为全程向导,为同学解惑答疑,介绍各种日常的市民活动;集体参观城市规划展览馆,老师结合馆内的大型的城市模型和地图为同学进行讲解,观看常设的市民观演活动"水秀"等	学生参观后的株洲印象图以及感受小论文可证明,此参观过程塑造了其对专业丰富的"实践认知"和"长期记忆",让其领悟到本专业意义的重大,增强了对专业的学习兴趣和原动力(图5)

结课作业:自我目标设定——"我和我的城市规划"(小论文,整理记录册)。

注:[1] 所有图片均摘自2011届城市规划学生学习实录记录册,课堂记录和美工制作均为学生自主完成,老师辅以指导。

[2] 工作营式课堂需要事先组织好供讨论的素材,做出各种预判和有足够的相关知识量储备,尤其是"我感兴趣的城市规划内容"这一主题,有必要邀请某研究方向上的资深教师或专家参与点评,才能更好地应对讨论时的各种问题并作好总结评价,因此,2013年的概论课的该主题增设了专家串场的部分。

[3] 特指选用的教学视频中所介绍的地域。

[4] 此类反思训练的资料还可以根据当下网络热议的城市问题来整理选择,让反思过程更有针对性和务实性。老师也需要对学生的作文进行综合点评,好的文章整理成册,每届积累后也是十分好的启蒙课教学研究资料。

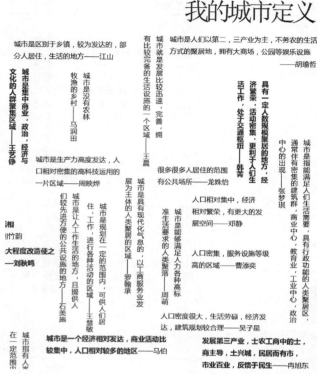

图3 "城市"定义的KJ法实践（记录阶段）

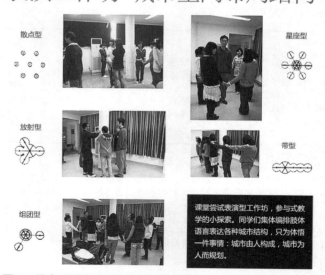

图4 结合"城市空间布局结构"教学的表演工作坊现场记录

图5 学游株洲后学生画下的城市印象图和感受

图6 新苗幼儿园区域角空间设计作品（水桶架改造）

域。完整操作过程分为：记录－编组－图解－成文四个阶段。一般用到图解阶段比较多，即用来构造问题意识的阶段[10][11]。值得一提的是，不仅是概论课，KJ法在设计课的前期分析阶段和公众参与设计（长沙长房东郡小区居民的参与式设计活动）教学活动也被应用到，作为一个"集思广益"的思维共享整合环节也是比较有效的。

（2）表演工作坊

表演工作营环节，是通过学生集体的肢体表演来塑造学习的"运动记忆"，同时也加强了学生之间的沟通和凝聚力。这种方法在国际交流型工作营中也有广泛应用，如JICA国际合作事业团和日本农林省妇儿童课所支持的对菲律宾薄荷岛（Bohol Island）村落开发支援项目中，就引入了表演工作坊，用于使社会各阶层民众转向相互合作，积极交流的心理状态，从而有助于形成集体期待的村落开发目标[12]。

在分享相互的认知和有了集体的表演经验之后，学生开始对本专业产生了极大的兴趣，这时我们加入了以培养评价和判断能力为主的讨论式工作营（workshop）。讨论主题结合教材[13]和当前城市问题来设定。通过多堂专题讨论训练，学生对书面的专业知识具备了初步的评价和判断能力之后，课程最后设置了实践参观环节，即离开教室，进行集体城市参观。帮助学生塑造真实的城市感知作为长期记忆，做到知行合一。

此外，城乡规划概论课还会提供给大一同学"五年书单"，其中汇聚了五年专业科任课老师的推荐的课程参考书目，让其尽早对城乡规划学的知识体系有初步了解，也方便其进行自主研发的探索。同时每一堂的讨论和作业都会由两名学生进行记录整理，在课程结束后制作成学习记录册，给每一位同学建立作业档案，既是很好的纪念与学习资料，又可方便之后的专业老师了解学生的思维和兴趣发展。实践证明学生也乐于参与这样的记录和整理，概论课教改后的第一本纪念册的制作就是学生集体完成的（图3-5均摘自2011届学习记录册）。

5 启蒙课后的延展模式探索

5.1 纵向延展—启蒙学生"自主研发和实践"

为将启蒙课教学环节中激发出来的原始问题意识和主体性延续下去，此课程的最终学习报告是"我和我的城市规划"，需要学生分析自己感兴趣的学科方向，

明确五年的学习目标并鼓励"自主研发"计划的制定。老师也会参与该计划的指导，根据学生兴趣跨专业，跨理论地为其推荐相关课程书籍，推荐其加入相关老师的研发团队以及学科竞赛，也鼓励打通年级界限，帮助兴趣相投的高低年级同学组合形成团队，开展走向社会的设计实践。如2012届启蒙课后教师就策划了一次以高带低的幼儿园区域角空间设计活动，对此活动感兴趣的大一同学与高年级组成团队，来到湘潭新苗幼儿园参与与儿童的互动和调查，在三周左右时间内，利用园内废弃的水桶架等湘潭新苗幼儿园设计制作出了三组供儿童体验的游具空间（图6），大一学生自主参与踊跃是设计和制作的主力。这样进行跨理论，跨专业，跨年级的"三跨合作"，可促进学生形成贯穿五年的自主研发型学习链。启蒙课后紧接着开设的空间思维训练（I）和（II）课程是"自主研发"计划的具体形成期，以其为桥梁，将和二年级的SIT计划及场地设计，三年级的过渡设计及四年级的综合应用课进行课程上的纵向延续。

5.2 横向延展—作为"锚主力课"尝试进行跨专业衔接

针对城乡规划学本科不同阶段都缺乏核心知识体系，理论零散的问题，我院的城乡规划教育体系改革探索设置了"锚主力课"，顾名思义，锚必须"合纵连横"，从纵、横向两个方面来加强该课程在专业转型中的作用，以起到在该阶段锚固学生专业知识，建构牢固的城乡规划学知识体系基础的目的。针对普遍的城乡规划专业转型困难的情况，《城乡规划概论课》可尝试与《建筑初步》课一起作为大一的"锚主力课"，打通部分教学环节，加强课堂练习和作业的关联性，起到专业转型和专业衔接的作用。

结语

城乡规划专业启蒙课关键在"启"，即可开启学生最原始的问题意识，开启对本专业学习主体性的发展。大一新生受到各种体系化知识的束缚为零，思维活跃，爱提问爱作创想，是开启"主体性"的最好时刻。本着尊重用脑科学，解决专业转型问题的改革理念，教改后的专业启蒙课定位于打造强劲学习"关节"，以塑造学生的长期记忆为目标,展开了"认知–体悟–讨论–反思–实践"为主线的系列教学环节改革，重视发现学生性格取向，因材施教，引导学生找到专业学习兴趣点，并最终制定出适合自身发展的5年学习目标。该教改经过两届的实践，已经取得了较明显的教学效果。今后，专业启蒙课将进一步探索成为"锚主力课"的教学合作模式，围绕规划的本质和永续性主题，启蒙学生从最初的问题意识入手积极探索，发展为进行"自主研发"的自由课程模式，横向带动相关学科课程的学习，进入跨理论，跨专业，跨年级的"三跨"合作角色，带着明确的"主体性"完成五年庞大专业课程体系的学习。

主要参考文献

[1] 孙施文. 现代城市规划理论. 北京：中国建筑工业出版社，2007.

[2] 吴志强，于泓. 城市规划学科的发展方向. 城市规划学刊，2005，6：2-15.

[3] 罗震东. 科学转型视角下的城乡规划学简建设元思考. 城市规划学刊，2012，2：54-60.

[4] 段德罡等. 学科导向＆办学背景——城市规划低年级专业基础课课程体系构建，站点·2010：全国城市规划专业基础教学研讨会议文集. 北京：中国建筑工业出版社，2010.

[5] 段德罡等. 城市规划专业低年级"城市空间"教学. 站点·2010：全国城市规划专业基础教学研讨会论文集. 北京：中国建筑工业出版社，2010

[6] 段德罡等. 重庆大学城市规划与设计学科专业基础教学改革设想，站点·2010：全国城市规划专业基础教学研讨会议文集. 北京：中国建筑工业出版社，2010.

[7] 焦胜，陈飞虎，邱灿红. 城市规划专业基础理论课的教学改革初探. 高等工程教育研究，2006，3.

[8] 苫米地英人，超「時間脳」で人生を１０倍にする. 2009：宝島社.

[9] 参见百度百科 http://baike.baidu.com/view/85633.htm.

[10] 戴菲，章俊华. 规划设计学中的调查方法7—KJ法. 中国园林，2009，5：88-9.

[11] 川喜田二郎, 続発想法 KJ法の展開と応用. 中公新書(日本).

[12] 木下勇，ワークショップ–住民主体のまちづくりへの方法論. 2007，东京：学芸出版社. 93.

[13] 邹德慈编，城乡规划导论，北京：中国建筑工业出版社，2002.

Learning subjectivity in enlightenment education of Urban and Rural Planning –Research on teaching practice reform method of Enlightenment Course of Urban and Rural Planning Based on major transformation

Shen Yao Jiao Sheng Zhou Kai

Abstract：China entered a period of rapid growth for more than ten years of city, there are many complexity problem in urban and rural areas development, the demand for talents with multi–disciplinary background knowledge and problem-solving ability is higher and higher. In line with major transformation reform idea which is based on brain science, this study positioned urban and rural planning professional enlightenment lesson positioned to build strong learning "joint", the key goal is creating long-term memory, activating interest, expanding thinking degree, and improveing the learning subjectivity.A series of teaching were carried out based on a main line of "Cognitive–Understanding by action–Discussion–Rethink–Practice", presentation and discussion were the main part of lesson, KJ method and performance workshop were added too.This enlightenment lesson can be extended horizontally as "anchor main course" which can strengthen the the relevant professional fields contact and cooperation. It also can be extended vertically as a free curriculum model of "independent research and development practice", to enlighten students' problem consciousness, to complet five years of large professional curriculum system study with a clear study subjectivity.

Key Words：Major transformation, study subjectivity, KJ method, Workshop

基于"多角色参与"的居住区规划设计教学改革探索

张秀芹　王 月　兰 旭

摘　要：居住区规划设计是天津城市建设大学建筑学院城乡规划专业学生分离于建筑学基础教学平台进行的第一个规划设计课程，也是建筑设计向规划设计思维转变的过渡课程。基于参与式教学的模式，让学生根据自己的兴趣选择规划师、政府部门、开发商、业主等不同角色，参与到居住区规划设计的教学之中，切身体会并深刻理解居住区规划设计的要素构成及博弈关系，并达到规划思维与规划方法培养的目的。

关键词：参与式教学，规划思维，居住区规划

随着我国城市化进程的不断加速和深化，城市规划正由单纯强调物质空间形态和工程技术规划，逐渐转向关注规划过程、社会公平、公众参与及实施结果上来。城市规划本科教育作为规划师培养的摇篮，无论是从社会进步的大环境，还是从行业自身的特点出发，忽视社会、经济、环境等多学科综合发展，单纯培养设计与工程人员的模式已经难以适应新时期社会经济发展的需要，因此，如何平衡技能训练与规划思维的养成是当前城市规划教育工作中需要研究的重要课题。

2011年3月国务院学位管理办公室正式将城乡规划学列为一级学科，作为支撑我国城乡经济发展和城镇化建设的核心学科，这对城乡规划专业学生的培养提出了更高的要求。但是，大部分院校（尤其是工科院校）的城乡规划专业都是从建筑学专业平台的基础上发展而来，头两年往往以单体的空间训练作为教学重点，更偏重形象思维能力的培养，而在解决复杂城市问题的能力上有所欠缺，学生参与教学的机会相对较少。因此，我们对分离于建筑学基础教学平台进行的第一个规划设计课程——居住区规划设计进行了参与式教学的探索性改革，让学生根据自己的兴趣进行"多角色参与"，即选择规划师、政府部门、房地产开发商、各年龄段业主等不同角色，参与到居住区规划设计教学之中来，切身体会并深刻理解居住区规划设计的要素构成及博弈关系，并达到规划思维培养与规划方法训练的目的。

1 参与式教学的必要性

受我国应试教育的影响，以及若干年来从教师到学生的知识传输方式的制约，老师与学生都逐渐养成并习惯了单向的教学模式，强调教师的"教"而忽视学生的"学"，教学设计往往紧紧围绕如何"教"展开，而学生的"学"似乎一直在一个"黑匣子"里运行，不仅学习效果更多依赖所谓悟性与刻苦，学习习惯也是顺着老师讲授的某个方向进行，很少主动多问几个"为什么"，或是思考更多可能解决问题的方法。

联合国教科文组织教育丛书《学会生存——教育世界的今天和明天》中指出"未来的学校必须把教育的对象变成自己教育自己的主体，受教育的人必须成为教育他们自己的人，别人的教育必须成为这个人自己的教育，这种个人同他自己的关系的根本转变是今后几十年内科学与技术革命所面临的一个最困难的问题。"[1]参与式教学法与传统的填鸭式教学法不同，它是一种合作式或协作式的教学法，这种方法以学习者为中心，充分应用灵活多样、直观形象的教学手段，鼓励学习者积极参与教学过程，成为其中的积极成分，加强教学者与学习者之间以及学习者与学习者之间的信息交流和反馈，使学习者能深刻地领会和掌握所学知识，并能将这种知识运

张秀芹：天津城市建设大学建筑学院讲师
王　月：天津城市建设大学建筑学院讲师
兰　旭：天津城市建设大学建筑学院讲师

用到实践中去。[2]因此，引入参与式教学势在必行。

2 课程选择

居住区规划设计是天津城市建设学院城乡规划专业学生离开建筑学基础教学平台进行的第一个规划设计课程，也是建筑设计向规划设计思维转变的过渡课程。作为城乡规划专业低年级的学生，正处于建构自身知识体系和专业思维的基础阶段，在这个阶段中，教师应该帮助学生建立正确的专业价值观念和思考方法，培养学生主动的学习能力，为将来的工作和学习打下坚实的基础。

城乡规划专业的研究对象是一个拥有复杂巨型系统的动态城市，从实体空间到虚空间，从人们的交往到各种社会活动，几乎涵盖了城市的各个层面，而规划师在城市发展中起到重要的协调作用。为了让学生能够深刻的理解到这一点，我们把居住区规划设计所涉及的人员群体进行了简洁化梳理，即分为规划师、政府部门、房地产开发商、各年龄段业主等不同角色，并让学生根据自己的特长和兴趣爱好对角色进行选择，在虚拟现实中相对真实的理解整个居住区规划的形成。

3 教学目标

3.1 规划思维的培养

规划的思维方式并非是某种单一的、自我封闭的思维方式，而是一个综合的、开放的、不断学习着的整体，基本包括系统思维、辩证思维、经验思维、价值判断、模拟思维、不确定性思维、行动思维。[3]规划思维的培养是一个浩大的工程，不是一朝一夕能完成的，通过让学生参与到居住区规划的整个体系中来的方式，逐渐完成物质空间的形象思维向规划思维的转变。

3.2 公共意识的培养

作为长期生活在校园里的学生，他们所处的环境比较单一，缺乏生活的体验和对社会的深刻感受，在完成设计作业的过程中往往过于理想和追求自我实现，容易产生"我想塑造一个什么样的环境"的想法，经常忽视规划设计面对的是复杂和鲜活的人群而忘记服务对象的诉求，公共意识相对淡漠。通过加入政府部门、开发商、尤其是业主等角色，让学生相对真实的体验规划师在居住区规划中所面临的各种问题，淡化自我意识，培养公共意识。

3.3 口头表达与应变能力的培养

口头表达与应变能力是作为一名规划师所要具备的基本素质之一，在日常工作中经常需要与各方沟通、汇报与协调。通过"多角色参与"，小组里的每位同学都有机会作为"规划师"介绍自己的方案，并接受其他"角色"的考查，让学生多讲、多提问、多交流，在参与与互动中锻炼学生的口头表达与应变能力。

3.4 规范应用能力的培养

对于学生而言，条条框框的规范是枯燥无味同时又充满约束力的，所以对规范的学习与应用往往出现两个极端，一种是蜻蜓点水漠视规范，认为规范是禁锢创造力的，所以出现了五花八门的设计；一种过于依赖规范，把规范当成金科玉律的公式，丧失了创造性的形象思维，设计出来的东西呆板无趣。通过"多角色参与"让学生清楚在哪个设计阶段、哪个方面规范的作用更加突出并如何应用，从而摆正规范的地位、正确理解与应用规范。

4 教学组织

整个教学组织在笔者所在设计小组率先进行尝试，分为四个阶段：调研讨论阶段、规划设计阶段、方案汇报阶段、方案修正阶段，"多角色参与"的教学探索主要体现在调研讨论与方案汇报阶段。

调研讨论阶段首先安排学生去到已建成的居住区调研并进行案例分析，然后让学生围绕是不是只有我们这些学了城乡规划专业的人参与并影响着居住区规划、一个完整的居住区规划或者说一个具有现实意义的居住区规划应该是什么样的、它的形成过程中有多少角色参与并起到什么样的作用来进行研究讨论。

通过同学们调查研究、及时反馈不同意见和补充性信息，最终形成了一个较为全面的列表。

经过调研讨论阶段，同学们对居住区规划"参与者"的各方面作用与影响有了初步的了解，对居住区所形成的空间形态、指标控制、规范要求等也有了更深的认识，接下来便是把他们所有的前期工作和领悟落实到自己的方案规划设计之中。

在完成了调研讨论和规划设计阶段之后，教学进入

经学生研讨形成的"多角色参与"列表　　　　　　　　　　　　　　　　　　　　　　表1

序号	分类	承担任务	职责	利益诉求
1	规划师	规划设计	①塑造良好的居住环境；②满足规划审批的要求；③满足开发商利益的最大化；④协调各方的利益诉求	①设计费用；②自我满足的设计成果；③设计公司的对外广告效益
2	政府部门	规划审批	①保证规划设计符合国家的各项规范；②规划审批符合国家法定程序	①土地价值最大化；②塑造良好的城市景观
3	开发商	开发建设	①各项建设符合有关部门规定；②建设质量过关的居住区	①在符合审批规范前提下的面积最大化；②销售价值最大化；③居住区开发的广告效益
4	老年业主	住户	—	①方便的医疗与生活设施；②优美安静的生活环境；③和谐的人文环境；④安全的娱乐健身设施；⑤低矮的楼层，出入方便的住宅设计
5	中年业主	住户	—	①方便的教育与生活设施；②优美的生活环境；③方便的交通；④合理的户型
6	青年业主	住户	—	①方便的生活与休闲娱乐设施；②丰富的运动健身场所；③方便的交通；④合理的户型

了方案汇报阶段，笔者向学生布置了教学要求，即由他们根据自己的特长和喜好选择政府部门、开发商、各年龄段业主等不同角色，并根据自己的角色定位有针对性的对作为"规划师"的同学的规划设计方案进行评审。学生们听了都表现出兴奋和跃跃欲试的兴趣，经过角色报名和重新组合确定下"分角色"名单之后，笔者给了大家一周的时间进行准备。组织方案汇报的时候，同学们充满了极大的参与热情，积极讨论交流，甚至针锋相对的面红耳赤。通过大家的提问和汇报后的自我总结，不同角色的兴趣点和收获主要集中在下表所列的几点中：

方案组织汇报阶段同学们表现出以下几点创造性发挥：第一，在汇报准备阶段他们就在课下根据老师的要求进行了沟通，并针对发现的问题提前对自己的规划设计方案进行了修正，他们用实际的合作行动诠释了规划的内涵；第二，汇报过程中学生们对教学任务书提出了自己的意见与建议，并深层次的思考了规划设计任务书该如何去制定，这些都是值得肯定的意

经学生总结的"各角色"兴趣与收获点列表　　表2

序号	分类	兴趣与收获点
1	政府部门	规范、日照、通风、公共意识等
2	开发商	技术指标、开发强度、住宅类型、规划结构对开发时序的影响等
3	业主	公共设施、居住环境、内外交通、住宅类型、户型等

外收获。同时，也反映出一些不足，比如学生们缺乏对政府职能和土地价值等背景知识的了解，潜意识里对开发商充满"敌意"等。

5　总结与思考

从学生的参与热情、参与效果和课后反应来看，这次授课均达到了课程设置的初衷，在教学过程中学生们逐渐认识到"城乡规划非规划专业人士所决定"这一事

实，树立起公共意识，并养成去理解和揣摩其他参与到规划过程中的不同角色和人群的所思、所想和所为，以及了解他们的利益诉求等的习惯。学生也从最初的等待老师给出答案到转变为自己发现问题、研究问题并解决问题，主动学习的意愿和能力都得到了加强，老师和学生之间的交流也更加充分。

近年来我国城乡规划专业教育领域一直在改革中前行，设计类课程也在逐步摆脱单向传授知识的教学模式向参与与互动式教学转变，笔者对教学的改革仍在摸索之中，希望这次尝试能为设计课教学模式的进一步完善打下良好的基础。

主要参考文献

［1］ 韦钰．联合国教科文组织教育丛书－学会生存－教育世界的今天和明天［M］．北京：教育科学出版社，2000．

［2］ 陈华．参与式教学法的原理、形式与应用［J］．中山大学学报论丛，2001，06：159-161．

［3］ 孙施文．城市规划哲学［M］．北京：中国建筑工业出版社，1997．

The Exploration for Teaching Reform of Residential District Planning Based on the "multi-role participation"

Zhang Xiuqin Wang Yue Lan Xu

Abstract: Residential district planning is the first planning course separated from the teaching platform of architecture for students of Tianjin Institute of Urban Planning who major in urban planning. It is also the transition course which changes from architecture thoughts to urban planning thoughts. Based on the teaching model of participatory, to let students to choose the different roles of planners, government agencies, developers, owners according to their interests to involve in teaching, to experience and understand the elements of composition and game relationship of residential district planning, and to train their planning thoughts and methods.

Key Words: teaching model of participatory, planning thoughts, residential district planning

"城市规划系统工程学"研究性、案例式教学方法探讨[❶]

黄初冬　陈前虎　武前波

摘　要：以建筑学为背景的城市规划专业学生，其数学、计算机编程及分析能力往往偏弱，因而《城市规划系统工程学》课程在教学过程中存在着诸多的难点。本文根据笔者的教学实践，从课程内容与学生专业背景等方面总结了该课程教学中存在的问题；在明确教学目的的基础上，结合专业培养需求以及学生的知识背景、认知规律，着重探讨了适用于本专业学生的《城市规划系统工程学》研究性、案例式教学方案。教学方法改革主要从三方面入手：1）建立课程实验任务库，开展案例式教学；2）推进学生为主导的研究性课堂教学模式，3）充分运用网络教学平台。最后，论文对教学方案的特点及期待改进的方面进行了探讨。

关键词：城市规划系统工程学，教学模式，研究性，案例式

1 引言

《城市规划系统工程学》是城市规划专业的学科基础类别必修课，同时是全国高等学校城市规划专业指导委员会专门指定的核心课程[1, 2]。该课程是一门关于运用系统工程思想和方法、分析城市规划中具体问题的核心课程，它从系统工程的角度建立起对城市规划中的各种因素作理性分析的思想体系，是城市规划专业的理论基础。在教学目标上，掌握基本的数理模型和计算机编程分析能力是其中的关键内容。

然而，我校的城市规划专业，是在建筑学专业基础上发展起来的，具有鲜明的建筑学背景。这就决定了学生擅长空间形态、色彩的表达，而缺乏数理运算、计算机编程分析的能力。该专业的学生普遍存在对数理模型和计算机分析畏惧的心理。

数理模型和计算机分析作为该课程的关键内容，同时也是绝大多数理工类专业学生必备的知识、技能。如何激发学生的学习兴趣、提升教学效果，如何在有限的32个学时内弥补学生在这两方面内容的不足、大力提升研究能力，是本课程教学设计中必须着重考虑的问题。

自2008年笔者承担城市规划专业的教学工作以来，城市规划学科按照专指委要求和笔者的学科背景，开设了《城市规划系统工程学》这门课程。笔者通过多次参加全国城市规划专指委年会，与国内其他院校教师进行交流和探讨，对本课程有一定的教学设想，并通过原先教学探索逐步改善了本课程的教学效果。本文拟在已有教学探索的基础上，在课程方法、内容上实施进一步的优化，致力于推进案例式、研究性教学，努力提升教学效果。

2 课程定位与教学目标

《城市规划系统工程学》是一门关于运用系统工程思想和方法、分析城市规划中具体问题的核心课程，在我校城市规划专业学生培养中具有重要的地位。通过课程的教学，达到城市规划专指委对该课程的要求，使学生具备城市规划系统工程学的相关理念，理解并掌握课程所涉及的数学模型、计算机方法，包括两要素系统分析、多要素系统分析、层次分析法、线性规划等方法[3]，并学会灵活运用数学建模及求解的方法[4]，提升学生研究城市问题的能力。

[❶] 论文获浙江工业大学优秀课程建设项目（YX1211）、（YX1010）和国家自然科学基金（41001261）资助。

黄初冬：浙江工业大学建筑工程学院副教授
陈前虎：浙江工业大学建筑工程学院教授
武前波：浙江工业大学建筑工程学院讲师

本课程拟通过教学模式的改革，达到如下目标：

（1）通过研究性、案例式教学方法，选取内容较简单而又完整的例子，以帮助学生竖立信息，克服排斥数理模型和计算机分析工具的心理，激发学生的积极性。单纯的理论知识、理论方法教学，特别是偏重于数理分析的方法教学，往往会比较枯燥；计算机编程，对于大多数非计算机专业的本科生来说也有一定的难度。这两个特点，在我校城市规划专业的学生身上尤为明显。在课程中，通过研究性、案例式教学，选择分析过程较为简单、实际分析过程又涵盖整个数学模型、计算机分析知识的教学内容，鼓励学生积极参与课堂试验，给每个学生上讲台演练的机会；即使学生不能单独完成，在教师的启发、指导下，最终也能顺利完成并当众得到鼓励，这样就能从很大程度上树立学生的信心，激发学生的学习热情，从而使教学效果得到明显的提升。笔者在前期教学中进行了一系列探索性的改革，取得了较好的效果。

（2）从定量与定性相结合的数理模型到计算机分析方法[5]，努力提升学生的研究能力。作为一名城市规划专业的本科生，绘制规划、设计图纸、用优美的形态、色彩来表达设计意图固然重要，规划前期的城市问题研究也必不可少，而这正需要学生具备扎实的研究能力。本课程结合其他相关课程以及专指委年会评优等活动，让学生完成选题、分析问题、解决问题这一系列过程，帮助学生全面提升研究能力。

（3）针对我校城市规划专业学生数学功底、计算机编程功底薄弱的问题，课程致力于提升学生的"理工"特色，有利于推进大类培养的模式。如上文所述，我校城市规划专业具有鲜明的建筑学背景，在前期课程设置上侧重于空间形态、色彩的表达。在课程设置上，对高等数学的难度要求较低，没有设置线性代数课程；计算机课程主要侧重于绘图、着色。因而与大多数理工类专业相比，一定程度上淡化了"理工"的特征。从学生接触和掌握的知识面来讲，不利于我校推进"理工类"这一大类培养的模式。该教学方法的实施有利于学生改善知识结构，进而利于学校推进大类培养的模式。

3 教学改革的内容

本文所述的教学改革内容，是在前期探索的基础上，以推进研究性、案例式教学改革为主要目标，着重在授课案例选择、授课流程改革等方面进行教学方法的改进，以提升课堂授课效果；同时充分发挥网络教学平台的作用，增进师生交流、互动，对研究方法、教学案例进行推广。教学改革主要包括三方面的内容（图1）：

（1）建立课程实验任务库，开展案例式教学。案例的选择，需要结合当前城市规划与城市问题研究中的热点，对于学生进一步开展其他相关课程（如《城市研究专题》、《城市社会学》、《场地调研与分析》等）及研究性的课外科技活动，都有很好的启示作用。通过案例的选择和积累，建立课程实验任务库。实验任务库，包含了当前的热点问题，也涵盖了城市规划专业近年来参加竞赛获奖作品，这些案例能充分激发学生学习相关分析方法的热情。

（2）推进学生为主导的研究性课堂教学模式。本课程中的实验与物理、化学实验不同，主要涉及的是数学实验，也就是数学建模、计算机求解、研究分析过程。课程所涉及的方法，只有在经过亲自实验之后，学生才能对此有深刻的认识。在课堂上，教师进行精简过的案例分析，开展演示性教学实验，使学生受到启发。随后，即将课程的大部分时间交由学生主导。课堂上将邀请学生轮流上讲台做数学建模、求解实验，其他学生在观看的同时共同参与纠错、探讨，最终完成整个分析过程。在分析过程中，教师根据出现的问题和易错的步骤作出引导，带动全体学生共同思考。教师在教学改革过程中，除了搜集案例之外，还需要准备数学模型、计算机分析程序及代码等相关资料，根据城市规划学生的特点加以调整、筛选，并需要探索如何将这些知识合理地融入研究、分析的流程中去。

（3）充分运用网络教学平台。本课程教学改革除涉及教学素材、教学方法的内容外，还包括网络教学方式的应用。本课程在教学过程中，依托学校网络教学平台，完成多媒体教学课件发布、实验任务库及作业发布、在线作业评定以及在线答疑等几大块内容，给学生增加课堂外学习与交流的途径，并让学生在教学案例、研究方法与应用领域的拓展等方面的成果进行交流与推广，增进师生和学生之间在课堂内外的互动。

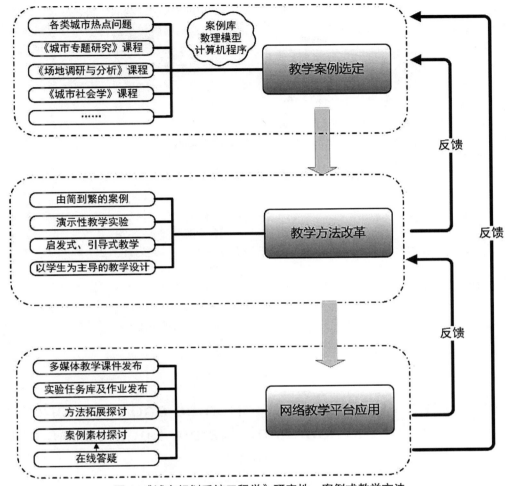

图1 《城市规划系统工程学》研究性、案例式教学方法

4 研究性、案例式教学模式的特点

（1）以学会应用为目标和导向

学习课程知识的目的，是学会在实际问题中合理地运用知识。本课程旨在研究城市问题中的典型案例，通过整个案例的分析，学会分析几类典型问题的思路，掌握常用的数学建模、计算机编程分析、结果输出与表达的技能。通过典型案例的学习，以及课堂内、网络教学平台中举一反三的应用和探讨，帮助学生学会知识的应用。

（2）遵循认知规律，由简到繁

对于我校城市规划专业的学生而言，学习数理模型、计算机编程是具有较大难度的。本课程在前期探索中逐步尝试由简到繁的思路，通过简单的案例、最精简的分析过程，帮助学生较快地掌握基本的分析流程，在分析过程中不断树立信心，并激发进一步学习的热情。考虑到学生的专业背景，为了突出重点，对模型的推导仅仅作了简单的介绍。在掌握基本流程的基础上，将引导学生对部分流程进行扩充。例如，学生往往会认为数学模型、Matlab 编程很复杂、难度较大，而每次引入的最简单的例子，一般都只有三四行代码，就解决了数学建模求解的大部分内容，这就容易让大多数学生接受。

（3）启发式教学，学生在课堂中占主导

在这门课堂上，仅仅由教师讲授，学习的效果很难提升。本课程在前期尝试启发式教学，让学生占主导的方式。在课堂上，由教师给出简单案例，演示精简过的分析过程，使学生受到启发。然后，即将课程的大部分时间交由学生轮流上讲台作演示性实验，其他学生共同参与纠错、探讨，最终完成整个分析过程。在分析过程中，教师根据出现的问题和易错的步骤作出引导，带动全体学生共同思考。

5 结语

虽然笔者在前期教学过程中作出了一定的探索，但在教学素材、教学软件的选择上需要探讨。作者使用Matlab而没有用IBM SPSS Statistics的原因，在于Matlab在语句简单的情况下难度较低，且能较方便地使用层次分析法、线性规划的分析与应用，此外同时让学生接触一些编程的知识。然而，IBM SPSS Statistics在模块化方面也有它独特的优势，一定程度上更容易被城市规划专业的学生接受。在下一步教学改革与实践过程中，将根据实际情况对教学内容、方式作一定的调整，并与其他相关课程进行更多的衔接与穿插。以上是笔者根据教学实践作出的探讨，不足之处，欢迎各位同行批评指正！

主要参考文献

[1] 陈秉钊.谈城市规划专业教育培养方案的修订.规划师，2004，4（1）：0-11.

[2] 陈秉钊.城市规划专业教育面临的历史使命.城市规划汇刊，2004，5：25-28.

[3] 陈秉钊.城市规划系统工程学.上海：同济大学出版社，1991.

[4] 童明.城市模型方法的发展与反思[J].国外城市规划，1997，3：42-46.

[5] 周学红.对城市规划系统工程学的解读.西南科技大学高教研究，2：68-69.

A discussion on the research-oriented and case-oriented teaching method for the course of System Engineering in Urban Planning

Huang Chudong Chen Qianhu Wu Qianbo

Abstract：Students of the Urban Planning major with the background of architecture generally lack of mathematics, computer programming and analyzing skills. As a result, there exist lots of difficulties in the teaching of System Engineering in Urban Planning. According to the previous teaching process, this paper summarizes the problems in the teaching of the course. It defines the teaching objectives, and mainly discusses the program of the research-oriented, case-oriented teaching construction for the course of System Engineering in Urban Planning, integrating the requirement of professional training, and the knowledge background and cognitive law of the students in the major of urban planning. The reform tasks on teaching methods consists of 1) building a series of cases on the course for case-oriented teaching；2) conducting a student-leading and researching teaching method and 3) utilizing of the network teaching platform. In the following part, it discusses the characteristics of this teaching method, as well as the possible improvement in the future.

Key Words：System Engineering in Urban Planning, teaching method, research, case-oriented teaching

后 记

全国高等学校城市规划专业指导委员会2013年年会在哈尔滨工业大学召开,受专业指导委员会的委托,哈尔滨工业大学建筑学院组织了本次年会"教学与学术研究"的论文征集活动。本次年会共收到全国近30所院校的75篇教学与学术研究论文,经过组织单位委托有关专家评阅、筛选,共计评选出68篇论文,结集出版,在此衷心感谢所有投送论文的作者及所在的院校。

衷心感谢哈尔滨工业大学建筑学院的赵天宇教授、徐苏宁教授以及吕飞、陆明、董慰、戴铜等老师为论文集的编辑出版做出的大量艰苦而细致的工作,感谢城市规划专业的刘泽群同学为论文集的封面设计贡献才智。

中国建筑出版社策划编辑杨虹女士在本书的出版工作中给予了大力支持,她精益求精、一丝不苟的精神和高度的责任感使得本书能够以较快的速度和较高的质量呈现在参加本届年会的各位来宾面前,在此表示衷心的感谢。

冷红 教授 博士生导师
哈尔滨工业大学建筑学院副院长
住建部高等教育城乡规划专业评估委员会委员
2013年8月